2010

北京园林绿化新起点

北京园林学会　北京市园林绿化局　北京市公园管理中心

中国林业出版社

图书在版编目（CIP）

2010 北京园林绿化新起点 / 北京园林学会编．-- 北京：中国林业出版社，2011.8

ISBN 978-7-5038-6260-1

Ⅰ．① 2… Ⅱ．①北… Ⅲ．①园林－绿化－研究－北京市－2010 Ⅳ．① S732.1

中国版本图书馆 CIP 数据核字 (2011) 第 141665 号

策划：邵权熙　李惟

责任编辑：贾培义　贾麦娥　李惟

出版：中国林业出版社（100009　北京西城区刘海胡同 7 号）

E-mail:www.cfph.com.cn

电话：010-83227584

发行：新华书店北京发行所

印刷：北京顺诚彩色印刷有限公司

版次：2011 年 8 月第 1 版

印次：2011 年 8 月第 1 次

开本：210mm × 285mm

印张：29

定价：180.00 元

前　言

2010年是"十一五"规划收官之年，也是制定"十二五"规划的关键性一年。北京市人民代表大会在今年的工作报告中明确提出了北京要建设世界城市的战略目标，极大地鼓舞了全市人民，也得到了社会各界的广泛关注。北京园林学会在年初曾组织过两次研讨会，就园林绿化在建设国际化大都市中的地位和作用方面进行了初步探讨，在业内引起了强烈反响。行政主管部门主动要求听取建议，与会专家做了充分准备，内容涉及城市规划、城市生态、城市安全、城市历史和文化等诸多方面，既有国外成功经验的介绍，也有对北京市建没世界城市的建议，为制订北京市园林绿化的"十二五"规划提供了重要参考。建设世界城市是北京市长远的奋斗目标，其中城市园林绿化如何发展也是一个需要不断深入探讨的课题。本年研讨会是一个良好的开端，目的是要引起大家更大的关注。北京是历史文化名城，众多的历史名园在北京建设世界城市中具有不可替代的作用，是历史文化名城的重要组成部分，也是人文北京的重要体现，此方面文章一并收入论文集中。

本论文集还涉及一个新内容——气候变化对园林植物生长发育的影响以及我们的对策。去冬今春以来，北京市气候出现了异常，过早的头场雪和超长的低温致使许多园林植物发生了冻害，个别种类出现了较大范围的死亡。这一情况引起了各方的高度重视，许多单位开展了对寒冬后植物生长状况的调查，并研究如何应对气候异常变化条件下的栽培技术措施，包括如何防止、应对融雪剂对园林植物的伤害等都是其中重要话题。此外，园林绿化废弃物资源化利用、郊野公园、滨水森林公园的规划设计和建设管理等也是大家十分关心的问题。

本次研讨会共提交论文107篇，经学会各专业委员会和学术委员会的严格审查收入文集的共83篇，文集涵盖内容广泛，基本代表了当前北京园林绿化工作者的学术和技术水平。由于能力和时间所限，内容和编辑可能还有不少缺憾，敬请同行批评指正。

北京园林学会理事长：张树林

二〇一〇年十二月

CONTENTS
目录

园林植物篇

园林工程篇

园林养护管理篇

城市生态篇

综合研究篇

世界城市建设篇

北京作为国家首都和世界著名的历史文化名城，具有其他世界城市所不具备的自然、历史、文化资源。瞄准建设世界城市的目标，站在新起点上全面推进实施“人文北京、科技北京、绿色北京”战略，以形成北京在国际城市中的核心竞争力。

历史名园在世界城市建设中的重要作用

高大伟　北京市公园管理中心　北京　100044

摘　要： 中西方历史园林不仅与城市营建有着密切的联系，而且作为城市文化的历史积淀，体现着城市的文化魅力和个性特色。北京21座历史名园是与古都的设计建设理念密不可分的园林景观，有别于巴黎和伦敦的历史园林，是北京世界城市建设中的丰厚资本，更是城市特色的标志，在建设具有中国特色的世界城市中将发挥不可替代的作用。

关键词： 历史园林； 城市规划；世界城市； 绿色生态

1 关于历史名园的理解

2002年我国颁布实施的《城市绿地分类标准》(CJJ/T85-2002)提出了历史名园（Historical garden and park）的概念。《标准》将历史名园归类为“公园绿地”大项，“专类公园”分项之中，并定义为：历史悠久，知名度高，体现传统造园艺术，并被审定为文物保护单位的园林。可见，历史名园在我国是一种特殊的历史保护遗产，建筑是园林的一个组成部分，园林作为一个整体拥有不可取代的历史文化价值。

2003年，北京市园林局与北京市规划委员会对北京历史名园进行界定，提出了21个历史名园的名单，这些历史园林大多是皇家园林或坛庙，少数为风景名胜区，包括天坛公园、颐和园、北海公园、玉渊潭公园、紫竹院公园、香山公园、中山公园、陶然亭公园、景山公园、日坛公园、地坛公园、月坛公园、什刹海公园、圆明园遗址公园、劳动人民文化宫（太庙）、恭王府花园、宋庆龄故居、莲花池公园、北京植物园、北京动物园和八大处公园。这些历史名园后来在北京市政府批转的《贯彻<北京市公园条例>加强公园整顿的意见》中得到确认，将历史名园与其它公园进行区别对待，显示了政府对历史名园在建设世界城市问题上认识的高度。

与中国不同，西方对于园林的理解主要是作为建筑的附属品。因此，西方对于历史园林的保护也是从保护历史建筑、历史街区等展开的。

1982年12月15日，国际古迹遗址理事会注册通过的关于历史园林保护的《佛罗伦萨宪章》，对历史园林的概念界定如下：

第一条：“历史园林应是以其历史性和艺术性被广为关注的营造兼园艺作品”，同时它应被视作历史古迹（历史园林本质的界定）。

第二条：“历史园林是主要以植物为素材的设计营造作品，因而是有生命的，意即有荣枯胜衰，也有代谢新生”。因此，其表象反映着四季轮转，自然的兴衰与造园家和园艺师力求保持其长盛不衰的努力之间不断的平衡(特征的界定)。

第三条：作为古迹，历史园林必须根据《威尼斯宪章》的精神予以保存。既然它是一个“活”的古迹，其保存亦必须遵循特定的规则进行（保护原则）。

第四条：历史园林的设计营造体系包括：其

作者简介

高大伟/1968年生/男/园林与建筑史博士/教授级高级工程师/北京市公园管理中心副主任/研究方向为历史建筑与历史园林。

平面布局和空间构成；其植物配置，包括品种、面积、配色、间隔以及各自尺度；其景园布局结构特征和景观特征：其映照着天空的水面，动态或静态水景（内涵）。

第五条“历史园林”这一术语同样适用于小型花园和大型园林，不论其是属于几何规整式的还是自然风景式的园林（外延的界定）。

从《佛罗伦萨宪章》可以看出，历史园林是历史古迹的一部分，其主要特征是历史性和艺术性，并且是以突出“活”的植物景观为主。

以法国为例，历史园林是历史遗产的一部分，传统意义上它只被视作著名建筑的附属品。法国在1840年以前只是对历史建筑进行保护登录；到了20世纪30年代，提出了保护自然遗产的法律，如《法兰西共和国关于保护具有艺术、历史、科学、传奇与风景名胜特征的自然遗址和历史遗址的法律》，该法律定义了保护天然纪念物和富有艺术、历史、科学、传奇和画境特色的地点；1943年通过了《纪念物周边环境法》，实现了从文物建筑周边环境保护到历史保护区的整体保护；1993年颁布的《建筑、城市和风景遗产保护法》，将保护区的范围进一步扩大到区域，但对历史园林的保护主要还是依附于历史遗产的保护法律，以历史文物的名义进行保护。

2 历史园林的建造及与城市的关系

北京、巴黎和伦敦的历史园林初建时，在选址及与都城的关系上有着很大的区别。北京的历史名园在选址上，充分考虑水利、方位、景观等方面与城市的整体联系，并且极其注重风水。巴黎的历史园林建设与巴黎城的中轴线紧密相关，历史园林多选址在市郊的大片森林中。这些园林与城市生态体系密切相关。伦敦历史园林多选在宫殿附近，花园只是作为府邸的附属设施。这些园林大多临近泰晤士河，生态环境良好，以自然景色为主，是城市生物多样性的重要保护地。

2.1 北京历史园林与城市的关系

北京从金代开始逐渐成为中国的政治、经济和文化中心，历经辽、金、元、明、清五朝，众多的历史园林相继建成。这些历史园林历来都是作为城市总体规划的有机组成部分，与城市的布局、生态、漕运等有着密不可分的关系。从今天的北京城市规划看，这些历史名园大多位于城区，是城市中心区稀有的绿色斑块，是北京生态与文化的特色所在。

纵观北京的21座历史园林，其与城市的关系主要表现在以下几个方面。

一是与古代都城规划密切联系，体现了北京古都的城市建设理念。历史园林的布局关系表达了中国古代宇宙互渗的思想。古人认为，天上以北极星为中心，所有星宿都围绕着它而布局，因此在北京城的布局上以中轴贯穿全城，使天下山川都围绕它而布局。如景山作为紫禁城的镇山，布置于都城的正北。天坛、地坛、日坛、月坛则是按照日东月西、天南地北的思想布置于都城的四个方向，中山公园（社稷坛）、太庙（祭祖）则是按照左祖右社的礼法进行布置。

二是很多皇家园林多选址在河道、湿地附近，与城市的水源保护和水利建设密切相关。依托水利建设皇家禁苑，在很大程度上体现了统治者对都城重要生态资源控制和保护的强烈意识。早期园林特别是皇家苑囿面积广袤，其中河流薮泽众多，与兴治水利有非常直接的关系。苑囿中的水体，通常首先是城市水利系统的重要枢纽。同时，薮泽、河流中动植物资源非常丰富，经常成为贵族们游猎的场所。如目前保存最为完好的颐和园，就是依托湿地进行的园林建设思想的集中体现。颐和园最初是处于北京西北郊的一片风景绝佳的湿地，生态条件优良，乾隆以昆明湖作为北京的水利枢纽，为北京城调蓄水源、接济漕运、灌溉农田，是水利工程和造园相结合的经典范例。玉渊潭、紫竹院、莲花池也都与此类似。

三是依托风景区进行园林建设，如香山、八大处、北京植物园等，主要是以西山等自然山川为背景和借景进行园林建设，并起到了合理利用和保护北京生态屏障的作用。

表 1 北京的历史名园与城市的关系

历史名园	建造年代	与城市的关系
颐和园	1750 年	城市的水利枢纽、生态中心
天坛	1420 年	皇帝祭天场所，位于都城之南，在都城中轴线上
圆明园	1707 年	都城西北郊风景集群
北海公园	辽代	原是一片沼泽地，上源为高梁河
玉渊潭公园	金代建御苑	位于金中都的西北郊，辽代为一蓄水池，汇聚西山诸水而成大泊湖
紫竹院公园	乾隆年间建“紫竹禅院”行宫	古高梁河发源地，金代为蓄水湖
香山公园	1186 年	依山而建，其中的碧云寺还是城市供水的源头
中山公园	1421 年	祭祀土地神、五谷神，位于都城之西，遵循“左祖右社”的规制
陶然亭公园	1695 年	地处外城偏西，因有元代古刹慈悲庵而有名
景山公园	1179 年	位于都城中轴线上，万岁山作为都城的镇山
日坛公园	1530 年	祭祀太阳大明之神的地方，位于都城之东
地坛公园	1530 年	祭祀“皇地祇神”的场所，位于都城之北
月坛公园	1530 年	祭祀月亮夜明之神的地方，位于都城之西
什刹海公园	历代的风景名胜地	是南北大运河北段的起点，作为城市水库，与都城供水、漕运相关
劳动人民文化宫（太庙）	1420 年	祭祖的宗庙，位于都城之东，遵循“左祖右社”的规制
恭王府花园	1777 年	什刹海沿岸，权臣和珅的私宅
宋庆龄故居	康熙年间	位于风景区什刹海后海沿岸，清康熙时是大学士明珠的宅第，后为溥仪生父醇亲王载沣的王府花园
莲花池公园	历代的风景名胜地	都城重要水源地
八大处公园	园中八座古刹最早建于隋末唐初	由西山余脉翠微山、平坡山、卢狮山所环抱
北京动物园	园内清农事试验场（万牲园）建于1906 年，试验场是在原乐善园、继园（又称“三贝子花园”）和广善寺、惠安寺旧址上所建	长河沿岸
北京植物园	园内卧佛寺始建于唐贞观年间	西山北的寿牛山南麓

2.2 巴黎历史园林与城市的关系

巴黎是一个轴线十分鲜明的城市，该城市风格的形成与园林的规划有着密切的关系。巴黎的历史名园大多集中在城市的中轴线上，如最为著名的凡尔赛宫、杜乐丽花园等，这种城市现象的出现并不是偶然的。

巴黎城的轴线在几百年间不断变化。香榭丽舍田园大道始建于1616年，当时的皇后玛丽·德·梅德西斯（Marie de Medicis）决定把卢浮宫外一处遍布沼泽的田地改造成一条绿树成荫的大道。因此在那个时代香榭丽舍被称为“皇后林荫大道”。

凡尔赛宫将政权中心置于首都郊外，巨大的建筑体量直接安置于自然之中，但却与城市的中轴线有着密切的联系。凡尔赛与巴黎之间有快速大道，从凡尔赛宫正门前发出，与侧旁的另外两条道路一起发散成著名的“鹅脚形式”，再次强调出中心和轴线拉伸的关系，并最终将这种关系引入巴黎城，经由著名的香榭丽舍大街通往老王

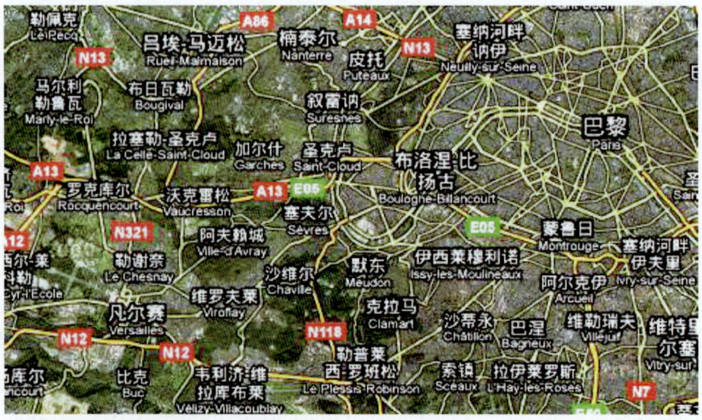

图1 凡尔赛与巴黎城

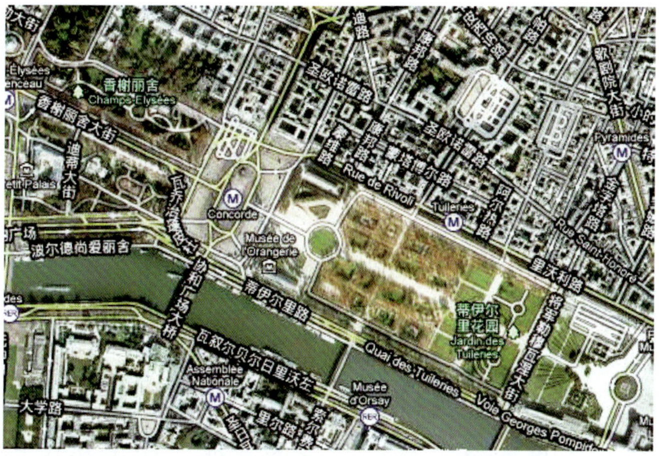

图2 杜乐丽花园与香榭丽舍大街

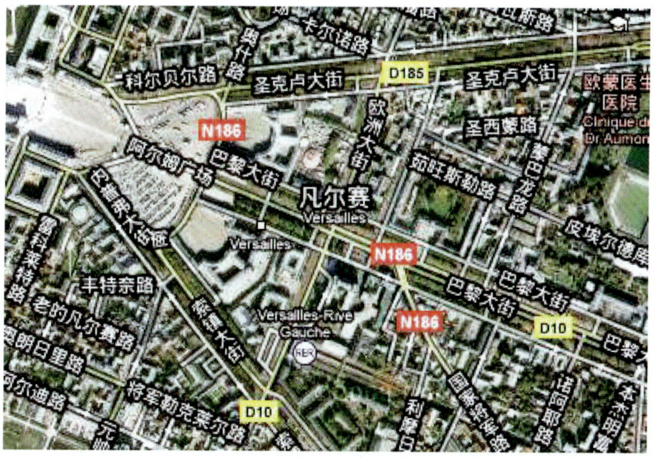

图3 凡尔赛宫的通向巴黎的大道

宫（卢浮宫）。在这里，凡尔赛花园的设计者勒诺特尔（Le Notre）通过对卢浮宫前的杜乐丽花园（Jardin des Tuileries）的改造又一次实现了同样的的设计思想：将卢浮宫西面原本静态的杜乐丽花园轴线以绿树成行的香榭丽舍大街的形式延伸出来，新的林荫道从卢浮宫出发直至现今的香榭丽舍圆形广场。太阳王路易十四可顺着这条无任何建筑物遮挡的道路观看每天消逝在西方地平线上迷人的晚霞落日。这一伟大的概念随即成为其后巴黎城市设计的决定性因素。美国城市设计专家培根在其所著的《城市设计》一书中，通过这样一个事例说明了“地区的形式如何扎根于花园设计这样一个简单的事物”。

凡尔赛花园虽远踞城外，却由高速干道和延伸的轴线与巴黎的核心紧密相连。它把轴线的一端通向城市，另一端通向森林和原野，以一种特殊的方式将自然、城市和园林联系起来。

从凡尔赛花园的选址来看，凡尔赛花园位于巴黎西南郊，原址是一片森林、荒地和沼泽，适宜狩猎，最初是路易十三修建的用于狩猎的行宫。这个位于巴黎郊区的小村落环境恶劣，被人们称作“无景、无水、无树，最荒凉的不毛之地”，并不适宜大规模建设。但路易十四却认为“正是在这种十分困难的条件下，才能证明我们的能力。”凡尔赛宫的建设客观上将巴黎的城市规划向西南方向进行了延伸，对今天巴黎城市格局的形成起到了关键性的作用。

2.3 英国伦敦历史园林与城市的关系

在伦敦的城市绿地中，八座皇家公园是伦敦历史园林的代表，共占地2000hm^2，其中海德公园、肯辛顿公园、绿园、圣詹姆斯公园、摄政公园位于市中心，格林尼治公园、里士满公园和

图4 凡尔赛宫花园大喷泉（图片来源：张宇拍摄）

图5 马尔利的水转车和输水渠（图片来源：The Gardens of Versailles）

Bushy Park位于市郊（图6、表2）。

表 2 八大皇家园林的面积与位置

名称	面积 (hm^2)	位置
Bushy Park	445	市区西南
The Green Park	19	市区
Richmond Park	1000	市区西南，距离市中心 8 英里
Greenwich Park	74	市区东南
Hyde Park	142	市区
Kensington Gardens	100	市区
The Regent's Park	166	市区
St James's Park	23	市区

图 6 伦敦八大皇家公园分布图

这些历史悠久的园林都位于泰晤士河沿岸，原址大多是森林覆盖的沼泽地，由于良好的生态环境，具有大量的野生动物，多被利用为皇家狩猎场。海德公园是世界园林史上第一个城市公园，位于城西的威斯敏斯特区，知名度居伦敦各公园之首。肯辛顿公园则是因1689年兴建的肯辛顿宫而建，后经过威廉三世、安妮女王、乔治一世和乔治二世从海德公园分离出来而形成。圣詹姆斯公园建园之前是一片沼泽地，经受泰晤士河的洪水冲击。亨利八世在1532年取得此地，并将其改造成伦敦最古老的皇家园林。绿园因建园之前的森林密布而得名，在查理二世将其规划为皇家公园之前，这片地是一片草地，泰晤士河曾经流经此地。摄政公园最初是森林密布的牧场，Tyburn River流经此地。十六世纪被亨利八世取得后，改为狩猎场的一部分。格林尼治公园位于伦敦东南的一座小山上，树木密布，泰晤士河从旁边流过。史料记载，罗马人认为这是一块风水宝地，并在山坡上建造住宅。里士满公园在成为皇家园林以前是中世纪的农场和牧场，在1637年被查理一世围成苑囿，后来作为一个皇家狩猎场。Bushy Park最早是中世纪的农场，1529年Cardinal Wolsey将这块地和汉普顿宫一起作为礼物送给亨利八世，亨利八世将其作为一个猎鹿场。

工业革命以后，伦敦进行了快速城市化扩张，大量森林、农田和湿地变成了城市建设用地。但是，这些皇家苑囿却在王权余荫的庇佑下得以相对完整地保护下来，并经过改建作为皇家公园对公众开放。这些受到保护的公园绿地的存在，深刻地影响了伦敦后来城市发展的用地规划和城市形态，并在保护城市生态和生物多样性方面发挥了无可替代的作用，成为大伦敦城市中心区的生态核与作为世界城市的特色名片。

3 历史名园与城市绿地系统的融合

随着城市的发展，伦敦和巴黎的旧城也不断地进行着更新和改造，在这个过程中，公园和绿地的数量不断增多，而历史园林也不断的与其他类型的园林或绿地形成新的绿地体系。

伦敦市中心改造项目开始于1818年，主持这项工作的是摄政王，他委托建筑师纳什（Nash）制定了一个设计结构，将摄政公园与圣詹姆斯公园改造后，在这两座公园之间修筑一条摄政街，作为公园内部轴线的延伸，将历史园林联系起来。

同样在19世纪，巴黎的园林艺术也开始摆脱了私家园林的束缚，并与城市中的各项工程紧密结合，成为城市发展更新过程中不可或缺的组成部分。第二帝国时期，奥斯曼在巴黎市郊扩大和重建了肖蒙山丘公园（Park de Buttes Chaumouts），新建了蒙苏里公园（Park Montsourie）和蒙梭公园（Parc Monceau），还开辟了大型森林公园：布洛涅森林（Bois de Boulogne）和樊尚森林（Bois de Vincennes）。这样一来，巴黎东西郊区的城市绿地面积扩展至市中心，并与历史名园、城市街道，街心花园、林荫大道以及城市公园有机整合成一体，并以此构

图7 伦敦的绿色空间框架图

成巴黎最早的点、线、面的绿地形式，它以绿地的系统性与人工的城市环境相互交融，构成巴黎最早的系统性绿地空间格局。

在近代，由于传统的历史公园已经不能适应广大市民游憩消遣的需要，大量的现代公园、绿地、广场等应运而生，通过绿廊、绿带把历史园林与现代公园、花园、林荫步道、街头绿地等公园绿地串联起来成为形成新的城市绿地系统网络，是伦敦和巴黎利用历史园林的方式。

近几十年来，伦敦把在城市与郊区中间地带的一些自然绿化保留地（如森林、公园、园林、空地等）纳入到城市绿化系统，加以系统规划，使得城市郊外自然保护地和森林不断扩大；营建了呈楔形式分布的环城绿带伸入城市，环城绿带宽约8km，在大伦敦范围内超过90000英亩（36422 hm^2），占大伦敦面积（1580 km^2）的23%。而市区内大于20公顷的大型成片绿地占总绿地的67%，其中海德公园、圣詹姆斯公园等大型历史园林所占比重很大。城市内部历史名园、大型公园、林荫干道、绿色广场、居住区绿地、街道绿地和市郊的郊野公园、森林融为一体，组成绿色网络（green network），形成一个自然、多样、高效、有一定自我维持能力的动态绿色网络体系，经过这种改造，伦敦人均公共绿地面积24.6m^2，绿地率为42%，公园、居住区花园和农地等软质地面（soft surfaces）占63%，远高于硬质地面(hard surfaces)。这其中，历史园林构成了绿色网络的中坚力量。

在巴黎，为保护和更新巴黎旧城，1977年通过的市区整顿和建设方针把巴黎分成三个部分：第一部分是历史中心区，范围为18世纪形成的巴黎旧城。在这个区内，主要保护原有的历史面貌，维持它的传统职能活动；第二部分是19世纪形成的旧区，主要加强居住区的功能，限制公司办公楼的建造，以保护统一和谐的面貌；第三部分是周边地区，这些地区允许建设一些新的住宅和大型设施，并加强区中心的建设，使边缘地区的社会生活多样化，更具生命力。

同时，巴黎实行城乡一体化,恢复和建立城市自然景观，构成一个自然多样、自我维持力强的绿色景观体系，把城市环境代谢从营养结构的直链模式转变为区域环境分解循环的环链模式，促进城市与自然的协调。在巴黎市中心，绿地数量较少，历史名园杜乐丽花园、卢森堡公园和植物园（Jardin des Plantes Garden of Plantes）等是面积较大的公园绿地。在市郊，契形绿地和环城绿带面积巨大。巴黎市区与农村过渡地区的面积有3000km^2，森林、农田占59%，绿地以保存的自然地貌环境为主，并以河湖为中心，开辟大公园、游乐场和水上乐园等康乐基地；自然地区和农业区面积9000km^2，人口100万，通过发展小城市保护农田及绿地，并在西北和西南部分别开辟600km^2和250km^2的地区自然公园。在市区附近，市东西边缘有布洛涅森林公园和樊尚森林公园两块楔形绿地，历史园林凡尔赛花园、枫丹白露花园也是被面积巨大的森林所包围，一起组成巴黎郊外的森林体系。此外还有距市中心10～30km处1187km^2的环城绿带。整个大巴黎的森林面积达2880km^2，占全部土地面积（12000km^2）的24%。

巴黎的历史园林面积虽然在城市绿地系统中所占比例不大，但却在绿地网络化系统的形成过程中，起到了关键性的发展原点和景观节点的作用，并对城市景观风格的形成产生了影响。

4 历史名园在世界城市建设中的作用

伦敦、巴黎和北京三大城市有着很相似的发展脉络，都经历或正在经历着从古代都城向现代化世界城市发展的过程。历史名园作为城市文化和生态文明的结晶，在传承不同民族的城市文脉、体现城市生态文明、推动城市文化事业发展、构建国际交往平台、提供民生保障服务、促进城市旅游事业发展等方面都发挥着不可替代的作用。相比较而言，巴黎的历史名园是欧洲规则式园林的典型代表，勒诺特尔式的几何规则不仅影响着法国园林的风格，而且也深刻地烙印在巴黎的城市形态和城市肌理之中。从这个角度看，巴黎历史名园几何对称的布局和大尺度、大色调的景观视觉效果，正是巴黎城市规划理念和城市文化的最好解读；而伦敦的历史名园更多地体现着英国风景式园林的特点，表达尊重自然和保护生物多样性的城市文化理念。北京的历史名园则传承中国自然山水园林的衣钵，体现着中国人“天人合一”的理想追求，是古都北京的独特文化魅力，突出反映了城市悠久的历史文化，是构建世界城市的重要组成部分。

4.1 延续城市的历史文脉，彰显城市文化魅力

历史文脉是一个城市或地区在长期的历史发展中形成和积淀下来的历史文化特色，它不仅是一个城市或地区与其他城市和地区相区别的标识，也往往是其可持续发展的根基所在。而近年来，城市为了改善生态环境，绿化面积不断增加，而众多的绿地在强调其生态作用、景观作用、生物多样性的同时，往往缺少历史文脉。随着城市大规模改造，导致大多数城市的“千城一面”，致使城市特色消失。现代城市规划理论认为，文物遗产对维护城市的景观特色具有重要作用。一座城市的历史文化积淀越深厚，历史遗存越丰富，其景观特色就越强烈，环境形象也就更加丰富和深入，城市个性更显突出。而历史园林作为城市历史文化的积淀，具有不可复制性，是城市与生俱来的历史文化特色，这种深厚的底蕴和内涵体现着城市的文化魅力和个性特色，可以毫不夸张的说历史名园就是一个城市的“名片”。

在世界城市的各项排名中，北京历史名园的数量始终居于中国和世界城市的榜首。北京自金代开始，就成为中国北部的重要政治经济中心，有着大批的文物古迹。历史名园作为北京城市的底蕴、遗传基因和个性特征，是北京3000年建城市、850年建都史的物质载体，是北京作为国家首都的历史物证，是北京建设世界城市的丰厚资本，也是现代城市生活不可或缺的组成部分。历史名园经过百年的积淀，已经成为北京历史文化、传统风貌、民族特色的物质载体，传承和展示中华民族独有的物质遗产和文化财富，传递着北京不同历史时期山水格局、人文特色的真实信息，使首都散发着独特的文化魅力。颐和园、天坛、北海等历史名园在北京，乃至全世界都是家喻户晓，他们延续着地区的历史文脉，传承着城市的文化，使北京的国际化发展没有“丧失记忆和个性”。

而作为巴黎景观标志的凡尔赛宫虽然距离巴黎市区十余公里，但在位置关系上却联络着城市的历史文脉。巴黎的这条城市历史轴线经过多次改造、发展和保护，都与历史园林息息相关，体现了历史园林在历史城市改造和保护中的重要作用。

伦敦的皇家园林经过数百年的传承，保留着数百座形态各异的建筑、雕像和纪念碑，如肯辛顿公园中的肯辛顿宫、海德公园的演讲角、Bushy Park中的汉普顿宫等，这些遗产诉说着伦敦这座古老城市的历史，延续着城市的文脉。

4.2 历史名园是城市文明的生态标志

公园具有重要的生态功能，被比作城市的“肺”和“肾”，是城市生态文明建设中不可或缺的组成部分。由于历史名园历史上多为皇家或贵族所有，往往面积较大，生态环境较好，对改善城市生态环境、维护城市生态平衡起到了重要的作用。特别是位于首都核心区内的历史名园更是城市中珍贵的绿色生活空间，在世界城市发展建设中发挥的作用不可忽视。

巴黎和伦敦的历史园林中往往维持着更为自然的生态环境，园林中具有大量的草坪、湿地和森林，园中的湖大多是自然驳岸，提供了从湖水到陆地的过渡空间，这种多样的生态环境为野生动物的栖息提供了条件，吸引了大量的野生动物，使得公园内的生物多样性大为增加。

英国人常说，如果没有这些皇家公园，伦敦将会是一个灰色的城市。伦敦人尤其强调自然环境对野生动植物生存空间和城市居民的价值，常

图8 肯辛顿公园中的肯辛顿宫

图10 海德公园的植物群落

图11 肯辛顿公园的自然草地

图12 里士满公园的森林和草地

图13 位于市中心的圣詹姆斯的野鸭

图14 古树的残体

图15 里士满公园大量的鹿群

图9 适合动物生存的缓坡过渡的驳岸（伦敦肯辛顿公园）

以野生动物，尤其是鸟类和小型哺乳动物多样性衡量城市绿色空间质量的重要标志。伦敦的海德公园有大量成熟的大树、灌木和草地，这些植物为各种鸟类提供了栖息的场所，据统计，海德公园内有多种啄木鸟，15个种类的蝴蝶，138种的蛾。其中的Serpentine Lake有着大量的水鸟，包括凤头鸊鷉，各种野鸭、天鹅和野鹅。圣詹姆斯公园的鹈鹕，经常停留在坐在长椅上的游客旁边。市郊的Richmond Park和Bushy Park则有大量散养的野鹿可以随意地在园中漫步。

在北京的历史园林中，由于游人密度过大和过度“以人为中心”的精细化管理，使得公园绿地中的野生动物和鸟类越来越少，生态价值降低，形成“绿色沙漠（green deserts）”。形成这种差异的原因主要有两方面。

一是保护观念的差异。在中国人的固有观念中，城市是人类大量聚集的地方，野生动物与城市往往互相排斥，在城市规划中往往片面的只考虑人的因素，而忽略动物的因素。而欧洲人则在园林的保护上充分考虑两者的关系，达到人与动物的和谐相处。如伦敦的园林保护部门极力强调自然环境对野生动物生存和当地城市居民的价值，保护那些唯一的，不能在伦敦以外地方重建的区域，反对在具有特殊科学意义的区域、地方性自然保护区和其他生态敏感地带进行人为的开发。这样的规定，要求在城市规划时，首先要考虑对开发区域的自然保护进行评估，既要考虑濒危物种，保持物种的丰富度，又要考虑当地居民的需求。在不影响自然保护地的前提下，相邻地区才可以进行发展和开发。即便如此，也要为生物的活动留出生物通道，形成开敞空间的网络结构，保持自然演变的整体性和连续性。

二是人为干扰。在园林中人为对动物的干扰也是影响中西历史园林景观动物景观的一个重要因素。在北京的历史园林中，游人对动物的爱护不够，捕捉、伤害动物的现象时有发生，同时人为对水体的污染、巨大的噪声等使动物不堪其扰。而在伦敦、巴黎的园林中却很安静，人们与动物和谐相处。管理者为了保护水生动物而对水体进行清洁和除污。同时，伦敦、巴黎园林中管理者对动物保护的宣传力度也很大，这对提高人们保护动物的意识提高有着重要作用。

4.3 历史名园是城市文化事业发展的有力支撑

历史名园深厚的历史文化积淀、丰富的文化资源共享是满足世界城市文化需求的要素。据统计，北京的历史名园每年平均举办各类展览、文化活动100余项。2009年国庆游园活动期间推出了60项展览展示、60项文艺演出、60项文体互动，以及群众自发组织的3000处文体娱乐活动，吸引1300余万游客参与，为首都文化事业的发展提供了有力支撑。党和国家领导人也曾亲自参与游园活动，尤其是在国庆60周年的游园活动中，胡锦涛总书记亲临颐和园体验游园、检查工作、慰问职工，表现出对历史名园建设发展的深切关怀。

历史名园中的特色活动也被传承下来，成为公园不可分割的成分。如伦敦圣詹姆斯公园的女王阅兵活动；海德公园的演讲角演讲活动；巴黎枫丹白露宫的露天音乐会；北京颐和园的苏州街宫市；天坛公园的祭天倚仗和乐舞表演活动等。但与国外相比，北京历史名园的文化平台的建设略显简单。现有的文化活动多为展览展示、文化宣传、文艺演出等，更多的是对历史名园文化的复制，缺少创意，存在局限性。针对这一情况，一方面，需要加强对公园历史文化内涵的挖掘和研究，更多地融入现代科技元素，以更新颖的文化形式表现出来。另一方面，需要首都各行各业的关心和支持，增强对历史名园周边和所在区域历史文化的理解，将历史名园置于区域的历史大背景中进行文化研究，并与首都文化、旅游等产业融合发展，向世界展示首都的历史文化内涵。

4.4 历史名园是国际交往的平台

历史名园作为城市国际交往和重要国事的平台，能够更好的展示城市所特有的文化魅力，并提升国际影响力。

北京的历史名园在北京奥运、中非合作论坛峰会、中法文化年等国际交往活动中，充分发挥重点接待单位的作用。近10年来，颐和园、北海公园等先后接待了美、英、法等国历届总统总理，以及国际奥委会历任主席等国际组织要员800余人次。从外宾游客接待情况看，2009年外宾达到268万人次，是改革开放之初的4倍，三级以上外事任务接待量也从1978年的50余次增长到2009年的近110次。

4.5 历史名园为建设世界城市提供民生保障服务

历史园林经过变迁，从过去为少数人服务转变为多数人服务，成为城市居民游憩和休闲的空间，是构建宜居和谐城市环境的重要组成部分。在新的形势下，历史园林不但要进行保护，还要不断满足人们的需求。

图16 海德公园内保护动物的宣传牌

图17 公园中的鸟类科普宣传牌

图22 公园中摆放动物保护组织的宣传雕像

图18 圣詹姆斯公园举行的骑兵游行

图19 伦敦皇家公园中大量跑步的人

图20 公园中的专用自行车道

图21 在草坪上休闲娱乐的人们

北京的历史名园不但是历史，是文化，还是游客的幸福指数。作为市民日常生活的重要空间，根据历史园林游客组成统计分析，市民约占游客总量的70%，其中65岁以上老年人占40%，中年人、青年人、未成年人各占20%。目前，园内市民自发组织的娱乐健身活动多达530余处；每位市民平均每天有2小时在园内度过；每天早晚锻炼的市民已经超过10万人次，历史名园作为市民生活和工作之外的重要活动空间，是服务保障民生和建设宜居城市的重要内容。

与北京一样，伦敦和巴黎的历史名园为游客和市民提供了健身和休闲的场所，所不同的是伦敦和巴黎的历史名园提供了大量的草坪供人们休闲，如伦敦皇家公园的宣传版上写着“Please walk on the grass”的宣传标语，人们可以在任意草坪上晒太阳、踢球、聚餐、集会等。同时，伦敦的大多数皇家公园都开辟出单独的“green routes”，供骑自行车爱好者运动，有的公园甚至还有骑马专用道。由于立法的完善和居民素质的提高，在伦敦和巴黎的历史园林中很少有野泳、兜售商品、钓鱼等不文明行为。

相比于国外世界城市，北京历史名园存在着周边游览空间不足、配套服务缺失、安全隐患显现等现象。以天坛公园周边停车服务为例，天坛公园作为世界文化遗产单位，年均接待游客600余万人次，但周边社会停车位为零，直接影响到整体服务质量，与游客游览需求脱节。针对以上问题，我们需要科学合理地做好历史名园扩容规划并有序推进实施，加强园林硬件升级，拓宽游览空间，提高资源承载能力。通过对历史名园内部及周边用地情况的深入调研分析，掌握游客构成的特点及游览空间需求，并联合有关部门、专家学者开展研讨，详细编制历史名园扩容规划，加大周边环境改造和配套服务设施建设力度，优化游览路网与疏散节点建设，逐步推进各名园周边改造等工作，为服务保障民生、建设世界城市做出更大贡献。

4.6 历史名园是城市旅游事业发展的核心力量

历史园林由于其独特的文化内涵，受到各地旅游者的追捧，是城市经济的重要支柱。历史名园对城市旅游经济发展的拉动作用，不仅来自门票收入，更重要的是带动了周边旅游消费。据北京市旅游局统计，历史名园的游客接待量在全市旅游接待量中占有很大比重，2009年北京市全年接待旅游总数1.67亿人次。历史名园接待购票游客约6392万人次（不包括持年月票游园的3500万人次），约占全市旅游接待总人数的40%。

在伦敦的八座皇家公园全部免费对外开放，每年参观人数达3700万人，其中毗邻白金汉宫的圣詹姆斯公园每年就有670万游客。巴黎除凡尔赛宫、枫丹白露宫等需要特殊保护的世界遗产外，像杜乐丽花园、卢森堡公园等历史名园也都实行免费开放。

在绿地建设管理中，伦敦、巴黎的这些免费的公园采取政府引导，完善立法，公众参与，公私兼营的理念和措施。在管理上大多采取外包合同，确保了园林维护的质量。在收入上，除了政府财政拨款之外，一是通过创造优美的环境，拉动游客的餐饮、娱乐消费增加收入，如公园内咖啡店、饭店经营、游客租用椅子在草坪上晒太阳是公园收入的一大部分。同时制定符合宏观方针的商业规划，开展商业活动筹集经费，如伦敦皇家公园署与动物保护组织合作，通过在公园中摆放保护大象的宣传雕像获得数百万英镑的收入；通过与电影公司合作拍电影、举办音乐会、开设溜冰场等增加收入。

参考文献

[1] 边际．历史名园保护规划研究．同济大学硕士论文，2007.
[2] 郦芷若，朱建宁．西方园林．郑州：河南科学技术出版社，2001.
[3] 周维权．中国古典园林史（第三版）．北京：清华大学出版社，2008.
[4] 吴祥艳．法国历史园林保护理念和实践浅析．中国园林，2003.7.
[5] 朱雷．从凡尔赛到拉·维莱特——试析两个园的空间构成与巴黎城市的双重脉络．新建筑，2007.1.
[6] 王跃，巴黎城市绿化基本特征及对上海绿化发展的启示，上海建设科技，2009,1
[7] 张庆费，乔平，杨文悦．伦敦绿地发展特征分析，中国园林，2003，10.
[8] 崔柳，陈丹．近代巴黎城市公园改造对城市景观规划设计的启示．沈阳农业大学学报（社会科学版），2008，10.
[9] 吴祥艳，付军．美国历史景观保护理论和实践浅析．中国园林，2004,3.

基于世界城市目标的北京园林绿化建设的思考

李炜民　北京市公园管理中心　北京　100044

摘　要：从自然地理概况、历史文化传承及生态环境建设等方面分析了北京建设世界城市的独特优势，探讨并分析了园林绿化在北京城市环境建设中的地位，在此基础上提出了基于世界城市建设理念的北京园林绿化建设的对策。

关键词：世界城市；园林绿化；文化传承

世界城市是在市场化、城市化、国际化等力量推动下，逐步培育、形成和发展起来的，其显著的特点是对国际政治、经济和文化具有广泛控制力和影响力。目前北京正在瞄准建设世界城市的目标，站在新起点上全面推进实施"人文北京、科技北京、绿色北京"战略，以形成北京在国际城市中的核心竞争力，这成为未来北京城市发展的新引擎和动力源泉。作为国际大都市的高端形态，世界城市坚持最先进的发展理念，最创新的发展模式，更需要具有一流的生态环境。北京作为国家首都、世界著名的历史文化名城，具有其他首都城市所不具备的自然条件和历史文化资源。着眼于建设世界城市的目标，北京应充分利用其自然与历史文化遗产资源优势，依托皇家园林核心价值体系及其国际影响力，按照世界城市的标准对接北京的园林绿化建设，着力构建与世界城市相匹配的生态环境和人居环境。

1 北京建设世界城市中的资源环境特点和优势

1.1 优越的自然基础条件

1.1.1 山水相依的独特地理形态

北京地处华北大平原北端，拥有优越地理位置，地域内三面环山，山地面积约占到市域总面积的2/3，各山脊大致可连成一条平均海拔1000m左右的弧形天然绿色屏障，山川秀美。东南部是一片缓缓向渤海倾斜的平原，河谷冲积形成肥沃的土地。河流湖泊众多，流经北京境内的永定河、潮白河等河流多由西北部山地发源，向东南蜿蜒流经平原地区，最后分别汇入渤海。自然景观资源促进了北京城市的历史演变，也形成了北京城市与山水相互映衬的独特自然地理景观，这种自然结构地貌的优势是国内外很多城市都无法比拟的。诚如幽州赋中所言："幽州之地，左环沧海，右拥太行，北枕居庸，南襟河济，诚天府之国"。

1.1.2 四季分明的气候植被特征

北京属暖温带半湿润大陆性季风气候，四季分明，气候宜人。春季干旱少雨、夏季高温多雨是主要特征，年平均气温13℃，1月份最冷，平均气温-3.7℃，7月份最热，平均气温25.2℃，年平均降雨量507.7mm，无霜期189天。北京具有适合城市发展的气候优势。

北京植物区系绝大部分属于北极植物区的中国—日本植物亚区，受气候的影响，形成的地带性自然植被类型为暖温带落叶阔叶林。北京西部和北部山区，气候与土壤随海拔高度的增加呈现

作者简介

李炜民／男／1963年生／1984年毕业于北京林业大学园林规划专业／现任北京市公园管理中心总工程师／教授级高级工程师。

明显的垂直分异，植被垂直分布明显，典型的植被类型和气候特点造就了北京独特的景观风貌，旅游资源丰富。

1.1.3 丰富多样的自然生物资源

北京独特的自然地理条件造就了丰富的生物多样性资源。根据调查，北京已知有各类动物3200种以上，国家级保护动物126种；鸟类有396种，约占全国鸟类种数的28%。北京的植物资源也非常丰富，据《北京植物志》记载，北京地区有维管植物158科，759属，1482种及151个变种、亚种。这些丰富的动植物资源维护着首都城市生态系统的稳定和持续发展，同时为北京园林绿化和生态环境建设提供了良好的基础条件。

1.2 丰厚的历史文化积淀

从世界范围来看，与当今著名的世界城市（如纽约、伦敦、东京、巴黎等）相比，北京有着独特的历史文化优势，其悠久的历史文化可以上溯到大约五十万年之前的远古时代，世界上几乎任何一个城市都不能与北京相比，北京历史文化名城的地位始终居于中国和世界城市前列。

北京有3000多年的建城史和850多年的建都史，在作为都城的时期里北京建造了许多宏伟壮丽的宫廷建筑、皇家园林、坛庙和陵墓，为当今留下了大量的文化遗产资源，成为我国拥有帝王宫殿、园林、庙坛和陵墓数量最多、内容最丰富、保存最为完整的城市，这也是其他世界城市所无法比拟的。据近几年的文物及绿化普查资料显示，北京市共有文物古迹7309项，其中国家级文物保护单位42个，市级文物保护单位222个，现有古树名木4万余株，形成了以世界文化遗产周口店、故宫、长城、颐和园、天坛、十三陵为代表，涵盖不同层次的园林文物古迹体系。

北京的古典园林一直是以皇家宫苑建设为主线不断发展的，其主体建设始于辽、金，至明清时期基本形成以皇城为核心，皇家园林为骨干，王府私家宅院为基础的园林体系。在北京旧城的布局中，气势雄伟的皇城位居全城的中央，天、地、日、月坛分布城的四个不同方位，从西苑三海到三山五园，构成了这座古老城市的一幅有机长卷。今天的北京城市规划，其城市布局系统依然脱离不开以皇家园林为基础的传统园林体系。

皇家园林作为中国古典园林艺术的集大成者，已成为支撑首都历史文化名城，体现北京古都风貌的重要元素与核心代表，以其独到的艺术成就为世界所公认，成为人类共同的文化遗产，京华园林深邃的文化，也吸引着大批的外国游客前来观光游览，很好的推动中外文化的交流，增加了北京的文化影响力。

1.3 良好的生态环境建设

北京特殊的地理环境和历史条件孕育了众多的风景园林文化资源，造就了古典园林与现代城市绿地系统相结合的独特风貌。元大都，特别是明代北京城，城市的规划沿袭了《考工记·匠人》营国制度的传统规制，又继承了中国历代的营造都城积累的经验，建都规划的思想中充分利用了自然条件，追求天人合一的理想境界，北京古城的水系统、水环境和山水得以完美结合。

新中国成立以来，北京的生态环境安全历来是政府高度重视的战略问题，北京的城市建设一直以生态环境为核心，追求城市与自然的和谐发展。长期以来，北京市政府始终坚持把“空气清新、环境优美、生态良好、人居和谐”作为城市建设的目标，不断推进“高标准的生态体系、高水平的安全体系、高效益的产业体系、高品位的文化体系、高效率的服务体系”建设，为改善北京的生态环境建设进行了不懈的努力，使之成为首批国家园林城市。近年来，随着园林绿化事业的跨越式发展，城乡生态环境质量显著提高，面貌明显改善，初步实现了城市青山环抱、市区园林环绕、城区公园密布、郊区绿海田园的优美景观，为建设生态园林城市、宜居城市奠定了坚实的基础。

2 园林绿化在北京城市环境建设中的重要地位

2.1 建国初期城市园林绿化建设思想

新中国成立初期，北京的城市环境建设十分薄弱，党和国家对此非常重视，及时做出了绿化北京的指示。1958年8月，毛泽东在中共中央政治局扩大会议（北戴河会议）上提出："要使我们祖国的山河全部绿化起来，要达到园林化，到处都很美丽，自然面貌要改变过来"。同年11～12月，中国共产党八届六中全会指出"应当争取在若干年内，根据地方条件，把现有种农作物的耕地面积逐步缩减到三分之一左右，而以其余的一部分土地实行轮休，种牧草、肥田草，另一部分土地植树造林，挖湖蓄水，在平地、山上和水面，都可以大种其万紫千红的观赏植物，实行大地园林化"。1959年3月，毛泽东更明确地提出了"实行大地园林化"的奋斗目标，3月27日《人民日报》登载了《向大地园林化前进》的社论，传达了这一思想，为后人描绘了绿化祖国的宏伟蓝图。

2.2 总体规划结构体系核心组成部分

城市规划建设的空间布局，是城市历史文化的演化在地域空间上留刻的有形足迹。现代北京城脱胎于明清北京城，而明清北京城最精彩的是拥有一条贯穿全城中心的南北中轴线，城市建设均以此轴线为核心，对称有序展开。新中国成立后，北京在城市发展中提出"以旧城为中心向四郊发展新区"、"分散集团式"、"绿化隔离带"、"两轴两带多中心"等新的城市空间布局理念、布局模式，把北京城市建设推向一个更加广阔、更加丰富多彩的地域空间。

北京颁布的每一个城市总体规划方案，都坚定不移地维护中轴线在城市空间布局的轴心地位，这就是北京城市空间布局的特点。在北京的历次城市总体规划中，城市绿地系统专项规划都作为独立的体系纳入到城市总体规划中。从1953年开始的历次城市总体规划中，从市域来说都坚持"大地园林化"，强调山区绿化和平原地区农田的林网绿化，在主城区坚持环状和楔形的绿地结构，尤其是近两次北京市的总体规划一直将第一、二道绿色隔离地区以及楔形绿地作为城市规划的重要内容。从北京城市总体规划发展和逐步完善的过程中我们可以看出，城市园林绿地系统始终是北京市总体规划结构布局当中的核心内容。

2.3 奥运举办促进园林绿化快速发展

北京奥运会的成功举办，奠定了北京建设世界城市的坚实基础。面向奥运会的城市园林绿化美化工作取得了极大的成绩，高标准兑现了北京申奥时的7项绿色承诺，奥运期间，优良的城市生态环境，优美的城市园林景观风貌，优质的公园和风景名胜区接待服务水平，保障了"绿色奥运"战略的成功践行。百年奥运也激发了园林景观的百花齐放，以园林绿化科技创新为先导，精心布置的奥运绿化景观，营造了喜庆祥和的气氛，彰显出园林的独特魅力。

北京奥运会的筹办和举办，不仅提升了首都城市的综合竞争力，也极大地提升了首都城市的国际影响力。奥运会给北京、中国和世界留下了独特的精神财富和物质财富，特别是"绿色奥运、科技奥运、人文奥运"三大理念转化为"人文北京、科技北京、绿色北京"三大发展战略，成为北京建设世界城市的独特的财富和优势，对促进北京全面协调与可持续发展将产生积极和深远的影响。

3 面向世界城市北京园林绿化建设的发展对策

面对建设世界城市的目标，北京园林绿化面临着社会大转型、城乡大统筹、生态大发展、环境大提升的重要机遇期，结合世界城市的发展经验，应坚持让园林绿化在北京建设世界城市进程中发挥其更大的、无可替代的作用。

3.1 统筹城乡，构筑优良生态环境

3.1.1 完善绿地系统格局

城乡生态环境是一个有机综合体，面向世界城市的北京园林绿化建设，应把郊区广阔的绿色空间作为城市绿地的有机组成部分和结构内容，逐步完善城乡一体的绿地系统，并从总体上不断提高绿化覆盖率。

中心城区面临的主要问题是绿地总量较少且分布不均，城市热岛效应较为突出，该区域重点是建设面积大于3hm²的集中绿地，形成以绿地为中心的低温区域，降低城市中心区的热岛效应，为城市居

民提供舒适的户外活动场所。同时以实现500m服务半径为目标完善公园绿地建设，并在城市中大力发展立体绿化；城市近郊区应继续推进建设1～3万m^2以上大型集中绿地，完善第一道和第二道绿化隔离地区，加强中心城、新城和小城镇等各级绿地系统的有机联系，在绿化隔离地区应积极推进郊野公园环的规划和建设，丰富北京的公园体系；通过规划和建设楔形绿地，打通城市生态廊道，完善城市的生态健康游憩体系，用道路附属绿地和带状绿地串连公园绿地，各级各类公园通过步行道路与绿地组成的廊道相连接，提高景观连接度的同时，更好的服务城乡居民。

3.1.2 提升绿地建设质量

建设与自然和谐、回归自然的生态城市是各国人民的共同愿望，也与世界城市先进的、可持续的发展理念相契合。园林绿化兼具生态、社会、经济三种效益，具有生态、景观、文化、游憩、防灾避险等多种功能，因此，站在建设世界城市的高度，北京的园林绿化建设应着眼于长远，提高绿地建设质量标准和水平，改造优化现有绿地，以提升其绿地的综合功能和效益。

面向世界城市的园林绿化建设，应立足于科技创新，加大城市园林生态、节约型园林建设等方面的研究力度，探讨绿地建设和管理的新理念、新技术和新材料及其应用，提升绿化景观效果和绿化的档次，降低养护管理成本，在有限的面积上实现绿地效益的最大化；应深化对首都园林绿化鲜明的政治服务性、社会公益性、辐射示范性和文化游憩性、科普教育性等特征的认识，不断完善绿地的综合功能，并努力实现功能作用的最大化；应因地制宜，积极建设贴近市民群众日常需要的中小型公共绿地，加大中小型绿地公园化改造力度，提高城市土地的利用率和使用效益，进一步发挥其综合功能，从而更好的满足市民游憩健身需要，发挥公园对于城乡居民的服务作用。

3.2 打造名园，增强城市文化魅力

文化是一个城市走向世界的重要创新之源，是城市向高端发展的必要保障，文化领域的建设和发展对于北京建设世界城市的目标具有举足轻重的意义。应更好的展示北京这座世界文化名城的文化魅力。

3.2.1 塑造北京文化品牌

国际上公认的世界城市都比较注重塑造自己的文化品牌，例如，重视旧建筑的价值，塑造城市的文化品牌成为伦敦复兴的一抹亮色，在城市建设和发展中古旧建筑的保留、文化氛围的营造成就了伦敦的文化品牌。

北京是历史文化名城，几千年历史文化积淀使其成为独具魅力的世界名都。北京历史文化名城中最重要的组成部分是以皇家园林为核心的园林体系。面向世界城市的园林建设中，应不断总结以皇家园林为核心的北京园林体系的历史文化特色，加强北京园林历史文化内涵的挖掘和研究，从中发掘千年文化赋予北京独特的城市精神，努力打造北京的文化品牌，这是北京走向世界城市的题中之意。

3.2.2 搭建国际交往平台

以历史文化名园为核心的北京园林体系承载了北京丰富的历史文化内涵，是北京建设世界城市过程中重要的着力点，但是当前北京的历史名园文化平台搭建还未达到世界城市的标准，现有的文化活动多为展览展示、文化宣传、文艺演出等，更多的是对历史名园文化的复制，缺少创意。

面对建设世界城市的目标，应按照世界城市的标准对接北京的园林建设和管理，着力打造世界名园，加快软件升级，提高服务水平，努力发挥其作为城市名片和国际交往平台的作用。在公园文化活动中更多的融入现代科技元素，同时增强历史文化名园周边区域历史文化的研究，向世界展示首都的历史文化内涵，不断提高世界名园公园品牌效应的国际影响力。

3.3 服务百姓，促进和谐社会构建

园林绿化作为提高广大人民群众的生活质量的社会福利事业，能够很好的促进宜居城市建设和构建和谐社会。一个城市达到宜居城市的标准是由多个方面的条件决定的，但是完善的绿地体系是重要

的基础条件。

3.3.1 提高服务水平，营造健康便捷游憩空间

园林绿地尤其是公园已经成为满足城市居民休憩功能的重要活动空间，是服务保障民生和建设宜居城市的重要内容。作为支持城市功能良性运转并具有生命活力的基础设施，园林建设是提高人民幸福指数的重要手段，是推动城市区域经济繁荣和社会和谐进步的重要载体，更是实现人与自然、人与文化、人与人之间等多元和谐的积极催化和平衡元素。

通过绿地系统的合理规划，推进城市范围内集中公园绿地建设，按照世界城市的标准对接北京历史名园管理建设，切实提升北京历史名园服务首都建设世界城市的综合能力和服务水平，使更多的居民特别是社会低收入等弱势群体能进入公园，共享园林绿化建设的成果，发挥公园作为公益性事业的生力军作用，从而更好的匹配北京的世界城市建设。

3.3.2 引导健康生活，建设和谐社会首善之区

生态文明是科学的发展理念，是发展的协调性、可持续性的重要指标，最能反映一个国家和地区的文明程度和发达水平。随着北京现代化、国际化水平的不断提高，良好的生态环境对促进地区健康发展和社会和谐至关重要。

面向世界城市的城市园林绿化建设应着力打造社会绿色生活空间，引导市民休闲生活方式的健康趋向，让广大人民群众平等分享绿色空间，体验绿色生活。通过园林的窗口和示范作用，不断提升公民的生态意识、科学精神与人文素养，实现经济社会与环境建设的良性发展，树立首都和谐社会的典范。

4 结语

园林绿化是城市中重要的、有生命的基础设施，是城市现代化建设和建设生态城市的重要内容，也是提高广大人民群众生活质量的公益事业。以皇家园林为核心的园林绿化建设是北京城市重要的底色和名片，是北京历史文化名城的重要组成部分，同时也为首都建设世界城市提供了重要的文化与环境的支撑点。作为衡量一个城市国际化程度的重要评价标准，北京建设世界城市离不开园林绿化事业的快速发展。园林绿化在首都建设世界城市的进程中，必将承担起更加光荣的责任和神圣使命，发挥着更加独特的地位和作用。

参考文献

[1] 刘秀晨.60年园林绿化回首.中国园林,2009, 25(10):18–20.
[2] 季延寿,丁辉主编.丰富多彩的北京生物多样性.北京：北京科学技术出版社，2008.
[3] 贺士元，刑其华,尹祖棠,等.北京植物志[M].北京：北京出版社.1984：1–4.
[4] 甘敬,胡涌.绿色奥运与北京生态环境建设的理论与实践.北京林业大学学报，2002,24 (5) ：61–66.
[5] 沈金箴.东京世界城市的形成发展及其对北京的启示.经济地理,2003,23 (4) ：571–576.
[6] 谢守红，宁越敏.世界城市研究综述.地理科学进展，2004，23(5):56–66.
[7] 李国平. 世界城市格局演化与北京建设世界城市的基本定位. 城市发展研究研究，2000，1：12–16.
[8] 北京市园林绿化局编.北京市城市园林绿化普查资料汇编2005[M]，北京：北京出版社，2006：33–81.

首都园林绿化在世界城市建设中的发展对策研究

王军　北京市园林绿化局研究室　北京　100029

建设中国特色世界城市，是北京市委、市政府面向未来发展确定的新的战略目标。园林绿化作为首都生态环境建设的主体，是体现一个城市国际化水平、现代化特征和宜居化程度的重要标志，在中国特色世界城市建设中发挥着不可或缺的重要作用。

1 高度发达的园林绿化是世界城市的重要支撑

世界城市是国际大都市的高端形态，对全球经济、政治、文化等具有重要影响力，目前国际公认的世界城市主要有纽约、伦敦、东京等。剖析典型世界城市生态环境建设历程，不难发现，园林绿化事业承担着优化生态环境、展现国际形象、推动持续发展的艰巨任务，是世界城市建设的重要支撑。

1.1 园林绿化是构建世界城市环境体系的重要基础

由公园绿地、森林植物、果园农田、绿色路网和河流水系等基本要素构成的城市环境体系，是维护公众健康和优化城市环境的重要载体，发挥着改善生态环境、美化景观环境、优化居住环境、丰富人文环境、提升投资环境的显著作用。回顾纽约、伦敦等城市建设发展的历程，均伴随着大规模的城市生态体系建设。19 世纪初，由于对自然资源的无序性、掠夺式开发，纽约的森林覆盖率一度降低到 20%，由此引发了水土流失、自然灾害频繁发生等一系列环境问题。《休依特法案》的颁布，把大片耕种的山地尤其是陡坡耕地变成了森林，使纽约州的森林覆盖率高达 65%，城市绿化覆盖率达到 70%，人均绿地面积达 19.6m^2。20 世纪 50 年代，伦敦尝到了工业化的恶果，英国政府从生态建设、能源结构、产业布局等方面综合考虑，经过半个多世纪的不懈努力，终于摘除了“雾都”的帽子，使伦敦市森林覆盖率达到 34.8%，城市绿化覆盖率达到 58%，人均公园绿地面积高达 25.4 m^2。世界城市的发展历程告诉我们，园林绿化建设是构建城市绿色环境体系的核心要素，是经济社会发展的重要基础。

1.2 园林绿化是繁荣世界城市第三产业的重要途径

第三产业高度繁荣是世界城市的一个显著特点，纽约、伦敦等世界城市第三产业比重都在 80% 以上，第三产业就业人口的比重高达 70% 以上，而且产业内部结构都以信息金融、科技咨询、观光旅游等新兴产业和绿色产业为主。园林绿化是三次产业高度融合的基础性产业，具有发展森林旅游、生态休闲、康体娱乐、文化创意等朝阳性第三产业的独特优势和资源基础，在壮大观光旅游、刺激娱乐消费、促进商业餐饮、带动地产增值、繁荣城乡市场、拓展就业渠道等方面发挥着重要作用，是促进首都服务业发展的重要基础，也是发展旅游经济和都市型现代农业、提升人民生活品质的重要动力引擎。大力释放园林绿化资

作者简介

王军／男／北京市园林绿化局研究室主任。

源的多种功能，有助于进一步提高首都第三产业尤其是旅游产业的综合竞争力和辐射力。

1.3 园林绿化是彰显世界城市文化软实力的重要内容

世界城市的竞争实力不仅体现在经济硬实力上，更多地充分体现在社会、文化等软实力上。在全球视野下，文化发展日益呈现出休闲化、人本化、生态化的趋势，国际城市园林绿化在改善城市环境的同时，充分展现了城市特有的人文底蕴和地域风情，日本的樱花、荷兰的郁金香都已成为面向国际的国家文化。园林绿化建设汲取和借鉴传统文化，融合自然规律和人文精神，将民俗风情、传统文化、历史遗迹等融合在园林绿化中，提升了城市绿地品位，创造和烘托城市环境氛围，充分体现出城市的历史文脉和精神风貌，在提升生活品质、彰显城市魅力、丰富城市文化等方面具有重要引领和推动作用。

1.4 园林绿化是展现世界城市国际化水平的重要标志

国际大都市的发展轨迹表明，世界城市同时也是一个“绿色之都”，森林、湿地、绿地与城市面积的比例和格局配置是世界城市的重要考核指标。在当前生态危机凸显、气候变化异常的关键时期，改善生态环境质量、应对全球气候变暖、推动可持续发展已成为发达国家处理国际事务、推动国际合作的重要领域和战略共同点。当前和今后一个时期，首都在迈向国际化、全球化进程中面临的根本瓶颈就是人口、资源、环境带来的巨大压力，尤其是生态环境的承载能力将直接影响北京对高端资源和优秀人才的集聚力与吸引力。良好的生态环境、和谐的宜居环境是一个城市迈向国际化的重要衡量指标，也是体现世界城市国际化水平的重要标志。

2 北京建设世界水平的园林绿化任务艰巨

北京市绿色环境体系功能布局与伦敦等世界城市相似，突出体现在环城林带、郊野公园等大尺度城市森林景观建设。经过长期不懈的开展大规模植树造林、资源保护和绿化美化建设，首都的森林资源总量大幅提高。全市森林覆盖率达到37%，林木绿化率达到53%；城市绿化覆盖率达到45%，人均公共绿地达到15m^2。各项主要绿化指标基本接近或即将达到世界城市的水平，北京已具备了建成世界水平园林绿化体系的重要条件。但由于受自然地理条件、资源禀赋特点等先天因素制约和各种后天发展影响，我们还存在着一定的差距，从内部发展条件看：

一是规划建绿难于落实。随着城市人口规模的迅速扩张，广大市民对生态环境的要求越来越高，使得城市生态承载能力、生态产品供给能力都面临着前所未有的压力。特别是与建设世界城市的要求相比，在城市绿地总量、质量和主要指标方面还有不小的差距。集中体现在城区绿地总量不足，分布不均，500m服务半径不到位，老旧小区、风貌保护区、部分道路绿化水平亟待提升，立体绿化、屋顶绿化任务繁重。目前城市绿地的增量主要来自实现规划绿地拆迁建绿，而规划建绿的落实、代征绿地的收回、拆迁建绿的实施，成本高、难度大。如何进一步较大幅度改善城市宜居环境，是亟需破解的重大课题。

二是森林生态功能不强。森林、湿地是陆地生态系统的主体，具有固碳释氧、减排增汇、保持水土、涵养水源、防风固沙等多种功能，对保障首都生态环境发挥着不可替代的作用。但全市山区森林质量还不高，结构不尽合理，生物多样性不够丰富，碳汇能力不够强，纯林占80%，中幼林占81.7%，亟待抚育的有600万亩，低质低效林达300万亩，每公顷森林蓄积量仅为27.88m^3，是全国平均水平的40.1%，世界平均水平的28.6%；平原林网还存在一定数量的残网断带，防护效益较低；湿地面积缩减，生态功能下降，保护与恢复力度不够。今后一个时期，提升生态服务功能的任务还十分繁重。

三是资源保护任务艰巨。保障首都生态安全，是事关北京经济发展和社会和谐稳定的重大政治问题。随着多年来大规模植树造林和绿化美化建设的快速推进，森林资源总量持续增长，全市林地面积达到104.61万hm^2，其中森林面积达到65.89

万 hm^2，城市绿地面积达到 6.17 万 hm^2，这使林木绿地资源保护管理的任务极其艰巨，特别是近年来由于持续气候异常，多年干旱少雨，使森林火灾、林木有害生物爆发成为全球范围内对森林安全构成的重大威胁，北京面临的形势同样不容乐观，外来有害生物入侵形势严峻，森林火险等级居高不下，同时大规模城市建设与林地绿地资源保护的矛盾日益突出，这为园林绿化建设和管理提出了新的要求。

四是管理服务相对滞后。世界城市的发展经验表明，园林绿化建设不仅追求规模和数量，更加注重生态质量、文化品味、科技含量；不仅需要自然科学方面的技术支撑，更加需要人文社会科学方面的文化支撑；不仅需要传统的园林绿化技术，更加需要与现代新材料、新技术、新管理、新理念相结合。从我市的情况看，与世界城市的更高标准和要求还不相适应，园林绿化基础管理工作还存在薄弱环节，政策法规还不够健全，体制机制还不够完善，人才队伍结构还不够合理，行业的管理和服务能力亟需进一步加强。

从外部面临的挑战看：

一是城市化进程不断加快，资源环境压力越来越大。北京经济社会快速发展，城市化进程不断加快，特别是人口规模的迅速膨胀，给自然资源和生态环境带来了巨大压力，土地资源、水资源的供需矛盾十分突出。公共设施和生产性建设用地的需求急剧增加，导致建设用地、农业用地与绿化用地之间的矛盾日益突出。特别是在中心城区，用地矛盾更为突出，现有公共绿地和人均公园面积严重不足，拓展绿色空间、缓解热岛效应的需求极为迫切。同时，北京是世界上严重缺水的大城市之一，全市人均水资源拥有量仅是全国人均的1/8，世界人均的1/30。在较长一段时间内，水资源匮乏始终是制约首都园林绿化建设的一大重要瓶颈。

二是生态建设难度日益加大，园林绿化成本越来越高。全市尚未绿化的土地主要是土壤瘠薄、岩石裸露等造林困难地带，绿化技术难度和投资成本越来越高。北京是经济相对发达的地区，生产资料和劳动成本都相对较高，随着森林和绿地面积的不断增加，后期管理和维护的任务也将越来越重。从投入标准看，目前用于造林绿化和公益林管理的补助资金远远低于实际成本，公共绿地建设和管护费用远远不能满足现实需求。

三是城乡一体化迅速推进，统筹协调任务越来越重。北京市在全国率先全面理顺了城乡统筹发展的管理体制，对推动首都园林绿化高速发展发挥了重大作用。推进城乡一体化的园林绿化建设，要求在规划、建设、管理等各个环节形成统筹兼顾、全面协调的均等化发展格局，不仅需要行业内部的统筹协调，更需要与横向有关部门之间建立高效、顺畅的协作机制，需要中央国家机关等单位的积极支持，只有这样才能有效解决园林绿化事业发展中面临的各种问题。

四是世界城市提出更高标准，支撑保障需求越来越强。加大对园林绿化的公共财政投入是伦敦、纽约、东京等全球公认世界城市的主要做法。近些年来市政府对园林绿化建设的投资力度空前加大，但与世界城市相比仍有不小的差距。特别是在森林健康经营、林业基础设施和公园绿地建设管护标准方面，投入还明显滞后。据统计，日本在 1972 ～ 1983 年的城市绿化建设投资占到国民生产总值的 0.03% ～ 0.08%；美国 1977 ～ 1981 年的城市绿化建设投资占国民生产总产值的 0.06% ～ 0.12%，仅 1978 年就完成财政投资 250 亿美元，城市每株树木的年管护费为 8.20 美元。在这方面，北京还存在很大差距。

3 加快建立世界水平的现代化园林绿化体系

3.1 大力实施三大战略

3.1.1 大力实施生态园林战略

生态优先是园林绿化的本质属性。建设生态园林，突出强调了尊重自然、保护自然、师法自然、融入自然的发展理念。当前和今后一个时期，要把保护生态环境、提升生态功能、强化生态效益作为园林绿化建设的首要任务，山区重在发挥生态屏障功能、平原重在发挥生态防护功能，城市重在发挥生态宜居功能，努力实现园林绿化多种功能效益协调发挥。

3.1.2 大力实施科技园林战略

科技进步是园林绿化的强大支撑。建设科技园林，突出强调了尊重知识、鼓励创新、集约发展、提质增效的理念。当前和今后一个时期，要把提质增效、创新驱动、科学管理、高效服务作为园林绿化建设的重要支撑，充分发挥首都的科技智力优势，加快推进园林绿化发展结构调整和管理方式转变，切实增强自主创新能力，努力构建有利于科学发展的体制机制和政策环境。

3.1.3 大力实施人文园林战略

共建共享是园林绿化的根本目的。建设人文园林突出强调了服务社会大众、彰显人文关怀、弘扬园林文化、促进生态文明的理念。当前和今后一个时期，要把以人为本、共建共享、功能拓展、效益优化作为园林绿化建设的重要取向，以满足人们的生态、物质和精神文化需求为导向，大力发展各具特色的生态园林文化，全面提升绿色产业的综合效益，加快建立全社会办园林、全民搞绿化的政策机制，努力倡导生态道德，弘扬生态文明。

3.2 加快构建五大体系

3.2.1 构建高标准的生态屏障体系

围绕提升“山区绿屏、平原绿网、城市绿景”，加快实现由重建设向强管理转变。千方百计扩大城市绿色空间，推进多空间绿化经营，提升绿地总量，优化林木绿地结构，扩大500m服务半径，切实提升市民生活品质；实施城市薄弱地区和城乡结合部地区绿化攻坚，提升新城绿化建设水平，促进均衡发展。在消灭宜林荒山的基础上，大力强化森林健康经营，使林分质量明显提高，森林结构不断优化，碳汇能力显著增强。

3.2.2 构建高水平的森林安全体系

着眼于维护国土生态安全，按照森林防火、林木防害、动物防疫、御风防沙“四防一体”的大防控思路，全面加强森林火灾防控、林木有害生物防治、野生动物疫源疫病监测和沙尘暴预警监测体系基础设施建设，加快实现从时段防控向全天候监测、从全员防控向源头化控制、从常规防控向立体化建设、从应急防控向常态化管理转变，构建现代化的综合立体防控体系，使首都园林绿化应急管理、维护安全的能力显著增强。

3.2.3 构建高效益的绿色产业体系。

深刻认识郊区是推动生态建设的主空间，农民是拥有生态资本的新市民，林业是链条高度融合的大产业，文化是拓展发展功能的原动力。围绕发展都市型现代林业产业，坚持面向市场、瞄准高端，整合资源、强强联合，创新驱动、提质增效，着力推动绿色产业规模化、优质化、科学化，增强对首都经济的直接贡献率。

3.2.4 构建高品位的园林文化体系

大力弘扬人与自然和谐相处的生态价值观，让生态融入生活、用文化凝聚力量，形成尊重自然、保护自然、合理利用自然的绿色生产生活方式。按照政府引导、社会参与、典型示范、政策支持的原则，大力加强生态文明教育基地、生态文化展馆展园和示范区、试验园建设，策划开展生态文化系列宣传和文艺创作活动，打造具有国际影响力的首都生态园林文化品牌。

3.2.5 构建高效率的管理服务体系

按照世界城市标准，不断推进首都园林绿化体制机制创新，加快转变政府职能，理顺运行机制，严格监管责任，强化管理服务；不断推进首都园林绿化经营管理创新，逐步实现与国际一流标准接轨，全面形成以管理、执法、服务为主，协调统一、配置科学、运行高效的国际化新型管理服务体系。

3.3 建立完善六项机制

3.3.1 优化生态系统，建立世界水平的生态功能提升机制

一是大幅提升城市绿地生态系统。全力推进城市“公园环”、11个滨河森林公园、四大郊野公园等大型公园绿地建设，加大小街小巷、立交桥区、屋顶阳台等重要节点绿化，着力形成绿块镶嵌、绿廊相连、绿带环绕的城市绿地生态系统。加强对绿地资源的精细化管护，积极探索全市湿地、自然保护区、公园和风景名胜区的经营管理机制。二是加快完善森林生态系统。大力推进京津风沙源治理、三北防护林和太行山绿化等重点生态建设工程，加快生态脆弱区、水源保护区、绿化隔离地区等重点区域的森林健康经营，把山区建成生态观光区、森林疗养区、科普教育区、风景旅游区。三是着力恢

复湿地生态系统。加快北沙河、潮白河、永定河等湿地公园建设，打造“水韵京华”的自然风貌。加快自然保护区建设和生物多样性保护。

3.3.2 完善应急网络，建立世界水平的森林安全保障机制

一是强化森林防火体系建设。健全完善森林火险预警监测系统、防火阻隔系统、信息指挥系统和组织扑救系统，加强重点林区防火道路、供水设施和航空护林站等重大基础设施建设，实现传统防火向现代防火、科学防火转变，构筑全方位、立体化的森林火灾防控体系和扑救体系，全面提升预防能力和打赢能力。二是强化林木有害生物防治。完善国家、市和区县三级林木病虫害监测预报网络，加大林木有害生物防治技术的研究，积极探索林木有害生物社会化、专业化防治的新机制。三是强化资源管理和野生动物疫源疫病监测。

3.3.3 繁荣生态文化，建立世界水平的绿色发展引领机制

一是大力发展都市园林文化。按照“生态建园、文化兴园、科技强园、服务立园”的思路，加强对全市公园的分级分类管理，强化政府主管部门对全市历史名园的集中统一管理；建设园林文化创意产业示范园（区），积极开展各类智力创作和创意开发活动。二是要大力发展生态科普文化。命名一批生态文明建设教育基地，积极推动建设中国园林博物馆等标志性重大生态文化建设项目，深入开展创建国家生态园林城市、国家森林城市等绿色创建活动，成立北京市生态文化协会、绿色碳基金会和志愿服务队伍。三是大力发展山野森林文化。加强森林旅游、果品采摘、观花赏花、蜜蜂文化等主题文化公园建设，使市民走进秀美山川、感受绿色魅力。

3.3.4 深化国际合作，建立世界水平的科技人才引进机制

一是不断拓展合作平台。在应对气候变化、生物多样性保护等方面加强国际合作，广泛借鉴国外参与式规划设计、开放式项目管理、竞争性招标建设等管理经验。积极吸引园林绿化相关国际组织、研究机构、企业总部在北京落户，争取全球性、高级别的气候大会、风景园林和林业绿化大会在京召开，建立与友好城市、各国首都之间的园林绿化部门高层会晤机制。二是加快引进一批顶尖专家人才，培养一批先进适用人才，储备一批具有独特专长的后备人才。加强科技研发和人才培养教育基地建设，整合资源，成立首都园林绿化科学研究院和职业教育学院。三是加强科技创新体系建设。大力开展园林绿化基础理论和关键技术的攻关，加强技术成果集成与推广应用，完善四级科技推广与服务体系。

3.3.5 发动社会参与，建立世界水平的公民共建共享机制

一是加强舆论监督。完善新闻发言人制度、听证会制度、重大事项告知等制度，保证人民群众对园林绿化建设的知情权和监督权。建立《首都园林绿化公报》制度，定期向社会发布园林绿化资源消长、健康程度和重点工程建设等情况，及时接受公众监督。二是加大宣传教育力度。采取多种形式和手段，大力宣传生态环保、绿色低碳等发展理念和生活方式，提高广大市民的绿色环保意识。三是动员社会广泛参与。鼓励企事业单位和广大市民通过认建认养林木绿地、义务植树、种植纪念林、纪念树、购买林业碳汇等多种方式，主动承担绿化美化义务。

3.3.6 夯实管理基础，建立世界水平的政策支撑保障机制

一是创新体制机制。按照权责统一的原则，积极探索建立运行高效的“大部门”、“大绿化”管理体制；理顺城市园林绿化执法与城管执法的关系，推进国有林场改革和基层标准化“科所站队”建设。二是健全政策体系。制定湿地保护、生态公益林建设、林地保护管理和森林防火、风景名胜区等地方性法规；完善市、区县、重点镇三级绿地系统规划，编制完成全市林地保护利用规划。三要建立多元投融资机制。加大对园林绿化事业的公共财政投入力度，逐步建立长效保障和动态增长机制。按照“谁受益，谁补偿”的原则，鼓励党政机关、大型能耗企业和广大市民积极购买碳汇，开展碳交易、碳信用等新型碳汇融资方式。

以世界城市为目标构建首都公园体系

徐波　郭竹梅　张亚红　李悦　北京北林地景园林规划设计院有限责任公司　北京　100083

摘　要：“北京市公园事业发展规划”正在编制，本文仅就规划编制过程中对公园的定义、公园的分类、北京公园建设的成就、存在的问题、以及北京公园体系的建设目标等专题展开的讨论进行了纪实性的论述。

关键词：公园定义；公园分类；公园体系；发展规划

1 引言

北京是全世界皇家园林最多的城市，诸多历史名园不仅是北京历史文明的象征，也是中华民族文化智慧的结晶。改革开放后，尤其是以举办奥运会为契机，首都的公园事业更是突飞猛进，屡创佳绩。公园作为改善生态环境、提高广大人民群众生活品质和生活安全的公益性事业，是城市绿色基础设施的主角，是推动生态文明建设的载体，是创建绿色北京的基础，是构建宜居城市的支撑，是园林绿化以人为本的直接体现。

但是按照建设“世界城市”和“三个北京”的要求，北京公园事业的发展还面临着诸多挑战。自2009年始，笔者有幸参与北京市园林绿化局组织的“北京市公园事业发展规划”编制工作。如何以“世界眼光、国际标准、国内一流、首都特色”为取向构建首都公园体系，一直是工作过程中探讨的问题。

公园一词众所周知，公园事业发展规划却是一个全新的课题。为此，我们开展了“公园的定义及其分类研究”、“北京市公园事业发展历程的回顾与分析”、“公园管理及其相关政策法规研究”、以及“国内外公园事业发展经验的研究与借鉴”等四项专题研究。这些基础性工作既是规划编制的技术支撑，也是从概念认识、发展历程、存在问题、行业管理、国际对比等多方面对北京公园事业的系统性研究，以达到研究编制规划的目的：巩固现有成果、分析存在问题；把握客观需求、确立发展目标；统一思想认识、制定实施策略；明确建设任务、提出管理要求。

2 以北京公园事业发展为对象的基础性研究——公园的定义与分类

2.1 对“公园”进行定义和分类时应思考的问题

2.1.1 如何应对《城乡规划法》施行后带来的变化

《城乡规划法》指出：“本法所称城乡规划，包括城镇体系规划、城市规划、镇规划、乡规划和村庄规划”。由《城市规划法》到《城乡规划法》，是改变我国长期以来城乡二元分治，实行城乡统筹发展策略的重要标志。《城乡规划法》的施行使城乡规划管理并轨，协调城乡空间布局，改善人居环境，促进城乡经济社会全面、协调、可持续发展。这是我国规划体制上的一次划时代的改革，将对城、乡的规划建设管理产生一系列的影响。

公园作为绿色的不可替代的基础设施，在改善人居环境方面意义重大，公园的发展也是一个地区文明程度的重要体现。随着《城乡规划法》

作者简介

徐波／女／1958年生／毕业于同济大学／北京北林地景园林规划设计院副院长、教授。

的实施，公园事业的发展同样也面临着城乡统筹的需求。以往针对城市公园而形成的思想认识、政策法规、管理机制，如何跟随《城乡规划法》的步伐共同与时俱进，应该在此次规划编制中得到体现。

2.1.2 如何落实《北京城市总体规划》(2004–2020年)

《北京城市总体规划》(2004–2020年)提出“中心城区——新城——镇——村庄”四级体系。北京现行的“公园”管理体制在中心城区是相对成熟的，而新城、镇、村则是多轨并存。落实城市总体规划，建立覆盖“中心城区——新城——镇——村庄”的公园体系，应该是此次规划编制的任务之一。

2.1.3 如何规范行业管理

公园事业的发展作为落实科学发展观、建设生态文明的宜居城市的重要举措，越来越受到政府和社会各界的重视。在政府主导、全社会参与的城乡建设中多种的公园类型、多种的投资渠道、多种的建设模式、多种的管理机制、多种的统计口径，变化是快速的，发展是多元的。在这样的状况下，此次规划的编制，应该以面向事业发展的实际需求，规范行业管理、政府相关职能部门依法履行职责，引导行业有序发展为工作目标。

基于上述思考，结合北京的实际情况，我们认为此次规划对于公园的定义与分类应采取的指导思想可以概括为：城乡统筹、全面覆盖；突出功能、恰当定义；构建体系、形成特色；规范行业、便于管理。

2.2 关于公园定义的研究

依据《园林基本术语标准》(CJJ/T91–2002)和《北京市公园条例》，提出：公园是指市域范围内向公众开放的，具备改善生态、休闲游憩、科普教育、美化环境和应急避险等功能，具有良好的园林环境和相应配套设施的场所。

这一定义与上述标准、条例中的公园定义相比，主要作出了以下两方面的调整：

第一，在定义中明确提出“市域范围内”，旨在表明应对城乡统筹发展的需要，改变公园以城市建设用地为前提条件的状况，考虑城市建设用地以外现在已经建设的和今后还将大量出现的规模较大、类型多样、不但为本地的居民提供休闲服务也为京外游人提供旅游观光服务的诸如郊野公园、湿地公园、森林公园等建设发展趋势，构建覆盖“中心城区——新城——镇——村庄”的公园体系。这一调整意味着从“城市公园”向“公园”转变。

第二，将以往公园定义中均提及的“较完善的设施”调整为“相应配套设施”。“较完善”是一个模糊的形容，在实际操作中往往带来争议。而且随着公园类型的不断丰富，不同类型的公园需要配置的设施也不尽相同。提出“相应配套”旨在表明不同类型的公园应该按照《公园设计规范》的规定配套建设各类设施，以满足公众使用的需求，保证公园功能的正常发挥。

2.3 关于公园分类的研究

结合北京公园建设的实际情况，对比《城市绿地分类标准》，考虑与目前北京公园管理工作的协调和延续，提出以下公园分类，这一分类方法的目的是。

2.3.1 强化“配套建设，保证基本服务”的核心观点

“综合公园”和“社区公园”作为城镇的绿色基础设施，对于宜居环境的建设和居民生活品质的提升具有不可替代的作用。在中国现有的规划体制中，应在城镇建设用地内按合理的服务半径分级科学配置“综合公园”和“社区公园”，在城市用地布局中作为强制性内容得到保证。强调“综合公园”和“社区公园”作为基础设施的作用，其目的一方面在于争取城镇用地规划中公园布局的合理性，另一方面是引导公园设计中有效地满足居民日常生活需求。

2.3.2 突出“因地制宜，形成本地特色”的建园思想

“专类公园”、“带状公园”、“街旁游园”是自然条件、历史发展、城镇建设等因素综合作用的结果。这些公园类型并不是每个城市必须具备的，也不是人为主观所能强求的，因此也就成为不同城市的公园特色所在。

如“历史名园”“风景名胜公园”众多，是北京园林的特色，也是中国造园艺术的精神所在。

突出这些历史名园的“专类”属性，有利于将这些名园目前还超负荷承担的综合公园的职能逐步分离出来，以求更好的保护和传承中国造园文化。再如沿城市中轴线、沿城墙形成的“带状公园”是北京城市建设历史发展的延续与体现。但是“带状公园”适宜开展的活动是有限的，不能以此替代“综合公园”。诸如这些公园特质，通过“专类公园”的属性划定将得到进一步的显现。

2.3.3 体现“整合资源，构建科学体系”的开放理念

森林、湿地、风景名胜、郊野风光等都是城乡统筹发展、实现“大地园林化”的不可多得的自然资源。《北京市公园条例》已提出：“本市行政区域内的公园、公园周边景观以及规划确定的公园用地管理适用本条例”，并在条例中提及森林公园的建立、管理和保护。突破传统城市建设用地的限制，将“森林公园”“郊野公园”“湿地公园”以及今后还有可能出现的其他公园类型纳入公园体系中，科学构建公园体系，便于部门和行业之间的协调，以利于资源的合理保护、整合利用和有序管理。

“公园”定义与分类的研究是编制公园事业发展规划的基础性工作，其研究结论直接影响到规划成果的使用。对此，审慎的态度、务实的精神、适度的超前、科学的结论，应该是始终所奉行与追求的。

3 北京公园建设成就总结与存在问题的分析

随着城市建设的发展、城市空间格局的变化、人民休闲需求的提高，北京公园的类型越来越丰富多样，而且在中心城区、新城等不同地域显现出不同的特点。因此，在不同的空间范围开展有针对性的研究，尤其是把握存在着的不同问题尤为重要。

3.1 北京公园建设成就的概述

3.1.1 数量明显增长

改革开放30年以来，公园数量逐年增加，尤其是进入新世纪以来，北京市紧紧围绕“办绿色奥运、建生态城市”的目标，公园事业迅速发展。从2000～2009年，北京市公园绿地总量从7139hm^2增加到18069.74hm^2，平均每年增加1214.53hm^2。仅2007、2008、2009三年，绿化隔离地区新增公园48处达2606.27hm^2。到2009年，北京市人均公园绿地面积14.21m^2，较2000年的9.66m^2增长了4.55m^2。

3.1.2 体系基本构建

进入新世纪以来，公园类型趋于多样化，分级配套趋于合理化，初步构建了北京特有的公园体系。从城乡统筹上看，公园建设涉及到了市域——中心城区——新城——镇村各个层面；从分级配套上看，综合公园和社区公园的建设力争达到均匀分布；从功能类型上看，在保持北京独特的历史名园的突出地位的同时，综合公园、社区公园、以及遗址公园、森林公园、郊野公园等等各具特色的专类公园不断涌现；从空间关系上看，城区内外公园的建设、改造、提升并举，互补关系日益加强。

3.1.3 功能综合提升

秉承得天独厚的公园建设基础和传统，进入新世纪以来，首都新建公园始终坚持“高起点规划、高标准设计、高质量建设、高效能管理”，原有公园有计划分批次逐步改造和提升。公园在生态环境、游憩服务、文化内涵、景观质量、应急避险等方面的功能明显提升。公园综合功能的增强对带动首都人居环境的改善、提升首都文化品位和城市形象、促进市民的身心健康、增进人与自然的和谐作出了不可替代的贡献。

首都连续7届的精品公园评定有力地促进了公园整体水平的提升和综合功能的完善，至2009年，全市精品公园累计达到67个。根据北京市园林绿化局委托专业公司对于67个精品公园的整体满意度评价调查结果显示，精品公园的满意度均值达到74.05分，总体满意度评价处于良好水平。

随着对绿地应急避险功能的关注，在北京首批确定的32处应急避难场所中，有29个为公园。另有5处公园目前正在进行应急避难设施设置的规划工作。

3.1.4 内涵不断丰富

公园内涵的不断丰富集中体现在“生态建园、

文化建园、科技建园”理念在设计、建设、管理层面的不懈地探索和实践中。生态建园，尽力追求人与自然的和谐；文化建园，着重突出公园建设的发展内涵；科技建园，以节约的理念提升公园的整体效益。在实践过程中，公园的建设理念和风格的多元化发展、传统文化的秉承与现代生活需求的有机结合、生态环保节约等新理念新技术的运用，“与时俱进、以人为本、因地制宜、一园一品、多样发展、综合效益”等原则和战略已成为公园建设的主旋律。

3.2 中心城区公园建设中存在的主要问题

3.2.1 公园总量不足

- 从全市公园绿地统计指标看，中心城区土地紧缺、人口增长较快，人均公园绿地发展滞后于远郊区。
- 从北京具有大量流动人口的角度看，北京市人均公园绿地的实际占有量并不高。
- 从公园体系构成来看，历史名园同时承担着文物保护、参观游览和市民游憩的功能，双重功能承载使历史名园不堪重负，主要功能之间的矛盾十分突出。

3.2.2 布局不够合理

- 从公园 500m 服务半径分析仍有服务盲区存在 。
- 公园绿地的分布和人口的分布成反比。

3.2.3 体系不够健全

- 公园类型较为丰富，但分级配套不尽合理，市区级综合公园总体数量不足、分布不均。
- 与居民生活密切相关的基础级别的社区公园数量不足，规模不够。

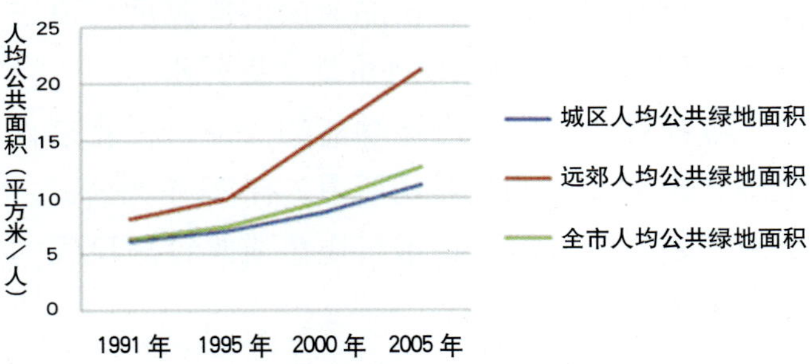

图 1 中心城区、远郊人均公园绿地的对比分析

3.3 新城公园建设的主要问题

北京的新城是在原有县城和卫星城的基础上建设起来的，近年来发展速度迅速，但公园建设与中心城区相比尚有差距。呈现的主要问题有：统计指标虚高、实际总量不足；布局不尽合理、体系有待构建；质量参差不齐，服务功能有限等。

表 1 2005 年北京市总人口和户籍人口人均公园绿地指标比较

北京建成区面积	98051.64hm^2
北京户籍人口	828.9 万人
北京流动人口	357.3 万人
北京总人口	1186.2 万人
按北京户籍人口计算的人均公园绿地面积	12.66m^2
包含流动人口在内的北京人均公园绿地面积	8.85m^2

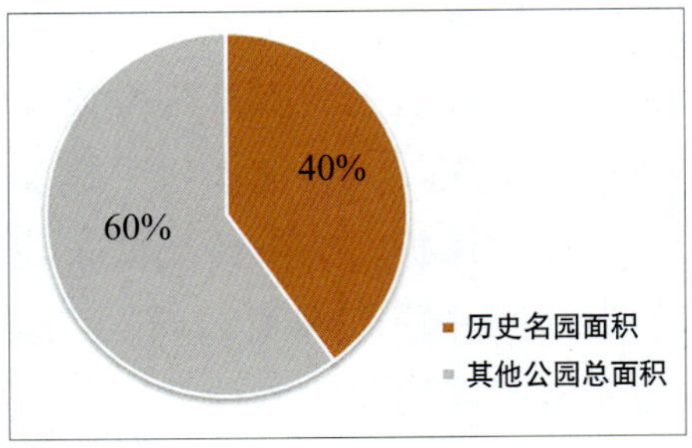

图 2 城四区历史名园面积比率图

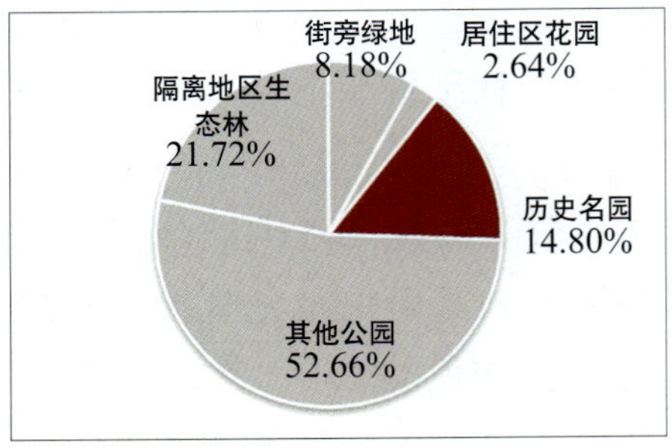

图 3 城八区历史名园占城区公园面积比例分析图

3.4 镇、村公园现状问题的分析

从总体情况看，北京镇村公园的建设尚处在起步阶段。公园数量问题、居民使用问题、景观

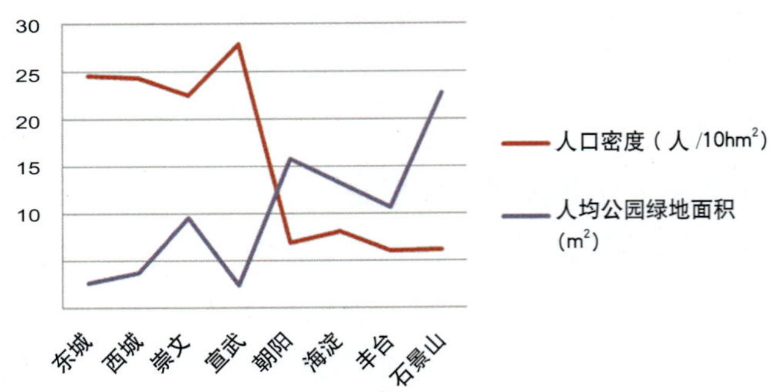

图 4 中心城区公园与人口分布关系分析

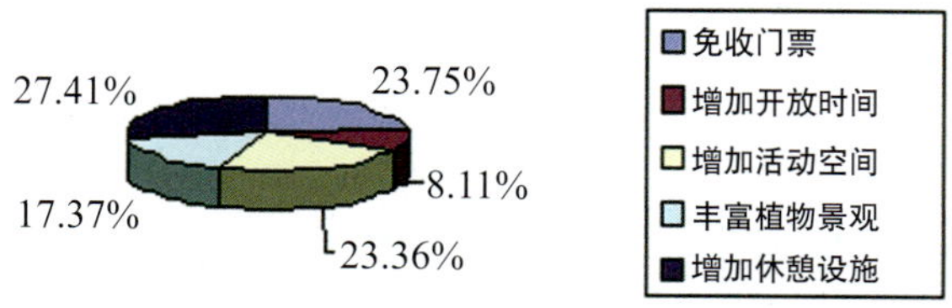

图 5 居民对公园完善提高的意愿调查（崇文区问卷调查数据）

效果问题都或多或少存在，需要给予足够的关注与投入。

4 构建覆盖市域、城乡统筹的北京公园体系

4.1 北京公园体系建设目标

• 系统目标：构建城乡统筹、功能互补、景观优美、特色突出、由自然到城区进社区的“一体化、多层次、复合型”的公园体系，实现公园系统渗透城乡，服务居民的目标。

• 布局目标：至 2020 年，中心城区和新城城区实现居民出行 500m 见公园绿地，镇区实现居民出行 300m 见公园绿地，新农村达到村村有公园绿地。

• 发展指标：至 2020 年，实现《北京城市总体规划》提出的人均公园绿地 15 ～ $18m^2$ 的规划指标。

4.2 北京公园体系的建设方向

在建设“世界城市”的过程中，构建代表首都形象的、展现中华文明的、切实改善人居环境的北京公园体系，应该说是机遇与挑战共存，起点是高的，目标是明确的，但问题也是突出的。在发现问题、找出症结后坚持正确的发展方向，是此次规划的重要内容。

• 转变观念，坚持科学发展，树立宏观的统筹意识，以城带乡，保证北京公园体系的总体水平。

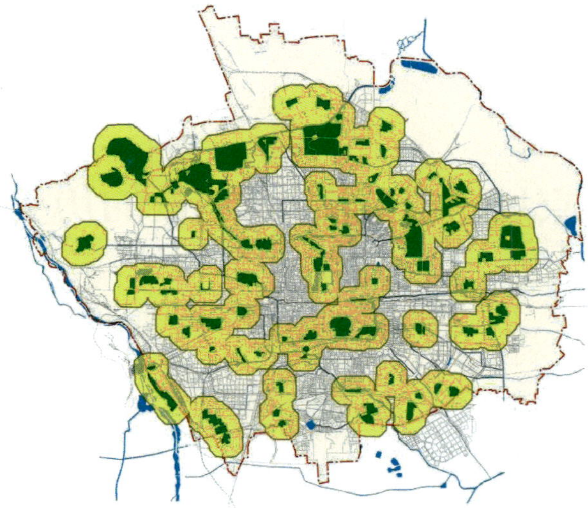

图 6 中心城区 $10hm^2$ 以上公园 1000m 服务半径分析图

• 以人为本，坚持生态文明，建立有效的协调机制，与城市建设同步进行，保证公园建设的总量，健全公园的分级配套。

• 突出特色，坚持首都标准，全面提升公园建设水平，展现京城园林文化魅力，保证公园的综合效益充分发挥。

5 结语

《北京市公园事业发展规划》的编制工作还在进行之中，本文仅围绕公园规划建设展开了有限的探讨，未涉及与公园事业发展相关的管理、政策、法规等内容，而政策法规、管理服务对于公园事业的良性发展更是至关重要的。

北京正处在以“世界城市”、“三个北京”为目标的建设新阶段，在城乡统筹的大背景下，解放思想、迎接挑战、抓住机遇、解决问题，才能寻求公园事业的新发展。

东京城市公园绿地建设的历史发展、课题与目标

李树华　清华大学建筑学院景观学系　北京　100084

摘　要：本文在回顾东京城市公园绿地历史发展的基础上，概括了东京都内公园绿地分类与概况，介绍了东京（日本）城市公园绿地建设课题（都市公园等建设五年计划），并展望了东京城市公园绿地建设目标（《绿之东京规划》），最后，作为结束语，概括了北京应向东京重点学习借鉴的方面。

关键词：东京都；公园绿地；世界城市；绿地系统规划；防灾避险绿地

东京、纽约、伦敦是举世公认的三大世界城市，它们在城市建设方面积累了丰富的经验。北京正在进行世界城市的建设工作，上述三城市的建设经验值得我们学习和借鉴。特别是东京，因其位于与北京相同的东亚地区，气候相似，部分树种相同，文化基础相近，因此，东京在城市公园绿地建设方面尤其值得北京学习。

本文在回顾东京城市公园绿地历史发展的基础上，概括了东京都内公园绿地分类与概况，介绍了东京（日本）城市公园绿地建设课题（都市公园等建设五年计划），并展望了东京城市公园绿地建设目标（《绿之东京规划》）。最后，作为结束语，概括了北京应向东京重点学习借鉴的方面。

1　东京城市公园绿地建设的历史发展

1.1 从江户时期的庭园遗产变为公园——太政官布达

明治6年（1873），根据太政官布达，日本产生了最初的公园制度。在当时的东京，浅草的浅草寺、上野的宽永寺、芝增上寺、深川八幡、飞鸟山等5处被指定为公园。该5处公园多是为在江户时期非常著名的赏樱名所的社寺境地（图1）。

1.2 近代城市公园的诞生——从市区改正到震灾复兴

1.2.1 日比谷公园的诞生

明治22年(1889)，在市区改正设计(东京城市规划的前身)(图2)中规划的公园，虽然还是以社寺境内的公园为主体，但真正开始进行公园建设的

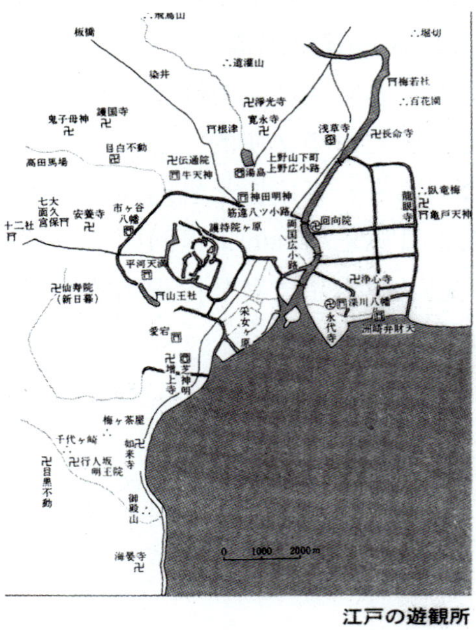

江戸の遊観所
（田中正大：『日本の公園』：鹿島出版会）

图1 江户时期著名的社寺境地

作者简介

李树华／男／1963年生／日本国立京都大学农学（造园学）博士／清华大学建筑学院景观学系教授、博导／东京农业大学地域环境科学部造园科学客座教授／研究方向为植物景观与生态设计、园林历史与文化、园艺疗法以及园林绿地对人身心健康的影响等。

图 2 市区改正设计中规划的公园

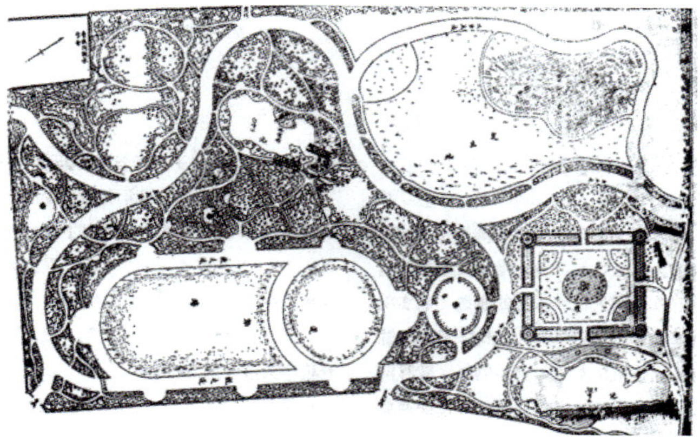

图 3 日比谷公园

是日比谷公园。

明治36年（1903）开园的日比谷公园，是日本设计的第一个西洋形式的公园（图3）。开园后作为文化设施，成为东京新的名所。

1.2.2 关东大地震后公园作为城市规划设施得以建设

大正12年(1923)发生的关东大地震，栽种大量树木的上野公园、日比谷公园成为避难场所，在市民的避难生活中发挥了巨大的作用。因此，在震灾复兴规划中，规划了作为多处城市设施新设公园，并在城市中心部建设了多处近代公园(图4)。

图 4 城市中心部建设的近代公园

1.3 面向综合绿地规划的进展——东京绿地规划与防空绿地建设

昭和7年（1932）成立的东京绿地规划协议会，在东京市内进行了属于自然公园前身的景园地的配置规划、环状绿地的制定等。

其后，随着侵华战争的激化，城市防空成为重要的政策，在环状绿地带等中规划了多数的防空绿地（图5）。现在东京市内公园的多数是以此时的防空绿地作为基础。

为了粮食生产增产，大战中的公园多成为农地。同时由于铜像等的回收（作为炮弹材料）以及战死者的临时埋葬，此时期是公园的灾难时期。

战争结束后不久，由于进驻军对土地的接受、临时住宅的建设以及不法占据等，城市绿地难以恢复。

1.4 城区的扩大与绿地规划的后退——从战灾复兴规划检讨城市规划

1.4.1 城区的扩大与绿地的减少

昭和21年（1946），由于自力农业创设特别

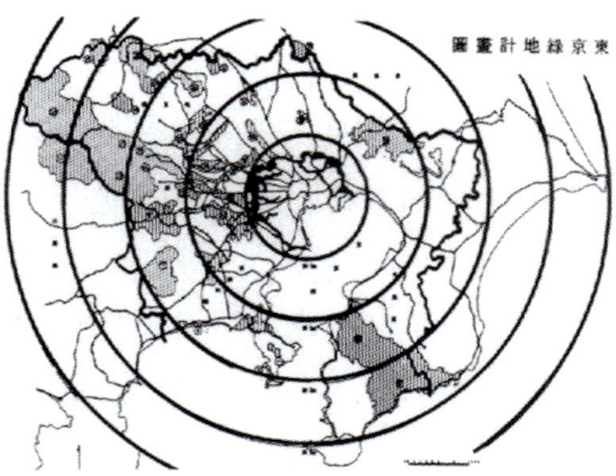

图 5 防空绿地

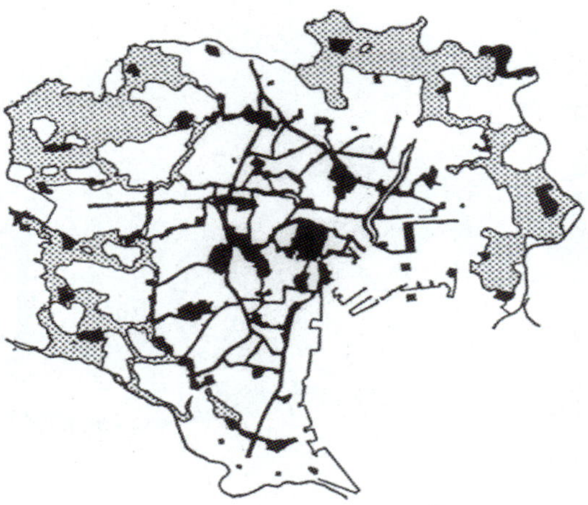

图 6 战灾复兴规划中的绿地

措置法的实施，大战期间绿地的60%以上作为农地被处置，对公园绿地建设造成了极大的打击。同时，由于战后的政教分离政策，浅草公园等的社寺境地的公园被废止，上野公园和芝公园等虽得以保留，但面积被缩小。

1.4.2 战灾复兴规划中的公园绿地以及特别城市规划绿地地域

战后不久制定的战灾复兴规划中，在铁路沿线等规划了大规模的公园绿地，进行了以战前的环状绿带和防空地带为基础的绿地地域（容积率规定在10%以下），描绘了一幅巨大的公园绿地建设的蓝图（图6、图7）。

但是，由于财政方面的原因，战灾复兴规划事业在昭和25年（1950）被大幅度修改，公园规划和铁道沿线的公园或被全废或被缩小，该事业基本上没有进展。同时，由于在绿地地区住宅地的开发建设，绿地地域到了昭和44年（1969）被全部废除。

1.5 东京的发展与都立公园的建设

1.5.1 首都圈整备法

昭和31年(1956)，政府颁布了首都圈整备法，随着首都圈整备规划的制定，也进行了公园规划的修正。该规划的特色在于把没有必要事业化（用地买收）的河道、公有水面、游乐场地等放置于公园绿地规划的《保护规划》中。现在，东京23个区的城市规划公园、绿地的配置规划就是以该规划为范本的。

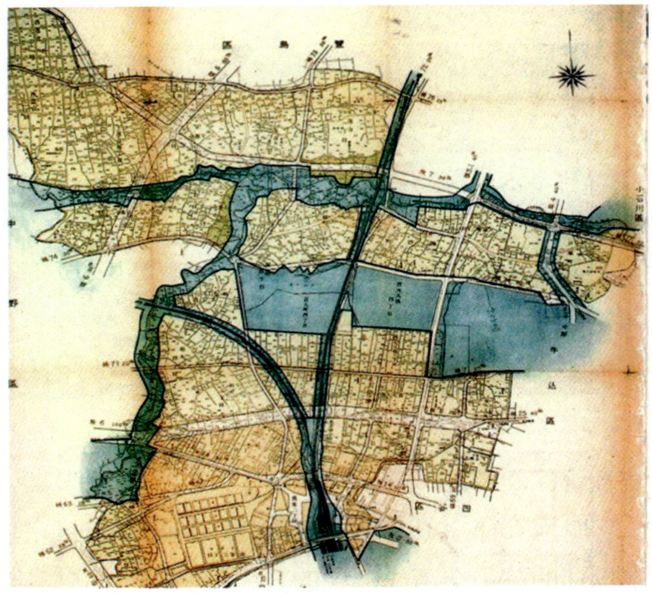

图 7 战灾复兴规划中绿地规划图

1.5.2 经济腾飞时期的公园绿地建设

伴随着经济的高速发展，城市中自然环境减少、公害发生，公园绿地定位为城市环境改善必需的设施。作为经济高速发展时期公园建设的代表项目就是花费了46亿日元、于1964年（昭和39）开园的驹泽奥林匹克公园。此外，此时开始了在海上公园、多摩新城建设中公园绿地的建设，东京市内的公园建设也向多样化的方向发展。

1.5.3 东京公园绿地建设事业的全面展开

进入80年代之后，公园绿地事业呈现多样化的同时，包含公园在内的各种自然要素和设施都开始被称为“绿”。随着全国性的绿地系统综合规划的启动，1981年(昭和56年)制定了《东京都绿地系统规划》，规划了将来应该确保的绿地区域

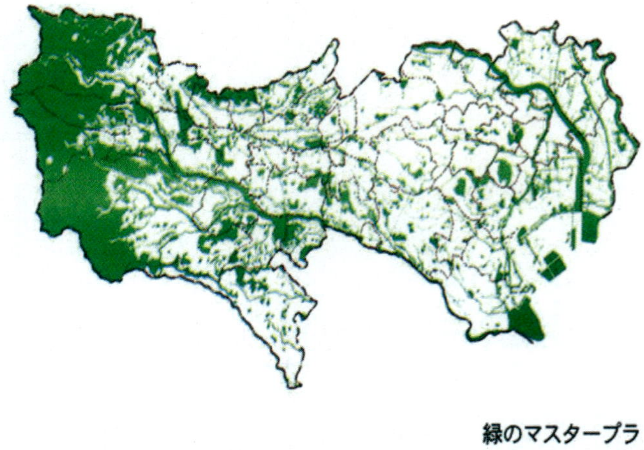

图 8 东京都绿地系统规划图

（图8）。随后的1982年(昭和57年)，制定了《东京都长期规划》，其中计划到21世纪初市民人均公园面积为6m^2。

此外，作为包含绿化在内的绿化事业规划，1984年发表了《东京都绿地倍增计划》，展开了进行综合的绿地建设政策的新局面。在多摩部的丘陵地，1979年建成了灵活运用既存的自然条件的东大和公园。在该丘陵地公园中，不仅可以在野外自然中散步游览，而且还可以与身旁的自然接近，在传承城市中残留的自然绿地方面发挥着重要作用。

公园绿地不仅可以成为地震等灾害发生时安全的避难场所，还可以成为救援物资储蓄、直升飞机临时着陆等救援、复兴活动的据点，成为“防患于未然”的设施（图9、图10）。

1.6 东京绿地建设展望

在过去的25年间，东京的公园绿地的面积大约增加了3倍（图11）。但是，当我们回顾到过密化的城市现状，并且与国外的主要城市相比较，并没有达到令人满足的面积。

现在，作为有关绿化的综合规划，在2003年制定的《绿的东京规划》中，到2015年市民人均公园面积应该达到7m^{2}的目标。

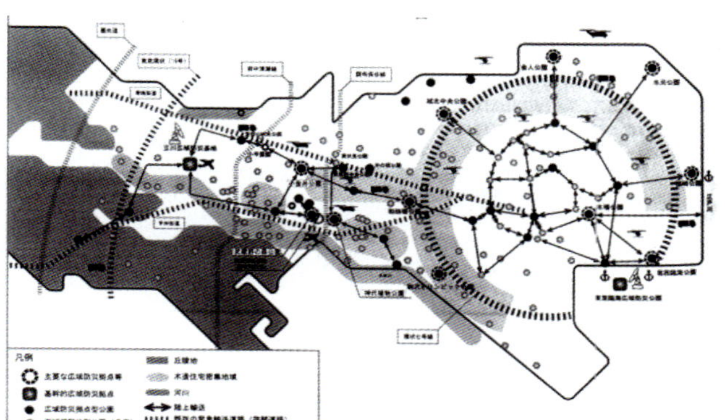

图 9 东京公园绿地避难所规划图

图 10 东京公园绿地避难所实景图

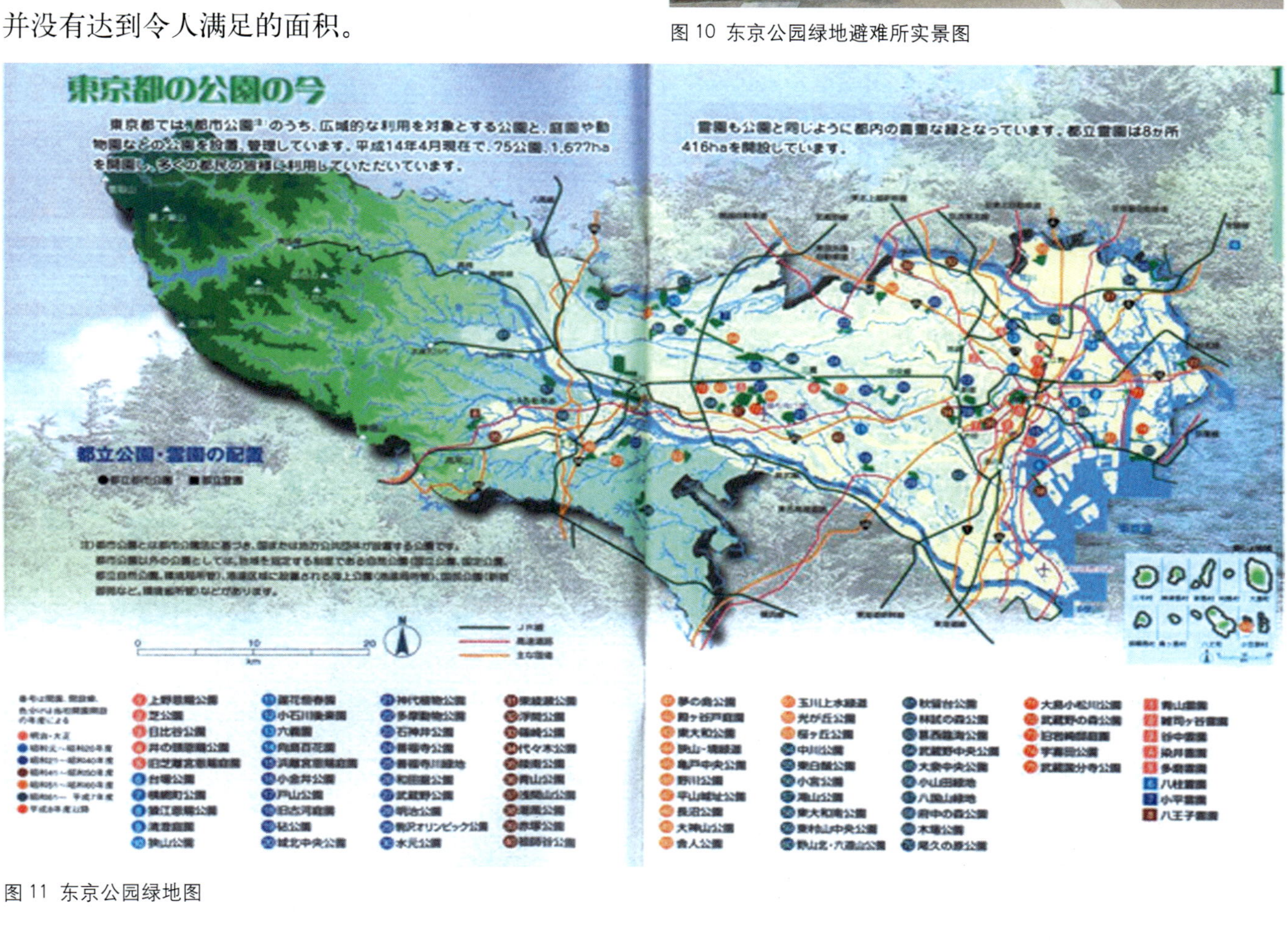

图 11 东京公园绿地图

2 东京都内公园绿地分类

东京都内公园绿地分类与概况如表1所示。

表 1 东京都内公园绿地分类与概况

都内公园绿地分类				个数	面积（hm^2）	管理者（所管部门）	相关法规
公园	营造物公园※1		国营公园	1	149	国家（国交省）	都市规划法、都市公园法
		都立公园	都立公园	72	1651	东京都（建设局）	都市规划法 都市公园法 东京都立公园条例
			区市町村立公园	6230	2799	区市町村	都市规划法 都市公园法 区市町村立公园条例
		都立公园以外的公园	国民公园	3	173	国家（环境省）	环境省设置法 国民公园以及千岛之渊战争牺牲者管理规制
			海上公园（都立公园）	42	772	东京都（港湾局）	地方自治法、东京都海上公园条例
			区市町村立儿童游乐园等	3138	272	区市町村	儿童福祉法、区市町村立公园条例
			公团、公社等设置的住宅内的公园	204	100	团地内的管理组合等	
			基于东京都自然公园条例的自然公园设施（自然接近公园）	6	412	东京都（环境局）	东京都立公园条例
			等同于上述以外都市公园的公园（一般公开的公共设施）	10	184	各管理者	
	地域制公园※2	自然公园	国立公园	3	63146	国家（环境省）、东京都（环境局）	自然公园法
			国定公园	1	770	东京都（环境局）	自然公园法
			都立自然公园	6	9686	东京都（环境局）	自然公园法、 东京都自然公园条例
地域制的绿地相关制度			风致地区	25	3570	东京都（建设局）	都市规划法、东京都风致地区条例
			近郊绿地保全区域	3	1477	东京都（环境局）	都市规划法、首都圈近郊绿地保全法
			绿地保全地区	10	90	东京都（建设局）	都市规划法、都市绿地保全法
			生产绿地地区	–	4036	东京都、区市町村	都市规划法、生产绿地法
			原生自然环境保全地域	1	367	国家（环境省）	自然环境保全法
			基于都条例的保全地区	44	688	东京都（环境局）	自然环境保全法 东京关于自然保护与恢复条例
			保安林	–	19112	东京都（产业劳动局）	森林法
			鸟兽保护区 （特别保护地区）	40 (9)	54087 (3908)	国家（环境省）、东京都（环境局）	关于鸟兽保护和 狩猎的适正化法律
相关设施以及其他绿地			陵园——葬仪所	10	421	东京都（建设局）	都市规划法 关于墓地、埋葬等法律 东京都陵园条例
			步道植树带、 道路绿地等	–	381	国家、东京都（建设局）、区市町村等	都市规划法 道路法 道路构造令
			市民绿地	54	7	东京都（建设局）、区市町村等	都市绿地保全法
			都民之森	2	280	东京都（产业劳动局）	地方自治法 东京都都民之森条例

注：※1 国家或者地方公共团体具有土地所有权或者取得使用权、进行建设或者管理的公园。
※2 与土地所有权无关，国家或者地方公共团体指定地域，进行开发限制，在进行自然环境和景观保护的同时，致力于调和利用的公园。

3 东京（日本）城市公园绿地建设课题——都市公园等建设五年计划

随着经济的发展和社会的进步，东京城市园林绿地的建设指标在不断增加，重点课题也在发生相应的变化。以下分别列出第1～6个五年计划的城市绿地建设指标与重点课题。

3.1 第1个五年计划（1972～1975）

建设量（hm^2）/人均面积（m^2/人）：（规划目标8698）实际达到16500/（规划目标3.4）实际达到2.8→4.2。

课题：(1) 为了改善街区生活环境的基干公园的建设；(2) 作为公害、灾害对策的缓冲绿地的建设；(3) 有利于环境保护、青少年教育的特殊公园的建设；(4) 广域公园、娱乐都市的建设。

3.2 第2个五年计划（1976～1980）

建设量（hm^2）/人均面积（m^2/人）：（10176）14400/（4.1）3.4→4.5。

课题：（1）新的社会的应对——生活环境的改善；（2）都市防灾、公害防止的应对——安全性确保；（3）娱乐需要的应对——室外娱乐对策；（4）具有综合性、并且整合性政策实施的展开。

3.3 第3个五年计划（1981～1985）

建设量（hm^2）/人均面积（m^2/人）：（12362）12011/（4.9）4.1→5.0。

课题：（1）都市防灾的应对；（2）体育需要的应对；（3）伴随着住宅、宅地建设的良好居住环境的应对；（4）都市再开发的应对；（5）文化振兴的应对；（6）国营公园建设的应对。

3.4 第4个五年计划（1986～1990）

建设量（hm^2）/人均面积（m^2/人）：（12862）9220/（5.8）4.9→5.7。

课题：(1) 防灾公园的紧急建设；(2) 有益于国民健康维持增进的公园的建设；(3) 对应广域的娱乐需要的国营公园的建设；(4) 应对国民多样需要的公园的建设。

3.5 第5个五年计划（1991～1995）

建设量（hm^2）/人均面积（m^2/人）：（13766）14210/（7.1）5.8→7.0。

课题：（1）国民安全的确保；（2）具有活力的长寿社会以及国民身心健康维持的增进；（3）都市居民与自然接触、都市舒适环境的创造；（4）广域的娱乐需要的应对；（5）大都市、地方状况以及多样需要的应对。

3.6 第6个五年计划（1996～2002）

建设量（hm^2）/人均面积（m^2/人）：32600/7.1→9.5。

课题：（1）安全、能够安心生活的城市营造的应对；（2）长寿、福祉社会的对应；（3）都市环境的保护、改善和自然共生的应对；（4）广域的娱乐活动、个性都市、农村建设的应对。

4 东京城市公园绿地建设目标——《绿之东京规划》

《绿之东京规划》是东京都于2000年12月制定的绿化建设的目标、政策的方向和促进策略。该规划描绘了50年后东京理想的城市绿化蓝图，并且呈现了2001年到2015年之间的15年间的绿化目标以及

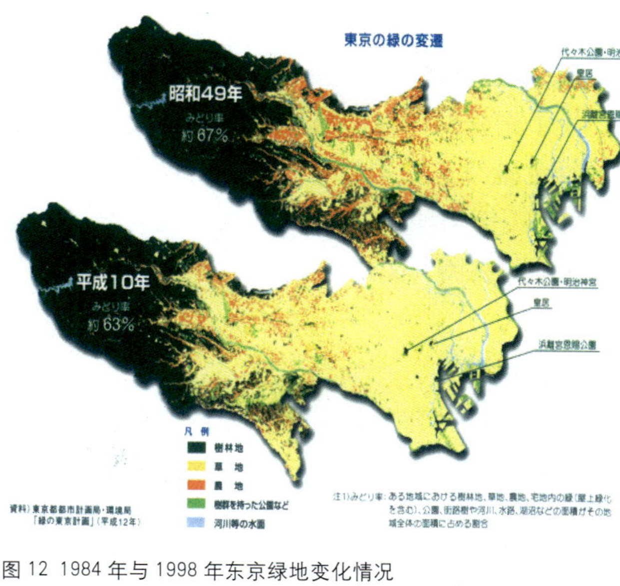

图 12 1984 年与 1998 年东京绿地变化情况

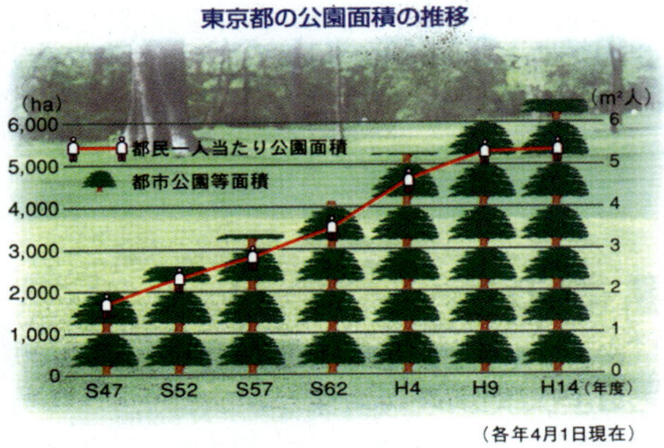

图 13 东京都市公园面积变化

图 14 东京的公园绿地

为了实现该目标的具体策略。下面就主要方面内容进行介绍。

4.1 公园建设带动东京的绿化

（1）绿地的减少与公园建设。从1984年到1998年的15年间，东京的绿率减少了4%，相当于70km^2（图12）。

（2）远远不足的东京的公园绿地。1984年，都立公园、国营公园以及市町村立公园等城市公园的面积为2054hm^2，人均1.79m^2；1998年，城市公园的面积为6601hm^2，人均5.42m^2，大约提高了3倍（图13、图14）。但是，东京都的公园绿地面积与国内外其他城市相比，还远远不足。

（3）今后公园建设的目标。2000～2015年目标：都立公园建设约400hm^2→2015年约2000hm^2。人均公园面积：2002年5.42m^2/人→2015年约7m^2/人。

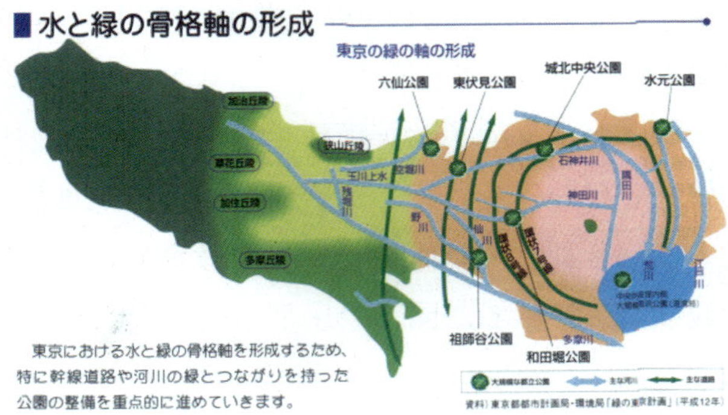

图 15 东京绿色轴线图

4.2 建设绿色轴线

为了充分发挥公园绿地的各种功能，形成连续的绿色轴线是非常重要的。在考虑主干道路和河道的绿化连接起来的同时，建设成为绿色骨骼轴线据点的公园（图15）。

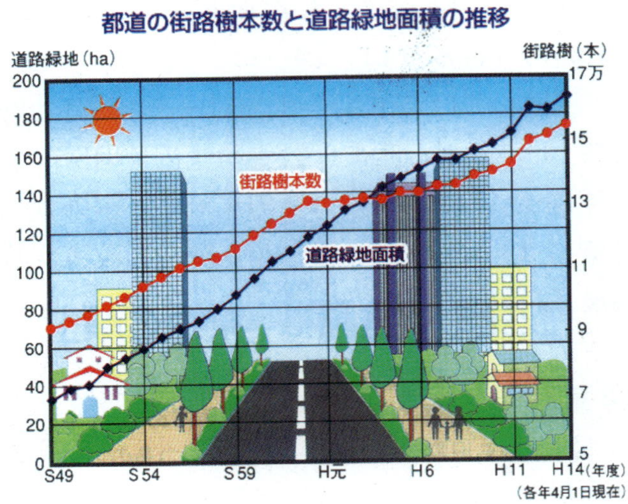

图 16 东京街道绿化发展

4.3 街道绿化

2000～2015年目标：主要干线道路绿化延长210km；街头绿地70处→166处；通过步道建设绿化延长37km；步行街7km。重点进行：(1) 绿化优美

图 17 浜离宫恩赐庭园

的道路建设；(2) 道路绿化管理；(3) 能够轻松步行的道路建设；(4) 环境亲和型道路建设（图16）。

4.4 历史性庭园与公园的再生

东京都的文化性庭园：浜离宫恩赐庭园（特别名胜、特别史迹）、小石川后乐园（特别名胜、特别史迹）、六义园（特别名胜）、旧芝离宫庭园（名胜）、向岛百花园（名胜、史迹）、清澄庭园（东京都指定名胜）、殿之谷户庭园（东京都指定名胜）、旧古河庭园（东京都指定名胜）、旧岩崎邸庭园（重要文化财产）。

2000～2015年目标：(1) 修缮建设浜离宫恩赐庭园、小石川后乐园等；(2) 文化性庭园的再生：复原浜离宫恩赐庭园(图17)；(3) 旧岩崎邸庭园的开园；(4) 上野之森的再生。

4.5 防灾公园的建设

重点进行：(1) 防灾公园建设项目；(2) 成为救援、复兴活动据点的公园的建设。2000～2015年目标：篠崎公园、城北中央公园、和田掘公园的扩张建设29hm^2；救援、复兴活动的据点公园的防灾关联设施的建设；(3) 作为广域型的避难场所的公园的建设。2000～2015年目标：对于有效避难面积1m^2/人以下的地区的公园的扩张建设；善福寺公园、东伏见公园、林试之森公园11hm^2；接受避难场所指定的各公园的防灾关联设施的整备57公园(图18)；(4) 都立公园地震发生时利用计划的制定

4.6 城市水害的防止

2000～2015年目标：现在15公园实施，2015年末23公园实施，合计1小时可以控制6万m^{3}的流出；利用公园进行雨水的蓄留、渗透。

4.7 从城市热岛变为冷岛

重点进行：不断变热的东京现状研究；利用公园绿地冷却城市。

4.8 保护近郊山区（里山）的自然与文化

2000～2015年目标：小山田绿地、樱之丘公

图 18 接受避难场所指定的各公园的防灾关联设施的整备 57 公园

图 19 市民保护绿地

园、泷山公园、中藤公园、野山北公园、六道山公园、八国山绿地180hm^{2}建设改造。2015年累计580hm^{2}建设改造，包括：(1) 灵活运用丘陵地的自然进行公园建设；(2) 与市民一同进行保护、培育里山公园；(3) 生物多样性的绿洲。

4.9 绿色垃圾的循环利用

4.10 滨水公园绿地建设

重点进行：水边再生；具有润泽感的公园建设。

2000～2015年目标：进行70hm^{2}的建设。包括：神田川——井之头恩赐公园；仙川——祖师谷公园；谷川——芝公园；大场川——水元公园；善福寺川——善福寺川绿地、善福寺公园、和田掘公园；石神井川——城北中央公园、石神井公园、东伏见公园、小金井公园。

4.11 体育、娱乐

重点项目：在都立公园中进行体育活动；在

都立公园中过休息日。

4.12 21世纪的动物园

重点项目：(1) 动物园抢救、保护野生生物；(2) 合作进行保护增殖事业；(3) 通过接触小动物进行环境学习。

4.13 建设具有魅力的植物园

重点项目：(1) 活着的植物字典；(2) 学习热带植物与人关系的场所。

4.14 绿色丰富的陵园

重点项目：(1) 设立都立陵园；(2) 新型陵园建设；(3) 亲民型陵园；(4) 区部陵园的再生。

4.15 公园的利用、管理、运营

重点项目：(1) 推进都民互动：22世纪的城市森林营造；(2) 守卫自然与森林的"大自然塾"：与NPO等的互动；(3) 便于利用的公园建设：公园标识、掩映于绿色之中的餐馆与小卖店、无障碍设计的公园建设；(4) 具有活力的公园建设：灵活运用公园的个性、营造人气场所。

5 结束语

东京在城市公园绿地建设方面积累了丰富的经验，取得了丰硕的成果。值得北京学习和借鉴的主要方面在于：(1) 具有前瞻性的绿地系统规划；(2) 从城市绿化走向城市生态环境的生态修复；(3) 长期、整合的视野发展城市公园绿地；(4) 高质量城市公园绿地的建设；(5) 防灾避险型城市绿地建设的必要性，创造安全、能够安心生活的城市环境；(6) 园林遗产文化保护与传承的重要性；(7) 公园绿地的多形式化、多功能化；(8) 绿化政策的一贯性和绿化目标的恒定性；(9) 老化公园的重建、改修；(10) 法律、法规健全的重要性；(11) 市民、公众参与的重要性；(12) 应对老龄化社会以及青少年教育型公园绿地的建设；(13) 能够开展体育运动、进行各种娱乐活动的公园绿地的建设；(14) 城市公园绿地建设与市民福祉的关系。

参考文献

[1] 东京都，首都圈巨大都市群构想——21世纪首都远景与圈域建设战略，2001年4月.

[2] 东京都建设局公园绿地部，始于公园的绿色城市再生——东京的公园绿地，2003年.

[3] 东京都，东京都公园绿地地图，2003.

颐和园在北京建设世界城市中的地位和作用

谷媛　北京市颐和园管理处研究室 北京 100091

摘　要：在建设世界城市的进程中，历史名园一直在发挥着巨大的作用。颐和园作为世界文化遗产、北京历史名园的代表，其景观价值和名园效应从多方面影响和促进着城市整体环境的提升。本文从颐和园自身的价值、区域资源优势、周边环境等因素，来探讨园林对城市可持续发展的重要意义；详细分析了园林与城市的关系，园林对城市环境、生态、文化、科技等的促进，以及对区域经济的带动、对其他产业的繁荣起到的推波助澜的作用。强调城市与公园和谐共生，在保护和尊重中寻求一条双赢的可持续发展道路。

关键词：颐和园 世界城市 建设 环境

公园是城市化的一个重要标志和内容，可以说当今世界几乎不存在没有公园的城市。公园从诞生之日起，就与城市唇齿相依，互为因借。北宋著名文学家李格非的《洛阳名园记》中对园林和城市的关系做出了最经典的评述：园圃之兴废，洛阳盛衰之候也。在城市化高度发展的今天，善待园林、保护环境，给园林一片净土，园林将还城市以无限的发展空间。

1 颐和园的价值定位

1.1 颐和园概况

颐和园位于北京市海淀区西北郊、距市中心15km，北靠中共中央党校、西距玉泉山、东依圆明园。总占地总面积300.59hm^2，主要由山、湖、河、堤、岛和各类古建筑组成。园内现有建筑3500余间，总建筑面积70000余m^2。颐和园前身清漪园始建于乾隆十五年（1750），咸丰十年（1860）被英法联军焚毁，光绪十二年（1886）重建，十四年（1888）更名为颐和园。1928年开放为公园。1998年12月，以“是世界几大文明之一的有力象征”的高度评价，荣列世界文化遗产名录。颐和园是中国封建王朝最后一次大规模的造园活动，给中国乃至世界留下了一座堪称绝响的皇家园林，是中国古代造园思想和实践的杰出代表，是世界东方文明的有力象征，是晚清诸多重大政治活动和宫廷生活的舞台，具有很高的文物价值和社会价值。

1.2 价值定位

（1）颐和园是古都北京的水利枢纽，大运河北段的补给水源。

元代郭守敬修白浮瓮山河，汇神山诸泉水入瓮山泊，经长河入太液池，再经通惠河入北运河以济漕运，从此奠定了昆明湖水域作为古都北京水利枢纽的地位。乾隆十四年（1749），乾隆皇帝按照“养源清流”的理念，梳理香山、玉泉山一带泉脉水道，拓展元明以的瓮山泊，最终形成了玉泉山——玉河——昆明湖——长河——护城河——通惠河——大运河这一立体水系，既解决了西郊水患，又为城市供水、农田灌溉、漕运以及园林建设提供了充沛的优质水源。直至今日昆明湖西侧的水体更是继续承担着城市调节水库的功能，在城市绿

作者简介

谷媛／女／1976年生／毕业于中国人民大学历史系，大本／颐和园管理处研究室／馆员。

化生态建设上发挥着重要的作用。

（2）颐和园是三山五园的景观核心，其格局恢弘，最显皇家气派，现存格局最完整。

咸丰十年（1860）英法联军焚掠西郊诸园，三山五园同时罹难。香山静宜园除见心斋几处保留较好的古迹外，其他多为遗址和建国后的复原；玉泉山静明园当年因紧邻颐和园，部分建筑得以修复，但规模远不及颐和园；畅春园的遗址上已经建起了新的居民楼和运动场，只能根据幸存下的恩佑寺、恩慕寺山门去探寻其古迹；圆明园同治年间计划重修，未遂，现为遗址公园。光绪十二年（1886），慈禧在保持原有格局的基础上重修，其格局也因此得到了完整的保护并传承至今。

（3）颐和园是集历史与文化大成的皇家园林。

颐和园"一池三山"创作的绝响，格局完整气势磅礴。"一池三山"作为中国古代皇家园林的创作模式，一直延续到清代，并影响了邻邦日本和韩国的园林创作。清漪园依托真山真水营造三山仙境，手笔之大非其他诸园能及。乾隆当年还借整治北京西郊水利之机，拓湖、清淤、培山、绿化，改变了山湖分离的格局，得到"秀水明山抱复回，风流文采胜蓬莱"的山水盛境。其中蕴含的中国传统生态造园思想在高呼环保生态的今天仍具有重要的指导意义。

（4）其馆藏文物是研究清代文化艺术发展和传统皇家园林园居生活空间的独特材料。颐和园现存文物4万余件，品类涉及铜器、玉器、瓷器、木器、书画、古籍、珐琅、钟表、竹器、乐器、根雕等，几乎涵盖了中国传世文物的所有门类，其中国家级文物2万余件，具有极高的文物价值。大部分文物都来源于颐和园的室内外陈设，是园林环境的重要组成部分，是研究清代帝后园居生活空间艺术的独特材料，其研究价值弥足珍贵。

（5）作为历史名园，颐和园具有公园绿地的综合功能，以游憩为主要功能，同时兼有健全生态、美化景观、防灾减灾等综合作用。

（6）颐和园是爱国主义教育基地；是北京市重要的景观资源，是北京市的重要标志。

1.3 区域发展情况

1860年，西北郊皇家"三山五园"园林群落被毁后，只有颐和园在1886年得以重生，将中国古代皇家园林的造园艺术推向最后一个巅峰，而成为当时紫禁城之外的一个最重要的政治场所和统领西山诸园的景观核心。时至今日，颐和园仍以其不可替代的历史地位、不可比拟的造园艺术、无双风月的湖山胜景以及良好的生态景观环境，为周边区域的发展提供了良好的自然环境和人文环境优势。

新中国成立以前，这一区域发展的可以说是始终随着皇家园林的兴盛而兴盛，随着皇家园林的衰落而衰落的，表现出对皇家园林强烈的依附色彩。新中国成立之后的几十年，随着海淀区文教事业的发展，使得这一地区日益摆脱了原来对皇家园林的依附属性，独立成一支重要的社会力量，并较好地处理了兴建与保护的关系，将延续历史文脉和创造时代特征完美地融为一体；改革开放特别是加快中关村科学城建设的方针明确以来，这一地区迸发出前所未有的发展活力。中关村科技园区的崛起，使海淀区正在成为首都、中国乃至世界现代经济发展最具活力和希望的地区，区域的经济实力、城市功能、社会结构等都发生了巨大提升和变化。

2 颐和园文化生态区域发展

2.1 自然环境

北京的西北郊，素称"神京右臂"的西山峰峦连绵自南趋北，余脉在香山的部位兜转而东，好像屏障一样远远拱列于这个平原的西、北面。在它的腹心地带，两座小山岗双双平地突起，这就是玉泉山和万寿山（瓮山）。附近泉水丰沛，湖泊罗布，远山近水彼此烘托映衬，形成犹如江南的优美自然景观，实为华北地区所不多见。

清代以前的颐和园周边地区是一个人烟稀疏、村落散布、以自然风光优美著称的地区，在清漪园动工之前，三山五园其四——畅春园、圆明园、香山静宜园和玉泉山静明园已经形成，直至位于三山五园中心地带的清漪园的出现，使北京西北郊形成一个以清漪园为中心的"三山五园”皇家园林区。在这一区域的周边还逐渐形成了拱绕其间的为数众多的皇家赐园、官宦园林、办公衙署、八旗营房等，与自然山体、泉源河湖、森林植被、稻田村落和谐依存，共同组成了一幅绵延二十余里的山水园林长卷，其规模、成就及价值在世界建筑史上都是极为罕见的，完全堪与当时的北京皇城相媲美。皇家园林群落及其附属机构的存在，还带动着海淀镇的繁荣，据史料记载，当时的海淀镇极为繁华，其丰厚的社会经济环境和浓郁的文化底蕴也为其今后的发展奠定了基础。

颐和园最主要和最具特色的自然环境就是这片曾经具有水乡景色的低地，历史地理学家侯仁之先生曾将颐和园周围的低地称之为“巴沟低地”，与之对应的是位于低地东南的“海淀台地”，清代西郊园林的大部分如畅春园、圆明园和颐和园的昆明湖等都在此低地之中。如今颐和园周边的自然环境基本丧失了清代时的模样，昆明湖东面，原来平展如镜的稻田变成大片起伏的土丘，稻田让位给林木和草地；昆明湖西面，稻田低地的轮廓荡然无存，取而代之的是高高垫起的地面和越来越多的房屋。颐和园与玉泉山之间已没有水田、湖泊，这种环境变化所失去的首先是历史文化的底蕴，其次是具有湿地特征的生态环境。

2.2 景观环境

景观的价值在于其稀有性、多样性、功效性、宜人性、资源性以及其身后的美学价值。清代颐和园外围景观环境是独具匠心的设计，即将园林外的景物景观有意识地引入园内，是中国古典造园艺术一种最为重要的创作原则，称为“借景”，也是现代城市景观设计越来越高度重视的一项基本原则。如颐和园最重要的西部借景，以玉泉宝塔、连绵起伏的西山山脉以及绿畦无垠的稻田，构成颐和园西部层次分明的景观通廊。因此颐和园周边借景环境的保护是颐和园保护不可分割的重要组成部分。但最近几十年，城市发展的大规模扩张，已经使许多重要的、但不具备颐和园这样高的保护级别且分布相对较为零散的景观环境受到较为严重的破坏，甚至荡然无存，一些侥幸保留下来的也正面临严峻的生存危机。作为颐和园赖以借景和景观缓冲的重要地区，保护好颐和园周边的自然、历史文化环境与视觉通廊与保护颐和园本身具有同等重要的意义。今天，颐和园作为世界文化遗产，其周边环境的保护与治理已愈来愈引起人们的重视，近年来正在开展包括颐和园在内的“一山两园”周边环境的改造，为恢复颐和园周边景观提供了机遇。

2.3 教育环境

民国年间，颐和园周边园林群旧址以其特有的历史文化底蕴和宜人的自然环境，吸引了众多高校的加盟。最早落户的学校是1911在近春园遗址年兴建的清华学堂，1928年改为清华大学。1926年，燕京大学（今北京大学）校园在淑春园旧址落成。新中国成立后，这一区域因燕京大学和清华大学的存在，而被确定为北京的文教区。1950年中国人民大学自根据地迁来，选址于海淀镇南。从1952年起，实行院系调整和大学建设，在中关村及其周围相继兴建起一大批大学和科研院所。东面有北京地质学院、北京矿业学院等八大学院；西面是北京大学迁入燕京大学校址；北面有清华大学的扩建、体育学院的建设和农业学院的迁入；南面除已迁入的人民大学外，还有北京工业学院、民族学院、农业科学院的建设。在颐和园的周边，几十所大学相继建成了，使这一区域从以园林建设为皇家服务，转变成到为国家教科文及科研服务的区域。不但带动了周边教育事业、科研科技的发展，而且还使海淀区一举成为北京最大、最重要的的文化、科技产业区。

2.4 文物资源

颐和园及周边地区，以上风上水、风光绮丽的优势，吸引着历代帝王和王公贵胄，除了颐和园、圆明园、玉泉山静明园、香山静宜园等相继建成的“三山五园”之外，还有不少王公赐园，如现在的北京大学西面的蔚秀园、承泽园、吴家花园；原畅春园南面的礼亲王园；北京大学校园西北隅的鸣鹤园、朗润园、淑春园；今清华大学校内的熙春院等，以及一些有名的私家园林如晚清海淀镇南大街的大学士王文韶宅院、彩和坊24号院（李莲英为其弟建的宅院）、建于民国初年的达园等。

除了私园的建设，寺庙建筑也集中在这一区域：始建于唐贞观年间的兜率寺（卧佛寺）为海淀最早的寺院，寺中有巨大的元代铜卧佛；真觉寺的金刚宝座、觉生寺的永乐大钟、大慧寺的彩塑、摩诃庵的三十二体金刚经刻石都享誉盛名。很多寺庙园林还是封建帝王巡幸驻跸的行宫，如碧云寺、万寿寺、大觉寺、紫竹院等。数量众多、价值突出的颐和园周边文物，成为海淀区最集中的文物群落，其进一步的保护和利用将有利于这些地区的可持续发展。

3 园林群落对城市环境的影响

颐和园等皇家园林区作为清代又一处政治中心，在建设皇家园林区的同时，也形成了中国最早的园林城市。在其渐进的成长过程中，自然因素与社会经济、文化因素相互作用，形成了这个区域独特的文化，积淀了众多的源于特殊生活体验、不可替代的地方精神和城市个性。那么，在现代社会，将周边环境纳入到城市公园综合环境，以及将周边地区作为城市中一种特定区域的管理模式，将会成为一种积极的、主流的发展方向，而在城市发展的进程中扮演着重要角色。协调好公园与环境二者在空间上的依托关系，是公园自身可持续发展的需要，也是公园促进城市发展的必要环节。颐和园的景观价值和名园效应从多方面影响和促进着周边环境的改善以及文化经济的提升。

3.1 城市景观得以改善

绿色是城市的生机，绿化是城市美化环境的最重要的内容，公园作为城市中集中的、大规模的绿色生态区域和天然氧吧，对城市环境的改善起着至关重要的作用。以颐和园为中心的西部园林群落所处的自然环境以及经世代开发形成宛若江南的水乡景色是周边区域以及城市整体园林化的一个亮点。

在建设园林型城市的进程中，公园尤其是诸如颐和园这样的历史名园，其作用是巨大的。十几年前，“园林城市”的概念首度被提出，拉近了园林与城市的距离，也诠释了园林在城市发展中的作用。“园林城市”是在中国特殊环境中提出的，它和我国传统的皇家园林、私家园林，甚至寺庙园林都有着密切的联系。著名学者钱学森先生曾提出过“山水城市”，而“园林城市”这一新概念的出现正是在山水城市的基础上，更加贴近城市的实际和人民的生活。再如欧洲国家提出的“花园城市”。虽然说法不同，但强调的都是城市景观的塑造和公园对城市的贡献，这就犹如绘画一般，用人为的审美情趣来建设城市和公园的一砖一瓦、一草一木。在全国各地纷纷建设 “园林城市”活动中，也再一次证实了国家城市生态环境建设是对构建社会主义和谐社会，对落实科学发展观的一个落实和延伸。时下，以公园管理中心为龙头的北京市十余家市级公园正在争先成为全国公园行业典范，也正是为首都城市建设取得一张王牌，为首都风貌展现的一张名片。

3.2 城市生态得到保护

自从地球上出现人类聚居以来，人们为了寻求自己的理想“住所”，从来没有停止过思考与探索。随着人类精神生活的进一步丰富，城市化进程的加快，给社会带来了长足的进步，但这种进步也开始于对自然资源的掠夺性开发。人类从屈服于自然，到改造自然，经历了漫长的过程，其间也付出了沉痛的代价，如今保护环境、爱护自然又成为一个主流意识，那是因为人们看到了、体会到了破坏自然环境带来的恶果，所以保护生态环境不仅是乡村更是城市发展的不可逾越的过程。现今，城市的形象，已经不再局限于城市区域经济水平、城市基础设施建设等方面，随着社会的不断发达，“自然”越来越成为稀缺的资源。城市生态和环境条件在提升城市形象和城市竞争力的地位也越来越重要，成为提升城市区域形象、提高城市竞争力的决定性因素。

城市化的过度发展必然带来空气污染、水污染、噪声污染、酸雨、热岛效应以及火灾、地震、流行病等灾害隐患，造成严重的生态环境恶化和人与自然的疏离，而园林绿化正是救治城市化诸弊端的妙药良方。以颐和园来说，颐和园核心保护区的面积就有300多hm^2，其中水体面积为近220hm^2，各种树木40多万株，草坪面积25hm^2，再加上周边保护控制地带范围内的绿地，绿地总面积可达上千公顷，据初步估算，它们每年可释放氧气6万吨，吸收二氧化碳8.6万吨，蒸腾水量888万吨，蒸腾吸热2174亿KJ，并可在滞尘、减菌、减噪和吸收有毒气体、净化空气等方面发挥良好效益；炎热的夏季，颐和园内的温度可比城内低2～3℃；因为颐和园建设良好的生态环境，引来黑天鹅、白天鹅等珍稀保护类鸟禽相继飞临栖息，保持和维护了文化型生态环境原貌。据统计，颐和园内常年栖息的鸟类有180多种，常见的有60多种，植物种类共有89科225属319种。昆明湖中的水生生物更是数以千万计，不但种类丰富而且数量巨大，是北京郊区生物多样性最丰富的历史园林。颐和园及周边地区园林环境的存在，对维护区域生物多样性、保持良好的生态环境、调节城市生态平衡、提高空气质量发挥着巨大的作用。

总之，城市的发展不应该以自然生态环境的丧失为代价，城市公园不仅是做一种美观的点缀，更要解决城市环境污染、生态破坏等一系列实际问题。

3.3 环境污染源头得到治理

国内外许多成功的先例表明，改善城市生态环境、减少污染就是增加投资机会。环境建设，既可以改变城市面貌，又可以带动整个城市规模的改进、城市功能的完善和城市经济的发展。环境效应，既能转变为社会生产力，同时也能成为现代化文明城市综合实力的表现。城市生态环境就是生产力，就是投资环境。生产力发展的同时能避免和减少对环境的污染，是我们追求的目标。

根据世界文化遗产的有关规定，颐和园周边及建设控制地带内不得有存在环境、水源、空气污染因素的企业等。颐和园在申报世界文化遗产过程中以及成功申报后，一直在不断地为治理污染，改善周边环境做着不懈的努力。1998年颐和园兑现向世界遗产组织的承诺，着手收回建设在原颐和园耕织图之上的造纸厂、三利厂等两家有污染的工厂。公园内部也加强环境的控制努力，充分采用环保型材料和清洁能源，全面使用电瓶车、太阳能船等环保设备，减少环境污染；加强昆明湖水体保护监控，采取有效措施改善水质，美化和净化水环境，目前颐和园水质可达到三类水体标准；景区内游览车、船使用清洁能源，保证环境质量。完成全园煤改气、煤改电的能源置换工程，撤消了全园明火，使颐和园实现以电能取代延续上百年的燃煤采暖方式的能源革命，有效地保护颐和园的大气环境质量，取缔了124个大小烟筒，净化了颐和园的视觉景观，将环境污染彻底清除。随着京密引水渠的建成和投入使用，颐和园西部水源成为饮用水，也表明颐和园治理污染的力度和成效。

3.4 人居环境得以美化

人居环境是“人”与“人”共处的居住环境，即人类聚居的地域，它是与人类生存活动密切相关的地表空间，也是人类在大自然中赖以生存的基地，是人类利用自然、改造自然的主要场所。建设宜居城市就是要在人居环境上下功夫。清新的空气、幽静的树林、涓涓的流水，伴着鸟语花香，通常这就是人们对城市公园的第一印象。现代城市公园形式是城市文明的标志，是人们获得城市化生活方式的一种途径，它不仅为城市提供大面积的绿地，而且是群众性的文化、教育、娱乐、休闲的场所，综合公园以其独特的城市文化，折射出城市形象和公园形象。建设园林城市，提出“以人为本”的口号，就是说明了人居环境的核心是人，这其中不仅仅是物质生活需要，更包含着人们的精神生活需要，是对城市本源和人的精神家园的回归。

近几年，北京的公园如雨后春笋般地发展壮大着，随着各类湿地、鸟岛、森林公园等不同类型公园的纷纷建成，北京变成了绿意盈盈、流淌生机的城市。颐和园东南西北各个方向也几乎被大大小小的公园所包围，实现了人居环境与自然的和谐统一。

4 园林景观对建设世界城市的带动作用

城市，从来没有像今天这样，整体成为投资的焦点。究竟怎样的城市才更有竞争力，更有投资价值？毋庸置疑，那就是环境，尤其是具有深厚文化背景的历史景观环境，它不仅在优化城市环境、提升城市品位，同时还有助于提升城市竞争力和促进经济贸易发展。文化向经济社会活动的渗透，使得景观成为城市的绿色经济。城市通过景观建设就有了自己的知名度，有了品牌，就可以吸引到更多的投资，甚至可能有更大的竞争力，创造更大的经济价值。

4.1 有利于区域经济可持续发展

对旅游资源，尤其是像颐和园这样具有极高价值的文化遗产的保护与开发利用，将对于区域经济可持续发展具有重大影响。时尚的“景观消费”已然成为现代城市消费的一个新趋势。优秀的城市景观的建成，会使城市的都市化迈上一个新台阶，从而增强城市的辐射功能，并发挥巨大的经济支撑作用。颐和园是世界闻名的游览胜地，每年国内外慕名而来的参观者在1000万人次左右，颐和园周边还有诸如圆明园、香山、植物园等历史人文及自然景观园林，构成一个庞大的景观区域，也使得该地区具有了城市游憩中心的功能。仅颐和园一地的游客数量就占整个海淀区年游客总数的30%左右，占全北京年游客总数的7%左右。颐和园的存在和完整保护，是区域经济发展的催化剂，大批游客的带来，必将带动住宿、餐饮、购物、娱乐等相关服务产业的发展。优美的生态景观环境，也是提升周边地区的土地价值的根本原因之一。在颐和园的周边存在着大大小小不计其数的楼盘，可以用“高贵与昂贵”来概括颐和园周边房产的状况。颐和园的存在，极大刺激了开发商和购房者的兴趣，成为富商们踊跃追逐和争相安家落户的对象。

4.2 有利于扩大科学技术交流

颐和园享誉世界的知名度，吸引着世界人民的眼球，高速运转的颐和园旅游业同其他旅游业一样，是一项综合性的服务行业，一方面要靠相关行业的支持配合，另一方面旅游业的发展，又推动了相关行业的发展，进而促进经济繁荣。近几十年来，颐和园周边高等院校和科研机构的大量建设，使这里成为全国高等院校和科研院所集中分布的、北京乃至全图的文教科研中心。改革开放以来科技资源的密集分布为本地区科技产业的迅猛发展提供了条件，催生了中关村科技园区的诞生。近几年来随着中关村西区建设的展开，北京科技产业的CBD也在这一区域建成。

5 总结

一座城市和一个人一样．有值得人去铭记的故事、有打动人去恭听的历史，才能有留下深刻印象的可能，才能有具备知名度的基础。而公园作为城市最鲜活的要素之一，是保持、发扬城市特色最重要的载体，是城市的故事和历史，更是城市知名度拓展的绚丽名片。将公园串联在城市发展的链条中，必如一颗颗璀璨的明珠，在建设世界城市的道路上发挥巨大的社会效益。

另一方面，当代城市建设的理论告诉我们，对历史名园的保护与城市发展建设之间决不是此消彼长的对立关系，只要能够充分尊重园林的价值和历史，尊重法律的原则，定能寻出一条双赢的可持续发展的道路。

参考文献

[1] 海淀科学城建设中的世界遗产——颐和园保护问题研究（高大伟 秦雷）.

[2] 颐和园管理处．《颐和园志》．北京，中国林业出版社，2006.

瞄准世界城市，对接休闲需求

孙洁　北京山水心源景观设计院　北京　100098

摘　要： 世界城市的打造和休闲需求的释放是首都经济社会和文化生活发展的要求，把握好社会发展的脉络，抓住高速发展的机遇，形成园林绿化行业与目标、需求之间的互动，是我们园林绿化工作者的责任。但推动力加大的同时，牵制力也会加大，如何理解差距、和谐心态、调整步伐、加快转变尤为重要。从景观、文化的展示拓展到满足人的多元需求是时代的进步。

关键词： 世界城市；差距比较；格局形成；瞄准对接

"世界城市"（又称全球城市），是指国际大都市的高端形态，对全球的经济、政治、文化等方面有重要的影响力。

《北京城市总体规划（2004–2020 年）》指出北京的城市定位是：国家首都、国际城市、历史名城和宜居城市。2009 年底，市委书记刘淇在工作报告中首次提出北京要"瞄准建设世界城市"。2008年奥运的成功举办提升了北京的国际影响力，随着信息技术和知识社会形态的跨越式发展，国际金融危机后世界经济政治格局变化和重心转移，以及人均 GDP 突破 1 万美元的经济高速增长，北京进入了新的发展阶段。新目标的提出有助于凝聚共识，抓住机遇，明确未来的发展方向。

"休闲"是指在非劳动及非工作时间内以各种"玩"的方式求得身心的调节与放松，达到生命保健、体能恢复、身心愉悦目的的一种业余生活。科学文明的休闲方式，可以有效地促进能量的储蓄和释放，它包括对智能、体能的调节和生理、心理机能的锻炼。休闲需求正是侧重人的体验、欣赏、情感表达等方式而由此传递出的消费需求信息。人类在 2015 年将走过信息时代的高峰期而进入休闲时代。

2010 年 6 月，《2009 ~ 2010 年中国休闲发展报告》研究成果和国内第一本《休闲绿皮书》向国民发布，指出伴随着文化体制改革的加快，文化休闲服务投资加大并更趋多元化，居民文化娱乐休闲消费快速增长。休闲作为一种文化消费方式，是经济发展、社会进步和民众生活水平高低的重要标志。休闲相关产业的不断发展，不仅成为人们精神文化生活水准不断提高的重要标志，也对转变经济发展方式和产业结构调整产生着深刻影响。特别是在大中城市，经济的良性循环越来越依赖于休闲需求的实现，诸多投资均围绕此而进行。与此同时，休闲发展也上升到公共政策、国家战略、经济发展、民生要务的高度。

1 在与世界城市比较中找到差距

不同人会有不同的评判标准，这取决于评判者的文化背景、阅历和价值观。评判世界城市的准则莫衷一是，但基本倾向在于城市的形象、经济、规划和市民的体验，它涵盖政治、经济、文化等社会的方方面面，主要包括：

① 国际知名度；② 参与国际事务且具影响力，

作者简介

孙洁／女／1965 年生／南京林业大学／大学本科／北京山水心源景观设计院，高级工程师。

如国际组织的总部；③ 庞大的人口 ；④ 金融储备 / 支出：GDP 产值；股票市场；跨国公司总部；金融服务 ；⑤ 生活指数：个人财富 ；⑥ 交通基建、运输能力、通讯设备；⑦ 科技效能；⑧ 城市外观；⑨ 世界宗教的参拜圣地； ⑩ 拥有联合国教科文组织历史及文化遗产 ；⑪ 重要设施、机构：教育；研究；健康、文化、体育，等；⑫ 国际文化及社区；⑬ 强大而有影响力的媒体；⑭ 旅游生产力等。

2008 年至今，北京已位列某些机构评出的世界城市的榜单中。较容易被人理解的是花旗银行与 Knight Frank LLP 2010 年共同编撰的世界城市排名，如（表 1 和表 2）：

表 1 根据经济、政治、教育和生活质量等指标排名的世界城市

名次	城市	最佳指标
1	纽约 New York	经济（Economic activity）
2	伦敦 London	经济（Economic activity）
3	巴黎 Paris	生活质量（Quality of life）
4	东京 Tokyo	经济（Economic activity）
5	洛杉矶 Los Angeles	教育（Knowledge and influence）
6	布鲁塞尔 Brussels	政治（Political power）
7	新加坡 Singapore	经济（Economic activity）
8	柏林 Berlin	生活质量（Quality of life）
9	北京 Beijing	政治（Political power）
10	多伦多 Toronto	生活质量（Quality of life）
11	芝加哥 Chicago	教育（Knowledge and influence）
12	华盛顿 Washington，D.C.	政治（Political power）
13	首尔 Seoul	经济（Economic activity）
14	香港 Hong Kong	教育（Knowledge and influence）
15	法兰克福 Frankfurt	生活质量（Quality of life）
16	悉尼 Sydney	教育（Knowledge and influence）
17	旧金山 San Francisco	生活质量（Quality of life）
18	曼谷 Bangkok	政治（Political power）
19	上海 Shanghai	经济（Economic activity）
20	苏黎世 Zürich	生活质量（Quality of life）

表 2 根据人口、GDP 等指标的城市排名（2010）

名次	城市人口	生活成本	地铁年客运量	地铁里程	机场客年吞吐量	百万富翁数量	GDP (PPPs)
1	孟买	东京	东京	伦敦	伦敦	纽约	东京
2	上海	大阪	莫斯科	纽约	纽约	伦敦	纽约
3	卡拉奇	莫斯科	纽约	柏林	东京	莫斯科	洛杉矶
4	德里	日内瓦	首尔	马德里	亚特兰大	香港	芝加哥
5	伊斯坦布尔	香港	墨西哥城	莫斯科	芝加哥	洛杉矶	巴黎
6	圣保罗	苏黎世	巴黎	首尔	巴黎	达拉斯	伦敦
7	莫斯科	哥本哈根	香港	上海	洛杉矶	伊斯坦布尔	大阪
8	首尔	纽约	伦敦	巴黎	达拉斯	旧金山	墨西哥城
9	北京	北京	大阪	北京	法兰克福	芝加哥，东京	费城
10	墨西哥城	新加坡	圣保罗	东京	北京	孟买，圣保罗	华盛顿

通过以上资料，我们可以得出基本的判断：

（1）与已知的“四大世界级城市”——伦敦、巴黎、纽约和东京比较，北京的最大优势是政治氛围、人口总量以及由此带来的交通运力的满负和生活成本的虚高，相比之下，自身的经济水平、富裕程度以及生活质量仍然欠佳。（2）评价体系里面很多标准与我们园林绿化行业的工作密切相关：人口的需要；城市的外观、财富的推动、文化的提升、旅游的拉动等。

进入 21 世纪，喷涌的经济大潮和强大的社会需求不断冲击着我们固有的思维，园林绿化不再是简单意义上的市政配套或政府福利，国际地位的提高、社会财富的积累、内外经济的拉动、生活品质的要求需要我们不断地去适应和发展。

差距不是坏事，它们正是我们园林绿化行业提升和拓展的“生长点”，抓住宝贵的机遇，融入其中，从更深层次上保护我们的家园、发扬历史与文化、带动经济的繁荣、幸福百姓的生活，园林绿化工作者可谓重任在肩。

2 休闲生活巨大的市场需求正在释放

中国儒教思想认为，人是大自然的一部分，是自然秩序中的一个存在，自然本身是一个生命体，所有的存在相互依存而成为一个整体。强调人与自然息息相通，和谐一体，这就是“天人合一”的思想。

英文“Leisure”一词来源于法语，主要是指“必要劳动之余的自我发展”。表明了“休闲”词所具有的独特的文化精神底蕴。亚里士多德在他的《政治学》一书中曾提出这样一个命题：“休闲才是一切事物环绕的中心”。在马克思眼中，休闲是指“用于娱乐和休息的余暇时间”，是指“发展智力，在精神上掌握自由的时间”。美国著名休闲学家约翰·凯利认为，休闲应理解为一种“成为人”的过程，是一个完成个人与社会发展任务的主要存在空间，是人的一生中一个持久的、重要的发展舞台。休闲是创造的动力和源泉，是社会文明的一个重要标志。今天，休闲已不是王侯贵族特有的奢华权利和士大夫文人才有的风雅享乐，休闲成为政府倡导的，大众的行为需求。

随着工业化程度的提高，城市化的发展，城市人在享受工业文明各种好处的同时，也产生了郁闷、烦躁、隔膜等都市病，我们在与自然抗衡的时候，农耕文明的景象在消失，原野变成了工地或厂房，河水变黑发臭或混入了有毒物质，空气变的呛人，城市热岛效应越来越严重，人们的身体和心理受到损伤。人们希望回归到绿色中去，去躲避热浪、亲近自然。

当今社会，工作形式日益多样化，弹性工作方式正逐渐取代传统的工作方式。弹性的工作方式正日益打破工业化时期工作与闲暇的界限。人们的闲暇生活时间相应地增加，休闲生活质量得到长足提高。节假日的设置将逐渐科学化、合理化，带薪休假制度的逐步实施，人们将拥有重多旅游休假的时间。

由于社会成员的素质普遍提高，对自然和人文的关注以及在休闲中学习提高的自觉意识使人们愿意抽出更多的时间走到户外，去欣赏、去游历、去品味。2009 年始，休闲发展环境有突破性改善。① 2009 年年初，国务院在“三定”方案中将“引导休闲度假”这一职能赋予了机构归属，旨在休闲需求的满足、休闲活动的引导、休闲设施的提供、相关产业的推动上有效激励、长足改观。这是我国休闲发展历史上的一个标志性事件和重大的转折点。②有利于休闲发展的重大政策密集出台，引发全社会对休闲发展的普遍重视。2009 年 9 月，《文化产业振兴规划》正式发布；2009 年国务院批准将每年 8 月 8 日设立为“全民健身日”；2009 年 10 月《全民健身条例》正式颁布实施；2009 年 12 月，备受期待的《国务院关于加快发展旅游业的意见》（41 号文件）正式发布，明确提出“制定国民旅游休闲纲要”、设立“中国旅游日”、“落实带薪休假制度”等；2009 年 12 月，《国务院关于推进海南国际旅游岛建设发展的若干意见》（44 号文件）颁布。这些规划、意见、条例的相继出台，不仅为新形势下休闲及相关产业的发展提供了有效激励，更重要的是，引起了全社会对休闲的高度重视，有利于促进其长远发展。③“国民旅游休闲计划”在全国不同地方得以试行，覆盖范围涉及休闲的多个领域。④ 各级政府出台了一系列刺激休闲相关消费的政策和措施，惠及百姓休闲生活。⑤ 推动了大休闲格局的逐步形成，有利于更好地满足人们的多样化、复合型的休闲需求。

2008 年世界金融动荡以来的中央对基础设施建设、国内消费的刺激政策和国家经济模式、结构的转型给休闲、旅游、消费带来空前的机遇和挑战。

3 大潮涌来，园林绿化面临更多机遇和挑战

园林绿化的目的是“替精神创造一种环境”。园林绿化的建设内容和形式取决于现代人的理想和追求。

近十年来，面临北京经济发展不断提速，老城区土地成本日益飞涨，老城区公园的发展更加窘困，人们的活动空间除现有的老公园以外，多局限在小区花园、城市交通配套建设的绿地中，公园绿地分布不均成为影响人们休闲需求的重要因素。

2008 年奥运会前后，关于大气污染的问题频出，甚至困扰国家的形象，更触动每个北京市民的环保神经。这也促使市政府要加大力度，集中整治北京的大气环境。对大气污染进行综合治理，不仅要减少有害气体排放，而且要从植树造林、绿化环境入手，从根本上改善大气质量。研究证明，绿色植物在净化空气、降低大气污染方面发挥着重要的作用。

北京是一个资源匮乏和资源消耗巨大的城市，经济社会发展与人口、资源、环境之间的矛盾尚未得到有效缓解。而且，随着城市人口规模的持续扩张，这一矛盾将更加突出。近些年来，由于农村土地及人口的流转、新型农业模式的形成，更多闲置土地私搭乱建、撂荒现象日益突出。而城市居民更有远离污染和尘嚣、贴近大自然、忘却烦恼、放松身心的迫切需要。“外乡人走进来，城内人走出去”是国际大都市和首都建设宜居城市不可避免的选择（如法国巴黎城内 80% 以上人口为外来人口，真正的巴黎人反而住在郊外）。同时强大的休闲需求催生的郊野公园、滨河公园等可以使景观效益凸现的历史、文化园地“让位”于外来游客，城区的人口以家庭成员或组织团体为单位，运用发达的交通工具，随着信息化的普及，自驾游、自助游、自主游、定制游、互助游，甚至换房游等各种新兴的、休闲性质的郊游方式层出不穷。不仅可以带动郊区的经济发展和转型，化解城市景点和交通的压力、减少城区的排放压力，同时可以最大程度地利用空间规模、环境气候、生活方式等方面的差异缓解都市人的工作压力和紧张情绪，达到健身休闲、科普学习、人际交往、关注生态环境的目的。

当前，在国家鼓励政策和旅游休闲计划的带动下，在城市升级改造和建立和谐宜居都市的推进下，作为构建“首善之区”的首都，园林绿化的发展正向需求性强、覆盖面广、生态多元性、经济关联性、文化传承和历史保护等多方向发展。世界城市的目标和生活水平的极大改善使首都人心态更加开放，生态环保意识观念更加深入人心。

4 园林绿化新时期的新特点逐步显现

（1）园林绿化正从计划经济体制下的“末端行业”，走向市场经济的“先导行业”，并进入快速发展的新时期。除了丰富的历史古迹和完备的城市绿地体系，城市化进程和改造加快了园林绿化向郊区、林区、水域、农村等方向的拓展。文化公园、运动公园、水上公园、森林公园、郊野公园、滨河公园、主题公园等等各种园林模式如雨后春笋般融入打造“大北京经济圈”以及各区域的绿色经济带（如永定河绿色生态发展带）、核心区建设（如通州新城运河核心区）、乡村新农村建设（如丰台王佐镇农业观光园）等经济发展的大规划之中。

（2）各级政府着力推进北京的绿地建设从景观功能向休闲功能升级。使 70% 的绿地建成 102 个郊野公园，逐步形成整体成环、分段成片的链状集群式结构，为市民提供更多休闲娱乐的绿色公共空间。以自然生态型环境为依托，经科学保护和适度建设，不仅改善了北京整体的环境状况，拉近了城乡之间的差距，同时满足了人们回归自然的需求。

（3）投资模式不再单纯是政府福利投入的传

统方式，投资模式日益多元化。

（4）从“被动适应”、“受教育”的模式逐步转化为“自然、闲适、开放、自主、深度多元”的方式，注重人的“意识、感受、体验、释放”，是社会文化的进步、国民意识的体现。“慢生活”、“低碳生活”、“田园生活”、“个性生活”等，众多的生活理念影响着园林绿化的发展方向，园林绿化的成果反过来反映出首都市民生活的追求、质量和幸福指数。园林绿化与经济生活、和谐社会的因素日益相关，与公众活动、地方效益互动增强。

（5） 乡村游、民俗游、特色游、观鸟游、水上竞赛、拓展训练，户外野营、农日采摘等各种休闲模式拓展了园林绿化的发展空间，“我中有你，你中有我”，园林绿化行业与其它行业之间的联动、互动更加多元化。

（6）园林绿化与经济、社会生活紧密联系与融合的同时，其从投入到管理各个环节的“核心和边界”也变得复杂多变：牵制方面更多（土地、投资、目标、效益）、制约能力降低（多方利益拉锯、强势侵入、社会反应）、服务对象复杂（包括公众意识、政府部门、投资主体、原始居民）、管理水平高低不一（重视程度、施工水平、维护资金）。

（7）旅游拉动、生态先导、文化搭台、活动多样，园林绿化行业以外的经济推动力、生产力给自身带来机遇的同时，景观的表现力、吸引力，客流的密集度，安全性，对资源的破坏力都使园林绿化行业面临更多的问题和考验。

（8）重视程度加强，覆盖范围加大，但从多元化设计、人性化功能、效益化体现等方面容易流于单一化和同质化。

（9）过度自我意识表现或恪守传统；忽视主流意识和公众的需求，维护少数人的利益，对园林绿化的可持续发展容易造成伤害。应防止以投资、管理为“幌子”，破坏原始生态、建设奢华场所，为少数有钱人服务，损害公众利益的情况。

（10）自身队伍发展、提高的同时，国际化的视野、历史性的传承；文化的创意、技术的创新；

5 结语

“海纳百川、有容乃大”，“大潮起兮，潮头立”，面对世界的多极变化、庞大的市场需求，园林绿化人应当把压力留给自身，以饱满的热情，应对困难和挑战，努力开拓创新；把美好传递给民众，用自然的力量，和谐社会和世界，使其融合共通。

参考文献

[1] 著名未来学家格雷厄姆·莫利托，《全球经济将出现五大浪潮》，1999 年．

[2] 陈晓煌，城市居民休闲生活方式阶层差异研究，福建师范大学，2005.

[3] 黑格尔著，朱光潜译：《美学》第 3 卷上册，商务印书馆 1984 年版，第 103 页．

发挥文化优势　书写新的篇章

——北海公园在北京建设世界城市中的思考和探索

赵丽　北京市北海公园　北京　100034

摘　要：世界城市是国际城市的一种发展模式和新潮流，建设世界城市是北京未来的发展方向。北海是位于城市中心的历史名园，是北京深厚文化底蕴的载体和表现者，是古都历史沿革、发展变迁的重要见证，在维系北京市中心城区生态系统中有重要作用，因而也应该在北京建设世界城市的进程中发挥作用。在新的机遇和挑战面前，北海公园以科学规划为先导，不断探索，力求创新，打造文化品牌，增添北京的魅力指数。

关键词：北京；世界城市；北海公园；文化

何谓世界城市？1966年，英国地理学家、规划师彼得·霍尔对世界城市这一概念有较为经典的解释：世界城市是指那些已对全世界或大多数国家发生全球性政治、经济、文化影响的国际第一流大城市。1986年，美国的城市学家弗里德曼按照“世界城市”的标准对全球一些主要城市进行了划分，将纽约、芝加哥、洛杉矶、伦敦、巴黎、东京作为第一等级的核心城市，新加坡、里约热内卢和圣保罗作为第一等级外围的主要城市；波士顿、迈阿密、悉尼、约翰内斯堡、米兰、维也纳等作为第二级的核心城市，墨西哥、布宜诺斯艾利斯、汉城和中国台北、香港等作为第二等级的外围城市。

自20世纪80年代以来，世界城市已经成为国际城市的一种发展模式和新潮流。随着我国在全球经济体系中地位的提高，为了增强国际竞争力和影响力，拥有占领世界经济、社会、文化发展制高点的能力，需要建设世界城市。北京处于我国城市的顶端，建设世界城市势在必行。

2009年12月，刘淇在市委市政府工作会上强调，世界城市是国际城市中的高端形态，既是落实国务院对首都城市规划批复的应有之义，也是我们国家被推向世界前台后首都工作的一个新的奋斗方向。2010年1月25日，在北京市第十三届人大三次会议上，市长郭金龙向大会作政府工作报告时明确提出，建设世界城市被定为北京未来的发展方向。“世界城市”行动计划横跨“十一五”和“十二五”，是未来五至六年北京城市发展的战略目标。

在北京建设世界城市的新形势下，北海公园作为一座历史名园，站在新的历史起点，面对新的机遇和挑战，立足自身优势，深入思考历史名园与世界城市间内在的关联，在北京建设世界城市的进程中，充分展示古都历史名园的风姿，增加北京的魅力指数。

1 北京建设世界城市需要北海公园

以提出“竞争优势”理论而闻名于世的哈佛商学院迈克尔·波特教授说过：基于文化的优势是最根本的、最难替代和模仿的、最持久的和最核心的竞争优势。世界城市的竞争力不仅体现在经济上，更体现在社会、文化等领域的综合竞争

作者简介

赵丽／女／1980年生／毕业于中国人民大学，硕士／北海公园文化研究室／馆员。

力上。目前公认的几个世界城市，无不具备鲜明的城市形象和迷人的城市气质，这种内在底蕴为推动城市和国家发展营造了良好的人文环境。历史文化资源是一个城市文化品位的重要表现，是一个城市文化个性的生动体现，也是一个城市成为文化名城的一种最独特的文化优势。历史文化资源是一种难以复制的稀缺资源，有着优秀历史文化传统的城市，往往会表现出文化的精致与厚重。悠久的历史和深厚的传统文化底蕴形成了北京的独特城市魅力，历史文化资源是北京构建世界城市的基础条件之一。

北海公园是中国古典皇家园林的典范之作，是北京深厚文化底蕴的载体之一，是古都文化的重要传承者和表现者。

1.1 北海公园是北京古都历史沿革、发展变迁的重要见证

1153年金海陵王由上京会宁迁都中都燕京，大定六年（1166年）金世宗完颜雍于中都东北郊建成一座规模宏大的皇家离宫——太宁宫，此即北海公园皇家园林的肇建。元灭金后，忽必烈于至元元年（1264年）重修琼华岛，于至元四年（1267年）以北海为中心营建元大都，琼华岛及其所在湖泊被划入皇城之内，赐名万岁山、太液池。明、清两朝，北海是宫廷内苑，称为西苑。清乾隆七年至四十四年（1742～1779年）高宗弘历对北海进行大规模的修建，奠定了今日北海公园园林的规模和格局。一直以来，北海都是皇家问政、祭祀、庆典、礼佛、求仙、接见外藩与使臣，以及游憩、闲居等与国家政治生活密不可分的核心场所之一。

北海是中国乃至世界上延续时间最长、格局保存最完整的皇家园林，在长达840多年的历史长河中，从未有过中断或停滞，这在中国乃至世界皇家园林中是绝无仅有的。此外，清代北京的其他皇家园林，如圆明园、颐和园等，在19世纪末遭到严重破坏，而北海在这一时期虽然也遭到破坏和掠夺，但程度较轻，因此，乾隆盛期的历史原貌得以较为完整的保存至今。

北京城的形成与发展与北海公园有着密切的联系。北海公园在北京的城市发展和环境建设过程中起着不可替代的作用。北海的最初开辟,比现在北京城的建址还要更早一些，北海开辟为一处重要的风景区之后，北京才从原来的旧址迁移到这里来。在金代，北海已成为金中都的水利暨交通枢纽和生态核心。在元代，整个大都的规划建设更直接围绕着这片水域展开。明清两代，北海的这一核心地位进一步巩固，与中南海和东侧的紫禁城、景山等有机结合，最终形成了乾隆皇帝所推崇的“平地起蓬瀛，城市而林壑”的山水都市景观。

1.2 北海集历史文化，园林艺术之大成，是我国古代皇家园林的经典之作

日本田治六郎在论述北海园林的著作中，认为北海宫苑规模之大，涉及领域之广，设施之美，体现了三千年的历史传统，不管从哪一点来看，都应当认为是中国园林的最佳杰作，可以和欧洲凡尔赛宫并肩媲美。北海宫苑集中了“最奇异峻险的峰峦，最壮阔萦纡的湖海，最清澈的溪流泉水，最富于生机的飞禽走兽和琪花瑶草”的自然之美，同时兼收并蓄多种园林风格，巧妙的吸收了寺庙园林、文人园林的精华，构成一个和谐的整体。正如孙筱祥先生评价的那样：北海宫苑以秀美的大自然作为蓝图，并和传统的美学、哲学、文学乃至宗教紧密结合，造成了高深博大的艺术成就，流芳千古，悦人心意。

1.3 北海是走向世界的中国古典园林杰作之一

早在元代，《马可·波罗游记》（1275年）就记述了琼华岛和太液池，使北海成为较早被西方知晓的中国古典园林之一。此后，从明末清初的利玛窦等传教士到乾隆朝的英国使团，都曾对北海进行了描绘。以北海为代表的中国园林的独特魅力对西方的造园思想产生了很大影响。

1.4 北海是维系北京市中心城区生态系统的重要组成部分

北海在降温、增湿、防尘、减噪、缓解城市热岛效应、提高空气质量、提供生物栖息地等方

面具有重要的生态价值

通过植物生态效益定量经济评价，目前北海内园林植物每年大约可吸收二氧化碳1770t，释放氧气1077t，吸收热量34.10E+6(K.KC/年)，滞尘155t，园林植物产生的经济效益约为741万元/年。北海水面吸热约为21.78E+6(K.KC/年)，对周围环境起到了很好的降温作用，其吸热降温产生的经济效益可达381万元/年。通过植物与水体的生态经济评价，北海的植物和水体所产生的总经济效益约为1122万元/年。只要北海不遭到破坏，每年都会持续不断的发挥生态效益及其经济价值。

北海皇家园林是经过人类艺术加工后富于“天人合一”神韵的园林杰作,是促进北京古都可持续发展的文化和生态景观资源。因此，保护和利用好北海公园丰富的历史文化资源，有助于增强北京文化竞争力，体现北京独有的人文魅力和精神气质，强化北京建设世界城市的人文基础。

2 立足自身优势，坚持科学发展，创造良好效益

北京有着悠久的历史和博大精深的文化，要发展成有中国特色的世界城市，绝不是简单的复制和克隆，而要以深厚的文明积淀为依托，吸收、融合世界先进文明的成果，建设具有鲜明民族特色、独特人文魅力、丰富文化内涵和高尚文化品位的世界城市。这有赖于对本土文化的重视、培育，并竭力发挥其固有价值。

这为北海公园皇家园林的发展提供了一个良好的契机，园林的管理者要深入认识公园面临的问题和挑战，深入思考和探索公园发展建设的新方法、新思路、新路径，立足自身资源优势，深入挖掘与开发公园文化内涵，以文化开发为主线，努力成为文化建园的典范，提升公园的软实力和社会效益，努力成为人文北京的示范、科技北京的先行、绿色北京的精品。

2.1 规划先行，准确定位，合理保护，科学发展

好的规划是实现北海公园文物保护与历史名园综合功能协调与发展的重要保证，是公园建设与发展的立园之基。公园自2006年起，就着手编制《北海公园总体规划（2009–2020年）》、《北京市北海公园及团城保护规划（2004–2020年）》。

规划对北海公园的价值进行了深入的挖掘和研究，对制约北海公园发展的各种问题和弊端也有准确的认识，科学规划了北海公园的保护和发展工作，确定了近、中、远期工作目标。规划以文物本体的保护为核心，同时加强对周边环境的保护和整治，将北海公园的保护、利用和管理纳入法制化轨道，使其规范化、科学化、制度化。

规划全面体现了北海公园的历史、文化、艺术、科学、生态等多重价值，深化价值评估和现状分析，从科学发展的角度，制定符合北海公园特点、切实可行的规划措施和建议，充分发挥北海公园的遗产保护、展览展示、休闲游憩、科学研究等多重功能，对北海公园未来的发展有着重要的指导意义。

依据规划，合理开展部分古建的复建、修缮工作。万佛楼古建筑群建于清乾隆三十二年（1767年），是一组藏传佛教建筑，在清代皇家园林历史及佛教文化方面有着重要的价值，后由于损坏严重于建国后六七十年代拆除。规划依据万佛楼留下的诸多文字图片资料，提出了复建万佛楼的工作目标。在有关部门的支持下，复建万佛楼工作已启动，正在进行前期的准备工作。同时，对明代船坞、画舫斋等古建进行修缮，全面保护与延续皇城御苑风貌。

2010年，在文保规划、总体规划、文化旅游规划、商业规划的基础上，公园开始编制十二五规划，规划围绕“人文北京、科技北京、绿色北京”的发展战略，以创建公园行业典范，建设世界一流名园为目标，对未来五年公园的各项工作进行科学规划。

北海公园以规划为指导，全面系统的开展保护和利用工作，科学管理，实现北海公园的可持续发展，将这一珍贵的物质文化遗存真实的、完整的展示给世人，传承给后人。

2.2 积极探索、不断创新，打造文化品牌

深厚的文化底蕴需要借助适当的载体和手段才

能焕发光彩，吸取新的文化元素，丰富自身文化内容，由内而外地进行文化塑造和文化融合，才能永远散发出迷人的魅力，成为展示北京乃至中国优秀传统文化的平台。基于这种认识，北海公园积极探索新的发展模式，把深入挖掘和展示古典皇家园林的历史文化内涵作为工作重点，提升公园软实力，坚持创新，坚持可持续发展，彰显公园文化的核心价值，并作了一些有益的尝试。

北海公园倾力打造公园文化产品和文化活动体系，突出北海特色，创建北海文化品牌，增强文化影响力。展览展示、文化活动、文化产品、导游服务是北海文化产业的主要内容，北海以皇家园林文化为主题，系统策划，在提升北海文化产业水平上下功夫。

2.2.1 创新文化活动

北海公园立足于自身得天独厚的文化底蕴，积极吸纳现代文明元素，优势互补，互为因借，开展精品文化活动。2010年北海公园承办了由北京服装纺织行业协会主办的“时尚北京·白领2010”活动，6月12日，中国时尚界的盛典——北海“时尚北京·白领2010”高级成衣发布会在北海公园的湖光山色间举行，50名国际模特身着白领高档时装徜徉于皇家园林亭桥之间，时尚与典雅相辉映，自然与人文相交融，打造了美伦美奂的时尚界无与伦比的巅峰之作。当晚的北海公园汇集了众多的知名人士及几十家新闻媒体，传统与时尚的完美结合散发出全新的魅力，赋予北海公园时尚的激情、年轻的澎湃。这次活动无疑是成功的，取得了很好的社会效益，是文化活动的精品之作，也为北海公园探索新的模式积累了宝贵的经验。同时，在原有各项文化活动的基础上，推陈出新，丰富活动内容，创新形式，如北海公园荷花艺术节期间，增加泛舟赏荷、让荷花走进生活等内容，收到了良好的社会效益和经济效益。

2.2.2 提升展览展陈水平

利用数字科技手段，创办北海公园历史文化、乾隆皇帝在北海、科技团城等主题展览，充分展示北海公园悠久的历史文化内容，同时对现有展陈内容逐步加以调整，彰显其文化意义。

2.2.3 开发特色文化产品

特色旅游文化产品是北海公园着力打造的又一品牌，在广泛市场调研的基础上，系统设计开发北海公园特色旅游文化产品，以产品传递文化，展示理念，宣传北海公园，目前已开发出慈禧《牡丹图》等产品。

2.2.4 提高讲解服务质量

强化培训，提高导游服务人员的素质，实现从景点介绍向文化导游的提升。

2.2.5 加强科研工作

一方面着力培养公园自己的专业人才，开展课题研究。另一方面加强与国内外相关行业的交流，广泛开展与科研单位的合作，“他山之石，可以攻玉”，借助多方力量推动公园的文化科研工作，提升研究水平。这是打造公园文化品牌的基础工作。

当然，文化产业品牌的打造是一个长期复杂的工作，需要不断探索、敢于创新，诚所谓“路漫漫其修远兮，吾将上下而求索”。 我们将努力在北京建设世界城市的进程中、在现代社会文化的发展中发挥更大的作用，书写新的北海篇章。

基于SWOT分析方法的北京园林绿化在世界城市建设中的发展对策研究

魏瑞芳　北京市园林科学研究所　北京　100102

摘　要：园林绿地系统在北京的经济发展与社会进步中发挥着重要的支持和保障作用，受到全社会的关注和重视。特别是在北京提出建设世界城市的奋斗目标后，更为北京园林绿化行业的发展创造了难得的历史机遇，同时也提出了更高的要求。本研究采用SWOT分析法对北京园林绿化的优势和劣势，机遇和挑战进行了深入的剖析，发现北京园林绿化的优势大于劣势，机会多于威胁。在此基础上，提出了SO对策、ST对策、WO对策和WT对策，为北京园林绿化发展战略的制定提供参考依据。

关键词：世界城市；北京园林绿化；SWOT分析

1 北京建设世界城市目标的提出

北京作为中国的首都，拥有强大的科技、智力、人才资源，具有得天独厚的政治、经济、地理优势和深厚的历史文化底蕴。在《北京市城市总体规划（2004-2020年）》中，北京提出了“三步走”的发展战略，首次提出到第三阶段也就是2050年左右要将北京建设成为世界城市。在圆满完成2008年奥运会和新中国国成立60周年大庆的宏伟巨作的同时，北京向世界彰显了建设国际一流水平世界城市的实力与信心。2009年底，刘淇书记在市委、市政府务虚会上指出，要着眼于建设世界城市的目标，高标准制定长远规划，使站在国际舞台前台的中国现代化首都充分彰显东方文化的魅力。北京国际城市发展研究院连玉明院长认为，北京的发展必须考虑在全球城市体系中的角色定位，赢得发展的主动权，世界城市的提出，正是北京苦苦寻找的那个“精准定位”。

建设世界城市是一个长期而复杂的系统工程，需要北京市各行业的共同努力。夏占义副市长要求分管部门以面向全球的国际视野，深入谋划，切实找准各部门工作在建设世界城市中的定位。北京市园林绿化局作为北京园林绿化的主管部门，正在积极开展“世界城市建设北京园林绿化发展战略”的研究工作。

2 园林绿化与世界城市

2.1 世界城市的概念及内涵

在1889年，德国学者哥瑟（Goethe）就曾使用“世界城市”一词来描述当时的罗马和巴黎。1915年，英国城市规划大师格迪斯（Patrick Geddes）在其所著的《进化中的城市》一书中明确提出世界城市这一名词。1966年，霍尔最先对世界城市做出了较全面的解释，即专指那些已对全世界或大多数国家发生经济、政治、文化影响的国际第一流大都市，具体包括以下几个方面的内涵：主要的政治权力中心；国家的贸易中心；

作者简介

魏瑞芳／女／1974年生／北京大学环境学院环境规划与管理学硕士研究生／现供职于北京市园林科学研究所，工程师，从事城市公园绿地管理方面的研究。

主要银行所在地和国家金融中心；各类专业人才聚集的中心；信息汇集和传播的地方；大的人口中心，而且集中了相当比例的富裕阶层人；娱乐业已成为重要的产业部门[1]。这些世界城市按照其在全球中的地位被分为三个层次：全球性世界城市（纽约、伦敦、东京）、区域性世界城市（新加坡、巴黎、香港等）和国家性世界城市（北京、上海等）。

2.2 园林绿化在世界城市发展过程中地位的变化

园林绿地系统是城市中唯一有生命的基础设施，具有大气调节、气候调节、应急避险、美化景观、游憩休闲等众多的功能，拥有生态效益、社会效益和经济效益等多种效益，在城市的经济发展与社会进步中发挥着重要的支持和保障作用。世界城市与园林绿化的关系大致可以分为三个阶段，园林绿化的重要地位日益凸显出来。

（1）第一阶段：没有被提及的园林绿化。霍尔最先对世界城市做出了较全面的解释，但是从他给出的解释看，世界城市基本上是一个经济概念或政治经济概念。我们可以将这种认识抽象为这样一个函数表达式，即：

$W = f(e, p, \cdots\cdots)$，

W代表世界城市的规模和影响力

e代表经济发展水平

p代表政治权利

在这个阶段中，世界城市与经济发展、政治地位密切相连，对于园林绿化没有提及。谢守红提出世界城市这一概念具有典型的经济学语言痕迹，掩盖了城市生活其他重要特征，如历史、社会文化、管理和包括园林绿化在内的生态环境等因素[2]。

（2）第二阶段：园林绿化作为影响世界城市的要素而被逐渐认识。1991年，伦敦规划咨询委员会提出，一个充满活力的世界城市应当拥有良好的基础设施，包括良好的城市生态基础设施（园林绿化）。周家雷提出城市生态环境是影响世界城市可持续发展的重要因素[3]。在第二个阶段，世界城市的函数表达式发生了重要的变化，即：

$W = f(e, p, h, \cdots\cdots)$，

W代表世界城市的规模和影响力

e代表经济发展水平

p代表城市政治权利

h代表生态环境（园林绿化）

当今世界各国尤其是发达国家越来越重视生态环境的改善，城市生态环境对于世界城市的“支持和保障”作用也越来越突出，园林绿化作为生态环境的重要组成部分而逐渐受到重视。

（3）第三阶段：城市生态环境（园林绿化）成为世界城市未来的发展目标而备受关注。在对世界城市现状研究的基础上，众多国家开始关注世界城市未来的发展目标。纽约市在《纽约2030》规划中，将自身的未来目标定位为21世纪的模范城市，即一个更伟大，更绿色的纽约。在世界城市对于未来的发展构想中，经济、政治控制力淡出了我们的视线，而绿色、和谐、生态逐渐成为世界城市的追求目标，园林绿化将越来越受到关注和重视。

3 北京园林绿化应对世界城市建设的SWOT分析

3.1 北京园林绿化发展概况

北京作为五朝古都，在历史的延续中，遗留下许多规模巨大的皇家园林、坛庙、寺院、风景区和私家宅园，园林名胜资源非常丰富。新中国成立后，北京的绿化建设经历了由慢到快、由小到大、由量变逐步到质变的发展阶段，特别是改革开发的30年，北京园林绿化取得了举世瞩目的成就。在城市建成区面积快速增长的情况下，城市绿化覆盖率从1980年（1978年无统计）的20.08%提高到2008年底的43.5%；在人口成倍增长的情况下，人均公共绿地从1980年（1978年无统计）的5.14m^{2}提高到2008年底的13.6m^2。全市建成了120km^{2}沿中心城外围的绿化隔离带，建成1000多处城市公园绿地（其中注册的公园180处），公共绿地总面积达6903hm^2，全市城市道路绿化普及率达到100%，道路绿化达标率达到80%，建成3200km^{2}城市道路、水系绿化带、铁路城市段两侧以及楔形绿带，形成了纵横交错的

"城市绿网"。北京的园林绿化形成了符合首都性质、历史名城和现代化国际大都市地位的庄重大气、简洁明快的风格[4]。但是北京的园林绿化也存在很多的问题，如绿地布局不合理，功能不完善，法律法规不健全，社会参与程度不高，园林市场化发育缓慢等。园林绿化在世界城市建设、绿色北京、生态文明、低碳经济等时代主题下，遇到了难得的发展机遇。但是园林绿化的用地、用水日益受到城市建设的挤压，面临经营管理任务加重，建设成本增加等问题。

如何把握北京园林绿化的优势和不足，分析北京园林绿化的机遇和挑战，最大限度的发挥有利条件，克服不利因素的消极影响，是北京市建设世界级园林的关键所在。我们引入SWOT分析方法来研究这一问题，为北京园林绿化发展战略的制定提供参考依据。

3.2 SWOT 分析法介绍

SWOT分析法是战略规划研究的一种分析技术，始创于20世纪50年代。该分析法包括4类基本要素，即优势（strength）、劣势（weakness）、机遇（opportunity）和挑战（threat）。优势和劣势反映的是规划地区自身所具有的长处和存在的不足，既包括客观条件上的特色优势，也包括通过主观努力可以形成的类比优势，还包括外部人为因素所构成的注入因素。劣势通常指内部因素限制，既包括客观条件上的限制，也包括实践中尚存在的弱点和需要克服的问题，还包括了外部人为因素所构成的制约。机遇和挑战是指规划地区所面临的外界的有利形势和不利因素。机遇既包括外部条件，注入所提供的机会，也包括发挥自身优势可以创造的机会。挑战也可称之为威胁，既包括外部可能存在的不利因素，也包括内部处理不当可能产生的不利因素。运用SWOT分析，可以将问题按轻重缓急分类，明确哪些是目前急需解决的问题，然后用系统分析的思想，把各种因素相互匹配起来加以分析，从中得出一系列相应的结论，有利于为领导者和管理者提供决策和规划的参考依据。传统上SWOT分析法是为企业的管理和市场营销战略的制定提供依据。由于它简捷实用，20世纪90年代以后，SWOT分析方法逐渐在国土资源规划、城市战略发展规划、旅游规划等领域得到了广泛的应用[5]。

3.3 北京园林绿化SWOT分析

在对北京园林绿化的优势和不足、机遇和挑战进行深入分析和系统总结的基础上，采用了SWOT分析法对北京园林绿化进行了分析，并分别提出了北京园林绿化的SO对策、ST对策、WO对策和WT对策，见表1。

4 北京建设世界城市园林绿化相关建议

通过以上对北京园林绿化的SWOT分析，可以发现北京园林绿化的优势大于劣势，机会多于威胁。下面就给出一些具体的建议，为北京建设世界城市园林绿化发展战略的制定提供客观合理的参考依据，使北京园林绿化抓住机遇，发挥优势，摆脱瓶颈，建设世界一流的高水平园林。

4.1 SO对策（抓住机会，发挥优势）

（1）利用建设世界城市、建设绿色北京以及城乡统筹发展等巨大的契机，充分发挥北京园林绿化建设的政治优势、区位优势、人才优势和资源优势，深入研究和挖掘北京园林绿化的多种价值，所发挥的重要作用和占有的重要地位，结合当今时代的多种需求，制定北京园林绿化综合发展战略，提升北京园林绿化的整体水平。

（2）充分研究其他世界城市和中国古典园林在园林绿化方面的理论、理念、经验和存在的问题，把握世界城市园林绿化的未来发展方向，找准北京园林绿化的努力方向，利用有利的外部环境，发挥北京园林建设的后发优势，探索北京园林跨越式发展的途径，创建具有东方特色的园林之都。

4.2 ST对策（利用优势，化解威胁）

（1）利用首都的政治优势和区位优势，从城市规划和区域规划的高度，制定市域和区域综合用地、用水解决方案，缓解园林建设与资源短缺的矛盾，保障园林绿化的合理用地、用水。

表 1 北京建设世界城市园林绿化 SWOT 分析

内部因素 / 外部因素	内部优势（strength）	内部劣势（weakness）
	S1：强大的政治优势 S2：独特的区位优势 S3：鲜明的智力优势 S4：丰富的资源优势 S5：举世闻名的古典园林体系和深厚的园林文化 S6：其他世界城市的先进经验	W1：城市绿地总量不足 W2：发展建设不够平衡，布局欠合理、功能不完善 W3：园林绿化法律体系、管理服务不完善 W4：社会参与程度不高 W5：园林绿化市场化程度不高
外部机遇（opportunity）	SO 对策	WO 对策
O1：北京建设世界城市 O2：绿色北京建设 O3：生态文明与气候变化 O4：发展绿色经济 O5：统筹城乡发展	（1）利用建设世界城市的契机，制定北京园林绿化综合发展战略（S1，S2，O1，O2，O3，O4，O5） （2）利用强大的人才和资源优势，研究园林绿化在当今社会的重要地位和作用（S3，S4，O1，O2，O3，O4，O5） （3）借鉴中外园林绿化发展，经验，利用有利的外部环境，探索北京园林跨越式发展的途径（S5，S6，O1，O2，O3，O4，O5）	（1）利用良好的社会契机，增加绿地总量，完善绿地布局，增强绿地的综合功能（W1，W2，O1，O2，O3，O4，O5） （2）利用良好的社会契机，完善园林绿化法律体系（W3，O1，O2，O3，O4，O5） （3）利用良好的社会契机，加强园林绿化的宣传和社会参与，提高园林市场化程度（W4，O1，O2，O3，O4，O5） （4）利用良好的社会契机，探索市场化模式，提高园林绿化的市场化程度（W5，O1，O2，O3，O4，O5）
外部挑战（threat）	ST 对策	WT 对策
T1：用地冲突越来越强 T2：生态用水越来越紧 T3：经营任务越来越重 T4：技术难度越来越大 T5：建设成本越来越高	（1）利用政治优势和区位优势，制定市域和区域综合用地、用水解决方案（S1，S2，T1，T2） （2）利用智力和人才优势，借鉴中国古典园林和世界城市园林绿化发展经验，解决园林管理和技术问题，探索集约化发展之路（S3，S4，S5，S6，T3，T4，T5）	（1）发展资源节约型园林，拓展空间绿化，节约土地资源和水资源，降低建设成本（W1，W2，T1，T2，T5） （2）将园林绿化纳入城市整体规划，与城市同步规划、同步实施、同步发展（W3，T1，T2，T5） （3）积极探索园林绿化市场运作机制，鼓励技术创新和制度创新，增加匠林绿化的社会参与程度（W4，W5，T3，T4，T5）

（2）利用北京的智力优势和人才优势，借鉴中国古典园林和世界城市园林绿化发展的经验，深入研究和解决园林绿化管理和技术中存在的问题，探索集约化发展模式，走“高效低耗”的园林绿化之路。

4.3 WO对策（利用机会，弥补不足）

（1）利用北京建设世界城市等一系列良好的社会契机，增加北京绿地的总量，特别是中心城区的绿地，提高人均绿地水平。根据城市整体需求，完善绿地的空间分布格局，充分发挥绿地在改善环境、美化景观、游憩休闲、应急避险等方面的综合功能。

（2）利用良好的社会契机，完善园林绿化政策法律法规体系，尽快制定《北京市湿地保护条例》、《北京市生态公益林建设条例》，修订出台《北京市植物保护条例》等地方性法规规章，加大《北京市绿化条例》、《北京市绿地系统规划》等执行力度，积极借鉴伦敦、纽约、东京等世界城市的绿地规划管理经验，进一步规范和加强对市政项目、建设项目涉及园林绿化方面的监督管理。

（3）利用良好的社会契机，加强园林绿化的宣传和社会参与。推进政府信息公开和重大决策事项专家论证、群众评议等制度。大力倡导绿色、低碳、环保理念，鼓励企事业单位和广大市民通过认建认养林木绿地、义务植树、种植纪念林、纪念树、购买林业碳汇等多种方式，主动承担起更多绿化美化义务，形成全社会重视绿化、关心绿化、参与绿化的强大合力。

（4）利用良好的社会契机，探索市场化模式，提高园林绿化的市场化程度。依托中国林权交易所、环境交易所等机构稳步开展碳交易、碳信用等多方面新型碳汇融资方式，推动全社会参与碳补偿。加强园林绿化国际合作外援项目的资金引进，积极鼓励民营企业、外资企业、社会团体和个人采取股份制、股份合作制、个体承包等多种形式投资和参与首都园林绿化建设。

4.4 WT对策（减少劣势，回避威胁）

（1）研究国内外园林行业及相关行业在节水、节地、节能等方面的经验和技术手段。推广屋顶绿化和立交桥绿化，拓展绿化空间，推广滴灌、喷灌和透水铺装，提高园林用水效率。宣传开展资源节约型园林建设，节约宝贵的土地资源和水资源，降低园林的建设成本。

（2）将园林绿化纳入城市整体规划，与城市同步规划、同步实施、同步发展，从制度和规划上保障园林建设所需要的资源和发展空间。

（3）通过园林绿化市场运作机制、技术创新、制度创新和社会参与，从资金、运作模式、技术和社会舆论等方面破解北京园林绿化的难题，全社会推进北京园林绿化的建设和管理步伐。

5 结语

园林作为城市唯一的生态基础设施，在北京世界城市建设中日益受到全社会的关注和重视，为北京园林绿化行业的发展创造了难得的历史机遇，同时也对北京的园林绿化提出了更高的要求。北京的园林绿化如何在原有的基础上趋利避害，赢得更大的发展空间是我们必须深入思考和研究的问题。本研究采用SWOT分析法对北京园林绿化的优势、劣势、机遇和挑战进行了深入的剖析，发现北京园林绿化的优势大于劣势，机会多于威胁。在此基础上，提出了SO对策（抓住机会，发挥优势），ST对策（利用优势，化解威胁），WO对策（利用机会，弥补不足）和WT对策（减少劣势，回避威胁）以及制定北京园林绿化综合发展战略，提升北京园林绿化的整体水平，发挥北京园林建设的后发优势，探索北京园林跨越式发展的途径和集约化发展的模式等具体的对策。希望通过本研究为北京园林绿化发展战略的制定提供参考依据，使北京园林绿化抓住机遇，发挥优势，摆脱瓶颈，早日建设成为世界一流水平的园林。

参考文献

[1] 谢守红，宁越敏．世界城市研究综述．地理科学进展，2004(5):56–66.

[2] 谢守红．西方世界城市理论的发展与启示．开发研究，2008(1): 51–54.

[3] 周家雷．北京建设世界城市的对策研究．中国特色社会主义研究，2007(3):106–110.

[4] 强健．几代汗水几代志满城青绿满城园——新中国成立60周年首都城市园林绿化事业发展巡礼．中国园林，2009(10): 21–25.

[5] 袁牧，张晓光，杨明．SWOT分析在城市战略规划中的应用和创新．城市规划，2007 (4) :53–58.

规划设计篇

北京的城市定位是：国家首都、国际城市、历史名城和宜居城市，北京在向世界城市的目标前进时，园林绿化的首要功能就是从区域层次构筑大生态格局，在市域层次进行整体绿色生态网络的构建。因此设计师们，应站在更高的高度、更开阔的视野去规划、去设计我们的城市空间。

北京小城镇绿地系统规划研究

郭竹梅　徐波　周波　李悦　张承明　北京北林地景园林规划设计院　北京　100085

摘　要：根据北京市小城镇的特点及其在绿地规划、建设、管理方面存在的问题，对其绿地系统规划的编制方法、编制要求、控制重点等进行研究和探讨。对北京市小城镇总体规划中绿地系统的规划编制办法和规划重点、小城镇绿地系统专项规划的规划编制方法及重点内容皆进行了探讨。

关键词：北京；小城镇；绿地系统；规划

北京市183个乡镇中有建制镇142个。小城镇作为城乡共同发展的联结纽带，优质的适宜人居的空间环境对于小城镇的和谐健康发展具有举足轻重的作用。未来的十多年，是中国经济发展的关键时期，是全面建设小康社会的关键时期。在这一进程中，城镇化的支持作用是非常巨大的。

在小城镇的建设过程中，绿地建设——做为基础设施建设的一个重要组成部分，对改善小城镇的生态和人居环境、提升公共设施的服务水平、强化城镇特色、增强城镇的吸引力和竞争力、最终提高城乡居民的生活质量等方面具有非常积极重要的作用。

作为“中心城区——新城——镇——村庄”四级体系中的一个组成部分，小城镇绿色空间体系的建立对构筑北京——宜居城市，形成有力的支撑。而在过去多年的城镇化进程中，城镇绿地的规划和建设却很少被关注，小城镇绿地系统的规划编制工作更是处于可有可无、无法可依的状态。

从北京小城镇的规划编制情况看，绿地系统规划只是小城镇总体规划中的一个专业部分，主要是满足城镇总体规划的要求，对于小城镇的绿地规划建设的特征所在并未进行深入的研究。绿地环境应该如何与小城镇的总体布局更好地结合、小城镇的绿化建设重点是什么、小城镇的绿地指标应该如何制定，如何布局绿地才能真正满足小城镇居民的需求，如何通过绿地的规划建设体现小城镇的特色？对于这些绿地专项规划问题，处于起步阶段的小城镇环境建设迫切需要有效有针对性的规划指导。因此，小城镇绿地系统规划的研究势在必行。

1 北京小城镇特征分析

小城镇作为城市之尾，农村之首，是城镇序列的最低层次，是服务农村的基地，是城乡统筹发展的关键环节。

1.1 相对较小的规模特征

长期以来北京市作为政治和文化中心，工业发展的水平相比于上海和天津有着比较大的差距。在20世纪80～90年代，北京市对郊区的工业辐射能力不强，造成了北京市小城镇在发展工业上相对滞后的局面，因此，小城镇的镇区人口和建设规模相对较小。虽然在20世纪90年代，曾经有过北京市城区的二类企业向郊区搬迁的发展过程，但是在城区退出的工业企业一般都进入了郊

作者简介

郭竹梅／女／毕业于北京林业大学／北京北林地景园林规划设计院四所所长，高级工程师。

县的开发区，在小城镇落户的企业相对较少，并没有对小城镇的发展形成重要的支撑。

1.1.1 相对较小的人口规模

小城镇只有达到一定规模才能产生一定的聚集效应。一般理论认为小城镇应为5万人以上，镇区2万～3万人，而北京市小城镇起步低，且发展缓慢。根据北京市统计局2007年统计数据，北京市小城镇平均乡镇常住人口为35517人。而2002年底数据显示，我国东部地区建制镇的平均乡镇总人口数为40070人。因此虽然近几年来北京小城镇的镇域、镇区人口数量都呈逐年增加趋势，但在全国范围内，尤其是在东部地区，仍呈现规模较小的人口特征。

具体而言，在北京市小城镇中，重点镇的人口规模大于一般镇，平原镇的人口规模大于山区镇。

1.1.2 相对较小的用地规模

根据2007年北京统计局数据，142个建制镇镇域总面积为13177hm^2，平均每个建制镇镇域面积为9280hm^2，平均每个镇规划镇区面积596hm^2。北京小城镇在用地面积方面仍然属于用地规模较小之列。

1.2 不均衡的发展特征

北京市域内约有62%为山区，远郊区山区占75.5%，七个远郊山区中山区面积占96%。由于小城镇受其所处的地理位置、自然条件的限制以及受到北京市中心城区及新城辐射和影响的不均衡两方面原因，造成重点镇与一般镇之间以及远郊山区型小城镇与近郊平原型小城镇之间发展的不均衡性。其特征主要表现在规模、经济水平及劳动力就业等方面。

1.2.1 人口规模发展的不均衡

无论在镇域人口规模还是镇区人口规模方面，重点镇及平原镇都要明显高于一般镇及山区镇。重点镇及平原镇人口规模较大，聚集能力较高于一般镇及山区镇。

1.2.2 镇区用地规模发展的不均衡

北京市的小城镇除了部分重点镇以外，大部分小城镇目前还未形成成熟的镇区，仍然以村庄或村和镇并存的状态存在，因此镇区现状用地规模差距较大。

从规划镇区面积来看，由于北京市小城镇的用地规模基本按照人均建设用地120m^{2}的指标进行控制，因此，小城镇用地规模与人口规模成正比，

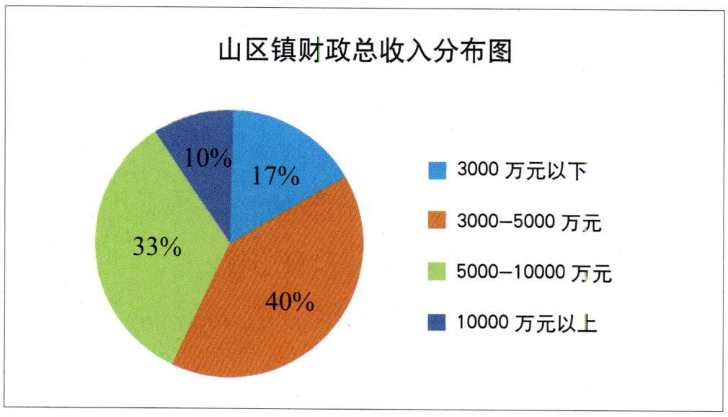

图1 山区镇财政总收入分布图

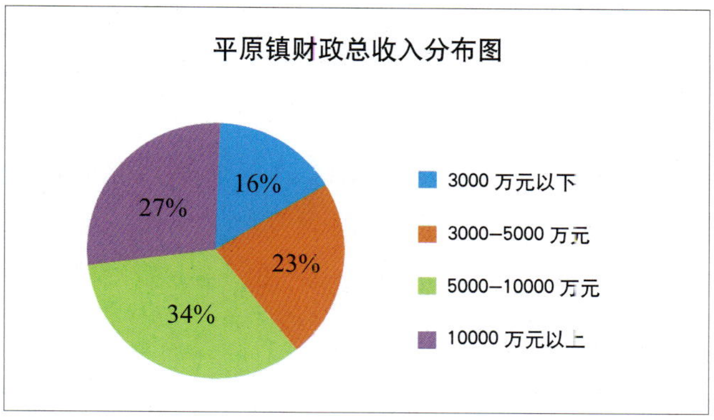

图2 平原镇财政总收入分布图

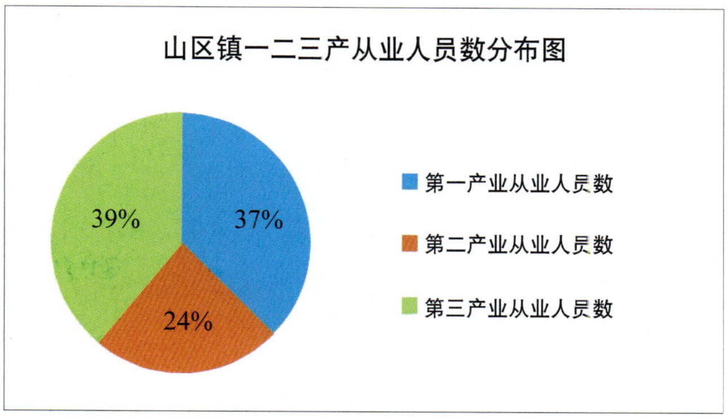

图3 山区镇一二三产从业人员数分布图

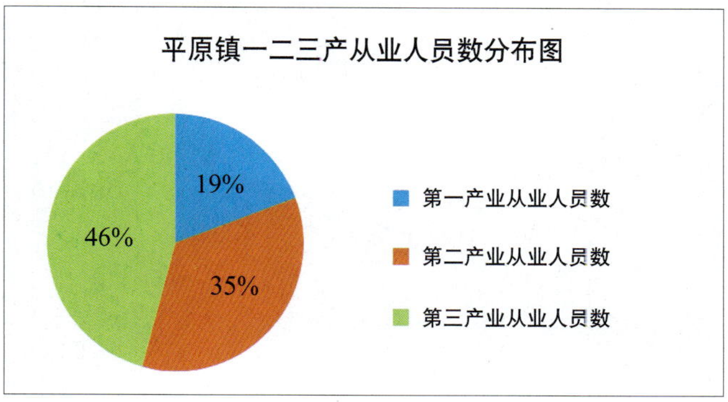

图4 平原镇一二三产从业人员数分布图

重点镇的规划镇区面积高于一般镇，平原镇的规划镇区面积高于山区镇，用地规模的差距大约在 $2km^2$ 左右。

1.2.3 经济水平发展的不均衡

根据镇财政收入数据统计，到 2007 年底，全市 142 个小城镇年平均财政收入为 7246 万元。其中，重点镇为 8236 万元，一般镇为 6910 万元；平原镇为 8108 万元，山区镇为 5195 万元。相比之下，重点镇及平原镇的经济水平好于一般镇及山区镇，且根据从业人员的分布可看出，重点镇及平原镇二三产业从业人员比例较大，二三产业经济较发达，同时他们的财政收入较高，综合经济实力较强。

山区镇和平原镇中，第三产业从业人员数都占了最大比例。相比之下，山区镇从事第一产业人员比例高于平原镇，而平原镇从事第三产业从业人员数高于山区镇。通过从业人员的比例分布也从另一个角度说明了山区镇与平原镇之间居民生产生活的差异所在。

1.3 空间形态差异较大

北京市小城镇在空间形态差异较大。重点镇镇区在“村”向“镇”的转化过程中具备了镇的雏形，昌平区南口镇、小汤山镇，房山区韩村河镇，密云县溪翁庄镇，大兴区青云店镇，通州区漷县镇等。也有部分小城镇由“村”向“城镇”的转化阶段特征明显，表现为“镇”、“村”并存的状态，如大兴区庞各庄镇、昌平区阳坊镇、通州区漷县镇等；一般镇的镇区大部分空间形态和“村”差异不大。

图 5 大兴区庞各庄镇现状照片

总体来看，北京郊区仍有较大部分小城镇的发展与北京作为首都和国际化大都市的地位不相称，城市化的水平和进程并不理想，部分小城镇尤其是远郊的一些小城镇有些还很落后。

1.4 镇区用地结构不合理，建设用地紧张，拆迁改造难度大

镇区用地结构不合理、建设用地紧张是小城镇普遍存在的问题，几乎所有被调查的城镇都在利用各种方法争取更多的建设用地。导致用地紧张最主要的原因有的是由于房地产开发占用了土地，如北七家镇、庞各庄镇等；有的是由于之前村民住宅建设标准高，土地利用不够节约，挤占其他的建设用地指标从而使得后续建设缺乏用地，如韩村河镇的居民住宅基本为独栋别墅，每户的占地面积建设标准均比较高，远超出了国家对小城镇建设用地指标的控制要求，占据了大量的建设用地，还有的是由于无计划的建设浪费了大量的土地，如宋庄镇，村级大院的遍地开花使得宋庄的土地使用浪费严重，效率极低。

人均建设用地指标超标严重、拆迁改造难度大是小城镇面临的共性问题，大部分小城镇在建设发展的过程中采取了在现有居民点以外新建镇区的方式以降低建设难度并达到规划的人均建设用地指标要求，不少城镇甚至把现有的村庄划在规划镇区之外，形成镇村分离、镇和村虽近在咫尺却差别甚大的二元环境特征。

1.5 与市区相比，具有优良的外围环境

北京小城镇较之市区有着良好的自然环境优势，良好的生态环境为城镇创造了优美的大环境和背景。许多小城镇有丰富的山水和植被条件，空气清新，气候宜人，更适宜居住。如顺义区杨镇西南有三千亩的天然苇塘，与汉石桥水库浑然一体，堪称“京东白洋淀”。芦苇荡内有野鸭、野鸡等野生动物 100 多种。自然风光别具一格。密云县的古北口镇依山靠水，镇内群山起伏，峰峦叠嶂，民居尺度小巧，依山而建，错落有致。这些优良的外围环境，为小城镇的环境发展奠定了良好的基础。

图 6 密云县溪翁庄镇

图 7 昌平区阳坊镇镇区

1.6 小城镇居民的生活方式没有脱离传统的农村体系

小城镇居民的生活方式也没有脱离传统的农村体系。现镇区居民由于缺乏休闲文化设施及活动场所，休闲方式相对单一，通过对阳坊镇居民绿地使用需求及实际调查数据分析，小城镇居民每天空闲时间超过一小时，而主要的休闲方式仍是沿袭农村的习惯去打牌或串门聊天。因此，小城镇公共绿地建设有待进一步加强以此丰富居民的休闲活动内容。

2 北京小城镇绿地建设现状

虽然北京市小城镇的建设近年来保持了快速、持续的发展势头，对小城镇绿地的建设和关注却相对滞后。小城镇绿地的建设水平良莠不齐，呈现了个别城镇绿地建设较好，整体绿化水平有待提高的局面。

我国城镇化进程的起步较晚，速度却很快。在短短的二三十年间，完成了在发达国家需要上百年才有可能达到的城镇化水平。因此，在城市迅速发展的进程中，北京市的小城镇尤其是近郊区的小城镇发生了很大的变化，但是，在城市化快速推进过程中，小城镇在绿地建设方面仍然还存在着许多问题。

2.1 绿化建设尚未引起足够的关注，大部分小城镇绿化基础较为薄弱

各类绿地总量较低，公共绿地不能满足使用要求，防护绿地不能满足防护要求，对附属绿地尚缺乏关注，大部分小城镇绿地现状指标都很低。

2.2 公共绿地绿地使用性不强

不少小城镇公共绿地主要是围绕镇政府周边建设，远离主要居住用地，不利于居民使用，而且多数以大广场的形式建设，空旷的大广场缺少符合城镇居民休闲体育健身和休憩的设施，景观较为单调，大部分时间处在一种闲置状态，形成资源的严重浪费。

2.3 城镇风貌特色把握不够

绿地作为居民日常活动的主要游憩空间，小城镇优美的自然环境、浓郁的风土人情、富于变化的空间形态、宜人的尺度特征决定了它的用地规模和尺度应更具有亲和力，形态和布局更为灵活，地域特色应更为突出。但是，在村镇的城镇化过程中社会各个层面对“城市生活”的一味向往反映在城镇建设过程中，多数倾向于追求气派和所谓的现代感，城镇绿地从尺度到建设方式都简单照搬城市绿化的形式，没有切合小城镇的自然及

人文特征，致使许多小城镇的绿地建设缺乏对地方风貌特征的保留、延续和体现。

2.4 新镇区和旧村之间的绿化水平差距较大

小城镇的形成起源于农村并伴随着经济的发展逐步由农村向城镇化转变。由于发展的不平衡，新镇区和旧村之间的基础设施建设存在较大差异，绿化建设水平差距较大。例如近年小城镇镇区新建了不少楼盘，带动了小城镇居住绿地建设，绿地设计、建设、管理水平都较高。但镇区旧村居住绿地指标仍然较低，与国家相关法规、规范的要求标准有较大差距，而且绿地养护管理水平有待提高。如大兴庞各庄镇别墅区开发虽然提高了小城镇的绿化指标，但不能代表当地居民生活质量的改善。

2.5 植物类型不够丰富，景观单调，缺乏乡土特色

多数小城镇绿化植物种类偏少，植物配置方式单一，植物群落式种植运用较少，绿地景观较为单调、凌乱，整体感较差。对具有小城镇特色的乡土树种的运用有待进一步加强。

2.6 绿地管理和管护水平需大幅度提升

目前小城镇绿地缺乏专门的管理部门和机构，绿化管理体制不健全，园林绿化技术力量非常薄弱，因此表现为建设无计划、管理无章法、责任不明、水平不高的局面。

3 北京小城镇绿地的分类研究

随着《镇规划标准》的颁布和北京市城镇化水平的不断提高，城镇绿地分类标准的缺失对城镇绿地规划和建设方面的影响也日益突出。由于缺乏统一的镇绿地分类标准，一方面影响到对小城镇绿地系统认识水平的提升，使长久以来对小城镇绿地缺乏关注或仅仅关注其公共绿地的状况得不到改善；另一方面使小城镇绿地的统计工作缺乏统一口径，统计数据的科学性和横向可比性不足；再者对于那些拟编制绿地系统规划的小城镇，绿地分类的不规范、不统一直接影响到城镇绿地系统规划的编制与审批，影响到城镇绿地的建设与管理。因此从小城镇绿地规划、建设和管理的实际需求来看，迫切需要制订统一的小城镇绿地分类标准。

3.1 分类原则

功能性：由于绿地空间属性的非限定性，同一块绿地可以具备游憩、生态、景观、防灾等多种作用，因此，分类时应以其主要功能为依据，力求准确命名，名实相符。

协调性：与已颁布的相关标准和法规充分协调，统筹考虑镇区和镇域绿地，满足小城镇绿地规划设计和建设管理多层次、多方面的需求。

可比性：可比性体现在两个方面。第一，与以往城镇建设管理及统计资料的纵向可比，这要求小城镇绿地分类要有一定的延续性；第二，与城市建设的横向比较，这需要参考、借鉴城市绿地分类的相关经验方法，建立比较的基础。

实用性：针对小城镇的特点和需求进行绿地分类，不盲目求大求全，提出针对性强、便于使用的分类方法。

3.2 小城镇绿地分类具体内容

小城镇绿地分类与《镇规划标准》中的镇用地分类相对应（见表 1）。

4 北京市小城镇绿地指标研究

从北京市小城镇绿地建设的现状来看，最主要的问题是绿地量不足，绿地量的多少从小城镇总体规划的编制到城镇具体建设过程都未引起足够的关注。在城镇用地竞争激烈的现实条件下，在快速城镇化的大规模建设的过程中，忽视环境建设而片面追求经济效益的指导思想使小城镇的绿地规划和实施工作困难重重，而绿地在与其它城镇建设用地的角逐中常常处于弱势地位。因此，为了提升小城镇居民的生活品质，实现小城镇良好的人居环境建设目标，保证必要的绿地量成了在小城镇总体规划层次必须要解决的问题。

如何科学、合理地对小城镇的绿地指标提出指导要求呢？在提出指标之前，必须对影响北京市小城镇绿地规划建设指标的相关因素进行透彻分析，这些因素包括小城镇绿地建设现状基础水平、小城镇用地规模及特征、小城镇外部环境特征、小城镇

表 1 小城镇绿地分类表

类别代码 大类	类别代码 小类	类别名称	内容与范围	备注
G1		公园绿地	向公众开放，以游憩为主要功能，兼具生态、美化、防灾等作用的绿地。	
	G11	镇区级公园	内容丰富，有相应设施，适合于公众开展各类户外活动的规模较大的绿地。	面积需大于 $1hm^2$
	G12	游园	位于城市道路用地之外，具基本游憩服务设施，居民可进入的带状或块状绿地。	绿化占地比例应大于等于 65%
G2		防护绿 地	具有卫生、隔离和安全防护功能的绿地。包括卫生隔离带、道路防护绿地、高压走廊绿带、防风林等。	
G3		附属绿地	镇建设用地中绿地之外各类用地中的附属绿化用地。包括居住用地、公共设施用地、生产设施用地、仓储用地、对外交通用地、道路广场用地、工程设施用地和特殊用地中的绿地。 不参与镇建设用地平衡	
	G31	居住绿地	包括组团绿地、宅旁绿地、配套公建绿地、道路绿地等。	
	G32	公共设施绿地	公共设施用地内的绿地	
	G33	生产设施绿地	生产设施用地内的绿地	
	G34	仓储绿地	仓储用地内的绿地	
	G35	对外交通绿地	对外交通用地内的绿地	
	G36	道路绿地	道路广场用地内的绿地，包括行道树绿带、分车绿带、交通岛绿地、交通广场和停车场绿地等。	
	G37	工程设施绿地	工程设施用地内的绿地	
G4		生态景观控制区	位于镇规划范围以内，镇建设用地范围之外，对镇生态环境质量、居民休闲生活、城镇景观和生物多样性保护有直接影响的绿色区域。	不参与镇建设用地平衡
	G41	景观游憩区	以观光游览、娱乐健身、休养疗养、旅游度假、科学考察、郊游探险、文物保护为主要功能的区域。如风景名胜区，森林公园，郊野公园，主题游乐园，野生动植物园，自然文化遗址保护区域，体育休闲园、观光农业区，旅游度假区，休疗养区、陵园等。	
	G42	生态保护和恢复区	为改善城镇生态和景观质量进行保护和恢复的区域，如自然保护区、林地、草地和必要的湿地、山体保护区域、大型基础设施防护绿地、弃置地恢复绿地等。	
	G43	生产绿地	为城镇绿化提供苗木、花草、种子的苗圃、花圃、草圃等圃地。	

注：镇区规模小于 $1km^2$ 的小城镇镇区级公园面积需大于 $0.5hm^2$。

的绿地需求、小城镇经济发展状况和管理水平、相关标准对小城镇绿地规划指标的影响、上位规划对北京市小城镇绿地规划指标的要求等。综合权衡上述多种因素，本文采取分类指导的方法，提出北京市小城镇绿地规划指标要求（见表 2）。

对于镇区建设用地规模不足 $1km^2$ 或镇区人均建设用地规模低于 $110m^2$ 的一般镇，绿地规划指标可适当放宽，绿地率应大于 34%，人均公园绿地面积应大于 $8m^2$，人均绿地面积按照人均建设用地指标进行推算。

公园绿地面积中块状公园绿地（绿地宽度不小于 20m）面积应占公园绿地总面积的三分之二以上。

镇区级公园规模应大于 $1hm^2$，镇区规模小于 $1km^2$ 的小城镇镇区级公园面积需大于 $0.5hm^2$。

5 绿地系统规划的基本要求

5.1 小城镇总体规划中的绿地系统规划内容要求

因目前大部分小城镇不具备独立编制绿地系统规划的条件，总体规划中的绿地系统规划内容显得尤为重要。

5.1.1 镇域绿地规划要求

在镇域范围内根据防护需求规划各类防护绿地，提出防护要求；划定景观游憩区（包含风景

表 2 北京市小城镇绿地规划指标表

类 别	重点镇	一般镇
绿地率（%）	≥ 38	≥ 36
人均公园绿地面积（m^2/ 人）	≥ 12	≥ 9
人均绿地面积（m^2）	≥ 45	≥ 43

名胜区，森林公园，郊野公园，主题游乐园，野生动植物园，自然文化遗址保护区域，体育休闲园、观光农业区，旅游度假区，休疗养区、陵园等）的范围，并提出规划要求；划定生态保护和恢复区（包含自然保护区、林地、草地和必要的湿地、山体保护区域、大型基础设施防护绿地、弃置地恢复绿地等）的范围，并提出保护要求。

在镇域范围内规划生产绿地，明确其范围和面积。

在镇区以外的农村规划应达到村村有公园。

5.1.2 镇区绿地规划要求

公园绿地规划：在镇区范围内系统布局镇区级公园和游园，明确各公园的位置和面积，对主要公园提出规划建设内容和风格定位。公园绿地布局满足居民出行300m见公园的要求，规划布局做到“一街一园”。

根据卫生和安全防护需求划定各类防护绿地，包括道路防护绿地、高压走廊绿带、铁路防护绿地、河流防护绿地、养殖业卫生隔离带等。

对各类用地（包含居住用地、公共设施用地、生产设施用地、仓储用地、对外交通用地、道路广场用地、工程设施用地和特殊用地）提出绿地率控制要求。

5.2 单独编制的《小城镇绿地系统规划》主要的规划内容要求

单独编制的《小城镇绿地系统规划》的主要任务，是在深入调查研究的基础上，根据《镇总体规划》中的小城镇性质、发展目标、用地布局等规定，科学制定各类小城镇绿地的发展指标，合理安排小城镇各类园林绿地建设和镇域大环境绿化的空间布局，达到保护和改善小城镇生态环境、优化小城镇人居环境、促进小城镇可持续发展的目的。

5.2.1 镇域范围

●构建镇域绿地系统构架，提出城乡一体的绿地系统布局结构。

●对各类生态控制绿地提出规划控制要求。

●村庄绿地规划控制。

5.2.2 镇区范围

●结合城镇自然基底条件和城镇布局结构提出镇区绿地布局结构。

●根据区域经济社会的发展需要，制定科学合理的绿地规划指标及分期建设目标。

●各类绿地体系规划。包含公园绿地体系规划、生产防护绿地体系规划。

●各类附属绿地指标和景观规划控制。道路附属绿地在指标控制基础上提出不同级别道路的景观规划要求；居住用地绿地在指标控制基础上还应建议游园的位置，作为镇公园体系的补充。

●绿地应急避险功能规划。

●绿化景观特色的确定。

●树种规划。包含树种规划原则、植物景观特色规划、推荐基调树种、主要的行道树品种、防护型树种等。

●古树名木保护规划。

●分期建设规划。与镇总体规划期限相一致，小城镇绿地系统规划分期建设可分为近、中、远三期。近期规划应提出绿地建设规模、建设内容及投资估算。

●规划实施措施。从法规、政策、管理、专业技术保障、公众参与等方面提出保障规划实施的建议。

6 结语

目前，北京市小城镇正处于快速建设发展阶段，随着北京市建设重点向郊区、向小城镇的转移，以及政府对小城镇基础设施重大项目建设等各项政策的落实，小城镇将迎来一个新的发展机遇期。这个阶段是小城镇环境风貌形成的关键时期，也是搭建绿地体系的关键期，在小城镇的建设发展过程中，如何通过绿地系统的规划及实施来优化城镇环境、构建城镇风貌特色、创建真正的生态园林小城镇还需要我们不断地思考和探索。

试论北京皇家园林植物景观特色在首都园林建设中的运用

——以北海为例

仇莉[1] 苏雪痕[2]
1.北京景观园林设计有限公司 北京 100029
2.北京林业大学园林学院 北京 100083

摘 要：北海的植物景观融汇了北方皇家园林的宏阔气势、江南私家园林的婉约多姿、宗教园林的庄严肃穆，构成了北京市中心兼具历史价值和生态功能的绿化环境。以北海为代表的皇家园林植物景观及其设计理念都是我国园林艺术的瑰宝，具有不可磨灭的历史意义和时代价值。在北京建设世界城市的历程中，应借鉴传统植物景观特色，结合时代特征，创造有民族特色、文化内涵和时代精神的当代植物景观。

关键词：皇家园林；植物景观；北海

北京系五朝古都，作为皇家御苑的北海也随着朝代的更迭不断发展变化，至今已有近千年的历史。现在的北海既是北京市民的大众公园，中外游客的必经胜地，又发挥着巨大的生态效益。作为我国乃至世界上历史最悠久、保存最完整、最具综合性和代表性的皇家园林之一，其植物景观具有独特的风格，是我国古典园林的精华和最珍贵的文化遗产，对首都园林建设有着重要的指导意义。

1 北海历史沿革概述

北京紫禁城西侧的北、中、南三海合称西苑，是明清两朝主要的大内御苑，是帝后游憩、居住、处理政务的重要场所。

西苑一带，在辽代便已有所开发，相传建有瑶屿行宫。金灭辽后，于大定十九年（公元1179年）开始在此修建离宫太宁宫，挖海扩岛，岛称“琼华”。元代又多次扩建，改称琼华岛为“万寿山”，也称“万岁山”，称水面为太液池，移北宋艮岳之石于岛上。

明代迁都北京后，因园在城西，故名西苑，并多次进行扩充修葺，奠定了北、中、南三海的布局。明代的西苑三海水面辽阔，建筑疏朗，树木蓊郁，既有仙山琼阁之境界，又富水乡田园之野趣，是城市中保留的一大片自然生态环境[1]。

清顺治八年（1651年），毁琼华岛南坡诸殿宇改建为佛寺“永安寺”，在山顶建白塔。康熙、雍正两朝对西苑的经营较少，主要是两次重建被地震破坏的白塔。乾隆年间，西苑三海以西的空地由于皇城内民宅日增而不断缩小，最后只剩下沿东岸的一条狭窄地带，不得不于此加筑宫墙以严内外之别，并且更明确地划分为北海、中海、南海三个相对独立的苑林区。乾隆六年至三十六年（1741 ~ 1771年），对北海进行了大规模的修葺和增建，前后连续施工30年之久，先后建成镜

作者简介

仇莉／女／1985年生／2007年毕业于北京林业大学园林学院／园林植物与观赏园艺专业硕士／现就职于北京景观园林设计有限公司／助理工程师。

清斋、画舫斋、濠濮间等“园中之园”，并兴建西天梵境、阐福寺、极乐世界等多座佛寺、祀庙，宗教活动频繁，园林相应地具有更浓郁的宗教气氛。清末，同治、光绪和慈禧太后又对北海进行了全面的大修，其间对镜清斋、画舫斋等处进行了局部的增建，其他各处，均保持乾隆时期原貌。今天所见的西苑北海风貌，基本是清乾隆朝奠定的基础[2]（图 1）。

历经辽金元明清五朝变迁，北海于 1925 年开放为公园，以新的姿态展现在游人面前。

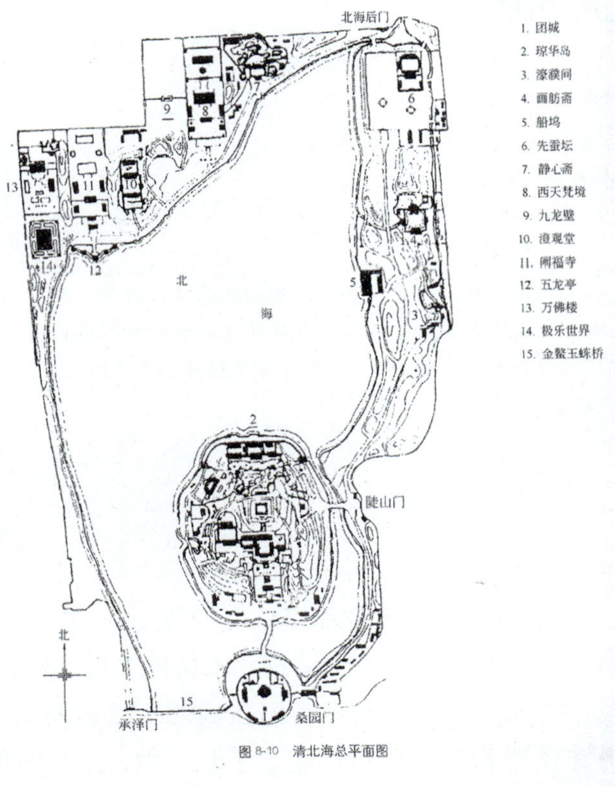

图 1 清北海总平面图（引自周维权《中国古典园林史》）

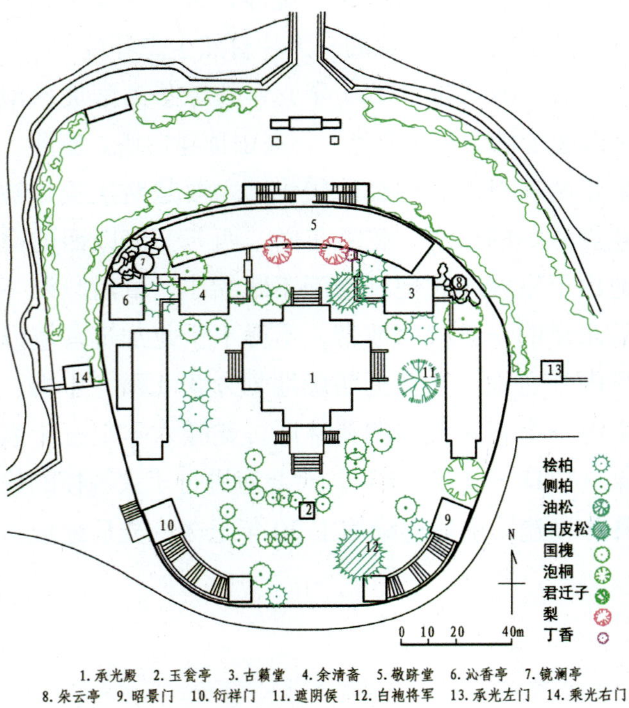

图 2 北海团城植物现状平面图

2 北海植物景观特色分析

北海公园占地 $69hm^2$（其中水面 $39hm^2$），下面按照团城、琼华岛、北海东岸、北海北岸、北海西岸、水体的顺序，对其植物景观进行分别论述。

2.1 团城——名松苍虬，古柏森森

西苑在金代太宁宫时期就采取皇家园林“一池三山”的布局模式，湖中三岛即琼华岛、圆坻（今团城）和南面岛屿（位于今中海）。团城位于北海公园南门西侧，四周风光如画，苍松翠柏，根据调查绘制出植物现状分布图（图 2），团城上的建筑为主次相辅、左右对称的布局，植物则是北部对称，南部呈均衡式分布。城中央的正殿承光殿内供白色玉佛像一尊，殿前古柏森森。团城上原有三株古松，皆为金、元旧物，并且由于乾隆皇帝的御封而成为名木。乾隆皇帝某年夏天在一株油松的树荫下休息，只觉清风拂来，暑气全消，

图 3 遮荫侯

图 4 白袍将军

图 5 琼华岛西坡

图 6 琼华岛北坡

遂效法秦始皇游泰山树下避雨，封“五大夫松”的故事，封这株松树为“遮荫侯”（图 3）。为与“遮荫侯”陪伴，乾隆封南面的一株高大的白皮松为“白袍将军”（图 4）。另有一株油松枝干向西屈卧，树冠掠过雉堞下倾，有似俯瞰千顷涟漪的太液池，故乾隆封其为“探海松”（原树已枯死，现补植一株）。

2.2 琼华岛——浓荫翠屏，四面佳景

团城北面，过桥即为北海中之大岛琼华岛，为金代挖湖堆山筑成，追求“海上仙山”的意境。桥之南、北两端各建牌楼“堆云”、“积翠”，“积翠”一词形象地反映了琼华岛上浓荫翠屏的植物景观外貌。岛上建筑依山势布局，高低错落有致，掩映于苍松翠柏中。自元代起，就对琼华岛进行了大规模的绿化，《马可·波罗游记》中记：“汗（元世祖忽必烈）闻某地有美树，则遣人取之，连根带土拔起，植此山中，不论树之大小，树大则命象负之而来，由是世界最美之树皆集于此。”此时的万寿山“峰峦隐映，松桧隆郁，山下植有‘万柳’”。明清两代又在山上栽植了大量花木，《金鳌退食笔记》中记：“康熙二十年（1681 年）辛酉冬，是山石于瀛台，白塔之下仅余黄壤，宜多植松柏，为菁葱郁茂之观。”[3] 之后又经历代荣枯交替，补植新植，形成了现在满山葱茏的景观。

琼华岛四面因地制宜创造了各有特色的景观，乾隆为此曾作《塔山四面记》。南坡为顺治年间建成的永安寺，是一组布局对称均齐的山地佛寺建筑群，植物多为佛寺常用的柏、竹、海棠、丁香、牡丹等，大体上亦随建筑呈对称式栽植，既渲染了宗教园林的庄严肃穆，又体现出皇家园林的雍容华贵。西坡地势陡峭，依山就势布置的小型园林建筑掩映在绿荫丛中，植物以常绿的松柏为主，杂植槐、栾等植物与叠石组合创造山地园林的气氛（图 5）。

北坡的景观（图 6）又与南坡、西坡迥异，建筑体量较为庞大，植物结合山体形成了丰富的林冠线，并有丰富的季相变化，起到了烘托建筑、调和色彩的作用。地势下陡上缓，上部的坡地是用人工叠石构成的地貌起伏变化，叠石间隙植有侧柏、黄栌、元宝枫、丝绵木、山桃、酸枣、荆条等耐干旱瘠薄的植物，以丰富山林景观。北坡下部之平地上建临水建两层之弧形廊“延楼”，延楼后有一组体量较大的厅堂建筑群，建筑围合出的空地上有今人所植的玉兰、海棠、桧柏、白皮松、雪松等乔木，以及海州常山、贴梗海棠、丁香、连翘、锦带、紫叶小檗、小叶黄杨等花灌木，植物种类较多，丰富了四季景观。东坡则是以植

图 7 濠濮间

图 8 先蚕坛外的桑树

图 9 北岸柏树列植

物景观为主，建筑比重最小。自永安寺山门之东起，一条密林山道纵贯南北，松柏浓荫蔽日，山路旁植以黄刺玫，坡上在针阔叶混交林下点缀荆条、丁香、连翘等花灌木，形成复层群落，颇富山林野趣。东北坡古木参天，为“燕京八景”之一的“琼岛春荫”，以松柏为背景，周围植连翘、丁香、碧桃，春季开花不断，点明主题。

琼华岛是北海古树分布最为集中的地方，据《北海景山公园志》中的数据表明，岛上有桧柏、侧柏、白皮松、槐、楸、榆等古树共 262 株，几乎占到了整个公园古树总量（586 株）的一半。

2.3 北海东岸——绿岫长林，古柯荫庭

北海东岸较宽阔，利用沿东宫墙的一支水系建成相对独立的景区，主要包括濠濮间和画舫斋两组景观，植物景观富自然野趣。濠濮间（图 7）是一处小的园中园，由爬山廊串联起宫门、云岫、崇椒、濠濮间几座建筑，主要是利用掇山理水，以壑的意象体现隐逸山水的意境[4]。植物配植作为配景，基本上能达到“绿岫长林”之意，骨干树为侧柏、桧柏和榆树，古朴有致，其间少量白皮松、楸树、臭椿、栾树等，林下灌木则以荆条、小榆树、黄栌为主，入口处林下遍布甘野菊，颇具野趣。画舫斋是一组多进院落的建筑群，作为皇帝读书习画的地方，殿宇廊厦、池桥流水、山石古木应有尽有。前院春雨林塘，院内土山仿佛丘陵余脉未断，山上绿竹漪漪。循曲径过穿堂进入正院，正厅为画舫斋，斋后的小庭院土山曲径，竹石玲珑。东北隔水廊为一小巧精致的跨院古柯庭，曲廊回抱，具有江南小庭院的情调。古柯庭因庭院

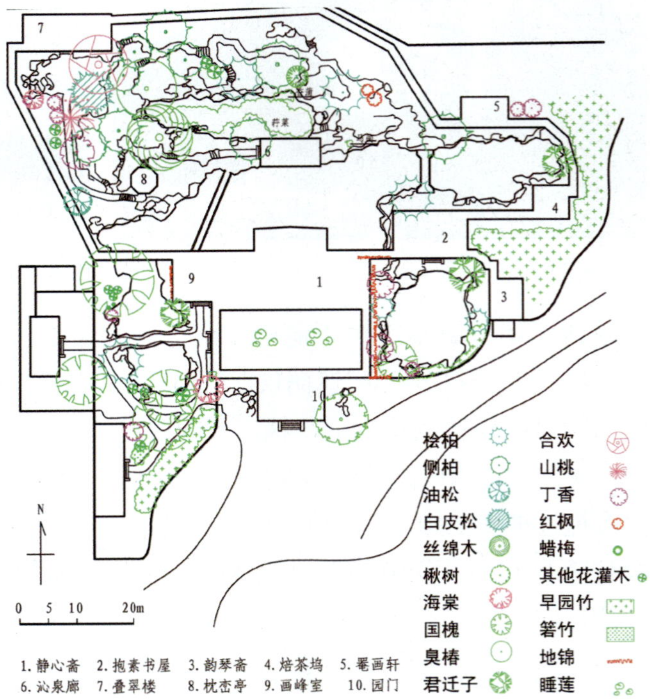

图 10 静心斋植物现状平面图

内的一株唐槐而得名，乾隆帝对这棵古槐喜爱有加，多次赋诗咏诵，“庭宇老槐下，因之名古柯。若寻嘉树传，当赋角弓歌。”（《御制古柯庭诗》）画舫斋之北为皇后嫔妃养蚕、祭蚕神的先蚕坛，以宫墙围合蚕坛、桑树园以及养蚕房、先蚕神殿等建筑，桑树自然成为了这里的基调树种（图 8）。

2.4 北海北岸——七叶娑罗，自在静心

北海北岸以佛教建筑为主，植物种类增加了佛教中代表娑罗树的七叶树，配植手法也相应的采取松、柏等规则式种植（图 9）为主，以烘托宗教气氛。为免建筑过多而显得拥塞，每组建筑群之间利用山体和植物配植进行分隔，林植的树木起到了障景的作用。

图 11 静心斋主景区

图 12 阐福寺菊展（2009 年）

图 13 西岸植物群落（黄冬梅摄）

图 14 西岸古柳（黄冬梅摄）

位于北海北岸东隅的镜清斋则保持着相对独立的小园林格局，植物景观配合山池建筑较为自由随宜。镜清斋建成于二十三年（1758 年），是一处精美的园中园，当时作为皇帝读书、操琴、品茗的地方，著名喇嘛和僧人常被请到这里为乾隆讲经说典。光绪年间扩建，改名为“静心斋”，除在西北角上加建叠翠楼之外，大体上仍保持着乾隆时期的规模和格局(图 10)。园内山池景观突出，林木蓊郁，古树参天，体现了小中见大、咫尺山林的境界（图 11）。从烟波浩渺的北海北岸到达园门，门旁植有古楸一株，入园迎面为一座方整水院，池中种睡莲，给人以清静之感。过正厅即全园的主体建筑“静心斋”进入北面的主景区。全园以桧柏、侧柏为骨干，配以其他植物进行点缀，如山石中间的小路旁散置红枫和早春开花的蜡梅，山上杂植油松和山桃、丁香、海棠、迎春等春花植物，叠翠楼前孤植夏秋开花的合欢，沁泉廊后的小水池植以夏花的香蒲和荇菜，枕峦亭后一株丝绵木，画峰室庭院的古槐，另外还有君迁子、地锦、竹林等的点缀，构成了三季有花、四季常青、花叶果共赏的丰富景观。如由北海北门进入静心斋则要穿过一条竹径，营造了竹径通幽的景观效果。

图 15 北海公园龙凤造型花坛（2009 年）

北海北岸另有西天梵境、澄观堂、阐福寺、极乐世界几组建筑群，除澄观堂外多为佛教建筑。

阐福寺主殿宇在1919年被焚毁，现在遗存的几座配殿和院落每年秋季用于举办菊展（图12）。阐福寺西院和极乐世界的万佛楼院则被辟为北海植物园，除正常开放接待游人外还常举办各种类型的花卉展览，使皇家园林为现代人民服务。五龙亭为阐福寺外延的一组临水建筑，亭东以柏为主，烘托宗教气氛；亭西则以柳居多，提示了北海西岸的游赏空间。

2.5 北海西岸——复层群落，隔离尘嚣

北海西岸地块狭长，原来未作任何建置，开放为北海公园后对沿岸进行绿化，在宫墙边列植毛白杨、桧柏隔离园外的喧嚣，稍宽的地段则在湖边植柳，路西侧采用栾树、刺槐、海棠、油松、榆叶梅、珍珠梅、月季、丁香、箬竹等配植成丰富的植物群落（图13）。岸边有一株古柳得到了很好的保护（图14），作为历史的见证。

2.6 水体绿化——荷花簇锦，碧柳垂丝

北海沿岸环植绦柳，间植合欢、榆、臭椿等。明清年间，湖中种植荷花供帝后赏玩，乾隆皇帝曾有诗云“荷花簇锦柳垂丝，一片丹青太液池”。现在夏日赏荷则成为公园的传统活动，北海公园已经成功举办了十余届荷花展，结合花文化的展示，展出多个品种的荷花及其它水生植物，供游客欣赏的同时起到科普的作用。节庆期间，在陆地和水体上均设计与皇家园林风貌相统一的节日花坛，既能装点节日气氛，又可以展示现代园艺品种和技术。如2009年国庆期间的龙凤造型花坛，漂浮于水面之上，与白塔相映生辉（图15）。

总体看来，北海的植物景观融汇了北方皇家园林的宏阔气势、江南私家园林的婉约多姿、宗教园林的庄严肃穆，开辟为公园后又加入了新时代的绿化元素，构成了北京市中心兼具历史价值和生态功能的绿化环境。

3 北京皇家园林植物景观特色在首都园林建设中的运用

北京皇家园林中的古树是珍贵的活文物，见证了北京城的自然变化和历史变迁，是古都风貌的重要载体，其价值甚至超越了凝固的建筑，因为它们不可复制，是历史的见证[5]。而皇家园林的植物景观特色作为传统园林文化的重要组成部分，则是中华民族文化的精华，是无形的财富。目前北京正处于一个新的发展阶段，建设中国特色的世界城市，更加迫切地需要我们加强园林文化建设。对皇家园林植物景观进行研究，并从中汲取养分为今天的园林建设作出贡献，可以为首都的园林建设提供文化基础。

分别从以下四个方面来谈北京皇家园林植物景观特色在首都建设中的运用。

3.1 壮观的总体规划

西苑曾是皇城中心的大型人工山水园林，时至今日，北海的存在对于整个城市来说仍具有非常可观的生态效益。颐和园、香山静宜园等以自然山水为依托的皇家园林，在建设过程中保持并发扬山水植被所形成的自然生态环境的特征，并且力求在自然景观之美中融入人文景观之胜，从而形成类似风景名胜区的大型园林。这种壮观的总体规划可以作为今天大规模绿地规划，建设风景名胜区、自然保护区，甚至规划山水城市的参考。“山水城市”的设想是由我国著名科学家钱学森先生提出的，他认为可以把“我国传统园林思想与整个城市结合起来，同整个城市的自然山水条件结合起来。要让每个市民生活在园林之中。”钱学森先生说：“要发扬中国园林建筑，特别是皇帝的大规模园林，如颐和园、承德避暑山庄等，把整个城市建成一座超大型园林”，他称这种城市为“山水城市”[6]。皇家园林是统治者为自己创造的当时社会最佳的人居环境，在人人平等的今天，如果能够建成山水城市，那么每个市民都可以享受这种最佳的人居环境。

3.2 师法自然的设计理念

中国古典园林追求天人合一，寻求人与自然的和谐。北京皇家园林中的植物景观或因凭自然，或以自然为师，尊重植物的生态习性，重视乡土植物的应用，因地制宜地仿自然山水格局进行植物景观的营造，融人工匠意与自然造化于一体，体现了朴素的科学性。现代园林植物景观设计也

应在师法自然的指导思想下，从丰富多彩的自然群落组成、结构中借鉴，在园林中结合立地条件创造具有不同空间感受的植物景观，展现华北地区的地域特点。

3.3 诗情画意的表现手法

北京皇家园林吸收江南私家园林的养分，根据诗词典故或画意取材营造了许多富有诗情画意的植物景观，又通过景名、匾额、楹联的题咏起到画龙点睛的作用，产生强烈的艺术魅力。富有诗画情趣的植物景观表现手法是我国园林艺术的瑰宝，极具民族特色，继承这种手法，结合环境和时代要求，在现代园林的节点上进行创造性的发挥，可以使植物景观的意境得到升华。

近年来中国举办了多次规模盛大的园博会、花博会、绿博会，这种展览型园林中的北京园成为人们了解古都文明和现代文化的窗口，因此往往在设计时对皇家园林的借鉴最为直接。如2010年在郑州举办的中国绿化博览会，便是对北海静心斋的借鉴和再创造，全园分为镜清新韵、静心泉语、奥芳罨画、枕峦清音四个景区，比之静心斋植物景观的地位更为突出，在体现皇家园林特色的同时，也运用了现代技术和新品种，在继承的基础上有所创新。

3.4 丰富的文化内涵

将儒释道及皇权文化熔于一炉的北京皇家园林植物景观有着丰富的文化内涵，无论是植物被赋予人格化特征所形成的独特的花文化，还是帝王治世理念在园林中的表达，都是那个时代精神面貌的反映。文化建园是新世纪园林发展的必然要求。新的时代有了新的文化特征，我们更多的追求乡土文化、地域文化等，在现代园林设计中，我们应在继承发扬传统园林文化的基础上，结合新时代对植物景观的需求而融入现代文化，使民族文化及特色永葆青春。

4 结语

北京地区以北海为代表的皇家园林植物景观及其设计理念都是我国园林艺术的瑰宝，具有不可磨灭的历史意义和时代价值。北京作为历史文化名城，在建设世界城市的历程中，继承和发扬更显中国特色、民族文化的植物景观显得尤为重要。在研究皇家园林植物景观的基础上，应借鉴传统植物景观特色，吸收西方经验，做到“古为今用，洋为中用”，并结合时代特征，创造有民族特色、文化内涵和时代精神的当代植物景观。

参考文献

[1] 周维权．中国古典园林史[M]. 第二版．北京：清华大学出版社，1999.

[2] 李峥．平地起蓬瀛，城市而林壑——北京西苑历史变迁研究[D]. 天津：天津大学硕士论文，2006.

[3] 北海景山公园管理处编．北海景山公园志[M]. 北京：中国林业出版社，2000.

[4] 刘晓明．论北海公园濠濮间的造园艺术特色[J]. 北京林业大学学报，2000,(22)3:68—71.

[5] 李炜民．北京城市园林植物的应用与展望[J]. 北京园林，2010，(01)：3—7.

[6] 钱学森等．杰出科学家钱学森论山水城市与建筑科学[M]. 北京：中国建筑工业出版社，1999.

试论北京郊野公园的建设和发展

游淙　北京景观园林设计有限公司　北京　100029

摘　要： 郊野公园是现代公园中一个特殊的类型。北京于 2007 年开始进行郊野公园环的建设，建设围绕中心城以第一道绿化隔离地区为建设基础，并对其进行近自然化和公园化改造，使之成为具有游憩功能的景观绿化带和生态保护带。郊野公园的建成对改善城郊生态环境质量，满足居民休闲生活，提升城市景观质量都起到了重要的作用。本文尝试对北京郊野公园环的建设进行总结，并提出一些郊野公园规划设计、建设管理和后续发展的建议。

关键词： 北京；绿化隔离地区；郊野公园；改造提升

1 郊野公园的发展概况

1.1 郊野公园的概念和定义

郊野公园是源于英国的一种公园形式，是国家公园这一理念在世界范围内传播后产生的一种新的公园模式。它在提供公共绿地、保护生态环境、提高居民生活环境等方面发挥了十分明显的作用。界定郊野公园的概念和内涵，明确郊野公园的定位、性质和功能，对其规划设计具有十分重要的指导意义。

英国的郊野公园指为人们提供游览并享受郊区环境的场所。它的英文概念是：A country park is an area designed for people to visit and enjoy recreation in a countryside environment.

1976 年香港制定颁布了《郊野公园条例》，在其指导下成功建设了大量郊野公园并取得了良好的环境效益、生态效益和社会效益，使得郊野公园发展成为的一种独立、成熟的公园体。《港澳大百科全书》（1993 年出版）关于郊野公园的定义：一般系指远离市中心区的郊野山林绿化地带，开辟郊野公园之目的是为广大市民提供一个回归和欣赏大自然的广阔天地和游玩的好去处[1]。

在我国，根据中华人民共和国《绿地分类标准》（CJJ/T85–2002）中的内容，郊野公园属于城市绿地中的“其他绿地”。这种绿地是指“对城市生态环境、居民休闲生活、城市景观和生物多样性具有直接影响的绿地。包括风景名胜区、水源保护区、郊野公园、森林公园、自然保护区、风景林地、城市绿化隔离带、野生动物园、湿地、垃圾填埋恢复绿地等”[2]。这一类绿地属于城市建设用地以外，并不能参与城市用地平衡和城市绿地率统计，只能在功能上对城市绿地起到补充作用。在该标准中同样也未提出郊野公园的确切定义。

通过阅读资料和相关政策，结合实际工作经验，笔者认为：郊野公园区别于一般城市公园，一般来说是指在城市边缘，以保护城市生态为目的，并为居民提供户外活动、休闲游憩等功能的城市绿地。郊野公园一般位于城市的城郊地带，具有较好的自然环境，如森林、河湖、池塘、湿地等。一般这些环境经过一定的改造和管理后，既能改善城市生态

作者简介

游淙 / 女 / 1982 年生 / 2004 年毕业于北京林业大学，现为清华大学在读风景园林硕士 / 北京景观园林设计有限公司，工程师。

环境，又能为周边居民提供一个良好的户外游憩场所，并且是一个公益性的场所。

1.2 郊野公园在我国的建设和发展

如果要追溯郊野公园的原始雏形，可以追溯到我国古代的公共园林，如著名的曲江池、西湖等。而现代郊野公园在我国的建设是在 20 世纪 60 年代由香港首开先河，并使得郊野公园发展成为不同于国家公园的一种独立、成熟的公园体系。

香港营建郊野公园的理念始于美国的国家公园，是在 20 世纪 60 年代随着香港经济的发展、人口激增和城市生态环境的恶化而逐渐兴盛起来的。

在香港地区区域范围内，郊野公园大概占据了 40% 的土地，这对香港的城市生态环境待保护起到了至关重要的作用。郊野公园大多选址在风光优美、自然资源丰富的地域。郊野公园内的游憩功能十分丰富，这使得郊野公园极大地满足和丰富了人们日常生活。在它的设计方面也十分注重野趣的营造，并追求良好的生态功能。公园的路径、标识系统、安全防护措施也十分健全，使得公园使用的方便性和安全性都得到了保证。香港郊野公园具有健全的法律制度和严格的管理体系，保证了郊野公园在城市中的地位和作用（图 1）。

20 世纪 90 年代以后，受到香港郊野公园建设的影响，这一成功模式开始影响我国内地。随着我国经济的发展和社会的进步，经济条件和社会条件的改变，使得香港的郊野公园模式开始移入我国内陆地区，一些发展速度比较快的城市纷纷开始规划和建设郊野公园。

首先是深圳在 2003 年结合环城绿网的规划，并借鉴香港的郊野公园模式在城区周边选择山林气氛浓厚的地区建设郊野公园。其后成都、南京先后于 2005 年开始规划建设郊野公园。上海借世博会的契机，在沿江沿海典型湿地地区、湖泊湿地地区、低山丘陵地区和农田耕地人工林网地区这四个大区域相继开展了郊野公园的建设。

北京 2007 年初提出围绕中心城以第一道绿化隔离地区建设郊野公园环，开始了郊野公园的规

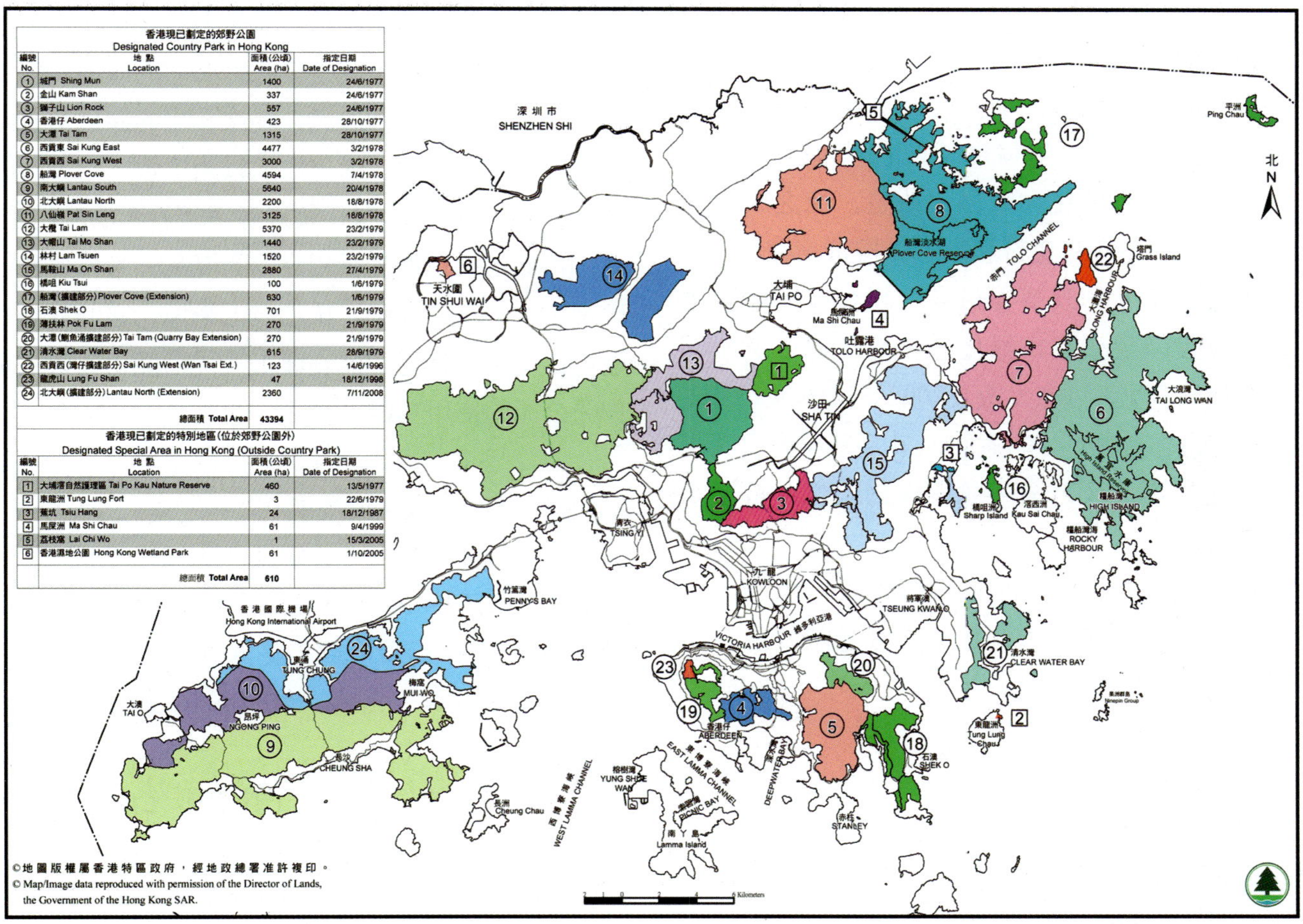

香港現已劃定的郊野公園
Designated Country Park in Hong Kong

編號 No.	地點 Location	面積(公頃) Area (ha)	指定日期 Date of Designation
①	城門 Shing Mun	1400	24/6/1977
②	金山 Kam Shan	337	24/6/1977
③	獅子山 Lion Rock	557	24/6/1977
④	香港仔 Aberdeen	423	28/10/1977
⑤	大潭 Tai Tam	1315	28/10/1977
⑥	西貢東 Sai Kung East	4477	3/2/1978
⑦	西貢西 Sai Kung West	3000	3/2/1978
⑧	船灣 Plover Cove	4594	7/4/1978
⑨	南大嶼 Lantau South	5640	20/4/1978
⑩	北大嶼 Lantau North	2200	18/8/1978
⑪	八仙嶺 Pat Sin Leng	3125	18/8/1978
⑫	大欖 Tai Lam	5370	23/2/1979
⑬	大帽山 Tai Mo Shan	1440	23/2/1979
⑭	林村 Lam Tsuen	1520	23/2/1979
⑮	馬鞍山 Ma On Shan	2880	27/4/1979
⑯	橋咀 Kiu Tsui	100	1/6/1979
⑰	船灣(擴建部分) Plover Cove (Extension)	630	1/6/1979
⑱	石澳 Shek O	701	21/9/1979
⑲	薄扶林 Pok Fu Lam	270	21/9/1979
⑳	大潭(鰂魚涌擴建部分) Tai Tam (Quarry Bay Extension)	270	21/9/1979
㉑	清水灣 Clear Water Bay	615	28/9/1979
㉒	西貢西(灣仔擴建部分) Sai Kung West (Wan Tsai Ext.)	123	14/6/1996
㉓	龍虎山 Lung Fu Shan	47	18/12/1998
㉔	北大嶼(擴建部分) Lantau North (Extension)	2360	7/11/2008
	總面積 Total Area	43394	

香港現已劃定的特別地區(位於郊野公園外)
Designated Special Area in Hong Kong (Outside Country Park)

編號 No.	地點 Location	面積(公頃) Area (ha)	指定日期 Date of Designation
1	大埔滘自然護理區 Tai Po Kau Nature Reserve	460	13/5/1977
2	東龍洲 Tung Lung Fort	3	22/6/1979
3	蕉坑 Tsiu Hang	24	18/12/1987
4	馬屎洲 Ma Shi Chau	61	9/4/1999
5	荔枝窩 Lai Chi Wo	1	15/3/2005
6	香港濕地公園 Hong Kong Wetland Park	61	1/10/2005
	總面積 Total Area	610	

图 1 香港郊野公园分布图

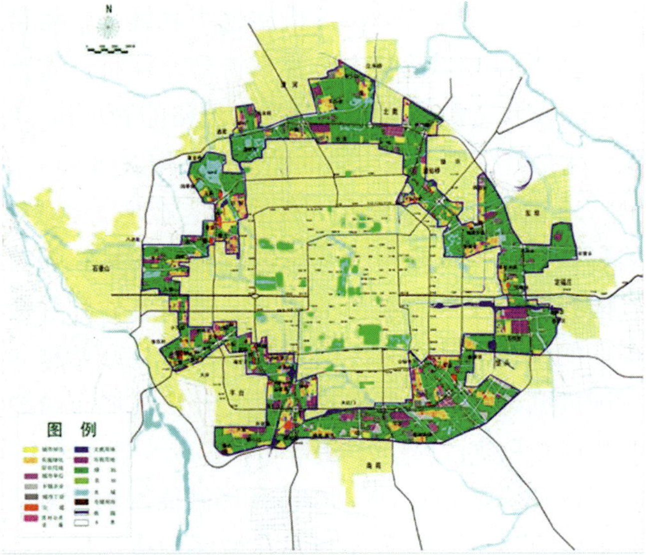

图 2 北京市区绿化隔离地区规划图

划设计和建设（图 2）。

2 北京郊野公园建设情况

2.1 北京郊野公园规划和建设

根据《北京市城市总体规划（2004–2020 年）》和《北京市绿地系统规划》的规划指导意见，北京于 2007 年开始进行郊野公园环的建设。预期 3 年内将建成 60 处约 4000hm^2 的公园，每隔 3km 一处，实现郊野公园绕京城。这次郊野公园的建设是围绕中心城以第一道绿化隔离地区为建设基础，并对其进行近自然化和公园化改造，使之成为具有游憩功能的景观绿化带和生态保护带。

北京市发展和改革委员会、北京市园林绿化局联合下发《关于本市绿化隔离地区郊野公园环建设的指导意见》（京发改〔2007〕1216 号）（以下简称《指导意见》）的通知。其后还出台了《北京市绿化隔离地区公园环总体规划》配合指导郊野公园的建设。

郊野公园的建设，既可有益于城市生态，为周边居民提供游憩场所，并可以对限制城市的无序扩张起到了积极的作用。

2.2 北京郊野公园的特点

《北京市城市总体规划（2004–2020 年）》针对绿化隔离地区的建设提出：绿化隔离地区要以绿化和生态环境建设为前提，严格控制城市建设规模，有效引导经济发展方向，全面实现城市化[3]。

《指导意见》中提出“北京郊野公园环的规划设计和建设是以隔离绿化带的原有林木为主体，优化林木结构，充分发挥隔离带的生态环境保护功能，同时适当增加必需的配套基础设施建设，营造野趣的公园特色，展现公园现代休闲的文化内涵，为市民提供休憩、交流、亲近自然的活动场所。绿化隔离地区公园环的建设主要内容为调整林木结构，营建自然生态景观，丰富生物多样性；完善基础设施，营造休闲空间，丰富绿地功能；增加公共服务配套设施，突出以人为本，满足游人的基本需求。”[4] 基于以上规划可以发现，北京的郊野公园具有和其他国家、地区、城市所不同的自身特点。

目前北京的郊野公园环是在第一道绿化隔离带的基础上建设的，因而绿化隔离带自身的一些特点不可避免的影响了郊野公园的建设。首先，城市绿化隔离带是一个相对独立的绿地体系，与城市的公园、河流、道路等体系联系较少，决定了公园的区位是处于城市边缘，城乡结合部地区，位置较为偏僻，与城市的连接紧密性相对较差，在可达性方面存在一些欠缺。这也决定了郊野公园的服务对象主要是生活在其周边的居民。其次，它的绿化基础是原有的速生生态林，绿化方式较为粗放，与公园的绿化要求差距较大。绿化带还存在边界不清的问题，绿化带周围的用地性质相对较为混乱，给设计和管理带来了一定的难度。从功能上来说，它的首要功能应该是生态功能和控制城市布局功能，其次才是作为公园的使用功能。

2.3 北京郊野公园建设成就

截至目前，北京市共建设开放郊野公园 42 个，总面积约 2703.4hm^2。并计划今后几年还将新建郊野公园 31 个，逐步形成“整体成环、分段成片”的“链状集群式”结构，使 70% 的绿地建成郊野公园[5]。

郊野公园的建设保护了原有绿化成果，解决了绿地侵占、荒芜的弊端。同时增加了绿化面积，提高了绿化水平和环境质量，梳理了绿化结构。公园的建设为周边居民提供了休闲、健身、游憩的好场所，达到了预期目的，取得了阶段性成果。同时创新性的使用了不征地建设公园的方法，这一方法虽然存在一些弊端，带来了一些建设、管理上的困难；却在一定程度上确实起到缩短建设周期，节约建设成本的作用。

3 对北京郊野公园建设的建议和思考

3.1 规划管理层面

目前郊野公园环的规划虽已出台，但对整体建设和设计的指导性，特别是细节性层面的控制较弱。如果在郊野公园的规划层面能够更加深入，全局把控，公园将因此将更为系统性、科学性，公园的整体建设水平、生态效益和使用效能也能大大提高。

由于绿化带内部的地块行政管辖的不同，使其缺乏完整性，而成为相对独立的绿地单元。目前郊野公园的建设是以各区、县、乡镇为单位展开的，公园的数量多，建设方分散。各公园之间的联系相对欠缺，不同建设和设计部门之间沟通协同较少，容易出现重复建设和内容雷同的情况。

3.2 设计层面

由于郊野公园普遍建立在城市边缘地带，目前到达公园的公共交通还不方便，路程所花费的时间较长，因此，公园的使用者主要为附近的居民，受众面小。这样就要求设计者对有公园的设计定位有较为理智和清晰的认识。各公园不能追求全面的服务功能，而应根据周边人流、受众、环境等条件定位于服务群众，实用而不平庸。

从设计风格上来说，在目前建设的郊野公园中，还存在一些设计过于城市化、人工化，缺乏郊野特色的情况。郊野公园在功能、风格、尺度、材料、文化性等方面有其与城市公园不同之处。

郊野公园的设计应追求自然质朴之美，设计上减少造作设计，活动上多些参与性，生态上减少人工干预，空间上更加疏朗有致，整体氛围更加自由，使之展现与城市公园不同的景观风貌。同时在郊野风格这一总体控制下，各公园可以有自己的设计思想，但不必过分追求所谓特色。有时为了特色而特色，往往导致矫揉造作的设计和不必要的建设。

3.2 建设审批层面

（1）从郊野公园的投资造价上来说，对于绿化造价和基础服务设施造价方面的比例可灵活控制。因为郊野公园的建设主要是进行绿化改造和基础服务设施的建设，而公园的绿化基础已经达到了一定程度，因此投资可适当向基础服务设施倾斜，以期更好地达到建设目的。

（2）对于伐移量的控制也可相应灵活。林木的伐移是改造现状林相和景观造景的必然选择。改善现状林相必须是“加法”和“减法”同时进行才能出效果，只有“除旧”才能“迎新”。同时，景观造景也是公园建设的必要项目，如建设活动空间、丰富地形变化等，同时也与林木伐移息息相关。如果对伐移量控制过严，就会导致郊野公园的建设在绿化质量和景观质量上达不到“公园”的标准，建设也就失去了它的意义。同时可通过媒体宣传，引导群众了解林木伐移的目的和必要性，也可减少工作过程中不必要的麻烦。

（3）在专家评审的过程中会出现某些建设项目的删减，有时需要采用替补建设项目来解决问题。这个过程由于专家的专业背景和限制，对园林行业了解不够，在做“减法”的同时没有做“加法”，就会出现一些必要的建设内容被遗忘的情况。建议在专家选择上增加园林行业背景专家的数量，充分考虑建设实际情况，减少类似情况的出现。

（4）公园的投资估算和工程量表是设计方在初步设计及可行性研究的基础上得出并上报评审，最后得到评审结果。待到施工图设计阶段，工程量和建设投资必然会有一些变更。最终的设计成果和建设评审结果在工程量细节上必然会有一些出入，对此应适当放宽要求，在总投资和建设项目基本一致的前提下，允许设计细节的调整和变更。

4 对北京郊野公园后续发展的建议

4.1 郊野公园建设中出现的问题

随着北京城市化进程的不断加剧，在城乡一体化的大发展趋势下，城郊地区正在朝着城市化的方向飞速发展，地区内的人口居住状况将发生很大变化。

由于城市发展的不均衡，如南北城发展差异，交通条件的差异等情况，城郊地区的发展状况也差异较大。有些城郊地区已经是处在较为完善的城市环境当中。这些地区往往具有优越的区位条件，虽位于城郊，城市化建设却已经到达一定程度，以城市建成地为主。其中的一些地区已经出现了“一套人马、两块牌子”，也就是乡政府和街道办事处同时存在的情况。在居住人口状况上也和大部分城郊地区有很大出入，以城市居住人口为主。如朝阳的平房乡、常营、太阳宫地区，海淀的八家、四季青地区等。

在这一类型的地区，郊野公园所能提供的基本功能服务在一定程度上不能满足周边群众的使用需求。随着人流量的增加和使用需求的提高，部分郊野公园就需要向城市公园或者是居住区公园进行转型。因此，我们可以选择性的对条件较为成熟的郊野公园进行改造提升建设，这是顺应城市发展宏观需求的一项工作。

4.2 后续发展建议

郊野公园的改造提升根据位置不同，改造提升的重点也不同，并且需要结合城市总体规划、区域规划，全面布局、分步实施。郊野公园的建设标准相对城市公园较低，改造提升的标准可参考城市公园建设标准，并根据各郊野公园周边环境具体分析，制定出适合周边环境和发展趋势的建设标准。一般说来，郊野公园需要进行改造提升的工作重点包括以下几项内容：

4.2.1 路网系统

郊野公园建设指标中提出了“公园道路分主路、支路、小路，以支路、小路为主。一般路网密度在每公顷 200m 左右为宜”[4] 的指导意见。但在实际操作中，在投资造价较低的情况下，很多郊野公园并未达到这一要求。

郊野公园的道路系统一般较为粗放，基本以一、二级主路为主，能满足游园的基本交通需要，但缺少能深入公园内部的三级道路。所以在路网系统的改造中，应适当增加支路和小路的建设，在满足基本交通的前提下，使游人能深入林地内部，提高公园绿地的利用率。路网密度力求达到 $200m/hm^2$，这一路网密度也是城市公园设计规范中关于路网密度规定的下限指标。

4.2.2 基础服务设施

由于功能定位和建设标准的制约，目前郊野公园内的基础服务设施也相对较少。除去必要的厕所、座椅、垃圾桶、避雨亭、照明设施外，部分公园建设了花架、展示牌、宣传栏，只有少数公园建设了茶室、小卖等服务设施。同时，就郊野公园已有的服务设施来说，在数量上也相对较少。因此在改造提升中应增加现有服务设施的数量，并且在欠缺的项目上进行补缺，增加建设一些游人需要的基础服务设施。

4.2.3 活动场地和设施

目前郊野公园内的活动场地相对城市公园较少，一般包括主广场和少数活动场地及林下活动空间。并且常常存在主广场大而无当，使用率低下，而小型活动空间缺乏的情况。

改造提升需增加活动场地，除去现状一般都建有的中心广场外，特别需要建设布局灵活、尺度宜人、空间富于变化、实用性更高的活动场地，以及深入绿地内部的林下活动空间。这样在活动场地面积增加的情况下，同时提高活动场地的可用性。

一般公园内的主要设施有健身器材、儿童活动设施、运动设施。但公园活动设施通常较少，而使用率很高。活动设施一般是统一购买的预制活动设施，活动设施雷同、活动内容单调、建设标准也较低。

在活动设施方面，应丰富活动设施的种类，增加数量，同时提高建设标准。这里所指的建设标准，并不一定是指造价上的提高，而是在设计上应多下功夫，在活动类型、造型、趣味性、色彩丰富度、安全性上提高，设计出更为高品质的活动设施。

4.2.4 绿化改造

目前郊野公园的植被主要在原有隔离绿带片林的基础上加以改造和丰富。以原有片林为主，并在此基础上进行了空间上的改造和植物种类的丰富。由于植物改造难以做到一步到位，所以改造后，植被总体仍较为单一，主要为乔木片林，在路旁和中心地带加植了灌木和地被。植物种类多样性、生态性和景观观赏性仍需提高。

在改造提升时，应进一步调整林地空间，在做加法的同时做减法，改善郊野公园普遍植被过密的现状，促进林地空间的丰富性，同时进一步丰富植物种类和群落，提高植物种类多样性、绿地生态效能和景观观赏性。

4.2.5 竖向地形改造

大部分的郊野公园在建设时对地形改造处理较少，导致了目前公园景观一览无遗，缺乏趣味的情况。因此在改造提升上，竖向地形的改造是一个重点。竖向地形改造可与绿化改造及场地营造相配合，这样可减少不必要的植被伐除，降低成本提高效率。竖向改造不但可丰富园林景观，同时还能利用竖向变化便于雨水收集，促进雨水下渗，提高绿地生态效益。

4.2.6 配套建筑

目前郊野公园内的配套建筑指标一般控制在1%以下，这一指标在郊野公园标准上基本能满足公园管理、服务的需要，一旦公园处于城市环境之内，这一指标就与实际需要存在一定差距。

按照《北京市绿化隔离地区总体规划》的规定，在大于15hm^{2}的绿地内允许建设3%～5%的绿化产业用地，用于建设配套服务设施或与绿地功能相协调的建筑[5]。可以用以解决失地农民的就业问题，减轻农村集体经济组织的负担，促进地区稳定和谐发展。

但由于资金压力、市场机制难以把握、运作困难等原因，大部分绿化隔离地区并未建设相应设施，这一补偿机制并未在郊野公园的建设中充分发挥作用。同时还存在极个别地区将这3%～5%的绿色产业用地用于其他建设开发，独立经营，虽有经济效益，却未真正用于绿地的管理和维护。

建议在郊野公园的改造提升中，可将这3%～5%的部分建设指标分散到公园中，这样既可以缓解公园内配套建筑不够的现状，又促进了绿色产业的发展，达到地区经济发展与社会效益双赢的效果。

5 结论

郊野公园作为一种新兴的公园类型，它的规划、设计和管理都还处于摸索阶段。郊野公园建设水平的提高应依赖于规划、设计、管理多方的共同协作，还有施工、养护等工作的参与。

郊野公园的规划和设计还没有形成成熟的设计理论，需要我们将其与相关的设计理论、方法进行对比和借鉴，触类旁通、融会贯通，丰富完善郊野公园规划设计方法和思路。它的建设和发展是多学科、多部门合作的结果，已经超出了园林设计师的个人力量，需要各界人士的共同努力。

参考文献

[1]《港澳大百科全书》编委会编．港澳大百科全书（Encyclopedia of Hong Kong & Macau）[M]．广州：花城出版社，1993.

[2] 中华人民共和国行业标准．城市绿地分类标准CJJ/T 85-2002[S]．北京：中国建筑工业出版社，2002.

[3] 北京市人民政府．《北京市城市总体规划（2004-2020年）》．北京：2005.

[4] 北京市发改委，北京市园林绿化局．《关于本市绿化隔离地区郊野公园环建设的指导意见》．北京：2007.

[5] 首都园林绿化政务网．北京：2010.

城市绿色开放空间发展策略借鉴思考

——以美国的城市绿色开放空间策略为例

蔡泓　北京天下原色艺术设计有限责任公司　北京　100029

摘　要：美国对城市绿色开放空间的发展策略研究与实践已持续了较长时间，形成了相对完善发展体系，同时通过近几十年的持续实践，取得了一定成效。本文介绍美国城市绿色开放空间策略的部分内容，说明一套相对完整的、可持续性的系统策略，是提升城市整体环境质量，促进城市旅游、商业、文化的发展，促进城市与环境和谐的本质基础。城市绿色开放空间是城市环境建设的重要组成部分，是城市中有生命的基础设施。希望通过这些实践分析内容能为北京城市绿色开放空间的发展提供初步借鉴。

关键词：城市绿色；开放空间；美国；策略

城市是人类文明的载体，尤其是近几十年以来，世界各国城市发展迅速，城市人口不断增长，形成了许多不同规模、不同特质、不同地域的中心城市。在这些城市的发展中，人们发现城市环境并没有与城市发展形成和谐统一体，而是在此发展过程中逐渐显现出城市环境被临时性或是永久性扰乱和破坏[1]。因此，各国城市在制定近期建设与未来发展目标时，将城市绿色开放空间质量作为城市是否具有世界竞争力的必要标准之一。

北京在2010年政府工作报告中明确提出建设“世界城市”的目标，针对其概念工作报告名词解释进行了特别说明，环境条件优越是世界城市要具备的六大支撑条件之一。北京城市园林建设在近十几年发展十分迅速，尤其在举办2008年奥运会的带动下，北京城市园林的建设成果产生了质的飞跃。从现阶段的城市绿地建设成果中可以

图1 北京奥林匹克森林公园——和园

作者简介

蔡泓／女／1968年生／1991年毕业于北京林业大学风景园林设计专业，工学士／北京天下原色艺术设计有限责任公司首席设计师。

看出，北京的城市园林具有规模较大、类型丰富、质量标准提升速度快、文化形式多元化等特性，这些体现出了大都市的特色（图 1）。

城市绿色开放空间是环境建设的重要组成之一，是城市中有生命的基础设施。虽然北京城市园林建设已取得了较大的成果，但要成为世界城市，还面临着严峻的挑战。例如，城市绿色开放空间如何完善提升整体性、城市绿色开放空间建设品质的保障体系如何有效完善等等。因此，从城市绿色开放空间现状及发展的意义上讲，只有采用虚心学习、客观总结、科学研究、持续实践的可持续性思路，才是其发展策略的本质。

美国纽约是公认的世界城市，在对城市绿色开放空间发展策略的研究与实践上已持续了较长时间，形成了相对完善的发展体系，同时通过近几十年的持续实践，也取得了一定的成效。本文绍了美国的城市绿色开放空间策略中部分内容，并进行了初步思考，希望能为北京城市绿色开放空间的建设提供初步借鉴（图 2，图 3）。

1 美国的城市绿色开放空间策略

随着城市建设的发展，人们发现城市环境逐渐恶化，因此一些发达国家开始研究人类与自然的相互关系，提出了可持续发展的理念，强调城市与自然之间的和谐，以此为出发点的城市生态设计思想开始形成并迅速发展。城市绿色开放空间战略是城市生态设计的具体举措与实践的体现。在近现代，城市绿色开放空间战略是以美国为代表的欧美发达城市，由此引发世界其他国家相关设计的演变和发展。

城市绿色开放空间的设置最早起源于美国的城市公园战略。第一座城市公园是由美国的奥姆斯特德（Frederick Law Olmsted）于 1857 年在曼哈顿核心部位，设计了长 2 英里、宽 0.5 英里的巨大城市绿肺——中央公园（图 4）；1881 年开始，他又进行了波士顿公园系统设计，在城市滨河地带形成了一连串绿色开放空间。这些极具远见卓识的构想，意在重构日渐丧失的城市自然景观系统，有效地推动了城市生态环境发展[2]。

在此基础上，随着城市产业结构的调整，美国从 20 世纪 70 年代开始，城市开发重点由郊区转向城市中心区，城市绿色开放空间设计在地方政府的主导下得到迅速发展，形成了一系列具有特色的市民公共活动空间，例如文化历史与商业步行街、城市绿色广场、滨水活动区、新的公园大道等。在实践发展过程中，当地相关部门根据实践出现的问题，不断进行完善调整，最终形成一套相对完整、持续性的设计标准体系与管理机制。由此，城市整体环境质量得到提升，促进了城市经济发展，有效促进了城市与环境的和谐（图 5，图 6）。

图 2 城市绿色开放空间（1）

图 3 城市绿色开放空间（2）

图 4 纽约中央公园

1.1 公园大道系统

20 世纪中期，美国许多城市开始利用公路两侧绿地以公园化形式建设，形成城市中由景观高

图 5 纽约中央公园大道

图 6 海洋公园大道

图 7 梅里特公园大道（1）

图 8 梅里特公园大道（2）

图 9 西雅图高速公路公园（1）

图 10 西雅图高速公路公园（2）

速路连接的州立公园系统。这些风景优美的道路，将人们在回家、休闲等活动的旅程中变得更加轻松愉快，同时也为公众提供了更多的游憩场所。

世界文化遗产基金会把一条道路列进目录里，这听起来确实是件匪夷所思的事情。这条名为梅里特的公路位于美国康涅狄格州，它被重点保护的原因，不仅因为它落成于遥远的 1940 年，有着多座结构形式各异、艺术装饰效果极佳的桥梁，更因为当你穿过这条路时感受到的是茂密森林景观，仿佛进入了天然的植物园。这条长约 37.5km 的公路以其巨大的魅力，征服了所有人，不少人甚至为了一睹这条路的“芳容”专程开车前往[3]（图 7，图 8）。

西雅图高速公路公园（Seattle Freeway Park）是将公路两侧绿地改造为公园的又一成功典范。州际公路穿越了西雅图城区，给城市环境造成了破坏性的影响，通过公园建设消弱了车辆对周边环境的影响，同时塑造了一个人工模拟的自然峡谷空间，给周边的商业区、居住区和办公区等带来了新的活力（图 9，图 10）。

纽约州公园大道系统（New York State Parkway System）是小客车专用的高速公路系统。第一条开通的公园大道是 1908 年对公众开放，最初的设计构想是为纽约市民提供通往郊区的快速道路，公园大道特别注重景观的设计。后来纽约州各大城市也建成了许多公园大道，但多数的公园大道仍然集中在纽约市[4]。今天公园大道系统仍然在使用，新建设的公园大道大多偏重步行和自行车。

由此可见，公路除了交通功能，现如今驾车兜风也是人们休闲方式的一种。这点不仅体现在美国，北京郊区也有个别道路颇具风情，不少人为了公路环境的特殊性专门去“路过”一下。将公路两侧环境以公园化设置，使道路体现出不同环境特质，这是增加城市开放空间、实现改善城市环境的有效举措。

1.2 自行车绿色通道系统

在纽约城区为了鼓励自行车通行方式，在城市中规划并建设了较完善的自行车专用绿色通道系统（图 11，图 12）。在具体设计与实践中主要以持续性、系统性的原则进行：

（1）通过合理细致的规划设计，持续完善自行车绿色通道系统的连续性。

每条自行车绿色通道的建设都是建立在合理的规划设计基础上完成的。例如从希望公园的

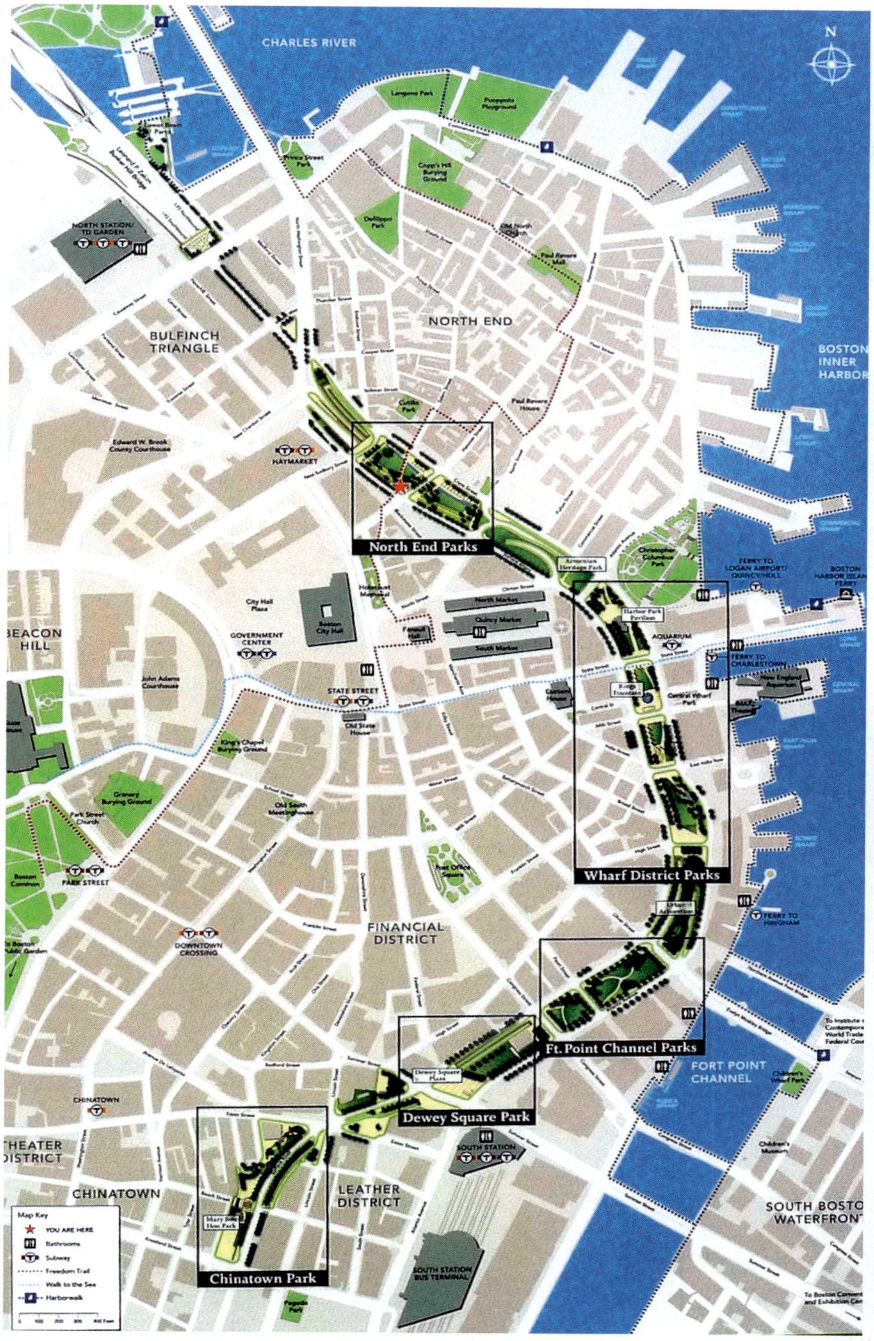

图 11 纽约城市绿色通道系统

图 12 纽约自行车道

图 13 希望公园海洋景观道路绿带——范围及存在问题

图 14 希望公园海洋景观道路绿带－自行车流量调查（2008 年 7 月上午）

图 15 希望公园海洋景观道路绿带－自行车流量调查（2008 年 7 月中午）

海洋公园大道的规划研究（Prospect park-ocean parkway）[5] 中可以看出，设计是通过对道路及周边环境现状的整体细致调查研究（如现有道路情况、存在问题、不同时间段人流数量统计等现状），在此基础上提出合理的自行车绿道的规划方案，提出近期与远期建设内容，有效改善海洋公园大道关键节点与其它道路的交叉衔接问题，实现公园大道与希望公园的连接，完善了城市自行车绿色通道系统的连续性（图 13 ～图 18）。

（2）相关行业共同参与，完善自行车相应配套功能和服务。

例如城市自行车道系统通过设置自行车道标识和标线、安全提示标识、带庇护的自行车停车场等相关设施，方便自行车使用者。同时设置专门机构定期绘制自行车绿道地图，免费发放。在地图上不仅标明自行车道的路线位置，同时标明沿线设置的自行车停放点、换乘点（地铁、火车、轮渡、巴士）、自行车商店等内容的位置，体现出自行车道系统完善性的特点（图 19 ～图 21）。

（3）制定相关法规，保证自行车交通的合法性，

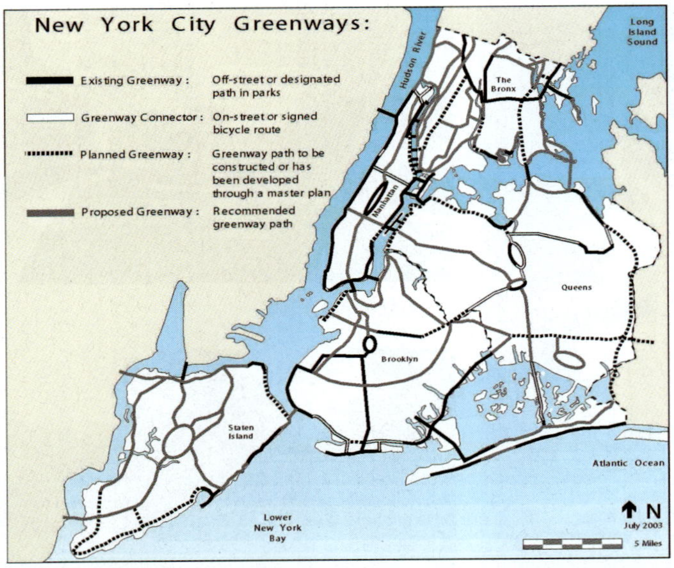

图 16 希望公园海洋景观道路绿带－自行车流量调查（2008 年 7 月下午）

图 17 希望公园海洋景观道路绿带－节点改造意见

图 18 希望公园海洋景观道路绿带－路段改造建议

图 19 自行车停放点

图 20 自行车传感器（过路口）

图 22 街区绿色开放空间

图 21 纽约自行车道地图

图 23 街区绿色开放空间

同时也规范自行车行驶规则。

1.3 街区绿色开放空间系统

城市空间的健康活力性，重点体现在街区的绿色空间是否具有公共开放性。纽约城市绿色开放空间系统建设保持着持续完善的特性。其中城市密集区通过以城市历史文化保护、商业办公等功能为主导的步行街系统建立，形成了城市街区的整体性。例如沿街结合不同功能建筑增设不同规模、不同类型的公共活动空间，实现室内外活动的连续性、互补性，提升了城市公共环境的品质，加强了社会交往活动的开展，同时为公共设施提供良好的环境与人气，有效增强了商业效益（图 22，图 23）。

街区绿色开放空间的形式是多样的，其中具有特色的私营绿色开放空间，其所属权归开发商个人所有，但功能是满足公众活动。这一方式主要是政府为鼓励私人开发商，在城市高密度商业及住宅区内，通过建设并开放私营绿色开放空间的方式，达到提升城市环境品质的目的。纽约针对私营绿色开场空间系统的研究与实践一直保持着持续与完善中，这其中的保障体系主要是通过不断修正设计标准和完善监督机制进行推进的。

（1）明确的设计原则

●场所要形成敞开式，与道路人行道顺接，便于行人看到与进入；

●场所要满足行人的流通性；

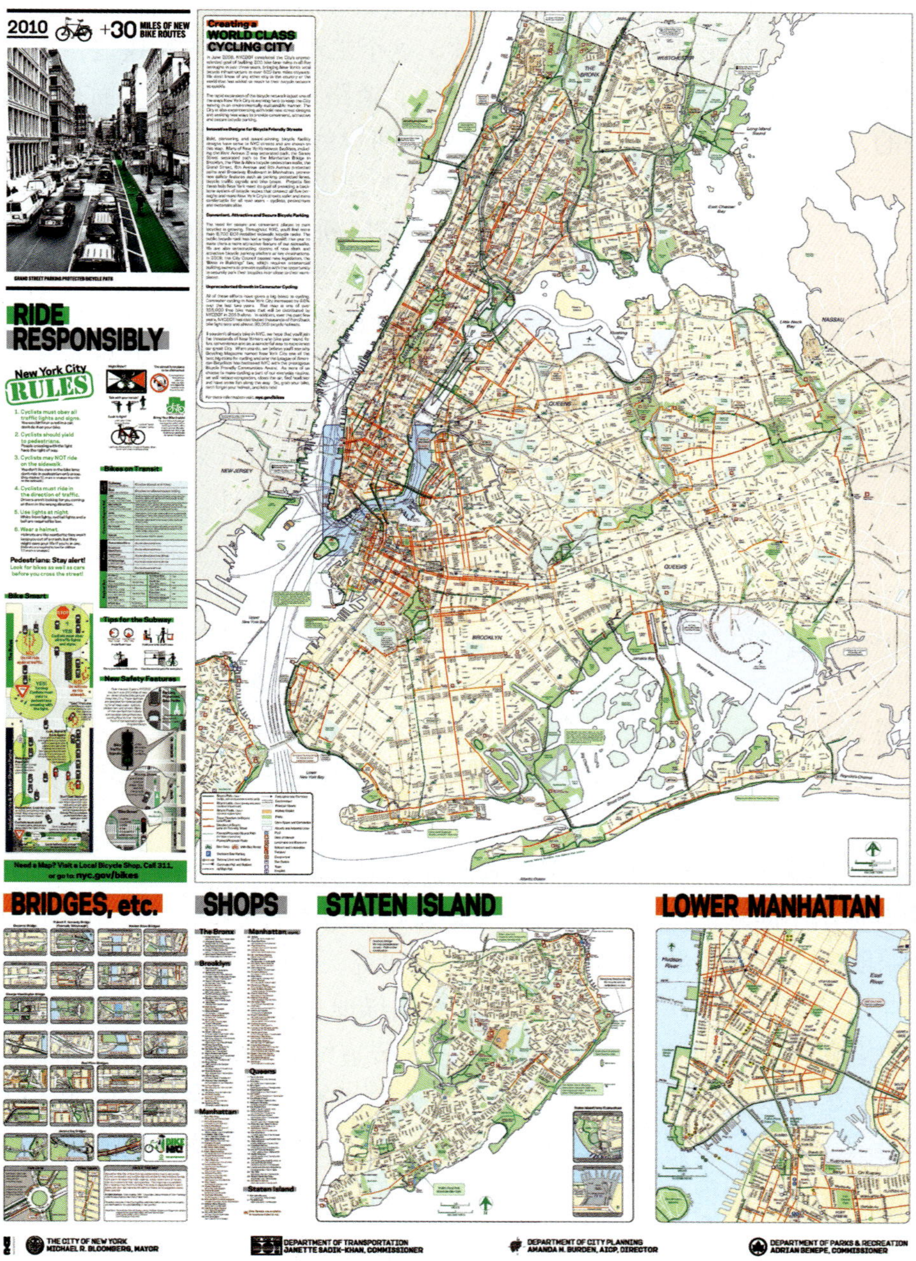

图 24 场所能见度要求示意图

图 25 场所高差要求 – 高度合适

图 26 场所高差要求 – 太高不利进入

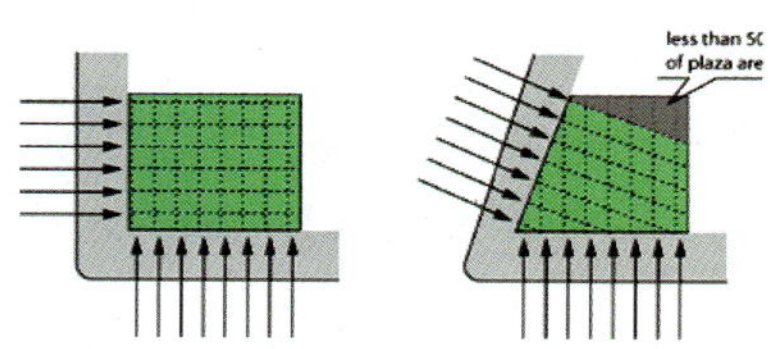

图 27 障碍物设置 – 装饰效果差

图 28 障碍物设置 – 装饰效果好

图 29 城市（私营）绿色开放空间分布图

●场所要满足安全要求，如无障碍通道、安全导向标识、场所视线通透等；

●场所要设置休闲活动设施，如舒适的座椅、垃圾桶、照明、标识等必要内容；

●场所要设置自行车停放场地；

●场所要种植物，形成宜人的景色效果……。

（2）严格的设计标准

主要通过对场所的规模、位置、朝向、可视性、空间组成、地坪高度、交通、障碍物、台阶高度、植物、照明、座椅设施、垃圾桶、标识、自行车停放场所等一系列内容进行了详细、明确的设计标准制定。

例如：

●场所最小面积为 2000 平方英尺 (约 186m^2)；

●场所的形状一般为方形（即长方形、正方形等）；主要活动空间占 75%，次要空间不得大于 25%；主次空间标准一般是统一的，尤其主空间的标准是必须严格执行的等；

●可视性要求是促进空间开放性与安全性的重要方面（图 24）；

●设施完备性要求，如场所中的座椅设置要最大限度满足人的交往与舒适性，座椅类型分为 6 种：可移动式座椅、固定式座椅、坐墙、单人固定座椅、结合花池的座椅、结合台阶的座椅。每一个活动空间必须保证两种座椅类型，大于 5000 平方英尺（约 460m^2）的场地必须设置 3 种座椅类型，大于 10000 平方英尺（约 930m^2）的场地除了满足设置 3 种座椅类型外还要设置至少 1 种可移动式座椅等；

●高差要求（图 25，图 26）；

●障碍物设置要求（图 27，图 28）……。

（3）有效的监督机制

美国城市公共空间的建设与维护情况，是通过专门的机构进行整理归档并及时在网站中公布，满足公众对相关内容的参与监督，提出不同意见。公示内容主要有：优秀或不达标项目；在实践中发现的问题及时公布，同时公告相应调整内容；公示相关设计标准规定等。这种信息沟通及时、公众参与监督的机制，对城市环境建设工作起到了有效的推进与提升作用（图 29）。

1.4 滨水绿色开放空间系统

美国的城市有许多海滨、湖滨、河滨地带，滨水区作为环境整治的重点，是城市绿色开放空间体系中的重要组成。

其主要设计原则为：设置滨水步行空间、休闲活动空间；利用、改造现有废弃码头，结合度假、商业、娱乐设施形成综合性公共活动空间。滨水空间的建设起到对城市水环境的保护和利用，是城市环境持续发展的有效举措。在滨水空间的建设上，美国也同样制定了相应的设计标准，保证建设内容的规范性。

近期建设的布鲁克林大桥公园，就是一个正在实践的案例。布鲁克林大桥公园整体建设规模为 65 英亩（约 26.3 万 m^2），从布鲁克林大桥北面一直延伸到大西洋大道(Atlantic Avenue)南面的公园，整个工程将会花费数年时间（图 30）。

200 年前，这个工业用地就开始建造，此后电线杆、码头平台、道路及回填水岸等方面的建造，使得这里的自然河岸线已经杳无踪迹。另外，城市大型基础设施的建设使得河岸地区与城市日常生活之间的联系被隔断了（如 20 世纪建造的“布鲁克林区—皇后区高速公路”）。布鲁克林大桥公园的建造会部分消除此地区所受到的工业化影响，恢复这里的生态系统，将河道与城市重新连在一起（图 31）。

城市还是要靠商业存活下来，布鲁克林大桥公园的时代性特质是通过设计，使公园景观与周围城市及设施融合在一起，如果布鲁克林大桥公园的所有码头公园陆续建成的话，整个工程将会在根本上改变纽约这座城市的特质。这不仅会使城市更加环保，而且也会重新改变港口生活的方式[6]。近期布鲁克林大桥公园一期工程已经完成，面积为 5 英亩（约 2 万 m^2）（图 32、图 33）。

1.5 其它辅助绿色空间系统

针对其他城市绿地空间类型，纽约相关部门也是进行了深入的研究，在此基础上制定了相应的标准要求，如住宅前绿地（临街景观）、小型露天茶座、停车场绿化、人行道绿化等。这些辅助措施都是以扩大城市绿色空间的范围、提高绿色空间的品质为本质目标，进一步体现出城市环境建设的整体性（图 34、图 35）。

图 31 布鲁克林大桥公园（2）

图 30 布鲁克林大桥公园（1）

图 33 布鲁克林大桥公园（4）

图 34 停车场（1）

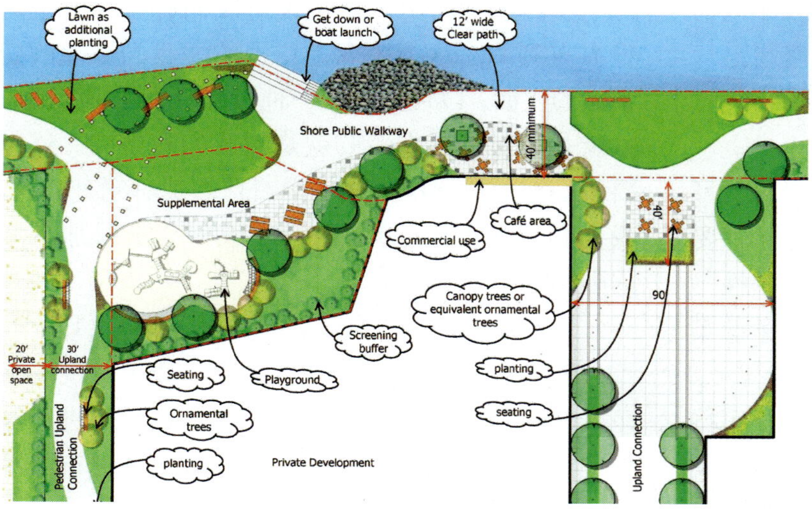

图 32 布鲁克林大桥公园（3）

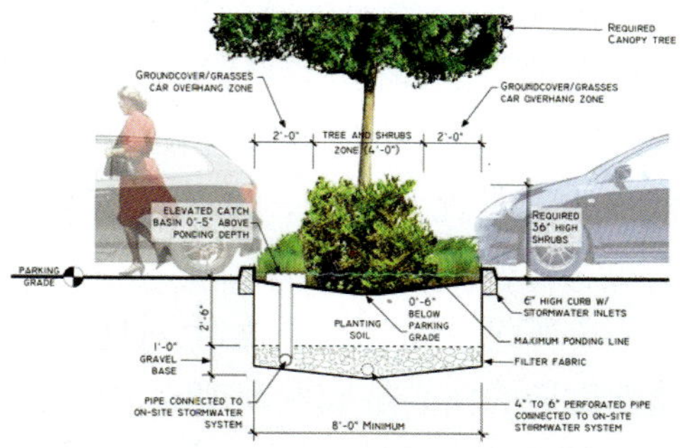

图 35 停车场（2）

2 分析思考

通过对美国城市绿色开放空间的实践经验学习，可以看出城市环境的完善与提高是一项以持续性要求为主导的工作，同时系统化建立是工作有效性的保障。

北京是一个历史悠久的古都，文化底蕴十分丰厚。随着城市发展园林建设速度也不断加快，成绩是显著的。但从实践中也感觉到对于城市绿色空间的许多本质问题我们还不具有系统性，这使许多具体项目的建设当时效果体现明显，而可持续发展性不强。因此，我们应该对现有城市绿色开放空间的建设思路、方法、机制、标准等内容客观总结分析，根据问题及时完善调整，这是我们城市发展策略制定的基本思路。

根据以上分析，未来北京城市绿色开放空间的发展应该遵循整体性、多用性、持续性、标准性、社会性的原则，在此基础上进行相关的设计实践研究，这是是城市园林可持续性发展的基本策略。

2.1 整体性

如今，北京城市建成区范围不断扩大，土地资源已十分紧张。但许多建设还是强调设施的功能性，并没有将环境融入其中，这导致了城市绿色开放空间的整体性欠缺，品质效果也参差不齐。

城市迫切需要建立环境与设施的一种有机关系，也就是说绿色开放空间的设置要跨越用地属性的边界，让绿色公共空间成为城市不同功能设施之间的融合剂，使城市各种要素有机结合形成整体。例如城市的历史文化保护、道路交通、水利设施、商业居住设施等，应该与城市园林共同成为以城市环境控制为主导的可持续发展城市中的一部分。

2.2 多用性

北京城市绿色开放空间应该强调功能的多用性，这是城市持续发展的基础。例如空间布局与形式要具有更多的灵活性，避免绿地空间只以单一空间形式组成，这将不利于城市生态发展，同时也不能满足公众的活动需求；通过科技手段加强不同功能领域之间的融合、互补作用，塑造特色空间。

2.3 持续性

1987 年联合国环境与发展委员会提出了“可持续发展”的概念，可持续性的城市环境除了要依据生态理念，同时要以建设实践目标的持续性、思路的连贯性为准则，这才能有效体现出建设实践的效果和作用。

实现此目标首先要做到设计的可持续性。可持续性设计的核心是要在合理的定位基础上进行深入的调查研究，同时在设计中着重强调空间的更加灵活性、形式的更强适应性、付出更少的代价性，同时带给人们更多文化、科学和社会整体性的绿色开放空间，这是可持续性设计的基本思路。

2.4 标准性

城市环境建设是公益性事业，团体与个人是不可能立即从其本身带来明显的经济效益，而是需要持续较长一段时间才能体现出效果。那么，建立相关的法规、标准、机制等是城市环境发展的保障体系。因此此项工作的完善应该加速、或者应该要提速完成。美国在这一点上做的就相对系统、细致、持续，效果是显著的，我们应该予以借鉴。

2.5 社会性

城市建设发展是社会各方面协同合作的过程，其中政府的主导作用是核心，团体与个人的能动性是基础。所以只有加强政府与公众的互动，通过公众的参与监督避免一些违规行为，这是行之有效的办法。在这方面西方国家通过网络公示相关法规、标准以及具体项目实施情况等内容，这一方式是当今信息交流、实践监督的有效手段。北京在此方面还存在着一定差距。

3 结语

我们在生活中一直假设对我们有益的就是对世界有利的，这个概念是错误的。我们必须改变我们的生活，以便可以在一种相反的假设下生活，这就是：对世界有益的就是对我们有益的。这需要我们努力探寻世界并且学习什么是对它有益的。我们必须学会与世界的发展相协调，并且服从它的限制。

—— Wendell Berry[1]

世界城市就是要在各方面成为城市建设的典范，北京是中国的首都，在向世界城市迈进的过程中，城市绿色开放空间的发展必然是城市环境建设的首要环节。那么，是否真正能从客观的实际出发，从现有设计与实践的方法本质上进行改善提高，实现可持续性发展，这是现阶段北京城市绿色开放空间策略的首要出发点。

参考文献

[1]《可持续景观设计技术》.[美]PETE MELBY, TOM CATHCART 编著 . 张颖, 李勇译 .

[2] 公园化战略在国外 . 经济参考报，新华网广州 6 月 25 日电，记者，郑天虹 .

[3] “公园大道”城里人的绿色诱惑 . 环球时报 · 都市生活 . 赵颖青 .

[4] 纽约州公园大道系统 . 维基百科，自由的百科全书 .

[5] New york city Department of city planning.

[6] 布鲁克林大桥公园：城市生活新景观 . 作者：尼克莱 · 欧罗索夫（Nicolai Ouroussoff）.

浅谈园林驳岸景观设计

——以大兴新城滨河森林公园南区公园为例

孟祥川　北京市园林古建设计研究院　北京　100081

摘　要： 园林水景营造过程中，驳岸在具备功能性及游人安全性的基础上，更加强调了驳岸的景观性，因此驳岸设计是园林水景设计中不可缺少的内容。在大兴新城滨河森林公园南区的水景营造过程中，共设计了有植被的缓坡驳岸、自然式山石驳岸、生态袋加固驳岸、钢筋混凝土驳岸、石笼驳岸及块石砌体驳岸等驳岸形式。在水体与陆地交接处我们应根据不同的实际情况设计与其相适应的不同类型的驳岸。根据公园的竖向设计，我们将较易受到破坏的水岸与受干扰较小的水岸采用不同的驳岸形式处理，以确保驳岸安全稳定。并根据大水面、河道、水湾、溪流、湿地等不同的景观选择合适的驳岸形式。本着实用、经济和美观相统一的原则，统筹考虑，相互兼顾，达到效果良好的设计目的。本文详细介绍了此次设计的几种园林驳岸形式，并阐述大兴新城滨河森林公园园林驳岸的设计思路。

关键词： 驳岸景观；滨河森林公园；景观设计

“园林驳岸”[1]是保护园林中水体的设施。同时更是园林的组成部分，必须在符合技术要求的条件下具有造型美，并同周围景色相协调。用此区别于普通堤坝、普通浸水挡土墙等水工设施的概念。园林水景营造过程中，在具备功能性及游人安全性的基础上，更加强调了驳岸的景观性，因此驳岸设计是园林水景设计中不可缺少的内容。在大兴新城滨河森林公园南区公园的景观设计中，在水体与陆地交接处我们根据不同的实际情况设计了与其相适应的不同类型的驳岸。下面先介绍一下此次设计的几种园林驳岸形式，再阐述大兴新城滨河森林公园南区公园的园林驳岸的设计思路与大家进行分享和交流。

1 园林驳岸的形式

园林驳岸按断面形式及驳岸材料可分为整形式和自然式两类[2]。

1.1 自然式驳岸

自然式驳岸分为有植被的缓坡驳岸及自然式山石驳岸两种形式。有植被的缓坡驳岸是模仿自然界水体边界天然形成的草坡与水面相接，且可以在水边零散配置河滩石等材料，且将驳岸线设计为曲折优美的驳岸形式。它的优点是生态、自然、景观效果好。缺点是后期维护任务较重，容易被水体冲刷及人为等因素破坏。水体近驳岸处常常需要种植芦苇、泽泻等水生植物来降低水的流动速度，减弱水流对驳岸的侵蚀，并能阻挡游船在近岸处浅水区活动等对驳岸及池底造成的人为的破坏。有植被的缓坡驳岸适合应用在自然式园林水景设计中，如果是较大的水面，若未来水位达不到设计常水位线的要求（如冬季公园维护期或遇干旱年份降低取水成本等原因），在浅水区种植丰富的水生植物，自然式驳岸的景观效果也不会受到很大的影响。

作者简介

孟祥川／男／1981 年生／毕业于东北林业大学水土保持与荒漠化防治专业，硕士研究生／现在北京市园林古建设计研究院工作，助理工程师为了防止被水体冲刷及易被人为破坏等问题，模仿自然式草坡驳岸的景观驳岸被设计为钢筋混凝土岸壁。考虑到砌筑池壁裸露会影响景观效果，北京奥林匹克森林公园北区的一些模仿自然式草坡驳岸的景观驳岸的砌筑岸壁顶面向水面方向做了宽 20cm 的悬挑，并将常水位线维持在距离砌筑岸壁顶面 5cm 处，让大部分岸壁藏在水面以下。岸壁被这样处理后，站在驳岸边缘也不会清晰地看见砌筑岸壁，有效地降低了砌筑岸壁对景观造成的视觉影响。加之驳岸另一侧为草坡，草坡与水面看上去像连接在了一起。但是采用这种驳岸做法不适宜水位线经常变化的湖面。

由聚丙烯（PP）为原材料制成的双面熨烫针刺无纺布加工而成的生态袋是稳固驳岸的新材料。主要运用于建造柔性生态边坡。其优点是零污染、抗紫外线（UV）、抗老化、无毒、不助燃、裂口不延伸的特点[3]。但在建设初期及北方秋冬季植被枯黄时景观效果大大降低，且生态袋容易被划破，袋装物质遭雨水、流水冲刷时会大量流失，造成单位重量大大减小，原力学设计值发生巨大变化，力学结构被破坏。

自然式山石驳岸是中国古典园林中常用的驳岸形式。山石与山石间相互嵌合，纹理相通，凹凸相间，并配以植物花草，在水中形成倒影，极尽自然之美，让人体会到“虽由人作，宛自天开”的意境。

1.2 整形式驳岸

钢筋混凝土驳岸具有较强的稳定性，抗冲刷、抗腐蚀、后期维护任务较轻等特点，常用于大型水体和风浪大、水位变化大的水体以及基本上是规则式布局的园林中的水体。缺点是钢筋混凝土材料无法生长植物，与自然环境结合较差；割断了水陆之间的生态流的交换；钢筋混凝土驳岸多为垂直于水面，陡直护岸会影响亲水可达性；工程量大，人力、物力投入多且工程周期长，投资较大。

石笼驳岸也是近年来建设园林驳岸的新材料。它的柔性和透水性一般比污工、砖工、大体积混凝土或者预制块砌体驳岸更大。同时又由于石笼抗冲刷能力强，又是生物栖息的多孔隙构造。过去石笼常见的笼材一般为竹子或柳条，现在已经改为耐久性更强的铁丝。铁丝外涂 PVC 涂层将更有效的延长铁丝被腐蚀的时间。实践证明，将铅丝或者合金钢（铁）丝网内铺砌（装）块石时，其在水中阻碍漂移能力比同样数量与质量的散抛块石要增加 1 倍以上。使用石笼的好处是施工简单，对现场环境适应性强。但由于石笼的孔隙较大，如果只单纯的使用石笼，很容易造成植物无法生长的贫瘠环境。因此，为使植物能早日生长，要给石笼覆土或填塞缝隙，而不是被动地等待泥沙淤积；但石笼也存在着本身的弱点，包括编织速度慢、费劳力、耗材多、成本高和搬运难等缺点[4]。

块石砌体驳岸：利用人为加工成的规则块石错缝砌筑，缝可勾成平缝斜缝等直线型花纹，具体可视块石干砌或斜砌而定。用块石砌筑规则式的驳岸，自然朴实，别具韵味。但块石砌体驳岸也同样具有所有整形式驳岸存在的共性弊端。

2 结合实例对驳岸景观设计思路的探讨

2.1 大兴新城滨河森林公园概况

大兴新城是《北京市城市总体规划（2004–2020 年）》中确定的新城之一，被定位为“北京市发展制造业和现代化农业的主要载体，是北京市疏散城市中心区产业与人口的重要区域”。在《大兴新城规划（2005–2020 年）》中，将大兴新城功能定位为“是北京具有生态特色的宜居新城，是北京重要的物流中心，是现代制造业和文化创意产业的重点培育地区”。

大兴新城滨河森林公园工程通过充分挖掘大兴新城自然、历史及人文资源，建设水林相融开放式的滨河森林公园，不仅提高了新城居民的生活环境质量，更提升大兴新城的环境和品质，为保障新城功能实现奠定环境基础。建设工程涉及新城范围内的小龙河，以及南区与北区两座公园。南区公园位于黄良路以北，新源大街以西，京城高尔夫以南，芦求东路以东，原埝坛水库大部分地块，总面积为 164.03hm^2，合 2460 亩。

2.2 大兴新城滨河森林公园南区公园驳岸的景观设计思路

驳岸处理的总体目标是在保护园林中水体的基

本功能的基础上创造不同形式的自然水岸效果，在具体设计中应该参照地形及景观特点合理设计驳岸的形式，本着实用、经济和美观相统一的原则，统筹考虑，相互兼顾，达到效果良好的设计目的。从驳岸的功能上考虑，全园中易被破坏的水岸应设计为硬岸。如景观桥梁两侧的护岸，桥梁处水体需要设计变窄，以确保桥梁的长度不会过长。在公园设计时考虑到未来园内水面需要具备小型游船游览项目，游船在桥下通过时产生的波浪会侵蚀桥梁附近的驳岸，对驳岸干扰很大，且考虑到通航，桥梁附近水深要大于 1.2m，而水面窄没有拉缓坡的距离。这样我们在桥梁两侧设计了长约 20m、高约 2m 的重力型钢筋混凝土垂直护岸来保证驳岸的稳定性，又能满足小型游船通过桥下的要求。为了寻求自然、生态的园林景观，我们在钢筋混凝土驳岸外立面使用毛石装饰，重要景观处出水面采用千层石（如图 1）。钢筋混凝土驳岸外立面还可用木桩等材料装饰（如图 2）。钢筋混凝土驳岸附近用石料或生态袋垒种植池（种植池内覆土深度根据设计的水生植物生存需要的水深及种植土厚度确定），种植池内种植水生植物，既提高了景观效果，软化了硬岸生硬的线条，又可为鸟类、两栖动物及鱼类提供躲避场所，丰富了水陆间的层次，降低人工构筑物对生态的干扰。

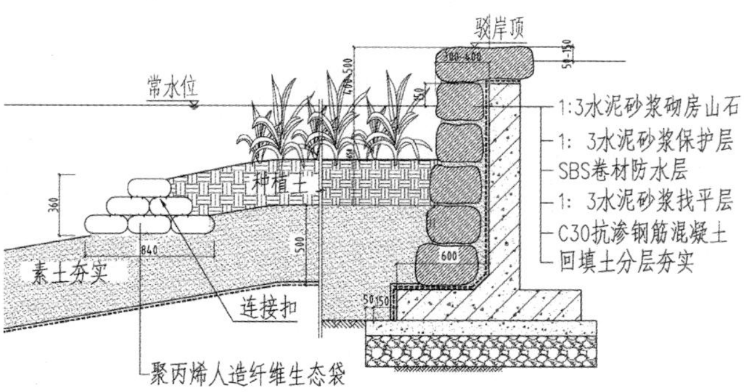

图 1　钢筋混凝土驳岸（毛石贴面）

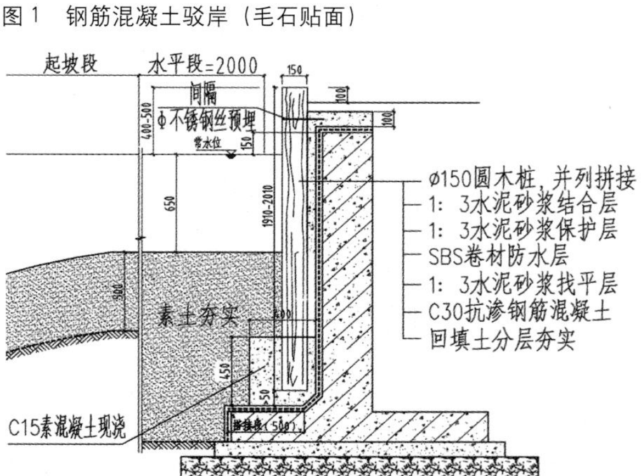

图 2　钢筋混凝土驳岸（木桩贴面）

亲水平台及水中栈道等园林场地是游人能够亲近水的好去处。这类场地既能给人提供生动的游憩空间又能丰富驳岸的类型。但水与场地的关系一定要处理好。在水中设计过多的支撑亲水构筑物的立柱不利于防水层的铺设，水底与立柱的防水层交接处很难做到未来不会渗水。为避免这种情况的出现，公园中大部分亲水构筑物均为在钢筋混凝土护岸结构上做一定距离的悬挑。上海世博园的后滩公园中大部分亲水平台及栈道剖面结构也是采用护岸结构上做悬挑的方式。为防止公园中水位下降后露出钢筋混凝土护岸影响景观效果，我们也用毛石等材料做了护岸的立面装饰。

公园中湖心岛内设计了狭窄的河道连接公园大水面与湖心岛内的小水湾，这里也要符合通航的要求。狭窄的河道和桥梁附近的问题是相同的，所以在游船经过的河道两侧驳岸也采用了钢筋混凝土驳岸，用毛石等材料做护岸立面装饰。

公园有一处给水口为园内补水时使用。给水口与园内常水位有一定的高差，在这里设计了一段蜿蜒流淌的溪流。模仿山间溪流的自然景观，溪流的驳岸形式为自然式山石驳岸（如图 3）。并利用场地高差设计了几处叠水。潺潺流水时而湍急，时而静谧。水流湍急处利用浆砌自然山石，使其牢固；水流缓慢或溪流较顺畅处驳岸及池底采用人工抛石的方法，使溪流景观看上去更加自然。同样用石料砌筑种植池栽植水生植物，可以使溪流更加生动活泼，生机盎然。

公园中以有植被的缓坡驳岸为主（如图 4）。由于水面较大，水边根据不同景观需求栽植水生

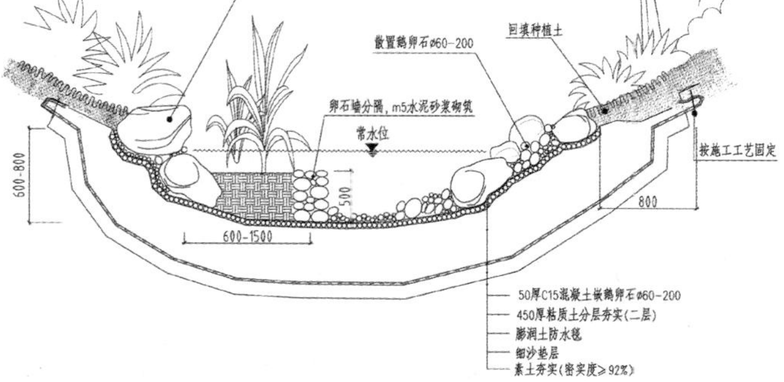

图 3　溪流驳岸

植物来化解风浪，降低风浪对驳岸的侵蚀。从景观角度考虑，沉水植物、浮水植物及挺水植物应结合使用，提高景观多样性（如图5）。挺水植物又为两栖动物、鸟类及鱼类等动物创造理想的庇护场所，水陆结合处丰富的层次对提高物种多样性是有利的。

公园中一些水流速度较快且较为偏僻的地方还相应的采用了生态袋护岸来稳固堤岸（如图6）。既生态环保，造价也相对低廉。为净化水体、提高生态效益，公园西南角设置了包括潜流湿地及表流湿地在内的综合性湿地。湿地内划分出若干个单元层级处理水质，单元与单元间、湿地与道路间一些地方也采用生态袋护坡。

结合实际情况，公园内有需要加固的驳岸并设计为草坡入水形式的水岸景观的地方可考虑自然式缓坡驳岸与石笼驳岸相结合使用的方法处理。搭配种植水生植物后既能保证驳岸的基本功能，又能满足景观的需求。

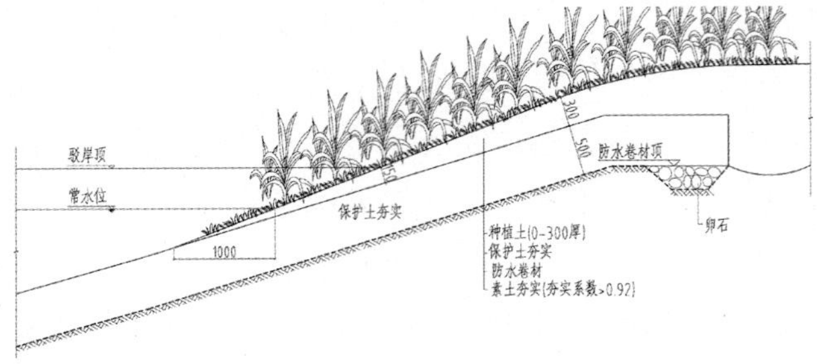

图4 有植被的缓坡驳岸

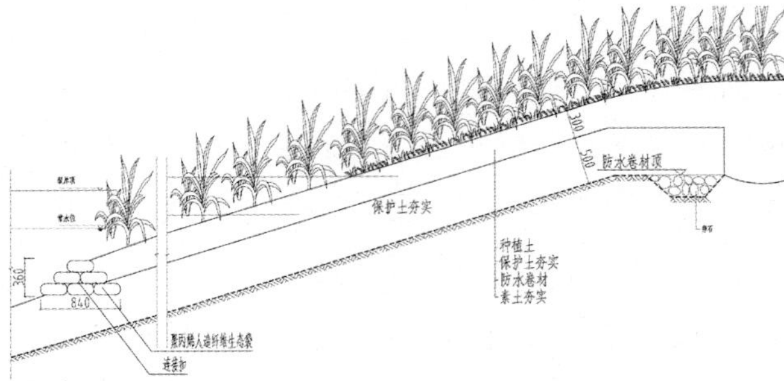

图5 与种植水生植物结合的有植被的缓坡驳岸

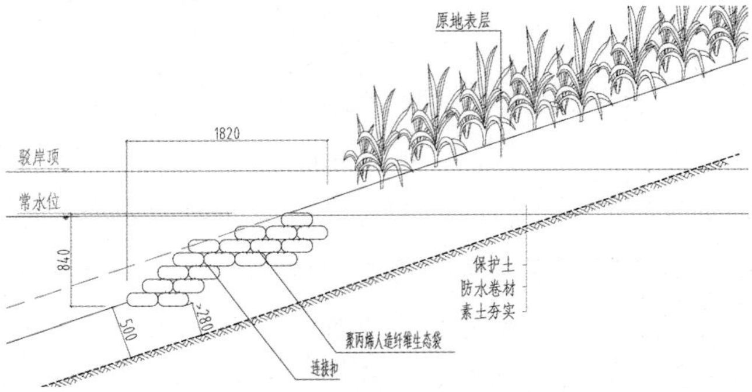

图6 生态袋驳岸

3 结论

城市化速度的加快，人们的生活环境也随着城市化带来的问题遭到了破坏。随着城市经济、文化等各方面条件的成熟，以及人们对保护环境的意识逐渐提高，城市将需要越来越多的园林、绿地和水体为城市提供呼吸的空间，园林驳岸作为水陆交界必不可少的元素将会在绿地与水体结合处发挥越来越重要的作用。驳岸的构造是驳岸功能性的保证，景观驳岸的材料与形式是决定园林驳岸设计好坏的重要因素之一，是一个需要长期探讨和实践的研究课题。

通过对大兴森林公园南区公园的驳岸景观设计工作的阐述，及对公园中使用的几种驳岸形式进行详细介绍，总结出园林驳岸景观设计的方法和思路，希望对其他的项目具有借鉴意义。随着新材料的研发与使用，相信将来会有更多的景观驳岸装饰方法供园林设计师选择，景观驳岸将会更生态、更优美、更生动。

参考文献

[1] 孟兆帧，梁伊任，等．园林工程[M]．北京：中国林业出版社，1996.

[2] 朱学燕，滨水城市驳岸景观设计方法研究[D]．南京：南京林业大学，2008:8–9.

[3] 邱从维，生态袋护岸技术在邵武市同青溪河道治理中的应用[J]．水利科技，2010，1.

[4] 李　胜，园林驳岸构造研究[D]．北京：北京林业大学，2007:59.

浅谈水生植物在大兴新城滨河森林公园中的应用

杨燕徽　北京市园林古建设计研究院　北京　100081

摘　要：城市滨河森林公园是近年新生的具有城市绿地功能的森林公园。本文以北京市大兴新城滨河森林公园的水生植物设计为主要设计实例，同时借鉴奥林匹克森林公园的成功经验，从滨河森林公园的水生植物的分类、种植条件、品种特性、景观配植效果以及合理的种植密度等方面入手，对水生植物在城市滨河森林公园中的应用进行详细分析，试图寻找一种景观效果与设计之间的联系，采用自然、生态的观点，秉承遵从自然的原则，将理论联系实际，对水生植物的具体应用进行深入探讨，以期为今后的城市滨河森林公园设计中，滨水绿地的景观配置、水生植物的应用起到一定的参考和借鉴的作用。

关键词：城市滨河森林公园；水生植物；应用

北京十一个新城规划颁布后，新城建设在规划引导下全面展开。根据新城总体规划，各新城公园将以穿城域环城水系为主线，以水系两侧大规模林木为主体，建设新城滨河森林公园，构建新城环境框架。水景设计是城市滨河森林公园景观营造必不可少的景观元素之一，而水生植物的设计和应用，是打造新城滨河森林公园水景的重要举措。了解城市滨河森林公园的滨水景观设计，是做好水生植物应用的前提。在园林植物中，水生植物一直充当着重要的角色。无论是动态的水景，还是静态水景，都离不开水生植物来创造意境。

城市滨河森林公园的水景建设，也是进一步提高新城的环境品质，改善市民休闲条件，完善全市城市森林格局的具体措施。本文以大兴新城滨河森林公园的水生植物应用为例，阐述了城市森林公园水生植物的设计模式和方法。水生植物的应用，是大兴新城滨河森林公园滨水景观建设的需要、是改善区域生态环境、提升城乡文化品味的需要、是改善大兴新城水环境的需要、是降低大兴新城生态建设成本的需要，也是实现大兴新城近期绿化目标的需要。通过应用水生植物建设城市滨河森林公园滨水景观，提升了城市品味，体现城市生态、滨水、宜居的特色，同时也提升了北京城市总体形象和景观风貌。

1 水生植物概述

水生植物：即生长在淡水深处的土壤中或自然漂浮在水中的植物，有时包括沼泽中出现的植物[1]。但在实际应用中，生长在水中或湿润的土壤中的植物也可以统称为水生植物，包括草本植物和木本植物。水生植物是构成园林水景的主要元素，也是净化水体的重要材料。

1.1 水生植物的分类

按照水生植物的生活方式与形态特征可以分为：沉水植物、挺水植物、漂浮型植物、浮叶型植物和水缘植物这五种类型[2]。

1.1.1 沉水植物

沉水植物是指整个植株沉于水体之中，这种植物一般通气组织特别发达，利于在水中进行气体交换，植株的各部分均能吸收水中的养分。如黑藻、金鱼藻、苦草等。

作者简介

杨燕徽／女／1978年生／毕业于北京林业大学风景园林专业，本科／北京市园林古建设计研究院，工程师。

1.1.2 挺水植物

挺水植物顾名思义是植株挺于水上，所以一般较高大，绝大多数有茎、叶之分。下部或基部沉于水中，根或地茎在泥中生长发育，上部挺出水面，如莲（荷花）、千屈菜、香蒲、芦苇、泽泻、水葱等。

1.1.3 漂浮型植物

漂浮型植物主要特征是根不生于水下的泥土中，而是漂浮于水面之上，随波逐澜漂浮不定，如凤眼莲、再力花等。

1.1.4 浮叶型植物

浮叶型植物根状茎发达，它们的体内通常贮藏有大量的气体，使叶片或植株能平衡地漂浮于水面上，如王莲、睡莲、萍蓬草、芡实、荇菜等。

1.1.5 水缘植物

水缘植物是指生长在水边，浅水或湿地都可以生长的湿生植物。北京普遍应用的水缘植物有：石菖蒲、花叶芦竹、马蹄莲、黄菖蒲等。

另外，一些耐水湿、耐盐碱的湿生植物也可以扩充到水缘植物的范围中大胆运用在水边，如鸢尾、柽柳、美人蕉、大花秋葵、醉鱼草、落新妇等。

1.2 常用的水生植物品种

根据北京市的气候、温度以及湿度条件，一下几种水生植物较常用。

1.2.1 国内分布较广、传统应用较多的

（1）芦苇 *Phragmites australis* 禾本科 芦苇属

多年生水生或湿生的高大禾草，世界各地均有生长。植株高大，地下有发达的匍匐根状茎，茎秆直立，秆高 1 ～ 3m。芦苇是常见的水边植物，夏秋开花，花期为 8 ～ 12 月。芦苇适应各类土壤，耐盐碱，又耐酸，且抗涝 [9]。

（2）千屈菜 *Lythrum salicaria* 千屈菜科 千屈菜属

千屈菜原产欧洲和亚洲暖温带，因此喜温暖及光照充足，通风好的环境，喜水湿，中国南北各地均有野生，多生长在沼泽地、水旁湿地和河边、沟边。现各地广泛栽培。比较耐寒，在中国南北各地均可露地越冬。在浅水中栽培长势最好，也可旱地栽培。对土壤要求不严，在土质肥沃的塘泥基质中花艳，长势强壮。

1.2.2 国内少数地区有野外品种，具有一定景观效果的

水葱 *Scirpus validus* 莎草科 莎草属

水葱为莎草科多年生宿根挺水草本植物。株高 1 ～ 2m，茎秆高大通直呈圆柱状，中空。在自然界中常生长在沼泽地、沟渠、池畔、湖畔浅水中。花果期 6 ～ 9 月。水葱分布于我国东北、西北、西南各地。朝鲜、日本、大洋洲、美洲也有分布，喜欢生长在温暖潮湿的环境中，较耐寒，在北方大部分地区地下根状茎在水下可自然越冬 [6]。

1.2.3 研究品种，花色、花型较多，观赏效果好的

荷花 *Nelumbo nucifera* 莲科 莲属

荷花别名莲花、芙蓉等，是莲科莲属多年生水生草本植物，花期 6 ～ 9 月，栽植水深 30 ～ 50cm。荷花原产于中国，是中国的十大名花之一，早在 3000 年前中国就有栽培荷花的记载。荷花花大色艳，可广泛栽植于湖泊水池，又可以盆栽和鲜切花，适应性强；古人赞美荷花的诗句也是比比皆是，数不胜数。荷花在中国自古是清廉高雅的象征，应用十分广泛。

1.2.4 研究变种，由野生品种变异，观赏价值高的

花叶芦竹 *Arundo donax* var. *versicolor* 禾本科 芦竹属

花叶芦竹是多年生宿根草本植物，原产地中海一带，现在国内已广泛种植。秆高 1 ～ 3m，叶宽 1 ～ 3.5cm。圆锥花序长 10 ～ 40cm，小穗通常含 4 ～ 7 个小花。叶互生，排成两列，具白色条纹。地上茎挺直，有间节，似竹。通常生于河旁、池沼、湖边，喜温喜光，耐湿较耐寒。在北方需保护越冬。

1.2.5 国外引种

（1）纸莎草 *Cyperus papyrus* 莎草科 莎草属

纸莎草又名纸草，是多年生常绿草本植物。茎秆直立丛生，三棱形。叶退化成鞘状，棕色，包裹茎秆基部，花期 6 ～ 7 月。是非洲原产的一种多年生草药。纸莎草的分布遍及沼泽、浅水湖和溪畔等潮湿的地方，纸莎草的花在暮夏盛开，并且倾向于在全日照到半阴凉的环境开花 [3]。

（2）雨久花 *Monochoria morsakowii* 雨久花科 雨久花属

雨久花分布于中国东北、华南、华东、华中。是多年生挺水或湿生草本。株高 50 ～ 90cm。花蓝紫色，花期 7 ～ 8 月。喜欢温暖气候，对冬季温度要求很严，当环境温度在 10℃以下停止生长，在霜冻出现时不能安全越冬。栽植水深 10 ～ 20cm。雨久花花大而美丽，淡蓝色，像只飞舞的蓝鸟，所以又称之为蓝鸟花。而叶色翠绿、光亮、素雅，在

图 1 芦苇

图 2 千屈菜

图 3 水葱

图 5 花叶芦竹

图 4 荷花

图 6 纸莎草

图 7 雨久花

园林水景布置中常与其他水生观赏植物搭配使用，是一种极好而美丽的水生花卉。

2 奥林匹克森林公园的成功案例

奥林匹克森林公园位于北京中轴延长线的最北端，是亚洲最大的城市绿化景观，占地约 680hm^2。于 2003 年开始建设，2008 年 7 月 3 日正式落成。北五环路横穿公园中部，将公园分为南北两园，中间由一座横跨五环路、种满植物的生态桥连接。南园以大型自然山水景观为主，北园则以小型溪涧景观及自然野趣密林为主，是北京城区当之无愧的“绿肺”。

（1）岸边及低洼地

种植柽柳形成独特的景观，适合水位变化的区域（图 8）。

（2）湿地区域

大面积种植水葱，形成整体的效果，与栈桥搭配很有野趣。

（3）岸边和浅水区

将慈姑和再力花混合种植，配以睡莲点缀其中，形成疏密有致的空间。

岸边种植菖蒲，浅水区域圆形片状种植睡莲，形成直线条与圆形的对比，视觉效果丰富。

（4）中等水深区域

种植千屈菜，大面积种植单一品种形成一片的效果，木栈桥在大片的千屈菜中若隐若现，富有野趣。

种植千屈菜，前景种植荷花，利用岸上高大的柳树作为背景，形成高中低丰富的层次。

（5）深水区

在水深 1m 的水域，种植金鱼藻，净化水系。

3 大兴新城滨河森林公园水生植物的设计

3.1 项目概况

大兴新城滨河森林公园总面积 8074 亩，新建绿地包括埝坛公园、北区公园和小龙河绿地。

（1）埝坛公园 2460 亩，是原埝坛水库大部分地块，方案设计中保留了原有水库大面积的水域，为水生植物的大面积种植提供了条件。

（2）北区公园 2145 亩，现状是农田，较为平坦，适合挖湖堆山，为水生植物的种植提供了空间。

（3）小龙河绿地 974 亩，其中河道总长 5.9km，河道两侧各 50m 宽的河道绿化带。由于河道两岸水深的变化，具备了不同水生植物种植的空间。

3.2 水生植物设计

3.2.1 设计目标及原则

（1）设计目标

通过对大兴滨河森林公园中水生植物的配植，

图 8 奥林匹克森林公园湿地边柽柳

图 9 奥林匹克森林公园湿地大片水葱

图 10 奥林匹克森林公园水边再力花和几种植物的搭配

图 14 奥林匹克森林公园水中的金鱼藻

图 11 奥林匹克森林公园水边菖蒲和睡莲种植区域

图 12 奥林匹克森林公园千屈菜

图 13 奥林匹克森林公园岸边的柳树、千屈菜与水中的荷花

尤其是小龙河滨河景观绿化带的设计，形成层次变化多样的空间，为市民提供滨河休闲、娱乐场地，改善市民生活品质。通过沉水植物的种植改善水质，形成稳定的生态群落。

（2）设计原则

针对大兴土壤条件、水体面积的大小和水的动态静态特点，尽量使用管理粗放的宿根植物，利用水深的不同进行合理搭配，使植物自然生长，形成丰富而可持续发展的植物群落。

3.2.2 水生植物在不同水深的种植顺序

在园林水景种植设计中，依照水体水位的深度，结合水生植物生态习性，从岸边至水中依次种植：水缘植物——浮叶型植物和漂浮型植物——挺水植物——沉水植物。换种方式说，就是浅水植物——浮水植物——挺水植物——沉水植物。按照这个顺序种植水生植物，可以在生态习性上保证植物的生长。

（1）岸边及湿地：适合种植水缘植物，一些耐水湿和盐碱的植物也可以作为选择材料。岸边及湿地一般位于水位线的边缘，随着水位线的变化，这里的土壤含水量是在变化中的，在这些位置种植既耐旱又耐水湿的植物可以生长良好，又能成为驳岸的风景。如：菖蒲、花叶芦竹、马蹄莲、鸢尾、美人蕉、醉鱼草、落新妇等都适合种植在岸边。柽柳适合成片种植于低洼地和盐碱地。

（2）浅水区域：在水深 20 ~ 50cm 的浅水区域，适宜种植浮叶型植物和漂浮型植物。此处种植睡莲、再力花、凤眼莲等植物，形成水面与岸边的过渡。

（3）中等水深区域：挺水植物的茎秆一般较高，水深太浅不利于挺水植物的生长，水深太深茎叶不能挺于水面之上影响植物的观赏效果。适宜深度为 50 ~ 100cm。在这个水深区域种植荷花、芦苇、千屈菜、香蒲等，大片种植，形成视线的焦点。

（4）深水区域：水深超过 1m 的水域，适合种植沉水植物。北京地区主要应用有：金鱼藻、苦草等，主要功能是给水生动物提供更多的生活栖息和隐蔽场所，又可以增加水中的溶氧，净化水质，扩大水生动物的有效生存空间，同时，沉水植物的幼嫩部分又可供水生动物摄食，从而改善整个水生生态系统。

3.2.3 各种水生植物在大兴新城滨河森林公园中的搭配

根据奥森公园的成功经验，水生植物的配置在兼顾形式美的同时，要注意其生态要求，特别是滨水地带的水生植物配植，更要遵循自然水岸植被群落的组成、结构等规律。在水平结构上，采用多种植物混交的形式。在垂直结构上，高、中、低多层次组合的形式。这样，水生植物群落的生态效益更好，并更能适宜鸟类等动物的生存，成为野生动物栖息地。

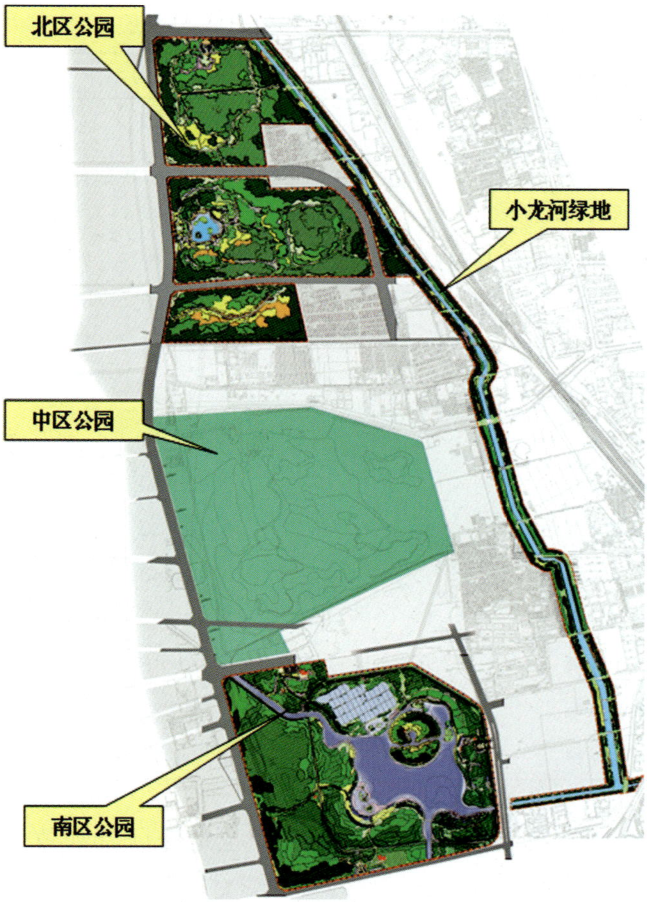

图 15 大兴新城滨河森林公园总平面图

（1）适合大面积种植的：荷花、芦苇。

挺水植物由于体量较大，适合大面积种植形成一片的效果。其中常见的就是荷花。在具体设计中，把埝坛公园正对北门的一片开阔的水域设计成荷花岛和芦苇荡，分别种植大面积的荷花和芦苇，单片种植面积达 800 ～ 1000m^2，荷花夏季开花后覆盖水面，与岸上的垂柳相映成辉，形成一片幽静的景色。

（2）适合几种植物材料在浅水区配植的：再力花、睡莲、菖蒲等。

在埝坛公园和北区公园水域面积较小的地方，如一些小水湾、小岛边，更适合游人近距离观赏的视点，水生植物配置更注重近观效果，主要是点、单株、单丛的景观，所以对植物的姿态、色彩、高度有较高的要求。黄菖蒲、再力花、睡莲、慈姑等以多丛小片种植于池岸，形成疏落有致、倒影入水的景观，别具自然野趣，水面上还可再适当种植几株睡莲，丰富景观效果。

（3）适合岸边、浅滩种植的：鸢尾、大花秋葵、美人蕉、醉鱼草等。

小龙河大部分河岸线是草坡入水的设计，形成了很长的浅滩和岸边种植带，种植鸢尾、大花秋葵、醉鱼草等花色艳丽的耐水湿植物，形成变化丰富的驳岸景观。

（4）适合贫瘠土壤和水洼的：柽柳。

柽柳一般被应用于盐碱地。在大兴新城滨河森林公园的应用中，一部分湿地种植柽柳，适合大兴当地的水质和土壤条件，形成独特的景观。

3.2.4 合理的种植密度

合理的种植密度是保证植物存活和生长的条件，也是保证景观效果的手段。水生植物一本分为以下三种情况：

（1）种子或小苗种植的：种子和小苗的水生植物，规格一般为 2 ～ 3 芽，结合植株将来生长的空间，适宜苗间距来种植。

（2）盆栽植物：盆栽的水生植物，一般冬季在北京不能陆地越冬，需要将根部起盆送入温室越冬。规格一般用盆、冠和高度综合表示，合理间距与植物生长空间和冠幅大小相关。

（3）球根和宿根植物：一般用株高或芽高来表示规格，种植间距与植物形态有关，如水葱、香蒲等细秆型植物，一般间距 10 ～ 15cm 栽植效果才好。美人蕉、大花秋葵等阔叶植物，间距一般 30 ～ 40cm 合适。醉鱼草、柽柳等属于灌木类，栽植间距 40 ～ 50cm 甚至更大才能适宜植物生长（见表 1）。

4 结论

随着社会经济的发展、科技的进步，人们对环境的要求不断提高，城市建设越来越朝着生态、环保的方向发展。城市滨河森林公园的绿化在美化城市中起到重要的作用，越来越受到人们的重视。而水生植物的种植，既美化了河道和滨水空间，又能净化水体，并且在水边形成丰富的空间，给野生动物的栖息提供有利的条件。本文通过借鉴奥林匹克森林公园的成功经验和大兴新城滨河森林公园水生植物的设计实践，总结出水生植物的设计要点：

（1）水生植物的种植可以依照水体水位的深度，结合水生植物生态习性，从岸边至水中依次种植：水缘植物 - 浮叶型植物和漂浮型植物 - 挺水植物 - 沉水植物。

（2）大面积的种植，可以优先选用国内分布较

表 1 大兴新城滨河森林公园中，水生植物种植间距

	植物名称	常用规格	间距（cm）
1	雨久花	2～3 芽	30×30
2	千屈菜	盆 15cm 冠 30～40cm 高 15～20cm	20×20
3	荷花	盆 18cm 冠 30～40cm 高 50～60cm	50×50
4	睡莲	盆 18cm 冠 30～40cm 高 50～60cm	50×50
5	鸢尾	高 30～40cm/ 芽	20×20
6	花叶芦苇	高 40～50cm/ 株	15×15
7	香蒲	高 40～50cm/ 株	15×15
8	水葱	高 40～50cm/ 株	15×15
9	柽柳	高 50～80cm/ 株	40×40
10	美人蕉	高 30～50cm/ 株	30×30
11	大花秋葵	高 35～40cm/ 盆	40×40
12	醉鱼草	高 1.0～1.2m/ 株	50×50
13	纸莎草	高 10cm/ 株	15×15
14	泽泻	高 10cm/ 株	20×20
15	花叶芦竹	高 10cm/ 株	15×15

广、传统应用较多的品种和国内野生的植物品种。小范围配植可以选择研究品种和研究变种进行精细搭配。局部使用新优品种丰富品种。

（3）视线开阔的水域可以大面积种植荷花、千屈菜、水葱、芦苇等挺水植物，与岸上大乔木形成丰富的层次，适宜远处观赏。小溪流、小水湾适合将浮叶型植物和漂浮型植物混合搭配，形成丰富的配置，适宜近距离观赏。岸边适宜种植水缘植物，高低错落。水深在 1m 以上适宜种植沉水植物，可以净化水系并为水下生物提供营养。

（4）水生植物的种植密度，与苗高度和冠幅关系紧密，结合实际进行合理的种植密度设计，是保证植物存活和生长的条件，也是保证景观效果的手段。

随着科技的发展，新优品种、新技术的出现，水生植物品种的选择会更加丰富。大兴新城滨河森林公园中的水生植物设计还有许多内容需要我们去研究和实践。由于项目目前还在建设之中，将来还要根据实际的投入使用和植物的养护，进一步观察植物对环境的适应过程中还有哪些问题。随着景观的变化，进行进一步的总结，在今后的植物品种选择和配植上，尽量使之形成自然、稳定的景观，达到净化水体的作用，形成自然的湖岸效果。

参考文献

[1] 郭春华，李宏彬．滨水植物景观建设初探 [J]．中国园林，2005(4)：59—62．
[2] 吴彩芸，夏宜平．杭州园林水景的水生植物调查及其配置应用 [J]．中国园林，2006(1)：83—88．
[3] 李尚志．水生植物造景艺术 [M]．北京：中国林业出版社，2003．
[4] 林焰．滨水园林景观设计 [M]．北京：机械工业出版社，2008．
[5] 金涛，杨永胜．现代城市水景涉及与营建 [M]．北京：中国城市出版社，2003．
[6] 史九玲．申曙光．水生植物在园林中的应用 [J]．河北林业科技（增刊），2007(7)：172—174．
[7] 郭红雨．城市滨水景观设计研究华中建筑 [J]．1998，16(3)：75—77．
[8] 周玉明．水生植物造景探讨 [J]．苏州科技学院学报（工程技术版），2006，19(2)：71—73．
[9] 苏雪痕．植物造景 [M]．北京：中国林业出版社，1984．
[10] 陈俊愉．中国百科全书·观赏园艺卷 [M]．北京：农业出版社，1996．

初探城市特色景观塑造

——以北京道路交通入口地段规划设计为例

郑爽　中国·城市建设研究院风景园林院　北京　100029

摘　要： 在城市空间环境发展与更新的过程中，如何凸显当地文化特色，成为当前的关键问题。也就是说，能否将空间环境特色与当代发展需要并重，是城市特色景观塑造研究中需要探讨的问题。本文以城市入口地段的规划设计，通过分析、调查、研究，得出营造城市特色景观的一些方法与原则。

关键词： 特色景观；城市入口；地域性；规划设计

在全球化的时代里，世界景观出现“趋同化”、“均质化”现象，各地原有鲜明的地域性特色景观逐渐消失。为保持景观的“异质化”或“多元化”，宜从自然环境、地域文化、历史文脉等三个层面研究景观的表达方式，便于创造出一种从文化和生态上都可持续发展的景观。

北京在迅速迈进国际大都市行列的同时，极大程度上带动了城市建设与发展，无论是城市规划，景观设计、还是建筑单体，都在新时期内发生着巨大的改变。初谈北京城市入口，我们想到的更多的是代表城市地标新形象的T3航站楼，北京火车站，甚至是信息流性质的城市入口——国家大剧院，它们的光辉似乎占据了北京整个城市入口设计的行列，但试问，作为一个国际化大都市，它不同形式的城市入口是否都应引起人们的关注呢？本文将公路型的城市入口作为探讨对象，希望通过北京的特殊地段研究总结出对北京城市发展有利的相关对策。

基于对城市公路入口问题的思索，笔者以北京西南入口门户——琉璃河镇中心大街规划与设计为例，对城市交通入口区进行探讨。其中，案例研究中的研究对象为北京市琉璃河镇中心大街，其中心大街街道特色景观规划是城市设计的一方面研究，更是集城市街道环境与城市特色景观为一体的综合性研究。

1 地段介绍

琉璃河镇历史悠久，位于北京西南的房山区琉璃河西周燕都遗址，至今已经历了3000多年的历史，它称得上是北京最早的都城，也可以说是北京之源。琉璃河镇是国家级重点文物保护单位西周燕都遗址所在地。是“房燕琉”金三角和“良琉经济走廊”的重要组成部分。

琉璃河镇自古以来就是北京通向南方诸地的交通要道，商贸繁华，是商贾云集之地。目前，该镇仍然是北京西南方向通向其它各地的重要门户。

琉璃河镇南北大街与东西大街分别贯穿镇中心区，各承担着重要的交通功能，成为河北省进入北京市的重要“门户”和去往十渡等著名旅游景区的必经之路。

2 资源分析

首先，琉璃河镇是西周燕都遗址的所在地，拥有悠久的历史文化，拥有重现历史意境的源泉。

作者简介

郑爽／女／1983年生／中央美术学院建筑学院／硕士研究生／中国·城市建设研究院，助理工程师。

其次，琉璃河上的百年古桥，1984 年被列为市级文物保护单位。其规模仅次于卢沟桥。它修建于明嘉靖年间。桥呈南北向，全长 165.5m，宽 10.3m，共 9 孔，中孔最大。拱券正中雕有精美的兽头，桥体全部用巨石砌筑，桥上护栏雕有海棠线纹饰。该桥结构严谨，气势恢弘，是研究我国建筑史和桥梁史的重要实物例证。可见，琉璃河镇中心大街拥有实体保留的古文化景观，成为修缮景观的母体（如图 1）。

图 1 琉璃河镇古桥展示图

图 2 琉璃河镇中心大街总体平面图

再次，琉璃河镇中心大街拥有得天独厚的地理区位，它担当着北京市西南门户的重要职能，拥有提升入口景观效益的价值。

最后，琉璃河镇中心大街拥有和谐的、人工与自然两种景观的交融。

3 设计分析

设计地段既有良好自然环境，又有处于咽喉要道的重要区位条件，具有非常优越的发展前景。本次设计目标定位为：以文化扬名、缘生态立命、用特色建景作为琉璃河镇中心大街建设总方针，所以，用西周文化作为建筑主体元素，建筑小品、雕塑、广告牌、路灯等都全方位地体现西周文化风格，形成统一的城市特色景观，创造具有浓郁古都特色和丰富文化内涵，打造具有生动景观，悠久文化古建和完善的公共服务设施的城市重要门户节点，并成为道路入口区的品牌大街（如图 2）。

3．1 空间结构与景观格局

琉璃河镇中心大街包括南北大街与东西大街两条，两条街道成十字交叉行驶。其中，南北大街是 107 国道的一部分，亦即 107 国道穿越镇中心的一条城市主干道，是由河北省进入北京市的“门户”，又是重要省际边境贸易城镇，目前已经基本建成，为仿古建筑，但现有建筑景观凌乱，缺少丰富的街道景观，同时，街道绿化景观与大石河的生态景观缺乏联系，景观与建筑不能融为一体；东西大街是通往十渡等景区的必经之路。整体景观缺乏规划与建设，形象不佳（如图 3）。

图 3 琉璃河中心大街现状图

3.2 开放空间

在设计中，将设计范围内的开放空间分为东西大街与南北大街交汇节点性广场、商业街前步行空间、大石河湿地三类景观进行探讨，使其在满足三类景观协调统一的基础上，彰显各自特性。

3.3 城市特色、文化的蕴含与展示

随着科学技术的发展和世界经济的一体化，以及信息时代的到来，世界文化之间的差异表现得越来越小，城市的面貌越来越单调和雷同，城市特色正日趋减弱，对于特色的解释，吴良镛先生曾经这样说过：“特色是生活的反映，特色是地域的分界，特色是历史的构成，特色是文化的沉淀，特色是民族的凝结，特色是一定时间地点条件下典型事物的最集中最典型的表现，因此它能引起人们不同的感受，心灵上的共鸣，感情上的陶醉。”由此可以看出，城市历史文化在城市特色中扮演着重要的角色。

从地域文化特色角度解读，城市入口形态反映了当地城市政治经济文化的面貌，在时代发展、科技进步、全球化造成世界语境趋同的今天，保持地区特色、反映地方主义场所精神、提高空间可识别性，对城市入口区来说显得尤为重要。历史是城市之灵魂，城市自身的历史背景势必会影响城市入口的空间形态。城市入口空间形态是城市生命体的“年轮”。城市入口作为与城市共生的空间，它不仅需要适应新的需求，更需要保持旧的空间感受，传承并延续所在城市的历史文脉。在布置与设计中应该学习和保持传统城市空间中人本主义的精神，强调其不可替代的空间形态，形成一个功能多样、空间丰富、气氛活跃的城市入口序列。

其次，城市入口地段作为城市的门户，既是城市与外界联系的纽带，又是一个能很好展示城市形象、文化与个性的窗口。以入口节点为起点，在进入琉璃河镇的107国道两侧设置一些具有强烈视觉冲击力的历史性建筑形式与街道元素，使行使者感受到进入北京城市的蓬勃生机。同时，通过南北大街的特殊地段设置步行街，使从107国道进入北京的外来者初识北京、感受北京生活与文化气息。一座城市要有其自己的个性、特色，要有能拿得出闪亮的名片。

3.4 城市空间序列

街道的空间布局像乐章一样，形成一定的节奏感，韵律感。街道中的沿街建筑担当着音符的职能，错落有致的构成了整条街道的完整景观。而乐章中谱写的曲目便是街道构成的特色文化元素，总体追求建筑高低错落，适当进退，在协调统一中又求得变化，同时又注重空间起伏，逐步过渡，完成整个空间序列。

南北大街景观空间可分为为：

① 前导空间　入口空间序列的前奏（如图 4）。

② 演进空间　景观大道空间序列的主体（如图 5）。

③ 高潮空间　主题空间。前导空间和演进空间输出的各种信息在此整合、强化，并使主题信息更加突出（如图 6）。

根据以上理论分析，基地空间序列设计以一条由南入口节点——商业街——广场——商业街形成。其中，基地的前导空间为南入口形象，演进空间为沿街商铺，高潮空间为南北大街与东西大街十字交汇口广场，同时，次要节点为大石河河上的古桥，以次旋律的模式组成。

图 4 前导空间—入口空间

图 5 演进空间—沿街景观空间

3.5 人工与自然环境的协调

在环境的处理上，缺乏人工与自然景观的协调，应该是通过大片的绿地与开放空间将周围山体、水体等自然景观引入，并与本地段的人工绿化体系相互穿插，相互影响，构成具有呼吸功能、生机盎然的自然有机体。

4 形象定位

从城市角度看，北京是中国的首都，具有百年历史的古都，它的形态就是北京从古到今历史传承的印记。显而易见北京南大门的建设应以北京地域文化特色景观元素进行塑造。

从城镇角度看，琉璃河镇是西周燕都遗址所在地，是北京最早的都城，素有北京之源，拥有非常悠久的历史。同时也是北京的旅游热线必经之路。

从中心大街角度看，作为北京市西南大门的形象，琉璃河镇中心大街的街道景观具有十分重要意义。

5 空间节点

交叉口空间对城市景观的重要性就像乐章中的重音与高潮，变化丰富，趣味盎然，也就是说街道景观同样需要精彩的节点设计。在街道交叉点形成节点广场，这样可以更好的组织交通，还可以利用门牌坊的营造方式，加强地点性与可识别性（如图 7）。

6 临街建筑

临街的建筑空间布局是街道的骨架，是街道美化的主要因素。在进行街道两侧建筑群设计时需要从整体出发的前提下，注重建筑群间呼应关系与起伏有致的空间关系。其次，建筑是城市的细胞和结构，也是城市的空间界面。众所周知，设计城市与建筑就是为了更好地设计人们的生活。在临街建筑群的设计中，要将建筑与城市融为一体，尤其是建筑形态方面，主要以均衡为主，形式庄重对称、形体体量雄厚匀称。在设计中，要抓住建筑特点，使用类型分析和模式语言，同时结合现代生活和人们审美情趣进行创作，通过现代设计手法进行重构，引入新的城市设计观念和空间，景观的处理方法，使昔日的文明重放光彩（如图 8）。

图 6 高潮空间—十字交叉口

图 7 十字交叉口节点—门牌坊示意图

图 8 临街建筑景观改造示意图

7 项目经验

城市入口地段是城市特色与文化的浓缩和集中体现。为了发挥城市入口地段的门户作用，设计应突出道路、标志物、开放空间等要素的组织和运用。而面对众多风格迥异的城市，借鉴城市设计的基本理论对场地特点进行有针对性的分析，则是形成自然而有特色的城市入口地段设计成果的基础和关键所在。总之，通过以上对城市道路交通入口的特色景观分析与研究，总结出一些特色景观营造的原则与方法。

7.1 具体原则

（1）突出文化特色原则。随着城市建设的发展，不少历史遗迹逐渐消失。而历史遗迹存在着巨大潜力，若加以开发与保护，往往成为城市特色历史文化的景观。所谓无形的文脉与有形的景观有机结合，才能显示出城市景观的个性。

（2）要贯彻生态可持续原则，因地制宜，尺度合适。在整体观点的指导下，逐渐开发、改建和调整，避免一次性地创造一个全新的环境。在最大保护自然环境生态平衡的前提下，适度开发才能使景观保持持续发展的活力。

（3）把握时代发展原则。城市的景观是发展的，景观的延续反映了城市的进化。我们不可否认这种变化，不可否认今天的人工，人文景观也是一道亮丽的风景线，因此必须既尊重历史又考虑到未来的变化。

7.2 具体手法

7.2.1 借鉴手法

城市景观的发展就是在借鉴和继承以前城市景观的基础上创新和发展的过程。在设计中要明确，借鉴决不是完全的照搬，通常“借”是照搬，“鉴”是要找出借鉴对象的本质——城市历史文化的特殊性。所以，在设计过程中要重视借与鉴的结合。

7.2.2 重现手法

将从文字记载或口头传说中挖掘出场地原有一些环境状况，并将其重现，使观者能从视觉上了解到场地相关的文化和历史信息。对于建筑景观的再现，我们有时还可以根据历史上同时期的建筑样式进行恢复，而对于历史的再现，我们只能是“意境”，而不能是原貌恢复。

7.2.3 保留手法

历史文化是一种历史的沉淀，它就是显现在我们的生活中。在景观设计与规划时，我们要依附场地内留有的历史痕迹去保留记忆和了解历史，包括园林、厂房、古桥、寺庙等。它们承载着历史文化信息，是人们探寻和认识历史的重要线索。

7.2.4 象征手法

符号的象征性在形式上使人产生视觉联想，进而产生移情，达到情感的共鸣。在设计中可以借用符号，通过移植、嫁接、拼贴等手法，用明喻、暗喻、象征等手段将文化信息植于各种“产品”中。

8 总结

城市入口，乃至城市的价值就在于它能够在城市不断发展与更替过程中彰显其自身的特色，而自身特色的营造需要城市本体历史与文化的长期沉淀与城市人文精神的培养，进而形成该城市的城市性格。也就是说，一个城市区别于另一个城市的地方，不在于有多少高楼大厦，而更多的在于传承历史文化特色的文化场所与标志性建筑；一个城市相对于另一个城市的竞争力，不完全在于经济的实力，也包括现代与传统的和谐环境，所以北京作为中国的首都，同时又跻身国际大都市的行列，迫切需要在城市快速建设与发展过程中，时刻重视对城市特色景观的营造。

参考文献

[1] 周华春．浅谈人文景观在风景名胜区规划中的作用[J]，天津农学院学报，2002.

[2] 屈鹏举．兰州城市特色与发展探讨[M]．兰州理工大学学报，2004.6.

[3] Hemmin，Charles．British landscape Paintings[M]，Victor Gollancz Ltd．London．1989.

[4] 周向频．全球化与景观规划设计的拓展[J]．城市规划汇刊，2001,3.

[5] 卢世主．城市形象与城市特色研究[D]．武汉理工大学，2002,11.

[6] 美埃德蒙·N·培根著．黄富厢，朱琪译．城市设计[M]，中国建筑工业出版社，2003.

[7] 石坚．保护城市历史，延续城市文脉[J]．规划师，2003,9.

北京南海子公园规划设计

赵锋 叶丹 应欣 郭竹梅 北京北林地景园林规划设计院 北京 100083

摘 要： 在当代条件下进行公园规划设计，如何解决历史与现实、自然与人文等方面协调统一的问题，是每一个园林设计师需要认真思考的。本文通过对南海子公园从规划、设计到工程建设的全程掌控，从总体规划、功能分区、一期项目设计、难点工程解决方案等多个方面，分层次地对上述问题进行了探讨和解决。

关键词： 南海子公园；规划；设计

南海子公园，位于北京市南部，地处亦庄、旧宫、瀛海三镇交界处，总面积约7.86km²。南海子公园规划建设将成为具有区域示范作用，能够带动周边经济发展的核心项目，是本文所要探讨的问题，也是本项目规划设计的出发点。

在《北京市城市总体规划（2004–2020年）》中，确定了建设若干位于城市近郊区，建设区以外的，能够集合城市生态和服务功能，统筹城乡发展，维护城市合理空间结构的绿色空间，即“区域性郊野公园”。

根据总体规划，这类区域性郊野公园分为四处，即：西北郊历史公园、南郊生态公园、东郊游憩公园和北郊森林公园。其中，南郊生态公园的主要内容是：以历史上的“南苑”、团河行宫、三海子及大兴农业观光园为基础，逐步形成以农业观光、休闲度假为主题的城市型生态公园，满足居民日常及周末度假、休闲活动的需求。“南海子公园”正是南郊生态公园的核心项目。

为加快北京市南部地区的发展，2009年10月，北京市发布了《促进城市南部地区加快发展行动计划》（简称“城南行动计划”）。这一计划的提出，是对首都建设“世界城市”的具体体现，在该计划中，为改善市民的休闲环境，提升城市南部地区的生活品质，改变地区的环境面貌，将开工建设一批与人民群众生活密切相关的环境项目，而南海子公园建设被列入了首批实施的环境精品工程，成为南城建设中首个启动的园林建设项目。“城南行动计划”的颁布，标志着南海子公园建设由构想向实施迈出了决定性的一步。

由此可见，南海子公园的规划与建设，不仅是一个区域性公园的问题，它已承载了新的内涵，上升到了新的高度。该项目的建设，是对首都建设“世界城市”的体现；对《北京市城市总体规划（2004–2020年）》的实施；对《促进城市南部地区加快发展行动计划》的落实，都有着积极的意义。而反过来讲，正是北京“世界城市”的建设，大大推动了南海子公园建设项目的实施进程。

1 南海子公园的区位与历史条件解析

1.1 区位优势

南海子公园位于大兴区东北部，亦庄以西，北起五环路、南至黄亦路、西至104国道、东至凉水河（图1）。该区域与中心城区关系紧密，与规划建设中的南苑组团、亦庄新城、大兴新城相连

作者简介

赵锋／男／1963年生／北京北林地景园林规划设计院副院长，高级工程师。

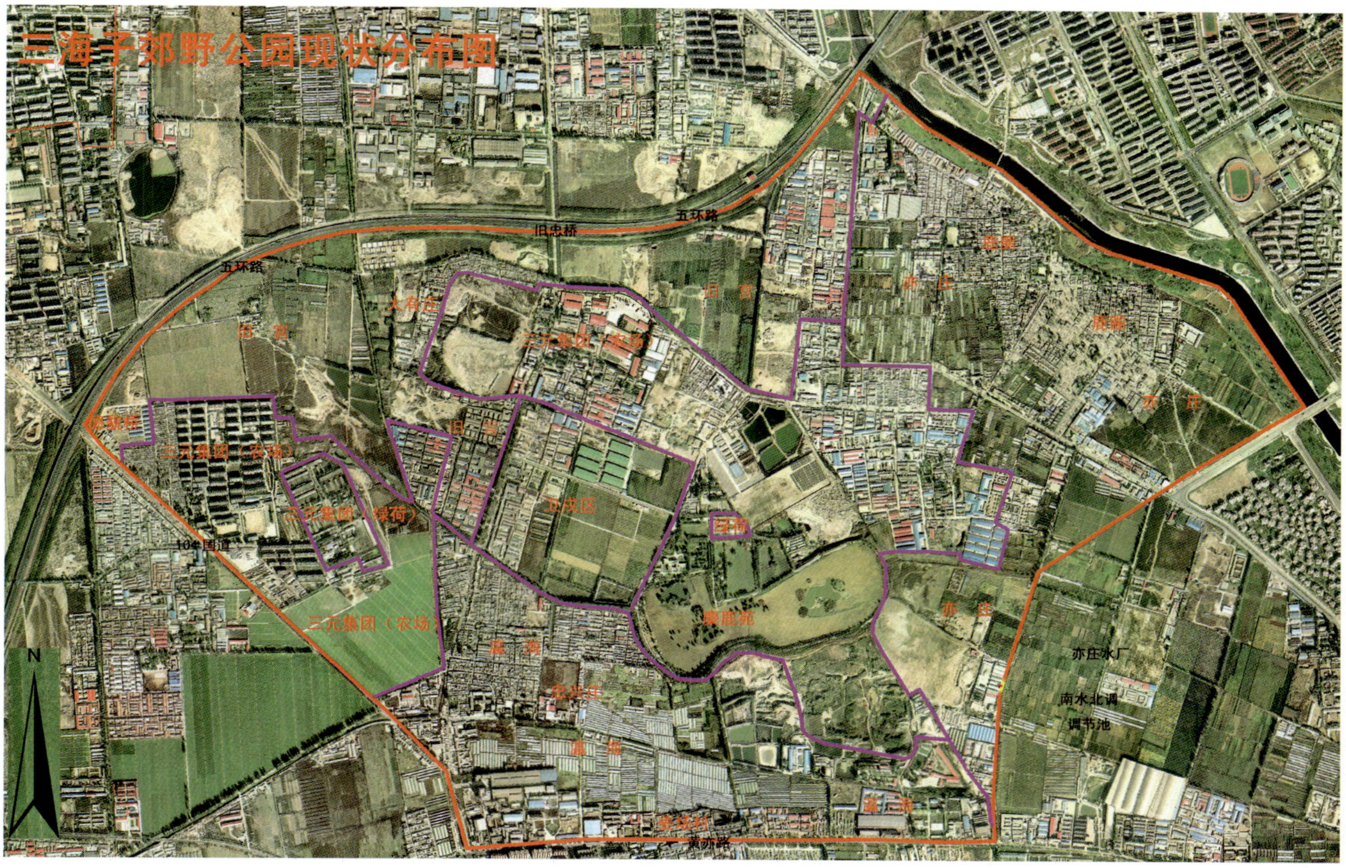

图 1 南海子公园范围

接，是该区域提升生态环境的核心和城市“绿肺”，具有不可替代的作用。

1.2 历史积淀

南海子公园位于历史上的皇家宫苑“南海子”范围之内，是该宫苑的中心区域。南海子历史悠久，早在元代已在此筑晾鹰台、建幄殿。明代，在此修建了二十四园，成为北京城南一座风光绮丽的著名皇家苑囿。苑中奇花异果，嘉树甘木，百草绿缛，群卉芳菲，禽兽鱼鳖，丰殖繁育，是著名的“燕京十景”之一，名曰“南囿秋风”。明成祖定都北京以后，每年都要在南海子进行围猎、训练兵马。明英宗、武宗、穆宗等也常率文武百官出猎南海子。

清朝入主中原，即把南海子作为皇家苑囿重加修葺，名曰“南苑”。南苑有旧衙门行宫、新衙门行宫、南红门行宫、团河行宫等宫殿；有德寿寺、永慕寺、关帝庙、宁佑庙、元灵宫等寺观，以及晾鹰台、双柳树等苑内名胜。经过数十年的精心营建，南苑中湖沼如镜，林木葱茏，与北京西北郊的“三山五园”遥相辉映。

历史上，南苑不仅作为封建帝王游猎之所，

图 2 受到严重破坏的地表环境

而且经常在这里举行盛大的阅兵活动。

1.3 往日自然

南海子为永定河冲击扇前缘，地势低洼，泉源密布，据《帝京景物略》描述，“城南二十里有囿，曰南海子，方一百六十里。海中殿，瓦为之……台临三海子，水泱泱，雨而潦，则旁四淫，筑七十二桥以渡，元旧也”，可见，当年的南海子水网纵横，水源极为丰富。

除了水系，做为皇家猎苑，该地区历史上还存有丰富的动物资源。据《帝京景物略》记载：

南海子“四达为门，庶类蕃殖，鹿、獐、雉、兔，禁民无取设海户千人守视”。1985 年中国从英国引回麋鹿，放养于南海子麋鹿苑，形成了麋鹿特色景观，正是对历史的再现。

历史上的南海子水草丰美，林木葱郁。但随着时代的变迁，上述自然环境已逐步发生了根本性的改变，绝大部分景象已不复存在了，因此，如何在现有条件下，尽可能地局部再现历史景观，是本项目规划工作所面临的重大挑战。

2 南海子公园规划所面临的问题

虽然从区位上讲，南海子公园具有无可比拟的优势，从历史上看，南海子的文化源远流长，但是在现实中，该公园的建设面临着严峻的现实。

（1） 对外、对内交通支离破碎，不成体系，无法满足今后公园发展的要求；

（2） 水源严重匮乏，地下水污染严重；

（3） 作为北京市的垃圾填埋场，土壤遭到严重的破坏（图 2）。

上述问题，成为南海子公园规划设计的首要任务，也是该项目成败的关键。

3 南海子公园的定位与特征

3.1 定位

如前所述，南海子公园的建设，不但承载着带动周边区域经济发展的重任，而且也要考虑其自身今后的良性循环发展。因此，准确的项目定位，是规划设计工作的重要内容。

通过分析，将南海子公园定位于“服务首都，面向全国，将公园建设成为具规模、重特色、富内涵、成景观、多功能、可持续的大型公园”，具体地讲，就是以生态建设为依托，以皇家文化为底蕴，以自然生态为理念，将南海子公园建设成为集生态保护、自然休闲、健身娱乐、文化展示、科普教育为一体，突出“野趣、特色、创新”风格，体现节约型园林建设、低碳生活理念的“郊野型”公园。为落实这一定位，在该项目的用地规划中，不但包括了公园用地，还合理地规划了与之相关的配套用地，为该地区今后的健康发展，打下了良好的基础。

3.2 原则

（1）生态优先原则：充分利用和改良现有资源，新建大面积绿地，重建公园的自然生态系统，同时，大力改善和提升南海子公园的水系统环境。

（2）突出特色原则：南海子公园为全市四大郊野公园的重要组成部分，以南海子历史文化、湿地与水面景观、麋鹿放养特色为依托，打造其独特的吸引力，并彰显公园特色。

（3）持续发展原则：南海子公园要发挥自然保育、观光旅游、科普教育和市民休闲娱乐等多种功能。要充分考虑公园在建设、维护、运营过程中的各种矛盾，制定合理的规划设计，统筹兼顾多方面需求，促进公园的可持续发展。

3.3 特色

为实现所确定的公园定位，本项目的规划设计将重点突出以下特征：第一，文脉传承。南海子将以京南第一公园的地位，再续南城文化传统。第二，自然特色。在公园的规划设计中，以自然元素为中心，创造山林成荫、花草遍地、雁鹿齐欢的自然景观效果。第三，湿地特色。在公园的设计中，通过重塑区域性水系统，再现当年的湖沼风光。第四，生态节能。以新理念、新技术为依托，创造生态、低碳技术的示范性公园。

以上四大特征，可以概括为三个统一，即：皇家气派与百姓休闲的统一；自然环境与人文场所的统一；传统风格与时尚潮流的统一。

4 公园的总体布局与分区特色

根据对项目的理解、对现状的分析、对历史的研读和对技术的把握，最终所确立的总体方案（图 3、图 4），将公园以不同的特点和功能，划分为若干区域，形成“三宫相座、五海相连、两带八苑”的景观体系（图 5），既集中体现了南海子公园的历史与文化特点，又为市民提供了良好的休闲活动场所。其中，“八苑”是南海子公园的核心，包括：

“麋鹿苑”：以改善麋鹿的生存环境，进行科普宣传为主体，形成人与动物共处的乐园。

“南海文化苑”：通过整合皇家苑囿文化、猎苑文化遗产，以自然的山水格局、古建筑群复

图 3 鸟瞰图

图 4 平面图

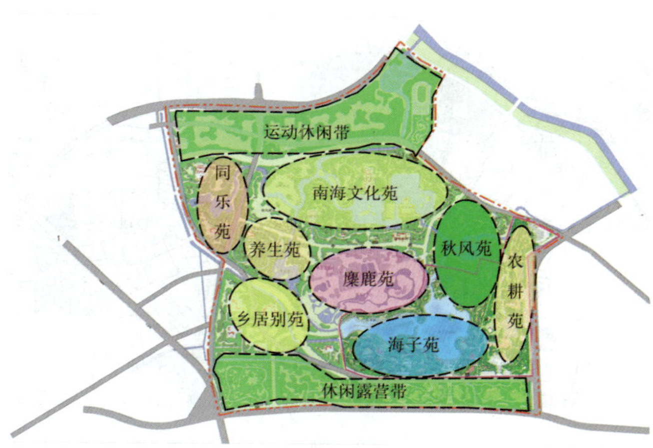

图 5 分区规划图

建等手段，再现当年“湖沼如镜，林木葱茏，鹿鸣双柳，虎啸鹰台，生机勃勃”的意境。

“秋风苑”：重现“南囿秋风”景观，以疏林草地、秋景植物为主，营造多种空间，为人们提供一片自由的活动空间。

“养生苑”：散养温驯的鹿种，开展与鹿文化相关的养生休闲及园艺疗养项目。

“乡居别苑”：建设乡村风格度假区。提供餐饮、住宿、购物等服务，形成新式风格的乡居度假地。

“同乐苑”：围绕大面积湿地空间，建设以会议、健身、娱乐等活动内容为主体的休闲空间。

“海子苑”：以水为主，重现当年河湖相连、林沼相间的景观。

“农耕苑”：重温农耕文化，回归土地自然。

“八苑”的设置，将历史上南海子的皇家特色，“秋风”景观与现代城市居民休闲度假生活有机地结合在一起，从而形成本公园的独特个性。

5 公园规划的落实——一期工程设计

本着分步实施，重点建设的原则，一期着手进行了“秋风苑”、海子苑”的建设，并与“麋鹿苑”进行了恰当的衔接（图 6）。

5.1 一期设计中所面临的若干问题及解决方法

（1）大量垃圾的处理与利用。由于一期项目用地处于原垃圾填埋场范围内，80% 以上的区域地下都是由深达 20m 的垃圾构成。由于垃圾量巨大，无法靠外运销纳，必须就地解决。针对这一现实，设计以利用与处理相结合的方法，对垃圾进行分类处置。一方面，对生活垃圾进行无害化处理后深埋地下，另一方面，将大量建筑垃圾用于构筑山体，形成公园的山水骨架，做到废物利用，变废为宝（图 7、图 8）。

（2）水系统的恢复性建设。湿地、水体（海子）历史上是南海子标志性的景观之一，因此对其有针对性地进行了局部性恢复。设计利用城市再生水，通过竖向组织，形成了形态不同，风格各异

图 7 建筑垃圾构筑山体

图 8 生活垃圾处理后深埋地下

图 6 一期设计图

图 9 公园水系建成后效果

图 10 自由生活的麋鹿群

图 11 自观鹿亭外眺

图 12 “鹰台宸迹”

图 13 “郊原在望”

的自然水体，并与水生植物相配合，力图初步恢复“水泱泱，雨而潦，则旁四淫，筑七十二桥以渡”的景象（图 9）。

5.2 与“麋鹿苑”的结合

南海子的麋鹿，1985 年由英国引回，是南海子公园具有代表性的景观之一，目前，成群的麋鹿已自由地生活在“麋鹿苑”的范围内（图 10）。一期工程设计与之进行了巧妙的结合，通过若干隐蔽于高处的观鹿亭设置，既不打扰麋鹿的正常生活，又满足了市民观赏麋鹿，增加科普知识的需求（图 11）。

5.3 景观体系的设立。

公园的设计，需要建立完整的景观游赏系统，因此，南海子一期项目设计在解决技术层面问题的同时，通过园林设计的手法，着重建立了园内景观体系，并形成了“朱雀迎宾”、“昆石双柳”、“鸟语瑶台”、“荫榆书屋”、“枫林醉爱”、“溪谷春晓”、“幽林观鹿”、“鹰台宸迹”（图 12）、“郊原在望”（图 13）、“坡塘雁影”十大景点。

5.4 种植设计中的适地性与特色性

以乡土植物为主体，形成具有本地特色的植被体系，同时借助历史与传说，局部构建特色植物群落，是本次设计在植物设计方面所遵循的重要原则。通过这种方式，形成了既符合场地生态条件、又能形成重点植物景观的林木景观系统（图 14、图 15）。

6 几点启示

通过南海子公园的规划与设计，给予了我们几点重要的启示：

（1）环境建设与时代的发展：城市绿地的构建，应与时代的发展紧密结合。在本项目中，正是北京建设“世界城市”目标的提出，大大提升了南海子公园的建设速度。而反过来，也正是由于公园的建设，为实现北京建设“世界城市”的目标尽了自身的一份力量。

（2） 公园与城市的和谐发展：公园的建设，不单是一个简单的绿化工程，它与周边的城市布局、经济发展密不可分。公园的规划应与周边城市的规划有机结合，做到相互促进，协调发展。

（3）历史与现实的对立统一：历史文脉的延续、文化元素的导入，是我们作为文明古国所不能回避的问题，如何解决好这些传统因素与现实需求的矛盾，是设计师需要谨慎思考的。在南海子公园的规划中，我们进行了有益的探讨。

（4） 新技术的应用：随着城市的扩张，在公园建设中不可避免地要遇到垃圾场、废弃地、污染水等一系列尖锐问题，如何利用新技术、新方式对其进行巧妙处理并利用，是需要我们不断学习的。

图 14 滨水植物群落

图 15 陆地植物景观

参考文献

[1]《加快经济发展方式转变、推进世界城市建设》刘淇 .
[2]《现代化首都、世界城市建设》张强 .
[3]《北京城市总体规划》.
[4]《北京市绿地系统规划》.
[5]《清朝宫廷文写作背景资料集》晓月听风 .

超越绿地 实现梦想

——北京园林绿化的探讨与思考

郭倩　中国 · 城市建设研究院风景园林院 北京 100029

摘　要：面对建设世界城市的目标，北京城市绿地需要从更高的角度来审时度势，发挥园林绿地的最大效益。跳出一般园林绿地建设的视角来发展城市绿地，超越绿地的尺度、空间、功能来进行全新的衡量。构筑区域／市域层面的绿色生态网络格局，从更大的尺度来发挥绿地的生态效益，并在此基础上构筑属于北京的“山水城市”骨架，突出世界城市的地域景观特色。跳出园林绿地一般功能来看世界城市的旅游需求，发挥城市绿地的经济效益。最后重视北京园林植物材料的引种繁育，提高绿地的观赏性和景观性。

关键词：世界城市；北京园林绿地；特色

从奥运的辉煌到60周年的国庆典礼，从金融危机的应对到哥本哈根气候大会的决策，我们一直在不断的面向世界举办具有影响力的活动，也让世界其他国家看到了中国的崛起和实力。面对建设“世界城市”这个伟大而宏远的目标，北京市园林绿化局局长、首都绿化办主任董瑞龙明确指出“坚持一流标准，建设三个园林，努力向建设世界城市新目标迈进”的目标，董瑞龙表示，发展园林绿化已经成为建设世界城市的重要指标[1]。

1 高度重视生态功能，提高城市绿地的生态效益

城市绿地是城市生态系统的重要组成部分，是绿地的基本功能，它对于维持城市生态系统的平衡至关重要。当北京成为世界城市之后，更加需要重视城市绿地的生态功能，它是调节整个城市人与自然生态平衡的重要砝码。纵观近年来城市特大自然灾害的频繁发生，如干旱、洪水、泥石流等，无一不是人财俱伤，对社会经济发展造成重大影响，这些都反映了城市过度发展造成的自然生态系统失衡的后果，不得不引起高度重视。只有整个城市的生态安全才能保证城市的正常运转，这对于一个世界城市的运行是至关重要的，甚至是基本保障。

1.1 多层次绿地系统规划

2002年出台的《城市绿地系统规划编制纲要（试行）》中提出将绿地系统规划分为“城市各类园林绿地的规划建设”和“市域大环境绿化空间的规划布局”两个空间层次。但目前的城市绿地系统规划的实质工作对象是针对规划建设用地内的绿地，对于宏观层次市域范围内的大环境绿化空间所作的工作十分欠缺，缺乏大尺度绿地生态空间的科学、严谨的分析、规划，使整个城市的绿色生态空间的安全性、科学性、可持续发展性很难得到保证。

首先应该明确意识到“城市≠建成区”。中国自古筑城选址就是从整个自然环境甚至全国范围的山形水系进行构想的，北京城之所以历来被风水学家称为“山环水抱必有气”的理想都城，是源于对整个太行山和燕山山脉的考证得来。其西部的西山，为太行山脉；北部的军都山为燕山山脉，均属昆仑山系。两山脉在北京的南口（南口是兵家要地）会合形成向东南巽方展开的半圆

作者简介

郭倩／女／1984年生／硕士毕业于北京林业大学园林学院风景园林规划专业／中国 · 城市建设研究院风景园林院，助理工程师。

形大山湾，山湾环抱的是北京平原。地势由西北向东南微倾。河流又有桑干河、洋河等在此汇合成永定河。形成利于发展和控制的“东临辽碣，西依太行，北连朔漠，背扼军都，南控中原”的地理格局。就是因为能够在这个大的空间范围内能够保证北京的安全，所以才决定定都北京，这个区域的选择范围已经大大超过现在的北京市界。而我们的园林绿地系统规划目前还是针对中心城区的范围之内，虽然有市域范围的绿地系统规划，但是没有详细、切实可行的规划方案，和建成区范围内的绿地规划相比，还是显得过于宏观。然而市域范围，甚至区域层次的绿地系统规划都是保障城市生态安全格局的大基础。

这在国外早已得到验证。从最初的欧洲的景观轴线、林荫大道（1700s ～ 1930s），到早期欧洲的绿带、美国的公园路（1930s ～ 1960s），到美国的绿道及绿道网络（1960s ～ 1990s），再到现在的绿地生态网络概念（1990s 至今）的明确提出，世界各地的学者从各种不同的角度进行了不懈的探索并力求从目前的核心理论研究进入到可操作性的实践中[2]。如新加坡公园连接道概念规划、日本筑波科学城绿道系统规划，以及我国上海市各种尺度的绿地生态网络构建设想。

如果我们的绿色生态网络只针对城市建成区的范围内，那么是具有很大局限性的，其生态功能的发挥也是有限的，在区域规划的层次建立一个安全的生态网络结构，增加市域绿地系统规划的层次[3]，制定切实可行的规划方案，来逐步完善城市绿地系统规划是十分科学和必要的。

1.2 构建城乡绿地分类体系

城市绿地分类标准中国明确提出：城市绿地包含两个层次的内容：一是城市建设用地范围内用于绿化的土地；二是城市建设用地之外，对城市生态、景观和居民休闲生活起到积极作用、绿化环境较好的区域[4]。

目前的城市绿地分类主要是针对规划建设用地范围之内的绿地，进行了详细、系统的划分，有利于指导规划。但对于建设用地之外的其他绿地，缺乏明确的细化，将水源保护地、风景名胜区、郊野公园、森林公园、自然保护区、湿地等大规模绿地空间作为同一类型，它们各自的生态作用是不同的，那么对于它们在整个绿色生态系统的功能和定位没有一个明确的分类，很难突出市域绿地的生态控制功能，导致上文提出的城市绿色生态网络的构建缺乏一个很大的支撑依据。

针对目前提出的“大北京”发展规划，需要在区域、市域、建成区三个尺度来逐一进行城市绿地的规划。在此强调区域和市域两个层面的规划。在区域层面，关注整个城市绿色生态网络的构建。所谓“大北京”地区，主要是由北京、天津、唐山等城市所组成的京津唐和京津保两个三角形地区，以及周边的承德、秦皇岛、张家口、沧州和石家庄等城市部分地区，几乎扩展到整个河北省的区域，那么就需要在这个区域空间内来构筑整体的绿色生态格局，进行统筹考虑。

在市域层面，要关注非建设用地的保护与利用。明确其它绿地的分类标准，同时在功能上作出相应的指引，以适应规划管理的需求，进而实施城乡一体的绿化格局[5]，其它绿地包括的内容很广泛，需要明确分类，才能对规划具有指导意义。

1.3 小结

当北京在朝向世界城市的目标前进的时候，园林绿化的首要功能就是从区域层次的构筑大生态格局，在市域层次进行整体绿色生态网络的构建，并在建成区层次预留接口，将城市绿地的生态效益发挥到最大，完善城市绿地系统的规划层次，构筑一个安全的城市绿色生态网络，高度重视其生态功能，为城市的正常运转提供保障。

2 合理加强旅游功能，增加城市绿地的经济效益

在城市绿地的使用功能中，观光与旅游是重要一项。在《北京市城市总体规划（2004–2020 年）》的城市职能中将北京定为“国际著名旅游地、古都文化旅游、国际旅游门户与服务基地。”这就意味着，成为国际化的世界城市之后，北京会接纳更多的外国人来此工作、旅游、度假等，那么园林绿地可以很好的和旅游景点进行结合，在满足生态功能的基础之上，增加城市绿地的经济效益。

2.1 历史文化名园

北京是著名的历史文化名城，其悠远深厚的文化底蕴是城市不可割据的历史，也是城市园林的最大特色，如举世闻名的颐和园、故宫、北海、

圆明园、香山等。就目前的北京国际旅游线路上看，以颐和园、故宫为主的历史文化游占了将近50%，并且深受广大国际友人的喜爱，充分说明了传统文化的国际吸引力和表率力。这就需要我们在城市建设中加强对历史文化名园的保护和修缮，把伟大的中国古典园林和璀璨的历史文明传承和发展下去，严格保护，永续利用。

2.2 传统园林模式 & 新主题

对于纽约、东京这样的世界城市而言，其历史较短，并没有像北京这样保存较好的历史文化胜迹，但它们一样可以成为世界著名旅游城市。除了城市的传统旅游胜地外，主题公园也是一个后起之秀，如举世闻名的迪斯尼乐园至今仍是美国东岸佛罗里达的著名旅游景点。这种模式在开封也开始尝试。以著名的《清明上河图》为蓝本在开封建设的“清明上河园”，充分挖掘了古代的娱乐项目，把宋代历史文化融合在市井民俗之中，每年旅游季都是门庭罗雀，现在已经准备建设第三期了。清明上河园的模式就是把传统的园林模式和现代人的休闲娱乐需求结合起来。这是一个值得借鉴的发展模式。

北京有着丰富的历史文化传统，并且在城市建设中也高度重视历史文脉的延续。如元大都遗址公园、皇城根公园等，都是老百姓非常喜爱的市民公园。但目前都仅限于服务本地市民。相反，朝阳公园、海淀公园这些后建的大型公园由于经常举办国际草地音乐节、沙滩排球等具有影响力的活动反而较为瞩目。老公园也需要新鲜血液的融入才能发挥持久的活力。

笔者觉得鸟巢奥运后的几大运营模式值得推荐。首先是世界巧克力梦公园，得到了空前的好评；包括现在的绿色探索乐园、机器人乐园等，都是十分新颖而又趣味性强的模式。可惜限于奥林匹克公园的空间有限，所有的娱乐设施没有和奥林匹克公园结合起来。

如果能够将其与园林绿地结合起来，提高观赏性和游憩性，成为一个可游、可观、可赏的趣味性主题公园，结合国际假日，适当延长开放时间，可逐步提高其知名度和经济效益，成为城市特色园林景观及著名旅游景点。并且“鸟巢——主题乐园”的模式很值得推广，利用鸟巢的知名度来提升主题乐园的名气和人气，避免了国内主题公园难以长期维持、游客逐渐减少的尴尬局面。

目前地坛公园定期举办书市，每年两次，人气较旺。不过书市模式过于安静，参与性不强。如果大型公园绿地，如玉渊潭、紫竹院等，能够有新鲜的主题融入，结合园林绿地景观特色，定期举办，对公园的知名度和游客量会有很大提高。

2.3 小结

北京成为世界城市之后，城市旅游必将需要新鲜的血液。北京传统园林景观是一个很好的特色。传统园林与新主题结合，发展“金镶玉”的模式，达到双赢的效益。同时，也是永续利用的一种新的发展模式。

3 整体构建城市景观，重视园林植物的育种

园林绿地的美化功能是能够满足现代人视觉需求的主要表现形式，它不仅可以作为城市硬质材料（建筑、道路、铺装广场等）粘柔性材料进行美化，而且是构建城市整体风貌特色的重要元素。同时，园林植物资源是植物造景的基础，是保证其景观效果的根本。

3.1 突出整体性

钱学森曾经提出“山水城市”的概念，即把我国传统园林思想与整个城市的自然山水条件结合起来，要让每个市民生活在园林之中，而不是要市民去找园林绿地、风景名胜。所以他没有用“山水园林城市”而用“山水城市”[6]。这个“山水城市”的建造是要运用城市科学、建筑学、传统园林建造的理论和经验，运用高新技术（包括生物技术）以及群众的创造来完成的。钱老的思想更具整体性。从区域入手，来构成城市大的景观风貌，把优秀的传统园林手法融入其中，更加注重景观的完整性、文化性和传承性。

毛泽东也提出“大地园林化”的口号，其目的亦然。从绿化到园林化，到山水城市的构筑，其实对于一个世界城市而言，城市绿地在构筑绿色生态网络的同时，也是构筑山水城市的骨架和大地园林化的基本格局，后者是东方式，甚至是中国特色的代表。这是对于北京这个世界城市而言，应该具有的城市特色，也是历史文化的延续。

3.2 重视野生植物种质资源培育

100年前，英国园艺学者威尔逊（E.H.Wilson）踏上了中国的土地，他深深认识到中国花卉对于世界各国的园林产生了举足轻重的影响。威尔逊曾到我国采集野生植物多次（以观赏植物为主），前后长达11年之久，并著书《中国，园林的母亲》。从此，我国即以“世界园林之母”和“全球花卉王国”的美誉闻名于世。整个世界都认识到了中国植物的意义，他们经威尔逊大量的引种、育种、繁殖，使其在自己国家的园林里广泛推广，让1000种全新植物在欧美园林中应用、扎根[7]。这已充分证明了我国园林植物资源是相当丰富的，其意义和贡献已经覆盖整个世界。但是大量可供观赏的种类仍然处于野生状态，未被开发利用[8]。

就北京而言，仅百花山的植物种类就有110科、1100种，4种植被类型，10种森林群落，有华北天然动植物园之称。目前只有少量树种通过引种驯化在园林中使用，大部分具有良好观赏效果和较强抗性的植物品种，是十分值得在园林中推广使用的。目前北京园林绿化最大的问题恰恰是植物种类贫乏，园艺栽培品种不足及退化，大大影响了植物造景，这也是中国城市绿化面临的普遍问题。北京的园林绿化发展到今天，常见的观赏乔灌木约180种左右，其数量之少，种类之单一，使得奥运期间在北京只有8种花能在8月份正常开放，不得不通过大面积人工栽培来扮美奥运期间的京城。但奥运过后，这些难得的花卉品种却未见广泛的推广和应用。建设一个美丽的世界城市，是一个长期而艰苦过程，不反对为了短暂的盛世而临阵磨枪，但长期的植物育种才是基础和保障。北京有丰富的园林植物资源，当务之急是进一步开展植物资源调查，摸清家底，同时积极引种，开展种质资源研究和选育良种的工作，扩大科研机构的队伍，积极开发利用野生观赏植物资源，既能丰富园林植物种类，避免单调性，同时又能具有较强的适应性，达到事半功倍的效果。

3.3 小结

当北京成为世界城市之后，它的园林绿地应该有自己完整的体系和良好的运行机制，加强对野生植物种质资源的研究和开发利用，从而避免树种单一导致的园林景观单一，同时，这种良好的运行机制也包括大地园林景观化，不仅仅是指从大范围的尺度来统一把握设计园林绿地系统，保证城市与自然的和谐发展，保证城市安全，更需要突出的是城市整体景观的中国式规划，建设属于北京的城市园林美化功能。

4 结论

面对建设世界城市的北京，城市的园林绿地要想发挥出更大的功效，必须站在更高的角度来审时度势，全面发展。

首先，跳出一般园林绿地建设的视角发展城市绿地，超越绿地的尺度、空间、功能来进行全新的衡量。为了保障世界城市的生态安全，我们需要构筑区域/市域层面的绿色生态网络格局，从更大的尺度来发挥绿地的生态效益。为了突出世界城市的景观特色，可以试图在构筑区域/市域层次绿色生态格局的基础上来构筑北京的“山水城市”骨架，突出地域景观特色。

其次，跳出园林普遍功能来看世界城市绿地的旅游需求，把城市绿地与主题性公园建设结合在一起，成为城市旅游景点，发挥城市绿地的经济效益。

最后，重视北京园林植物材料的引种繁育，把“世界园林之母”和“全球花卉王国”的美誉继承下去，这也是丰富北京城市园林植物材料、提高观赏性的重要途径和基本保障。

参考文献

[1] 2010年北京园林建设将向世界城市目标迈进．中国风景园林网 .2010.02.01
[2] 刘滨谊，王鹏．绿地生态网络规划的发展历程与中国研究前沿[J]. 中国园林 .2010（3）.
[3] 张晓佳，瞿志．关于城市绿地系统规划层次的若干思考[J]. 中国园林 .2010（3）.
[4] 城市绿地系统分类标准（CJJ/T85–2002）[S]. 北京：中国建筑工业出版社 ,2002.
[5] 廖远涛，肖荣波，艾勇军．面向规划管理需求的城乡绿地分类研究[J]. 中国园林 .2010（3）.
[6] 吴宇江，“山水城市”概念探析[J]. 中国园林 .2010（2）.
[7] 陈俊瑜．世界园林的母亲，全球花卉的王国[J]. 大自然，2007（1）.
[8] 苏雪痕．植物造景[M]. 北京：中国林业出版社，1994.

叠加与融合

——通惠河庆丰公园景观设计

张迟　北京创新景观园林设计有限公司　北京　100120

摘　要：要创造出真正符合时代的现代景观，必须立足场地的自然条件、文化渊源，创造有地域特色有生命的园林。现代的设计手段和思路，与富有文化内涵创意的巧妙结合，赋予了景观独特的生命力。通惠河庆丰公园的设计，融合了城市新的内涵和新的功能，同时又唤起了人们对数百年来奔流不息的古河道悠久历史的记忆，使这一地区重获新生，又成了一个充满活力，引人关注的地方。

关键词：传统与现代；融合；庆丰公园

从创建国际化大都市，到“人文北京、科技北京、绿色北京”的提出，到建设世界城市，是北京城市建设近年来不断追求的目标。渊远的历史，众多的古迹和不尽的民间传说是北京作为一座世界知名的历史名城区别于其他城市的人文特点。但当这座悠久历史的城市面临现代化的建设改造，城市各个角落都在日新月异的变化时，就需要格外尊重这些独特而宝贵的人文环境，特别是由历史地段、文物古迹及其环境所构成的城市历史文化氛围，因为它们是城市文化的根基，也是城市品格的标志。当现代和传统相碰撞时，将地域独具特色的传统文化赋予新的活力，再生城市景观的空间情景和意境，充分挖掘、保留和传承有地域特色的文化元素，是我们的责任之所在。

1 现代景观与传统文化的必然关系

1.1 当今园林景观设计中的问题

随着社会的现代化发展，传统文化从各个方面受到了来自现代化的挑战，园林行业也是如此。一些园林中大量笔直的道路、大面积的草坪、一味追求平面构图而产生的种种不合理设计等，脱离本土历史文脉，甚至直接照搬抄袭西方现代景观，千园一面，使得园林景观失去了它存在一地的特性。

1.2 现代景观与传统文化的融合是城市园林生命力的来源

现代化鳞次栉比的高楼大厦，车水马龙的街市，千篇一律的城市没有活力，日益平庸的城市面貌使人们逐渐缺乏了城市环境的归属感。要想园林景观独具特色，必须审视传统文化特色，基于不同的地域风情和城市形象，作出合理的规划设计。只有根植于文化的土壤中，景观才独具魅力，景观创造才有永恒的生命力。单纯炫耀现代的设计手法，甚至直接借鉴西方现代造园手法的“现代园林”，随着时间的流逝只能被人们遗忘它存在的意义。只有当现代园林在满足基本功能的前提下成为兼具自然环境与地域文化的场所时，

作者简介

张迟／女／1980 年生／北京林业大学，学士／北京创新景观园林设计公司，工程师。

图 1 现状航拍图

图 2 改造前的城中村

图 3 改造后实景照片

它才成为延续历史记忆、弘扬传统文化的载体，使现代人们在休憩游览的同时，潜移默化的感受到文化的独特氛围，在浓郁的地域文化氛围下，城市园林就有了灵魂。

2 通惠河庆丰公园园林景观设计方案

通惠河庆丰公园，以闸名于此的庆丰闸而得名，位于通惠河的西段，东三环国贸桥的两侧，与北京商务区 CBD 隔河相望。全长约 1700m，宽 70m 至 260m 不等，分为东、西两园，面积 26.7hm^2。改造前这里有 16 家企业，783 户居民。与河北岸高楼林立、国际高端企业云集的 CBD 相比，南岸的发展非常滞后，环境脏乱，人员复杂，存在重大安全隐患（见图 1、图 2）。

2009 年春，朝阳区政府投资 15 亿进行了拆迁，利用通惠河水系，沿线打造滨水文化景观带，庆丰公园作为率先启动的部分，进行城市综合整治，将这片“寸土寸金”之地建成 CBD 的后花园，同时满足了周边数万居民的休闲活动的需求，并成为城市生活的一部分（见图 3）。

2.1 通惠河的历史变迁

1292 年春，元代水利家郭守敬主持开凿了一条从昌平白浮泉至通州张家湾入北运河的漕运河道。1293 年秋，元世祖忽必烈从上京归来，看到无数船只停泊码头，船帆遮天蔽日，极为壮观，遂赐名“通惠河”。从此，它成为了大都城的一条生命河，各类物资源源不断被输入北京，带动了周边的繁华。现在的通惠河是指从东便门的大通桥至通州北运河之间的 17km 长的河道。由于西高东低，共设了五处间，最为出名的就是二闸即庆丰闸，除了漕运功能外，二闸一带还因景色优美，成为京城百姓和文人墨客踏青聚会的风景胜地，自古有“北方秦淮”之称。光阴荏苒，春秋更迭，虽然河中已没有了“百船聚泊，千帆竞渡”的景象，但数百年积累下的故事与传说，形成了独具特色的通惠文化（见图 4、图 5）。

1956 年，城内部分的河道全部改为暗沟，而下游则是雨污合流，水质较差。后来，又全部做

图 4 清代沈喻《通惠河漕运图》局部

图 5 清代完颜麟庆《鸿雪因缘图记之二闸修契图》局部

图 6 总平面图——东园

图 7 镜影池

了混凝土硬化，形成了深槽式的河床结构，成为了城区最主要的一条排洪沟。

2.2 结合历史与现代的设计理念

作为周围城市密集区内唯一的生态绿岛和 CBD 的绿色屏障，公园正好处在一个传统与现代的交汇点，中间是八百年历史的漕运河道和众多的文化遗迹，而对面是代表着首都国际化大都市形象的摩天大厦，如建外 SOHO、中央电视台、北京电视台等，地理位置极为特殊与重要。因此，它承担着传承历史文脉，彰显现代都市景观，突出绿色生态，满足大众休闲等各种功能的现代城市滨水开放空间，同时体现出人与自然相互协调，传统与现代交相辉映的特点，设计既真实保留并延续了场地内的历史文化信息，又融入了城市现代风格和现代生活的需求，表达了可持续发展的设计理念（见图 6、图 7）。

2.3 历史元素与现代景观相融合的实践

2.3.1 结合景观功能，恢复河道与人的自然联系和互动

从 20 世纪 60 年代起，通惠河作为城区唯一的排污、排洪的通道，水利部门将河道整体硬化成为了排洪沟，设了 20 年和 50 年一遇的两道 5m 高的重力式混凝土挡墙，完全阻断了河道与城市、与人的交流与联系，这种铜墙铁壁式的水利工程，毫无景观可言，除了日常维护用的巡河路外，没有任何活动空间。因此，设计中最重要的就是改变生硬的竖向结构，以修复被断裂的联系。我们将第二道挡墙整体拆除后，整体向外延伸，形成了三层景观台地，每层平台都拓宽至 10m，增加了滨水活动和停留的区域，最大限度地发挥滨水空间的优势。并沿线设计了 9 个船形眺望台和多个三角形台阶广场，可坐可望，聚会健身；通过恢复古河道可通船和游憩的功能，使城市生活与河流形成交融互动的整体联系（见图 8 ～图 10）。

2.3.2 提炼传统文化元素，作为新的标志和精神载体

“舳舻蔽水，帆樯林立”是当年通惠河留给人的印象，在清代《通惠河漕运图》和《潞河督运图》中也都有所体现，因此，提炼船和帆为设计母题，新诗古意，以现代的材料和新颖的艺术造型，形成本公园独具魅力的景观小品，如波浪形的大通帆涌广场、船形眺望台、船形花坛组合、群帆雕塑、

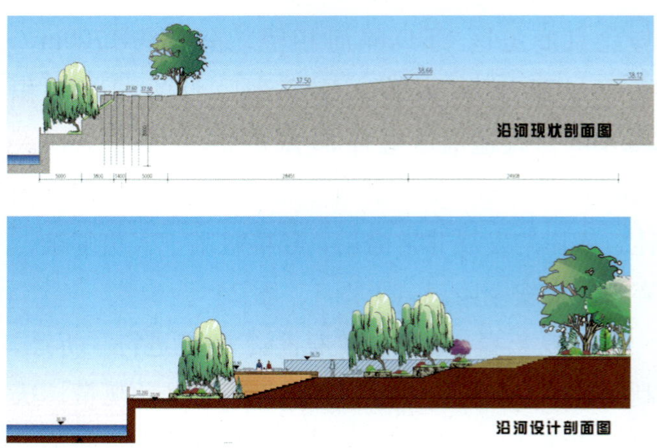

图 8 改造前后的断面图

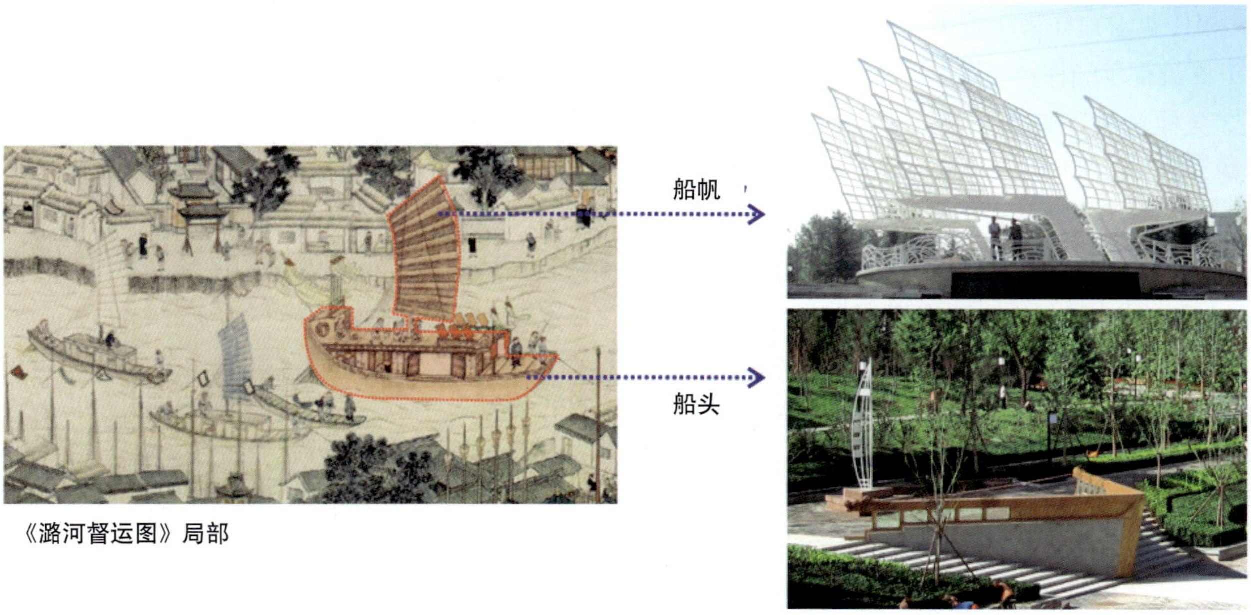

图 11 提炼船、帆的设计语言

图 9 古船新意效果图

图 10 滨水三层错台

图 12 群帆雕塑

图 13 船形眺望台

图 14 船形花坛

图 15 帆灯夜景

帆型灯等，形成视觉的亮点，使公园不仅成为一个生态的场所，同时也是精神和艺术的场所（见图 11 ~图 15）。

2.3.3 挖掘文化遗存，以新视角新思路融入现代园林

自古以来，通惠河沿线，有大量的历史积淀。由八百年前的漕运河道，到近代的城市排洪河，再到现在的文化景观河的变化过程，见证了社会的发展，是北京这座千年古都迈向国际化大都市的这种历史变迁的一个缩影。结合公园的总体布局，点缀和展示体现通惠文化的景点，如京畿秦淮、大通帆涌、庆丰古闸、文槐忆故、二闸诗廊等（见图 16 ~图 19）。

• 提升庆丰古闸的遗址展示功能，通过《二闸修契图》和修建史，图文并茂地了解这段已经逝

去的历史。

● 相传曹雪芹往来于香山与通州之间，时常在现状一株数百年的槐树下，品茶吟诗，以此为据，形成“文槐忆故”景点。原来湮没在民房中的两株古树，在新景观中得到了重视，独树成景，给新建的公园平添了几分古韵的沧桑。

● 二闸诗廊内设有历代描写二闸景色的诗篇，在西园的清代岳家花园本次也一并进行了恢复。灰砖、青瓦、砖饰雕花等等北京的传统建筑元素，结合现代材料被融入景观小品的设计中，符合现代人的审美方式。

2.4 因地制宜，创造多样性的景观

公园的两大景区体现了两种不同的风格，呈现出了多样化的景观形式。滨水景观区与现代城市肌理和风格相协调，是开放的、热闹的气氛，硬质景观是几何形的规则构图形式，追求简洁、明快，植物则以色块和带状树阵为主。而南部的生态休闲区则是相对封闭体现自然、宁静、轻松的氛围，硬质材料是朴野风格的青石板，卵石和大量荒料石的组合，植物也是组团式的自然种植，芦苇掩映，垂柳疏杨，体现出了丰富多彩的季相变化。两区自然的过渡，给人们不同的身心体验（见图 20、图 21）。

2.4.1 滨水景观区

为临河的 40m 区域，首先将原来的第二道混凝土挡墙拆除，形成了三层错台式滨水活动空间，视线开阔，使人们可在不同的高度的平台上亲水、望水和远眺，突出看与被看的互动体验。所有的景点及广场设计处处体现出与对岸 CBD 的景观轴线的延续与呼应，特别是波浪形的大通帆涌广场和高 10m 的新城绮望观景台两处主要节点，所对应的分别是对岸航空集团花园轴线及未来的 CBD 中央公园轴线。沿滨水步道每隔 45m，设一个船形眺望台，可近观漕运河，道感受昔日繁华；远望都市新景，如一幅都市蜃楼的长卷图画，体会古今交汇，感受时代变迁（见图 22 ～图 24）。

2.4.2 生态休闲区

公园南侧以体现绿色生态为主，为 CBD 提供天然的绿谷氧吧。恢复昔日“无限幽栖意，啼鸟自含春”的宁静朴野的环境气氛，营建山谷水溪，环绕丰富的自然景致。一条叠水花溪串联三个花谷分别为樱花谷、海棠谷和丁香谷，“清流萦碧，杂树连青”。沿溪设京畿秦淮、二闸诗廊等多个文化景点，使人们在放松身心的同时，体会当年川晴烟雨似江南般如画的景致（见图 26 ～图 29）。

2.5 以乡土树种体现植物特色

在清代完颜麟庆的著名考古游记《鸿雪因缘图记“二闸修契”》中对这一地区的景象有详细描述：“其二闸一带，清流萦碧，杂树连青，春秋佳日，都人士每往游焉，或泛小舟，或循曲岸，或踏青而入山林。”依此描述，公园植物以突出春、秋两季的植物景观为主，共种植了两万余株的各种花灌木；沿河岸一线，以“柳色绿如烟”的桃柳映岸的春景为主，种植垂柳、立柳、山桃、碧桃、连翘等春花植物，形成 1.7km 长的桃红柳绿的景观长廊；南部则以秋景为主，形成银枫幽谷的特色，种植银杏、白蜡、元宝枫、紫叶李等，形成绚丽的彩叶观赏区。另外，将拆迁后原有民居院中的大树精心保留下来，都被外显和尊重，并设计到景点之中。

3 结语

城市因水而生、因水而兴，滨水地区从来都是城市最活跃的地带。本项目不是单一的景观工程，而是与城市开发、城市经济、社会生活等方面密不可分的综合体。通过设计，赋予了城市新的内涵和新的功能，同时又唤起了人们对数百年来奔流不息的古河道悠久历史的记忆，使这一地区重获新生，又成了一个充满活力，吸引人关注的地方。公园的建成实现了现代商务与历史文化、自然生态的完美结合，重塑了城市形象，是对北京核心经济圈的投资环境的优化和有力补充，随着新一轮 CBD 东扩方案的确定，必将加快实现规划中的“一河十园”的景观建设，在不久的将来，为北京增加一条横贯东西的靓丽的文化景观带。

随着北京世界城市的建设，园林景观的现代化国际化也是社会发展的大势所趋。要创造出真正

图 16 京畿秦淮景点

图 17 文槐忆故景点

图 18 二闸诗廊

图 19 公园次入口

图 20 临河景观

图 21 高差处理

图 22 滨水景观效果图

图 23 大通帆涌广场效果图

图 24 大通帆涌广场实景照片

图 30 绿树掩映的花舟

符合时代的现代景观，必须立足场地的自然条件、文化渊源，结合新理念新方法，创造有地域特色的园林。这就要求我们年轻的设计师，不能只热衷于简单效仿西方现代景观设计，更要了解学习传统的文化历史和造园手法，只有具有文化内涵的景观设计才会拥有真正的生命力。

图 31 古槐树保护

参考文献

[1] 旧都文物略 [M]. 北京：华文出版社，2004 年 1 月 .

浅析城市道路绿化景观设计

孙少婧 黄然 北京市海淀园林工程设计所 北京 100089

摘 要：本文通过本人设计或参与的道路景观设计实例，分析、比较其设计手法、景观效果、生态功能等，总结出一些城市道路绿化应遵循的原则，同时结合原则提出一些设计手法和参考数据，为今后的城市道路绿化景观设计提供一些切实有用的思路和依据。

关键词：城市道路；绿化；景观

城市道路作为城市的骨架，是联系城市各个功能区的纽带，道路空间成为人们生活中重要的活动空间。而城市道路绿地是城市开放空间的主要构景要素、线状要素和柔性元素，城市硬质空间在很大程度上依赖于它的存在而得以软化和美化。

城市道路绿地一般指道路红线范围内的带状绿地，在城市绿化中占较大比例，其服务率和使用率高于任何其它类型绿地，道路绿地在城市生态环境、城市形象塑造和绿地系统组织等方面功能突出，因此对道路景观的探讨具有十分重要的现实意义。

由于受宽度、面积、周边环境等立地条件的限制，城市道路绿化设计依然还存在很多问题和不足，在城市的道路景观设计中如何使道路绿化满足使用功能和生态功能的前提下兼顾景观效益、与整个城市的规划协调统一，并能反映城市的精神面貌是很值得我们思考的问题。由于城市道路景观所涵盖的范围甚广，因此本论文仅通过阐述本人设计或参与的道路景观设计实例，分析、比较其设计手法、景观效果、生态功能等，初步总结出一些原则和方法，为今后的城市道路景观设计提供一些切实有用的思路和依据。

1 具体设计实例介绍及分析

1.1. 彩和坊路

彩和坊路位于中关村西区，是 2005 年至 2007 年中关村西区环境提升工程中的一部分。改造的目的主要是在中关村西区总体规划的指导下，提升该区域的商务环境品质，全面甄别现状环境存在问题并提出针对性的解决方案。

即：对区内二级地块的绿地进行统一规划，确保绿量；提升西区入口区域景观特色、加强识别性；选择“两横、两纵、一弧线”五条主要道路进行改造，增强植物的季节特性，既丰富西区内部道路的景观层次、植物品种，又结合标志增强了各条街道的识别性。彩和坊路就是其中重点改造道路之一。

1.1.1 设计内容

彩和坊路北起西四环中路，南至丹棱街全长 300m，主要改造道路西侧预留的 3.2 ~ 6m 宽绿化带。由于道路外侧为保留的传统四合院建筑，与道路用灰色砖墙进行隔离；道路红线 30m，道路较窄，车行速度较慢。

因此为了突出道路的特点，结合古建筑围墙适当增加微地形处理，应用早园竹、蜀桧、凤尾

作者简介

孙少婧／女／毕业于北京林业大学风景园林专业／海淀区园林工程设计所。

兰、丁香、紫叶李等植物进行错落配植，同时搭配大量草本花卉如紫叶酢浆草、婆婆纳、醉蝶花、彩叶草等丰富绿化景观层次并适当点缀自然山石突出该地区的文化内涵。

1.1.2 设计创意

该项目的特点是在路板较窄，车行速度较慢的道路充分考虑了车行与人行的观赏尺度，在设计中可适当进行近距离的精细植物景观设计，与

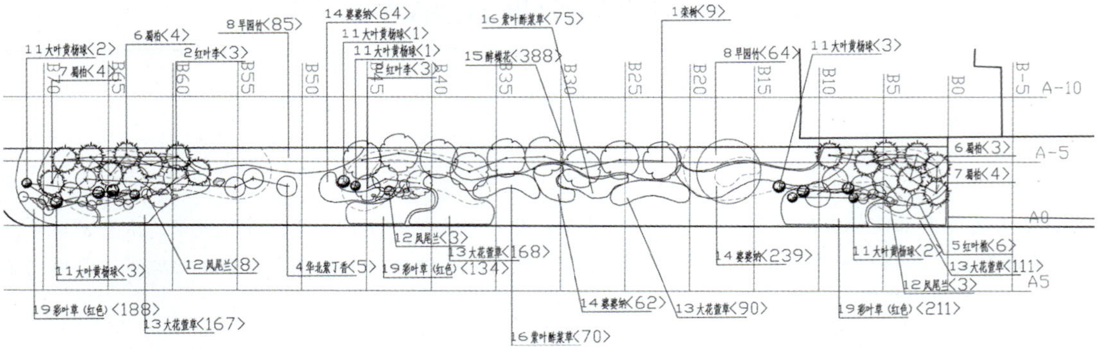

图1 彩和坊路绿化设计局部施工图

改造前

改造后

改造前

改造后

改造后

改造后

图2 彩和坊路改造前后对比

快速通行的道路大尺度绿化形式形成鲜明的对比，突出彩和坊路的特点。

彩和坊路的设计带有一定的实验色彩，之前大量多品种的时令花卉应用于道路景观还是比较少见的，但通过此次工程发现这种设计手法的景观效果还是比较显著的，所以在许多道路也得到了推广和应用，并获得了好评。

1.2 昆明湖东路

昆明湖东路位于海淀区西北部，是连接颐和园及周边地区的干道之一。昆明湖东路道路南起颐和园南如意门北至颐和园新建宫门，西临颐和园及柳浪公园，东靠高尔夫球场。全长约 1360m，中央分车带宽 6m，道路外侧绿地宽 10 ~ 30m 不等，绿化面积 25310m^2。

1.2.1 设计内容

（1）地形处理

现状道路西侧红线外绿地地形高于内侧，故设计中由外侧向道路一侧拉坡作微地形处理，形成内向型的空间关系。

（2）绿化景观

步道外侧绿化带：道路外侧有长势良好的现状白蜡及成型柳树，形成了良好的绿化背景，故在设计中充分结合现状植物，搭配成片的连翘、碧桃等春花植物，及大量的宿根花卉突出道路的春季景观，同时适当种植秋叶树增加道路景观的季相变化。

中心隔离带：以馒头柳、油松、紫叶矮樱为主，成段落种植，使道路有一定的连续性并形成一定的节奏感。

重点路口：局部放宽地段进行精细配置，增加景观变化。

昆明湖东路及二龙闸路绿化景观设计重点在于营造舒适的车行、人行空间；节奏适中的道路绿化景观和简洁自然的环境氛围。

1.2.2 设计创意

（1）道路个性表达与周围大环境的协调：植物突出春秋两季的季相变化与西山旅游区的特点相呼应。

（2）巧于因借。充分利用红线外侧绿地和公园、利用现状大树，内外结合、扬长避短；通过植物组团的配置和布局、透景线的安排、地形处理的结合，使红线内外绿地相融合，厚度增加、绿量加大；现状馒头柳外露，使其成为局部绿化景观的主体，此外高尔夫球场的绿化成为道路绿化的丰厚背景。

（3）突出道路绿化的节奏感，隔离带与外侧绿地通过植物品种变化丰富景观层次，形成连贯完整的植物景观。组团节奏 100 ～ 120m。

（4）留有一定量的草坪面积，为节日和特定要求留有花卉布置的余地。

（5）植物选择易维护及管理的品种：以白蜡、油松、紫叶矮樱、碧桃、沙地柏、马蔺、黑心菊等为主。草坪采用两个品种：阳光充足的地方使用冷季型草，林下使用丹麦草。

昆明湖东路及二龙闸路的绿化建设大大提升了颐和园周边的环境品质，成为海淀区又一条景观特色突出的道路。

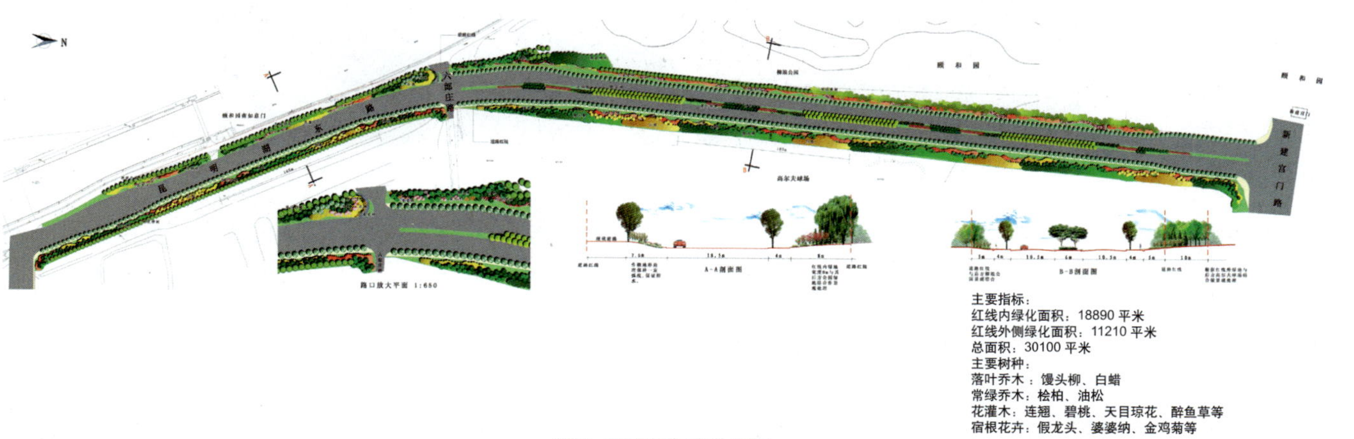

图 3 昆明湖东路总平图

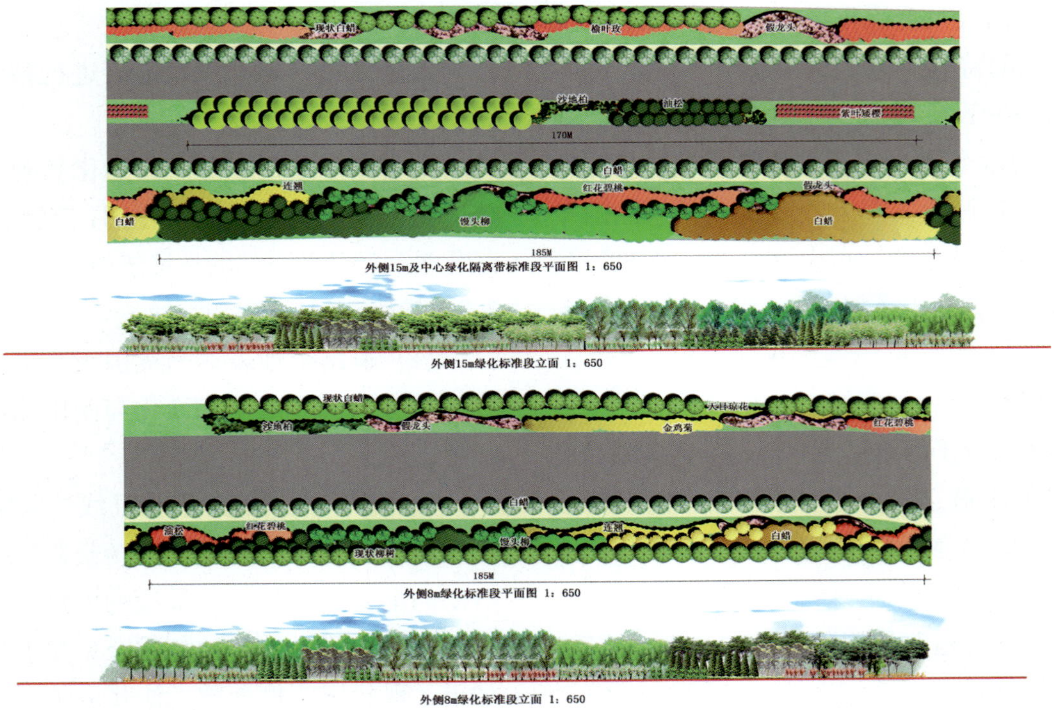

图 4 昆明湖东路标准段平、立面图

图 5 昆明湖东路建成后照片

1.3 清华东路

清华东路带状公园全长2600m，以学院路为界，分为东、西两段。此次道路改扩建是在原有老路基础上向北拓展。原有道路南侧绿地及行道树基本得以保留，其中学院路以西绿地较宽为30～33m，面积4.39hm^2，以东较窄为14～22m，面积2.91hm^2，绿地总面积约7.3hm^2。原有行道树被保留在市政路中心隔离及南侧分车带中。

1.3.1 种植规划原则

恢复学院路的历史记忆，从20世纪50年代起就有的防风林带，因道路变宽使其改变，现在的功能依然是城市带状防护林，是以乔木为主的景观风景林，强调其生态功能。

1.3.2 设计内容

（1）在现有行道树大白蜡的基础上，在南侧步道上继续种植白蜡，3 行白蜡形成秋景林的效果，保持、提升、强化大树秋色的历史特征。

（2）沿街 10m 增加常绿树、花灌木、奥运花卉，丰富街景。

（3）公园内部保留大树，作为整个绿地的生态背景及观赏林，并根据功能场地的不同选择树种形成各具特色的植物景观区域。

（4）南侧根据公建和居住区的不同需求，形成景观透视线和绿化防护遮挡。

（5）适地适树，选择耐荫的植物品种。

（6）带状公园东西两端恢复秋景林。

1.3.3 设计创意

道路绿化带的植物空间特色——连续的绿线、季相的变化。

首先在被侵占的绿地位置（如加油站、路口、道边）周围尽可能地恢复绿化，形成整条道路连续的绿线。同时，保护并利用现状，结合现场杨、槐林，形成的浓荫。全线新增乔木突出秋色，考虑到迎奥运的需要，花灌木及花卉选择则突出夏荫、夏花的特色。

结合城市开放空间与公园绿色空间的划分，在面向市政路的界面重点考虑机动车中快速通过时观赏者的视觉感受，在保留的高大乔木整齐的绿色背景前，增加林缘处复层种植，丰富植物层次。同时，以 200m 为平均间距，采用多层次错落的绿篱，结合色彩鲜艳的花卉形成造型绿化的节点，不断地重复出现，形成节奏。

2 道路绿化设计中的一些基本原则和设计手法

通过分析上述工程实例及多年的道路景观设计经验，初步总结出一些城市道路绿化设计原则及相应的设计手法和数据参考，为今后的城市道路绿化景观设计提供一些切实有用的思路和依据。

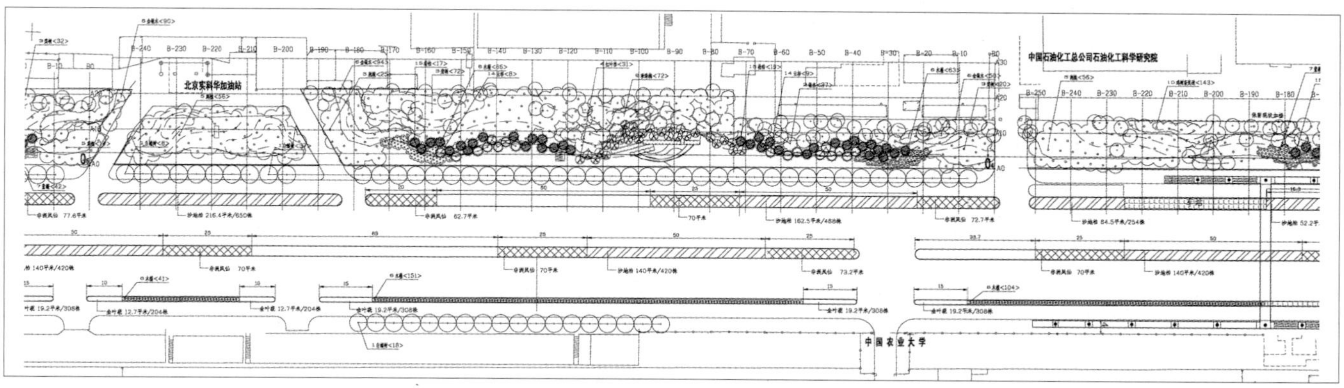

图 6 清华东路局部平面图

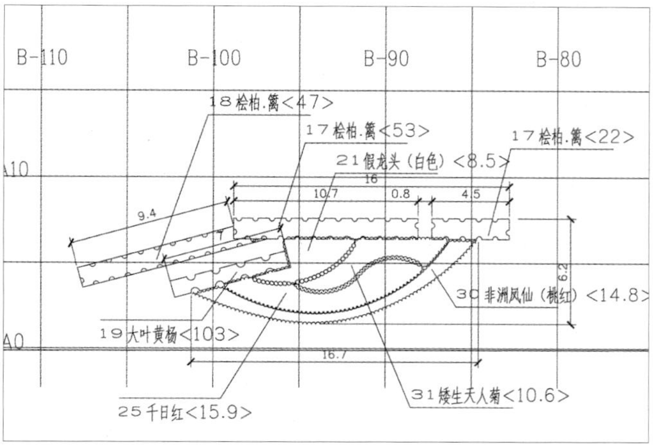

图 7 清华东路节点平面

2.1 以人为本、功能优先原则

人性化城市道路绿化设计，主要是考虑车行其中的安全感及舒适性，一是考虑行车视线的要求；二是在道路路口规定范围内种植的树木不应影响驾驶员的视线通透，以保证安全；三是在有人行道的位置要考虑遮荫，避免使用易产生污染物或对人体有害的植物种类等，从而达到通过绿化设计，使城市道路变成一个充满人情味、生活气息和美感的环境空间。

图 8 清华东路改造后照片

2.2 植物多样、生态环保原则

城市道路绿地是城市绿地系统的重要组成部分，由于其线型空间的特点在城市生态系统中起到廊道的作用，单一树种和大面积草坪的绿化形式已不能满足城市道路绿化建设对生态和环保方面的要求，过分强调绿化的形式而不注重功能，已成为当前城市道路绿化的误区。因此应用乔、灌、草复层种植形式，增加道路绿量，提高植物多样性是道路景观设计应关注的重点。同时滤尘、降噪、吸附有害气体也是道路绿化的主要功能之一。

据北京市环境保护研究所的研究：

(1) 抗二氧化硫强的植物：桧柏、侧柏、白皮松、云杉、香柏、臭椿、槐、刺槐、加杨、毛白杨、马氏杨、柳属、柿、君迁子、核桃、山桃、褐梨、小叶白蜡、白蜡、北京丁香、火炬树、紫薇、银杏、栾树、悬铃木、华北卫矛、胡颓子、桂香柳等。

(2) 抗氯气强的植物：桧柏、侧柏、白皮松、皂角、刺槐、银杏、毛白杨、加杨、接骨木、臭椿、山桃、枣、欧洲绣球、合欢等。

(3) 抗氟化氢强的植物：白皮松、桧柏、侧柏、银杏、构树、胡颓子、悬铃木、槐、臭椿、龙爪槐、垂柳、泡桐、紫薇、紫穗槐、连翘、朝鲜忍冬，金银花、小檗、丁香等。

(4) 抗汞污染的植物：刺槐、槐、毛白杨、垂柳、桂香柳、文冠果、小叶女贞、连翘、丁香、紫藤、木槿、欧洲绣球、榆叶梅、山楂、接骨木、金银花、大叶黄杨、小叶黄杨、海州常山、美国凌霄、常春藤、地锦、五叶地锦、含羞草等。

2.3 因地制宜、适地适树原则

城市道路绿地依附于道路结构，所以多为线性分布，受道路断面形式、宽度、各种管线等条件和周边环境影响较明显。因此在植物栽植时应注意道路沿线的原有植物、地形地貌、市政管线、周边建筑等因素，选择适合的种植方式和植物品种，以达到理想的绿化效果。

如清华东路绿化带原有落乔已栽植多年，已形成较好的林荫效果，但缺少常绿、灌木等中层植物，所以在栽植中要考虑新增植物的耐阴性，避免种植喜光品种。

2.4 融合自然、突出美观原则

道路是城市对外展现自身形象和实力的重要空间，通过行车、走路让人了解一个城市的自然风貌和人文特色。因此城市道路绿化设计应在满足绿化功能的前提下，充分应用各种艺术设计手法，融合周边自然环境，把城市道路变成一条景观优美的视觉走廊。

(1) 变化与统一

道路绿化设计时，树种、树形、色彩、线条、质地及比例都要有一定的差异和变化，保证植物的多样性，但树种之间又要保持一定的相似性（如树形、色彩等），这样既富有变化，又和谐统一。道路绿化可以运用重复的方法体现植物景观的统一感，如等距离栽植同种、同规格的行道树，来保持整条道路绿化的统一性；除行道树之外，在不同地段可以配植大小、高矮、形状、色彩等不同的植物，以达到植物景观的丰富变化。

对于较长的道路，在重要路口可设置一景观节点，通过节点的特殊处理，可以是空间上的变化，也可以是植物品种的变化，使比较平淡的道路景观更加多样，道路使用者的感受更加丰富。

（2）协调和对比

道路绿化设计时要注意植物间的相互联系与配合，可以利用植物间的近似性和一致性配植在一起产生协调感，创造一种柔和、平静、舒适和愉悦的环境。也可以利用植物间形态、色彩等不同，产生对比效果来突出主题或引人注目，比如在以大量绿色植物为背景时，栽植几株彩叶树如紫叶李等，可以产生万绿丛中一点红的景观效果。

（3）韵律和节奏

城市道路是一个比较狭长的空间，绿化设计时使一些特殊图案、色彩、树种等反复出现，这些重复的景观给通过的车辆或行人产生一种韵律感和节奏感。人行步道外侧绿化设计，可以通过树木高低和疏密的变化，创造丰富的林冠线和林缘线，给人以一种动态的韵律美。

道路景观中，人们感受垂直于道路方向的变化要明显于平行道路方向，而且标准段距离与道路限速有一定联系。比如，车速 80km/h 的道路中心隔离带的标准段变化在 60 ～ 100m 为宜，适宜车行的观赏尺度。步道外侧绿化带在保证比较完整的绿化背景的前提下可根据步道宽度及通行量的大小适当缩短标准段的长度，增加一些变化，以适应行人的观赏尺度。芦原义信在提出“外部空间模数”，认为在城市道路绿地景观设计中大约 25m 左右距离形成一个较为有序的城市道路绿地景观，能使城市道路绿地景观出现在视觉范围内。这一数值可作为参考。

（4）巧于因借、障透结合

根据道路所经过城市空间景观状况的不同，可以结合植物配植的高矮、层次和疏密度的不同，达到障景或透景的目的。确定并控制透视线，强化城市历史文脉及其周边特色景观风貌建设，并注重城市的空间环境特色和适宜的比例尺度，遵循“俗则屏之，佳则显之”的原则以展现城市美景。如昆明湖东路在设计中就借鉴了道路外侧公园与高尔夫球场的馒头柳作背景，使本身较为狭窄的道路绿化更有层次和厚度。

3 结语

正如雅各布斯在《伟大的街道》一书中所说，一条良好的街道必须包括易达性、汇集人流活动的能力、公共性、宜居性、安全性、舒适性，还有鼓励居民参与并承担社会职责的能力。而要成为伟大的街道，行道树及相应的街道绿化景观是必不可少的。

道路绿化表现了一定时期的生产力水平和人的愿望。社会在进步，人的审美观念在不断变化。道路绿化作为城市中的主要组成部分，在现代城市建设中的作用日益突出，道路绿化也直接关系到一个城市的精神内涵，因此，城市的道路绿化应作为城市建设的一个重点问题，相信只要我们能在这个问题上多努力，我国的城市道路建设将出现新的面貌，城市景观将得以发展，城市内涵也会得到提升。

参考文献

[1] 城市道路绿化规划与设计规范 CJJ75—97.

[2] 城市道路设计规范 .CJJ037—90.

[3] 芦原义信 . 街道的美学 . 天津：百花文艺出版社，2006.

[4] 阿兰 .B. 雅各布斯 . 伟大的街道 . 北京：中国建筑工业出版社，2009.

[5] 陈秀梅 . 城市道路绿化设计探讨 . 中国园林，1997，(4):55.

[6] 苏雪痕 . 植物造景 . 北京：中国林业出版社，1994.

[7] 曹灿景 . 论城市道路绿化设计应遵循的原则 . 山东林业科技，2006(2).

浅谈园林工程项目中的现场设计

——以北京市昌平区东小口镇太平郊野公园为例

夏康　北京景观园林设计有限公司 北京 100029

摘　要： 本文以北京市昌平区东小口镇太平郊野公园为例，探讨如何通过现场设计控制整个项目，在整体资源有限、现场环境复杂的情况下，充分结合现状环境，基于设计图纸的基础之上，对竖向地形、铺装、种植、小品等进行合理而有序的调整和控制，从而建成良好的园林景观，为城市居民以及游人创造出布局合理、功能齐全、生态和谐、环境优美的绿色休闲空间。

关键词： 园林；现场设计；景观效果；北京；郊野公园

随着2008北京奥运会的圆满召开，北京园林建设事业进入了一个崭新的时期，城市的绿色环境得到全面的提升，而如今，北京更确定了建设世界城市的目标。城市的良好发展为北京园林带来的不仅是一个个优质的精品项目，更带来了建设优秀园林景观的成功经验。这些经验中包含设计、施工、管理等不同的环节。纵观一个园林工程项目，现场设计是协调这些阶段的一条纽带，作为园林工程项目中的重要组成部分，它从古至今都是园林建设者们反复思考和讨论的话题。根据北京城市总体规划，由2007年起启动了绿化隔离地区“郊野公园环”建设，郊野公园已成为北京园林绿地大家庭中新兴的一员。郊野公园现状以林为主，设计突出城郊、野趣的氛围，园区中功能齐全，是居民和游人休憩、娱乐的绿色场所。一般来说，郊野公园项目面积较大，单位成本较低，因此在资金相对有限、环境复杂的情况下，要达到方案设计的景观效果，现场设计显得尤为重要。

1 现场设计的理论

1.1 现场设计的概念

现场设计，俗称二次设计，指在工程建设过程中，针对现场不确定的因素及图纸未能表达的内容进行深化设计。由于园林工程项目中场地环境复杂，尺寸范围大，内容要素多，施工水平参差不齐等诸多原因，需要现场设计为施工方理解设计意图、建设出良好的景观效果发挥作用，具体涉及到空间形态、广场尺寸、铺装材质以及植物色彩等内容要素。合理的现场设计为成就精品园林工程项目起到了至关重要的作用。

1.2 现场设计的起因

1.2.1 项目周期紧，须各项目阶段协调配合

在经济高速发展的今天，工程建设项目众多，工程周期通常较短，业主要求在最短的时间内建成最佳的效果，因此这需要设计方与施工方多方

作者简介

夏康／男／1982年生／毕业于北京林业大学园林学院园林专业，本科／北京景观园林设计有限公司，工程师。

面配合。在实际经验中的情况是短期内设计图纸不能满足工程要求，因此现场设计在项目建设过程中产生巨大作用。

1.2.2 现场勘测数据不够详实，设计与现状有所冲突

当设计方得到的现场勘测数据不够详实和准确时，就需要设计师多次去现场考察，但得到的现场数据不足以弥补设计与实际现状的冲突。如竖向地形的高差、现状树的位置以及基地土质的优劣等。实践中这些问题往往需要现场设计来提供解决方案。

1.2.3 现场状况的变化

1.2.3.1 地形的变化

由于自然或人为原因，原有测量图上的高程值与现场实际情况不符，使得设计师需要根据具体的现场进行分析，制定合理的竖向解决方案，并且选择的材料以及设计成果须满足规范。

1.2.3.2 现状的树木变化

多数园林工程项目，尤其是郊野公园多是在数年前的林地基础上进行改建的。随着时间的推移，现场的植被或增或减，有可能被砍伐亦有可能增植。周期长的项目中，有的快生树种初期的处理方案是要被伐移的，在快速的成长之后可能会成为良好的背景树。若密度过大，仍需间伐。

1.2.3.3 现场设施的变更

在建设过程中，现场在有多方单位同时出现的情况下，现场设施很可能出现变更，并且是永久性的。比如红线边架设了新的电力、通讯类缆线，或铺设管线等对项目的周边区域甚至是入口区产生重大影响。

1.2.4 施工过程的具体问题

1.2.4.1 材料问题

由于种种原因，市场上无法找到设计的材料，因此不得不通过现场设计重新选择。例如2008年奥运工程中，需要大量夏季开花的植物。乔木中的栾树市场短缺，许多工地无法按设计备苗。

1.2.4.2 经济问题

随着项目的开展，建设时的材料市场价格高于工程预算时的价格。如500mm×250mm×80mm等规格透水砖的价格增幅较高，现场设计时改为400mm×200mm×80mm，并按模数调整了铺装边界范围。

1.2.4.3 施工技术水平

施工过程中，有些施工队的技术水平不能满足合格的景观效果要求，尤其以一些工艺要求比较高的工程。如石材加工、雕塑和喷泉等，这些需要专业厂家现场采集数据，进行现场优化设计。

1.3 现场设计的作用

1.3.1 现场设计为园林工程项目实现良好的景观效果发挥了实质性的作用

园林是一门综合的学科，园林工程项目旨在为人们创造适用美观的环境和空间，因此细节决定成败。不论大景观效果还是小景观细节，现场设计作为监督景观建成效果、提升品质和提供解决方案都发挥了实质意义的作用。

1.3.2 现场设计是在项目建设工程中沟通交流的桥梁

项目建设工程中，由设计到施工，现场设计提供了良好的沟通及协调平台，在这个过程中，现场设计与建设方讨论如何将设计思路和现场建设有机结合，帮助施工方理解设计意图，描绘景观效果，并且从宏观到微观监督建设过程。

1.3.3 现场设计使得园林工程项目管理更加具有科学性、合理性

现场设计是设计图纸与工程建设实践相结合的成果，在项目的实施过程中，能够解决很多技术难题。它使得建设的过程与现场环境紧密结合，更加科学化；同时也让设计与施工的结合更加合理。

1.4 园林工程项目现场设计师需要具备的素质

园林工程项目现场设计师需要具备良好的场地空间感，风景画面感，并且熟悉工程技术以及验收规范，有协调项目整体的能力。

2 园林工程项目现场设计的内容

园林工程项目施工开始后，设计单位应派驻设计代表到施工现场进行施工景观效果的监督，此过程中，现场往往会出现很多问题，因此设计师须通过现场设计进行指导，使项目建成的景观效果达到最佳。现场设计包括如下若干内容：

2.1 竖向现场设计

2.1.1 地形现场设计

地形包括自然场地、台地等。在施工过程中，土方工程是园林工程项目中至关重要且耗费资金较多的一项。在施工图提供详细的高程点位前提下，现场设计师应帮助施工方顺利的完成场地平整工作，力求比较接近于设计的效果。

2.1.2 竖向设施设计

根据现场竖向的变化，需要设置台阶、挡土墙以及竖向装饰等设施。

台阶：室外台阶单元踢面高度多用 100 ~ 150mm，踏面多用 350 ~ 600mm，现场设计根据台阶周围环境的高宽比，视距的进深，可对尺寸进行微调，力求游人舒适。

挡土墙：根据项目的风格定位挡土墙应选用不同的材质。如自然式园林中多用浆砌毛石，其材质表现为自然稳重，现场设计须对其厚度、立面走向要有严谨的控制。

竖向装饰：山石、攀缘植物常见于自然地形场地，其施工对现场设计要求甚高。现场设计根据地形的走向，周围环境的变化指导施工方布设山石、种植攀缘植物等装饰材料。

2.2 铺装现场设计

2.2.1 园路铺装现场设计

园路是园林中必不可少的要素。合理的园路交通可增加园区景点的便利可达性、游览的趣味性以及整体规划的统一性。园路的现场设计在设计图纸的基础上，对现场放线的精确度以及铺装的纹理有更精细的要求。园路在与现状的设施、种植冲突时，应注意避让，曲线的园路现场设计根据实际情况调整弧度，力求园路的自然流畅。而园路铺装设计在设计图纸中多表现为设计标准段，实际在工程操作中，在道路转角处的铺装通常无法按原设计处理，需要现场根据实际情况进行现场设计。

2.2.2 广场铺装现场设计

广场是园林中游人聚集停留、休憩娱乐的节点，其形式尤为重要。广场的铺装材料种类的多与少会影响工程的整体效果，种类少就效果单调，多则采购难度大且施工过程复杂。从项目的实际情况出发，合理选择铺装材料是实现景观效果的重要环节。

对于规则式广场，铺装材料的接缝、图案的分割往往与园区轴线有关，施工时，现场设计师应指导施工方根据轴线关系确定放线方式。对于具体铺装样式，应在设计图纸的基础上以常用材料为主，选择质感舒适的铺装材料，如透水砖、花岗岩；重要节点点缀小尺寸的材质，起到点睛作用，如雨花石、板岩碎拼、马赛克等。在细节方面，注意不同颜色的排列以及不同材质之间的联系，与园路、种植场地的交接等，尽量少切砖，避免耗材，既达到良好的景观效果，又节省造价。

2.3 种植现场设计

2.3.1 现状树伐移

设计图纸中对现状树伐移的表述仅是一个大概念范围，在具体现场设计时应根据实际情况，尤其重点景观节点采用合适的处理手法。对有病虫害、长势弱的树木应予以伐移，而有些树姿优美、造型独特的现状树，可根据实际情况予以保留。

2.3.2 树种选择

以乡土树种为主，做到适地适树。在了解项目所在地的地理特征，气候特征等条件，并对现场周边的绿化树种进行考察后，严谨的选择植物栽植品种。根据现场具体情况调整树种，如现状大树北侧 10m 内应尽量保证是耐荫树种等。

2.3.3 种植形式

种植设计图纸中对种植形式有了明确的布局设计，现场设计中应注意每一个树点在现场放线落位、乔灌草的层次、常绿树与落叶树的位置关系、立面的树形变化以及地被的轮廓等。

2.3.4 栽植规格

设计图纸中对植物规格往往是界定一个范围，如乔木胸径为 13 ~ 15cm，现场设计中同一植物组团应将规格相对较大树形较好的苗木设置于景观处，发挥其最大的景观效能。

2.4 其他现场设计

除了常规设计内容，园林工程项目还有很多

需要现场二次设计的专业内容。包括喷泉水景、成品雕塑、体育游乐设施等。这些内容在施工图设计阶段由设计人员以书面形式提供给甲方、施工方，让他们有足够的时间进行采购、洽谈。专业设计队伍对现场采集足够数据，现场二次设计时设计人员进行监督，确保优良的工程质量和景观效果。

3 北京园林工程项目现场设计实践

（以北京市昌平区东小口镇太平郊野公园为例）

3.1 项目概况

东小口太平郊野公园位于北京市昌平区东小口镇，项目总占地面积 $72.33hm^2$。项目位于北京市规划中轴路延长线以东，兰太路南侧，单村东侧。周边有太平家园、天通苑等大中型居住社区。紧邻园区南侧是地铁 13 号线，离园区最东段不到 600m 处是地铁 5 号线。交通便捷，可达性强。场地现状植被以速生杨和柳树类为主，有少量桧柏，品种较为单一，疏密度差别较大。

3.2 设计思路

根据《北京绿化隔离地区公园环昌平段建设规划》，太平公园是城市周边的自然休憩之地，附近居民的健身休憩之所。定位为区域公园。是以服务于周边区域居民日常及周末休闲为主的综合性公园。以满足周边群众户外运动、康体、休闲活动为主要功能特点。

由于郊野公园的自身特点，太平公园在设计中始终以突出自然、生态的风格为主，尽量不出现城市化的空间节点、过于精致花哨的硬质材料、超大规格的苗木等。重在突出郊野的氛围与意境，为周围居民以及游人创造舒适宜人的环境。并以“太平花”点题，寓意健康、平安、和谐。

图 1 太平公园概念方案平面图

3.3 现场设计实践

3.3.1 竖向

由于园区现状地势平坦，空间垂直郁闭度低，因此为营造自然景观，在林地边缘，现状树稀少的地方设置了微地形，高差在 0.6 ～ 1.5m。现场设计中在管理用房与停车场节点周围，利用建筑工程挖地基的土方堆设了高度在 3m 以下的微地形，并实现土方平衡。

3.3.2 广场

园区广场铺装节点较多，最重要的节点在主入口轴线处。根据设计概念，从北向南有两个连续的主要节点。其中入口节点处的半圆形通道架设有通讯缆线。为避让该市政设施，并满足入口尺度的要求，现场设计增加了半圆形通道弧线的弧度，并对弧顶处的铺装的重新进行了排砖设计，使用正席纹行排砖与卵石弧形透水砖边界结合，使之和谐统一。

3.3.3 园路

太平公园园路设计分为 4m（一级路）、2.5m（二级路）、1.2m（三级路）三种宽度。现场设计中对园路的放线进行严格的监督，保证每一道弧线自然流畅。

园路铺装设计方面，一级园路满足主要车行功能，颜色处理便比较简约，以灰色系为主。二级园路铺装颜色加入红、黄色进行点缀。现场设计时，根据场地周围的植物色系进行对照，使铺装颜色与植物颜色统一。同时，为保证铺装形式流畅，铺砖方式也根据周围环境进行调整，如在透水砖错缝平铺的园路在转弯处，将原设计 300mm 宽的卵石条带调整为 300 ～ 600mm 宽的扇形条带以保证透水砖铺装与道牙垂直。

3.3.4 种植

3.3.4.1 现状植物的协调

由于太平郊野公园园区现状植物数量较多，

图 2 入口广场铺装

图 3 一级园路

图 4 二级园路

图 5 三级园路

图 6 园路分隔条的处理

图 7 广场铺装交接的处理

图 8 现状植物与大广场的协调

图 9 现状植物与小广场的协调

图 10 现状植物与道路的协调

图 11 运动广场节点种植

具体树种以速生杨、柳树为主，勘测阶段只对其大致的范围位置进行了界定，因此对于现状植物的处理必须具有统筹的规划考虑。在智力竞技空间等大型铺装广场周围，高大的现状植物予以保留作为良好的绿色背景，而广场区域内保留良好的现状大树，增设树池座凳，形成林下空间。在棋牌空间等小型林下广场中，只伐移少量的现状植物，使林下小铺装深入林中。

根据现状树轮廓需对太平公园的新增植物进行了微调，如现状林缘线凹处种植树形相补充的落叶乔木，如速生杨搭配垂柳，并点缀松类，现状柳前则种植槐类、白蜡等并点缀柏类；林缘线突出的部分少栽大乔木，种植小乔木与花灌木等使得植物层次在近距离内有所变化。

3.3.4.2 节点的规划

在林间空地和道路交叉口增加常绿树和开花灌木，形成层次丰富、三季有花的景观效果。现场设计中对于具体的节点景观，在保证四季常青的前提下，使各节点各有特色，如入口区保证四季均衡，下沉广场节点以春夏为主，儿童活动区域展现秋景，智力竞技空间以常绿冬姿为特色。

3.3.4.3 层次的控制

在太平公园的现场设计中，针对不同的区域，不同的视觉感受，现场设计师对层次设计做了分析。如入口区范围较大，视觉画面横向距离感较长，因此种植区域尺度比较厚。其中乔木树姿上有所变化，而灌木高度上有所错落，并且点缀以彩叶树种。而在视线狭长的局域，如观赏游览区，园路两侧 5m 内便有现状大树，视觉纵深感较强，因此在层次上选用小乔木配花灌木，如白玉兰、紫叶李结合碧桃、紫薇等。

3.3.4.4 特色植物的处理

特色植物主要包括常绿树、彩叶树以及地被。现场设计中根据不同的区域对常绿树进行了微调。

图 12 休闲区节点种植

图 13 种植层次的示意

图 14 地被种植

图 16 常绿树组团

图 15 地被种植

大尺度的空间，如入口区域需要较多的常绿树来构成四季长青的景观。此外在广场节点、主要道路转角处，保证新植小乔木或灌木的后方有若干常绿树作背景。彩叶树种的处理原则与常绿树一致，由于数量较少，因此现场设计中将彩叶树调整至较为重要的节点，如入口区等，在保证层次分明的同时，增加色彩营造丰富的植物景观。地被的处理主要是针对其轮廓线。根据乔灌木的边缘对地被的轮廓现场设计，保证乔灌地被三层协调。

3.3.5 其他

除了以上要素，园区的小品设计也是现场设计要点如避雨亭施工之时，施工方使用的油毡瓦材料过于粗糙，现场设计调整为长木板横铺，使得亭子整体材质更加统一；入口景石由厂家提供样品照片，建设方与设计方一同讨论后确定；指示牌、成品坐凳，健身器材等在设计示意图的基础上，根据厂家提供的样品进行了选择，并且在样品安装肯定效果之后批量施工。

4 结语

综上所述，园林作为一门科学、艺术相融的专业，为人们创造了适用、美观的景观。在实现这些具有社会意义，生态效应的诸多工程项目中，现场设计为控制景观效果、解决技术难题、处理协调问题上发挥了重要而积极的作用。而在现场设计的过程中，建设单位、设计单位、施工单位、监理单位统一管理全面合作，为实现良好的景观效果而努力。不同的园林工程项目会产生不同的问题。因此园林工程项目现场设计是个值得探讨和总结的话题，需要园林的建设者在发展中与时俱进。

景观种植设计中缀花草坪的设计要点

由远晖 北京市京华园林工程设计所 北京 100093

摘 要： 缀花草坪在园林中的应用受到越来越多的园林设计师们的重视。通过对自然环境的观察分析，结合花卉与禾本科草坪的生态学和景观特点，总结出在种植设计中缀花草坪设计的若干原则和方法。

关键词： 缀花草坪；种植设计

缀花草坪也称为野花组合，起源于西方草坪业发展较早的国家。它以禾本科草本植物为主，配以一二年生及多年生宿根观花植物，形成缀花草坪。根据园林规划设计的形式，缀花草坪不受空间尺度大小约束，多采用自然形式，依附自然地形的连绵起伏、河流两岸的蜿蜒，创造原野草地的野趣与风光。

1 缀花草坪的优点

缀花草坪因为有多种多年生及一二年生花卉的参与，因此与单纯的禾本科草坪相比具有花卉强健的生态适应性和抗逆性的特点。自然界没有整个生长季都花开不断的花卉品种，但是混合了多种花卉的野花组合则能春、夏、秋三季开花，气候温暖的地区还可以四季开花。在园林绿化施工中，栽种缀花草坪相对来说省时省工，并且对土壤的要求不高，需水量要比禾本科草坪少，后期的养护管理也比较粗放。因此，缀花草坪亦受到广大风景园林设计师的青睐，是极具应用价值的园林景观形式。

2 缀花草坪的分类及相应花卉组合选择的基本要求

缀花草坪根据花量的大小、花卉的高度、养护的程度等条件可以有多种分类方式，本文从风景园林设计师的设计角度出发，按照使用目的分为以下三类：

2.1 城市型缀花草坪

该类型的缀花草坪所选用的花卉组合的高度应该相似，控制在 20 ~ 40cm 为宜，因此具有整齐而不失活泼的特点。适合用在城市公共绿地，公园林下绿地、居住区绿地和公共建筑周围绿地。花卉色彩的搭配可以根据用地性质的不同、建筑立面的要求及周边环境的影响而采用同色系搭配、双色系搭配和混合色系搭配等多种形式。

2.2 花园型缀花草坪

该类型的缀花草坪所选用的花卉组合可高矮不同，但不应差异变化太大，高度适宜控制在 30 ~ 60cm。这一类型的花卉选择范围最广，色彩也最为丰富，因此根据设计师的要求和实际环境，可以搭配出多种多样的组合。该型适合用于花园、生态型公园、自然恢复地块、城乡接合部的待建设空地、城镇郊区的“四旁”绿地等。就北方地区来说，在花卉选用上应注意选择耐旱耐寒性强、生命旺盛、对环境要求不严格、后期养护管理较为粗放的品种。

作者简介

由远晖／女／1977 年生／华中农业大学毕业／北京市京华园林工程设计所，工程师。

2.3 郊野型缀花草坪

乡土的野生花卉不仅具有一定的观赏价值，还具有较强的抗逆性，并具有栽培简单、管理粗放的优点。是进行节约型园林建设的优良植物材料。因此利用当地的乡土花卉形成的郊野型缀花草坪是值得我们尝试并推广的种植形式。该类型的缀花草坪适合用于恢复被破坏的山体坡地、河床河堤两侧、生态保全区、郊野型公园等。如何将野生花卉逐步地运用到园林中园林绿化工作者还在不断的探索中。目前已经被大家认可可以广泛应用在缀花草坪中的野生花卉有三叶草、小冠花、马蔺、苜蓿、二月蓝、点地梅、紫花地丁、蛇莓、蒲公英、野豌豆、委陵菜、地榆、石沙参等。

3 设计师应掌握的缀花草坪混合原则

3.1 生态原则

缀花草坪花种组合的选择是以气候条件（降雨量、温度、湿度以及海拔）为基础的。组合中的大多数品种对于不同的土壤类型、气候条件以及海拔高度都应具有较高适应性[1]。设计师应对设计目标周边的气候环境、地形、土壤、水文与排水以及乡土植物进行深入的了解后，以科学严谨的态度选择对应生态习性的花卉组合。这样才能保证施工实践后，最大程度的实现设计师对缀花草坪的预期景观效果。

3.2 模拟自然

在万能的大自然中，野花往往都是生长在草坡、沟边、池畔、林缘、道旁等处。依靠种子自播繁衍的一二年生花卉在其生长季的中后期果实成熟时，种子脱落或崩离母体后，会自然地散落在母株的周围。多年生宿根花卉普遍通过根蘖自播，几个生长季过后在草坪中会形成自然的植株斑块。因此设计师在种植设计中要求种植形式时要模仿花卉自播繁衍的自然模式，花卉分布应有疏有密，自然错落，切忌将花卉组合的分布设计为等距离或成行成列的成品模式、人工模式，违背了设计缀花草坪的初衷。

3.3 色彩选择

在缀花草坪设计中对于花卉组合的色彩选择首先取决于设计目标周边的自然环境和建筑环境已经定下的色彩基调。通常缀花草坪作为烘托主景的配景时，只有在寻求色彩变化的同时注意与环境中的主色调协调一致，才能够最直观的展现缀花草坪的存在价值。其次，风景园林设计师想引起观赏者何种感情或情绪上的变化，也是缀花草坪花卉组合色彩选择的另一个重要因素。象征主义的色彩学家认为：在现实世界之外存在另一个“真的”“美的”世界，色彩构成的目的在于暗示“另一个世界”[2]。这种感情效果是通过色相、明度、彩度的生理刺激完成的。通常，红、黄红、红紫色起兴奋作用；黄绿、绿紫色起温和作用；蓝、蓝绿、蓝紫色起温和作用。明度大于7时起兴奋作用；5～6时起温和作用；小于4时起镇静作用。彩度高时人易兴奋；低时容易平静[3]。

3.4 缀花草坪的播种密度

播种密度是草种与花种的配比问题。这个配比没有定值，因此设计师可以在合理的范围值内根据自己所希望达到的景观效果来灵活确定（详见表1）。在实际操作中，缀花草坪的种植密度通常都是以 g/m^2 为单位的。但是风景园林设计师不是园艺师，在进行种植设计中，知识水平的限制可能致使设计师不能够准确地标注出播种密度。因此在设计时，设计师一定要标注清楚草坪和花卉组合所各占的比例，施工实施人员可以根据设计师的设计意图对种植密度进行计算换算。当设计师对种植形式有特殊设计时，一定要进行图纸示例，让施工人员一目了然设计师试图实现的景观效果。

表1 缀花草坪的播种密度

	草坪所占比例 (%)	花卉所占比例 (%)	播种密度 (g/m^2)
纯野花组合的缀花草坪	0	100	2.0～2.5
以花卉组合为主的缀花草坪	50～60	40～50	1.5
以草坪为主的缀花草坪	70～80	20～30	0.6

3.5 草种选择

缀花草坪中色彩斑斓的花卉是以禾本科草坪为依托的，因此对于草种的选择非常重要。从性状角度讲，应该选择根系发达、适宜粗放管理、绿期尽量长且低矮的品种。值得一提的是，应该选择返绿期稍晚于草本花卉发芽期的品种，以免影响花卉的萌芽；避免选择生长过快的品种，否则会对花卉组合的生长产生抑制作用，致使缀花草坪的景观效果不能达到最佳效果。在北方地区建议使用本地的乡土草种，如：野牛草、大羊胡子草、小羊胡子草、结缕草等品种。

4 设计说明中关于缀花草坪的特别说明

为了保证缀花草坪在建植后能够长期的保持设计师所希望的理想设计效果，我们通常要在种植设计说明书中提出一些技术要求。主要的要求有：

4.1 土壤要求

虽然大部分花卉对土壤的要求并不是很高，但是在栽植时施入大量有机肥料能够维持良好的土壤结构，对保持缀花草坪的景观效果具有重要作用。因此，在工程地点土壤条件不够良好的情况下，在设计说明书中设计者都应该提出根据土壤的实际情况不同程度的更换种植土。

4.2 后期的养护要求

疏花。大多数草本花卉的花开始退色时最好进行疏花处理，除非植物长出装饰性的花头或需要种子繁殖后代。疏花能够防止植株因为产生种子而消耗能量，从而促进新营养体的生长，使植株生长健壮，有利于下年更好的开花[4]。

修剪。对于宿根花卉来说，在每年花期到来前进行修剪，可以很好的控制开花的高度，同时还能够将花期后延。通过这样的技术处理，可以控制缀花草坪的最佳观赏季，满足节日观赏的需求。

秋季清理。秋季一旦多年生花卉完成开花，必须从基部剪除植株的所有地上部分，并清除所有已死或褪色的叶片和茎秆，并清理残留杂草，保持地面的整洁。北京地区，植株不耐寒的情况下，应原地保留地上部分至春初，因为这样可为休眠的地下部分提供一些抗冻的保护。一些多年生花卉如：八宝景天、落新妇和许多禾本科植物，其叶片和花头在冬季枯黄后仍然很迷人，这样的叶片和花头可保留过冬，但要在春季生长季节到来前进行清除[4]。

4.3 更新

有些花卉经过 2 ~ 3 年的自然生长后，会出现败育及退化的现象。因此要根据实际情况和设计要求进行花卉的补种或更新。

5 结语

缀花草坪目前在我国的园林绿化中应用还不够广泛，主要原因在于野花组合技术是欧洲的泊来品，在国内的研究也只是近几年才开始，技术支持的不成熟是缀花草坪尚不能快速推广的原因。另外设计师对于缀花草坪的认识不够深入，对花卉知识没有熟练掌握，对于花卉的选择与配比不知从何入手，因此不能得心应手的应用在园林设计之中。

作为风景园林设计师，应该平时注意收集自然生态环境下的缀花草坪的品种组成与配比情况，在进行设计中便可以灵活的模拟自然，以达到更好的景观效果。同时，设计师应该定期的对已完成的工程项目进行跟踪研究，分析缀花草坪在不同时期的变化，找出组合中的漏洞，使今后的设计项目更加的完善。

参考文献

[1] 陶晓宁．浅谈缀花草坪的组花形式．科技信息，2009，06：147．
[2] 储可可．色彩在景观设计中的应用．安徽农业科学，2010，38（6）：3251—3253．
[3] 任彦洁，倪琪．让色彩在景观中唱起歌来—谈色彩与景观规划设计．华中建筑，2007，25（12）：92—94．
[4] 英国皇家园艺学会．多年生园林花卉．北京：中国农业出版社，2002．

圆明园盛期植物景观及配置方式研究

余莉　圆明园管理处科技办公室　北京　100084

摘　要：通过分析历史和前人研究资料，整理出圆明园曾经应用过的植物种类和可能出现过的植物种类，以及选择这些植物的依据。按照植物应用的类型划分为山体植物、平地植物、庭院植物、堤岸植物、水体植物5种类型，分别分析植物配置的方式。总结归纳了圆明园植物景观的总体特点，并对恢复历史植物景观提出了几点建议。

关键词：圆明园；植物景观；配置方式

圆明园三园平地造园，挖湖堆山，在350hm^{2}的广阔土地上，用人工堆叠成自然起伏的土丘加以分隔各组建筑群，并通过水系连接各景区，栽植各类植物，形成相互独立而又协调一致、规模宏大、景色秀丽的皇家园囿，历经150余年6朝皇帝营建始成。圆明园的造园艺术是一门综合艺术，集合了清代优秀造园家及工匠的智慧，以京西优越的自然条件作为蓝图，借景西山峰峦叠嶂，采用小园集群的造园手法再现自然山水，模仿江南美景和各地名山胜景，并与传统的美学、哲学、文学乃至宗教紧密结合，不仅表现了皇家园林的恢弘大气，也表现了私家园林的隽秀多姿，取得了博大高深的艺术成就。同时将皇帝的治世思想融入其中，集中的反映了设计者和建设者的艺术创造力和造园思想，在掇山理水、建筑艺术、植物配置等各方面都力求展现最高水平，因此圆明园代表了中国古典园林艺术的最高成就。圆明园的植物种类之丰富，配置手法之高超，也从一个侧面反映了圆明园杰出的造园成就。由于园内原有植物几乎已荡然无存，而现存的植物资料十分有限，笔者通过参考前人的研究资料，结合古典园林的植物配置手法对盛期园内的植物景观加以分析和总结，以期为恢复植物景观提供借鉴。

1 植物种类研究

圆明园可以称得上是一座皇家植物园，关于圆明园内应用过的植物种类，现可查的资料有《圆明园内工则例》中记载的“圆明园花木价格”、《御制诗文集》、《钦定日下旧闻考》等古籍，通过分析《御制四十景图咏》上的植物、各景区的匾额等资料、其他皇家园林的现存植物种类和古典园林植物常用种类等，可以归纳整理出圆明园的植物种类如下：

1.1 史料记载的植物种类（不包括盆栽植物）

常绿乔木：油松、白皮松、圆柏、侧柏、刺柏；

落叶乔木：杨、青杨、绦柳、柽柳、玉兰、二乔玉兰、紫玉兰、西府海棠、山桃、山杏、碧桃、洒金碧桃、桑树、君迁子、文冠果、梧桐、丝绵木、国槐、龙爪槐、银杏、黄檗、楸树、元宝枫、五角枫、榆树；

果树：栗、山楂、苹果、杏、‘千叶杏’、桃、樱桃、李、‘千叶李’、白梨、柿树、榛、核桃、花红、枣；

灌木：紫荆、连翘、探春、紫丁香、白丁香、‘红白丁香’、紫薇、贴梗海棠、棣棠、郁李、月季、‘白

作者简介

余莉／女／1979年生／北京林业大学园林植物与观赏园艺硕士／现任职于圆明园管理处科技办公室／工程师／研究方向为古典园林植物配置。

玉堂’、七姊妹、玫瑰、黄刺玫、珍珠花、锦带花、榆叶梅、牡丹、木槿、石榴、梅；

藤本植物：紫藤、地锦、山葡萄、金银花；

草本植物：芭蕉、芍药、菊花、泽兰；

水生植物：荷、芦苇、荇菜、香蒲、野菱、狐尾藻、慈姑、槐叶萍、蓼；

农桑植物：稻、麦、黍、葫芦、葡萄；

竹类：早园竹。

1.2 其它植物种类

根据北方地区植物种类及皇家园林应用情况分析可能在园内应用的植物种类，还有：

常绿乔木：龙柏、云杉等；

落叶乔木：榉树、小叶朴、龙桑、构树、柘树、枫杨、糠椴、蒙椴、槲栎、栓皮栎、麻栎、合欢、杜梨、垂丝海棠、红碧桃、白碧桃、花楸等；

灌木：红瑞木、太平花、溲疏、三桠绣线菊、水荀子、珍珠梅、蜡梅、枸杞、迎春、猬实等；

藤本植物：野蔷薇、木香等；

草本植物：萱草、马蔺、玉簪、落新妇、鸢尾等；

野生花卉：二月蓝、紫花地丁、抱茎苦荬菜、蒲公英、甘野菊等；

水生植物：雨久花、泽泻、菰、莎草类等。

清帝尤其是乾隆皇帝好大喜功，喜欢收集奇花异木，栽植在园中欣赏，从全国各地引种植物，并在园内一些景区开辟了专门的花圃、药圃还有温室，用来培养植物及盆栽植物，有些植物从市场上购得。

1.3 植物选择依据

中国作为园林之母，植物种类异常丰富，各类植物花、叶、姿、味等各具特色，由植物的外观表现带给人们的心理感受而逐渐演变成为悠久的历史文化及人文意趣赋予了不同植物丰富的内涵，表达长寿、富贵、吉祥、清廉等不同内容。在古典园林的营建时，要充分考虑植物的自然及人文属性而加以应用，以表达园主的个人情怀。因此在圆明园进行植物配置的时候也充分考虑了植物内涵，结合园内的山形水系、建筑、假山等景观要素及不同景区的表现主题选择适宜的植物表达不同的景观意境。例如：松、竹、柳、桃、荷作为5类全园主要应用的植物，不仅因为植物本身所具有的松——坚韧、四季常青，竹——刚直，柳、桃———春的象征，荷———洁身自好等文化寓意，也因为人工山水园的营造需要松柏作为绿化背景，翠竹粉墙、水边植柳、桃花烂漫好春光及香远益清等优美宜人的传统配置手法而采用。

2 植物配置方式分析

圆明三园景区众多，植物配置方式也是各不相同，按照不同的景观类型可以划分为以下几类：

2.1 山体植物

三园山体约有200余座，主要用来分隔各景区，通过不同的围合方式来表现不同的空间感受。受到造园条件的限制，人工堆叠的山体高度有限，最高处“紫碧山房”不过15m左右，本身不作为观赏主体，需要利用植物来提升山势以形成苍翠蓊郁的山地景观（图1）。植物以片植、群植为主，常绿植物如松柏类以表现山石的高耸之感，亦是观花及季相植物的良好背景。在植物搭配中着重突出春季山花烂漫（图2），以蔷薇科梅属植物为主；秋季层林尽染，以漆树科黄栌、槭树科元宝枫、五角枫为主，突出季相变化，这两季景观在御制诗集曾多次被清帝吟咏。如“武陵春色”为表现《桃花源记》的意境，山体大量种植山桃，结合假山山洞，以突出“山桃万株、落英缤纷”的世外桃源之意；而“杏花春馆”山体遍植文杏，以表现“牧童遥指杏花村”之山野情趣。

2.2 平地植物

圆明园西北部景区如“澹泊宁静”、“北远山村”、“鱼跃鸢飞”等处山体较少，以体现“农本思想”和“耕织文化”为主，建筑上以朴实茅屋草亭居多，平地多植稻麦、桑、榆、果树，一派朴实的乡野风光（图3），同时亦借景墙外的稻田，突出主题。圆明园内“山高水长”、绮春园内“含辉楼”景区，皇帝和皇子经常在此骑射，景观上也着力表现“天苍苍，野茫茫”的塞外草原风光，视野开阔，仅点植几株乔木而已，与承德避暑山庄的“万树园”颇为相似（图4）。

2.3 庭院植物

三园内150余处景区功能各不相同，根据各景

图 1 松树群植形成松岗

图 2 春季山花烂漫

图 5 油松对植

图 3 “映水兰香”稻田景观

图 4 避暑山庄“万树园”草原风光

图 6 “鸿慈永祜”由松柏围合成幽闭空间

图 7 “西峰秀色”玉兰对植

图 8 “长春仙馆”青桐点植

图 9 “天然图画”幽篁

图 10 “慈云普护”庭前紫藤架

图 11 桃红柳绿

图 12 桥边配置桃柳

图 13 “多稼如云”湖中遍植荷花

区的功能及表达主题，植物配置手法更加多元化。

2.3.1 宫殿区

主要采用规则式种植为主，多以松柏对植（图5），且砌之以花台，以体现建筑的等级规格。而“正大光明”、“含经堂”等朝仪区则基本上无植物种植，以空旷的空间表现皇家的威严神圣。“方壶胜境”作为三园最为豪华壮丽的建筑群，采取了严格的中轴对称形式，植物也采用砌有花台的几株油松、玉兰对植，进一步以突出建筑的规格和宏大、敬畏之感，与故宫的多处宫殿种植形式相似。

2.3.2 寺庙及祭祀景区

园内用于祭祀和供奉神佛的地方众多，既有规模宏大的家庙——“鸿慈永祜”，也有规模很小的花神庙、河神庙之类，多以青松翠柏作为主要种植树种，以对植为主要种植形式，以烘托庄严肃穆的氛围。松柏亦种植在外围，形成一个相对独立幽闭的空间，隔绝外界的干扰（图6）。按照传统寺庙种植情况，应该还有银杏、七叶树、丁香等植物，池塘内也多种植荷花等与宗教有关的植物。

2.3.3 寝宫区

一般为传统的四合院结构，绿地较少，未避免空间的荫蔽和拥塞，植物种植不多，点缀乔木和花灌木为主，常采用传统的“玉堂春富贵”种植形式，对植于庭院内（图7），花灌木多种植丁香、石榴、牡丹等植物寓意富贵吉祥、多子多福，以突出生活情趣。

2.3.4 园林景区

既有以植物为主题的景区，也有表现山水意境的景区，还有以建筑为主的景区，各景区的建筑形式比较自由，与山水环境有机地融合在一起。植物与建筑、假山、水池、道路通过精心的搭配，以突出景观主题。因为建筑基本上没有中轴对称的规整布局，植物也主要采用自然式种植，充分表达了古典园林庭院空间的植物配置意匠。为了使南向建筑明朗，多点植高耸的乔木，使浓荫匝地（图8）；或一片竹林，曲径通幽（图9）；或种植牡丹、芍药、菊花等低矮的灌草，增添生活趣味；或者设棚种植虬枝弥漫的紫藤（图10），使空间呈半封闭状态，以符合明暗的原则。后庭内漫铺碎石，只留出一方土地，里面植少量植物，如翠竹摇曳并配以石笋，或窗下几株芭蕉留待听雨，一草一木，独具匠心。建筑通过植物来美化以形成自然宜人的游憩空间，植物亦通过建筑的框景、匾额的题点来表达诗情画意。

2.4 堤岸植物

三园水面积占全园的五分之二，临水景观也是非常重要的部分，在皇帝的御制诗集中也经常被吟咏，主要的配置形式为桃红柳绿（图11），方式比较灵活，在局部长直的堤岸采用传统的桃柳相间，大部分岸边则采用自然式种植，结合山形水系的变化，以旱柳、桃树为主，点缀以树形优美的绦柳、秋色叶树种，疏密相间，枝条拂水，或高耸凌云，或欹斜探水，非常自然。尤其注重桥边配置，以几株桃柳点缀，或辅以叠石，丰富桥岸景观（图12）。岸线拐弯处多点缀乔木以形成点景，注重与滨水的建筑结合起来，以高大的乔木枝叶掩映着亭榭，充满诗情画意。南方私家园林驳岸石形态自然，颇有观赏价值，而圆明园大部分的驳岸以本地产的青石为主，棱角过于分明，虽然有技艺高超的工匠施工，毕竟先天不足，须以植物进行遮蔽，如爬山虎、山葡萄等，以柔化较为生硬的线条。

2.5 水体植物

三园水体类型多样，形式不一，既有宽阔的湖面，也有弯曲的溪流和瀑布，配置形式也是变化多端。福海为突出旷奥的效果，基本上水中无植物种植，天气晴朗，风起之时，恍若大海一般，湖中三岛，真若瀛海仙山，亦真亦幻，十分点景贴切；曲折有致的溪流经植物点缀，宛若花溪一般充满情趣；碧波荡漾的湖中，鱼戏菱藻。考虑到水面舟行运输的需要，水中仅点缀荷花，以粉色的荷花为主，也有白色、黄色的荷花品种。现在许多湖面未经种植已自然生长出‘白洋淀红莲’，可能为那时的品种。湖面大多保留了部分野生的芦苇、香蒲等植物，以突出天然、野趣的自然风格[1]。有少数几个景点如“濂溪乐处”、“多稼如云”以荷花为主要的观赏对象，湖中遍植荷花（图13），满足帝后们观赏游憩的需要。

3 植物景观特点

通过对圆明园盛期植物配置进行整理和分析，

可以得出圆明园的植物具有如下特点。

3.1 丰富山水景观

圆明园作为人工山水园，空间结构、山水骨架完全经过人为的构思和创造，而植物作为唯一变化的造景元素，通过四季变化呈现的不同景象，进一步丰富了园内的山水景观，使之成为一座“虽由人作，宛自天开”、“移天缩地在君怀”的皇家宫苑。

3.2 植物种类非常丰富

园内植物种类丰富多样，几乎包括了各种植物类型，尤其是运用了大量的果树种类，不仅赏景，也具有一定的经济价值，使园林景观充满了生活情趣。

3.3 突出主要植物

虽然全园植物种类众多，但选择了姿态优美、色韵兼具、内涵丰富的松、竹、柳、桃、荷 5 类植物为主要树种，遍布全园，以形成全园植物整体景观上的和谐统一。

3.4 植物配置重意境表现

圆明园延续了中国古典园林植物配置注重表现人文意境的传统，并且将皇帝的治世思想融入其中，赋予了园林更加厚重的文化内涵，集中体现了君子比德、闲适隐逸、视农观稼、诗情画意等多种意境。

4 恢复植物景观建议

历经浩劫之后，圆明园已面目全非，原有的植物几乎不复存在，现有的植物与历史情况也相距甚远[2]，虽然大部分景区恢复了山形水系，而建筑则只能保留遗址，现阶段已无重建的可能，因此从植物上恢复历史景观难度很大，只能采取循序渐进，逐步改造的方法，可以从如下几方面入手:

4.1 加强历史情况的深入研究

由于历史资料的限制，关于圆明园植物配置方面的研究成果很少，应用到改造实践中则更加微乎其微。但只要予以重视，潜心研究，认真分析和总结历史情况，结合我国古典园林及其他皇家园林的研究成果，假以时日，一定能够结出丰硕的果实。

4.2 现状情况的全面调查

三园经过近几十年的植树和山形水系恢复，每年的情况都在变化，但还缺乏全面而细致的深入调查，摸清家底，至今还没有一份准确的地形测绘图和绿化种植图，在进行绿化改造时，往往缺乏真实而有效的依据，也严重影响了工作的精度和效率。因此非常有必要对全园的绿化现状进行细致的全面调查，掌握一手资料，为后续工作打下坚实的基础。

4.3 精心养护骨干树种

植物景观的恢复是一项长期坚持的工作，应对现有树种中长势良好、树形优美的乔木予以精心地养护，若干年以后成为展现古老园林的最佳树种。

4.4 逐步恢复，争创精品

三园若全面恢复植物景观耗资巨大，而且还存在研究跟不上的状况，可以选择遗存较多，现状条件较好，较为成型的景点，结合遗址展示进行景观恢复试验，精心选择植物种类和植物配置方式，表达历史景观意境，为圆明园遗址保护和展示及植物景观恢复找到一条行之有效的道路。

参考文献

[1] 余莉．圆明园水生植物景观研究初探．北京园林，2009（2）：17—19.

[2] 余莉．圆明园绿化普查及植物景观改造初探．2009 生态园林城市建设论文集，80—83.

关于构筑北京绿道系统的探讨

董建军　北京市植物园 北京 100093

摘　要：绿道作为一种景观规划理论在绿地系统规划中大量应用，国内与之相关的研究进行的较少。近期北京积极落实城市绿地系统规划，开展隔离绿化带的郊野公园建设，本文以此为背景，关注飞速发展的城市建设过程中由用地权属和土地建设现状等引发的发展方向等问题，探讨了北京城市绿地系统中生态廊道系统向绿道规划发展的必要性和可能性，对以绿道规划解决这些问题的途径进行了思考和探索。

关键词：绿道；绿地系统规划；北京

1 缘何重提绿道

1.1 北京的“交通”与居民休憩的“场地之战”

近年，北京的汽车保有量飞速增长。截止到2010年2月底北京汽车保有量已达413.2万辆，其中私人小汽车329.1万辆，北京已经进入汽车时代。出勤的早晚高峰，机动车与机动车，机动车与行人和非机动车，公交和地铁的乘客每天都在进行“交通战争”。城市中到处充斥着机动车和机动车带来的不安全因素，城市生活模式也发生了改变。

青年人驾车去体育公园和健身场馆等待自己的健身时刻；老人结伴乘公交车出行几十公里去大公园锻炼；孩子们回家后只能在小区内停车场上玩耍。不经意间，连简单的晨练也成了场地之战。20年前我们晨起跑步的道路哪里去了？孩子们手拉手走向学校的道路哪里去了？老人们打太极拳的小广场哪里去了？城市大了，车多了，节奏快了，能不能留给慢节奏生活的人一些空间？

1.2 绿化隔离地区公园建设引发的思考

从2007年开始，北京市为落实城市规划，在绿化隔离地区实施了大规模的郊野公园建设。这个大规模的“公园环”很快建成开放，对城市总体规划的落实具有深远的战略意义，同时它也引发了一些思考与讨论。郭竹梅等对“公园环”系统构成和建设方式进行了探讨[1]，刘红滨从建设成果评价的角度提出了设计与建设存在的问题[2]。

在这些探讨中都涉及到但没有明确提出一个问题，那就是公园的利用率比较低，需要改善“进得去、呆不住”[1]和“减少了人们进入使用绿地的可能”[2]等情况。是否可以在战略的高度上采用一种规划手段，将居民向闲置的公园中引导，从而还居民以慢节奏的城市生活空间呢？绿道或许是一种好方法。

1.3 绿地系统规划中包含了绿道规划

北京市绿地系统规划中包含了绿道的规划，较多地出现“绿色通道”(6处)、“网(或网络)”(21

作者简介

董建军／男／1975年生／北京市植物园，工程师。

处）、“廊（廊道、绿廊、走廊）”（77处）、“带（林带、带状）”（98处）等字样。规划中明确提出城市中“绿廊穿插”的规划目标；“廊道与全层相结合”的结构布局；“生态走廊”的绿地功能系统、“京、津水、林生态廊道”的区域绿化系统等等与绿道或生态网络相关的规划。

规划要求中心城要“绿色通道相系”；同时生态廊道是新城绿地系统的基本骨架；各新城也基本规划了自有的廊道或网络系统。“绿道”这个规划术语虽未明确提出，但贯穿了整个绿地系统规划[3]。从这个角度讲，在专项规划和详细规划的制定与落实中，理清北京绿道的脉络，有意识地使之形成完整的系统，从而整体协调，指导绿地落实，对北京正在进行的绿化建设是具有现实意义的。

1.4 绿道的概念与由来

“绿道”是个由来已久的概念，国内研究应用的“绿道”取自英文“greenways”，在文献中引用较多的是Ahern对绿道广义上的定义：为了多种用途（包括与可持续利用相一致的生态、休闲、文化、美学和其他用途）。而规划、设计和管理的由线性要素组成的土地网络。该定义强调5点：①绿道的空间结构是线性的；②连接是绿道的最主要特征；③绿道是多功能的，包括生态、文化、社会和审美功能；④绿道是可持续的，是自然保护和经济发展的平衡；⑤绿道是一个完整线性系统的特定空间战略。另外还有一些如北京市绿地系统规划用到的与之相近的术语，国内已经有了一些与之相关的研究[4]。

近来，“生态廊道”、“绿色廊道”在绿地系统规划中总是作为生态网络的一部分被提到的，强调了其在生物多样性保护上的作用。事实上，生态廊道的连接对生物的移动（扩散）有促进作用，但对生物多样性保护的作用还存在争议。外来物种的快速扩散，传染病的传播是生态廊道带来的显而易见的负面作用。回溯绿道发展的历程，在其初期经历过的“绿带”——“绿色通道”而未刻意强调生态保护作用的阶段。这一阶段的绿道是狭义上的绿道，更关注绿道的交通与游憩功能，对现阶段北京的园林绿化更具现实意义。

2 北京绿地系统规划中的问题

2.1 绿化隔离带（郊野公园）建设的诸多问题

关于北京的绿化隔离带的规划与建设提出了很多的问题[1, 2]，诸如由于土地所属权、建设资金、建设周期等引发的绿化成果，建设质量等政策管理问题；公园建设缺少居民使用的绿地空间，缺乏公园与城市的衔接等规划设计问题等等。造成这些问题的根本在于：各个公园在功能定位和建设目标的设置上缺乏城市总体层面上的综合考虑，其多样性缺乏整体的协调和宏观调控[1]。

2.2 城市公共绿地的带状化趋势

在北京市的中心城区与外围新城的绿地系统规划中，普遍存在一种现象：就是公共绿地的带状化趋势。在中心城区，受用地所限近年来有较多的带状公园建成，比较成功的如皇城根遗址公园、元大都遗址公园、菖蒲河公园、北二环城市公园等等。这些公园在绿地指标的提高，居民方便快捷的利用等方面得到好评，也带动了带状公园的规划与建设。但是随之而来的问题也比较明显，绿地系统规划中的带状公共绿地往往无法在控制性详规中落实；即使可以落实建设，更多的带状公园也难以体现公共绿地应有的居民游憩功能。这样的问题在公共绿地指标要求较高的几个生态新城尤为突出。以延庆新城为例，其公共绿地的50%为带状街头绿地[5]，在街区层面的控规中难以落实。

2.3 城市绿地中缺乏可选择的游憩场地和设施

相对于北京的人口密度，北京的绿地面积小，利用率高。与之相对，一些新建绿地受土地利用和现状的限制，强调了生态作用而忽略了居民的合理利用。上述郊野公园与同等交通圈的城市公园相比使用率很低，缺乏游憩场地和必要的设施是很重要的原因[1, 2]，居住区绿地和街头绿地也存在此倾向。这样导致居民对公园绿地使用向大型城市公园集中，公共绿地的使用极其不均衡。这种过度的集中又导致大型城市公园中可容纳的休闲方式因为相互影响而比较单一，没有可选择性，降低了公园的游憩功能。

2.4 缺乏城乡统筹的绿地系统规划

在《城市规划法》修编为《城乡规划法》的今天，北京市绿地系统规划也已经将农田纳入绿地系统，作为生态绿地的储备用地。但是如何在市域范围内实现城乡一体化，构成中心城——新城——建制镇——村庄的完整绿地系统，规划中并没有明确提出。绿化隔离带公园建设的种种问题，也可以说是由于城市的扩张所引起的。随着城市化进程和构筑和谐社会、建设社会主义新农村的城乡规划方针的提出，建制镇和村庄的环境整治也将加快进行。相信还会有越来越多的防护林带和片林向城市公园发展，如何有效连接城乡绿地系统，发挥绿地的多种功能，也将成为一个重要的课题。

3 绿道对现阶段北京园林绿化的意义

3.1 可以解决绿化隔离带（郊野公园）的诸多问题

北京市绿地系统规划中的生态走廊系统，其实质即为绿道专项规划，这其中未完全包括作为生态屏障规划的三道绿化隔离地区。绿道作为构建线性网络空间的专项规划，其多功能性的特征，即线性方向的连接和两侧的分隔的双重作用，是允许将这些以绿化隔离为主要目的隔离地区纳入绿道的。而第二道绿化隔地区因为土地开发和所属权造成的绿地破碎化，城市建设无序发展恰是绿道规划的原始目的和规划本身的优势所在。并且，现有隔离绿化带“公园环”建设面临的难以统筹协调，缺乏游憩内容的问题恰好可以通过制定绿道来解决。韩西丽从生态保护的角度提出了绿化隔离带向绿色通道转化的构想[6]，如果结合城市发展以绿道交通和游憩的基本功能着眼，绿道可以解决郊野公园的很多问题。

3.2 能更合理地利用现有带状绿地

北京已有多个带状公园，这些公园中有遗址公园、有滨河公园、有路边带状公园等，这些公园地处重要区域，虽风格各异但普遍建设标准较高。这些公园建设初衷虽有用地紧张的因素在内，但它们或出于遗址保护，或出于河道保护，都符合绿道的本质。只是它们与绿化隔离带一样缺乏整体的协调和把握，缺乏系统中的定位。如果能够有意识的进行系统规划，使其成为遗址保护、河道保护、历史文化道路等不同主题的绿道，可以充分挖掘这些公园绿地的景观潜力，构筑高级别的绿地系统。

3.3 能为居民提供了慢节奏生活的场地

土地开发与绿地建设是一对矛盾体，飞速的城市建设挤占了慢节奏生活的空间，使居民的游憩活动偏远化、集中化。绿道强调对绿地的可进入的休闲机会和社区的自豪感[4]，其主要的休闲功能：自行车、步行和跑步也恰是北京城市居民被机动车挤占的休闲方式。在北京规划连接社区与其他城市公共设施的绿道，可以为大都市中的居民提供慢节奏生活的场地，为北京休闲社会的到来做好准备。

3.4 带动郊区——农村的绿地建设

从景观生态镶嵌理论角度来看，在从城市建设区到郊区到村庄的区域变化中，景观生态的基质从建设用地基质变化到农田山野，绿地也从斑块向生态基质逐渐变化。城市化的进程实质是这种景观结构的逆变化。统筹城乡的绿地系统规划如何有控制地协调这种变化，是统筹城乡绿地建设的关键。绿道这种带有隔离与连接双重属性，基于保护的规划战略，符合北京市绿地系统规划的生态网络骨架，可以有效地控制这个过程。同时它能有效地促进区域经济发展，增加旅游收入[4]，可以作为规划战略切入镇、村绿地规划来进行尝试。

3.5 可以为居民带来了更多的接触自然的机会

上文提到作为绿道的首要功能——生态连接功能在生物多样性保护方面是存在争议的。但绿道为生物移动提供了场所，并且受边缘效应影响，居民在这种线性空间中与野生生物接触的机会得到很大提高。自然观赏，与野生生物接触作为休憩方式的一种，对环境保护意识的培养和环境教育具有重要的作用。绿道为这种休憩方式提供了更便捷的场所，并且更容易与其它休憩方式结合，被广大的居民接受。

4 北京建立绿道系统的用地优势

4.1 景观资源的带状分布特征

北京位于华北平原与太行山、燕山交界地带，在北京西北侧形成了围绕平原的带状“北京弯”。贯穿北京的五大河流形成了从中心城区到各个新城的滨河带网。这种不同质地的基质相接的分界线，不论在自然还是在文化上土地活力更高[7]，应予以密切关注。

北京作为千年古都，具有众多历史遗址，以城墙遗址为代表的众多遗迹的分布具有典型的带状特征。从阜成门直到门头沟山区的京西古道、举世闻名的京杭大运河等这些历史文化遗迹呈带状分布，具备自然风光和历史文化的双重景观潜力，非常适合以绿道对其进行系统的整理，进而保护性的利用。

4.2 现有绿地系统规划建设已具有绿道性质

在北京市绿地系统规划中，规划了由中心城10条楔形绿地、第二道绿化隔离地区内的14处楔形绿色空间、“五河十路”绿化带和其它道路、铁路、河道绿化带组成的生态走廊系统。这个生态走廊系统已经具备了绿道系统的雏形。

北京现有多处带状公园和带状绿地，一些生态绿地、街旁绿地、景观道路、步行专用道路也具有绿道性质，如前文提到，它们只是缺乏有意识的系统规划，如将其与已规划的生态走廊进行有机的组合，赋予相对应的系统功能，不但可以形成较完整的绿道系统，也会对绿地本身质量的提高找出方向。

4.3 城市建设与改造形成了大量的带状用地

在飞速发展的城市建设中，大面积的土地改造会闲置一些不利于开发的用地，这些用地常呈带状分布，如难于开发的废弃铁路（工厂轨道）、河道、截洪沟（水渠、排水沟）、废弃道路等用地。而以保护为目的予以保留的古树、历史遗迹（街道）、地下水脉、防护或隔离林等也常呈带状分布，为绿道提供了潜在的选择项。巧妙应用这些带状分布的绿地资源进行绿道规划，可以节省用地，变废为宝。

5 规划设计绿道应注意问题

5.1 要清楚认识绿道在城市绿地系统中的定位

绿道是具有特殊形态的一种绿地形式，虽具有综合功能却不能替代其它绿地形式。即使广义的绿道作为战略规划在功能上包括了野生生物保护、防洪、水源保护、教育、城市美化、休憩等多种功能，它也只是城市绿地系统规划的一部分，归根到底只是专项规划，而不能替代绿地系统规划[4]。由于绿道的连接作用对生物多样性保护的影响尚存在争议，以绿道替代生物多栏性规划更是不可取的。

本文尝试从用地优势的角度，提出利用、整合带状绿地，来提高绿地质量的构想。探讨以非机动车交通和休憩为主要功能的绿道战略，找到解决北京目前绿地系统规划问题的途径。

5.2 要有相对应的规划目标与尺度

根据绿道的区域和范围，应该区别对待广义绿道的战略规划和狭义绿道的规划设计。从生态保护的角度来说，可以选择一种野生生物作为指标种（指示物种）作为绿道的保护目标，而居民的利用可以看作这种保护的负面影响和需协调因素。绿道的规划目标是在保护和利用之间的一种权衡和选择，科学的选择指标种和居民的休闲方式作为绿道的目标，使绿道的规划既不失去保护的意义，也可以为居民休闲提供场所。

绿道的尺度从大到小，其保护的功能由强到弱，居民利用的功能则由弱到强，其休闲方式对自然的影响也应该是由弱到强的。现阶段绿道的规划应以居民的舒适出行与快捷的休憩活动为基本要求，从需求的角度出发，较单纯的规划目标和较小的规划尺度更具有现实的意义。

5.3 高度重视绿道的交通与游憩功能

绿道的多种功能常常存在冲突，尤其是生物保护和休闲之间，需要在规划上合理的取舍，所以绿道的规划应避免盲目地赋予其过多的功能。在持续发展的前提下，在现阶段的北京，应该更重视绿道的交通功能和游憩功能。特别是在第二道绿化隔离地区以内，居民的舒适移动和就近利用才是城市内绿道的优势所在。与这种主要功能相对应，在规划设计中要多考虑绿道的可达性、安全性、绿道中人行通道的舒适度。与带状分布的块状公园（游憩场所）相结合，配备完善的游憩设施，增加居民休憩场地与内容的选择项，是绿道发展的必然，可以更好的发挥绿道作用，自然而然赋予其综合功能了。

参考文献

[1] 郭竹梅，徐波，钟继涛．对北京绿化隔离地区“公园环”规划建设的思考．2008 北京园林绿化的理论与实践．北京：中国林业出版社，2009.10.

[2] 刘红滨．关于北京市绿化隔离地区公园建设的思考－对于北京市郊野公园建设情况的调查．2009 北京生态园林城市建设．北京：中国林业出版社，2010.5.

[3] 北京市规划委员会，北京市园林绿化局．北京市绿地系统规划，2008.10.

[4] 周年兴，俞孔坚，黄震方．绿道及其研究进展．生态学报，2006，26（9）．

[5] 延庆县园林管理处，北京市京华园林工程设计所．延庆新城绿地系统规划，2007.10

[6] 韩西丽．从绿化隔离带到绿色通道—以北京市绿化隔离带为例．城市问题，2004（2）．

[7] 森本幸裕．关于都市生物生息空间的保全和创造．公园绿地，2004（5）．

打造有生命力的道路风景

——国门商务区道路景观规划设计探讨

欧鸥　中国 · 城市建设研究院园林一所　北京　100029

摘　要：针对不同类型道路景观的特点来进行景观设计，使其功能在最佳的道路形态中实现，从而成为城市流动的风景线。本文通过对国门商务区道路景观规划设计的实践，来探讨道路绿化的一些设计体会。有机地将多种商务功能进行组合，促进办公环境趋向国际化、商务化、时尚化的进程。

关键词：城市道路绿化；带状绿色空间；场所感；特色景观

1 道路景观内涵剖析

随着城市的发展，人口增长，道路逐渐形成网络。道路及其环境日趋重要，城市主干道路绿地是城市绿地系统的网络骨架，它不仅可使城市的绿色空间延续，还能有效地改善生态环境。首先道路绿地的形式及其产生的景观效果直接关系到人们对一个地区的印象。成功的道路绿地往往是地方特色的最直观的表现形式。因为道路绿地的带状或块状绿化的“线”性可以使城市绿地连成一个整体，可以美化街景，衬托和改善城市面貌。现代的道路环境往往容易雷同，采用不同的绿地方式将有助于加强道路特征，区分不同的道路，一些著名的道路也往往以其绿化特点而命名。在现代交通条件下，要求道路具有连续性，而绿地则有助于加强这种连续性。同时绿地也有助于加强道路的方向性，并以纵向分隔使行进者产生距离感。高大的栽植对道路空间有分隔作用，在较宽的道路中间分车带上种植乔木，往往可以将空间分隔开。再次，道路绿化不仅具有景观效应、方位辨别作用和组织交通的功能，还具有改善环境的生态功能。特别是现代交通的发展给环境带来很大的冲击，污染环境，影响了人居生态平衡。道路绿地有改善城市环境、净化空气、防减噪声、调节气候等功能，遮荫、降温也效果显著[1]。

道路是自身运转以及同外界联系的动脉，也是景观的一个展现舞台。道路景观是展示在道路使用者视野中的道路线形、道路构造物和周围环境的组合体，它是一个空间概念，也就是人们从道路上看到的一切东西，包括自然物（如山水、土地、植物等）和人工物（如路面、车辆、建筑、桥梁等）。道路景观设计是将所有的道路景观要素巧妙和谐地组织起来的一种艺术。景观不是单一的自然空间，也不是自然环境的外表，而是人工的、综合的，并随着人们的意志而改变的。道路是连接不同场所内外空间的线性单元，它是一个动态三维空间景观，具有韵律感和美感。道路把不同的景点组成了连续的景观序列，使人产生一种累积的强化效果，同时道路本身又是景观的视线走廊。景观设计人员必须具有哲学、美学、社会学、心理学、行为学、地理学、生态学等理论知识，及风景规划、道路设计、建筑设计、美学、文学

作者简介

欧鸥／女／中国 · 城市建设研究院园林一所。

等多方面的专业知识，从形式美感、空间美感、时空美感和意境创造中去进行道路景观设计。

2 商业用地道路景观设计思路探讨

商业用地的建筑立面景观丰富多彩，因此绿化应作为陪衬，以烘托建筑自身的美感。首先，提出道路景观整体意向，即主调和基调。其次，确定道路景观的空间结构。如景观轴线、节点、视觉通廊、对景物等，赋予道路强烈的方位感和领域感。再运用现代设计手法，以流畅几何形状强化带状空间的纵深和扩展感，用生态学理论来指导景观设计，通过合理的布局，增加道路的绿地率和绿化覆盖率。行道树采用间植方式，力求视觉通透，又丰富了行道树本身的装饰功能； 不阻碍人流穿行，又以富于韵律感的色彩变化丰富了沿路景观烘托出商业街的繁荣景象。

2.1 视觉分析方面

从视觉心理出发，对道路的空间线形、道路与周围环境及自然景观的协调所进行的分析研究结果，能满足视觉的连续性，以及舒适和安全感的综合设计，就称为视觉分析[2]。在视觉方面，道路景观的影响因素主要包括道路自身的一些因素：路线布局的二维空间线形、道路几何尺寸的线形变化、道路结构物与周边环境的协调性（包括色彩、造型等）。

在城市道路景观设计中，植物色彩是影响行驶者的最主要因素。为了丰富道路景观，消除司乘人员的疲劳，就需要在绿色的大背景下适当的点缀其它颜色，以深色植物作为背景衬托浅色植物、利用植物的叶、花、果形态和色泽所具有的戏剧性效果，色彩和亮度搭配的好能使人感到愉悦，反之则显得杂乱或者枯燥平淡。另外，植物一年四季颜色的交替变化反映着四季时光的演进，给人以新奇兴奋、丰富多变的感觉，既可以活跃景观气氛，更可以给司乘人员带来视觉享受，提升道路形象。在城市道路景观设计中，质感包括两层涵义：一是道路景观设计中各个界面的质感，如建筑物界面和道路景观设施的材质，地面铺装的用料等。二是指道路空间中界面的进退和虚实的感觉。不同的质感搭配，可以形成软硬、虚实、明暗、疏密等感受。同时，质感的感受和道路中人的速度有关系，如果人步行放慢速度来感受，有充分时间来注意单个物体的质感。而如果人坐在车中行驶很快，或者距离较远，只能感受到路旁空间界面的虚实、疏密和明暗等，这也属于质感的一种。

2.2 交通心理方面

在交通过程中，人的行为是人体器官对外界刺激作出的反应。反应随刺激不同而不同，人的器官的反应能力也因人而异。道路条件、道路设施、交通环境、行人、车辆等都可能对驾驶员产生刺激。汽车速度越快，它所蕴含的能量就越大，对人的生命安全造成的威胁也越大。相应地，从人的心理角度讲，一辆慢速行驶来的汽车和一辆快速飞弛而来的汽车在人的心理上所引起的恐慌程度是绝对不相同的。这就是人类心理中普遍存在的对能量的恐惧性。从道路使用者的感官出发，对道路使用的便利性、通畅性以及和谐感出发进行分析研究。使道路景观的设计能满足方便行人行走，驾驶员行车，且景观的设计能在实际的使用过程中辅助用路者完成自己的出行目的，并且能使出行愉快通畅，把原来认为只是枯燥简单的出行转化成为一种享受，在实现地点转移的同时还能充分享受街道上的风景[3]。在交通心理方面，除了影响道路使用的关键性线形因素外，还有结构物的设置，路边绿化等。道路的植栽，可以丰富道路沿途景观，增进道路和沿途景观的协调，提高行车的舒适性，使包括道路在内的整个区域风景更加美丽；改善行车条件，引导视线、遮光，减轻行车的紧张状态，消除视觉疲劳，确保交通安全；减轻交通造成的危害，改善沿线环境。

2.3 文化氛围方面

人对道路景观所蕴涵的历史文脉意义等精神层面上的感知属于人的行为心理方面。在道路景观设计中，如何合理运用自然环境和人文因素已经成为景观设计师内在的和本质的考虑。因此，道路景观设计要注重区域文化的表达。一个城市道路的布局可以看出这个城市区别于其它城市的特色，清楚而有特色的格局可以让道路容易识别，在形象上有突出的个性，表达这个城市和区域的文化。

3 项目概况

3.1 规划背景

国门商务区位于北京机场周边的临空经济核心区。根据国家“十一五”发展规划，国门商务区将成为带动首都经济发展的六大高端产业功能区之一。本次景观规划的国门商务区核心区是整个国门商务区一期规划重点区域，其担任的核心功能使得一系列的相关规划与实施都要有高水平和高标准要求。本规划要符合上位规划《顺义新城规划（2005–2020）》中作为顺义新城临空经济发展重要组成部分的定位，同时也要与《首都机场南部地区控制性详细规划（2006）》和同济大学正在编制的《北京顺义区国门商务区核心区城市设计》相协调，从景观上展现国门商务区作为国门的整体风貌。

3.2 地理位置

国门商务区位于首都机场东南侧，紧邻 T3 航站楼，西起北京温榆河中央别墅区，东至东六环路，北接机场征地界，南临机场南线高速路，距北京市中心 15km，距天津港 130km，交通便利，占据了中国临空区域的“门户之位”。总体规划面积 $19.65km^2$，可开发建设面积 $9.65km^2$。

本次规划核心区共 $3.3km^2$，东至六环路，北至龙塘路，南至李天路，西临小中河至机场东线，属于顺义新城空港区范围内的第 29 街区 D 组团功能区。

3.3 自然资源

规划场地有小中河自北向南流过，形成环形水系。小中河发源于怀柔区郑重山，全长 55km。由北向南流经怀柔、顺义、通州等区，于通州北关分洪闸上游入温榆河。国门商务区核心区位于小中河中段，其西侧紧邻小中河，项目区东侧六环路紧邻七分干渠。国门商务区所在的顺义位于北京东北部，场地地势北高南低、东高西低，总体地势低洼，部分区域地面高程低于现状小中河堤顶。该地块属于商务区的附属绿地，市政街道绿地。商务区作为城市经济发展中心，在这个特殊的复合型空间中，半公共、半私密成为其最特别的属性，在景观设计中要遵循“以人为本”和“以自然为本”的原则，实现商务区的“标识性”、“全时活力”、“人车分流”等设计要求，使其景观既与周边环境和谐共生，又有各自的功能与界限，使空间立体化，功能多样化及人性化，推进城市肌理，形成城市文化中心。

3.4 方案介绍

为塑造国门商务区形象，整条道路命名为“金色大道”，设计的主题为“金色大道变奏曲”。力图以金色的性格来创造不同风格的空间。“金”代表的含义有：黄赤色、光泽、尊贵、坚固、持久、金属。与商务区富足、炫目、现代感、尊崇感、开放的特点相对应。以金色为基调（如行道树选用金丝垂柳），又从“金”的色彩出发，挖掘金色的性格，使景观序列变化而不失统一，国门商务区景观大道形象更加饱满，内涵更加深刻。整条路分为四个乐章。

3.4.1 第一乐章　金玉花港——寓意珍贵、美好

造景方式：采用自然式种植手法。用法桐作行道树，前面采用生态式的种植手法，各种不同高度、不同造型、花色各异的植物通过精心的培植，形成层次丰富，造型别致的植物景观。大量花灌木色带包围休闲小空间，用色块塑造空间形态，形成“花港”的热烈气氛。

植物配置为：乔木林 + 林缘成片花灌木（重瓣棣棠、丛生紫薇、丰花月季）+ 点缀黄杨球 + 砂地柏。

3.4.2 第二乐章　金乌生辉——寓意光明、灿烂

造景方式：采用彩叶和色叶树种表现灿烂的景象；以紫色小品与植物色彩形成鲜明对比，用景墙、绿篱形成丰富的空间层次，以干净整洁的块状绿篱种植与树阵打造现代感的商务花园。

植物配置为：上层为银杏、元宝枫、绒毛白蜡、金枝国槐。下层为金叶女贞、灌木状金枝国槐、

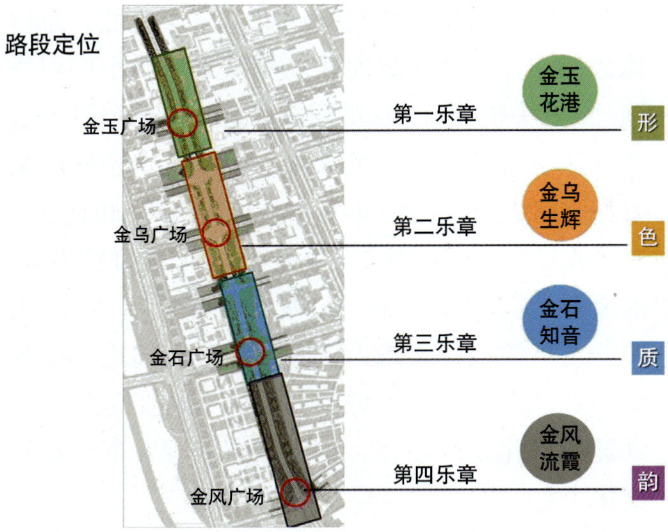

图 1 总体布局

图 3 “金乌生辉”立面

鸢尾、秋叶黄、连翘，方格内种植樱花 + 地被菊。

3.4.3 第三乐章　金石知音——寓意音律、坚固、友谊

造景方式：从金色性格中的形与色升华到金的品质。打造精致优雅的休闲小空间。现代、简洁的水景将自然渗透到都市中，成为未来周边商务环境中人们的理想休憩之所。

植物配置为：松竹梅等传统植物作为小空间的孤赏树种；以法桐树阵与时令花卉（天人菊、黑心菊、金鸡菊、狼尾草、柳枝稷、芒草）结合营造林下观水空间；水边种植柳树（垂柳、立柳）与时令花卉；绿化带以流畅的曲线为主，体现道路的通畅。同时也考虑到了人性化，尽可能多地在硬质铺装上设座椅、树池；花草模纹的铺设与铺装相结合，形成一个统一的整体。它的隔离带风格与北侧的绿化带一致。下层以斜线条为主，几个色块颜色对比度强。上层的灌木为红枫，樱花，紫薇，兼顾了春，夏，秋的景观效果。

金石广场：金属质感的雕塑小品与商务环境相结合，使人联想到尊贵持久，成为街区地标。

3.4.4 第四乐章　金风流霞——寓意丰收 富足

造景方式：以丰富的植物群落为背景，突出色彩鲜亮的小品，用柳树的飘逸体现金秋的韵味。

图 2 “金乌生辉”平面

图 4 “金石知音”平面

植物配置：白蜡 + 柳树 + 钻石海棠 + 山桃 + 迎春 + 砂地柏的复层式种植。

3.5 方案特点综述

（1）以点带线式的功能布局；分布于整个金色乐章之中的景观节点有主有次，此起彼伏，街心广场形成其中的华彩篇章。植物通过小区域的景观特质和季相性变化，体现植物景观的多样性、延续性、整体性。植物种植考虑自然群落，乔、灌、草、水生植物合理搭配，使其良性生长，形成生态长廊，并体现低成本养护的原则。

（2） 特征突出的色调起到地标作用；以高大粗放的树种作为背景林，以不同品种的树木作为

缓冲林带、风景树，结合缀花草坪、花境，与优美曲线划定的大草坪共同形成一个个不同的空间块面，层次感丰富。以大乔木为主干树种，形成大块面，构成区域绿化景观骨架，再配以高低错落的小乔木、花灌木等，同时也有大片的疏林草地，产生多重的景观空间效果。

（3）收放自如的步行系统；让人能深入其中，能够去触摸感觉，使人贴近绿色，因此在靠近人行道的地方多开入口，让人能方便进出，并在里面适当设置一些小品来配合植物的欣赏，同时也提供给人们休息的地方。香花树种的运用。让人在行走时感觉到非常轻松自在。夏天人们在景观带里行走要有遮荫的地方，冬天又能让阳光穿透到地面，所以在设计时还考虑到大乔木的遮荫功能，因此在树种的选择上主要是以落叶树种为主，适当的配置常绿植物，保证冬暖夏凉。各种植物以及树形应合理搭配，力求设计精致，创造具有时代感的景观艺术。

（4）以简洁的直线中穿插自然形态来体现景观的现代感。在复杂的城市环境中以尽量精简的方式去反映色彩氛围及季相变化等。

4 结语

作为人们感知城市的重要媒体，城市道路景观设计的三个潜在关怀——视觉、心理、功能，正逐渐成为设计的主导，强调道路中人与自然的和谐、以及人对精神愉悦的诉求，而非仅仅是图案化的形式或者功能的简单满足。

城市道路由于其本身形式的相对单一性，常常会造成设计元素的单调。如何将每条道路都做的有新意，这就需要结合地域特征，深度发掘当地的历史、人文特质，找寻种种与周围环境较好的契合方式。同时采用些具有当地特色的材料，才能营造出具有人文特色和地域特征的景观。

参考文献

[1] 刘滨谊．城市道路景观规划设计[M]．南京：东南大学出版社，2003．

[2] 吕正华．马青街道环境景观设计[M]．沈阳：辽宁科学技术出版社，2000．

[3] 熊秋文．城市道路景观设计[J]．山西建筑，2003(21)：299–300．

现代与自然交融

——浅谈立水桥公园的景观特色

付超　北京创新景观园林设计有限责任公司　北京　100120

摘要：立水桥公园在突出创新型与现代感设计理念的同时又营造出一种回归自然的野趣之美，并同时努力探索将景观性与功能性相融合，为游人创造出一处“生态性，现代感，自然美”兼具的绿色休闲空间。

关键词：现代与自然；交融；生态；立水桥公园

立水桥地区因明代在清河上修建的一座石桥而得名，而今老的石桥已变成了钢筋混凝土斜拉式大桥，原来的立水桥村也被高楼林立的现代化都市所代替。立水桥公园作为这一城市密集区唯一的公共绿地，同时又是朝阳区与昌平区的交界点所在，其对本地区的生态、景观、游憩等功能起着非常重要的作用。

1 区位概述和公园原貌

1.1 立水桥公园区位概述

立水桥公园原为明天第一城小区的代征城市绿地，绿地的社区环境被“三园一水”，即奥林匹克公园、国家森林公园、明天第一城代征城市绿地（未来的社区公园）及清河环绕，因其处于立水桥板块核心区域故得名立水桥公园。

立水桥公园北临立水桥东路以及轻轨立水桥站和地铁5号线立水桥站，南侧为奥林匹克公园及13000亩国家森林公园，东南侧为清河水域，西侧立军路从小区中间穿过。区域内的多条城市干道及地铁轻轨组成了该地区纵横交错的“棋盘”网状交通格局，从社区可以方便快捷的到达京城各大区域（见图1）。

1.2 立水桥公园原貌

立水桥公园总面积约24hm^2，公园为公路、高层建筑及居住区所围合，中间一条主要城市道路将公园分为东西两个部分，东部现状地为一些低矮的临时建筑，西部为大片的空旷地和一些散落的现状树，整体环境非常杂乱（见图2）。

2 指导思想和设计原则——生态化兼具现代感

立水桥公园定位于居住区级公园，居住区公园是以城市生态保护和恢复为目的的一种城市绿地类型，是城市绿地系统的重要组成部分，是人们精神文明生活的重要载体。以生态系统为依托的居住区公园也是城市绿化系统及市区绿化水平的重要标志。现代居住区公园的景观设计应适应现代社会发展潮流的需要，同时兼具自然园林的野趣之美，以满足一定时期内广大群众对环境质量的不同需求。

2.1 生态效益应放在公园主体设计的首位

随着社会的飞速发展。人们对环境质量的需求不断提高。作为城市绿化的重要组成部分，居

作者简介

付超／1978年生／男／北京林业大学学士／北京创新景观园林设计公司景观设计师，工程师。

图 1 立交桥公园原貌

图 2 立交桥公园区位置

图 3 东部园区入口广场

住区公园的性质已不单纯局限于休憩和娱乐的范畴了。净化空气，调节气温，改善局部小气候的生态型园林已逐步成为现代城市公共绿地发展的主体。因此，立水桥公园的景观设计首先是以可持续发展的生态系统为基础，将公园的生态效益放在首位，以提高居住区域内的整体环境质量。

2.2 现代感与自然美并重

立水桥区域为近年来新兴的现代化居住商圈，无论区域规划和建筑形式都体现着新兴居住区的现代感。因此只有具备创新型和现代感的一流居住区公园才能带给人们和谐的景观享受。同时在现代化的景观园林设计中，回归自然的设计手法已成为一种趋势，自然式的造园艺术已普遍被现代人所接受。立水桥公园的景观设计在现代化造园艺术的基础上追求自然之美，立足在植物造景中寻求变化，利用现代化造园材料的有效搭配，创造小中见大的丰富景观，充分利用有限的公园空间做到步移景异，丰富多彩，能充分使游人享受富有现代感的自然式园林景观。

3 园林景观设计的内容与特点

方案规划中的东西两园景观各具特色。东园突出水景园为特色的静态观赏区，西园表现的则是以活动广场、儿童乐园为特色的动态游憩区。园区主要由各类休闲广场，水景区，儿童乐园，标志性入口景观，疏林草地等景观节点构成。全园景观交叉重叠，错落有致，为立水桥区域的居民休憩和娱乐提供了一处优美的绿色空间，同时也是一个景观丰富，引人入胜的新型现代居住区公园。

3.1 东部园区

3.1.1 入口广场

入口广场是公园传递给游人的第一印象的地方。入口区平面为圆弧形，如伸开双臂欢迎市民进入公园。入口广场适当退缩成扇形前广场，留出了一个缓冲地带，方便公园游人集散。广场铺装采用花瓣的铺装样式，广场圆心处留出一片绿地，配置各种时令花卉组合，丰富了广场的入口景观。大门的设计创意取自古老的立水桥那几根立于水中的石桥墩，醒目大方，成为公园的标志，又延续了场地文脉。特色围栏的创意则来自叶脉，叶脉随性而又不失规律的特点很好的诠释在了围栏上，同时再搭配上那几根高低不同的石柱，则粗犷中带着几分精细，让人耳目一新（见图 3）。

3.1.2 叠水休闲广场

主广场是东部园区景观中心，也是整个东部园区的焦点所在。所以做好这个景观节点也成为设计的重中之重。

（1）外圆内方的布局形式

通过多个方案比较最后确定了外圆内方的平面构图形式。方形位于圆形布局的中心点，给人以稳定、和谐之感。外围圆形广场使用现代化的装饰材料配以法桐树阵的景观布局形式，使游人在广场活动休闲之余，享受到一丝荫凉，体现了以人为本的生态园林的特点，同时又不失一分大气之感（见图 4 ～图 7）。

（2）动感十足的叠水雕塑

广场中心区域由一组现代感十足的叠水雕塑构成，叠水雕塑共分成 5 层，每层都是由逆时针旋转成一定角度的异型平台叠加而成的，各层平台四面又均配予叠水，中心最高处为一组柱状涌泉。从各个视点看过去都给人以十足的动感。叠水雕塑的外饰面采用各色渐变的马赛克贴面组成，色彩构成极具现代气息。动感叠泉雕塑景观无疑成为了全园瞩目的焦点，也成为了立水桥创新型现代城市园林的一个重要组成部分（见图 8 ～图 10）。

（3）连续的动态水景

叠水雕塑是整个东园水景区的源头，层层叠水顺着模拟自然开裂状的台阶式池岸缓缓注入主湖区。水池中的点点涌泉，池底的黄色褐色等各种天然鹅卵石，在阳光的映衬下，更是流露出了几分灵动之美。

3.1.3 荷塘远香主湖区

主湖区是东园的又一大景观看点，主湖区湖岸形式更多的是再现自然河溪的感觉，河卵石、原木桩等天然硬质材料辅以水生植物和草坡等软景材质便构成了湖岸的主要景观要素，湖区边的几组木栈道和台阶入水的湖岸更是让游人有机会贴近水面，充分享受湖区美景。立水桥公园规划后的主湖区同时也起到了清河水系在水景上的延续（见图 11 ～图 17）。

3.2 西部园区

3.2.1 中心休闲广场

休闲广场的空间布局是它的一大特色。不同高低的挡墙划分出不同形式的空间格局。不同的空间尺度又赋予不同的景观内容，有的作为规则形绿地，搭配有复层植物群落，有的是作为私密空间，

图 4

图 5

图 6

图 7

图 8

图 9

图 10

图 11

图 12

图 14

图 15

图 13

图 16

图 18

图 18

图 19

图 20

图 21

图 22

为游人提供交流和休憩的场所，有的规划成下沉广场，营造出更为独立的空间氛围，方便游人进行群体性的健身活动。休闲广场北侧区域整体抬高 1.8m 左右成为广场区域的至高点，使整个广场错落有致，竖向上更加赋予节奏和变化。其前景处设计了一组圆形搭配的喷泉池，喷泉配上后面凹凸质感的挡墙给整个空间环境又平添了几分灵性（见图 18 ～图 24）。

3.2.2 童趣天然——儿童乐园

儿童乐园平面上采用了一系列大小不同的圆形广场进行搭配，在构图上就给人以充满动感和趣味的印象。儿童乐园在规划上做了系统分区，对不同年龄段的孩子划分出了适合他们的活动空间。儿童乐园在设计上追求现代化和高标准，采用色彩变化丰富的透水材料作为铺装配以高档的游乐设施，与美观适宜的植物组团相结合，保证儿童游乐场在具备趣味、安全、娱乐的同时又与美丽的园区景观相映衬，成为观赏的一景。采用景中景，一景多用的设计手法，观赏与使用功能相兼顾（见图 25、图 26）。

4 现代风格的铺装和景观小品

小品在公园硬质景观中具有举足轻重的作用，精心设计的小品往往成为人们视觉的焦点和园区的标识。立水桥公园在景观小品和铺装节点上也是力求创新、实用、美观相结合（见图 27 ～图 32）。

5 植物景观的营造

城市公园植物营造的目的是改善自然与人，自然与经济，生物与生物，生物与环境的多元关系。本区域最缺少的是大片的乔木林，因此公园植物景观的构建是以体现速生的乔木林为主体的复层式群落种植。北部以开花乔木林（红花刺槐、栾树、合欢等）及秋色叶树种银杏、法桐为主点缀高大雪松。东南部突出以大片的垂柳，立柳及山桃、山杏、梨花为特色的植物景观。园区内的两种主要复层种植搭配形式：

(1) 上层：油松、红花刺槐、银杏、栾树；中层：山杏、木槿、紫薇、山桃；下层：鸢尾、玉簪、月季。

(2) 上层：白皮松、千头椿、旱柳、合欢；中层：碧桃、连翘、榆叶梅；下层：大花萱草、宿根福禄考、月季。

这样遵循自然规律的复层植物搭配既丰富了植物景观层次，也起到了减缓热岛效应，并由热岛效应进化为绿岛效应，以便达到更好的营造城市小气候的目的（见图 33 ～图 36）。

6 结语

建成后的立水桥公园，极大地改善了周边地区的环境，得到了广大市民特别是周边居民的一致好评。孩子们有了游憩的场地，年轻人有了运动休闲的去处，老人们在公园里谈天说地，锻炼身体，公园里一片其乐融融的景象。

立水桥公园项目也是充分利用社会资金进行

图 23

图 24

图 25

图 26

图 28

图 29

图 27

图 30

图 31

图 35

图 33

图 34

图 35

图 36

实施建设的一次有益尝试，它充分调动投资者的积极性将闲置资金用于绿地建设，更好地为人民大众服务。但同时也发现了一些不足之处，比如部分节点方案由于突来的资金问题未能实施，施工过程中的质量把控等问题同样值得去思考和逐步完善。

历史名园植物景观的传承

——以香山公园历史文化植物景观的保护和恢复为例

周肖红　北京市香山公园　北京　100093

摘　要：文章论述了历史名园植物景观的保护和传承在园林管理中的重要意义，介绍了香山公园历史植物景观保护和恢复的管理策略，介绍了香山公园在红叶景观保护、杏花景观恢复、野菊景观恢复等植物景观恢复保护的成功实例。总结了历史名园在植物景观保护和文化传承中的管理重点。

关键词：历史名园；植物景观；传承；保护

1 历史名园植物景观的重要意义

历史名园拥有悠久的历史，深厚的文化，其中植物景观是其造园的重要元素，正如《园冶》所述，植物之于园林，如人之肌肤毛发；植物景观给予游人最直接的美感。植物景观或为园林中点题、点景、主景，或直接参与景点营造，古典园林中的大量建筑都是专为观赏植物而建；如杏花山馆赏杏花（圆明园）、十八曼佗罗花馆赏茶花（拙政园）、皋涂精舍赏桂花、来芬阁赏荷花（香山静宜园）、闻木犀香轩（留园）等等，不胜枚举。

古典园林追求园林的意境和境界，园林中的植物的不单是用来装饰和观赏，往往还有其它寓意，成为主人的理想和寄托。因此很多皇家园林中的庭院往往种植牡丹、玉兰、海棠，寓意玉堂富贵；书院喜植梧桐，寓意高洁的情操和主人的富贵不凡（有凤来栖）；梅、兰、莲、菊寓意品德高洁，为文人雅士所喜；如果失去了植物的配合，古典园林的意境就无法完全的诠释，它的文化传承就不可能做到完美。

因此历史植物景观和景观文化是历史名园的珍贵遗产，它们传递了古老的文化信息，蕴涵了丰富的文化意趣和艺术特色，在文化传承中发挥着重要作用。

植物景观不同于其它园林要素，它有一定的生命周期，不断变化生长；植物景观的营建是一个连续不断的过程；因此在历史名园的管理中，保护和恢复历史植物景观是一个长期不断的过程，要了解历史名园植物配置的原则和规律，对历史植物景观进行有效的发掘和保护；使植物景观改造中保持稳定和可持续性的发展，避免植被更替中的随意性，使历史信息保护和文化得以传承。

2 香山的历史文化植物景观

香山公园是北京西北郊著名的历史名园；清代为皇家园林静宜园，更早的建园历史可追述到金代大定二十六年（1186），以后的各朝在香山都有园林兴建。香山自然条件优越，植物种类丰富，植被繁茂，在整个建园历史中，留下了大量具有特色的植物景观：香山地处西山东麓，得山林之胜，其自然山地园的布局，自成天然之趣，不烦人事之工。其植被特点以原生的华北自然乡土植物为特色，如香山红叶黄栌，现在知名度仍很高。香山在清乾隆时期扩建为静宜园，在乾隆十年七月动工，第二年三月就正式建成，建园非常快，建园大部分精力用于建筑的构建和布局安排上，因

作者简介

周肖红／女／1972年生／毕业于北京林业大学园林学院／现在北京市香山公园管理处工作，高级工程师。

为香山原生植物就很茂密，并不需要增加更多的植物。除原有植物，香山的庭院、院落中，则按照古典皇家园林的造园惯例补种了各类奇花异卉，营造富丽堂皇、雍容华贵的风格；留下了来青轩的海棠、欢喜园的牡丹、玉华岫的芍药等珍贵应时花卉的记载。

此外，香山历史上寺庙众多，寺庙园林是古人赏花、收集种植花木的重要场所。香山寺、宏光寺，就有“金界香莲”、古莲池、七叶树等各种与寺庙文化有关的植物景观记载。碧云寺则是一个被园林包围的寺庙，正殿庄严肃穆，别院花木繁盛。历史上留下很多别具特色的植物景观记载，如瘿柳、黄金竹、荷花、梅花等。

香山玉华岫的皋涂精舍、见心斋的来芬阁等，本身就以植物景观直接点题，或以植物的典故和植物的某种特点来命名。

与香山有关的游志方记也记载了大量植物景观方面的描写，一些游记、诗词不仅记录了植物的名称，而且留下不少园林意境的描述。特别是香山在静宜园时期的乾隆御制诗文，留下大量涉及植物的篇章，有松、柏、桂、金莲花、梅花、芍药、海棠等，成为考证香山在静宜园时期各景点植物配置的重要依据。

香山自 1956 年开放为公园后，在历史植物景观构筑公园文化方面开展了大量的工作，在古园的风貌保护方面成效显著。

3 香山历史文化植物景观保护和恢复实例介绍

3.1 “绚秋堪入画，开锦恰过云”——香山红叶文化景观的保护

香山红叶是香山最具特色的植物景观，历时 800 多年的历史，现在仍每年吸引大量的游人。金代诗人周昂《香山》一诗中留下：“山林朝市两茫然，红叶黄花自一川”的描写，可见香山红叶在金代已具规模；明朝朱国乍《秋入香山》有诗句：“置身著色屏风中，梨叶新红柿子黄”，描写了西山一带秋色的浓艳和山野情趣；《长安客话》记载：“西山春夏之交，晴云碧树，花气鸟声，秋则乱叶飘丹”；至清代，香山辟为皇家园囿，乾隆亲题静宜园二十八景中，就有绚秋林一景，位于现香山公园雨香馆东。乾隆更在其《绚秋林》一诗的序中写到：“山中之树，嘉者有松、有桧、有柏、有槐、有银杏、有枫。深秋霜老，丹黄朱翠，幻色炫彩，朝旭初射，夕阳返照，绮颉不足拟其丽，巧匠设色不能穷其工”。生动的描写了香山深秋一派绮丽的景色。

从历代文献中可以看出，香山很早就以秋色著称，到了清代更有了固定的景点，文献中还提到了梨、柿、杏、枫等各种秋叶树种。现在香山红叶的主要树种是黄栌，古时称为栌树。华北地区的黄栌林一般呈灌木状，黄栌高 1 ~ 2m，胸径不超过 10cm，而香山黄栌普遍高 4 ~ 5m，胸径 10 ~ 15cm，树龄 50 ~ 80 年，有些已过百年，这在华北地区是不多见的；可见香山的黄栌林长期受到人工保护。从林区调查情况来看，红叶林区黄栌的树龄从百年到二三十年不等。树干解析分析最大的树龄可达 120 年，推断香山地区在清末就形成以黄栌为主体树种的红叶林。黄栌是速生树种，寿命较短，过百年的老树少，所以黄栌在香山最早的形成规模的时间当远不止 120 年。自古以来，我国人民就有秋日登高的风俗，香山地处城郊，景色秀美，自然为人们所爱。香山红叶的景色不仅很美，更是已经形成一种特色植物景观文化，成为人们生活习俗中的一部分。

为保持和发展香山红叶景观，香山公园每年进行黄栌的种植，保持黄栌的数量在 10 万株左右；设立专业的养护队伍。针对部分区域黄栌数量减少，黄栌林区养护管理基础设施差，黄栌总体长势弱，林区人为干扰加大等问题；香山公园在 20 世纪 80 年开始进行了多层面的研究，函盖了规划、生态、生理、植保、环境等各个方面。规划管理的内容包括《香山红叶十年规划》，香山红叶生态、社会、经济效益分析及发展对策及对我国其它红叶风景区考察报告和对管理策略的分析。技术研究部分的内容包括生态、群落、病虫、水土保持、叶色等方面，成为各项管理策略实施的技术基础和保证。在香山红叶景观林规划，保持和扩大红叶面积，保证红叶林的生长，保持其叶色效果，提高观赏效果等方面取得一定的成效；在研究气候的变迁、城市的气候、游人干扰因素等对红叶效果的影响，发掘香山红叶的文化内涵等方面颇具成效。目前，香山的红叶历史、红叶纪念品、红叶纪念馆、资料编制、山下红叶品种、红叶景

观的丰富等工作也在进一步开展中。

3.2“千岩万壑种杏花”——香山杏花景观的恢复

明代时，香山以杏花著名，《帝京景物略》中记载：“香山，杏花香，香山也。香山士女，时节群游，而杏花天，十里一红白，游人鼻无它馥，经蕊红飞白之旬。”的记录，明谢榛更有诗句：“红云看不彻，漠漠杏花林”，可见香山多杏树。历史上香山杏树的记载主要集中在西山晴雪和来青轩一带；公园在20世纪80年代就开始在来青轩往下恢复了大片的杏花林，现已经蔚为壮观；西山晴雪的杏花也得到一定程度的恢复，在林区绿化中，公园将杏花作为黄栌林混交树种，也进一步扩大了杏花的规模。

3.3“红叶黄花自一川”——秋日野菊景观的恢复

秋天香山满山红叶，云蒸霞蔚，但也少不了一片片的黄色野菊来助秋兴，在历代香山的题咏中，从金代开始，就留下众多美丽的诗文，如：“红叶黄花自一川”，（金）周昂《香山》；“秋林无日不黄花”，（明）黄汝亨《香山寺来青轩》；“僧舍黄花开满畦”，“早开黄花为送君”等。秋日黄花可以说是香山漠漠红叶林下不可或缺的点缀，香山的野菊花的观赏历史和红叶一样长。从历史记录香山野菊花分布位置最盛之处应是山下前往来青轩这一条线，也正是红叶的主要观赏线，大量成片的野菊花为观赏红叶增色不少。

近年来，香山逐步开展了野菊景观的恢复工作，筛选了几种野菊作为主要地被植物在公园林区干道沿线栽植；公园玉华沿线、老松林景区等野菊花已经颇具规模，进入秋季，各类野菊次第开放，受到游人欢迎，2009和2010年公园又设立专项资金启动了“红叶黄花自一川”景观恢复工程，在南山恢复种植野菊花2000m^2，进一步丰富了香山红叶黄花的历史景观。

3.4“风霜积古涧，松柏护香山”——香山古树的保护和管理

参天的古树是香山另一道亮丽的风景，这些古树将自然景观和人文景观有机的融为一体，展示着香山的历史悠久和灿烂文化。香山古树有5000多株，种类以松、柏为主，元代香山有护驾长松、松顶明月的景点，现公园水泉院内的三代树，见心斋外的凤栖松，香山寺的听法松等都各具独特风韵，香山的古柏也很有特色，不少从石墙、石缝中长出柏，苍劲古朴，显示出强劲的生命力，观赏价值很高，古柏危涧更是碧云寺八景之一。香山由于古树众多，古树的保护和管理颇具特色，香山较早建立了古树管理的计算机地理信息系统，设立专业的古树养护队，在古树的保护、复壮技术等方面一直处领先水平。

3.5“山中早桂芳，蕊蕊缀枝黄”——玉华桂花景观的考证和恢复

我国桂花栽培历史长达2500年，在园林庭院中栽植，取“桂”者，“贵”之寓意。如“双桂流芳”，“两桂当庭”等吉祥的意义。北方气候不适宜地栽桂花，一般采用盆栽。香山玉华岫景区早在明朝就开始养植桂花，在《帝京景物略》中提到京城中大户人家将家中的桂花运到玉华寺养护过冬，留下岩洞育桂，石泉浇灌的记载。因为玉华寺一是有可保温的岩洞，即花窖；二是有冬季不结冰的泉水，古代没有现代的供水系统，这一点非常重要。明代的育桂岩洞和泉水现在还保留着，技术人员将深井水和泉水对比测定发现，玉华泉水矿物含量较少，属于软水，确实很适合浇灌桂花等南方花木。到清乾隆时期，桂花的委托培养并未停止，但玉华寺的格局发生了一些变化；乾隆在玉华寺南为自己修建了一组院落，其中皋涂精舍的名称，取自春秋时《山海经.西山经》中描述皋涂山多桂木的典故，点出了赏桂的主题。后乾隆每次初秋到静宜园必到玉华寺寻桂，并留下《玉华早桂》等诸多诗文，如：“育桂皆金粟，而何称玉华。”——《玉华寺咏桂树》；“玉华育桂有僧寮，绿叶依然冬弗凋。”——《咏桂》；乾隆在自书的注释中还写到：“寺后有明时所筑石洞，冬时将树入洞避寒，春时出洞置向阳暖处，且有泉滋溉，故京师喜桂者多就此养之，亦不禁也。”诗文和注释记载种植桂花的细节：首先利用岩洞冬季保暖，泉水冬季不冻的优势，展现了古人充分利用自然条件的智慧；而且桂花绿叶经冬不凋，显出很高的园艺水平；此外，记录了当时培育的品种为金桂，因为金桂的香气最为浓郁，是桂花的优良品种；由于利用了香山天气偏凉的

特点，玉华的桂花每年都较别处早开，成为一大特色被多次提到；因为即使是以现代的技术手段，调控桂花花期，使其早开花也是不容易的。

因此，对香山玉华景区来说，只有恢复玉华桂花的景观，才是恢复了玉华岫景区园林意境的真髓。如今，香山公园技术人员已经着手恢复玉华的桂花景观，不仅让桂花在香山凉爽的气候下早开花，而且利用现代温室加温条件来调控花期，使其分批次开放，游人在9月到10月期间都可以欣赏到桂花的芬芳，使香山的香字更加名副其实。

3.6 “一树不为少，雪海何为哉”——香山梅花品种的收集和恢复

梅花在中国有悠久的花文化历史，唐宋后梅花高洁的精神内涵被人们所偏爱，乾隆皇帝还在香山静宜园做起了种梅的实验，乾隆在其咏梅诗的序中写到：“梅于北地不宜，而香山土脉殊胜，卉树皆易植。尝以盆梅移种庭中，今七年，高可八尺许……初夏驻山馆，梅始著花……暗香故不减冰雪中标格。又何必较量迟早之间哉。”将其种梅的过程交代的非常清楚，并点出香山土脉殊胜，也就是小气候好的特点。他在诗中写到：“山中气候迟，清和花始开。一树不为少，雪海何为哉。”有了香山的梅花，连南方的香雪海都不放在眼里了，可见亲自参与园艺工作的魅力，不失为繁忙政务闲暇的一种园艺放松。

香山梅花的记载还见于碧云寺的游记中，如明朝碧云寺咏梅诗文：“竹色半池静，松风一径遥。梅花开未落，相对玉为标。”——（明）朱孟震《碧云寺山房。次日喜雪》，“循池而出道右，幽洞敞明，贮花树其中，时春以半，盆梅盛开，暗香蒙蒙袭衣，玉色灿然”——（明）朱孟震《游西山诸刹记》。

从20世纪80年代开始，香山就开始利用沟谷的小气候优势，建设了梅沟景区，不仅种植了梅花，还收集了不少蜡梅，2009年又在碧云寺景区增加了140多株，几十个品种的梅花。特别是在碧云寺的金刚宝座塔孙中山先生的衣冠冢周围，种植了几十株红梅、白梅，以纪念这位生前钟爱梅花的革命伟人。2010年春季，香山在碧云寺举办了第一届“五福迎春”梅花盆景展和“香山梅花和梅文化”科普展；使碧云寺成为北方地区梅文化的保护传承的重要场所。

3.7 “是莲不出水，非菊却宜山”——香山金莲花景观恢复

香山的金莲花原种引自承德避暑山庄，乾隆在香山停留期间留下了大量金莲花歌咏诗篇。2010年夏季，技术人员经过两年苗木准备后，香山的金莲花首次大面积开花，恰逢乾隆御笔“香山来青轩金莲花”图在嘉德拍卖行以1000多万元成交；引起了媒体市民空前的观赏兴趣，目前栽植量已达500m^2，2万多株。

此外，香山作为历史名园，槐树也很有特点，香山的外围道路，到现在还残余了不少国槐古树；欢喜园的牡丹，玉华寺的芍药，碧云寺的白莲、红白荷花，黄金竹，见心斋莲池，等等，都在进一步考证和发掘中。

4 香山历史植物景观保护和管理总结

4.1 明确公园的发展目标和定位

通过明确公园的定位，确定历史名园植物景观文化的构建目标。

4.2 通过科学的规划指导历史名园植物景观文化建设

通过科学的规划来指导植物景观建设管理。规划保证了目标和定位的法规性、延续性，便于长时间指导公园的建设和管理。通过规划将树种比例，景观特色以原则的方式确定下来。避免在植被更替中随意性，将历史文化植物景观做细做大，使古园风貌可以不断继承。

4.3 实施技术和管理的创新，为构建植物景观文化提供技术基础

现代的科学养护技术，可成为进行历史植物景观恢复、改善最有效的技术支持。香山多年的黄栌基础技术研究为黄栌的养护、植保、营林、林区生态恢复等管理措施的实施提供了有力的技术支持；香山的古树复壮技术目前在行业中也处于领先的技术，保证了香山的古树养护水平；香山通过乡土地被应用课题研究成果，有效保护恢复了公园内大量的甘野菊、菊花脑等野菊，恢复了“红叶黄花自一川”的野菊景观。

4.4. 充分考虑气候、环境变迁对景观恢复可能造成的影响，对湮没已久的景观不可过于强求

4.5 要尽可能继承现有的绿化成果，使之能和历史文献记载的景观布局达到和谐统一

历史植物景观的恢复并不排斥现代的技术，也不能理解为一种单纯的复古，而是对现有景观的优化和升华，使之更具文化内涵和古园风貌。

4.6 要坚持个性，保持历史名园的历史文化特色

历史植物文化景观保护和恢复工作，一是要避免只重视园林建筑恢复，而忽视植物景观建设恢复；二是避免只重视能带来经济效益的植物景观，忽略历史名园园林意境。其次是历史名园一定要坚持特色，杜绝流行跟风，过多使用与历史原貌不符的植物。

5 结语

景观生态学认为：文化影响景观，景观又影响着文化。香山的植物景观也是如此。作为一座历史名山，历经数百年经营，从皇家园林发展为城市公园，时代的变迁给香山的植物景观留下了历史的痕迹，打下了文化的印记。从空中鸟瞰香山和周边地区，我们会发现，香山公园内植被非常繁茂，林木覆盖率很高，树木冠幅大，景观效果好；而香山周边地区相比较就要差一些，不仅覆盖面要小，而且面积最大的是 20 世纪五六十年代营造的侧柏林，尚未达到最好的景观效果。从对植被变迁调查看，由于放牧和垦荒，这一地区的植被在一些历史时期受到很大的破坏，而香山的植被受到的影响较小。因为香山很早就成为皇家营造行宫的地方，皇家禁地保护了香山的植物。香山在古代又是一个寺庙云集的地方，现在我们仍可以看到一些寺庙遗址上人工栽植的参天的古树，基于人们的信仰和风水的观念，寺庙周围的林木得到了很好的保护。正是香山繁茂的植被构成的良好的景观和环境，数百年来吸引了人们在此兴建园林，而人类的活动和欣赏品位又影响了这一地区的植物种类和植物景观，形成香山特有的植物景观和植物文化，它和香山的历史文化、宗教文化等一起构成了香山丰富的历史植物文化特色，为香山在红叶文化、历史名园造园理念传承，提供了更为丰富、鲜活、有生命的考证，提供了更丰富的空间和发展方向。

植物是园林的载体，植物景观体现一个国家地区的文化特征、历史渊源。传承构建历史名园的植物景观文化，是我们建设社会主义和谐社会，建设富有特色的世界城市的必然趋势。人们的审美水平提高，文化水平提高，社会的经济实力在提高。历史名园特色植物景观文化保护和恢复继承，将会受到更多的重视；如北京市公园管理中心一园一品建设的提出，各公园规划工作的逐步推进，无不体现了这一迫切的要求。

北京保留了大量包括皇家园林在内的历史名园，数量多，面积广，是一份珍贵的历史文化遗产。植物景观作为其中不可分割的一部分，是最优美、最具生命力的资源，是公园在构建和加强特色文化进程中不可缺少的一部分。需要我们在微观的技术支持上，中层管理策略上，宏观的规划决策上，进一步提高认识和认知的层次，并确实加以实施，使历史名园植物景观的保护和传承进入可持续发展的良性循环。

参考文献

[1] 香山公园管理处．香山公园志，2001.
[2] 香山公园管理处．清·乾隆皇帝咏香山静宜园御制诗 [M]. 北京：中国工人出版社，2008.
[3] 陈菲等．唐诗花园 [M]. 北京：农村读物出版社，2005.
[4] 周武忠等．园林植物配置 [M]. 北京：中国农业出版社，1999.
[5] 柏原．谈花说木 [M]. 天津，百花文艺出版社，2004.
[6] 何小颜．花与中国文化 [M]. 北京：人民出版社，1999.
[7] 张孝岳．梅与梅文化 [M]. 北京：中国农业出版社，2005.
[8] 北宋·沈括．梦溪笔谈 [M]. 延吉：延边人民出版社，2000.
[9] 清·李渔．闲情偶寄 [M]. 扬州：江苏广陵古籍刻印社．
[10] 清·陈昊子．花镜 [M]. 北京：中国农业出版社，1995.
[11] 花卉果木编 [M]. 上海：上海古籍出版社，1991.
[12] 贺士元等．北京植物志 [M]. 北京：北京出版社，1984.

花园城市堪培拉的首都开放空间系统

王澍　中国 · 城市建设研究院　北京　100083

摘　要：堪培拉的国家开放空间系统作为一个多功能的系统，它创造了伟大的景观，并且塑造了国家首都独一无二的景观特色。本文介绍了开放空间系统的发展历史、各种组成部分以及空间类型，向读者展示了一个多种空间相互联系、紧密结合的可持续生态环境，并对其成功的经验进行了总结，让人从中引发更多的思考。

关键词：花园城市；绿地空间；开放空间；堪培拉

澳大利亚首都堪培拉（Canberra）位于澳大利亚东南部的新南威尔士州（New South Wales）内，距悉尼约 320km。南北长 80km，宽 30km，总面积为 2432km²，海拔 550m，人口约 30 万。“堪培拉”命名在 1913 年，建设于 20 世纪下半叶。这个名字来自澳大利亚土著民族的语言，意思是“聚会之所”。原先堪培拉所在为一片荒野，后因悉尼与墨尔本两城争夺首都，这里才被选择作为首都建设用地。根据格里芬的设计（Walter Burley Griffin’s plan），通过后来成立的联邦政府和首都行政区 (the Department of the Capital Territory) 的不懈努力，堪培拉终于成为了今天众人所见的绿地开放空间与城市功能充分融合的花园之城。

1 花园城市与格里芬规划

花园城市也叫做田园城市，这一概念源于 1820 年由著名的空想社会主义者罗伯特·欧文 (Robert Owen，1771 ~ 1858) 提出的“和谐村”。花园城市的理论最早是由英国建筑学家霍华德在 1898 年于《明天的花园城市》提出，书中提到城市建设要科学规划，突出园林绿化。宗旨是使城市既有活力与效能，又有洁净美丽的景色。他设计的“花园城市”的模式图是一个由核心、六条放射线和几个圈层组合的放射状同心圆结构，每个圈层由中心向外分别是：绿地、市政设施、商业服务区、居住区和外围绿化带，然后在一定的距离外配置工业区。整个城区占地面积为 2400hm²，被绿带网分割成 6 个城市单元，每个单元都有一定的人口容量限制。新增人口再沿着放射线在母城外面新设卫星城。

在澳大利亚举办的 1912 年堪培拉规划国际设计竞赛中，美国建筑师格里芬的规划方案脱颖而出。该方案以国会山为中心，建造放射型的城市街道，每一街道指向组成澳大利亚的所有州区，高耸的国会大厦象征权力中心，又代表全国的心脏，迎合了政府和人民多方的心理，塑造了一个成功的政治性布局理念。此外，格里芬的规划深受花园城市影响，突出了轴线、射线、对称等布局关系，以绿色为背景将自然景观与城市结合，同时又突破传统的花园城市结构，运用更加多变和弹性的设计手法，使得很多年后的今天，规划仍然能够适应不断发展的城市和人口的需求，因此有学者说堪培拉是最接近霍华德理论的花园城市。

设计合理利用了基地山峦和水面，以首都山上

作者简介

王澍 / 女 /1984 年生 / 本科毕业于北京林业大学，硕士毕业于新南威尔士大学 / 城市建设研究院，助理工程师。

山峰为圆心，15km为半径，从北向东往南顺时针方向的环城路为一个半圆弧线，再以南北两条宽阔的国道联邦大街(Commonwealth Avenue)与国王大街(Kings Avenue)为边，构成一个扇形。并在堪培拉西部建筑了一个水坝，将山下的莫朗格罗河（Molonglo River）流切断，改造成一个巨大的人工湖，方案以首都山为中心规划了三条主要的城市空间轴线：一条为由南到北，自红山、经首都山再到安斯利山（Mt. Ainslie）的主轴线（图1）。此轴线的中心部位为三角形的地段，拟布置国家级政治、文化、艺术方面的建筑；第二条东西向贯通格里芬湖的视觉轴线，西端为黑山(Mt. Black)，山顶建有电视塔，为城市标志之一；第三条由首都山通向城市商业、服务业文化中心的轴线。它既是视觉轴线，也是城市主要的交通线路之一。

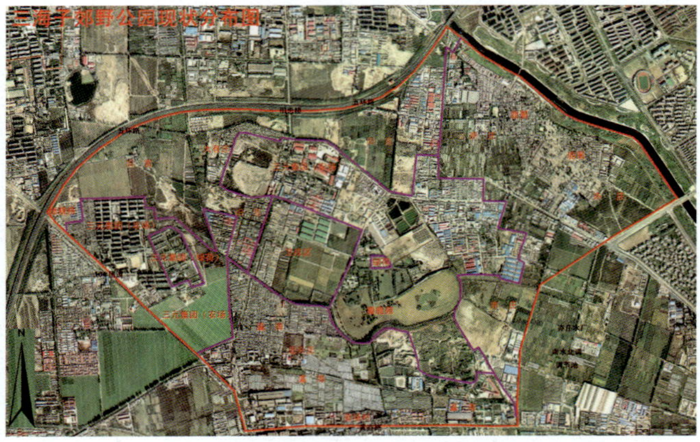

图1 堪培拉的中轴线

2 空间开放系统

在格里芬的总体规划推出之后，为了更好地保护景观和周边环境，让首都稳步发展，首都发展委员会(the National Capital Development Commission)与首都行政区建立了首都开放空间系（the National Capital Open Space System），范围包括：公园、内山、勾勒城市边界的山脊、湖泊、河流廊道、以及西部的远山和灌木草地（图2）。空间开放系统的建立不仅为首都创造了一个视觉上的美丽景观，同时也成为社会综合功能的载体，对城市的文化、娱乐、以及经济的发展都起到了很大的促进作用。

2.1 格里芬湖

格里芬湖和它的周围绿地在城市开放空间系统中起到很重要的作用。根据格里芬的规划，格里芬湖是莫朗格罗河（Molonglo River）筑坝截留后形成的一个中央湖泊。它于1960年建成，9km长，1.6km宽，水域面积达664hm^2。

格里芬湖具有非常高的审美价值。它为堪培拉的中心地区提供了一个优美的景观环境，同时还成为国会大厦的前景，形成依山面水的风水格局，突出国会大厦政治上的重要地位，强化了堪培拉作为首都的形象景观。除此之外，政府还鼓励在湖区进行休闲娱乐、科考研究、水体净化、生态保护等项目的开展，让湖岸成为一个具有活力的场所，成为城市文化与娱乐的载体。

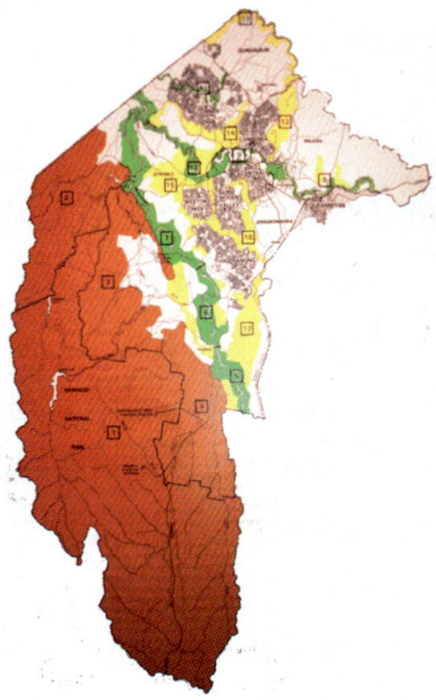

图2 山体、水体、灌木林的资源分布　图3 主要的山脊山脉和视线

2.2 山丘与山脊

山脊山丘在开放空间系统中也扮演了很重要的角色。它们提供了各种至高点和好的视角点，让人可以将堪培拉的大尺度美景尽收眼底，同时它们“一分一合”，既能形成界限和屏障，对不同的区域进行分割，又能成为通廊，将破碎的地块进行连接（图3）。在功能上，这些山脊和山丘也不尽相同，有隔离作用、保护作用、衬景作用、休闲作用以及作为周边居民的避灾场所。

2.3 河流廊道

河流廊道主要由穆朗比基河(Murrumbidgee

River）和莫朗格罗河以及格里芬湖共同组成。他们除了是堪培拉景观的重要构成元素之外，还是人们娱乐、休闲的场所，更是吸引旅游团队的主要景观。规划对河流廊道是采取重点开发的方式，像穆朗比基河与莫朗格罗河主要以保护为主，而格里芬湖则开发了很多景点来吸引国际游客（图 4）。

2.4 山体与灌木林

这部分资源主要位于首都的西南面，以那马吉国家公园和提彬比拉（Tidbinbilla）河流域为主，形成首都波澜壮阔的远景，众多的半开放、半野生空间让这里充满了回归自然的郊野风情（图 5）。规划中这一片地带主要是以保护自然资源为主，保护水源维持自身灌溉，进行服务设施的修建，形成未来的旅游度假地。

3 开放空间类型

堪培拉的开放空间主要由四大类型组成，每种类型的空间又具有它们相应的规划和管理条例，它们各自具有不同功能又相辅相成，共同形成首都具有自身特色的景观风貌。

3.1 标志空间

“标志性空间主要是提供独一无二的和具有纪念意义的景观。” (National Capital Authority, 2002)

堪培拉作为一个国家的首都，在空间设计上要能够体现独一无二的功能和特点，突出的特殊性和标识性，让城市具有鲜明的个性。设计师主要通过两个层次进行规划。首先是从宏观着手，利用空间开放系统让环绕城市的山地和灌木林成为背景风光，将城市衬托在一片绿意盎然的风景之中，充分挖掘和发挥其花园城市得天独厚的自然条件；其次，规划不光思考了几个标志性空间的具体内容，更加注重它们相互之间的组织和位置，以此来诠释堪培拉作为一个政治中心和国家首都的概念。

由于城市所在的区域地形条件过于复杂，导致在规划和建设中也出现了很多的问题。例如：

图 4 河流廊道的美丽风景

图 5 那马吉国家公园内的古树

以国会为中心的三角布局的具有“城市美化运动”（City Beautiful）的特点，在中轴线上布置了国会大厦、纪念碑等主要的标志性节点作为其景观、政治、形象的主轴，但与同为“城市美化运动”产物的华盛顿特区不同，堪培拉的地形过于特殊，当人们站在山顶的时候能够俯瞰和欣赏整座城市壮丽的风景，但是当人们身临其境的行走其中时，很多散布在公园和绿地中的建筑和标志性的纪念物会被地形所遮挡，一定程度上弱化了其地标的功能。

3.2 保护空间

保护空间主要是行政区域内的自然和文化遗产资源，主要包括：国家公园、遗产与野生地、自然公园等。这些空间直接与当地的气候、水文、植被、生物多样性以及生态系统相联系，因此相关部门制定很多的政策和措施来保护这些空间，并且不断探索发掘他们的娱乐、教育和旅游等方面的使用价值。

在堪培拉由于保护空间分布广阔，从城市内部到城市边缘，不仅是城市绿地的主要构成部分，也是城市景观的重要角色扮演者。因此，当地的专家和学者都将众多的保护空间共同视为堪培拉的景观特色和特征。

3.3 生活空间

生活空间是由市级以及区级公园共同组成，主要满足人们休闲娱乐和旅游等需求。这些空间多为人们日常使用，规划中的要点就是将活动项目的开发和环境的保护协调发展。

例如：在格里芬湖边上建设娱乐设施会让水质受到影响，于是有专家建议让设施退出湖岸，这样保护了湖岸的生态环境，但是缺乏生气与活力，无法聚集人气。于是当地专家对每块地的多方面价值需求进行评估，像保护价值、娱乐价值、生产价值等，然后通过平衡多方的价值取向，来决定每个空间的发展方向，不会一味追求单个空间的某一方面的价值（如：经济价值）而使这个空间在整体规划中失去平衡。

3.4 连接空间

连接空间是由城市带状空间以及功能上起连接作用或者视觉上起到组织作用的开放空间共同组成的。这类型空间在城市绿地中的作用十分重要，他们不仅连接各个公园和小区绿地，让原本独立分散的绿地成为一个整体，同时也是城市重要的视觉通廊、景观通廊和生态通廊。

堪培拉的城市自然景观中有高山、低湖，让人很容易迷失在这样大尺度的景观之中，视线因为众多高大的乔木和复杂的地形受到了阻碍。因此，打造这样一些视觉通廊成为了当务之急，这些通廊不仅指向地标性的建筑物和大公园，也设有人行步道和游步道连接着各个小的分散绿地。

4 意义和经验

4.1 综合遗产价值

通过以上的论述可以看出，堪培拉的城市开放空间系统成功的塑造了其独具特色的空间形象以及可持续发展的生态环境。它的价值已经不仅仅局限于一座建筑、一个公园或者一个雕塑，而是开放空间体系本身，这里面所容纳的高山、沟谷、河流、建筑等丰富的内容相互融合，共同形成了巨大的无法估计的价值。因此，开放空间系统自身就是一笔巨大的遗产和财富。

4.2 需求导向性设计

由于堪培拉作为国家首都具有特殊意义，空间的设置是在以需求为导向，结合自然背景的同时进行布局和规划的。规划者首先思考，堪培拉需要什么？首都城市需要什么？结合各方的意愿，描绘堪培拉的蓝图，从最早的格里芬规划，到经过几轮修改的实施出来的现状，一切都是以实际需求为导向的，这样的开放空间系统必然是为堪培拉量身定做的，因此其具有地域性、标志性，使得堪培拉的特色分外鲜明和突出。

4.3 纪念性建筑的取舍

在开放空间的规划中，并不是所有的建筑物都需要保护。对于一些像 Yarralumla 这样在首都日常生活中没有任何作用的构筑物，或者一些只有极小一部分具有公众纪念意义的构筑物，可以不作保护。“它们事实上只是一些占据大量空间的大型房子，保护起来将非常的浪费钱”(Seddon)。

4.4 坚持和贯彻始终如一

堪培拉可以说是世界上少有的城市，在几十年前就规划好了一街一巷，甚至是一草一木，先后更换了几次的执行机构都前仆后继地坚持着这个规划的贯彻和落实，并且真正的在几十年后将图纸上的规划逐步变成了现实。这个成功的例子也向人们展示了规划必须具有前瞻性，更要有实施的信心。任何一个规划都是需要时间在建设中来逐步修改、完善、实施的，无论领导班子和执行人员如何更换，都应该遵循当初的理念，坚定不移地走下去，才能有结果，否则毫无意义地做了一版又一版的规划，修编了一次又一次，领导班子一换，没有坚持执行的人员，规划和现实将永远没有交点。

综上所述，堪培拉的国家开放空间系统作为一个多功能的系统，它创造了伟大的景观，并且塑造了国家首都独一无二的景观特色。它将多种空间相互联系起来形成了一个可持续的生态环境，为首都未来的发展预留了大量的空间，成为了澳大利亚这个历史并不悠久的国家一笔巨大的遗产和财富。开放空间系统的成功建立具有极大的借鉴意义，我们应该充分地认识它并将经验运用到现在的规划设计和实施中去。

参考文献

[1] Seddon, G. 1977, An Open Space System for Canberra: a policy review, National Capital Development Commiss on, Canberra.

[2] Seddon, G. 1982, 'National Capital Open Space System,' Landscape Australia, vol.4 no.3, pp. 188—194. http://www.aila.org.au/LApapers/papers/seddon/NCOS/default.htm — accessed 10 October 2007.

[3] National Capital Authority, 2002, consolidated National Capital Plan: incorporating amendments, Chapter 8.0 National Capital Open Space System (in particular Sections 8.1, 8.2, 8.3 & 8.7), The Authority, Canberra.
http://downloads.nationalcapital.gov.au/plan/ncp/secd.pdf — accessed 10 October 2007.

[4] National Capital Development Commission, 1987, Lake Burley Griffin, Canberra : policy plan : draft for discussion, Australia.

[5] National Capital Development Commission, 1981, Urban open space guidelines, NCDC, Australia.

[6] National Capital Development Commission, 1967, The Development of the central area of Canberra including aspects related to the new Parliament House, ACT, Canberra.

[7] TERRITORY PLAN, 2003, PART B9: URBAN OPEN SPACE LAND USE POLICIES, http://apps.actpla.act.gov.au/tplan/b/B9.pdf — accessed 10 October 2007.

[8] Meredith Walker & Peter Marquis-Kyle, 2004, The Illustrated Burra Charter: Good Practice for Heritage Places, Australia ICOMOS

[9] Paul Cawood Hllmund & Daniel Somers Smith, 2006, Designing greenways: sustainable landscapes for nature and people, Islandpress, Washington, America

浅谈城市发展中的边缘化开放空间

蒋羿　中国·城市建设研究院　北京　100029

摘　要：论文首先从“边缘”和“边缘化”概念入手，分析边缘化开放空间的特性与其对城市空间产生的影响问题，剖析边缘化开放空间的潜在特质和作用机制，尝试从城市开放空间复兴的角度为北京建设世界城市建言。

关键词：边缘化；开放空间

“紧缩城市——一种可持续发展的城市形态”这一受启于许多欧洲名城的“高密集度”发展模式而形成的城市生长构想，自 20 世纪 90 年代以来迅速席卷全球；而城市开放空间的边缘化无疑是一种“逆可持续”的城市形态发展道路[1]。

一个城市的开放空间是一个有着必然的、内在的联系的体系。边缘化的开放空间，即指那些逐渐被城市生活所“忽略”或“遗忘”的，或曰“失去空间活力”的开放空间，也就是说这些空间的空间属性人为地或自然地变得模糊，使城市作为一个整体的效率下降，进而延缓城市的有机生长。然而事物往往都包含着表象和内涵两个层面，正如马丁·海德格尔所说，“边缘并非事物的结束……而是显现事物的开端。”在这里，我们试图通过对这种现象的形成和特质的认识，探索问题，寻求可能的解决途径。

1 边缘化的由来

1.1 “边缘”和“边缘化”

“边缘”不同于凯文·林奇城市意象五要素中的“边界”——“除道路以外的线性要素，它们通常是两个地区的边界，相互起侧面的参照作用”[2]。生态学里的“边缘”是基于斑块与斑块之间的关系以及生态的“边缘效应”而言的[3]。在这里，我们更多地关注城市的功能性的开放空间，不同的区域群体的临近或交接部分以及区域的内缘，都属于我们研究的范畴。

《古今汉语实用词典》解释“边缘”概念为：“边缘——沿边的部分，靠近界线的，两面的，或多面的关系。”一般意义上讲，是一个事物区别另一事物的空间界定，是异质的，即“边缘”首先是一种介质空间，外部表现为或线状空间，或团状空间，或线状空间与团状空间的组合。由于在城市空间整体布局时分析和考虑不够，致使城市不同空间场地精神无法实现、交通可达性低以及人群或社区生活社会（如我国常见的“大院”社区）等的“边缘化”。这样，这部分开放空间在日常的城市生活中逐渐被人们遗忘、忽略，丧失活力（图 1）。

1.2 边缘化开放空间的主要特性

1.2.1 质态的异质性

异质性是指系统或系统属性的变异程度，外部表现为界面上的突变性和对比度。这是边缘化空间最为突出的空间质态特征。边缘化空间不同

作者简介

蒋羿／男／1983 年生／北京工业大学，城市规划与设计硕士／中国·城市建设研究院，工程师。

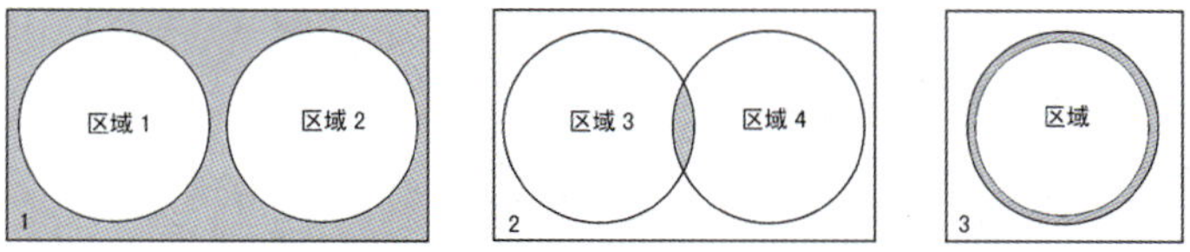

图 1 边缘的理论模式

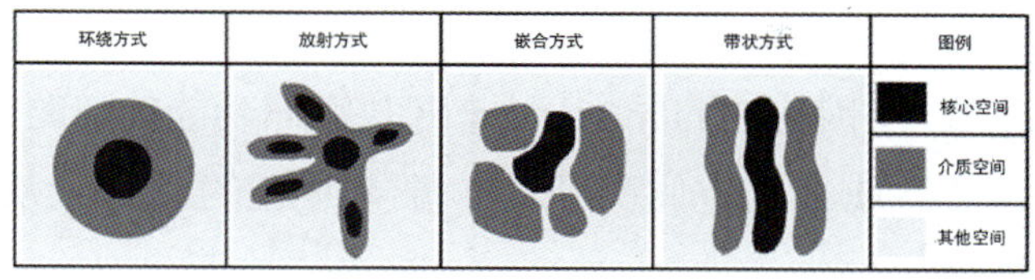

图 4 介质协调的布局方式

图 2 城中村

图 3 立体交通下空间

图 5 明皇城根遗址公园

图 6 OUREM 线性公园

于边缘空间——因汇聚两端空间的“势能”而充满活力，因为它的异质、城市开放空间功能的忽略，而最终使得“空间失活”，原本潜在的活力无从体现。

1.2.2 空间的介质性

地理上仅仅表现为中间地带，若适当合理开放利用，便能“挟多重而复杂的功能涵义，具有融合相邻异质空间特点而又不失其个别特性的空间特征，并具有控制区域间物流能流的半透膜作用”。

1.2.3 公共活动的隔离性

公共活动中，人们无法逾越这种空间的阻碍以及其自身的空间介质性无法体现，使得我们城市的开放空间不再有机统一，不再连续，而是破碎化、点状化，成为了城市开放空间体系网络中的“毒瘤”。

1.3 现实问题的主要形式

1.3.1 城中村

随着城市的不断扩大，“城中村”这一城市形态出现的问题越来越严重。它们都是城市一定阶段的产物，因为基础设施的老化或不能满足现代生活需要、居住人群复杂和难于管理、公共设施的缺乏等，严重影响日常生活的安全性与舒适性，缺乏人文关怀，不便于城市开放空间之间的渗透，就其内部进行研究和改造已是当务之急（图 2）。

1.3.2 立体交通下空间

立体交通下空间包括城市高架快速道、城轨下空间以及立交桥下空间等，就其城市生态性而言，它割裂了城市整体生态系统，弱化了人与人之间的交流，隐含不安全性。现阶段我国大多立体交通下空间多为圈式停车或闲置等。城市作为一个有生命的有机体，不容许这些累赘长期存在（图3）。

1.3.3 废弃地

原有工业或其他破产或迁移后的废弃地，通常这类地需要整改后才能利用，即再开发。

2 潜在特质及利用原则

2.1 介质协调性

边缘化的城市开放空间只是暂时失去空间活力，当它作为一种空间介质时，是两种或多种空间形式之间的中性过渡物质，在不影响与其它空间形式共同存在的前提下，起到隔离、缓解、协调不同城市空间形态及风貌的矛盾的作用[4]。根据边缘化城市开放空间的或线状，或团状，或线状和团状的组合的不同形式，我们将边缘化空间这种介质协调的布局方式归类如下（图 4）：

作为一种介质空间，具有空间性、中性以及基于空间性和中性的连接性的特点。但边缘化空间并不等同于中介空间，介质是边缘化空间的潜在能力，中介空间有着更广的范围，是位于城市中建筑与道路、建筑与建筑、空间与空间之间的过渡空间、联系空间，是城市整体结构的一个环节，它既包括建筑、道路等物质要素，包括人群集聚与活动的空间要素，也包括小品、绿化等环境要素，同时还包括标识、符号等场所要素。

将边缘化城市开放空间适度建设成为核心空间与其他城市空间融合需要的介质空间，实现二者空间形式的缓冲过渡，从而达到维系整体城市风貌协调和城市开放空间有机统一的目的，这便是空间介质协调的基本原理。

2.2 景观性

历史文化遗产——如古城墙这种非点状历史构筑物——就其本身而言，与我们现代的城市开放空间是不相融的，在一定程度上制约着我们城市生活的延续性，它的沿伸使得我们有限的开放空间边缘化；依托文化遗产，利用这狭长的边缘化空间，形成休憩景观廊道，与周边的环境形成良好的过渡，正是这种边缘化的城市开放空间景观性的体现，北京的明皇城根遗址公园就是最好的实例（图 5）。

2.3 生态性

生态学的“边缘效应”指出：边缘地带将“产生超越各地域组分单独功能叠加之和的生态关联增殖效益”。通过把我们边缘化的城市开放空间合理的建设成为具有这样效益的线状或团状区域，提升城市生态系统的优越性。顺应母体城市生态系统的机理，适当定位，活跃整体城市的生态位。同时使城市开放空间趋向于更具弹性和开放性；一个理想、可持续发展的城市，其空间结构应具有开放性、弹性特征，应对增长中的工业经济及其城市开放空间边缘化的现象有一个合理的引导，在对待区域内部与外部区域空间的相互关系上，核心空间的发展不能以牺牲边缘区的环境生态质量为代价，我们要坚持紧缩型城市发展模式，再现边缘化的城市开放空间的活力，提高其生态品位，有利于其介质协调性和景观性的完美体现[5、6]（图6）。

3 结语

城市开放空间是城市赖以生存的空间体系，它的边缘化必将导致城市生活的紊乱，致使城市的整体效率低下；城市开放空间不需要任何累赘，因此必须保持它的有机与有序，边缘化必将导致城市开放空间分散、孤立。在某种意义上说，边缘化的城市开放空间已经失去了开放空间的属性，要恢复其空间活力，需要的是——“再开发”[7、8]。

参考文献

[1] 仇保兴．我国城市发展不能沿用美国模式．城市规划，2006（07）．

[2[赵志模等．群落生态学原理与方法．重庆：科学技术文献出版社重庆分社，1990.9.

[3[凯文.林奇著，方益萍等译．城市意象．北京：华夏出版社，2001.4.

[4] 张建华等．城市历史空间延续中的介质协调方法研究．城市规划，2006（07）．

[5] 刑忠等．论边缘空间．新建筑，2005（5）．

[6] OUREM'S LINAR PARK，OUREM　PORTUGAL 2005．世界建筑，2006（01）．

[7] 戴志忠等．城市中介空间．南京：东南大学出版社，2003.9.

[8] 克莱尔.马库斯等著，俞孔坚等译．人性场所——城市开放空间设计导则（第二版）．北京：中国建筑工业出版社，2001.10.

北京大学口腔医院门诊楼屋顶绿化设计与施工

单进　王月宾　李连龙　杜伟宁　北京市园林科学研究所　北京　100102

摘　要：本文以北京大学口腔医院门诊楼屋顶绿化工程为例，对屋顶绿化的设计与施工要点进行论述。通过案例分析，一方面针对屋顶绿化方案设计，结合医院特殊的工作性质，充分考虑患者在入院治疗恢复期的户外活动需要，提出“亲和自然、安全适用”的设计原则，阐述了影响屋顶绿化方案设计的多种因素，如建筑荷载限制、建筑屋面设备与构筑物分布、屋顶花园所在楼层与朝向、种类与性质、使用对象与观赏视线等，并结合本项目实际情况在详细设计中予以解决；另一方面，从建筑防水保护、种植构造层设计、植物选择与配置原则、树木固定技术、铺装和小品的设置以及屋顶绿化对建筑产生的荷载分析和屋顶绿化施工流程等多个角度，分析了屋顶绿化的特殊性，总结了屋顶绿化施工的技术要点。并针对该屋顶绿化工程设计和施工中遇到的问题，提出了具有实际意义的解决方案和改进方向。

关键词：屋顶绿化；设计与施工；技术要点

1 项目概况

北京大学口腔医院位于海淀区中关村南大街22号，是一所集医疗、教学、科研、预防功能为一体的大型专科医院，日均门诊量达2300余人次，是目前国际上口腔专科医疗服务规模最大的口腔医院。新落成的门诊病房楼总建筑面积为36200m^2，地上15层，地下2层，建筑设计新颖、功能完善（见图1）。北京大学口腔医院屋顶绿化项目于2009年7月由院方组织进行设计招标，设计范围为2层、9层、10层屋顶（见图2），总面积1277m^2，允许荷载为200kg/m^2。

2 项目设计

2.1 设计要求

针对北大口腔医院的特点和建筑周围缺少活动场地的现状情况，本次屋顶绿化项目提出“应充分利用现有空间条件，营造植物丰富、优美和谐的园林景观，供前来就诊的病人游赏、休憩。同时，通过美化环境提升建筑品质”的总体设计要求。由于屋顶荷载不完全满足实施花园式屋顶绿化的条件，故在详细设计中，考虑在构造层材料、植物、铺装、小品、园林设施的选择和设置等方面应用合理的模式，兼顾安全、功能、经济、美观和生态五大要求。

另外，在设计招投标中，甲方提出部分设计要求，需要在设计中予以参考：

（1）屋顶绿化设计、施工应对楼体进行保护。

（2）避免发生患者因各种原因造成坠楼隐患。

（3）2层、10层屋顶绿化以俯视观赏为主，9层屋顶绿化可兼顾参观、游憩功能。

2.2 设计原则

综合考虑屋面荷载、现状条件、甲方要求、景观效果与实用性等因素，结合医院特质，设计

作者简介

单进／女／1981年生／北京农学院园林系本科毕业／北京市园林科学研究所设计室工作，工程师。

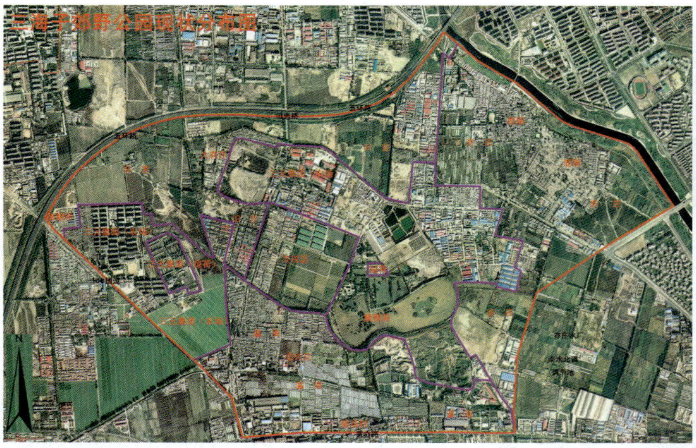

图 1 北大口腔医院建筑模型

图 2 屋顶绿化项目位置示意

图 3 二层屋顶现状

方案以“亲和自然、安全适用”为指导思想，并在详细设计中遵循以下原则：

（1）以生态效益为主，景观效益为辅，渗透绿色、环保、节能理念。

（2）以植物造景为主，利用有限的空间展示生物多样性，体现植物种类和绿化景观的多样性。

（3）通过屋顶绿化体现绿色建筑理念，展示屋顶绿化先进技术与良好的景观效果，提升建筑综合价值。

2.3 设计方案

2.3.1 二层简单式屋顶绿化设计方案

2.3.1.1 现状分析

（1）2 层屋顶总面积 563m^2；屋顶基本为正方形，处于建筑西南角；中间天井面积 110m^2，由方格状采光板构成；周边设有序列通风管，进风口、排风口的位置靠近建筑边角，对今后设计有一定影响（见图 3）。

(2) 按照甲方要求，屋顶花园一般不对外开放，仅作观赏，以鸟瞰效果为主，立面观赏为辅；鸟瞰观赏视线主要来自屋顶花园北侧建筑内 3 ~ 8 层门诊候诊室，立面观赏视线来自建筑内 3 层诊室的候诊大厅以及治疗室。

2.3.1.2 详细设计

（1）在建筑墙体与女儿墙周边预留宽度为 1m 的通道，并巧妙地将屋面通风管包围在绿地中（见图 4）。

（2）西侧屋顶花园入口区域局部放大铺装，便于维护设备运输或参观视察工作等特殊情况时的人流集散；东侧因避让进风口，铺装局部加宽至 2m，以保证平面图案边界相对完整流畅。

（3）采用自然流畅的图案式种植，种植设计以地被植物为主，适当点缀低矮的灌木以丰富植物配置的种类和层次；注意天井采光板周边避免种植体量较高大的植物，防止遮挡光源。

（4）添加北大口腔医院院标 LOGO，应用景天科植物、耐修剪的色块植物等表现图案，标识的正面观赏方向为建筑内部候诊大厅（见图 5）。

（5） 建成后屋顶花园景观效果见图 6。

2.3.2 十层简单式屋顶绿化设计方案

2.3.2.1 现状分析

（1）10 层屋顶总面积 180m^2；屋面为船型，尖头向西；女儿墙高 1.6m；两组进风口位置基本不影响设计（见图 7）。

图 4 二层屋顶花园设计方案—平面图

图 5 二层屋顶花园设计方案—效果图

图 6 二层屋顶花园景观照片（2010 年 7 月）

图 8　十层屋顶花园设计方案—平面图

图 7 十层屋顶现状

图 9 十层屋顶花园景观照片（2010 年 7 月）

（2）按照甲方要求，屋顶花园一般不对外开放，仅作观赏，以鸟瞰效果为主，立面观赏为辅；鸟瞰观赏视线主要来自建筑内 11 ～ 14 层住院处病房，立面观赏视线来自建筑内 11 层，本层主要为药剂科库房，东侧入口内大会议室是屋顶花园的主要观赏点。

2.3.2.2　详细设计

（1）在建筑墙体与女儿墙周边预留通道，北侧（建筑侧）通道宽度为 1m，南侧（女儿墙侧）通道宽度为 2m，避让进风口（见图 8）。

（2）绿地的构图形式与建筑设计的几何外形相随，俯视效果和谐统一；种植形式沿用二层流畅的自然式曲线，上下呼应。

（3）本层花园建筑入口内东侧为大会议室，设计时增加小灌木以丰富立面景观观赏效果；入口处设置小型铺装，便于人流集散；增加种植池，栽植主景灌木。

（4）入口东侧绿地空间较为局促，且灌木生长需求的土层厚度较大，与常规的地形处理的手法相抵触，故提出将栽植灌木处统一做种植池处理，以解决这一矛盾。

（5）在女儿墙一侧放置序列盆栽，用绿色植物弱化女儿墙较高带来的视觉障碍，同时巧妙隐蔽两组进风口。

（6）建成后屋顶花园景观效果见图 9。

2.3.3 九层花园式屋顶绿化设计方案

2.3.3.1 现状分析

（1）9 层屋顶总面积 534m^2，整体为长方形，长轴南北向，短轴东西向；女儿墙高 1.6m；屋面现有间距不等、序列分布的通气管 17 个；通气管的不规则分布形式和处理方式对设计提出较高的要求（见图 10、图 11）。

（2）甲方要求设计为可进入式屋顶花园，故在景观设计中应兼顾了鸟瞰效果、游憩观赏以及由建筑内部向外的透视效果。

（3）　鸟瞰观赏视线主要来自建筑内 10 ～ 14 层办公区、住院处病房，立面观赏视线来自建筑内 10 层，本层为手术室，在通向手术室的“阳光走廊”外即为屋顶花园，是医护人员手术准备的必经之路，也是医护人员“解压”的理想场所。

2.3.3.2 详细设计

（1）本层的性质较为特殊，因允许开放使用，要防止病患接近屋面边缘发生坠楼安全隐患，故不再设置环形工作通道（见图 12）。

（2）在女儿墙内加设高 1.8m 的金属网，采用攀援植物进行遮挡，这一虚空间的分隔手法，既能够缓解实体墙造成的压抑感，又为攀援月季的生长提供了较好的载体。

（3）通气口的处理是较为棘手的问题，为避免其出现在铺装范围内影响通行，需要将这些通气口最大程度地围合在绿地中，因此根据其分布的位置，设计出折线园路、自然曲线园路，以及较大铺装面积结合景观柱收纳通气口的形式等多个方案，并经多次修改、整合，最终选定当前“弧线版”方案。

（4） 设计方案在北侧入口区域保留较大面积铺装，便于人流集散；定制方墩、条凳两种木质座凳外壳，内藏通气口，看似零散，但每两行中间镶嵌一道月季花池，就使得座凳之间有了行列关系，紧密有致；由弧线园路自然引导至中心圆形小广场，将广场抬高一个踏步，并于一侧砌筑曲线小花池，这样通过 3 个竖向层次提升，在空间上产生变换感；广场与园路铺装以不同的颜色区分、提示；继续沿园路前行，至南侧入口，又是一个开放的活动空间，设置树池，种植观赏灌木作为主景；整体上形成“放→收→放”的游赏韵律。

（5）9 层屋顶花园观赏与游憩并重，设计中在双侧入口的小广场区域及园路单侧布置节能环保太阳能草坪灯，在保证夜间照明的同时，使得花园夜景观赏效果别有情趣；添置体量轻盈的铁艺花钵、遮阳伞等园林小品及设施，便于移动和收纳，活跃气氛。

（6）建成后屋顶花园景观效果见图 13。

2.4 屋顶绿化荷载分析

在屋顶绿化方案设计前，首先要根据建筑荷载确定屋顶花园的类型，计算种植荷载，保证这一数值在建筑屋顶允许荷载范围内，这样使设计方案有充分依据，提高可行性。园林建筑、铺装、小品的设置同样需要计算，本文仅以种植区为例。种植荷载包括种植区自下至上的全部材料在自然状态下所产生的的整体荷载，即隔根层、保湿毯、排（蓄）水层、隔离过滤层、种植基质层和植被层

图 10 九层屋顶现状

图 11 九层屋面通气管分布示意图

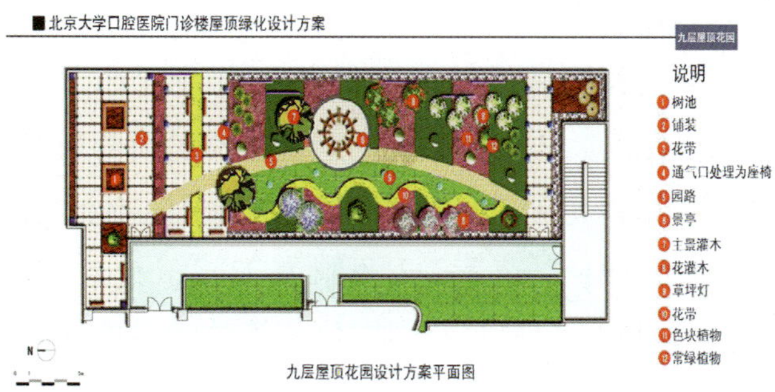

图 12 九层屋顶花园设计方案

图 13 九层屋顶花园景观照片（2010 年 7 月）

在单位面积上的重量总和。

本次项目在建筑设计时考虑了屋顶花园的建设，荷载设定为 200kg/m^2。根据屋顶绿化规范中植物材料平均荷重和种植荷载参考表（参见附表 1），本次种植设计应以低矮的小灌木、地被植物、草坪相结合的植物配置模式为主，慎用大灌木和乔木。

2.5 植物选择与种植设计

2.5.1 屋顶绿化植物选择原则 [1]

（1）遵循植物多样性和共生性原则，以生长特性和观赏价值相对稳定、滞尘控温能力较强的本地常用和引种成功的植物为主。

（2）以低矮灌木、草坪、地被植物和攀援植物等为主。

（3）选择须根发达的植物，防止植物根系穿透建筑防水层。

（4）选择易移植、耐修剪、耐粗放管理、生长缓慢的植物。

（5）选择抗风、耐旱、耐高温的植物。

（6）选择抗污性强，可耐受、吸收、滞留有害气体或污染物质的植物。

2.5.2 种植设计

本项目种植设计在参照北京市地方标准《屋顶绿化规范》[2] 的基础上，结合医院屋顶荷载状况和各层屋顶花园的使用性质，确定了植物种类 40 种（含品种）（苗木表参见附表 2）。

2 层与 10 层屋顶花园定位为简单式屋顶绿化，以图案式地被栽植模式为主，选用金娃娃萱草、佛甲草、红叶酢浆草、砂地柏等组成颜色亮丽、舒缓流畅的色带，适当点缀寿星桃、金叶莸、大叶黄杨球等小灌木。为便于施工养护，降低养管费用，不选用应时花卉。在实际施工中 2 层屋面按甲方要求取消了医院标志模纹。

9 层定位为花园式屋顶绿化，以具有较高观赏价值的小型乔、灌木为主，结合草坪地被植物的复层配置模式，突出生态效益。植物配置遵循“背景高、前景低”的原则，既要考虑花园内的游赏景色，还要考虑到“阳光走廊”内的观赏效果，因此植物配置在走廊一侧要适当留出透景线。为保证花园的四季景观效果，选用了造型油松等常绿乔木，苗木在挑选时严格控制体量，高度不超过 2m。

3 屋顶绿化施工技术要点

3.1 施工流程

为保证建筑结构安全、防水安全和植物成活，本项目施工严格按照如下施工工艺流程进行（见图 14）：

清扫屋顶表面→验收基层（蓄水试验和防水找平层质量检查）→铺设防水层→铺设隔根层→铺设保湿毯→铺设排（蓄）水层→铺设过滤层→铺设喷灌系统→绿地种植池池壁施工→铺设人工轻量种植基质层→植物固定支撑处理→种植植物→铺设绿地表面覆盖。

图 14 施工流程示意图

3.2 防水层应注意的问题

屋顶绿化要求防水性能高且耐久年限长，所以在工程施工前，必须经过蓄水实验并验收，及时补漏，必要时做二次防水处理。

本次防水层选用 SBS 改性沥青防水卷材，不具有隔根功效，需要单独铺设隔根层材料。

在屋顶花园后期养护管理中，应及时清理屋面枯枝落叶，防止排水口堵塞造成壅水倒流，危及植物生长和防水安全。

3.3 屋顶绿化种植构造层设计

根据本项目的特点，屋顶绿化种植构造层设置了隔根层、保湿毯、排（蓄）水层、隔离过滤层和种植基质层。植物所需种植基质厚度及荷载（见附表 3）。种植构造层断面图和基层结构示意图见图 15 和图 16[3]。北大口腔医院屋顶绿化种植构造基层材料选择见表 1。

3.4 树木固定技术

屋顶环境较地面风力大，且种植土层薄，因此在 9 层屋顶绿化中，高度超过 1.5m 的树木都采用了地下金属网拍固定法。

具体固定方法是将金属网拍（尺寸为固定植物树冠投影面积的 1 ～ 1.5 倍）预埋在种植基质内；用结实且有弹性的牵引绳将金属网拍四角和树木主要枝干部位连接，绑缚固定，绑扎中注意对树木枝干的保护；依靠树木自身重量和种植基质的重量固定树体，防止倒伏。

4 设计与施工中的问题及解决方法

4.1 工作通道的多种功能

在屋顶绿化设计中，一般都沿建筑及女儿墙

表 1 北大口腔医院屋顶绿化种植构造基层材料选择

构造层	材料	主要指标	施工要点
防水层	SBS 改性沥青防水卷材	厚 4mm	双层铺设
隔根层	HDPE 膜	厚 0.8mm	搭接宽度 500 ～ 1000mm
排（蓄）水层	HDPE 排水板	厚 25mm，蓄水 5kg/m^2	对接
过滤层	长纤维聚酯过滤布	150g/m^2	搭接宽度 ≥100mm
种植基质层	宝绿素	干容重 120kg/m^3，湿容重 450-650kg/m^3	平均覆土厚度 300mm
植被层	见附表 2 北京大学口腔医院屋顶绿化苗木表		

图 15 屋顶绿化构造层断面图

图 16 屋顶绿化基层结构示意图

图 17 树木固定

图 18 十层建筑基部佛甲草局部死亡

图 19 九层攀援植物依附金属网拍生长

图 20 十层局部灌木采用种植池种植的方式

图 21 屋顶通气管分布现状

图 22 屋顶通气管美化处理

图 23 不锈钢围挡

预留环形工作通道，通道宽度 1m。环形通道的设计便于工作人员进行屋顶绿化养护作业，建筑墙体维护、维修、清洁作业，以及维护设施设备的运输与运转。

在 10 层屋顶花园的设计过程中，入口左侧空间较小，为增加绿量，提升建筑内部会议室的景观观赏品质，全部作为绿地处理。但后期项目回访过程中发现，建筑立面铝扣板的辐射造成附近佛甲草死亡，形成局部斑秃 (见图 18)。如果预留一定宽度的铺装（通道）能够避免高温、辐射等因素影响植物生长。由此看来，九层屋顶花园的藤本植物依附网拍生长，比直接接触女儿墙生长更为合理 (见图 19)。

4.2 小空间种植灌木的处理

屋顶绿化植物生长需要提供人工基质，一般是通过微地形处理的手法，满足不同种类植物所需的基质厚度，即在基质较厚的地方种植灌木，较薄的地方种植地被植物。

10 层屋顶花园的入口左侧种植有大叶黄杨球。

图 24 二层色带植物种植效果（2009 年 9 月）

根据屋顶绿化规范要求，至少需要 40cm 厚的种植基质。但此处绿地空间较为局促，故采取将大叶黄杨球种植在抬高种植池的方式，增加种植基质局部厚度，满足大叶黄杨球的生长需求 (见图 20)。

4.3 通气口的灵活处理方式

9 层屋顶的 17 个通气管对于设计初期的构思过程造成一定困难 (见图 21)。通过多种设计形式的尝试，结合设计方案，最终选择两种改造外形的处理方法。绿地中的通气管在原有铁管外套不锈钢钢管；铺装中的通气管经与建筑协商，抹除一定的高度，用定制的木质座凳外壳统一包装，在保证基本通气功能的同时，扩展出座凳的功能，并且美观大方，满足景观需求 (见图 22)。

4.4 色带图案边缘做竖向围挡分隔

佛甲草、酢浆草生命力较强且具有自繁能力，定植、进入正常生长后，因竞争会导致周边植物死亡。此外，作为色带种植，过度繁衍侵蚀图案边界，影响观赏效果。

本次项目施工时，在铺设基质完成后，根据种植放线图，将色带图案边缘采用 150mm 高铝板围挡分隔，之后再种植植物。植物根系在向侧方生长时，遇到钢板会受到阻隔停止生长，从而保证图案的完整性和观赏性。同时，实践证明，借助铝板的柔韧性，可以做出流畅顺滑的图案边界。

5 结论

屋顶绿化不同于地面绿化，屋顶花园是以建筑为载体的特殊空间绿地，其设计构思、植物选择、小品布局和施工技术等严格受到建筑防水、建筑荷载等因素的限制，因此，必须处理好园林造景和建筑结构之间的关系。相比地面绿化，屋顶绿化面积较小，设计时必须注重近人尺度和小空间的处理；植物选择必须精细，同时应考虑植物生长产生的荷载增加量和灌溉产生的附加荷载；园林设施及小品的选择与安置，必须以建筑防水安全和荷载计算为前提，并尽量结合建筑梁、柱的位置设置，保证荷载安全。此外，屋顶绿化构造层的材料选择应考虑到以下影响因素：

(1) 材料的重量：计算全部构造层材料饱和水状态下的总重量，保证在建筑荷载安全范围内。

(2) 材料的性能：性能优越，合理搭配使用，保证屋顶绿化系统正常运转。

(3) 材料的经济性：即低成本、便于养护管理。

(4) 材料的环保性：材料应尽量使用可再生利用资源，降低环境负荷。

屋顶花园的建设，是生态效益、景观效益、商业效益良好的结合，可以有效提升建筑自身价值和景观质量，改善建筑屋顶的生态环境，同时在一定程度上弥补城市中心区绿地不足、解决城市热岛效应等环境问题。

附 录

附表 1 植物材料平均荷重和种植荷载参考表

植物类型	规格 (m)	植物平均荷重 (kg)	种植荷载 (kg/m^2)
乔木 (带土球)	H=2.0 ~ 2.5	80 ~ 120	250 ~ 300
大灌木	H=1.5 ~ 2.0	60 ~ 80	150 ~ 250
小灌木	H=1.0 ~ 1.5	30 ~ 60	100 ~ 150
地被植物	H=0.2 ~ 1.0	15 ~ 30	50 ~ 100
草坪	1m^2	10 ~ 15	50 ~ 100

附表 2 北京大学口腔医院屋顶绿化苗木表

编号	植物名称	拉丁学名	数量	规格
		二层屋顶花园苗木表		
1	寿星桃	*Prunus persica* ′Densa′	6 株	H=1.0 ~ 1.2m
2	红瑞木	*Cornus alba*	15 株	H=0.8 ~ 1.0m
3	金叶莸	*Caryopteris clandonensis* ′Worcester Gold′	6 组球	H=0.5 ~ 0.6m; D=1m
4	金叶女贞	*Ligustrum × vicaryi*	6 组球	H=0.5 ~ 0.6m; D=1m
5	佛甲草	*Sedum lineare*	$115m^2$	二年生
6	酢浆草	*Oxalis obtriangulata*	$94m^2$	二年生
7	金娃娃萱草	*Hemerocallis*. ′Jinwawa′	$33m^2$	二年生
8	冷季型草	—	$110m^2$	铺草卷
		十层屋顶花园苗木表		
1	花石榴	*Punica granatum*	1	H=1.2 ~ 1.5m
2	大叶黄杨球	*Euonymus japonicus*	5 组球	H=0.5 ~ 0.6m; D=0.5m
3	沙地柏	*Sabina vulgaris*	$28m^2$	三年生
4	佛甲草	*Sedum lineare*	$44m^2$	二年生
5	酢浆草	*Oxalis obtriangulata*	$14m^2$	二年生
6	冷季型草	—	$20m^2$	铺草卷
		九层屋顶花园苗木表		
1	造型油松	*Pinus tabulaeformis*	1 株	H=1.2 ~ 1.5m
2	五针松	*Pinus parviflora*	1 株	H=1.2 ~ 1.5m
3	银杏盆景	*Ginkgo biloba*	1 株	H=1.2 ~ 1.5m
4	金银木	*Lonicera maackii*	1 株	H=1.2 ~ 1.5m
5	紫叶矮樱	*Prunus × cistena*	9 株	H=1.2 ~ 1.5m
6	丛生紫薇	*Lagerstroemia indica*	12 株	H=1.0 ~ 1.2m
7	独杆紫薇	*Lagerstroemia indica*	16 株	H=1.2 ~ 1.5m
8	红王子锦带	*Weigela florida* ′Red Prince′	16 株	H=1.0 ~ 1.2m
9	宝石海棠	*Malus* ′Jewelberry′	7 株	H=1.2 ~ 1.5m
10	黄栌	*Cotinus coggygria*	3 株	H=1.2 ~ 1.5m
11	西府海棠	*Malus micromalus*	3 株	H=1.2 ~ 1.5m
12	洒金柏	*Platycladus orientalis*	4 株	H=0.8 ~ 1.0m
13	平枝栒子	*Cotoneaster horizontalis*	2 株	H=0.6 ~ 0.8m
14	红瑞木	*Cornus alba*	6 株	H=1.0 ~ 1.2m
15	花石榴	*Punica granatum* var.	1 株	H=1.5 ~ 1.8m
16	棣棠	*Kerria japonica*	7 株	H=1.0 ~ 1.2m
17	木槿	*Hibiscus sytiacus*	9 株	H=1.2 ~ 1.5m
18	金叶莸	*Caryopteris clandonensis* ′Worcester Gold′	272 株	H=0.5 ~ 0.6m
19	大叶黄杨球	*Euonymus japonicus*	9 组球	H=0.5 ~ 0.6m; D=0.5m
20	紫藤	*Weateria sinensis*	20 株	三年生
21	常春藤	*Hedera helix*	30 株	三年生
22	红色藤本月季	*Rosa hybrida* ′ClimbingRose′	112 株	二年生
23	金娃娃萱草	*Hemerocallis* ′Jinwawa′	196 株	二年生

（续）

编号	植物名称	拉丁学名	数量	规格
24	大花醉鱼草	*Buddleja lindleyana* var. *grandiflora*	157 株	二年生
25	荷兰菊	*Aster novi - belgii*	436 株	二年生
26	鸢尾	*Iris* 'Navy Doll'	825 株	二年生
27	皱叶剪秋萝	*Lychnis chalcedonica*	109 株	二年生
28	花叶玉簪	*Hosta plantaginea* ′Fairy Variegata′	275 株	二年生
29	小菊	*Liatris spicata*	511 株	二年生
30	丰花月季	*Rosa chinensis*	275 株	三年生
31	金叶连翘	*Forsythia suspensa*	163 株	三年生
32	迎春	*Jasminum nudiflorum*	163 株	二年生
33	沙地柏	*Sabina vulgaris*	195 株	三年生
34	粉八宝景天	*Sedum erythrostictum*	5m^2	二年生
35	佛甲草	*Sedum lineare*	39m^2	二年生
36	冷季型草	—	76m^2	铺草卷
37	应时花卉	—	2515 株	—

附表 3 植物材料平均荷重和种植荷载参考表

植物类型	规格（m）	植物平均荷重（kg）	种植荷载（kg/m^2）
乔木（带土球）	H=2.0 ~ 2.5	80 ~ 120	250 ~ 300
大灌木	H=1.5 ~ 2.0	60 ~ 80	150 ~ 250
小灌木	H=1.0 ~ 1.5	30 ~ 60	100 ~ 150
地被植物	H=0.2 ~ 1.0	15 ~ 30	50 ~ 100
草坪	1m^2	10 ~ 15	50 ~ 100

注：选择植物应考虑植物生长产生的活荷载变化。种植荷载包括种植区构造层自然状态下的整体荷载。

参考文献

[1] 韩丽莉等．北京屋顶绿化的植物配置，建设科技，2009．

[2] 韩丽莉．屋顶绿化规范（DB11/T 281—2005），2005．

[3] 韩丽莉等．屋顶绿化研究与示范—以红桥市场屋顶绿化为例解析屋顶绿化设计与施工要点，中国风景园林学会 2010 年会论文集．北京：中国建筑工业出版社，2010．

园林植物篇

园林植物是园林绿化建设的主角。在园林绿化建设中，遵循园林植物物种的多样性，突出以植物造景为主的造园艺术，同时要立足北京的自然条件，挖掘和培育出更多的适合北京的优良植物材料。

极端气候与北京地区植物引种

郭 翎　张佐双　北京市植物园　北京　100093

摘　要：本文从极端气候出现的原因，及其对植物物候、生长等方面的影响，北京地区气候特征，采取的对应措施，以及植物引种程序、引种历史及理论，植物引种成功的评价体系等方面，阐述了极端气候与在北京地区科学引种的关系。

关键词：极端气候；植物引种

我国是农业大国，气象灾害种类多，危害严重，尤其是近年来，极端气候事件频发，影响到城市园林建设，也同样影响到植物引种。

植物引种是植物园的主要任务之一，植物资源的收集、植物的迁地保护关系到国家生物资源战略储备，所以，极端气候对植物引种的影响以及如何应对是重大研究课题。

1 极端气候的出现与发生原因

1.1 极端气候事件定义

世界气象组织规定，如果某个(些)气候要素的时、日、月、年值达到25年以上一遇，或者与其相应的30年平均值的“差”超过了2倍均方差时，这个(些)气候要素值就属于“异常”气候值。出现“异常”气候值的事件就是“气候极端事件”。

干旱、洪涝、高温热浪和低温冷害等事件都可以看成极端气候事件。而这些气候事件对植物引种影响重大。

1.2 极端气候事件频发的原因

1.2.1 全球气候变暖

千万年来地球寒冷和温暖之间存在着交替变动的，约每10万年为一交替周期，当前地球正处在气温波动上升阶段。气候变暖造成极地冰川融化，海平面抬升，全球水循环加速，在此情况下容易产生极端天气事件。

1906～2005年，全球平均气温上升0.74±0.18℃，影响了植物物候及生长季长度，引起了植被、土壤、大气系统水热碳交换的变化，而此变化又反过来加剧了气候变化。

气候带发生变化，北半球中、高纬度地区降水量减少，强降水概率增加，极端最低和平均最低温增高，造成沙漠扩大，森林减少，干旱和洪涝频发，且强度增强。

1.2.2 温室效应、CO_2排放

人口增加，消费的牲畜增加，造成CO_2排放增加；同样，汽车尾气排放、工厂废气排放、燃料燃烧、环境污染、火山爆发、森林砍伐等一系列人为因素，加剧了全球变暖速度。

1.2.3 海洋大气相互作用及其他

拉尼娜现象、厄尔尼诺现象频发也是诱发极端气候事件的原因之一。其他原因还有大气环流、极涡位置异常等。

2 应对极端气候

极端气候事件的出现引起粮食供应减少，人

作者介绍

郭翎/1961年生/1984年毕业于北京林业大学园林系，山东农业大学博士/北京市植物园从事园林植物引种，教授级高工。

类疾病增加，商贸活动受到不良影响，乃至生物及国家安全受到威胁。面对极端气候事件，全球各国都在采取积极对应措施。

英国的邱园，作为世界著名植物园为保留植物种质资源，建立了千年种子库，其中保存了植物活体 3 万种，1.8 万种种质。他们与全世界各国，包括我国昆明植物所、武汉植物园均有合作，力争将自然灾害带来的损失降低到最小。

美国国家植物种质系统已收集保存了植物种质材料 48 万份，覆盖了 2006 个属的 12379 种植物，包括美国主要农作物的品种资源及部分木本植物种质资源。

中国的植物园肩负着同样的使命，承担着各种植物种质资源保护的课题及任务。

3 北京气候特征

3.1 北京气候特征

北京位于华北平原西北边缘，北纬 39°54′20″，东经 116°25′29″，西部为太行山山脉余脉，北部是燕山山脉的军都山。

北京的气候属于典型的暖温带半湿润大陆性季风气候，夏季盛行偏南风，炎热多雨；冬季盛行西北风，寒冷干燥，并且具有雨热同期等明显的季风气候区特点。北京市年均降水量达到 600 多毫米，全年降水的 74% 集中在夏季 6、7、8 三个月，并且 7、8 月常有暴雨。从 1950 年到 2009 年的降水记载看出，北京夏季降水量较多趋势异常明显，冬季降水量基本持平。

从 1951 年到 2009 年的气象记录看出：北京年平均气温升高 2.2℃，其中夏季升高 1.6℃，冬季升高 2.9℃。由此可见北京冬季气温变暖更为显著。

1960 ～ 2000 年北京城市年热岛强度的增温率为 0.31℃ /10 年。

3.2 北京气象极值记录

北京最高气温为 43.5℃（1961 年 6 月 10 日，房山）；最低气温为 -27.4℃（1966 年 2 月 22 日，大兴）；最大日降水量为 609mm（1891 年 7 月 23 日）；一小时最大降水量为 150mm（1976 年 7 月 23 日，田庄）；最大积雪厚度 27cm（1979 年，房山东南平原）；最大冻土层厚度为平原 50 ～ 60cm，西北山区 100cm 左右。

3.3 北京的主要气象灾害

3.3.1 干旱、高温

干旱、高温是北京常见的自然灾害，从 1368 年到 1949 年北京发生过较大的旱灾有 400 次。2010 年夏季出现两次高温过程。干旱、高温对植物引种影响很大，许多原产高海拔或纬度偏北的植物常因不适应北京春旱及夏天高温而夭折。

3.3.2 洪涝

北京历史上最强暴雨发生在 1976 年 7 月 23 日密云水库南，两小时的雨量达到 287mm，直接导致了垮坝和泥石流，死亡 100 多人。2009 年 11 月至 2010 年 3 月 14 日，北京降雪日数达到 16 天，先后出现 10 次过程性降雪，为历史罕见，2009 年 11 月 1 日北京降雪量达 15.7mm。

北京城区不透水地面面积已经占到总面积的 80% ～ 90%，成为发生洪涝灾害的一大风险。北京三分之一的排水管道与污水管道合用，许多小区没有雨水收集系统，削弱了城市抵御洪涝能力，同样对植物造成严重危害。

3.3.3 大风

北京不仅冬春多大风，而且夏天也常有局地尘卷风，对树木造成很大危害。

3.3.4 寒潮

北京的冬天是寒潮的高发期。根据过去 50 年的统计数据，2009 年初雪比往年提前了近一个月。此次降雪对北京地区未进入休眠期的植物（如雪松等）造成了伤害。2009 年 12 月至 2010 年 2 月，北京平原区的平均气温为 -3.5℃，比常年偏低 0.8℃，比近 10 年平均气温偏低 1.6℃，为 1982 年以来最低，1 月 6 日北京最低气温降到 -16.7℃，突破 1971 年以来同期最低气温记录。持续的低温使得部分引种植物受到冻害。

3.3.5 其他气象灾害

大雾、泥石流等气象灾害在北京地区也时有发生。

4 气候对植物的影响

4.1 气候对植物物候的影响

植物物候是气候变化敏感而准确的综合指示器，气候对植物物候有着极其显著的影响，尤其是温度对植物物候的影响更大。

4.1.1 温度对春季植物物候的影响

山桃始花是北京春季开始的主要指征，山桃始花平均日期为 3 月 27 日，1995 年山桃始花期为 3 月 12 日，而 1969 年山桃始花为 4 月 8 日，前后时间相差 27 天。

春季物候与春季气温高低相关，早春物候与上年冬季气温的相关系数较高，晚春物候较低；早春季物候与≥ 0℃的积温相关系数较高；≥ 10℃的积温与晚春物候的相关系数较高。

柳絮飞与下个冬季(当年 12 月至翌年 2 月)的平均气温的相关系数比较高，即柳絮飞早晚的指标可以用作当年冬季冷暖的预报指标；

温度是影响物候的主要因子，光照和降雨是次要因子。

4.1.2 温度对秋季植物物候的影响

1962 ～ 2007 年北京地区秋季结束日期推迟了约 14 天，植物秋叶变色期平均每 10 年推迟 4.9 天，1962 ～ 2007 年间共推迟了约 22 天。

70%的树种叶始变色期主要受平均最低气温变化的影响，15%的树种叶始变色期主要受平均气温变化的影响。

观察研究温度对植物物候的影响，在园林中可预测花期及秋季观叶期。

4.2 气候对植物生长的影响

4.2.1 温度对植物生长的影响

植物生长对温度的反应有三基点：即最低温度、最适温度和最高温度。超过最高温度，植物就会遭受热害；低于最低温度，植物将会受到寒害(包括冷害和冻害)。

每一种植物受害标准不一样，在制定时应参考中华人民共和国国家标准（GB/T 14175-93）。

人们对寒害的认识及研究比较深入，而对高温给植物造成的热害研究不多。一些不耐热植物在北京迅速升温的初夏提早停止生长，到秋后不能在霜冻前停止二次生长，植株内储存的干物质比较少，容易在第二年干冷的初春抽条。本身看似是冻害，其实是植物对北京整体气候的不适应。植物所受热害的时滞期比较长，容易让人们忽略其形成的主要原因。

4.2.2 降水对植物生长的影响

降水量是影响植被生长发育的最重要的要素之一。前一年降水量、地下水位等对植物生长都有关系。由于降水量的多寡引起的旱害和涝害也是植物面临的主要灾害。

4.2.3 病虫害是恶劣环境对植物影响的综合体现

当植物不适应恶劣环境（包括各项异常气候值）时，其主要表现是产生病虫害。而对病虫害发生影响最大的气候值为温度。

低温对虫害影响较大，对病害影响较小，对地面以上部位越冬的病虫影响较大，对土壤中越冬的病虫影响较小；冬季持续低温天气能推迟病虫害发生时间；冻害产生的伤口有利于病害春季侵染与流行；当一年发生多代虫害时，前期基数条件与后期的暴发危害没有直接相关性。

5 植物的引种驯化

所谓植物的引种驯化是用有重要经济价值或其它用途的植物来充实和丰富栽培植物区系的工作，引种驯化的途径可为野生变家生或外地栽培变本地栽培两种。

5.1 植物引种驯化理论

与植物引种驯化理论相关的学科有遗传学、生态学、植物学、植物区系学、植物地理学、植物生理学、进化学说、古气候学、植物栽培学、育种学及统计学等。

主要的引种驯化理论有达尔文学说、迈尔的气候相似论、并行植物指示法和嫁接法、米丘林学说、栽培植物起源中心学说、植物地理学差示法、专属引种法、生态历史分析法、优势种引种法、区系发生法、生态相似法等。

5.2 植物引种驯化的历史

人类引种驯化的历史可以追溯农业起源，葡

萄、胡桃、石榴等栽培植物就是我国汉代张骞西域出塞时引种回来的。

近代最有名的植物猎人有美国的 Ernest Wilson，英国的 George Forrest 和 Robert Fortune 等人。其中 Ernest Wilson 四次到中国西南，前后共收集 65000 份植物标本及 1593 份种子，中国丰富的植物资源令他发出了著名的感叹——“中国，园林之母”（China， Mother of Gardens）。英国人 Robert Fortune 四次来华，共引走阔叶十大功劳、榆叶梅、溲疏、牡丹、云锦杜鹃等野生种和栽培变种，他从中国福建武夷山带走茶树小苗及 6 名中国制茶专家到印度，致使世界红茶生产中心移到印度和斯里兰卡，中国茶叶国际贸易从此衰败。这些原产中国的植物被引入西方后，使西方的观赏植物大大增加。

改革开放后，我国经济得到大力发展，植物迁地保护、园林植物引种得到了重视，大量观赏植物从国外引进，本国野生植物的应用与保护也得到了更加广泛地认识。充分认识极端气候对植物引种的影响，更加科学地引种，可以减少不必要的浪费。

5.3 植物引种驯化程序

植物引种驯化共分来源地及品种选择、检疫与隔离试种、筛选、繁殖、中试及示范推广等一系列步骤。

如果不严格按照每一步骤科学引种，都将可能造成浪费，甚至可能引发的生态灾难。

5.3.1 来源地及引种品种选择

确定引种目标及引种来源地是科学引种的第一步，这就需要对现有品种及可能引进的品种进行调查，对来源地的气候也进行调查。筛选出性状优良的品种及气候相似的来源地很重要，否则会造成不必要的浪费。

5.3.2 检疫与隔离试种

具体程序如下：引种前应事先办理好检疫审批手续，以便按照审批要求制定出隔离试种计划，按规定做好隔离试种的各项准备工作；种苗到达口岸后，办理入境检疫手续，与试种地植物检疫站联系，以便在当地检疫部门的指导和监督下，按审批要求隔离试种；隔离试种期间发现疫情，按检疫要求及时处理。

只有严格按照国家相关植物检疫条例去做，才能杜绝生物入侵。

5.3.3 筛选

植物引种后需要试种，以筛选出适应性强的，符合引种标准的品种。木本植物一般需过 3 个生长季才能初步判定是否适合在当地繁殖、推广。筛选的条件主要看其是否保持了原来的优良性状，抗性是否强健等。

5.3.4 繁殖

经精心筛选出的品种需摸索出其繁殖方法，然后大量繁殖，以便将来推广。不同品种的无性繁殖需要本土化，即砧木的选定、生根粉种类及浓度的确定、基质的配比、繁殖的时间等都需要一系列的实验。一个优良品种如果引种后无法繁殖到一定数量，该品种不能算引种成功。

5.3.5 中试

在选定范围进行中试，为将来推广做准备。

中试是推广的预备阶段，中试能更好地展示引种品种的优良性状，选择条件不同的中试地点可以更科学地反映该品种的适应性。

5.3.6 示范推广

示范推广是引种驯化过程的最后环节，植物只有经过推广、应用，才能说该植物引种驯化获得了成功。‘红王子’锦带自 20 世纪 90 年引种，经过了品种及来源地的选定、隔离试种、筛选、扩繁、中试及推广等多个步骤，现已在我国北方大多数城市推广，其引种成功的经历说明了科学引种的重要性。

5.4 植物引种驯化成功标准

所引植物能否在引种地完成“由种子到种子”的过程是衡量植物引种驯化成功的标准。

但对于园林植物来说，“所引植物与原产地比较时，不需特殊的保护能够露地越冬或越夏，而且生长良好；没有降低原来的经济或观赏品质；能够用原来的繁殖方式（有性或营养）进行正常的繁殖，就是引种驯化成功”。

园林植物引种驯化成功的评价标准是从效益

指标、适应性（抗性）及繁殖能力三方面指标来判断的。

对于园林植物来说效益指标其实就是指达到绿化及观赏的引种目的，无不良生态后果的指标；适应性(抗性)是指植物适应引入地区的环境条件，在常规栽培技术条件下，不需特殊保护措施能正常生长发育，且无严重的病虫害的指标；繁殖能力是指通过有性或无性繁殖能正常繁衍，并保持原有优良性状的能力。

科学引种，积极应对极端气候事件，保持园林植物多样性，是确保北京作为宜居城市，并步入世界城市的条件之一。

6 展望

（1）坚持科学引种，注重对极端气候的研究，减少不必要的浪费。

(2) 做好树种和苗木规划，重视本土树种繁育，以应对极端气候的出现。

（3）设计时做到园林植物品种多样性，栽植时重视乔、灌、草结合，落叶与常绿树结合，充分利用潜在植物。

（4）引种与育种相结合，利用我国丰富的园林植物种质资源培育具自主知识产权的品种。

参考文献

[1] 陈效逑．华北地区春夏季的物候季节节奏研究．地理科学，1990 (1) ．

[2] 陈效逑，张福春．近 50 年北京春季物候的变化及其对气候变化的响应．中国农业气象，第 22 卷第 1 期．

[3] 程金水. 园林植物遗传育种学. 北京：中国林业出版社，2000.

[4] 董保华. 树木引种浅说. 北京：中国林业出版社，1989.

[5] 李振蒙，李俊清．植物引种驯化研究概述．内蒙古林业调查设计，30 (4) ．

[6] 谢孝福. 植物引种学. 北京：科学出版社，1994 .

[7] 杨国栋，陈效逑．论自然景观的季节节奏．生态学报，第 18 卷第 3 期．

[8] 姚轶锋，叶超，寇香玉 等．北京天竺晚上新世以来植被演替与气候变迁．古地质学报，第 9 卷第 1 期．

[9] 游应天．中华人民共和国国家标准 (GB/T 14175—93) ．北京：中国标准出版社， 1993.

[10] 张福春．气候变化对中国木本植物物候的可能影响．地理学报，第 50 卷第 5 期．

[11] 张明英． 全球气候变化在北京的表现．北京园林学会 2010 年年会上的报告．

[12] 张学霞，葛全胜，郑景云．北京地区气候变化和植被的关系基于遥感数据和物候资料的分析．植物生态学报，2004，28(4) ．

[13] 周京平．极端气候因素对中国农业经济影响初探．气象软科学，2008 年第 4 期．

[14] 仲舒颖，郑景云，葛全胜 .1962—2007 年北京地区木本植物秋季物候动态术．应用生态学报，第 19 卷第 11 期．

[15] 朱慧芬，张长芹，龚 洵．植物引种驯化研究概述．广西植物 23(1).

[16] 竺可桢，宛敏渭. 物候学. 北京：科学出版社，1980.

玉簪品种资源的分类整理及品种优选

刘东焕　赵世伟　郭翎　北京市植物园　北京　100093

摘　要：对北京市植物园的玉簪资源进行了分类整理，筛选出不同类型的新优玉簪品种，为北京园林绿化的应用提供了基本素材，丰富了园林绿化中可应用的玉簪种类。

关键词：玉簪；品种资源；分类；优选

玉簪为百合科多年生宿根草本。主要分布亚洲温带和亚热带地区，包括中国、日本和朝鲜等。该属共有43种，我国产3种，包括玉簪、紫萼、东北玉簪[1]。玉簪属植物由于具有花叶共赏、色彩丰富和适应性强等特点，已成为园林绿化中的重要的阴生花卉。现在世界上的园艺栽培玉簪品种已达4000个以上，多为花叶品种，在欧美和日本已广泛应用于园林绿化。我国从20世纪80年代也开始引进玉簪品种，但应用到园林绿化中的玉簪品种还是很少。北京市植物园从2000年开始从国外引进玉簪品种，并进行玉簪的栽培驯化，现保存玉簪品种350个。通过多年的物候记录和田间观察，研究植物田间生长表现和生物学特性，记录株型、植株大小、叶型、叶色、叶大小，花型、花色、开花习性等形态特征，筛选出一批新优玉簪品种，推荐给北京园林绿化。

1 玉簪品种资源分类整理

北京市植物园自2000年开始进行玉簪的引种，先后从荷兰、比利时、美国和国内引进玉簪品种400多个，现保存玉簪品种350个，品种保存率达87%。近几年来，北京市植物园对现有的每一个玉簪品种进行物候观察和生物学特性研究，并依照AHS体系对玉簪的形态学特征进行详细的记录。现归纳整理如下：

表1　AHS玉簪品种按叶形大小分类表

section	叶长（cm）× 叶宽（cm）					叶面积（cm^2）
I-Giant (⩾)	30×30	33×28	35×25	40×26	46×20	⩾ 900
II-Large	30×30	33×28	35×25	40×26	46×20	900 ~ 530
	23×23	25×21	28×19	30×16	35×15	
III-Mediun	23×23	25×21	28×19	30×16	35×15	530 ~ 160
	13×13	15×10	18×9	20×8	25×6	
IV-Small	13×13	15×10	18×9	20×8	25×6	160 ~ 36
	6×6	8×5	10×4	13×3	15×2.5	
V-Miniature	6×6	8×5	10×4	13×3	15×2.5	36 ~ 13
	3.6×3.6	5×2.5	8×1.5	10×1.3	13×1	
VI-Dwarf (⩽)	3.6×3.6	5×2.5	8×1.5	10×1.3	13×1	⩽ 13

注：* 据 Schmid WG. The Genus Hosta. Portland, Oregon:Timber Press,1991[2] 自2004年以后合并了原有矮型和微型采用5级分类。

作者简介

刘东焕／女／1973年生／硕士毕业于北京林业大学／现工作于北京市植物园，工程师。

1.1 叶型分类

依据美国玉簪协会和国际登录权威采用的叶型大小6级分类法进行叶型分类。

从叶大小来分析，从大型到微型都有，没有巨型叶，以小型叶为最多，其次是中型叶，大型叶和微型叶很少。大型叶仅有5个品种，分别为‘蓝布雷斯’、‘全貌’、‘Winter Snow’、‘高大玉簪’、‘高男孩’。以‘蓝布雷斯’的叶为最大（35mm×20mm）。微型叶有17个品种，最小的品种是‘Cracker Crumbs’（6mm×3mm）。

表2 北京市植物园玉簪品种资源的叶型分类

叶型	品种数量	代表品种
巨叶型	0	0
大叶型	5	‘蓝布雷斯’、‘全貌’、‘高男孩’、‘高大’玉簪
中叶型	106	‘金叶’紫萼、中国玉簪类、高丛玉簪类
小叶型	194	圆株玉簪类、狭叶玉簪、闭合玉簪、皱叶玉簪
微叶型	17	‘Cracker Crumbs’、‘Lemon Frost’、‘Blue Sliver’

1.2 叶色分类

Schmid(1991)[2] 和 Dian Grenfell(2003)[3] 按叶色分类为基础，将玉簪品种分为如下品种群，包括绿叶品种群，蓝叶品种群，黄叶品种群，叶缘变叶品种群，叶中变叶品种群，条纹或斑纹叶品种群8大类和6亚类。对玉簪品种的叶色分类如表2。

从玉簪叶色的类型分析可以看出，以彩叶类型最多，占玉簪品种的60%；黄叶品种最少，约占玉簪品种的7%。在彩叶品种中，以黄边品种为最多，占50%以上；其次是黄心品种，占30%; 白边品种占彩叶品种的22%；而白心、蓝心、蓝边品种很少，仅有10多个。

表3 北京市植物园玉簪品种的叶色分类

叶色类型	品种数量	典型品种
全绿	79	玉簪，山地玉簪、正常闭合玉簪、狭叶玉簪、‘高男孩’、‘赛嘉’
全蓝	41	‘蓝布雷斯’、‘加拿大兰’、‘大爸爸’、‘雪堆’、‘柯罗萨’、‘蓝宝石’、‘蓝梦’、‘蓝男孩’等
全黄	17	‘月光’、‘彩色丰收’、‘太阳威’、‘全貌’
黄心白边	10	‘香花束’、‘月光失色’、‘Star Light Star Brighy’
黄绿心白边	1	‘耐阴喇叭’
中绿心白边	28	‘白边’高丛玉簪、‘糖与奶油’、‘夏香’、‘小白波’
蓝心白边	0	
绿心黄边	67	‘宽边’、‘整装’、‘狂欢节’、‘黄山’、‘圣诞树’、‘哥伦布之行’、‘金冠’
黄绿心黄边	0	
蓝心黄边	11	‘豪华光辉’、‘Libby’、‘First Frost’、‘Secret Love’
白心黄边	0	
黄心黄边	3	‘Lakeside kaleidoscope’，‘INNISWOOD’
绿心蓝边	0	0
黄绿心蓝边	1	‘Dream Weaver’
白心蓝边	1	‘Heat Wave’
黄心蓝边	15	‘June’，‘Orange Marmalade’，‘Paradise Glory’
白心绿边	8	‘叶中锦’，‘圣诞前夜’、‘Little Caesar’，‘Manzo’
蓝心绿边	0	0
黄绿心绿边	3	‘贵族’玉簪、‘Whirlwind’
黄心绿边	16	‘革命’、‘法威廉’、‘风梨蛋糕’、‘玉冠’、‘Rainbow's End
条纹或斑状花纹	7	‘脱衣舞’，‘Great Expectations’，‘Hanky Panky’，‘County Park’

表 4 玉簪品种的花期类型

花期类型	品种数量	典型品种
早	50	*H.sieboldiana* 'Elegans', *H.* 'Tukodama', *H. nakaiana*, *H. Crispula*
中	182	*H.ventricosa*, *H. fortunei*, *H.* 'Birchwood Parky' s Gold' *H*. Francee Williams, Golden Tiara
晚	100	*H. plantaginea*, *H. clausa*, *H. rectifolia*, *H.* 'Fragrant Bouquet', *H.* 'Guacamole', *H. lancifolia*, 'Krossa Regal, Regal Splendar, *H*. negrecens, *H.* 'sagae'
迟	18	*H. cathayana* 'Chinese Sunrise', *H.* 'Red October', 'Marilyn Monroe'、'Great Expectations'、'Harry Van De Laar'、'Corkscrew'、'Blue Sliver,

1.3 花期分类

通过对玉簪花期的观察发现，不同玉簪品种的花期相差很大。早的在 5 月下旬，晚的至 9 月下旬，表现为早花期品种、中花期品种、晚花期品种。Schmid（1991）[2] 曾将玉簪属的花期分为 5 类群，早花（6 月 1 日之前）、常花（6 月 1 日～ 7 月 15 日）、夏花（7 月 15 日）、晚花（7 月 15 日～ 8 月 15 日）、迟花（10 月 1 日之后）；Grenfell（1996）[4] 则根据在英国的栽培经验将玉簪属开花季节分为早期（6 月 1 日之前）、中期（6 月 1 日～ 7 月 15 日）、中晚期（7 月 15 日～ 9 月 1 日）和晚期（9 月 1 日后）。而玉簪国际登录权威 [5, 6, 7] 则以 4 个典型种或品种（*H. sieboldiana*、*H. ventricosa*、*H. plantaginea*、*H. tardiflora*）的开花期节点划分开花情况是比较科学的。

根据田间的栽培，在北京气候条件下，玉簪属植物开花期一般在 5 月下旬至 9 月上旬之间，少数迟花品种开花将近 9 月下旬。因此，我们认为花期起始点的节点划分为：早花期 (*H. sieboldiana*)：5 月 25 日～ 6 月 25 日；中花期（*H. ventricosa*）：6 月 25 日～ 7 月 25 日；晚花期（*H. plantaginea*）：7 月 25 日～ 9 月 1 日；迟花期（9 月 1 日之后）。

依据以上节点划分，我们现有的玉簪花期进行分类，见表格 3。

通过多年的玉簪开花期调查，玉簪种的开花习性主要与其地理分布有关，每一玉簪种群都有其特定的开花习性。同时也受栽培环境的影响。

（1）早花玉簪类，或称圆叶玉簪群：生长于日本本州北部以上，较冷凉肥沃的山谷湿地或林缘，属于冷凉型，以圆叶玉簪为代表（*Hosta. sieboldiana*, *H.* 'Tukodama', *H.* 'Crispula'），同时包括山地玉簪。以蓝粉叶为主，其中 *H.sieboldiana* 'Elegans' 衍生的本类品种非常多；其次是小叶型的圆株玉簪类和皱叶玉簪类。此类玉簪芽萌发稍迟，但开花较早，通常只有一个生长高峰期，夏季高温进入热休眠，且易于发生叶片焦灼，秋季停止生长，芽大多成芽较少，分蘖力较弱，但圆株玉簪和皱叶玉簪类分蘖能力较强。

（2）中花玉簪类，或称中井玉簪类 (*H. nakaiana*)。还包括中国的紫萼类、高丛玉簪类、部分蓝粉玉簪。此类玉簪生长旺盛、迅速，通常有多个生长高峰期，株型紧密，秋凉后仍有生长，成芽较多，做地被最佳，覆盖迅速。

（3）晚花玉簪类，或称中国玉簪群（*H. plantaginea*，*H. clausa*，*H. rectifolia*，*H.*'Fragrant Bouquet'，*H.*'Guacamole' 等）。包括中国的白花玉簪及其衍生的品种群，花大，多白色或近白色，有浓郁的香味；直立玉簪类，如'高茎玉簪'、'墨绿玉簪'、'高大玉簪'、'豪华光辉'，407 等，株型直立，花葶高而直，花紫色或深紫色；闭合玉簪 *H. clausa* var. *normalis*、狭叶玉簪 *H. lancifolia*、墨波玉簪品种 *H.* 'Sagae' 以及部分波叶玉簪品种，叶大多披针形或长椭圆形，以紫罗兰色花为主。此类玉簪品种萌芽早，前期生长慢，后期生长快，耐热，没有休眠，开花晚。

（4）迟花玉簪类，或称菊池玉簪群（*H. kikutii*，*H. tardiva*，*H.longissima*，*H. gracillima*，*H. rupifraga*，*H.*'*Tardiflora*' 等），分布日本中南部、韩国。根据栽培观察，这类玉簪叶通常为小型和微型品种，匍匐型为主，一般为狭叶、圆形或长椭圆形，萌芽晚，分蘖力较弱，开花较迟，通常在夏末秋初，不耐涝。引进的品种

有 *H. cathayana*‘Chinese Sunrise’，*H.*‘Red October’，‘Marilyn Monroe’、‘Great Expectations’、‘Harry Van De Laar’、‘Corkscrew’、‘Blue Sliver’等。

2 抗性评价

在北京的气候条件下，玉簪最主要的问题是夏季的强光、高温引起的叶片焦灼现象和夏季多雨季节引起的白绢病。因此，我们主要从抗热性和抗病性两个方面进行资源评价。

2.1 抗热性的评价

评价标准：夏季玉簪叶片没有出现漂白和焦灼现象，叶色正常，为抗热性强的品种；叶焦边，叶面没有灼伤，为抗热性稍强的品种；叶面大面积灼伤，甚至整片叶片枯死，为不抗热品种。

抗热性较强的品种：圆株玉簪，‘大爸爸’，‘加拿大蓝’，‘蓝男孩’，‘蓝小子’，‘宝石蓝’等圆株玉簪类，但不包括早花蓝粉玉簪类；晚花玉簪类，墨绿玉簪，高大玉簪，豪华光辉，雪堆，‘暴风雪’、‘赛嘉’、‘六月’、‘朝鲜雪’、‘整洁色斑’、‘法威廉’、‘战斗者’等。这些植物的特点是：以厚的蓝绿叶为主及其杂交的复色叶品种，晚花玉簪类。

抗热性稍强的品种：狭叶玉簪、‘圣诞前夜’、‘宽边’玉簪、‘月光失色’、‘香玲’玉簪、‘夏香’、‘金边’高丛玉簪、‘奥斯丁’、‘秋月’、‘革命’玉簪、‘出众’玉簪、‘Guacamole’、‘法兰西’、‘大黄冕’、‘小白波’、‘直立金’、‘大花’玉簪、白玉簪等。这些植物的特点：多为彩叶玉簪品种和中国玉簪类。

不抗热的品种：‘蓝布雷斯’、‘秀丽’、‘蓝梦’、‘蓝皱曲’、‘小可爱’、‘黑山丘’、‘纳米’玉簪、‘耐阴喇叭’、‘全貌’、‘金色欲滴’、‘彩色丰收’、‘黄山’玉簪、‘圣诞树’、‘像风信子’玉簪、‘朝圣’玉簪等。这些植物的特点：早花蓝粉玉簪类、黄叶玉簪类和叶薄而大的玉簪品种。

2.2 抗病性的评价

评价标准：全株枯萎，茎基部缠绕白色菌索或茶褐色小菌核，患部变褐腐烂，为不抗病品种，否则为抗病品种。

抗病品种：高丛玉簪类、直立玉簪类、圆株玉簪类、中国玉簪群、圆叶玉簪类 。

不抗病品种：‘全貌’、墨绿玉簪、‘蓝布雷斯’、山地玉簪、‘叶中锦’、‘法威廉’、‘波多河的骄傲’、金色欲滴、‘小妖精’、‘彩色丰收’、中井玉簪、‘加拿大蓝’、高大玉簪、‘纳米’玉簪、爱伦玉簪、中国的‘日出’、‘金桦林’、‘金叶’紫萼、‘暴风雪’。这些植物大都是株丛过密或长势弱的品种。

3 新优玉簪品种筛选

3.1 选优标准制定

美国玉簪协会是国际最著名的玉簪属专业协会，对玉簪属的品种描述称为国际登录权威和园艺界的基本参照。而美国玉簪协会（AHS）的体系主要基于 Schmid（1991）的文献。玉簪属品种描述的主要性状包括：株形、丛高、丛幅、叶大小、叶色、叶脉、叶形、叶质、花葶高度、花期、花大小、花形、花色、花香等性状。并在每年的玉簪展中，主要根据叶型（巨叶型、大叶型、小叶型、微叶型）和叶色进行分类。这显示出 AHS 的分类主要基于其观赏特征。因此，我们在制定选优标准时，也是基于 AHS 体系，根据其园林观赏用途筛选新优的玉簪品种。

根据多年的玉簪田间观察和记录，考虑到园林多方面的用途，选优标准为：特异的叶型或有花香；色彩对比强烈的复色叶为主；花量大，花期长；抗性强。

3.2 新优品种推荐

3.2.1 背景材料类

多为大型叶品种，表现为株高，叶大，株丛壮观。

103 号‘蓝布雷斯’（‘Bressingham Blue’）。大型玉簪，丛高 75cm，丛幅 170cm。叶蓝绿色，圆形，大型叶，长 30cm，宽 25cm；花期 7 月初至 8 月初，花近白色，花大，花量大，花期长；抗寒、抗旱、不耐强光。是花叶俱佳的耐阴大型蓝叶系玉簪品种。

18号‘圣诞前夜’(‘Night Before Christmas’)。大型玉簪品种。丛高50cm，丛幅90cm；中型叶，长椭圆形，白心中绿边，叶长20cm，叶宽12cm；花期7月上旬至8月上旬，花淡紫色，漏斗形。本品种株型高大，白心中绿边，叶色对比强烈，是很好的背景材料。但不耐强光，宜放置于半阴处。

5号‘高男孩’（‘Tall Boy’）。大型玉簪，从高60cm，丛幅120cm；大型叶，叶阔卵圆形，叶淡绿色，叶长30cm，叶宽18cm；花期7月中旬至8月中旬，花紫色，花量大，花葶高达170cm。抗强光，抗病虫害，是很好的背景材料。

287号‘冬天雪’(‘Winter snow’)。中型玉簪，三年生丛高40cm，丛幅60cm；叶圆形，大型叶，叶长30cm，叶宽20cm；花期7月中旬至8月中旬，花紫色，漏斗形，花径4.5cm。本品种叶大，花大、花量大，叶色美丽，宜作背景材料，但不耐强光，应放置于半阴的环境。

166号‘豪华光辉’（‘Regal Splendor’）。大型玉簪，丛高60cm，丛幅110cm；叶中型，叶长椭圆形，叶缘波状，蓝绿心金黄边，叶长25cm，叶宽15cm；花期晚，8月初至8月下旬，花紫色，花葶高达150cm。本品种株型雄伟、壮观，叶形优美，叶色诱人；抗寒、抗旱，耐强光，是装点场景的优良玉簪品种。

3.2.2 耐阴地被类

以中、小型玉簪为主，叶多为心形或圆形，株丛紧凑、圆满，分生能力强，长势快。

41号‘约瑟夫’（‘Joseph’）。中型玉簪，从高40cm，丛幅70cm；中型叶，叶长15cm，叶宽12cm，油绿色，叶圆形，叶厚而革质；花期7月中旬至8月中旬；花柄粗壮直立，花紫色，花小而密集，花量大，花期长；生长快速，分生能力强；抗热抗病；可作林缘地被。

图4 ‘冬天雪’

图1 ‘蓝布雷斯’

图2 ‘圣诞前夜’

图3 ‘高男孩’

图5 ‘豪华光辉’

图 6 ′约瑟夫′

图 7 ′金色欲滴′

图 8 ′加拿大蓝′

图 9 ′Maya Tritone′

H28 号‘金色欲滴’（‘Gold Drop’）。小型玉簪，丛高 15cm，丛幅 40cm；小型叶，叶金黄色，叶心形，叶小而薄，长 8cm，宽 5cm；花期 6 月中旬至 7 月中旬；花淡紫色，近似钟形。其株型紧凑，叶全年金黄色，分生能力强；抗寒、抗旱、极耐阴、不耐强光；可作林下地被。

78 号‘加拿大蓝’（‘Canadian Blue’）。中型玉簪，丛高 25cm，丛幅 60cm；中型叶，叶纯蓝色，心形，叶片平展，长 16cm，宽 10cm；花期较晚，7 月中旬至 8 月中旬，花近白色，花形别致。其株型紧凑，蓝叶白花，花期晚；抗寒、抗旱，较耐强光、抗病虫害；可作林缘地被。

164 号‘Maya Tritone’。微型玉簪，丛高 15cm，丛幅 50cm；小型叶，叶长 15cm，叶宽 8cm；叶披针形，叶浅黄色，叶脉乳黄色，这种浅黄和乳黄的相互交错使整片叶子非常耀眼。在强光下，有部分浅黄色的叶子会变成乳黄色；花期 8 月初至 8 月底，花白色，漏斗形。本品种黄叶、白花，分生能力强，但不耐强光，是花、叶俱佳的耐阴地被。

158 号 ‘大黄冕’（‘Grand Tiara’）。中型玉簪，丛高 30cm，丛幅 60cm；小型叶，叶长 10cm，叶宽 8cm；叶圆形，绿叶宽黄边，对比强烈；花期 7 月初至 7 月下旬，花紫色，钟形。本品种绿叶、宽黄边，叶色对比强烈，分生能力强，但不耐强光，宜半阴的光环境。

207 号 ‘Libby’。中型玉簪，丛高 40cm，丛幅 70cm；中型叶，叶长 25cm，叶宽 10cm，长椭圆形，波状叶，蓝心黄边，叶色对比强烈；花期 8 月初至 8 月底，花紫色，喇叭形。本品种叶色优美，花型美丽，分生能力强，抗强光，抗病虫害。宜作边缘栽培材料。

328 号 ‘Star Light Star Brighy’。中型玉簪，丛高 25cm，丛幅 60cm；叶小型，叶长 15cm，叶宽 6cm，黄绿叶白边，波状叶，披针形；花期 7 月初至 7 月底，花淡紫色，漏斗形。本品种鲜艳的黄绿叶，细的银白边，叶色对比特别强烈，给人一种耀眼的感觉；分生能力强，株丛紧凑；抗强光；可作边缘栽培材料。

H49 号大花玉簪，*H. plantaginea* var. *grandiflora*。中国白玉簪的大花玉簪变种。丛高 60cm，丛幅

图 10 ‘大黄晃’

图 11 ‘Libby’

图 12 ‘Star Light Star Brighy’

图 13 ‘大花’

图 14 ‘Moonlight Soanta’

120cm；中型叶，叶长 20cm，叶宽 15cm，叶深绿色，叶圆形、薄而纸质；花期 8 月中旬至 9 月中旬，花白色，百合形，有香味。本品种叶绿、花大而香，但不耐强光，宜放置于半阴处。

397 号 ‘Moonlight Soanta’。中型玉簪，从高 40cm，从幅 80cm；叶中型，叶长 15cm，叶宽 14cm；叶圆形，深绿色，厚而油亮；花期 7 月中旬至 8 月中旬，花蓝紫色，花大而香，花量大。是少有的蓝紫花香味玉簪新品种。

275 号 ‘Fragrant King’。中型玉簪，从高 40cm，从幅 80cm；叶中型，叶长 20cm，叶宽 15cm；叶圆形，绿心黄边；花期 7 月下旬至 8 月下旬，花白色，花大而香，花量大。是少有的金边类香味玉簪新品种。

110 号‘如此甜’（‘So Sweet’）。中型玉簪，从高 40cm，从幅 80cm；叶中型，叶长 20cm，叶宽 10cm；叶椭圆形，绿心白边；花期 8 月初至 8 月末，花白色，百合形，花大而香，花量大。是观赏价值极高的银边类香味玉簪新品种。

34 号‘六月’（‘June’）。小型玉簪，从高 20cm，从幅 60cm；叶小型，叶长 15cm，叶宽 10cm；叶心形，宽黄心蓝边；花期 7 月中旬至 8 月中旬，花蓝紫色，花密，花量大。本品种叶中间黄色，边缘蓝色，较宽。叶质很好，在秋季，当其他玉簪落叶之时，它仍表现很好。抗性强，可作林缘地被。

图 15 ‘Fragrant King’

图 16 ‘如此甜’

260 号‘ El Nino’。小型玉簪，从高 15cm，从幅 60cm；叶小型，叶长 12cm，叶宽 7cm；叶心形，叶片蓝色，有宽的白色边缘；花期 7 月中旬

图 17 ‘六月’

图 18 ‘El Nino’

图 19 ‘Rainbow's End’

图 20 ‘Cherry Tart’

图 21 ‘Blue Sliver’

图 22 ‘Lemon Frost’

图 23 ‘Manzo’

图 24 ‘Cracker Crumbs’

图 25 ‘First Mate’

至 8 月中旬，花蓝紫色，顶生丁香似的花；一年四季表现很好，观赏价值高。可作林缘地被。

3.2.3 岩石园类

多为小型和微型玉簪，叶多为披针形，抗性强，花期较晚。

306 号 ‘Rainbow's End’。小型玉簪，丛高 20cm，丛幅 40cm；叶小型，叶长 10cm，叶宽 4cm；宽黄心深绿边，叶色对比强烈，使叶色特别艳丽；花期晚，7 月旬至 8 月中旬，花和花茎均为紫红色，喇叭形；抗性强；是一种具有优良观赏价值的少见的小型玉簪。

299 号 ‘Cherry Tart’。小型玉簪，丛高 25cm，丛幅 50cm；叶小型，叶长 12cm，叶宽 5cm；叶披针形，叶金黄色，叶柄红色，对比强烈，而且夏季强烈的阳光下这种颜色也不会褪色；花期 7 月中旬至 8 月初，花和花茎均为紫红色，喇叭形。本品种生长快速、观赏价值高，抗性强，宜作岩石园地被。

292 号‘ Blue Sliver’。微型玉簪，丛高 10cm，丛幅 30cm；叶微型，叶长 10cm，叶宽 2cm；叶披针形，蓝色；花期晚，8 月下旬至 9 月中旬。本品种蓝色，一年四季不变色，观赏价值高，抗性强，宜作岩石园地被。

206 号‘ Lemon Frost’。微型玉簪，丛高 10cm，丛幅 25cm；叶微型，叶长 6cm，叶宽 3cm；叶披针形，绿叶银白边；花期 6 月中旬至 7 月初；花紫罗兰色，喇叭形。本品种分生能力强，生长快速，抗性强，观赏价值高，是很好的岩石园地被。

217 号‘Manzo’。微型玉簪，丛高 15cm，丛幅 30cm；叶小型，叶长 10cm，叶宽 2cm；叶披针形，白心宽绿边；花期 8 月中旬至 8 月底；花紫罗兰色，喇叭形。本品种叶子向四周生长，有些卷曲和倒伏，可配置于有喷泉和溪流的岩石边。

252 号‘Cracker Crumbs’。微型玉簪，丛高 5cm，丛幅 15cm；叶微型，叶长 6cm，叶宽 3cm；叶圆形，宽黄心中绿边，对比强烈；花期 7 月中旬至 7 月下旬；花紫色，喇叭形。本品种叶色艳丽，分生能力强，生长快速，抗性强。宜作岩石园地被。

269 号‘First Mate’。小型玉簪，丛高 20cm，丛幅 40cm；叶小型，叶长 12cm，叶宽 4cm；叶披针形，金黄心深绿边，叶色对比强烈；花期 8 月初至 8 月中旬；花紫罗兰色，喇叭形。本品种观赏价值高，分生能力强，生长快速，抗性强，是很好的岩石园地被。

参考文献

[1] 中国科学院中国植物志编辑委员会 . 中国植物志（第十四卷）[M]. 北京：科学出版社，1980.49—52.

[2] Schmid WG. The Genus Hosta: Giboshi Zoku [M].Portland, Oregon:Timber Press,1991.

[3] Grenfell D.The color Encyclopedia of Hostas[M],Timber Press, INC, 2003.

[4] Grenfell D.The gardener's guide to growing Hosta[M].Portland, Oregon.: Timber Press,1996

[5] AHS. The Hosta Journal —Registrtions 2004[M].Minnesota: American Hosta Socity,2004.1—54.

[6] AHS. The Hosta Journal —Registrtions 2005[M].Minnesota: American Hosta Socity,2005.1—63.

[7] Schmid WG .Hosta Species Update W.George Schmid 2007. http://www.hostalibrary.org

郁金香第二代鳞茎生长发育的比较研究

陈进勇 虞雯 刘洋 北京市植物园 北京 100093

摘要： 引进的郁金香种球经第一代种植后，新鳞茎规格绝大部分比原来种球规格有所下降，但繁殖量增多。将第二代新鳞茎分为大、中、小三种规格进行栽植，通过观测，发现不同品种的大球和中球在植株高度、叶片大小等生长势指标上差别不大，但小球的生长势一般要弱于中球。花的观赏性状方面，大多数品种的大球和中球的花瓣大小和花径相差不明显，小球则明显要差于中球。郁金香品种间表现差异与往年类似，选择合适的品种，对周径大于 8cm 的第二代鳞茎经过科学贮存和栽植管理，可以发挥其园林应用价值。

关键词： 郁金香；第二代鳞茎；生长发育；比较研究

郁金香是百合科多年生鳞茎草本植物，花大，色彩丰富，花形奇异，植株优美，深受人们的青睐，被誉为最有观赏应用价值的球根花卉之一，在国际花卉贸易中占有重要的地位。北京的中山公园、北京市植物园和北京国际鲜花港等地都有大面积的郁金香栽植。北京市植物园自 2004 年举办首届世界名花博览会以来，每年的郁金香种球用量都在数十万至上百万。引种的郁金香经第一代种植后，第二代由于鳞茎质量及保存问题未能充分加以利用，采收后多在边角地带栽植，有些植株也能开出艳丽的花朵。本文旨在通过不同品种、不同规格的郁金香第二代鳞茎的栽培试验，筛选出适合的品种，并通过科学的贮存及栽培管理，将第二代鳞茎合理利用，发挥其园林美化的利用价值，从而践行北京建设世界城市和节约型园林的目标。

1 材料与方法

2008 年秋季种植的郁金香在 2009 年开花后[1]，在 6 月挑选出 29 个品种挖出，每个品种随机挑出 10 个植株，统计鳞茎增殖量和大鳞茎周径，然后计算平均值和标准差。考虑原引进种球的规格，并根据实际情况，将新鳞茎分为大、中、小三种规格，其中大球周径为 11cm 以上，中球周径为 8 ~ 11cm，小球周径小于 8cm。

采收的鳞茎晾晒干燥，放在凉爽处贮存[2]。11 月初选择宿根花卉园东侧的环境条件比较一致的地块，对土壤进行整理，并掺入腐殖土，郁金香鳞茎按照大、中、小三种规格进行分区种植。2010 年春季萌动后对物候、植株营养和生殖生长状况进行观测记录，每个分区随机选取 3 株观测。由于不少品种没有大球规格，不能进行方差分析，采用中球为对照，比较其与大鳞茎和小鳞茎植株的株高、叶片长度和宽度、花瓣长度和宽度、花径等指标差异，从而比较不同径级鳞茎的植株应用价值。

2 结果与分析

2.1 郁金香新鳞茎的规格与繁殖量

2009 年郁金香生长收获后，统计各品种新鳞茎的规格（表 1），只有‘领袖’超过了原有规格；‘王子’、‘猩红天空’、‘法兰西奥斯’、‘杏

作者简介

陈进勇／男／1971 年生／中国科学院植物研究所博士／北京市植物园，教授级高级工程师。

色印象’和‘构思的印象’5个品种达到了原种球规格的90%以上；‘粉钻石’、‘世界代表’、‘羞涩小姐’等14个品种的鳞茎规格是原来的80%～90%；‘王朝’、‘黄飞翔’、‘春绿’等8个品种的鳞茎规格是原有的70%～80%；‘圣诞梦’、‘紫衣王子’、‘天使’、‘法国之光’、‘牛津’5个品种的鳞茎是原来的60%～70%。可见第二代郁金香的鳞茎规格绝大部分比第一年的规格有所下降。

郁金香鳞茎不为典型的球形，测量鳞茎最宽处为直径，直径基本与周径成正比关系，从测定数据看，直径大于4.5cm的鳞茎周径一般大于12cm，仅有‘王子’和‘领袖’2个品种；直径4.0～4.5cm的鳞茎周径一般为10～12cm，有‘法兰西奥斯’、‘猩红天空’等7个品种；其它基本为直径3～4cm的鳞茎，周径一般为8～10cm。由于直径4cm、周径10cm左右的品种较多，不易截然分开，因此，采取周径8～11cm为中球，大于11cm和小于8cm分别为大球和小球，进行分级栽植试验。

郁金香鳞茎鲜重与其规格大小基本成正相关关系，规格越大，鲜重越大，如‘领袖’和‘王子’周径大于12cm，鲜重大于30g；‘天使’、‘紫衣王子’、‘美国梦’周径小于10cm，鲜重小于20g；两类品种的鳞茎鲜重相差2倍以上，其它品种介于两类之间。但鳞茎的干重与其规格相关性不明显，而与品种特性有关，如‘法兰西奥斯’和‘世界代表’的鳞茎鲜重虽然位列表中第5～6位，但其干重却位列3～4位（表1），积累的营养物质较多，生长表现较好。

郁金香新鳞茎的繁殖量以‘法国之光’、‘圣诞梦’、‘紫衣王子’、‘世界代表’、‘牛津’、‘漂亮女人’6个品种最多，基本都在4～5；‘法兰西奥斯’、‘春绿’、‘小黑人’等15个品种的繁殖量在3～4；‘领袖’、‘王子’、‘羞涩小姐’、‘猩红天空’、‘杏色印象’等12个品种的繁殖量一般为2～3。

一般来说，新鳞茎规格越大，繁殖数量越少，如‘领袖’、‘王子’、‘猩红天空’、‘杏色印象’；鳞茎繁殖数量越大，规格则偏小，如‘法国之光’、‘圣诞梦’、‘紫衣王子’、‘牛津’，这与植株自身营养合成与供应有限相关。但‘世界代表’和‘法兰西奥斯’的鳞茎规格与数量均偏大，总体表现较好。

2.2 第二代郁金香的营养生长

2009年至2010年冬季北京虽然经历了40年来的极端低温及10余次雨雪天气，但试验地郁金香品种从3月15日开始陆续萌芽，3月18日左右为萌芽高峰期，至3月26日全部萌芽（图1），萌动时间与上年相比并没有推后。各品种从3月20日开始展叶，高峰期为3月25日左右，4月1日全部开始展叶，从萌动到开始展叶间隔5～7天。不同品种的叶片在5月24日开始枯黄，高峰时期在5月31日左右，6月11日全部枯黄。不同品种的生长期为64～88天，平均为75天；叶片生长期60～81天，平均为68天，比2009年的生长期延长了10余天[1]。分析原因，主要是春季气温上升缓慢，因而郁金香的生长时间延长。

2010年观测分析2009年种植的郁金香不同规格鳞茎的生长状况(表2)，从叶片长度看，除‘领袖’大球的叶长仅为中球的0.79倍以外，其余品种在0.93～1.08倍之间，总体平均值0.99，说明大球与中球的植株叶片长度没有明显差异。小球与中球的叶片长的比值在品种间差异较大，为0.75～1.17，总体平均值0.91，说明大部分品种的小球植株的叶片长度要低于中球。

从叶片宽度看，除‘雪莉’大球的叶宽为中球的0.84倍外，其余品种在0.91～1.25倍，平均为1.05，说明大球植株的叶宽比中球略大，但没有明显差异。小球除‘粉钻石’和‘紫衣王子’外，其余品种均比中球要小，比值在0.63～1.00，总体平均值为0.88，说明绝大多数品种的小球植株叶片宽度要小于中球。

从植株高度看，除‘雪莉’外，大球的植株高度要略高于中球，比值为0.98～1.09，但差异并不明显。小球的植株高度为中球的0.51～0.97倍，平均值为0.86，所有品种的小球植株高度要低于中球，差异比较明显。

比较不同品种的中球的叶片长度，以‘猩红天

表 1 郁金香引进种球栽植收获后新鳞茎的繁殖量以及大球规格和重量

品种名	中文名	引进种球规格 D1(cm)	新鳞茎周径 D2（cm）	D1/D2(%)	新鳞茎直径（cm）	新鳞茎鲜重（g）	新鳞茎干重（g）	新鳞茎繁殖量
'Orange Queen'	'橙色皇后'	11.5	9.41±0.44	81.83	3.44±0.16			3.4±1.0
'Spring Green'	'春绿'	12.0	9.02±0.27	75.17	3.73±0.07			3.8±0.6
'Ile de France'	'法国之光'	12.0	7.75±0.64	64.58	3.24±0.25			5.1±0.7
'Francoise'	'法兰西奥斯'	12.0	11.11±0.54	92.58	4.43±0.25	26.89±4.97	12.0±3.35	3.9±1.2
'Pink Diamond'	'粉钻石'	12.0	10.7±1.14	89.17	4.11±0.38			3.1±1.0
'Hamilton'	'哈密尔顿'	11.5	8.6±1.15	74.78	3.52±0.43			3.1±1.0
'Prince Irene'	'和平王子'	12.0	9.84±0.44	82.00	3.79±0.23			2.5±0.8
'Yokohama'	'横滨'	12.0	9.72±0.61	81.00	3.54±0.26			3.3±0.8
'Yellow Flight'	'黄飞翔'	12.0	9.36±0.43	78.00	3.63±0.31			2.9±0.7
'Golden Oxford '	'金色牛津'	12.0	9.76±0.8	81.33	3.93±0.48			3±1.0
'Carnival de Nice'	'卡奈沃德乃斯	12.0	10.23±1.37	85.25	3.98±0.36	21.45±2.08	9.73±2.25	3.1±1.6
'Big Chief'	'领袖'	12.0	13.62±0.46	113.50	4.5±0.12	40.58±4.92	16.26±3.15	1.8±0.6
'American Dream'	'美国梦'	12.0	9.75±0.59	81.25	3.97±0.21	20.04±2.31	10.22±2.5	3.5±0.5
'Oxford'	'牛津'	14.0	8.83±0.7	63.07	3.25±0.31			4.1±1.2
'Oxford's Elite'	'牛津精华'	12.0	10.27±1	85.58	4.02±0.52			2.9±1.2
'Pretty Woman'	'漂亮女人'	11.5	8.24±0.57	71.65	2.97±0.23			4±1.0
'Beauty of Parade'	'普拉达美人'	12.0	9.96±1.32	83.00	3.43±0.4			3.1±0.9
'Christmas Dream'	'圣诞梦'	12.0	8.28±0.89	69.00	3.13±0.38			4.7±1.5
'World Favourite'	'世界代表'	12.0	10.69±0.48	89.08	3.79±0.17	22.95±3.63	11.63±2.99	4.1±0.9
'Angelique'	'天使'	12.0	7.92±0.65	66.00	3.14±0.18	13.02±3.16	4.53±1.87	3.3±1.0
'Dynasty'	'王朝'	12.0	9.45±0.64	78.75	3.69±0.29			2.6±0.5
'Ad Rem'	'王子'	12.0	11.99±0.7	99.92	4.51±0.35	35.06±4.28	12.41±1.56	2.1±0.3
'Negrita '	'小黑人'	12.0	8.61±0.87	71.75	3.03±0.23			3.7±1.0
'Sky High Scarlet'	'猩红天空'	12.0	11.3±0.91	94.17	4.42±0.43			2.2±0.4
'Apricot Impression'	'杏色印象'	12.0	11.08±0.81	92.33	4.17±0.38	28.32±6.05	7.68±2.12	2.3±0.7
'Happy generation'	'幸福一代'	11.5	9.86±0.74	85.74	3.81±0.35			2.6±0.7
'Blushing Lady'	'羞涩小姐'	12.0	10.62±0.67	88.50	4.05±0.32			2.2±0.4
'Shirley '	'雪莉'	12.0	9.66±0.5	80.50	3.71±0.11			3.4±1.5
'Purple Prince'	'紫衣王子'	12.0	8.16±0.87	68.00	3.07±0.37	16.58±4.15	8.4±2.31	4.5±1.6

注：新鳞茎规格、重量和繁殖量为平均值 ± 标准差

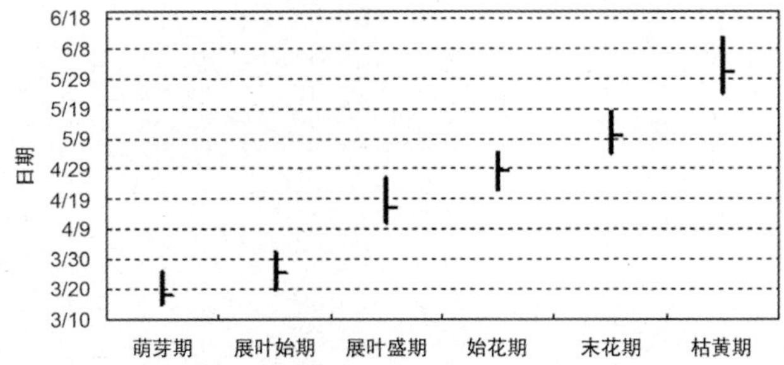

图 1 郁金香不同品种的物候图

空’、‘领袖’和‘法兰西奥斯’叶片最长，大于 30cm，‘和平王子’、‘黄飞翔’、‘法国之光’等品种最短，小于 18cm；中球的叶片宽度以‘领袖’和‘王子’最大，超过 11cm，‘春绿’、‘雪莉’和‘哈密尔顿’等品种的叶片较窄，小于 8cm；中球的植株高度以‘猩红天空’、‘粉钻石’、‘羞涩小姐’、‘王朝’、‘领袖’等品种较高，超过 70cm，‘和平王子’、‘紫衣王子’、‘黄飞翔’、‘横滨’等品种植株较矮，小于 50cm。观测结果与 2009 年相近。

综合分析叶片长度、宽度和植株高度，叶片大小在植株上变异较大，而植株高度更能反映植株总体生长情况。总体来看，不同品种的大球和中球在生长势上差别不大，但小球的生长势一般要弱于中球。

2.3 第二代郁金香的生殖生长

郁金香不同品种的始花期从 4 月 22 日至 5 月 4 日不等，平均为 4 月 28 日左右（图 1），比 2009 年推迟了 7 ～ 10 天，但早晚花品种差别不明显。盛花期 4 月 30 日左右，末花日期从 5 月 4 日至 5 月 18 日，平均为 5 月 10 日，也是比去年推迟了一周左右。各品种的花期从 7 ～ 16 天不等，平均为 12 天，呈现花期短而集中的特点。

花期观测郁金香不同规格鳞茎植株的开花状况（表 3），花瓣长度除‘法兰西奥斯’、‘雪莉’和‘王子’外，其余品种均是大球植株要大于中球植株，比值在 0.88 ～ 1.21，平均值为 1.03，大球的花瓣长度略大于中球。小球的花瓣长度基本小于中球，其比值在 0.77 ～ 1.00，平均为 0.90，说明所有品种的小球的花瓣长度基本要低于中球。

花瓣宽度除‘法兰西奥斯’、‘雪莉’、‘卡奈沃德乃斯’外，其余品种的花瓣宽度是大球大于中球，比值在 0.94 ～ 1.34，平均值为 1.07，说明大球的花瓣宽度总体大于中球。小球的花瓣宽度是大部分品种低于中球，比值在 0.66 ～ 1.11，平均值为 0.91。

花朵直径除‘法兰西奥斯’、‘普拉达美人’大球的花径偏小外，其余品种大球与中球的花径比值在 0.94 ～ 1.15，各品种的总体平均值 1.00，总体看差别不大。小球的花径大都小于中球，比值在 0.66 ～ 1.07，平均值 0.89，大部分品种中、小球之间花径差异比较明显。

比较不同品种的中球的花瓣长度，以‘领袖’、‘法兰西奥斯’、‘世界代表’、‘金色牛津’、‘王子’等品种花瓣较长，大于 8cm，尤其是‘领袖’花瓣长于 10cm，‘法国之光’、‘雪莉’和‘和平王子’花瓣长度小于 6cm；中球的花瓣宽度以‘王子’、‘领袖’、‘金色牛津’、‘牛津’、‘法兰西奥斯’等品种较好，大于 5cm，‘和平王子’、‘哈密尔顿’、‘漂亮女人’等品种稍差，花瓣宽度小于 4cm；中球的花朵直径以‘天使’、‘卡奈沃德乃斯’、‘王子’、‘羞涩小姐’、‘领袖’较大，大于 9cm；‘猩红天空’、‘圣诞梦’、‘紫衣王子’、‘和平王子’花朵较小，小于 6cm。观测结果也与 2009 年相近。

郁金香花朵大多为杯状，花径在初开和盛开时差别较大，重瓣品种则以完全展开时测量，因此不同品种比较性稍差，而花瓣长度和宽度相对稳定，综合来看，大多数品种的大球和中球的花径相差不明显，中种球植株的花径则明显比小种球要大。

3 讨论

2010 年冬春季特殊的气候除了推迟了郁金香开花日期、缩短了花期外，对其总体生长发育并未造成很大影响，由于采取了地面覆盖等措施，郁金香萌动和展叶时间并未推迟，而且由于叶片枯黄时间推迟，还延长了生长期 10 余天。

对引进郁金香种球种植生长的新鳞茎初步观测结果表明，大部分品种的鳞茎规格与繁殖量成反比，如果要生产出大规格的商品种球，可通过

表 2 不同规格鳞茎的郁金香品种生长比较

品种名称	叶片长度（cm）					叶片宽度（cm）					植株高度（cm）				
	大球 L	中球 M	小球 S	L/M	S/M	大球 L	中球 M	小球 S	L/M	S/M	大球 L	中球 M	小球 S	L/M	S/M
‘橙色皇后’		21	23.37		1.11		9.31	7.73		0.83		54.03	46.4		0.86
‘春绿’		25.5	26.33		1.03		4.77	4.6		0.97		60.83	58.6		0.96
‘法国之光’		17.23	20.2		1.17		9.67	7.8		0.81		53.23	45.37		0.85
‘法兰西奥斯’	30.1	27.96		1.08		9.03	9.08		1		60.77	60.56		1	
‘粉钻石’		24.62	22.77		0.92		9.39	10.07		1.07		73.8	63.43		0.86
‘哈密尔顿’		21.97	17.9		0.81		7.93	6.37		0.8		50.9	49.2		0.97
‘和平王子’	15.1	14.73	12.8	1.02	0.87	9.6	10.1	9.17	0.95	0.91	36.33	33.4	32.6	1.09	0.98
‘横滨’		22.83					9.12					45.23	23.1		0.51
‘黄飞翔’		16.88	14.6		0.86		9.98	7.77		0.78	43.53	42.18	32.9	1.03	0.78
‘金色牛津’		20.18	22.2		1.1		9.86	9.67		0.98		56.94	49.37		0.87
‘卡奈沃德乃斯’	23.93	25.23	21.37	0.95	0.85	10	10.3	6.53	0.97	0.63	52.83	51.93	49.7	1.02	0.96
‘领袖’	25.1	31.73		0.79		17.67	14.13		1.25		70.2	71		0.99	
‘美国梦’		18.28	16.45		0.9		10.55	8.35		0.79		51.1	46.42		0.91
‘牛津’		20.42	15.63		0.77		9.79	6.83		0.7		56.07	35.97		0.64
‘牛津精华’		18.35					9.97					60.8			
‘漂亮女人’		18.57	13.97		0.75		8.78	7.77		0.88		60.28	52.07		0.86
‘普拉达美人’	21.93	23.53	20.67	0.93	0.88	9.83	8.66	8.5	1.14	0.98	65.67	60.7	53.5	1.08	0.88
‘圣诞梦’		22	25.6		1.16		8.95	8.93		1		62.27	60.4		0.97
‘世界代表’	24.13	22.41	22.8	1.08	1.02	11.5	10.1	9.47	1.14	0.94	64.67	63.33	57.8	1.02	0.91
‘天使’		19.03	16.27		0.85		8.57	7.53		0.88		55.3	49.83		0.9
‘王朝’		25.6	20.6		0.8		10.43	7.37		0.71		71.9	64.23		0.89
‘王子’	30.28	26.34		1.15		12.8	11.83		1.08		63.22	59.09		1.07	
‘小黑人’		21.9	17.57		0.8		9.23	7.7		0.83		61.32	52.3		0.85
‘猩红天空’	31.53	33.17		0.95		9.53	8.58		1.11		81.2	83		0.98	
‘杏色印象’	24.37	25	21.93	0.97	0.88	10.53	10.6	9.63	0.99	0.91	54.43	54.37	51.5	1	0.95
‘幸福一代’	25.2	25	20	1.01	0.8	11.17	9.32	8.27	1.2	0.89	58.77	57.68	48.07	1.02	0.83
‘羞涩小姐’	25	24.78		1.01		8.28	9.09		0.91		76	72.89		1.04	
‘雪莉’	21.33	22.84	19.07	0.93	0.83	6.6	7.9	7.33	0.84	0.93	55.9	63.32	52.87	0.88	0.83
‘紫衣王子’		18.62	16.83		0.9		9.75	10.63		1.09		39.4	27.93		0.71
‘平均值’	24.83	22.61	19.5	0.99	0.91	10.55	9.51	8.09	1.05	0.88	60.27	58.17	47.98	1.02	0.86

表 3 不同规格鳞茎的郁金香品种开花比较

品种名称	花瓣长度 (cm)					花瓣宽度（cm）					花朵直径（cm）				
	大球 L	中球 M	小球 S	L/M	S/M	大球 L	中球 M	小球 S	L/M	S/M	大球 L	中球 M	小球 S	L/M	S/M
‘橙色皇后’		7.94	7.40		0.93		4.60	3.83		0.83		7.58	6.90		0.91
‘春绿’		7.10	6.07		0.85		4.00	3.03		0.76		8.50	7.77		0.91
‘法国之光’		5.53	5.37		0.97		4.27	4.17		0.98		6.67	6.60		0.99
‘法兰西奥斯’	7.95	8.99		0.88		4.75	5.07		0.94		6.68	8.02		0.83	
‘粉钻石’		6.20	5.63		0.91		4.79	4.30		0.90		6.46	5.03		0.78
‘哈密尔顿’		6.33	5.73		0.91		3.87	3.73		0.97		7.90	7.37		0.93
‘和平王子’	6.87	5.67	5.33	1.21	0.94	4.90	3.67	3.43	1.34	0.94	6.07	5.87	5.83	1.03	0.99
‘横滨’		7.39	6.13		0.83		4.67	3.93		0.84		7.90	6.47		0.82
‘黄飞翔’	6.73	6.55	6.17	1.03	0.94	4.13	4.15	4.23	1.00	1.02	6.97	6.85	6.43	1.02	0.94
‘金色牛津’		8.80	7.67		0.87		5.53	3.63		0.66		8.02	5.30		0.66
‘卡奈沃德乃斯’	6.80	6.43	6.03	1.06	0.94	4.00	4.03	3.73	0.99	0.93	12.50	11.43	9.60	1.09	0.84
‘领袖’	11.80	10.57		1.12		6.47	6.00		1.08		9.73	9.33		1.04	
‘美国梦’		7.13	6.47		0.91		4.82	4.78		0.99		8.12	7.78		0.96
‘牛津’		8.56	7.70		0.90		5.51	4.60		0.83		7.40	7.03		0.95
‘牛津精华’		7.70					4.90					7.48			
‘漂亮女人’		6.88	5.70		0.83		3.98	3.37		0.85		7.98	7.07		0.89
‘普拉达美人’	8.43	8.33	6.90	1.01	0.83	5.30	5.11	4.27	1.04	0.83	5.13	7.18	4.90	0.72	0.68
‘圣诞梦’		6.33	6.30		0.99		4.42	3.80		0.86		5.58	4.83		0.87
‘世界代表’	9.40	8.96	7.40	1.05	0.83	4.47	4.41	3.80	1.01	0.86	7.53	6.99	5.20	1.08	0.74
‘天使’		6.07	4.67		0.77		4.07	3.77		0.93		13.03	11.77		0.90
‘王朝’		7.13	6.37		0.89		4.53	4.33		0.96		7.60	6.47		0.85
‘王子’	8.17	8.28		0.99		6.50	6.04		1.08		10.77	10.43		1.03	
‘小黑人’		6.45	5.70		0.88		4.28	4.27		1.00		6.65	5.90		0.89
‘猩红天空’	7.20	7.15		1.01		4.83	4.73		1.02		5.67	5.33		1.06	
‘杏色印象’	7.90	7.67	7.27	1.03	0.95	5.23	4.40	4.87	1.19	1.11	9.23	8.77	9.37	1.05	1.07
‘幸福一代’	7.40	7.19	7.20	1.03	1.00	5.40	4.63	4.33	1.17	0.93	6.40	6.82	6.83	0.94	1.00
‘羞涩小姐’	9.28	8.73		1.06		4.63	4.30		1.08		9.18	9.44		0.97	
‘雪莉’	5.23	5.64	5.30	0.93	0.94	4.70	4.93	4.97	0.95	1.01	7.87	6.83	6.47	1.15	0.95
‘紫衣王子’		6.52	5.43		0.83		4.57	4.37		0.96		5.80	5.90		1.02
‘平均值’	7.94	7.32	6.26	1.03	0.90	5.02	4.63	4.07	1.07	0.91	7.98	7.79	6.82	1.00	0.89

使用生长调节剂，抑制种球繁殖量，使营养集中供应到 1 ～ 2 个种球，达到商业种球的要求。反之，如果要扩大繁殖量，则要通过生长调节剂促进鳞茎增殖，然后再对子球进行培养。

对不同规格鳞茎的郁金香进行营养生长和生殖生长方面观测，结果表明，国外引进种球经过一年栽培，花后挑选种球规格在 8cm 以上的进行妥善贮藏，秋季栽植后，只要管理科学，来年的生长表现和开花效果并不比商业种球（11cm 以上）差。规格在 8cm 以下的鳞茎则生长和开花效果稍差，不适合景区栽培，可以在花芽萌出地表后剪掉，促进叶片营养生长和地下种球发育，待鳞茎规格达到商业要求后进行栽植。

郁金香鳞茎贮藏的营养通常仅供应初期的根系和叶片生长，更多的还是靠后期自身的光合作用和矿物质吸收，因此，排水良好且适度肥力的土壤、光照充足而凉爽的环境条件对郁金香鳞茎、叶片和花的生长发育均非常重要。此次试验地基本满足了郁金香的生长条件，除了面积较小外，其开花效果与数百米之外的杨树林引进种球的开花效果并不差，有些甚至还要好，没有出现预期的第二代种球退化、开花不良的现象，这与栽培管理不无关系。

通过为期二年的观测，郁金香不同品种的表现差异还是比较明显，‘领袖’、‘王子’、‘法兰西奥斯’、‘世界代表’、‘牛津精华’等品种不仅生长势强、花大色艳，整齐度高，而且种球退化不明显，适合二代栽培；‘卡奈沃德乃斯’花重瓣，长势强，是重瓣品种中的佼佼者。‘法国之光’、‘紫衣王子’、‘天使’等品种则表现不尽如意。因此郁金香的新品种在北京大面积栽植尚需要进行筛选评价，以达到最好展示效果。

北京正在建设世界城市和节约型园林，如何重复利用国外引进的郁金香种球，达到既美化环境又节约成本，并能促进资源的有效利用，是摆在园林工作者面前的课题，需要进一步深化研究。

参考文献

[1] 陈进勇，刘洋，程炜．北京地区郁金香的生长发育研究[J]. 中国植物园, 2009. 12: 109–117.

[2] 张灿明，熊灿坤，王顺和．郁金香种球退化的原因及其防止对策[J]. 中国花卉 (l):141–144.

[3] 邓涛，张延龙，牛立新，何永艳．郁金香子球的生长变化研究[J]. 西北农业学报 ,2008, 17(5): 317–320.

[4] 李瑞华，杨秋生．郁金香引种研究[J]. 华北农学报, 1987, 2(3): 99–106.

[5] 沈强，陈亚平，史益敏．上海地区郁金香引种与物候期观察[J]. 上海交通大学学报, 2006, 24(2):168–176.

古树群下野生地被植物的种类动态与恢复

刘育俭　李红云　王艳　郭燕军　牛建忠　北京市天坛公园管理处　北京　100061

摘　要：古树群下野生地被植物在春季（5月）的优势种以双子叶植物为主，为二月蓝、夏至草、斑种草、紫花地丁等。在秋季（8月）以单子叶植物为主，优势种为马唐、牛筋草、二月蓝、狗尾草等。野生地被的种子雨强度大，数量多，且大多都能萌发，但真正能健康生长的比例很小。在与种子相关的微域内，几乎所有的生物、非生物因子都会影响种子未来的命运。在古树群下秋季补播二月蓝种子并进行适当养护管理可显著提高野生地被的观赏效果，补播量以4g/m^{2}为宜。

关键词：野生地被；种子雨；种子库；补播

天坛公园拥有古树3562株，野生地被主要配置于古树林下，形成特有的郊野风光，每年花期都引来无数游人观赏。古树下野生地被是古树生态系统中的重要组成部分，地被植物群落种子雨和种子库的调查与地被修复对维护古树生态环境，增加古树群落的生物多样性，实现公园生态的可持续发展具有重要意义。

种子雨是植物体将其有性繁殖体（种子或果实）从母株向地表扩散的过程，是植物群落更新繁殖体的主要来源。土壤种子库是存在于土壤表层凋落物和土壤中全部存活种子的总和，是种子扩散的结果。种子库与种子雨和地上植被之间存在着密切的关系，对植物种群的更新与修复作用显著。

1 研究区域

天坛公园位于北京市区内，北纬39°53'，东经116°24'，海拔43m。年平均气温9～12℃，年极端最高气温在39～42℃，年极端最低温度为－15～－20℃，平均年降雨量为600mm。天坛公园绿地面积180万m^2，种植乔木6万余株，古树主要以侧柏、桧柏为主，是重要的活文物。公园内野生地被100万m^2。每年4月天坛古树林下二月蓝盛开，呈现出美丽的景观。

2 研究方法

2.1 样地选择

在公园内选择4个调查样地，面积为8000～10000m^2。调查地内古树树种为桧柏和侧柏，林下全部为野生地被，林地周围设有围栏，游人破坏少。

2.2 样地管理

野生草地采取以修剪为主，控制高度，辅以扩繁、调配、灌溉等合理的人工辅助培植措施，使之整齐美观。对观赏效果好的草种如二月蓝6月底及时采收种子，7、8月雨季播种，经过几年，渐成气候并使之成为特色。

2.3 野生地被优势种调查

自4月起每周调查一次。调查样地内采用随机5点法选点，每样方1m×1m。调查植物种类、株高、覆盖度及物候期观察。覆盖度采用样点截取法测

作者简介

刘育俭／女／北京市天坛公园管理处园容绿化科技科，教授级高级工程师。

定，每样方相对两边的中心点连线，两条连线上每个 5cm 调查一个样点，每个样方 40 个样点。每点用钢丝垂直插入土中，记录触及钢丝的所有植物种类，每种植物所占样点的百分率即为盖度。

2.4 种子雨调查

4 个样地内设固定样方，样方间隔 10m，5 次重复，共 25 个固定样方。在某种调查植物的种子成熟之前将果穗采集放入纸袋带回室内统计种子数量。

(1) 种子数量少采取直接数数法。

(2) 种子数量多采取称重法：即先称一定数量种子的重量，再除这种种子的总重量，即可求出种子数量。

2.5 种子库调查

2 月和 6 月分两次在 4 个野生地被样地中选取样点，每个样地采用随机 5 点法选点，样点大小为 25cm × 25cm × 12cm。将土样装入布袋做好标记带回室内。用较大筛孔的筛除去植物根等杂物，将 0 ～ 2 cm、2 ～ 6cm、6 ～ 10cm 土层分别平铺于发芽盘内，在室温 20℃，有一定光照和湿度的条件下进行萌发，逐日清点幼苗数，直至恒定为止。幼苗生长 50 ～ 60 天完成。鉴定幼苗种类，苗期鉴定不出种类的，将苗移至花盆内待开花后鉴定。

2.6 地被恢复

7 月在古树林下补播二月蓝种子，采用撒播法，播种量为 $2g/m^2$、$4g/m^2$、$6g/m^2$，设不播种对照。当年 8 月和翌年 6 月调查不同播种量的样地单位面积二月蓝的株数，确定最佳播种量。

2.7 数据处理

重要值 =(相对盖度 + 相对频度 + 相对高度)/3 × 100 %。

数据采用 SPSS 软件进行数据分析及显著差异性检验。

3 结果分析

3.1 野生地被的优势种

从表 1 可以看出，古树林下野生地被的重要值春秋两季有很大差异。春季（5 月）以双子叶植物为主，优势种为二月蓝、夏至草、斑种草、紫花

表 1 春季及秋季古树林下野生地被重要值

植物种类（5.22 ）	重要值	植物种类 （8.21）	重要值
二月蓝 *Orychophragmus violaceus*	0.756	马唐 *Digitaria sanguinalis*	1.350
夏至草 *Lagopsis supine*	0.594	牛筋草 *Eleusine indica*	0.450
斑种草 *Bothriospermum chinense*	0.541	二月蓝 *Orychophragmusviolaceus*	0.420
纤毛鹅观草 *Roegneria ciliaris*	0.299	狗尾草 *Setaris viridis*	0.380
臭草 *Melica scabrosa Trin*	0.235	夏至草 *Lagopsis supine*	0.170
附地菜 *Trigonotidis Peduncularis*	0.112	牛膝菊 *Galinsoga parviflora*	0.150
抱茎苦荬菜 *Ixeris sonchifolia*	0.099	紫花地丁 *Viola yedoensis*	0.110
紫花地丁 *Viola yedoensis*	0.079	酢浆草 *Oxalis griffithii*	0.110
蒲公英 *Taraxacum mongolicum*	0.077	臭草 *Melica scabrosa*	0.080
蛇莓 *Duchesnea indica*	0.050	斑种草 *Bothriospermum chinense*	0.070
枸杞 *Lycium barbarum*	0.046	苦菜 *Sonchus oleraceus*	0.060
独行菜 *Lepidium apetalum*	0.042	纤毛鹅观草 *Roegneria ciliaris*	0.060
苦菜 *Sonchus oleraceus*	0.035	苋菜 *Amaranthus lividus*	0.030
荠菜 *Capsella bursa-pastoris*	0.035	灰菜 *Chenopodii Serotini*	0.030
		茜草 *Rubia cordifolia*	0.030

表 2 $1m^2$ 样点内春季主要植物种子的组成和平均数量

植物种类	种子千粒重 g	种子重量 g	种子数量（粒）	种子数量所占比例 %
二月蓝	1.63	36.90	22637	53.97
夏至草	0.31	2.71	8752	20.87
斑种草	3.76	19.25	5119	12.20
抱茎苦荬菜	0.11	0.48	4366	10.40
紫花地丁	0.46	0.49	1072	2.56

地丁等。秋季（8 月）以单子叶植物为主，也有部分双子叶植物。优势种为马唐、牛筋草、二月蓝、狗尾草等。二月蓝在全年的地被植物生长过程中都具有优势。

3.2 种子雨落种过程

从野生地被植物的物候期调查可以看出，4 ~ 11 月的种子雨有两个高峰。第一个高峰为 5 ~ 6 月。第二个高峰为 9 ~ 10 月上旬。春季从 3 月起随着温度的上升，多种双子叶植物开始开花，并陆续结实。在此期间依次开花的植物有紫花地丁、二月蓝、蒲公英、夏至草及抱茎苦荬菜等，其中也有多年生单子叶植物臭草、纤毛鹅观草。由于植株花期相对集中，且密度较高，因此 5 ~ 6 月产实量很大，形成第一个种子雨高峰。6 月底公园开始对结实的植株进行修剪，给下层的植物生长提供了有利条件，北京的 7 月温度高雨水多，单子叶草开始茂盛生长。植物主要为牛筋草、马唐、狗尾草等，9 ~ 10 月相继进入结实期，形成了第二个种子雨高峰。种子雨一直延续到 10 月下旬。

3.3 春季种子雨的组成

春季古树林地内地被植物种子雨调查结果表明：主要种类的种子数量所占比例排序为二月蓝（53.97%）> 夏至草（20.87%）> 斑种草（12.20%）> 抱茎苦荬菜（10.40%）> 紫花地丁（2.56%）（见表 2）。

二月蓝在 $1m^2$ 样点内平均可结实 22637 粒，在春季地被植物的结实数量中占有绝对优势。几种主要双子叶植物的结实数量也都在千粒以上，除去群落中其他伴生植物的种子数量，野生地被植物结实数量可达 41946 粒 / m^2。

3.4 种子库垂直分布

通过调查二月蓝的种子库，得出二月蓝种子在地表 0 ~ 2 cm、2 ~ 6cm、6 ~ 10cm 三个土层中的数量分布。图 1 表明二月蓝种子主要集中在 0 ~ 2cm 层，种子的数量占调查总量的 66%，2 ~ 6 cm 层所占比例较少为 31.5%，6 ~ 10 cm 层种子数量最少，仅占 2.5%。

3.5 二月蓝秋季播种试验

7 月下旬播种，当年 8 月 10 日调查二月蓝出苗量。3 个播量的播种区与未播种区都有显著差异，说明播种可以增加二月蓝的密度，提高观赏效果。但 4 g/m^2、6 g/m^2 两个处理出苗量差异不显著。2 g/m^2 与 4 g/m^2、6 g/m^2 两个处理差异显著。翌年 6 月我们又进行了二月蓝密度调查，4 g/m^2 播种量二月蓝密度平均达到 45 株 /m^2。从开花的观赏效果看，4 g/m^2 的播种量符合要求，2 g/m^2 播种量二月蓝密度平均达到 35 株 /m^2，花量较为稀疏。

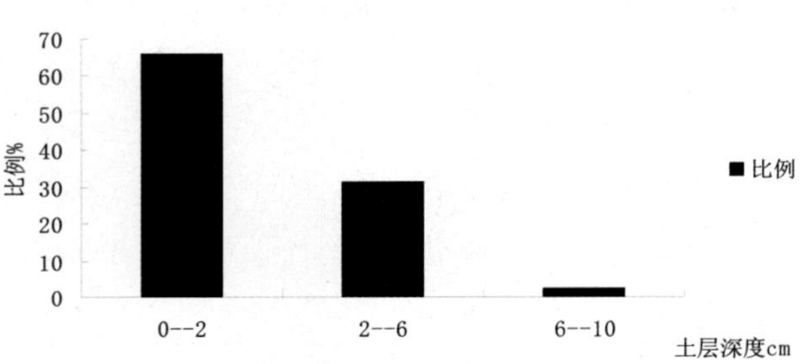

图1　二月蓝种子在地表土层中的垂直分布比例(%)

表 3 二月蓝不同播种量的出苗量调查

播种量 g/m^2	样点平均出苗量（株）	显著性（P<0.01）
0	12.4	C
2	32.2	A
4	42.2	B
6	40.2	B

4 结论与讨论

4.1 古树群下野生地被植物的种类变化

由于温度气候的变化，古树群下野生地被的种类组成也在发生变化。春季主要有二月蓝、蒲公英、紫花地丁、夏至草及抱茎苦荬菜等，也有多年生单子叶植物臭草、纤毛鹅冠草。随着双子叶植物的结实与修剪，6 月开始单子叶植物种类增加并开始占据主要空间。植物主要为牛筋草、马唐、狗尾草等，7 ～ 8 月二月蓝种子大量发芽。

4.2 影响野生地被植物种子库的原因

野生地被的种子雨强度大，数量多，且大多都能萌发，但真正能健康生长的比例很小。从种子雨的调查数据看，野生地被植物优势种的结实量都非常大。二月蓝单株可结实 1300 粒，抱茎苦荬菜单株结实 1900 粒，夏至草单株结实 500 ～ 600 粒。种子检验的发芽率也都 90%以上。但种子库中能够发芽的种子数量非常少，还不到种子雨数量的 1%。分析原因：（1）土壤种子库形成以后，动物的搬运、取食、微生物感染等都是影响种子库的因素，从 8 月二月蓝小苗的健康状况调查结果表明，小苗生长期会受蜗牛、夜蛾、网蝽、斑潜蝇及金针虫等多种害虫的危害，猝倒病、叶斑病也是幼苗死亡的主要原因。因病虫损害幼苗损失可达 50%以上。动物取食搬运的数量未作调查。（2）由于古柏林内凋落物层较厚，分解缓慢，种子在萌发和幼苗生长过程中，为了能穿破地被层的机械阻碍不得不分配更多物质和能量用于胚轴生长，而供子叶和胚根生长的物质和能量相对较少，导致萌发幼苗纤弱而不强壮，抵抗外界不良环境的能力差，萌发幼苗容易腐烂死亡，由种子转化为幼苗的成功率（自然发芽率）仅为不到 1%。因此在 7 月下旬人工划破地被表面土壤，有助于种子库内种子的发芽、生长发育成株。（3）地面植被盖度、土壤温度、湿度、光照强度等生态因子及其综合作用也是影响种子萌发和幼苗存活的重要因素。此方面的内容还需做进一步的研究。因此在与种子相关的微域内，几乎所有的生物、非生物因子都会影响种子未来的命运。

4.3 二月蓝的补播技术

公园内的野生地被既具生态功能，还有美化观赏作用，由于古树林下的复杂环境会降低二月蓝等植物的出苗率，影响其观赏效果，因此每年秋季在古柏林下补播二月蓝种子并进行适当养护管理是很有必要的。一般情况下补播量为 4 g/m^2，郁闭度高的林下可适当增加播种量。播种时间在 7 月下旬。补播前 6 月草地要进行种子采收，随后修剪，打碎枯黄的植株，降低草高，利于提高出苗率。

参考文献

[1] 查同刚，孙向阳，王登芝等．北京西山地区人工林侧柏林种子雨的研究．北京林业大学学报，2003，25（1）28—31.

[2] 刘足根，朱教君，袁小兰等．辽东山区长白落叶松种子雨和种子库．生态学报，2007，27（2）580—586.

[3] 张希彪，王瑞娟，上官周平．黄土高原子午岭油松林的种子雨和土壤种子库动态．生态学报，2009，29（4）．

[4] 班勇．土壤种子库的结构与动态．生态学杂志，1995,14(6)：42—47.

[5] 孙书存，陈灵芝．东灵山地区辽东栎种子库统计．植物生态学报，2000，24(2)：215—221.

[6] 杨跃军，孙向阳，王保平．森林土壤种子库与天然更新．应用生态学报，2001，12(2)：304—308.

[7] 牛建忠，刘育俭，李红云等．天坛公园野生草地持续利用与管理．中国草学会草坪专业委员会第七届全国会员代表大会暨十一届学术研讨会论文汇编，2008，445—452.

[8] 卢纹岱主编．SPSS for windows 统计分析（第二版）. 北京：电子工业出版社，2002.

北京地区丁香属种质资源收集以及园林应用

孟昕　北京市植物园　北京　100093

摘　要：本文通过分析北京地区丁香种质资源收集的概况及其品种色、姿、型、香等方面的观赏特性，探讨了它们的园林用途；在应用上，本文结合北京植物园对丁香引种和实地栽培养护的经验，介绍了一些适宜在北京园林中栽培推广的新优丁香品种，并对丁香在引种驯化和园林应用的过程中，对于品种栽植需求、引种范围、驯化条件以及后期养护管理过程中应注意的问题进行了进一步的分析。

关键词：丁香；种质资源收集；园林应用

丁香种类繁多，芳香袭人，花繁色丽，惹人喜爱。丁香属于木犀科丁香属 (*Syringa*)，丛生灌木或小乔木。我国是丁香花的栽培起源中心，本属植物约 27 种，我国产 22 种，其中以分布在川藏及西北地区的种类最为丰富。

丁香不仅拥有清新淡雅的芬芳和颜色雅致的花序，而且生命力强，生长势旺，比一般的观赏植物更易于粗放式的后期管理。这些广为人们称道的特性使得丁香无论是在西方式园林，还是在中国的古典园林中都得到了广泛的应用。伴随我国园林事业的进一步发展，人们对观赏植物的需求也进一步加深，丁香的观赏价值和广泛利用越来越得到人们的重视，所以，深入的了解和认知丁香属植物的独特性有利于更好的享用其给生活带来的乐趣。

1 丁香属种质资源收集概况

中国丰富的丁香资源对世界，尤其是欧美各国的园林事业起了重要作用，经过近百年的品种选育，丁香已经由最初的 27 种衍变成一个品种丰富的类群，据资料统计，目前参与国际园艺学会登记的丁香花栽培品种已经超过了 2000 个 [1]。北京植物园在建园初期就非常重视丁香种质资源的收集，从 20 世纪 70 年代至今，陆续从我国各省市与北美、欧洲等地先后引种丁香品种上百个，经过科学严格的驯化管理，目前在丁香专类园中主要展示的丁香品种有 50 余种（表 1）1000 余株。

2 丁香的观赏特性

丁香以其色泽淡雅的花序，醉人的芳香，丰富的形态在园林观赏植物中占有重要的地位，深受人们的喜爱，是花园中不可缺少的观赏植物之一。

2.1 颜色和花瓣形态的变化

丁香的花色变化极其丰富，具有良好的景观观赏效果。大体上，丁香的花色主要可分为 8 类：白色、黄色、粉色、紫罗兰色、玫瑰粉色、蓝紫色、紫色和复色（图 1）。花瓣的形态也各有千秋，从平展的单瓣，扭曲的单瓣，到各式各样的复瓣形态，花瓣的形态可达 50 余种 [2]。花色与花瓣形状使得

作者简介

孟昕／女／1980 年生／毕业于波兰生命科学大学，硕士学历／现工作于北京市植物园，工程师。

表 1 北京市植物园丁香专类园栽植丁香品种表

序号	品系	名称	拉丁名	初花期					花色
				4 月中旬	4 月下旬	5 月上旬	5 月中旬	5 月下旬	
1	欧丁香系	‘波峰’丁香	*Syringa* ‘Buffon’	●					浅紫色
2		‘复活节’风信子丁香	*Syringa* × hyacinthiflora ‘Easter Staley’		●				浅粉色
3		‘布氏’风信子丁香	*Syringa* × *hyacinthiflora* ‘Pocahontas’		●				深紫色
4		‘白花’什锦丁香	*Syringa chinensis* ‘Alba’		●				白色
5		‘双色’什锦丁香	*Syringa chinensis* ‘Bicolor’		●				白粉色
6		‘红堇’华丁香	*Syringa chinensis* ‘Saugeana’		●				深玫瑰粉色
7		什锦丁香	*Syringa chinensis*	●					玫瑰粉色
8		朝阳丁香	*Syringa dilatata*	●					浅粉色
9		裂叶丁香	*Syringa laciniata*	●					罗兰紫色
10		长筒白	*Syringa oblata* ‘Chang Tong Bai’		●				白色
11		‘香雪’丁香	*Syringa oblata* ‘Xiang xue’		●				白色
12		紫丁香	*Syringa oblata*	●					浅紫色
13		白丁香	*Syringa oblata* var. *affinis*	●					白色
14		罗兰紫	*Syringa oblata* ‘Luo Lan Zi’	●					紫罗兰色
15		紫云	*Syringa oblata* ‘Zi Yun’	●					浅粉色
16		花叶丁香	*Syringa persica*			●			浅紫色
17		‘深裂“花叶丁香	*Syringa persica* ‘Laciniata’			●			白色
18		‘佛手’丁香	*Syringa vulgaris* ‘Alba-plena’	●					白色
19		‘霍顿’欧丁香	*Syringa vulgaris* ‘Albert F. Holden’						深紫色
20		‘斯哥特’欧丁香	*Syringa vulgaris* ‘Ami Schott’		●				先紫色后褪色
21		‘安顿’欧丁香	*Syringa vulgaris* ‘Andenken an Ludwig Spath’						紫色
22		‘南茜’欧丁香	*Syringa vulgaris* ‘Belle de Nancy’						先紫色后褪色
23		‘查理’欧丁香	*Syringa vulgaris* ‘Charles Joly’	●					深紫色
24		‘春阁’欧丁香	*Syringa vulgaris* ‘Chun Ge’						深紫色
25		‘卡卫儿’欧丁香	*Syringa vulgaris* ‘Edith Cavell’						白色
26		‘乔安’欧丁香	*Syringa vulgaris* ‘Erzherzog Johann’						浅紫色
27		‘凯瑟琳’欧丁香	*Syringa vulgaris* ‘Katherine Havemeyer’						罗兰紫色
28		‘米欧尔’欧丁香	*Syringa vulgaris* ‘Michel Buchner’						紫色
29		‘斯太曼’欧丁香	*Syringa vulgaris* ‘Mme Florent Stepman’						浅紫色
30		‘柠檬夫人’丁香	*Syringa vulgaris* ‘Mme Lemoine’						白色
31		欧丁香	*Syringa vulgaris*						浅紫色

（续）

序号	品系	名称	拉丁名	初花期					花色
				4 月中旬	4 月下旬	5 月上旬	5 月中旬	5 月下旬	
32	顶生花序系	普港丁香	*Syringa prestoniae*		●				浅紫色
33		‘红花’普港丁香	*Syringa prestoniae* ‘Coral’						浅紫色
34		‘唐纳得’普港丁香	*Syringa prestoniae* ‘Donald Wyman’						浅粉色
35		‘海华沙’普港丁香	*Syringa prestoniae* ‘Hiawatha’		●				浅粉色
36		‘伊莎贝拉’普港丁香	*Syringa prestoniae* ‘Isabella’						粉白色
37		‘詹姆斯’普港丁香	*Syringa prestoniae* ‘Ja mes Macfarlane’						红粉色
38		‘夜花’普港丁香	*Syringa prestoniae* ‘Nocturne’						浅粉色
39		‘王族’普港丁香	*Syringa prestoniae* ‘Royalty’						浅粉色
40		垂丝丁香	*Syringa reflexa*		●				浅粉色
41		曲枝四川丁香	*Syringa swegiflexa*		●				玫瑰粉色
42		四川丁香	*Syringa sweginzowii*						玫瑰粉色
43		辽东丁香	*Syringa wolfii*		●				白色
44		云南丁香	*Syringa yunnanensis* ‘Rosea’		●				浅粉色
45		‘预知’云南丁香	*Syringa yunnanensis* ‘Prophecy’		●				浅粉色
46		匈牙利丁香	*Syringa josikaea*				●		浅粉色
47		红丁香	*Syringa villosa*		●		●		浅粉色
48	巧玲花系	关东丁香	*Syringa velutina*				●		白色
49		蓝丁香	*Syringa meyeri*				●		蓝紫色
50		帕里宾蓝丁香	*Syringa meyeri* ‘Palibin				●		深玫瑰粉色
51		‘骄傲’四季丁香	*Syringa microphylla* ‘Superba’				●		玫瑰粉色
52	短花冠管系	小叶丁香	*Syringa microphylla*					●	白色
53		北京丁香	*Syringa* ‘Peking Yellow’					●	金黄色
54		暴马丁香	*Syringa reticulata* var. *mandshurica*					●	白色

图 1 丁香的花色

图 2 丁香的叶色

丁香的栽培品种千变万化，除了丰富的花色之外，丁香的叶片有很多的变化，除了传统的绿色之外，还有金叶丁香，复色叶和紫叶等品种（图 2）。

2.2 观赏形态

丁香按照树体形态可分为四大类：乔木类，如北京丁香，生长迅速，非常适于作为造林树种，广泛分布于北京山区。由北京植物园培育的北京‘金园’黄丁香，其树姿优美，花繁叶茂，是公园、庭院及行道较好的绿化观赏树种。其次是灌木类：这类群中以欧丁香组、红丁香组的丁香在市场上最常见。第三类为绿篱类：主要以品种的蓝丁香和什锦丁香组成，尤其是蓝丁香，其枝叶繁茂，耐修剪，绿篱高度较矮，可达到 60cm，在现代园林设计中得以广泛地应用。最后一类为独干式观赏盆栽类，此类品种以北京丁香或者女贞类植物作为砧木，进行独干高接，嫁接品种丁香。

2.3 芳香

北京每到 4 月天，人们都会追寻丁香的芳香纷纷来到丁香专类园观赏。丁香按照芳香的程度大体可分为浓香型、淡香型和特殊香型。总体上大多数的丁香都属于淡香型，微风袭来，游客沐浴在淡淡的优雅的清香下，享受着心灵上的愉悦。也有一部分浓香型品种，如“香雪”丁香，浓郁的甜蜜的味道让你远远地就闻香追寻。除了上述两种之外，还有以北京丁香为代表的类似女贞香气的丁香，可做蜜源植物和提取芳香油[3]。

3 丁香花的园林应用

3.1 丁香花在专类园中的应用

大多数丁香品种非常适宜在我国北方地区栽植，而营建丁香专类园是对丁香迁地保护的重要方式。我国已经有很多地区都建立了丁香专类园，如，北京植物园（图 3），沈阳植物园，西宁植物园，济南植物园，石家庄植物园等。

3.2 在园林中的配植

北京地区栽植丁香，要根据不同品种丁香的生活习性及其地区分布特点，按实际需要来选择合适的种类。其次在配置上，应设计丁香与其他园林植物植物相搭配的组合。

丛植，丁香园林应用中最普遍的栽培方式。丁香既可以作为主景，又可作为配景或背景。配置以自然为主，既能表现其群体美，也能体现个体美。

群植，作为群体组合，较多的数量颇有“成林”之趣，形成大面积的花带。常设于平坦或坡面的草坪上和道路交叉处（图 4）。

图 3 北京植物园丁香专类园

图 4 坡地群植的丁香

图 5 丁香的篱植

图 7 ‘帕里宾’ 蓝丁香

图 6 欧洲市场上销售的丁香鲜切花

林植，丁香林植多用于大面积公园安静区，风景游览区或防护林带。北京地区常见多以北京丁香林为主，成片、成块的大量栽种构成林地或森林景观。

篱植，多采用树形茂密，植株矮小的丁香小灌木近距离栽成紧密结构的单行或双行，主要作用和功能是规定范围和围护作用，分割空间和屏障视线，可作为花境、喷泉、雕塑等园林小品的背景、美化挡土墙。（图 5）

3.3 鲜切花产业

丁香鲜切花在欧美市场很常见（图 6），通过保鲜技术可增加瓶插寿命[5]。

3.4 盆栽

盆栽观赏宜选用矮小种类，如‘帕里宾’蓝丁香（图 7）、什锦丁香等，也可利用女贞、暴马丁香等老桩作砧木嫁接品种丁香作为盆景栽培，如‘米歇尔’欧丁香、‘安顿’欧丁香等。

4 北京植物园部分新优丁香品种简介

北京地区位于北纬 45°，受气候条件的影响，冬春两季寒冷干燥，夏季高温高湿，对于丁香的种质资源收集和应用起到了一定的限制。目前国内市场上应用的丁香品种数量很少，常见传统的老品种，如华北紫丁香、白丁香、什锦丁香等，很多优秀的品种都值得进一步的推广和应用。北京植物园从建园初期就重视对丁香品种的引种栽培工作，在经过圃地的驯化和专类园的示范种植之后，成功筛选出适合于北京地区正常生长的优良品种，现将部分品种介绍如下：

（1）北京‘金园’黄丁香 *Syringa pekinensis* ‘Jin Yuan’（图 8）

落叶小乔木，株高 3 ～ 8m。圆锥花序，花色金黄，味淡香。花期 5 月下旬至 6 月初，整个花期可延续 20 天左右，蒴果长圆形。喜光，亦较耐阴，

抗病虫害，开花有大小年的现象

（2）‘香雪’丁香：*Syringa oblata*‘Xiang Xue’（图 9）

灌木。1985 年由中国科学院植物所北京植物园育成。是以华北紫丁香作母本，佛手丁香作父本的第一代杂种中选育而来的。花白色，具 2 ~ 3 层花瓣，花期 4 月中下旬，本品种香味浓而甜美，是极具观赏价值的优良品种[4]。

（3）‘佛手’丁香：*Syringa vulgaris*‘Alba-plena’（图 10）

树体多为主干明显的大灌木或者小乔木。花白色，重瓣不扭曲，为园艺变种，花香类似茉莉花，较为清淡。花期 4 月中下旬至 5 月。

（4）‘凯瑟琳’欧洲丁香：*Syringa vulgaris*‘Katherine Havemeyer’（图 11）

灌木。圆锥花序大而紧密，花重瓣，堇紫色至淡紫色，有浓香。小枝灰色，主干较粗壮。北京花期 4 月下旬。当环境污染严重时，易感染病害。

（5）‘安顿’欧丁香 *Syringa*‘Anderken an Ludwig Spath'（图 12）

市场上常见的此品种多为树状高接，高度一般为 2m 左右。花紫红色，单瓣，香味较宜，花期 4 月下旬至 5 月上旬。

（6）‘布氏’风信子丁香：*Syringa*×*hyacinthiflora*‘Pocahontas’（图 13）

灌木。单瓣，花深紫色，花期 4 月下旬，随着花的开放花色逐渐变淡。抗性佳，植株健壮，长势良好。适宜群植。

（7）‘萨金纳’什锦丁香：*Syringa*×*chinensis*‘Saugeana’（图 14）

灌木。树型紧凑。盛开时花序较多，花冠淡粉色至红紫色，有芳香。1820 年育成。通过修剪可做花篱。

（8）曲枝四川丁香：*Syringa*×*wegiflexa*（图 15）

灌木。花红至亮粉色，开后逐渐褪色，花期 4

图 8 北京‘金园’黄丁香

图 9 香雪丁香

图 10 佛手丁香

图 11‘凯瑟琳’欧丁香

图 12‘安顿’欧丁香

图 13‘布氏’风信子丁香

月下旬至5月中旬。1934年左右由德国育成。落叶灌木，高达3～5m。小枝紫褐色，无毛。叶长椭圆形至卵形，表面暗绿色，背面淡绿色．花序发自顶芽，花序轴基部常有1对小叶。花堇色或淡红色，芳香；5月上中旬开花。花芳香美丽，宜植于庭园观赏。

(9)‘红花’普港丁香 *Syringa prestoniae* ‘Coral'（图16）

灌木。花苞紫红色，花瓣展开后粉白色；花期4月初至4月底，2～3周；单瓣；花药与花冠管齐平；花冠裂片常直立；圆锥形花序，较紧密；叶深绿色，叶脉突出，叶片皱，叶长椭圆装披针形；枝条直立；植株抗旱，抗病虫害性强。

(10)‘唐纳德’普港丁香 *Syringa prestoniae* ‘Donald Wyman’（图17）

灌木。春季绿叶出现，芽深紫红色，花深粉色至粉白色，圆锥花序，香味浓，花期4～5周，4月下旬到5月中下旬；树型直立，秋季叶片变为橄榄绿色；植株抗旱，抗病虫害性强，长势健壮。

5 丁香在北京地区应用应注意的事项

在经过适地栽培观察后，总结了丁香在引种，栽培，繁育、养护管理中需要注意的以下问题：

5.1 有条件的引种范围

目前，我国新品种丁香多引种于北美、欧洲等地，这些区域在地理纬度上与北京相似，但气候特点与北京市气候特点差异较大。如从荷兰引种的欧丁香品种的驯化过程中，可以看出，部分丁香在北京地区很难忍受夏季高温高湿，往往在秋季会全部落叶，并重新萌芽甚至开花；在冬季低温时，容易造成哨条，大部分顶端花芽被冻死，直接影响第二年的开花。如此现象导致部分品种树势过弱，甚至逐步死亡。所以，在丁香引种的

图14 ‘萨金纳’什锦丁香

图15 曲枝四川丁香

图16 ‘红花’普港丁香

图17 ‘唐纳德’普港丁香

过程中，应充分了解本地气候条件和引种地的气候环境条件和生态习性，确定引种范围，加强科学的驯化管理，有目的、有选择的引种，以确保引种的成功。

5.2 合理栽植

丁香有很强的抗逆性，长势健壮，往往在贫瘠的土壤里也长势良好，对环境的要求不严。但总体上，仍是需要阳光充足，排水良好的沙壤土，且不同的丁香类群要营建不同的生长条件。对于红丁香组的丁香，由于其多生长于林下和水边，所以，较宜种植在高大的乔木下和空气湿润的溪边最佳；欧丁香品种种植在建筑南向最佳。

在选择栽植地点时，对于孤植的丁香，切忌种植紧贴于窗边或入口旁，应留以充足的生长空间。而对于成群栽植时，尽量保持三五成群自然园林种植方式，在草坪中，可由一定高大乔木类绿植作为背景，切忌直线栽植。在组团颜色的选择范围上，通常选用白色丁香作为基调主色，混合其他颜色进行种植。

5.3 选择正确的繁殖方式

丁香的繁殖方式主要依靠播种、扦插和组培3种主要方式，不同的繁殖方法差异很大。最常用的是软枝扦插。据北京植物园2004～2008年扦插试验统计，大多数丁香的扦插成活率在80%以上；在种子繁殖方面，受北京地区夏季高温高湿的影响，丁香在结果70天后，种子逐渐变质腐烂，所以在9月果熟期，很难得到健康饱满的果实用于繁殖。在组培上，可以通过丁香的茎尖和杂种胚的培养进行繁殖，但是要注意胚的获取时期，花后60天为最佳，过期果实容易受环境影响而变质，导致成活力低。

5.4 注重养护管理

丁香对土壤的要求往往不是很严格，但其浅根系的分布和耐旱不耐涝的生长习性决定了一定要注意栽植地点的选择，必须选用排水良好的沙壤土，以抵抗北京地区雨季带来的伤害。丁香定植成功后可以粗放管理，但在定植初期，要特别注重施肥和防寒工作。就土壤肥力而言，一般丁香在种植时要施足底肥，而在生长的过程中，基本不需要进行补肥，除有特殊需要而进行的叶面喷肥等技术措施。在冬季，要对新栽植的欧丁香品种进行3年的防寒工作，在北向建立围挡防止哨条。

6 结论

丁香以其独有的色、姿、香的观赏特性，在与其他乔灌木搭配时，表现了良好的观赏效果，是北京地区春季主要的重点观花植物之一。园林工作者应在充分了解新优品种丁香的生长习性的基础上，充分利用其观赏特性，对丁香花进一步开发和利用，并广泛用于现代园林的配置中去，发挥出她的天赋之美，带来更佳的观赏效果。

参考文献

[1] 明军等．丁香属植物种质资源研究概况．世界林业研究，2007,20(3).

[2] Fr.John L.Fiala. Lilacs, the genus syringe.21–22. 1988. Timber press.

[3] 臧淑英，崔红霞．丁香花.2000.

[4] 臧淑英，刘更喜．丁香.1990.

[5] Sytsema–Kalkman E.Ch. Post–Harvest studies on syringa vulgaris[J]. Acta Hort(Ishs), 1991, 298: 127–134.

北京宿根花卉应用调查报告

王雪芹　北京市植物园　北京　100093

摘　要：多年来，北京市植物园引进了大量的宿根花卉品种，经过扩繁、中试及推广，已向社会推出大量新品种。2010 年开展了北京城市应用宿根花卉的调查，现归纳总结，提出问题，并指出今后宿根花卉发展的方向。

关键词：宿根花卉；新品种；应用

宿根花卉是指冬季地上部分枯萎，翌年春季再萌发生长、开花结籽的多年生花卉。该类花卉种类丰富，花色和花型变化大，繁殖和管理简便，一年种植可多年观赏，是城镇绿化、美化中的重要植物材料。 目前北京市植物园引进了大量宿根花卉，通过多年的引种、筛选及扩大繁殖，已向社会推出了很多优良的种和品种。同时社会其他单位也繁殖和应用了大量的宿根花卉。我们于 2010 年对北京宿根花卉的应用情况做了较广泛的调查，对其在今后的应用提出一些建议，以供生产、设计及施工人员参考。

1 宿根花卉在北京园林中的应用现状

1.1 宿根花卉应用形式

1.1.1 花坛

花坛多设于广场和道路的中央、两侧及周围等处，要求色彩鲜艳，轮廓整齐。多采用整齐度较好的蓝花鼠尾草、金鸡菊、天人菊、婆婆纳以及花叶芒等与一、二年生草花相配合使用，观赏效果明显（图 1）。

1.1.2 花境

宿根花境花期长、花色艳丽、形式灵活，且多年生长，成本低（图 2）。

1.1.3 道路绿化

北京道路绿化占很大比例，多为条带式或块状绿化，有宽有窄，呈带状分布，通常为双面观赏，对于美化道路，缓解视疲劳起到良好的作用（图 3）。

1.1.4 野花地被

在植物群落中种植地被植物增加其稳定性、观赏性，并丰富季相变化，调节小气候，实现城市生态的良性发展，开花期观赏效果壮观（图 4）。

1.1.5 水体绿化

为丰富水景的变化，在水体的周边根据水生植物的耐水深度进行栽种，既保护水系又丰富植被（图 5）。

1.1.6 郊野公园

郊野公园是最近两年新兴起的一种公园形式，多存在于各个郊区县的相对僻静的地段，依据以前的基础进行改造，配植植物进行绿化，给周边的居民提供一个休闲的场所。其中占地 1500 亩的北京八家地郊野公园是有代表性的郊野公园，共应用宿根花卉 80 多个种和品种（图 6）。

1.1.7 小庭园绿化

随着人们生活水平的提高，小庭园的绿化越

作者简介

王雪芹　女／1972 年生／1995 年毕业于北京农学院，北京林业大学在读研究生／北京市植物园，高级工程师／从事宿根花卉的引种、驯化和推广工作。

图 1 海淀公园金鸡菊与矮牵牛配植的花坛

图 2 三里河街心公园花境

图 3 三环路边鸢尾条带状栽植

图 4 二月蓝的效果

图 5 北京市植物园水边千屈菜和香蒲配植

图 6 八家地郊野公园地被效果良好的节约型绿化

来越受到重视。宿根花卉因其管理简便，季相变化丰富而备受青睐。

1.2 宿根花卉种类

北京主要公园和街道常用的宿根花卉40～60种。

1.2.1 阳生宿根花卉

这类宿根花卉喜全光，主要种类有萱草类、景天类、鸢尾类、荆芥、金鸡菊、婆婆纳、毛茛、白花蒿、波斯菊、宿根亚麻、火把莲、泽兰、宿根鼠尾草、美国薄荷、千屈菜、蓍草、假龙头、荷兰菊、花葱、金光菊、钓钟柳、一枝黄花等。观赏草也为阳性宿根植物，可以单独片植，也可与其它花卉配植于花境中。

1.2.2 荫生宿根花卉

这类宿根花卉喜半阴或者全阴，主要种类有玉簪、矾根、紫露草、荫生的蕨类、耧斗菜、荷包牡丹、落新妇和橐吾等种，其中玉簪类、矾根类植物还可观叶。

1.2.3 水生宿根花卉

北京主栽水生植物有荻、花叶芦竹、香蒲、芦苇、燕子花、黄菖蒲、千屈菜、大戟等，水生植物净化水面，丰富水景，并具有良好的观赏效果。

2 存在的问题

2.1 宿根花卉品种有待丰富

尽管人们对宿根花卉的认知度不断提高，但受到生产和使用各方面的限制，还有许多品种未被应用到绿化中。萱草、玉簪、景天等三类植物的品种非常丰富，而实际应用中却只是其中很少的品种。

北京植物园近 10 年大量引种宿根花卉，并已向社会推广应用了许多的宿根花卉种类，但仍然有很多的种类没有很好的推广应用（表 2）。

2.2 宿根花卉需精心养护

由于公路绿化带的栽培养护条件限制，宿根花卉很难在道路绿化中长期应用，或被淘汰，或被一、二年生花卉替代。

许多宿根花卉在花期时具有非常好的观赏效果，但是非花期则景象很差，在观赏效果要求高的街道绿化等公共绿地中，宿根花卉常被花期长、色彩艳丽的一、二年花卉替代。

宿根花卉种类繁多，养护管理要求高。蛇鞭菊、婆婆纳、一枝花黄、荆芥、大花飞燕草等都需要

表1 丰台区宿根花卉应用调查

栽种地点	栽种面积或数量	栽种时间	主要应用种类	表现好的种类	表现差的种类
丰葆路两侧绿地	90	2008.6	大花萱草	大花萱草	
	557.5	2008.6	鸢尾	鸢尾	
	444.7	2008.6	美人蕉	美人蕉	
	344.9	2008.6	金娃娃	金娃娃	
	188	2008.6	八宝景天	八宝景天	
	126.7	2008.6	玉簪	玉簪	
宛平周边绿地	78	2008.6	美人蕉	美人蕉	
	1826	2006.4	玉簪	玉簪	
	85	2008.6	鸢尾	鸢尾	
丰台园区绿地	556	2008.5	八宝景天	八宝景天	
	283.6	2008.5	鸢尾	鸢尾	
	450	2008.5	美人蕉	美人蕉	
雕塑园周边绿地	107.2	2008.6	萱草	萱草	
	187.4	2008.6	八宝景天	八宝景天	
	42.5	2008.6	金娃娃	金娃娃	
丽泽花园小区外绿地	268	2008.4	美人蕉	美人蕉	
	50	2008.4	金娃娃	金娃娃	
	45	2008.4	鸢尾	鸢尾	
	40	2008.4	玉簪	玉簪	
丰葆路	663.2	2007.6	美人蕉	美人蕉	
	158.4	2007.6	玉簪	玉簪	
	1297.4	2007.6	金娃娃	金娃娃	
	500.4	2007.6	鸢尾	鸢尾	
	43.4	2007.6	马蔺	马蔺	
四丰桥区	2123.3	2006.5	萱草	萱草	
	204.7	2008.5	玉簪	玉簪	
	695.1	2008.5	美人蕉	美人蕉	
	28	2008.5	马蔺	马蔺	
丽泽路	33.6	2007.9	美人蕉	美人蕉	
丽泽桥区	761.9	2006.5	萱草	萱草	
	288.7	2007.5	美人蕉	美人蕉	
南四环西路	5694	2007.6	马蔺	马蔺	
	839	2006.8	美人蕉	美人蕉	
大成路	76.8	2006.8	美人蕉	美人蕉	
万丰路	1078.3	2003.7	萱草	萱草	
	156.3	2008.5	八宝景天	八宝景天	
东大街	91.2	2007.9	美人蕉	美人蕉	
	38.6	2007.9	萱草	萱草	
吴家村路	238	2007.6	美人蕉	美人蕉	
	580	2007.6	金娃娃	金娃娃	
青塔西路两侧	50	2008.5	美人蕉	美人蕉	
樊羊路	1583	2005.5	金娃娃	金娃娃	

（续）

栽种地点	栽种面积或数量	栽种时间	主要应用种类	表现好的种类	表现差的种类
张仪村路	524	2008.4	八宝景天	八宝景天	
	1245	2008.4	金娃娃	金娃娃	
	273.4	2008.4	鸢尾	鸢尾	
南四环西路-防护	2817	2007.7	美人蕉	美人蕉	
	1181	2007.7	鸢尾	鸢尾	
	3289	2007.7	金娃娃	金娃娃	
	814.5	2007.7	八宝景天	八宝景天	
	135	2007.7	玉簪	玉簪	
华成达房代征地	57	2007.5	八宝景天	八宝景天	
	60	2007.5	鸢尾	鸢尾	
	60	2007.5	金娃娃	金娃娃	
绿源公园	409.7	2006.5	八宝景天	八宝景天	
	218.4	2009.5	玉簪	玉簪	
	145.15	2007.6	金娃娃	金娃娃	
	5.5	2007.6	鸢尾	鸢尾	
岳各庄市场前绿地	1633m^2	2007 年	美人蕉 萱草 射干 假龙头 千屈菜 鸢尾 三七景天 醉鱼草 大花秋葵 八宝景天	美人蕉 萱草 千屈菜 三七景天 八宝景天	射干
京石公路两侧	1625m^2	2008 年	萱草 小菊	萱草	小菊
广安路	260m^2	2007 年	大花萱草	大花萱草	
西三环路	4445m^2	2007 年	萱草 八宝景天 菊花 假龙头 醉鱼草 千曲菜 四季菊 美人蕉 鸢尾 松果菊 金娃娃 孔雀草 美女樱	萱草 八宝景天 金娃娃	
太平桥路	540m^2	2008 年	鸢尾 金娃娃	金娃娃	
西客站南路	1437m^2	2009 年	金娃娃 福禄考 玉簪	金娃娃 玉簪	福禄考
康辛路	1825m^2	2008 年	大花萱草 菊花	大花萱草	菊花
科丰桥区	803m^2	2007 年	大花秋葵 玉簪 鸢尾 萱草	玉簪 萱草	
岳各庄桥区	127m^2	2008 年	萱草		
南三环路	1300	2008	景天、玉簪、金娃娃	玉簪	景天、金娃娃
马家楼桥区	1500	2008	八宝景天	八宝景天	
木樨园桥区	1400	2008	大花萱草、紫露、鸢尾	鸢尾、大花萱草	紫露
南二环路	610	2008	玉簪	玉簪	
玉蜓桥	230	2008	鸢尾、大花萱草	鸢尾、大花萱草	
百米芳花园	510	2008	鸢尾、紫萼、金娃娃	鸢尾、紫萼	金娃娃
南苑路	3200	2008	景天	景天	
右外街心花园	150	2007	紫露、金娃娃	金娃娃	紫露
南厢大绿地	650	2009	紫露、金娃娃、玉簪	紫露、玉簪	金娃娃
嘉河公园	50	2009	景天	景天	
武警代征地	3500	2009	玉簪、金娃娃、大花萱草	玉簪、大花萱草	金娃娃
路灯队绿地	180	2008	玉簪	玉簪	

表 2　北京植物园新优宿根花卉品种简介

中文名	习性	简　介
白头翁	阳性	春季最早开花，低矮，种子繁殖
美国薄荷	阳性	植株整齐，株型紧凑，颜色艳丽
滨菊	阳性	生长健壮，株型丰满，花大白色
春黄菊	阳性	株高 60cm，花型整洁，花为黄或白色
刺芹	阳性	花型独特，整株带刺，多为蓝绿色
大花肥羊草	阳性	植株低矮紧凑，叶心形，花白色，花期观花无花期观叶
多色大戟	阳性	花黄色，叶子经霜后紫红色，花叶俱赏
地榆	阳性	植株生长健壮，花葶长飘逸
象牙红钓钟柳	阳性	植株生长健壮，花量大，绿期长
堆心菊	阳性	植株高大，花期观赏效果壮观
矾根	阴生	非常好的观叶植物，花期观花无花期观叶
飞燕草	阳性	株型飘逸，花型独特，其中蓝色非常抢眼
肥皂草	阳性	花色艳丽花期长，需要排水良好的土壤种植
分药花	阳性	株型整齐，植株灰绿色，生长健壮养护简便
风铃草	阳性	有些品种具有较强的抗性观赏性高
耧斗菜	半阴性	非常好的春季观花植物，花型独特，花色丰富
福禄考	阳性	株型整齐，花量大花色艳丽，但栽种第二年的萌发较差
海石竹	阳性	植株丛状，花粉色和白色，良好的春季花卉
荷包牡丹	阴生	株型丰满，花序和花型独特，观花观叶的好种类
火把莲	阳性	植株丛状，花火炬形，颜色艳丽
假龙头	阳性	生长健壮，株型丰满，花穗长花色艳丽
剪秋萝	阳性	株型规整，花色艳丽，很好的春季的宿根花卉
金光菊	阳性	此种类变化大，花色艳丽花期长，非常好的应用种类
松果菊	阳性	株高 80cm，株型规整，花开不断
金鸡菊	阳性	生长健壮，管理简便，花期长，返青率高
荆芥	阳性	生长健壮管理简便，耐修剪可以重复开花，好的地被
地被景天	阳性	生长健壮，非常耐干旱，忌水湿条件
八宝景天	阳性	品种丰富，生长健壮整齐，花叶俱赏
老鹳草	阳性	种类丰富，整个生长季节表现都很好，花叶俱赏
落新妇	阴生	株型规整，花序漂亮，生长需要较高的湿度
毛地黄	阳性	株型规整，非常好的竖线条花材，2 ～ 3 年就要更新
毛蕊花	阳性	生长健壮，花色丰富艳丽
婆婆纳	阳性	生长健壮耐修剪，种类丰富
千屈菜	阳性水生	生长健壮，花期长耐修剪，可以水陆两生
赛菊芋	阳性	生长健壮管理简便，花期长，株型整齐丰满
蓍草	阳性	生长健壮，株型变化大，要注重修剪，较野趣
矢车菊	阳性	花型优美，花色艳丽，耐修剪
鼠尾草	阳性	植株整齐生长健壮，花色艳丽，非常好的竖线条花卉
唐松草	阳性	植株多为蓝绿色优美，典型的蜜源植物
天人菊	阳性	植株低矮紧凑，花大颜色艳丽，持续性稍差
橐吾	阴性	植株高大整齐，花叶俱赏
亚菊	阳性	叶子有白色镶边，花黄色，花期可持续到 11 月份
野靛草	阳性	株高 80cm，花叶俱赏，花后还可以观果
银莲花	阳性	种类丰富，花期长，观赏性强
鸢尾	阳性	种类丰富，花大色艳，观赏性强
泽兰	阳性	植株高大，花期长，非常好的背景植物
紫露草	阴生	株高 60 ～ 80cm 紧凑，花色多，很好的荫生地被
紫菀	阳性	株型整齐，花色丰富，花量大，花期稍短
萱草	阳性	花色、花型非常丰富，花期观赏性强
玉簪	阴生	花叶俱赏的优良种类，非常好的阴生观赏花卉

修剪等精细养护。但在应用中常因修剪、施肥等养护措施达不到而影响观赏效果。

许多公园及绿地为开放式管理，游人的践踏等人为因素对宿根花卉观赏效果影响很大，如金鸡菊、婆婆纳等宿根花卉，常因踩踏需年年更换，如花后管理再跟不上，更会影响第二年开花。

3 宿根花卉应用的前景展望

3.1 栽植宿根花卉应遵循其生态习性

宿根花卉因其周年生长在露地，对周围的生态因子有一定的要求和适应能力，要根据不同的光、水分、温度、土壤等立地条件选择相应的宿根花卉，尽量做到适地适花。如北京市植物园的秋季宿根花境，植物搭配合理，错落有致，种植时是很下了一番功夫的（图7）。

3.2 要与周围环境相协调、与功能相符合

不同的绿化环境，其功能和要求是不同的，因而对宿根花卉的种植设计也是不同的。如街道绿地，主要功能是遮荫和美化环境，在不妨碍交通视线的前提下，可利用各种花灌木和宿根花卉结合起来。又如居民小区和街心公园，其功能是美化环境，为广大群众提供优美的休息场所。

3.3 合理配置，保持景观效果的连续性和完整性

宿根花卉一年种植，多年观赏。为了避免因秋、冬季节枯叶落叶及炎热夏季部分花卉休眠，地面裸露所带来的不良效果，要在对各种宿根花卉生态习性充分认识的基础上，加以合理布置，使宿根花卉一年四季的观赏效果保持连续性和完整性。如三里河街边公园配植的植物合理，花期交错，管理比较到位，给休息的游人提供了良好的优美的休息场所（图8）。

3.4 合理应用宿根花卉，创建节约型园林。

北京许多的公园树木密集，常出现草坪、宿根花卉等跟常绿树进行水分争夺，采用节约式栽种，用野花组合和缀花草坪或者耐旱的地被来替代耗水的冷季型草，实现节约型园林的效果。如八家地郊野公园，大面积的荆芥既美观又管理简便，非常适于粗放管理，还会有良好的观赏效果（图6）。

尽管宿根花卉的应用在北京有喜人的成绩，但问题还是很多的，这就为我们园林工作者，尤其是从事宿根花卉引种、筛选、繁殖生产和推广的工作者提供了非常广泛的工作平台，这些应用中的问题也督促我们在今后的工作中更加努力，为更好的绿化美化北京贡献自己的一份力量。

图7 北京市植物园的林缘花境

图8 三里河街边公园：几种阳生的宿根花卉配植在一起，花期交错颜色丰富

参考文献

[1] 夏宜平．《园林花境景观设计》．北京：化学工业出版社，2009.

景天属植物在北京屋顶绿化中的筛选与养护管理

薛丽[1]　马燕[2]　白淑媛[2]　梁芳[2]

1.北京市大兴区市政园林服务中心绿化队　北京　102600

2.北京市园林科学研究所　北京　100102

摘　要：景天属植物具有耐旱、耐寒、耐贫瘠、少病虫害、低养护、粗放管理等特点，可节水、节能、节材、节力，是创建节约型园林不可缺少的植物种类之一。其植株相对低矮，整齐一致，色彩丰富，生长期较长，在园林绿化中可布置花坛、花境，做镶边植物或组成大型图案，或成片栽植，或点缀岩石园等，也可做切花或盆栽供室内外观赏。由于其根系相对浅，更是屋顶绿化的良好植物材料。

关键词：景天属植物；屋顶绿化；筛选；养护管理

屋顶绿化在北京城市绿化中只有最大限度地发挥生态效益与环境效益，节约自然资源与各种能源，提高资源与能源利用率；而且以最合理的投入获得最适宜的综合效益，才能得到可持续发展。

景天科植物有400余种，我国约有150种。景天属（*Sedum*）主要野生于岩石地带，由于地理条件的差异常出现一定的变异。多数景天属植物作为地被植物和宿根花卉具有建植和养护成本低、管理粗放等优点，是创建节约型园林不可缺少的植物种类之一，其在园林绿化中的应用潜力正被人们逐渐认识。

目前园林绿化常用的景天植物品种，多数都是景天科景天属植物，均为肉质多年生草本地被植物和宿根花卉。其叶为多浆或肉质，具有抗旱性强，喜光，也耐轻度遮荫，不择土壤，耐盐碱等特点，但有些品种忌涝，以排水良好的沙壤土或坡地为宜。

本实验从适合北京生长的景天属植物材料中选择出能在6～15cm屋顶绿化基质层中安全越夏和越冬的景天属植物品种。进行屋顶栽培，调查其成长状况，适应性，从中筛选出可应用于屋顶绿化的品种。

1 试验地点概况

选择北京市城区占80%的简单式屋顶绿地为试验地点。其中约95%的绿地植物材料为佛甲草。屋顶绿地基质层厚度分为6cm、10cm和15cm，在北京市城区简单式屋顶绿地约各占50%。试验地点、供试材料、试验规模、屋顶绿地基质厚度及容重见表1。

2 材料与方法

2.1 材料

佛甲草 *Sedum lineare*

八宝景天 *S. spectabile*

反曲景天 *S. reflexum*

杂交景天 *S. hybridum*

费菜 *S. kamtschaticum*

胭脂红景天 *S. spurium* ‘Coccineum’

白花景天 *S. album* var.

作者简介

薛丽／女／1971年出生／1994年毕业于北京农学院园林专业／现在北京市大兴区市政园林服务中心绿化队工作，任副队长／从事园林绿化养护、工程施工以及屋顶绿化的植物材料选择和施工等工作。

表 1 试验地点、供试材料、试验规模、基质厚度和容重

试验地点	供试材料	面积（m^2）	基质厚度（cm）	基质容重（$g \cdot cm^{-3}$）
北京园林科研所	佛甲草、八宝景天、反曲景天、杂交景天、费菜、胭脂红景天、白花景天	500	15	0.810
北京医院	佛甲草、杂交景天、八宝景天、胭脂红景天	7000	6	0.947
自动化研究所	佛甲草、八宝景天、费菜	2500	10	0.695

种植基质：泥炭＋砂质壤土＋稻壳，泥炭＋沙质壤土，容重小于 1.0 $g \cdot cm^{-3}$。

2.2 方法

2.2.1 研究方法

实验设灌溉量为人工制定，而其它养护措施均不采取的条件下进行 7 个景天属植物的屋顶栽培。

灌溉量以目前种植量最大的佛甲草灌溉量为标准，在同等养护管理条件下筛选适合屋顶绿化应用的其它景天属植物品种。

景天属植物材料的筛选是选择具有代表性的简单式屋顶绿化形式的屋顶进行 7 个品种景天属植物的实地栽培实验。根据其生长状况综合指标的调查筛选出适合北京城市屋顶绿化应用的景天属植物品种。其中包括：绿色期调查、生长适应性调查、病虫害发生状况、杂草发生情况。

① 植物叶片含水与基质含水量相关性分析。

②景天属植物材料生长状况调查：以佛甲草供水量为养护标准的种植条件下，其它景天属植物的生长状况分析。

③ 连续 2 年越年后自然生长状况：越年后地面覆盖度的增减是确定其应用的准备之一。

④病虫害发生状况：病虫害的发生及危害程度作为屋顶绿化植物材料的环保性相关。

⑤杂草发生情况：调查记录杂草发生的数量和时间，根据屋顶绿地的条件确定采取的防除措施。

2.2.2 测定方法

①土壤含水率：土壤含水率使用土壤水分仪测定；佛甲草等植物叶片含水率，采用离体烘干法测定。

②实验地调查返青期和枯黄期，得到绿色期。

③测量覆盖面积，得到覆盖度。

④测定虫口密度，进行虫害调查：用土豆培养基（PDA）分离培养，进行病害调查。

⑤在无人工干预除杂草的条件下，进行杂草危害调查。

2.2.3 数据计算

佛甲草茎叶含水率与基质含水率的相关性分析：用 SPSS10.0 统计软件进行两个变量相关分析。

3 结果与分析

3.1 基质含水率与佛甲草植株茎叶含水率的相关性分析

2006 年 8 月至 2007 年 11 月对北京市园林科学研究所、亚洲大酒店、北京医院和北京卫生学校屋顶绿地进行基质平均含水率和佛甲草茎叶平均含水率测定，测定结果见表 2。

将表 2 数据进行两个变量的相关分析得到：简单式屋顶绿化佛甲草基质含水率和茎叶含水率相关系数 $r = 0.200$，$p = 0.204$，$p > 0.05$，说明北京市城区简单式屋顶绿地基质含水率与佛甲草茎叶含水率无相关性，因此证实，景天属植物佛甲草植株的含水率在正常养护条件下不受土壤含水率的影响。景天属植物抗旱机理为该属植物的代谢特点，应作为屋顶绿化的材料被充分利用。

3.2 七种景天属植物的生长状况调查

试验以佛甲草的养护标准为基本准则，自 2007 年至 2009 年分别在北京市园林科学研究所、北京医院和自动化研究所进行了其它景天属植物屋顶栽培，调查所用景天属植物各品种除灌溉以外无其它人工干预的情况下的生长状况，如：越年状况、生长量、病虫害发生程度、杂草危害及越年后的覆盖度。结果见表 3。从表 3 数据得到：北京市城区屋顶绿地选用的 7 种景天属植物材料中绿色期最长的是八宝景天、反曲景天和胭脂红景天。越年恢复生长覆盖度高的是佛甲草、八宝景天、反曲景天、杂交景天和费菜。病虫害发生

表 2 北京市城区简单式屋顶绿地佛甲草茎叶含水率和基质含水率比较

取样地点	测定日期（年－月－日）	基质含水率%	茎叶含水率%
北京市园林科研所	2006-08-16	32.13	88.31
		7.55	89.84
	2006-9-05	5.82	94.27
	2006-09-13	5.24	93.58
	2006-09-26	15.00	93.56
	2006-10-11	27.40	93.61
		14.99	94.12
	E	5.45	93.03
北京市园林科研所	2007-05-08	7.81	96.28
	2007-06-01	33.02	97.38
	2007-06-11	10.6	95.31
	2007-07-03	37.58	95.63
	2007-07-05	21.93	95.2
	2007-07-13	5.54	95.84
	2007-07-27	2.34	97.09
	2007-08-27	9.78	94.66
	2007-09-10	2.48	95.26
	2007-09-29	7.66	94.64
	2007-10-15	15.58	94.29
	2007-11-05	28.76	94.79
亚洲大酒店	2007-05-15	1.36	91.11
	2007-06-20	22.39	96.33
	2007-07-18	21.80	95.44
	2007-08-16	21.36	95.83
	2007-09-21	32.45	96.09
	2007-10-17	15.15	91.51
	2007-11-13	23.15	95.32
北京医院	2007-05-15	1.06	92.57
	2007-06-20	1.49	91.57
	2007-07-18	18.01	94.30
	2007-08-16	17.29	94.19
	2007-09-21	24.27	95.19
	2007-10-17	9.89	91.28
	2007-11-13	16.64	96.73
北京市卫生学校	2007-05-15	1.70	92.48
	2007-06-20	1.23	93.66
	2007-07-18	23.83	92.29
	2007-08-16	1.61	94.52
	2007-09-21	22.97	94.94
	2007-10-17	8.77	92.81
	2007-11-13	9.44	96.59

表 3 北京城屋顶绿化景天属植物生长状况

地点	年供水量（mm）	植物种类	绿色期（月）	越年覆盖度 %（1 年）	越年覆盖度 %（2 年）	病虫害	杂草发生状况
北京市园林科研所	449.03	佛甲草	8	100	100	较轻	严重
		八宝景天	8.5	100	100	轻	轻
		反曲景天	8.5	100	100	无	较轻
		杂交景天	7.5	100	100	无	轻
		费菜	7	100	100	轻	轻
		胭脂红景天	8.5	60	40	较重	严重
		白花景天	7	60	35	较重	严重
北京医院	361.45	佛甲草	8	100	100	较轻	较重
		八宝景天	8.5	100	100	轻	轻
		杂交景天	7.5	100	100	无	轻
		胭脂红景天	8	50	25	较重	重
自动化所	597.50	佛甲草	8	100	100	较轻	重
		八宝景天	8.5	100	100	轻	轻
		杂交景天	7.5	100	100	无	轻
		费菜	7	100	100	轻	轻

程度调查中得到：虫害以蚜虫危害为主，但在无人工干预条件下未产生影响景观效果的虫害状况，病害调查中未分离出侵染性病害，其中较严重发生的病害为生理病害。调查中发现杂草危害对佛甲草、胭脂红景天和白花景天是较严重的一种危害，在无人工干预的条件下可出现草荒现象。

综合上述调查得到：佛甲草、八宝景天、反曲景天、杂交景天和费菜可以作为屋顶绿化良好的植物材料。

3.3 景天属植物在应用中的养护管理措施

3.3.1 灌溉

人工灌溉是根据需要必须进行的特殊时段的给水措施。春季返青水是必不可少的，否则，返青延迟，地面覆盖程度降低。干旱时节必须灌溉，否则会出现不可逆转的枯草斑现象。越冬前灌溉防冻水也是必须进行的作业，是保障植物越冬的关键。通常人工灌溉是在降水量不能满足植株正常生长条件下进行的，根据当年的气候条件确定灌溉时间和灌溉数量。

3.3.2 修剪

修剪对佛甲草绿色期及花期的影响试验在北京市园林科学研究所屋顶绿地实施，时间为 2006 年 8 月 23 日至 2007 年 6 月 15 日，植株高度为 40cm，修剪强度为剪掉 1/3、1/2 和 2/3。测定隐芽覆盖地面时间、覆盖度、绿色期和花期，调查结果见表 5 和表 6。

修剪强度为 1/3 和 1/2 的试验中，佛甲草恢复到良好的观赏效果时，即覆盖度达到 90%以上需要 2 ～ 3 个月时间。若修剪强度达 2/3 时，2 ～ 3 个月时间覆盖度只能达到 79%。在保证冬季灌溉充分的条件下，修剪后的佛甲草以隐芽态越冬，

表 4 修剪与未修剪佛甲草返青期及花期

修剪强度	覆盖度%（06–10–23）	覆盖度%（07–04–02）	绿色期	返青期（月 – 日）	花期（月日）
剪掉 1/3	99.3	95.0	全年	03-20	05-21 ～ 06-11
剪掉 1/2	94.0	90.0	全年	03-20	05-21 ～ 06-11
剪掉 2/3	79.2	85.0	全年	03-20	05-21 ～ 06-11
未修剪	100	50.0	4 月初～ 11 月底	04-02	06-05 ～ 6-15

表 5 当年佛甲草修剪后覆盖度（2006）

修剪强度	修剪日期（月日）	覆盖度调查日期（月日）	覆盖度％（06–10–23）	绿色期
剪掉 1/3	8-23		99.3	全年
剪掉 1/2	8-23	10-23	94.0	全年
剪掉 2/3	8-23	10-23	79.2	全年
未修剪		10-23	100.0	4 月初～ 11 月底

表 6 修剪与未修剪佛甲草返青期及花期（2007）

修剪强度	返青期（月－日）	覆盖度调查日期（月－日）	覆盖度％（07–04–02）	花期（月日）
剪掉 1/3	03-20		95.0	05-21 ～ 06-11
剪掉 1/2	03-20	04-02	90.0	05-21 ～ 06-11
剪掉 2/3	03-20	04-02	85.0	05-21 ～ 06-11
未修剪	04-02	04-02	50.0	06-05 ～ 06-15

绿色期较长，即使在冬季萎蔫期仍然保持绿色，且第二年返青期早，花期也早，并有较大的花量。修剪后的佛甲草第二年返青提前 7 ～ 8 天，且花期也较未修剪的佛甲草早 17 ～ 18 天，花期延长 5 ～ 6 天。另外，修剪后的佛甲草第二年春天不需要进行枯草层的清除工作。

3.4 冬季覆盖作用

冬季覆盖试验于 2006 年冬季在北京市园林科学研究所简单式屋顶绿地进行，覆盖厚度约 0.3 ～ 0.5cm，覆盖物为沙质壤土＋细泥炭（1: 2）。试验结果表明：覆盖使得隐芽色度饱满，保持为绿色；未覆盖其隐芽为黄绿色。佛甲草隐芽冬季失水萎蔫程度为覆盖隐芽小于未覆盖隐芽。对于基质层较薄的屋顶绿地（基质层 6 cm 以下）冬季实施薄层覆盖有利于极端寒冷天气佛甲草的越冬，也有利于枯草的降解。

3.5 病虫害调查

2006 年 8 月至 2008 年 8 月在试验点对佛甲草进行病虫害的调查，发现佛甲草有不同程度的枯黄、落叶现象。采集病株用土豆培养基（PDA）分离培养，未发现侵染型致病菌。分析原因可能是佛甲草在极度干旱和突然积水交替而引起的生理病害。

对佛甲草虫害发生调查，植株生长密度较大时有蚜虫危害，通常在 5 月和 8 月发生。但未观测到发生严重危害的情况。

3.6 佛甲草杂草危害

自 2006 年 8 月至 2008 年 8 月对佛甲草绿地杂草危害状况进行调查，佛甲草绿地整个生长季都有杂草入侵，其中春季全覆盖前、干旱期、雨季都有可能发生严重的杂草危害，甚至出现草荒现象。

3.7 佛甲草叶片色度与观赏效果

佛甲草在日光充足的正常生长条件下为黄绿色，简单式屋顶绿地绝大多数阳光充足。试验中发现在夏季高温期佛甲草植株发生褪绿现象为黄色。2008 年 4 月至 2008 年 8 月对佛甲草植株茎叶含水率和叶片从绿至黄绿色差递减进行测定得到表 6。从表 6 得到佛甲草茎叶含水率与色度从绿褪为黄绿色无相关性，是否与辐射、营养、光照、温度等其它因素有关还需要做进一步的试验研究。

4 结论与讨论

4.1 年供水量确定

北京市简单式屋顶绿化种植佛甲草的绿地，当基质层 6cm 时，保持茎直立不倒伏，株高 8 ～ 12cm，来年春季不需要清除枯草，其佛甲草最适供水量为 361.45mm。当基质层 10cm 时，株高 25 ～ 30cm，倒伏，植株下部 1/2 叶片脱落，年供水量为 533.90mm。通过控制灌溉量可有效地控制佛甲草株高，不仅可以节约用水量，降低来年春季干草的清除量，减少病虫害的发生，还能降低屋顶的荷载。

4.2 灌溉时间的确定

同 3.3.1

4.3 修剪时间和修剪数量

8 月中旬进行修剪，剪掉 1/3 ～ 1/2，佛甲草可在 2 个月完全生长为隐芽状态，并以隐芽状态越冬，且整个冬季保持绿色，即使处于萎蔫状态仍为绿色，可达到全年常绿的观赏效果。

4.4 清除枯草

春季返青前清除枯草是保证壮苗和及时返青的有效作业之一，如果枯草层较厚，又未能清除，会出现返青延迟，返青水消耗量增加，出现草上草的现象。

4.5 冬季覆土

冬季覆土和修剪后覆土对提高枯草的降解和保护隐芽越冬都有积极的作用。可使用沙质壤土混细泥炭，体积比例为 1:2，覆土厚度 0.3 ～ 0.5cm。

4.6 杂草防除

杂草防除是简单式屋顶绿地养护的一项十分重要的工作，整个生长季节都应进行杂草的防除，尤其是春季地面完全覆盖前、夏季干旱期和雨季也都是防除杂草的重要时期。安全防除杂草的方法以人工拔除为主，以化学防除为辅。

4.7 病虫害防治

病虫害防治也是绿化养护的重要措施之一，试验证明佛甲草病虫害发生较少，危害程度也较低。目前佛甲草还没有发生侵染型病害，其生理病害可能是由于积水和过度干旱的交替诱发发生。佛甲草的主要害虫为蚜虫，也有蜗牛危害，但目前未发生影响景观效果的危害。长期种植是否会出现危害程度较高的病虫害还需要做进一步的试验调查。

防治方法以预防为主，佛甲草的病虫害发生较少，可通过控制植株生长高度和密度，减少病虫害发生的几率和危害程度。以化学防治为辅。

4.8 施肥

施肥是绿化养护的措施之一，而为使得佛甲草不旺长，通常在整个生长季不需要施用肥料。但是简单式屋顶绿地基质层较薄，通常为 6 ～ 10cm，长期种植会使基质层肥力下降，因此，在长期种植需要适量施用肥料，以还原基质养分。

参考文献

[1] 北京林业大学园林系花卉教研组．花卉学 [M]．第一版，北京：中国林业出版社，1990.300–301.
[2] 赵玉婷，胡永红，张启翔．屋顶绿化植物选择研究进展 [J]．山东林业科技，2004,(2)：27–29.
[3] 江天梅．屋顶绿化 [J]．上海建材，2006,(4):29–31．
[4] 王雷，刘自学，王堃．屋顶花园规划及建造中的几个关键问题 [J]．草业科学，2006,23(8)：103–105.
[5] 李岳岩，周若祁．日本的屋顶绿化设计与技术 [J]．建筑学报，2006,(2)：37–39.
[6] 赖晓峰．屋面绿化关键技术与应用 [J]．广东建材 [J].2006,(7)：152–155.
[7] 潘红，储劲松．屋顶绿化的技术关键 [J]．四川建筑，2007,(8)：21–22.
[8] 张冠英，徐智云，薛保国．生活垃圾混合基质在人工草坪栽培中的应用技术研究 [J]．草业科学，2007,24(12):107–109.
[9] 张蕾，江海东，田娜，等．不同温度和基质含水量对垂盆草建植初期生长的影响 [J]．草业学报，2008(6),59–64.

生长季树苗裸根移植保护材料研究

唐宇丹　中国科学院植物研究所植物园　北京　100093

摘　要：以北京杨2年生容器苗为材料，在生长季选用抗蒸液、保水剂、保鲜膜等园艺新材料对裸根植株茎、叶和根系处理，进行直接或地窖保存10 d后换盆移栽。结果表明：抗蒸液、保水剂及其组合处理对生长季移栽成活率和植株恢复生长都具有一定促进作用；直接移栽各处理成活率和植株状况差异不显著，但保水剂和保水剂＋抗蒸液组合处理对苗木须根的保护效果明显，利于缓苗和生长；保存10 d后对照的成活率和植株状况较好，但多数须根萎蔫、恢复生长较差，保水剂和保水剂＋抗蒸液组合处理的成活率和植株状况与对照差异不显著，但对后期恢复生长的促进作用明显；抗蒸腾剂茎叶处理应与根部保水剂配合使用；保鲜膜各处理对植株伤害严重，不宜作为生长季引种移栽树木的保鲜材料。

关键词：引种移栽；防护材料；保水剂；抗蒸液；保鲜膜

近二十年由于城市建设需要，大量使用大树带土球移栽，先后采用了容器苗绿化、树冠喷雾、注入式节水灌溉、防腐促根、土壤透气、营养液滴注等一批大树全冠移植技术和设施，并研制推广了抗蒸腾剂、保水剂、生长促控剂等园艺新材料，使树木移栽不再局限于春季。但是由于许多新技术相对复杂、设施条件要求高、加之缺乏针对不同树种特性的应用技术研究，园艺新材料和新技术的推广应用未能达到最大化和最优化。树苗的引种移栽、荒山造林仍采用传统技术（裸根带护心土起苗、蘸泥浆、塑料布或草席包根等），少量引种则采用湿报纸、苔藓等根系保湿法，茎叶保护采用重剪、塑料膜包裹等，引种移栽时间只限于春季；绿苗裸根移植成活率较低、缓苗困难、树形损伤、树势弱，严重影响树苗异地引种成功率，也制约着城市绿化和荒山造林的低成本、高效率的全面开展。

1 材料和方法

1.1 实验材料

1.1.1 植物材料

北京杨（*Populus* ×*beijingensis* W. Y Hsu)2 年生扦插苗，2007 年 8 月插穗引自西藏当雄（海拔 4300 m），2008 年 3 月扦插生根后种植在 10cm×20cm 塑料营养钵中，2009 年 5 月选用整齐一致、健壮的容器苗备用。

1.1.2 保护材料

本实验采用湿报纸包根和塑料地膜包裹全株的方法作为对照，茎叶保护材料选用河南中宇高科技有限公司生产的国博士 TM 抗蒸液（薄膜型抗蒸腾液，主要成分多肽类高分子化合物）、根系保护采用北京汉力淼新技术有限公司生产的 BJ2101 型（XL）保水剂（主要成分为丙烯酰胺 - 丙烯酸钾交联共聚物），全株保护引用厚度 0.05mm 的食品保鲜膜。

作者简介

唐宇丹／女／1963 年生／毕业于朝鲜民主主义人民共和国沙里院农业大学，大学本科／现在中国科学院植物研究所北京植物园工作，高级工程师。

1.2 实验处理

根据常规移栽（1 ~ 2d 内种植）和长途运输后种植（5 ~ 10 d）的两种引种移栽方式，实验分 2 组：

第 1 组：早晨起苗前和起苗过程中对绿苗进行处理，当日下午换盆种植：

● 对照 1（CK1）：将容器苗取出、清洗根系，荫凉处湿沙假植，下午种植在 15cm × 25 cm 硬质塑料盆中；

● 叶面抗蒸液处理（KZ1）：移栽前用清水配制 250 倍液抗蒸腾剂溶液，均匀喷洒在移栽苗的叶片两面和茎表面；待植株表面干燥后同 CK1 方法囤放、种植；

● 根系保水剂处理（BS1）：用清水将保水剂溶为 1 % 的透明胶体，同 CK1 方法洗净根系，在保水剂胶体中充分蘸根后囤放、种植；

● 叶面抗蒸腾 + 根系保水剂处理（KB1）：移栽前同 KZ1 方法处理茎叶表面，根系洗净后同 BS1 方法处理根系，蘸根后囤放、种植；

●容器换盆（HP）：将原容器苗直接扣出种植在新容器中。

第 2 组：模拟远途运输移栽方式，将处理好的绿苗放在地窖（约 15℃、潮湿、黑暗）中保存 10d 后种植在 15cm × 25 cm 硬质塑料盆中，处理方法如下：

●对照 2（CK2）：同 CK1 方法清洗根系，湿报纸包裹根系，并用地膜将所有植株统一包裹。

●叶面抗蒸液处理（KZ2）：同 KZ1 方法处理茎叶表面后，用 CK2 方法包装；

●保鲜膜处理（BM）：同 CK1 清洗根系，用保鲜膜逐一将植株整体包裹，尽量排出空气，再用地膜统一包装；

●根系保水剂处理（BS2）：同 BS2 方法处理根系后，用 CK2 方法包装；

●叶面抗蒸腾 + 根系保水剂处理（KB2）：同 KB1 处理茎、叶和根系，再用 CK2 方法包装；

●叶面抗蒸腾 + 根系保水剂 + 保鲜膜处理（KBM）：同 KB1 处理茎叶表面和根系，再用保鲜膜将植株逐一包裹，同 CK2 方法包装。

1.3 实验时间和条件

实验于 2009 年 5 月 8 ~ 28 日在中国科学院北京植物园木本实验地进行，5 月 8 日第一组当日换盆种植，第二组 5 月 18 日种植。保存移栽后 10d 内日最低温度 17 ~ 19 ℃、最高温度 30 ~ 35 ℃、连续晴天、光辐射强；种植后用 70 % 遮光网防护。

1.4 实验结果观测统计方法

1.4.1 实验排列

各处理 5 株苗、4 个重复，处理间随机排列。

1.4.2 实验结果观测方法：

5 月 18 日种植同时重点观察根系和植株茎叶外部状况，5 月 20 日观察统计各处理植株地上部状况，目测方法通过对植株整体状况、各部位枝条、芽和叶片等生长状况进行综合打分，评价标准如下：

0 分：植株地上部完全死亡；

1 ~ 2 分：仅基部枝干存活，90% 以上叶片脱落或受害；

3 ~ 4 分：中下部枝干存活，70% ~ 90% 叶片脱落或受害；

4 ~ 5 分：中上部枝干完好，40% ~ 70% 叶片脱落或受害；

6 ~ 7 分：枝干基本完好，枝梢萎蔫，20% ~ 40% 叶片脱落或受害；

8 ~ 9 分：枝干完好，80% 以上叶片正常，少量叶片具萎蔫、焦边、斑块或水渍等现象；

10 分：植株完好、叶片几无损伤。

5 月 28 日统计各处理移栽成活率。

1.4.3 实验数据统计分析

每处理统计成活率，植株状况删除各处理中最佳和最差植株，保留 3 株分值，用 SPASS 11.5 软件进行差异显著性和方差分析、SigmaPlot 10.0 软件绘图。

2 实验结果与分析

2.1 各种保护材料对移栽植物的影响

比较地窖保存 10 d 后植株各部位外观形态（表 1）发现，对照 CK2 处理植株地上部和根系的保护效果较好，但是由于保存时间较长，须根萎蔫死亡、顶梢和上部枝干有一定损伤，成熟叶片部分脱落；

表 1 保护材料对移栽植株各部位的影响

处理		对照 CK2	抗蒸液 KZ2	保鲜膜 BM	保水剂 BS2	抗蒸液 + 保水剂 KB2	抗蒸液 + 保水剂 + 保鲜膜 KBM
植株状况分值		9.5	8.4	8.8	9.0	9.5	4.5
枝叶	顶梢	5% 萎蔫	30% 干枯	30% 枯萎	10% 萎蔫	2% 萎蔫	100% 死亡
	上部	80% 很好	25% 枯萎	20% 枯萎	90% 很好	100% 很好	75% 枯萎
	中部	100% 很好	10% 萎蔫	10% 萎蔫	100% 很好	100% 很好	40% 萎蔫
	下部	100% 很好	95% 很好	85% 很好	100% 很好	100% 很好	90% 很好
叶片	落叶	10%	20%	20%	5%	1 ~ 2%	40%
	焦边	2 ~ 5%	无	7%	5%	2 ~ 3%	无
	水渍	1 ~ 2%	30%	20%	25%	8%	20%
	斑块	无	2 ~ 3%	2 ~ 3%	5%	5%	无
	枯干	2 ~ 3%	5%	无	5%	2%	60%
根系		须根萎蔫	须根萎蔫	须根腐烂	鲜活	鲜活	须根腐烂

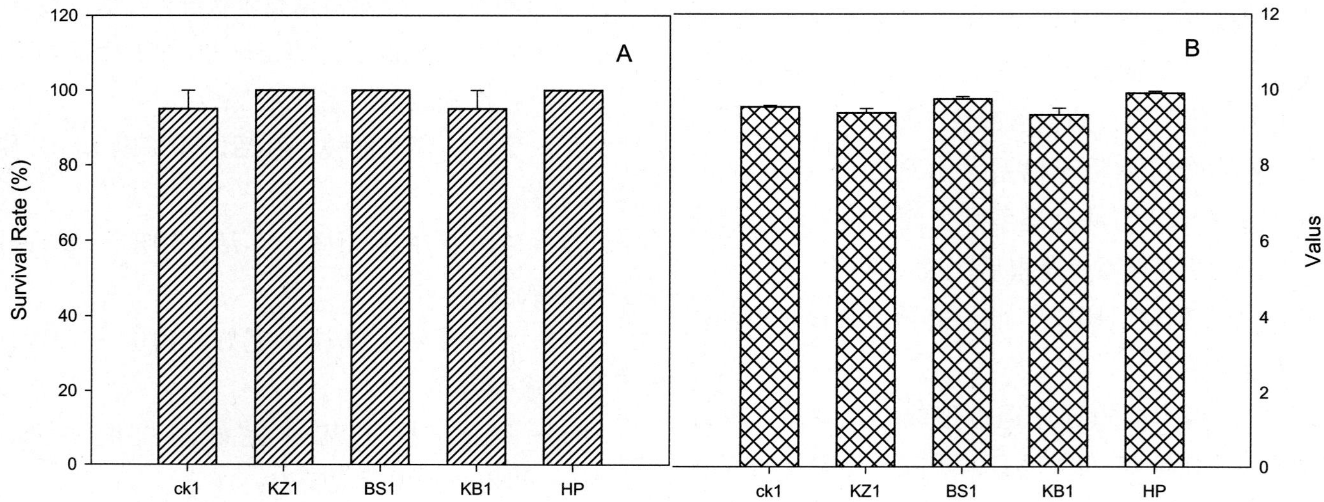

图 1 各种处理方法对直接移栽成活率和植株状况的影响
（A：成活率；B：植株状况综合评价）

表 2 各处理方法对绿苗直接移栽结果的差异显著性分析

指标	处理	平均值	标准偏差	与 CK1 比较	差异显著性分析	
					与 CK1 比较	与 HP 比较
成活率	Ck1	95.0000	5.00000	1.0000		5.0000
	KZ1	100.0000	0.00000	1.0526	-5.0000	0.0000
	BS1	100.0000	0.00000	1.0526	-5.0000	0.0000
	KB1	95.0000	5.00000	1.0000	0.0000	5.0000
	HP	100.0000	0.00000	1.0526	-5.0000	
植株状况	Ck1	9.5325	0.03705	1.0000		0.3600*
	KZ1	9.3675	0.11989	0.9827	0.1650	0.5250**
	BS1	9.7400	0.06658	1.0218	-.2075	0.1525
	KB1	9.3100	0.18335	0.9767	0.2225	0.5825**
	HP	9.8925	0.05375	1.0377		-.3600*

注：* 差异显著（p ≤ 0.05），*** 差异极显著（p ≤ 0.01）

表 3 各处理方法对绿苗直接移栽结果的方差分析指标

指标	差异类型	Sum of Squares	df	Mean Square	F	Sig.
成活率	处理间	120.000	4	30.000	0.750	0.573
	处理内	600.000	15	40.000		
	合计	720.000	19			
植株状况	处理间	0.972	4	0.243	5.356	0.007
	处理内	0.680	15	0.045		
	合计	1.652	19			

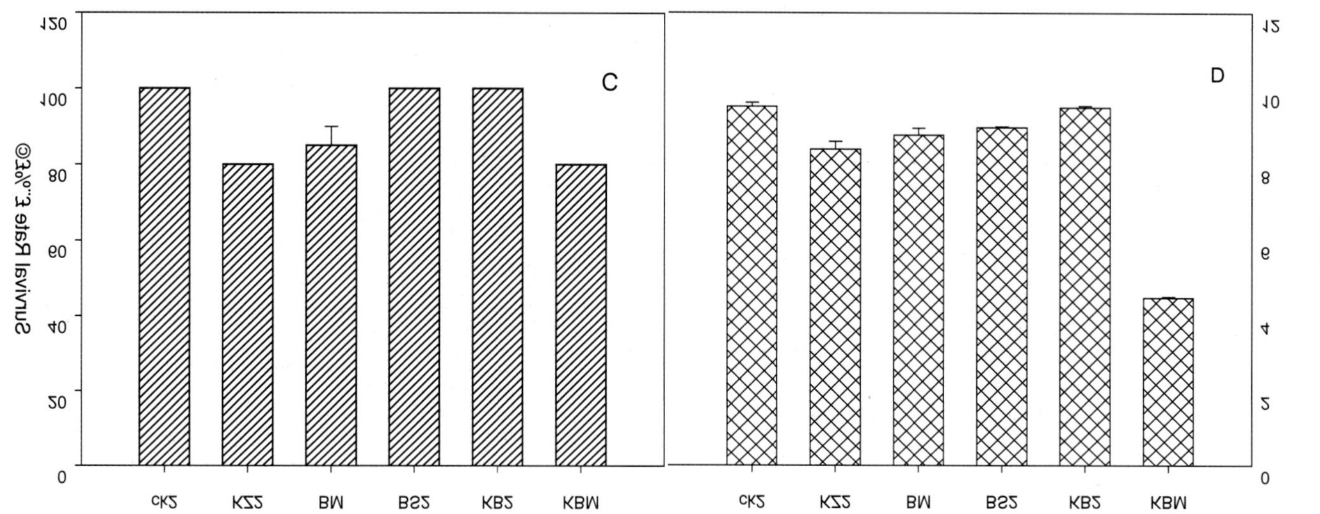

图 2 各种处理方法对 10 d 贮藏移栽成活率和植株状况的影响
（C：成活率；D：植株状况综合评价）

BS2 对根系的整体保护效果最佳，但缺乏对茎叶的保鲜作用；KZ2 可以有效的抑制叶片焦边、干枯等，但长时间保存后引起叶片水分浸出、形成水渍纹导致成熟叶片脱落；BM 处理出现根、幼茎和叶片的腐烂现象，植株伤害较大；KB2 组合处理优于单一处理和 CK2，仅水渍现象较 CK2 严重；KBM 茎叶和根系损伤严重、植株状况最差。

表 3 方差分析显示直接移栽的几个处理间成活率的差异不明显；而对移栽成活后苗木整体状况的影响大于重复间差异，F 值明显大于 Significant 值，说明不同移栽处理对苗木生长状况恢复很重要。

保存 10 d 后不同处理对苗木移栽成活率和生长状况的影响差异显著（图 2）。表 4 显示 KZ2、BM 处理及 KBM 处理的成活率明显低于 CK2，差异达极显著水平；植株状况综合评价与成活率结果相似，除 KB2 与 CK2 差异不显著，其余均为极显著（表 4），KBM 处理严重影响茎叶恢复生长。表 5 方差分析显示几种处理方法对成活率的影响远远大于处理内（即重复和个体间差异）；占总差异的 87.4%；对移栽成活后苗木整体状况的影响更大，约 98.6%；两组指标 Significant 值为 0，F 值占主导；说明需要长途运输和保存的移栽时植株保护处理对苗木成活和生长状况恢复非常重要。

3 结论和讨论

长期以来，应用常规保护技术在生长季带叶裸根移植树苗时，常发生树梢萎蔫或干枯死亡，新叶焦边或受害死亡、成熟叶片大量脱落，植株恢复慢、生长受阻；若路途运输避光贮藏时间长、贮藏温湿条件差，引种移植死亡率高、自然树形破坏、树势差。本实验采用抗蒸液、保水剂和组合使用的方法在移栽前对植株茎叶和根系进行保护处理，成功地克服了落叶阔叶树苗生长季裸根

表 4 各处理方法对绿苗保存移栽结果的差异显著性分析

指标	处理	平均值	标准偏差	与 CK2 比较	差异显著性分析 *	
					与 CK2 比较	与 KB2 比较
成活率	Ck2	100.0000	0.00000	1.0000		
	KZ2	80.0000	0.00000	0.8000	20.0000**	0.0000
	BM	85.0000	5.00000	0.8500	15.0000**	20.0000**
	BS2	100.0000	0.00000	1.0000	0.0000	15.0000**
	KB2	100.0000	0.00000	1.0000	0.0000	
	KBM	80.0000	0.00000	0.8000	20.0000**	0.0000
植株状况	Ck2	9.5250	0.10308	1.0000		20.0000**
	KZ2	8.4000	0.20412	0.8819	1.1250**	-.5500**
	BM	8.7750	0.18428	0.9213	0.7500**	0.5750**
	BS2	8.9750	0.02500	0.9423	0.5500**	0.2000
	KB2	9.5000	0.04082	0.9974	0.0250	-.5250**
	KBM	4.4750	0.02500	0.4698	5.0500**	4.5000**

注：* 差异显著（p ≤ 0.05），*** 差异极显著（p ≤ 0.01）

表 5 各处理方法对绿苗保存移栽结果的方差分析

指标	差异类型	Sum of Squares	df	Mean Square	F	Sig.
成活率	处理间	2083.333	5	416.667	25.000	0.000
	处理内	300.000	18	16.667		
	合计	2383.333	23			
植株状况	处理间	73.035	5	14.607	245.725	0.000
	处理内	1.070	18	0.059		
	合计	74.105	23			

移栽和运输中的上述问题。

抗蒸液又称抗蒸腾剂或蒸腾抑制剂，是指作用于植物叶表面，能够降低植物蒸腾作用，减少水分散失的一类化学物质，分为代谢型（气孔抑制剂）、成膜型和反射型 3 类。本实验所用的抗蒸液属成膜型。研究显示该类抗蒸腾剂是通过降低叶片蒸腾速率、减少水分蒸发、提高植株含水量和水势，保持叶片细胞内脯氨酸、丙二醛、叶绿素和可溶性蛋白含量的基本稳定，对苗木实施全封闭保护，促进缓苗，提高移栽、扦插成活率，并提高对干旱、寒冷等逆境的抗逆性 [2,3,4,5,6]。针对抗蒸腾剂对华北紫丁香 (*Syringa oblata*) 的影响研究表明，喷施后叶片光合速率 (Pn)、蒸腾速率 (Tr) 出现不同程度下降、叶绿素含量和叶片含水量变化很小，认为蒸腾抑制剂在抑制 Tr 的同时会抑制植物的 Pn[7]。本研究第二组蒸腾剂 KZ2 处理出现大量落叶和水渍现象，可能由于黑暗条件下贮藏时间长，根系失水，而地上部茎叶蒸腾受到抑制，导致上下水分状态不平衡，成活率和植株状态均低于 CK2；第一组实验直接移栽种植根系几未受到损伤、而叶片的光合作用受到抑制，成活率和植株状态低于 CK1；说明抗蒸腾剂的种类、使用方法和浓度及与树种的关系都有待进一步研究。

保水剂是人工合成的具有超强吸水、保水和缓释水能力的高分子聚合物，可吸持自身重量数百倍的水分。1969 年，美国农业部北部研究中心 (NRRC) 首先研制出淀粉接枝聚丙烯腈类保水剂，并于 20 世纪 70 年代中期用于玉米、大豆种子涂层、树苗移栽等方面 [8, 9]；我国保水剂研制和应用始于 20 世纪 80 年代中 [10]。众多研究表明：保水剂在纯水中具有较高的吸水倍率，但受肥料种类和浓度的制约，肥料溶液中的阳离子所带电荷越多，对保水剂吸水倍率的抑制作用越大；保水剂的吸水速率、反复吸水能力受保水剂种类和水成分的影响；颗粒大小仅对吸水速率有较大影响[10,11]。大量研究和实践结果显示，保水剂可以明显提高植树成活率和生长速率及产量，具有抗旱保苗、增产增收、改良土壤、水土保持、防风固沙等多种功能，被国际上普遍认为是继化肥、农药、地膜之后第4个最有希望被农民接受的农用化学品[12]。本实验中含有保水剂的几个处理（除KBM处理外）根系状态鲜活，移栽后促进缓苗生长效果明显。

保鲜膜是近十年用于我国果蔬保鲜的新材料之一，其主要功能是防止水分散失、形成低O_2、高CO_2的气体环境，抑制呼吸作用[13]。生理研究表明：保鲜膜具有抑制丙二醛MDA含量和细胞质膜透性上升、减缓可溶性糖、可溶性蛋白含量及POD和CAT活性下降趋势，进而达到抑制或减缓果蔬成熟进程的作用[14,15]；研究还表明低O_2、高CO_2环境容易造成无氧呼吸导致酒化或CO_2中毒[13]。本实验中保鲜膜处理的植株根、茎、叶腐烂、成活率和植株状况差的根本原因就在于此，说明保鲜膜不适用于树木移栽的保护处理。

建议长途引种和大面积植树造林时，根据所在区域环境条件和不同树种的生物学特性，选择适当类型的抗蒸腾剂和保水剂进行配套使用。在干旱、半干旱区域最好使用长效型保水剂、湿润区严格控制保水剂施用量；荒漠、干旱、光辐射强的地区适宜选用代谢型或反射型抗蒸腾剂，具有良好园林设施条件的地区选用成膜型抗蒸腾剂，直接移栽建议单独使用保水剂；并依据产品具体要求，探索不同树种抗蒸腾剂和保水剂的配套使用技术。

参考文献

[1] 郑智礼 .TCP 植物蒸腾抑制剂的机理和应用技术 . 陕西林业科技，2005(2):18—19.

[2] 冯建灿，郑根宝，何威，毕会涛，林春阳 . 抗蒸腾剂在林业上的应用研究进展与展望 . 林业科学研究，2005.18(6):755—760.

[3] 张志阳，李海涛，毕琼媛，冯建灿 . 薄膜型抗蒸腾制剂研制及应用效果的研究 . 河南农业大学学报，2008.42(3):289—292.

[4] 冯建灿，张玉洁，张秋娟，李淑玲，胡湛 . 干旱胁迫与抗蒸腾剂对喜树几项生理指标及喜树碱含量的影响 . 河北农业大学学报，2002.36(2) :138—142

[5] 毕会涛，胡春瑞，黄付强，冯建灿，李继东 . 抗蒸腾剂对枣苗失水率与移栽成活率的影响 . 河南农业大学学报，2007.41(2): 154—156.

66Handique A. C. 抗蒸腾剂在茶树上的应用效果[J]. 陈里林 [译]，热带作物译丛，1993(1): 10—14.

[7] 刘红民，庞忠义，雷庆锋 . 抗蒸腾剂在华北紫丁香上的应用研究 . 辽宁林业科技，2008(5): 31—32,51.

[8] Jamrdan S, Singh J. Effect of stockosorb polymers and potassium leaves on potato and onion [J]. J PotassiumRes, 1998.4(1): 78—82.

[9] Bowman B C. Evans R Y. Calcium inhibition of polyacrylimide gel hydration is partially reversible by potassium[J]. Hort Sci, 1991, 26(8): 1063—1065.

[10] 张建刚，汪勇，汪有科，等 .10 种保水剂基本特性对比研究 . 干旱地区农业研究，2009.27(2): 208—212.

[11] 徐海，冯继双，王力刚 .BJ2101 L 型保水剂在半干旱区造林中的应用 . 防护林科技，2009(4).91: 28,30.

[12] 谢建军，梁吉福，李晟，等 .PAAMPS 高吸水树脂保水性能的研究 . 中南林业科技大学学报，2009.29 (6) :118—121.

[13] 班兆军，冯建华，徐新明，季向阳，贾连文 . 不同保鲜膜对灵武长枣低温贮藏品质的影响，保鲜与加工，2010.10(56):20—23.

[14] 陈洪国，刘卫东 . 低温和保鲜膜包装对桂花采后几种生理生化指标的影响 . 植物生理学通讯，2007.43(5).

[15] 周晓媛，蔡佑星，邓靖，龚慧芳，赵德坚，唐文评 . 果蔬保鲜膜的保鲜机理与研究进展 . 食品研究与开发，2008.29(11):148—152.

几种园林彩色苗木耐寒性实验研究

唐存莲 穆希维 赵爽 陈秀新 邹原东　北京农业职业学院　北京　100071

摘　要：在苗木引进过程中，经常需要研究引进苗木的适应性，而耐寒性是苗木适应性的一个重要方面，本实验对从陕西、河南、河北等地引进的北美枫香、粉叶复叶槭、美国红枫、美国红栌、火焰灌木、多花蓝果树等几种园林彩色苗木进行了耐寒性研究，通过测定其伤害电导率、低温半致死温度、根系活力等抗性生理指标，再结合田间生长状况和越冬情况，得出耐寒性大小的趋势依次为粉叶复叶槭、北美枫香、美国红枫、美国红栌、火焰灌木、多花蓝果树，为进一步引种栽培提供参考依据。

关键词：彩色苗木；耐寒性

彩色苗木因其色彩美丽而受到人们的喜爱，因而彩色苗木引种栽培的潮流越来越热，尤其是近几年从国内外引进新优彩色苗木的例子非常多，给公园、道路、小区等绿地上增加了几分鲜艳的颜色，使人感觉耳目一新，这无疑是件非常好的事情。然而在苗木引进过程中，有的人急于求成，有的人过于求新求异，对有些外来品种的特性来不急了解，没有经过引种驯化，更没有进行适应性研究，存在盲目引种的现象，结果造成有些苗木长势不好，甚至不能越冬，产生了很大的经济损失，尤其是2009年冬季极端低温的出现，冻死了不少苗木，使很多人心痛不已。所以，研究引进彩色苗木的耐寒性具有非常重要的现实意义。

本实验对从陕西、河南、河北等地引入北京农业职业学院彩林示范园的北美枫香（*Liquidambar styraciflua*）、粉叶复叶槭（*Acer negundo*）、美国红枫（*Acer rubrum*）、美国红栌（*Cotinus coggygria*）、火焰灌木（*Euonymus alatus* ‘Compacta’）、多花蓝果树（*Nyssa sylvatica*）等彩色苗木，于2009年10月25日，摘取有代表性的叶片和根系，通过测定其伤害电导率、低温半致死温度、根系活力等生理指标，再结合田间生长表现状况，试图研究每种苗木的相对耐寒性，为以后大面积引种栽培提供参考依据。以下树种介绍可简化。

北美枫香：金缕梅科，枫香属，秋季彩色叶，落叶大乔木，到了秋季，同一颗树上同时呈现绿色、紫色、红色、黄色、橙色等多种颜色，温度越低色彩越多、越亮，成片看去有种五彩缤纷的感觉，非常美丽，较耐寒，原产北美，在美国东南部有大量的分布。

美国红枫：槭树科，槭树属，秋季红色叶，落叶大乔木，春天幼叶浅红，夏季碧绿，秋天鲜红，驻色期长，落叶晚，春花有红色花穗，果实也为红色，尤其是秋天，叶色红艳，耐寒性强。

多花蓝果树：珙桐科，蓝果树属，秋季红色叶，落叶乔木，夏季叶片呈深绿色，秋季开始变黄、橘黄、橘红，之后为鲜红色，形成秋季一道亮丽的风景线，核果深蓝色，味甘甜，较耐寒，原产北美。

粉叶复叶槭：槭树科，槭树属，春、夏、秋三季粉色叶，落叶乔木，幼叶是柔和的粉色，老叶从春到秋都是粉白色，在太阳光下，粉白亮丽，

作者简介

唐存莲／女／1965年生／1990年毕业于西北林学院，学士／现在北京农业职业学院从事园林苗木的生产、技术及研究工作，高级工程师。

图 1 粉叶复叶槭

图 2 多花蓝果树

图 3 美国红枫

图 4 美国红栌

图 5 北美枫香

图 6 火焰灌木

非常漂亮，色彩独特，耐寒性强，原产欧洲。

美国红栌：漆树科，黄栌属，三季红色叶，幼叶鲜紫红色，老叶春、夏、秋三季均为深紫红色，夏时开花，圆锥花序密生，花序絮状鲜红如烟，有“烟树”之称，耐寒、光照充足生长旺盛，原产欧洲西北部和美国以北地区。

火焰灌木：卫矛科，卫矛属，秋季红色叶，落叶灌木或小乔木，叶片深绿色，秋天变为深红色，成片似火焰，彩色期长，原产欧洲。

1 材料与方法

选择北美枫香、粉叶复叶槭、美国红枫、美国红栌、火焰灌木、多花蓝果树的秋季叶片和根系，其中：北美枫香、美国红枫、多花蓝果树是从陕西户县引进的 4 年生苗木；粉叶复叶槭、美国红栌是从河南遂平县玉山镇引进的 4 年生苗木；火焰灌木是从河北廊坊引进的 3 年生苗木。

1.1 伤害电导率测定

取以上 6 种彩叶树的叶片，设计处理为 -5℃，对照为室温，煮沸为 100℃，用电导仪测定其电导率，每个树种设 3 个重复，取其平均值，根据：伤害电导率 =（处理电导率 - 对照电导率）/（煮沸电导率 - 对照电导率）100%，计算出每种树的伤害电导率，并按照大小进行排序。

1.2 低温半致死温度测定

取以上 6 种彩叶树的叶片，用电导法测定不同低温（-2℃、-4℃、-6℃、-8℃、-10℃）时的电导率，每个树种设 3 个重复，取其平均值，利用 Logistic 方程，求拐点温度法，估算出每种树的低温半致死温度，并按照大小进行排序。

1.3 根系活力 (TTC) 测定

取以上 6 种彩叶树的根系，用 TTC 法测定其根系活力，每个树种设 3 个重复，取其平均值，根据：TTC 还原强度 =TTC 还原量 / 根重 × 时间 [/(g.h)]，计算出每种树的根系活力值，并按照大小进行排序。

2 结果与分析

2.1 耐寒性生理指标

2009 年 10 月 25 日，经过实验测定，其耐寒性生理指标伤害电导率、低温半致死温度、根系活力（TTC）的测定值如表 1 所示。

2.2 田间耐寒性生长状况观察

2009 年冬季，防止有不能越冬的情况出现，对实验树都做了相同的防寒措施，即树干缠草绳，并对越冬前和越冬后的生长状况进行了观察，其观察结果如表 2 所示。

2.2.1 耐寒性生理指标

2.2.1.1 伤害电导率

植物细胞膜对维持正常的代谢起着重要的作用，在正常情况下，细胞膜对物质具有选择透性能力，而当植物受到低温寒冷等逆境影响时，膜透性增大，细胞内的电解质外渗，植物细胞浸提液的电导率增大，说明细胞膜受伤害的程度在增大，所以在 -5℃低温时，叶片电导率越大，受伤害的程度越大，耐寒性越小。

从表 1 可以看出，-5℃时北美枫香、粉叶复叶槭、美国红枫、美国红栌、火焰灌木、多花蓝果树的伤害电导率分别为 16.53%、17.89%、22.98%、31.96%、54.90%、64.79%，说明 -5℃时受伤害的程度多花蓝果树最大，北美枫香最小，其耐寒性大小次序为：北美枫香 > 粉叶复叶槭 > 美国红枫 > 美国红栌 > 火焰灌木 > 多花蓝果树。

2.2.1.2 低温半致死温度

应用电导法测定经不同温度处理过的植物组织时，在不同温度下电解质外渗的累积量总是呈"S"形曲线，曲线拐点处的温度为半致死温度，低于半致死温度时植物组织坏死，高于半致死温度时植物组织仍有活力，低温半致死温度是植物抗寒性的重要指标，可以衡量不同植物的耐寒性大小。低温半致死温度越低，耐寒性越强，反之，则相反。

从表 1 可以看出，北美枫香、粉叶复叶槭、美国红枫、美国红栌、火焰灌木、多花蓝果树的低温半致死温度分别为 -4.83℃、-4.51℃、-4.21℃、-4.19℃、-4.18℃、-4.05℃，说明耐低温的程度多花蓝果树最小，北美枫香最大，其耐寒性大小次序为：北美枫香 > 粉叶复叶槭 > 美国红枫 > 美国红栌 > 火焰灌木 > 多花蓝果树。

2.2.1.3 根系活力（TTC）

植物根系是活跃的吸收器官和合成器官，根的生长情况和活力水平直接影响地上部的营养状况，根系活力越强，植物养分状况越好，生长越充实，抗寒能力越强，所以根系活力是评价植物耐寒性的又一重要指标。

表 1 耐寒性生理指标测定表

苗木种类	-5℃伤害电导率（%）	低温半致死温度（℃）	TTC[mg/(g.h)
北美枫香	16.53	-4.83	62.5
粉叶复叶槭	17.89	-4.51	61.7
美国红枫	22.98	-4.21	32.1
美国红栌	31.96	-4.19	31.0
火焰灌木	54.90	-4.18	30.4
多花蓝果树	64.79	-4.05	29.0

表 2 田间耐寒性生长状况观察表

苗木种类	越冬前生长状况	越冬后生长状况	防寒措施
北美枫香	生长健壮	生长正常，发芽晚	树干缠草绳
粉叶复叶槭	生长健壮	生长健壮	树干缠草绳
美国红枫	生长健壮	生长正常	树干缠草绳
美国红栌	生长健壮	生长正常，有少数抽条	树干缠草绳
火焰灌木	生长健壮	生长正常	树干缠草绳
多花蓝果树	生长健壮	生长不良	树干缠草绳

从表 1 可以看出，北美枫香、粉叶复叶槭、美国红枫、美国红栌、火焰灌木、多花蓝果树的 TTC 测定值分别为 62.5、61.7、32.1、31.0、30.4、29.0，说明根系活力多花蓝果树最小，北美枫香最大，其耐寒性大小次序为：北美枫香 > 粉叶复叶槭 > 美国红枫 > 美国红栌 > 火焰灌木 > 多花蓝果树。

2.2.2 田间耐寒性生长状况观察

从表 2 可以看出，越冬前整个生长季节，6 种实验苗生长状况都很健壮，但越冬后的生长情况各有差异，北美枫香发芽晚，但还是发芽了，在生长季节的生长也比较旺盛；美国红栌有少数抽条现象发生，多花蓝果树不能正常越冬，粉叶复叶槭和美国红枫能正常越冬，而且生长比较健壮，这与有关资料报道的“多花蓝果树不耐低温，美国红栌有抽条现象”的说法是一致的。

从耐寒性生理指标测定来看，伤害电导率、低温半致死温度和根系活力（TTC）三项指标，其耐寒性趋势都是一致的，而田间耐寒性生长状况观察虽有些差异，但总的趋势基本与耐寒性生理指标的趋势是一致的，多花蓝果树最不耐寒，粉叶复叶槭表现最好，其它表现良好，经过以后逐渐驯化以后，适应北京冬季的气候条件不成问题，所以经过综合考虑，并考虑到田间观察现状，其耐寒性趋势确定为：粉叶复叶槭 > 北美枫香 > 美国红枫 > 美国红栌 > 火焰灌木 > 多花蓝果树。

3 结论

（1）通过实验，并经综合分析，得出了粉叶复叶槭、北美枫香、美国红枫、美国红栌、火焰灌木、多花蓝果树的耐寒性大小趋势为：粉叶复叶槭 > 北美枫香 > 美国红枫 > 美国红栌 > 火焰灌木 > 多花蓝果树，为以后大面积引种栽培提供了参考依据。

（2）通过田间生长状况观察，从观赏性的角度来看，并结合实验测定结果，要进行大面积引种栽培，粉叶复叶槭是首选品种，因为粉叶复叶槭春、夏、秋三季叶片均为粉白色，非常漂亮，观赏性强，而且生长比较健壮，能正常越冬，适应性也比较强；其次是美国红栌，美国红栌春、夏、秋三季均为紫红色，叶色比较鲜艳，观赏性好，生长也健壮，只是越冬时偶尔有抽条现象，将抽条枝修剪掉，不会影响景观效果，条件许可时可适当作一下防寒，越冬会更好；再次是火焰灌木，因为火焰灌木生长很健壮，越冬没有问题，而且秋季的红色叶火红亮丽，作篱墙或配景都非常漂亮；最后是美国红枫，叶色要漂亮，从土壤和施肥上需要精心养护，表现会更好。

（3）从耐寒性生理指标和田间综合表现来看，北美枫香发芽晚，长势不是很强，彩色叶色调比较杂乱，而且只有秋季显色，观赏期不长，能不能引种栽培，还有待于进一步观察；多花蓝果树不能正常越冬，不主张引种栽培，这和有关资料报道的“适生区在长江以南”的观点是一致的。

参考文献

[1] 李合生等．植物生理生化实验原理和技术．北京：高等教育出版社，2000.
[2] 潘瑞炽等．植物生理学．北京：高等教育出版社，2004.
[3] 郝建军等．植物生理学实验技术．北京：化学工业出版社，2006.
[4] 孙震等．四种野生地被植物抗热性的研究．中国园林，2007（8）：24—27.

‘紫衣骑士’草海桐的脱毒快繁

王 熙 陈春玲 北京市植物园 北京 100093

摘 要：本文以‘紫衣骑士’草海桐腋芽为外植体进行组织培养实验，筛选出适合‘紫衣骑士’草海桐的诱导培养基为MS+BA0.5mg/L+IAA0.01mg/L；增殖培养基为MS+BA0.2+IAA0.01mg/L；壮苗培养基为MS0；生根培养基为1/2MS+NAA0.2mg/L；移栽基质为营养土：珍珠岩：蛭石=1:1:1。

关键词：‘紫衣骑士’草海桐；组织培养

‘紫衣骑士’草海桐(*Scaevola aemula* ‘Brilliant’)又名紫扇花、艳扇花，属于草海桐科草海桐属的多年生草本植物，原产于澳大利亚东部的海岸沙丘上，株高约25～50cm，枝条会自然向四边平伸生长；叶绿色，叶长1～5cm，互生，越靠顶端节间越短且叶子越小，叶边缘有锯齿；花为扇型，花径约2.5cm，腋生，集中在茎顶部位，花色为蓝紫色，花期为春至夏末。‘紫衣骑士’草海桐因为具有花色鲜艳、枝型优美等特点，所以非常适宜用作布置花境及制作花槽、吊篮等大型容器装饰，是近年来比较受欢迎的新优垂吊花卉品种。目前国外已培育出浅紫、粉红、白色等多种颜色的草海桐新品种。

‘紫衣骑士’草海桐可以通过常规的繁殖方法扦插来繁殖，但扦插繁殖容易受到季节、病害、品种退化等一系列因素的影响。利用组织培养的手段来繁育‘紫衣骑士’草海桐，可以提高产量、缩短生产周期，还能确保品种的优良性状。

目前对草海桐科草海桐属植物的组织培养还未见报道，所以以‘紫衣骑士’草海桐的腋芽作为外植体，研究了不同的消毒时间及激素组合对‘紫衣骑士’草海桐的诱导、增殖、壮苗的影响，初步建立了其离体快速繁殖的技术。

1 材料与方法

1.1 材料

‘紫衣骑士’草海桐健壮的腋芽。

1.2 培养基与培养条件

1.2.1 培养基

本实验以MS培养基为基础培养基，添加激素6-苄氨基嘌呤（6-BA）、吲哚乙酸（IAA）、萘乙酸（NAA），活性炭，蔗糖，琼脂5g/L，pH值6.0左右。

诱导培养基：M1 MS+BA1.0+IAA0.01
M2 MS+BA0.8+IAA0.01
M3 MS+BA0.5+IAA0.01
M4 MS+BA0.2+IAA0.01

增殖培养基：M3 MS+BA0.5+IAA0.01
M5 MS+BA0.3+IAA0.01
M4 MS+BA0.2+IAA0.01
M6 MS+BA0.1+IAA0.01

壮苗培养基：MS0

上述培养基浓度单位为mg/L，均加入3%蔗糖。

生根培养基：M7 1/2MS+NAA0.2
M8 1/2MS+IBA0.2

作者简介

王熙／女／1983年生／毕业于北京林业大学／现工作于北京市植物园，助理工程师。

上述培养基浓度单位为mg/L，均加入2%蔗糖、1%活性炭。

1.2.2 培养条件

诱导培养及生根培养培养温度为25℃ ± 2℃，光照度为1500 ~ 2000lx，光照时间为每天14h。

1.3 方法

选取植株健壮的‘紫衣骑士’草海桐健壮的腋芽，剥去叶片，切成0.5cm左右的小段作为外植体。用洗衣粉清洗外植体，在流动水中冲洗3 ~ 4h后在超净台中用无菌蒸馏水冲洗3次，用75%的酒精浸泡30s，再用无菌蒸馏水冲洗3次，在0.1%的升汞溶液中灭菌5 ~ 10 min，用无菌蒸馏水冲洗5 ~ 6次，接种到接种诱导培养基上（如图1）。诱导出芽后，接种到增殖培养基上，选出最优的增殖培养基，做壮苗培养，然后进行生根培养，最后进行炼苗移栽。

2 结果与分析

2.1 诱导培养

2.1.1 不同消毒时间对不定芽诱导的影响

将采集来的外植体每20株为一组分为3组，用0.1%的升汞溶液分别以5min、8min、10min进行消毒。从表1中可以看出消毒时间为5min的外植体污染率要比其它两个时间段的高，而消毒时间为10min的外植体由于消毒时间过长、植株较嫩，所以一部分外植体产生了褐化现象，降低了出芽率，所以最佳消毒时间为8min。

2.1.2 不同外植体部位对出芽率的影响

在实验中发现，在相同消毒时间的条件下，用‘紫衣骑士’草海桐尖端、中部及根部腋芽接种后成活率有很大差异，如表2。

由表2可以看出尖端腋芽虽然污染率较低但是由于外植体材料过嫩经过消毒后成活率比较低，根部腋芽由于带菌量比其他两个部位多所以污染率较高，所以为最佳取材位置为中部腋芽。

表1 不同消毒时间对‘紫衣骑士’草海桐的影响

消毒时间（min）	株数	污染率（%）	出芽率（%）
5	20	35	70
8	20	15	80
10	20	10	55

表2 不同外植体部位对出芽率的影响

外植体部位	尖端腋芽	中部腋芽	根部腋芽
消毒时间（min）	8	8	8
株数	20	20	20
污染率（%）	62	65	82
出芽率（%）	50	85	10

2.1.3 不同浓度激素对不定芽诱导的影响

将消毒好的外植体接种到以MS培养基为基础培养基6-BA浓度不同的M1 ~ M4培养基上，经过10 ~ 20d，形成愈伤组织同时分化出许多不定芽，此时接种在6-BA浓度为0.5mg/L的芽团数量多且质量最好，如表3。

由表3可以得出最佳的诱导培养基为M3培养基。

表3 不同浓度6-BA对‘紫衣骑士’草海桐诱导的影响

培养基	6-BA浓度（mg/L）	IAA浓度（mg/L）	诱导率（%）	芽团质量
M1	1.0	0.01	77	有玻璃化现象
M2	0.8	0.01	110	有轻微玻璃化现象
M3	0.5	0.01	152	芽团数量多、绿
M4	0.2	0.01	65	一般、略黄

2.2 增殖培养

将经过诱导培养的不定芽切割成块状后分别转入M3 ~ M6培养基中可以看出，使用M4培养基芽团的增殖效果最好，如表4。

表4 不同浓度6-BA对‘紫衣骑士’草海桐增殖的影响

培养基	6-BA浓度（mg/L）	IAA浓度（mg/L）	增殖率（%）	苗长（cm）	生长状况
M3	0.5	0.01	90	4.5	玻璃化现象较多
M5	0.3	0.01	160	5.1	有轻微玻璃化现象
M4	0.2	0.01	240	5.5	有分生苗、轻微愈伤组织
M6	0.1	0.01	190	5.9	分生苗弱

2.3 壮苗培养

经过几代增殖培养后发现，分生苗节间少，芽团增殖率较低，此时不适合做生根培养，所以用MS0培养基继续做壮苗培养。转入MS0的分生

图 1 外植体接种到诱导培养基

图 2 ‘紫衣骑士’ 草海桐试管苗的炼苗移栽

图 3 ‘紫衣骑士’ 草海桐试管苗瓶中开花情况

苗长势快，植株绿、节间多，大大提高了增殖率，但是经过几代 MS0 培养后植株会逐渐变弱，所以要交替使用 M4 培养基和 MS0。

2.4 生根培养

经过壮苗培养后，在生根期间选用了添加了不同激素的培养基 M7、M8 对其进行生根培养。实验证明 NAA 和 IBA 对‘紫衣骑士’草海桐的试管苗生根均有较好的促进作用，但是 NAA 较 IBA 来说有成本低的优点，所以选取 M7 为最佳生根培养基，转入 M7 培养基中，15 天左右就有明显的根长出，此时可以进行炼苗移栽。

2.5 试管苗移栽

生根后的试管苗移出培养室，开盖炼苗 1 天左右就可以移栽了，将生根苗从生根培养基中取出，洗净根部附着的培养基，栽入事先经过消毒的介质中。炼苗时需选用排水性良好的介质，否则会导致植株根部腐烂，选用营养土、珍珠岩、蛭石比例为 1∶1∶1 的介质，浇透水，保持温度在 25℃左右并为其适当遮阴，成活率在 95% 左右 (如图 2)。

3 结论与讨论

本次试验采用组织培养的手段快速繁殖‘紫衣骑士’草海桐，得出了较适合其快繁的培养基。接种前应选择带菌量少的植株中部的腋芽作为外植体成活率比较高；试验中发现 8min 为最适宜的消毒时间；另外 6-BA 的浓度对不定芽的诱导有较大影响，6-BA 浓度高时容易导致试管苗玻璃化、产生愈伤组织，选取的最佳诱导培养基为 MS+BA0.5mg/L+IAA0.01 mg/L；增殖培养基为 MS+BA0.2+IAA0.01 mg/L；壮苗培养基为 MS0，为保证增殖率，壮苗培养期间应和增殖培养基交替使用；最佳生根培养基为 1/2MS+NAA0.2 mg/L；移栽基质为营养土、珍珠岩、蛭石 =1∶1∶1。‘紫衣骑士’草海桐比较喜光，夏季需要适当遮阴，其余三季均可全日照。在组织培养过程中发现‘紫衣骑士’草海桐试管苗极易在瓶中开花，而且花色鲜艳，观赏效果很好 (如图 3)，如何有效的控制其开花期还需要做进一步的研究。

参考文献

[1] 王耘 . 盆栽新秀紫扇花 . 中国花卉盆景，2009，7.

[2] 付彦秋，于树军，张乃勇 . 矮牵牛组培快繁技术研究 . 园林科技信息，2005，2.

[3] 王广军，张彦妮 . 半边莲组织培养和快速繁殖 . 北方园艺 .2008，5，209—210.

北京地区几种优良地被植物的引种评价

梁芳[1]　白淑媛[1]　吴楠[2]

1.北京市园林科学研究所　北京　100102

2.东方利禾景观设计院　北京　100012

摘　要： 本着多年生为主、地面覆盖速度快、便于生产繁殖、具有较高的观赏价值、节水、养护成本低、高度在1m以下等引种筛选原则，从北京地区及其他城市引种40种或品种地被植物，在经过了一个生长周期的适应性观察后，初步筛选出能越冬、夏季表现良好的甘野菊、匍枝毛茛、连钱草、青绿苔草、涝峪苔草、玉竹、蛇莓、大叶铁线莲、兰花棘豆、匍枝亮绿忍冬、'矮黄金'一枝黄花、千叶兰、'瀑布'矾根、'面包师'厚叶福禄考、'霍特'匍匐婆婆纳15种或品种地被植物，开展了物候和适应性观测试验。通过结合OGCP评选标准及地被植物质量评价打分标准开展综合评定，筛选出匍枝毛茛、青绿苔草、涝峪苔草、蛇莓、大叶铁线莲5种优良地被植物，并在城市绿地建设中进行了推广应用研究，得到较好的生态效益。

关键词： 地被植物；引种筛选；评价；北京

地被植物是指能够覆盖地面的低矮植物，包括多年生的低矮草本植物和一些适应性强的低矮、匍匐型的灌木及藤本植物[1]。城市绿地除用草坪草作为园林绿化建设的底色外，可因地制宜种植地被植物，实现地面覆盖。北京野生地被植物及国内外引种驯化的地被植物相对于草坪草具有抗逆性强、管理粗放、应用形式多样、观赏价值较高、造价低廉等优点。此外，在我国北方城市，尤其是在缺水的城市和地区，建设节约型园林绿地，地被植物的应用必不可少，地被植物品种的选用亦无固定的模式，可以创造更加丰富、更加生态的园林城市景观。

随着园林绿化水平的不断提高，园林造景时对地被植物的丰富性提出了更高的要求。虽然北京地区地被植物资源丰富，但目前开发应用的地被植物面积较小，种类相对较少，常用的大约有十几种，主要为麦冬、白三叶、二月蓝、马蔺、鸢尾、萱草、玉簪、景天、石竹、美国地锦、沙地柏等[2]。因此在全面规划和保护的前提下，有序地开发利用野生地被植物和从国内外引种驯化而来的优良地被植物是丰富城市绿地景观的途径之一。

1 材料与方法

从2003年起先后引种北京及其周边的乡土地被植物和其他城市性状优良的园艺地被植物40种，在北京地区经过对其物候、适应性进行初步观察后，依据园林地被植物的选择原则[3]，筛选出15种地被植物，分别是：甘野菊（*Chrysanthemum eticuspe*）、匍枝毛茛（*Ranunculus repens*）、连钱草（*Glechoma hederacea*）、青绿苔草（*Carex leucochlora*）、涝峪苔草（*Carex giraldiana*）、玉竹（*Polygonatum odoratum*）、大叶铁线莲（*Clematis heracleifolia*）、蛇莓（*Duchesnea indica*）、兰花棘豆（*Oxytropis coerulea*）、匍枝亮绿忍冬（*Lonicera nitida* 'Maigrun'）、'矮黄金'一枝黄花（*Solidago* 'Golden Dwarf'）、千叶兰（*Muehlewbeckia*

作者简介

梁芳／女／1979年生／毕业于安徽农业大学，本科／北京市园林科学研究所，工程师。

complera）、‘瀑布’矾根（*Heuchera sanguinea*‘Sioux Falls’）、‘面包师’厚叶福禄考（*Phlox Carolina*‘Baker’）、‘霍特’匍匐婆婆纳（*Veronica hybrid*‘Mrs. Holt’）。

根据不同品种的物候观测和生态适应性的观测，结合植物本身的观赏性状、植物学和生态学特性，参考徐炜的园林地被植物综合评选标准[3]及田利颖的地被植物品种质量评价打分标准[4]，综合考虑制定了质量评价打分标准，进行品种的质量评价、筛选。

2 结果与分析

2.1 十五种地被植物的综合评价

根据不同品种的物候及适应性观测结果（见表1），对供试品种进行评定：

（1）从绿期来看，15种地被植物的绿色期都在200天以上，尤其匍枝毛茛、蛇莓、匍枝亮绿忍冬、兰花棘豆都在250天左右，甘野菊、连钱草、青绿苔草、涝峪苔草、大叶铁线莲、‘矮黄金’一枝黄花的绿色期在230～240天左右，‘瀑布’矾根、‘面包师’厚叶福禄考、‘霍特’匍匐婆婆纳绿色期约在220天左右，千叶兰、玉竹绿期较短，在210天左右。

（2）15种地被植物均能安全越冬。匍枝毛茛、蛇莓、连钱草、甘野菊、青绿苔草、涝峪苔草等返青较早，其中青绿苔草、涝峪苔草、匍枝毛茛、‘瀑布’矾根枯黄后不落叶，仍能很好的覆盖地面，且青绿苔草、涝峪苔草冬季上部2/3叶片枯黄，根下部1/3叶片仍绿。玉竹枯黄较早，兰花棘豆3月底就可返青，枯黄晚，但随着种植年限的增加，返青出芽率有所降低，个别植株未能正常返青，有退化现象。

（3）从适应性来看，15种地被植物各有优势，蛇莓、大叶铁线莲、‘瀑布’矾根、匍枝亮绿忍冬一定发育时期在全关照下和林荫下均能良好生长。玉竹、连钱草、崂峪苔草喜阴，全光照下生长不良，叶片灼伤发黄。而青绿苔草、千叶兰等喜光，林荫下生长稀疏，长势较弱。匍枝毛茛抗旱性稍差，在干旱少雨的季节，太过干旱会使叶片萎蔫，需适当浇水。兰花棘豆当年生长情况良好，抗旱性强，花期也较长，陆续开花能达到3个月，但花后结实期8～9月份种子易被虫子咬食且种子壳易崩裂，采收困难。

（4）从生长势来看，15种地被植物种具有匍匐茎的匍枝毛茛、蛇莓、连钱草，当年可100%覆盖地面。从生或匍枝横向生长的青绿苔草、崂峪苔草、‘瀑布’矾根、匍枝亮绿忍冬、千叶兰、‘霍特’匍匐婆婆纳生长速度也较快，当年地面覆盖可达到90%。直立生长的甘野菊、玉竹、兰花棘豆、‘矮黄金’一枝黄花、‘面包师’厚叶福禄考，大叶铁线莲当年覆盖率也能达到80%。

（5）从个体观赏表现来看，青绿苔草、涝峪苔草、匍枝亮绿忍冬无色彩亮丽的花朵，但株型优美。匍枝毛茛、连钱草、玉竹、‘霍特’匍匐婆婆纳都是春花型，其中玉竹花期较短，前后20天，‘霍特’匍匐婆婆纳花期稍长，约1个月左右，花期集中，花朵繁茂，似一层花毯。大叶铁线莲、‘矮黄金’一枝黄花、兰花棘豆属于夏花型，花期也较长。千叶兰、‘面包师’厚叶福禄考、‘瀑布’矾根是春末初夏开花型，但千叶兰的花朵极小，没有显著的观赏性，主要观红色的茎、圆形小叶。‘面包师’厚叶福禄考花色艳丽，有二次花，观赏性高，但植株有些松散、凌乱。‘瀑布’矾根纯正的绿色叶片，高出叶丛的红色花束，景观效果甚佳。甘野菊属于秋花型，甘野菊花期比较集中，花朵繁茂，但花期较短，植株较高，易倒伏。而蛇莓花花果期较长，跨越春、夏、秋三季，是利用价值较高的观赏地被。根据15种地被植物的物候、适应性等观测结果，进行了综合打分评比。从表2各品种之间的分析评比可以得出：匍枝毛茛、涝峪苔草、青绿苔草、蛇莓、大叶铁线莲、‘瀑布’矾根6个地被植物品种的综合得分均在35分以上，达到良好标准。千叶兰、‘矮黄金’一枝黄花、‘面包师’厚叶福禄考等得分在30～35之间，达到了合格标准，可在其适宜生境下应用并从中选择优良单株进行开发应用。通过引种观测试验，综合各品种的分析评比，认为匍枝毛茛、涝峪苔草、青绿苔草、蛇莓、大叶铁线莲、‘瀑布’矾根符合优良地被植物的要求。

表 1 15 种地被植物引种观测表

品种	绿期	花果期	花色	自然高度（cm）	抗旱性	越冬情况	生长情况	植物学特性及引种综合评价
甘野菊	3 月中～ 11 月下	9 月底～ 10 月	黄	60 ～ 90	强	良好	良好	抗性强，较耐修剪，花期集中，花枝繁茂，观赏性较好
匍枝毛茛	3 月中～ 12 月上	4 月下～ 5 月下	黄	10 ～ 25	较强	良好	良好	株型低矮，匍匐茎横生，落地可生根，覆盖速度快，油质般的花朵颜色亮丽，优良的地被植物
连钱草	3 月初～ 11 月上	3 月上～ 5 月上	蓝紫	10 ～ 20	强	良好	良好	喜阴耐阴，返青早，开花早，匍匐茎横生，节上可生根，铺地效果好，良好的阴生地被
涝峪苔草	4 月上～ 11 月底	4 月上中～ 5 月下	–	20 ～ 35	强	良好	良好	绿期长，耐旱，喜阴，管理粗放，无病虫害，优良的林下地被植物
青绿苔草	4 月上～ 11 月底	4 月上中～ 5 月下	–	15 ～ 30	强	良好	良好	叶色青绿，喜光，耐旱，管理粗放，有很强的自播能力，观赏性较好
蛇莓	3 月上～ 11 月底	4 月底～ 9 月中	黄	5 ～ 10	强	良好	良好	返青早，耐荫，绿色期长，即可观花又可观果，观赏性好
玉竹	3 月中下旬～ 10 月中	4 月中～ 4 月底	白	10 ～ 20	强	良好	良好	早春开花，喜阴，白色下垂的钟状花朵清新美丽，地下白色根茎横走，分蘖较快，观赏性较好
大叶铁线莲	3 月底～ 11 月中	6 月下～ 9 月中	紫	40 ～ 90	强	良好	良好	全光下至林荫下生长均良好，花朵较小，管理粗放，观赏性较好
兰花棘豆	3 月下～ 12 月中下	5 月中旬～ 8 月底	蓝紫	20 ～ 30	强	一般	良好	喜光，植株丛生，花期较长，当年观赏性好，翌年有退化
匍枝亮绿忍冬	4 月上～ 12 月中	4 月下旬～ 5 月中旬	黄	15 ～ 20	强	良好	良好	矮灌木，无花无果，枝条横生，平展下垂，观赏性好
‘矮黄金’一枝黄花	4 月上～ 12 月上	7 月初～ 9 月	黄	30 ～ 50	强	良好	良好	花期较长，陆续开放，管理粗放，喜光，植株直立，观赏性较好
千叶兰	4 月上中旬～ 11 月	5 月底～ 6 月下旬	淡绿	8 ～ 15	强	良好	良好	能安全越冬，但返青较晚，喜光环境，丛生铺地生长，管理稍微精细，观赏性较好
‘瀑布’矾根	4 月中～ 12 月上	4 月下～ 7 月上	红	10 ～ 20	强	良好	良好	喜半阴，光照适应性较强，7 月中旬前可全光栽培，株型圆整，紧凑，叶片绿色，花红色，花期较长，可花叶兼赏，观赏性好
‘面包师’厚叶福禄考	4 月上～ 11 月底	5 月中～ 7 月上	深粉	15 ～ 20	强	一般	良好	喜光，植株茎节上生根，有二次花，无病虫害，观赏性好
‘霍特’匍匐婆婆纳	4 上～ 11 月底	4 月下旬～ 5 月下旬	粉	3 ～ 10	强	良好	良好	呈圆形铺地生长，生长速度较快，喜光，较耐旱，花期整齐，花繁茂，观赏性好

表 2 15 种地被植物引种观测评价表

品种	植物自然高度		生育周期		叶的习性		毒害性		覆盖力		观赏价值		生长势		适应性		养护管理频度		经济价值		得分总计
	得分	等级	得分	等级	得分	等级	得分	等级	得分	等级	得分	等级	得分	等级	得分	等级	得分	等级	得分	等级	
甘野菊	1	C	5	A	1	C	5	A	3	B	3	B	5	A	3	B	5	A	3	B	34
匍枝毛茛	5	A	5	A	3	B	5	A	5	A	3	B	5	A	3	B	5	A	1	C	40
连钱草	5	A	5	A	1	C	5	A	3	B	3	B	5	A	1	C	5	A	1	C	34
涝峪苔草	5	A	5	A	3	B	5	A	5	A	1	C	3	B	5	A	5	A	1	C	38
青绿苔草	5	A	5	A	3	B	5	A	5	A	1	C	5	A	3	B	5	A	1	C	38
蛇莓	5	A	5	A	1	C	5	A	3	B	5	A	5	A	5	A	5	A	1	C	40
玉竹	5	A	5	A	1	C	5	A	3	B	1	C	3	B	1	C	5	A	3	B	32
大叶铁线莲	3	B	5	A	1	C	5	A	3	B	3	B	5	A	5	A	5	A	1	C	36
兰花棘豆	5	A	5	A	1	C	5	A	3	B	5	A	3	B	3	B	1	C	3	B	34
匍枝亮绿忍冬	5	A	5	A	1	C	5	A	3	B	1	C	3	B	3	B	5	A	1	C	32
‘矮黄金’一枝黄花	3	B	5	A	1	C	5	A	3	B	3	B	5	A	3	B	3	B	3	B	34
千叶兰	5	A	5	A	1	C	5	A	3	B	1	C	3	B	3	B	3	B	1	C	30
‘瀑布’矾根	5	A	5	A	3	B	5	A	3	B	5	A	3	B	5	A	3	B	1	C	38
‘面包师’厚叶福禄考	5	A	5	A	1	C	5	A	3	B	3	B	5	A	3	B	3	B	1	C	34
‘霍特’匍匐婆婆纳	5	A	5	A	1	C	5	A	3	B	3	B	3	B	3	B	3	B	1	C	32

注：综合评价得分总计：>35 分为良好，30 ~ 35 分为合格，有开发利用价值，<30 分为差，利用价值不高。

3 结论

15 种地被植物表现出不同的性状优势，匍枝毛茛、蛇莓、兰花棘豆、匍枝亮绿忍冬绿色期较长；青绿苔草、涝峪苔草、匍枝毛茛、‘瀑布’矾根枯黄后不落叶，对地面也有很好的覆盖作用；青绿苔草、涝峪苔草冬季下部 1/5 叶片叶色仍绿，早春 3 月中下旬可以进行上部枯叶修剪，即见绿色，4 月中旬抽穗；蛇莓、大叶铁线莲、匍枝亮绿忍冬、‘瀑布’矾根对光照适应性较广，光照下、林荫下都可良好生长，玉竹、连钱草喜阴，甘野菊、匍枝毛茛、兰花棘豆、‘矮黄金’一枝黄花、‘霍特’匍匐婆婆纳、‘面包师’厚叶福禄考喜阳；除了涝峪苔草、青绿苔草、匍枝亮绿忍冬无显著亮丽的花朵外，其他均属于开花地被植物。个体性状和群体效果的综合评定，结合北京地区特色，重点推荐出匍枝毛茛、涝峪苔草、青绿苔草、蛇莓、大叶铁线莲 5 种优良乡土地被植物。

参考文献

[1] 马洁，韩烈保．北京地区野生草本地被植物引种、筛选与利用[J]. 四川草原，2006（2）：30–33.
[2] 倪圣武，王莲英．北京主要公园地被植物应用调查[J]. 北京园林，2007，4（23）：24–30.
[3] 徐炜．试论园林地被植物综合评选标准[J]. 中国园林，1993，9(3)：52–54.
[4] 田利颖．北京城市地被植物应用质量评价方法探讨[J]. 河北林果研究，2007，22（3）：229–335.

‘天使’矮牵牛的花药培养

陈春玲　王熙　刘佳　赵世伟　北京市植物园　北京　100093

摘要： 采用外植体为2mm的‘天使’矮牵牛的花蕾，置于4℃冰箱中进行低温预处理48h，花药培养诱导愈伤组织的最佳培养基为：以Nitsch为基本培养基附加6–BA 1.5mg/L，NAA 1.0mg/L，2,4–D 0.2mg/L。麦芽糖能显著提高愈伤组织诱导率，3%的麦芽糖的诱导率最高，愈伤组织诱导出芽，以MS为基本培养基附加BA 1.5mg/L，IAA 1.0mg/L为最佳的培养基。花药再生植株与对照在形态上存在差异，花药再生植株较弱，茎比较细，植株矮小，叶片也比较小，花也较小，花的颜色变浅。花药再生植株以单倍体数量居多，但也存在二倍体。

关键词： ‘天使’矮牵牛；花药培养；再生植株；染色体数目

‘天使’矮牵牛 *Petunia* ‘Calimero Purplevein’茄科，碧冬茄属。花朵呈粉红色，带辐射条纹，花朵大。它具有很强的观赏性，花期较长，垂枝性强，适宜做花钵、花槽、吊篮等大型容器装饰。同时具有较好耐热性，在北京炎热的夏季可以繁花怒放，另外，其抗病虫害和抗病毒病的能力较好。作为花坛主要用材，市场对矮牵牛需求量越来越大，品种更新的速度也在加快，常规育种手段显出局限性。矮牵牛一般采用种子繁殖，多是从国外进口的杂交种子，其后代性状易分离退化。组织培养为其快速繁殖、满足市场需求及保持品种优良性状提供了很好的途径。通过花药培养可诱导花粉发育形成单倍体，快速获得纯系，缩短育种周期；有利于诱导花粉形成隐性突变体，提高选择效率。国外矮牵牛花药培养研究集中在20世纪70年代至80年代初[1-5]，我国矮牵牛花药培养开展不多[6-9]，远没有禾本科植物特别是水稻、小麦中的研究深入。矮牵牛花药培养技术仍是制约矮牵牛单倍体育种的主要因素。本试验研究不同外植体和培养条件对垂吊矮牵牛‘天使’矮牵牛花药诱导率的影响，以期优化垂吊矮牵牛‘天使’矮牵牛愈伤组织诱导条件，提高花药培养诱导率，获得单倍体。垂吊矮牵牛‘天使’矮牵牛的花药培养尚未见到报道。

1 材料与方法

在晴天上午9点，取长度1mm，2mm，3mm，4mm，5mm的‘天使’矮牵牛花蕾各3份，1份用湿纱布包好置于4℃冰箱中进行低温预处理48h，1份在6℃冰箱中进行低温预处理48h，另外1份作为对照不进行预处理。然后，分别用洗衣粉清洗，再用流水冲洗1小时，将处理好的花蕾拿到超净台上，用无菌水洗3遍，在采用6种消毒方法：酒精75%消毒30秒，0.1%氯化汞5分钟，8分钟，10分钟；土温浸泡1分钟，酒精75%消毒30秒，0.1%氯化汞5分钟，8分钟，10分钟。酒精，氯化汞用完后，各用无菌水消毒3次。然后在消毒好的培养皿上，用镊子剥去花萼，取出花药接种于以Nitsch为基本培养基附加不同激素和糖原的培养基上，选出最合适的花药培养诱导出愈伤组织的培养条件。诱导出愈伤组织后，采用不同的MS培养基进行培养，诱导不定芽的

作者简介

陈春玲／女／1976年生／毕业于福建农林大学／硕士／现在北京市植物园工作，高级工程师。

形成。然后进行再生植株的培养，再把移栽成活的花药再生植株与对照母株进行比较。母株组培苗和再生植株组培苗的根尖进行压片比较染色体数目。

染色体倍性鉴定的方法：首先进行活体处理。把两种矮牵牛的盆栽苗和组培苗，洗净根尖，整个植株浸泡在处理液中5小时，处理液为放线菌酮60mg/L。然后进行固定。取根尖1～2cm，放在固定液中固定，固定液为无水乙醇和冰醋酸3:1。再进行水洗。用清水洗，然后再用蒸馏水洗几遍。然后进行水解。把根尖放入1N HCl，在60℃中水浴，5～15分钟。最后进行压片。水浴后的根尖用蒸馏水洗净，取根尖分生组织捣碎，滴染液（醋酸洋红），加盖片，用酒精灯微热，目的是使染色体充分染色和软化，以及破坏细胞质的染色。之后，在盖片的一角压一硬纸片，并用左手食指压紧，以免盖片错动。右手筷子尖轻轻敲击盖片，用筷子敲击时间稍微长一些，使细胞均匀分散，细胞分离压平。最后，在盖片上加滤纸，用大拇指紧压吸干多余的染液，然后放在显微镜下观察。

2 结果与分析

2.1 不同处理对‘天使’矮牵牛花药培养的影响

2.1.1 预处理对‘天使’矮牵牛花药培养的影响

预处理对‘天使’矮牵牛花药培养的影响很大，我们发现对照不进行预处理，结果愈伤组织的诱导率为0， 而在4℃和6℃的低温预处理2天，诱导率明显高于对照，但是4℃和6℃两种温度梯度差别不大。4℃的诱导率略高一点。大多数植物进行一定的低温预处理可以显著提高愈伤组织的诱导率[10]，这与本实验结果相似。

2.1.2 不同的材料消毒方式对‘天使’矮牵牛花药培养的影响

矮牵牛花蕾表面多绒毛且分泌黏液，易吸滞大量飘尘及细菌，因此用常规的消毒方式污染率高，采用吐温加酒精和氯化汞效果较好，见表1。采用氯化汞消毒5分钟污染率最高，采用10分钟污染率低，但是诱导率不高，而采用8分钟，污染率相对低，诱导率最高。因此我们采用吐温浸泡一分钟，再用酒精消毒30秒，氯化汞消毒8分钟是最好的消毒方式。

2.1.3 不同的外植体对‘天使’矮牵牛花药培养的影响

外植体对花药培养也有影响，我们发现5种材料的外植体，其诱导率是不一样的。2mm的花蕾，诱导率最高。我们发现花粉发育时期与花药外型具有相关性，1mm的花蕾花药是绿色，但是花药特别瘪。2mm的花蕾花药外观呈绿色挺饱满的，而大于2mm的花蕾花药呈黄绿色，逐渐变成黄色。从而确定花药培养的最佳取材时期为2mm的花蕾。

2.1.4 不同的培养条件对‘天使’矮牵牛花药培养的影响

培养基是影响花药培养的重要因素之一。矮牵牛花药诱导启动需要一定浓度的生长素及细胞分裂素。细胞分裂素对‘天使’矮牵牛花药培养诱导愈伤组织有重要作用，由表2看出，BA浓度为1.5mg/L诱导效果最好。生长素对诱导愈伤组织的影响也很明显，NAA和IBA比较发现，使用NAA的效果优于IAA。另外我们还可以发现2，4-D在花药培养诱导愈伤组织中起着重要作用，这和陈林晶[6]有类似的报道，2,4-D对于许多植物的花粉启动、分裂、形成愈伤组织和胚状体起着决定性的作用，在毛刺槐，百合中有相似的结果[11]。在本实验中NAA和2，4-D组合使用效果优于单独使用

表1 不同消毒条件对矮牵牛花药培养的影响

消毒方法	吐温	$HgCl_2$ 消毒时间（min）	接种数（株）	诱导率（%）	污染率（%）
1		5	50	5	90
2	无	8	50	25	70
3		10	50	15	50
4		5	50	35	50
5	浸泡1分钟	8	50	60	35
6		10	50	25	25

表 2 不同激素对矮牵牛花药培养诱导率的影响

序号	BA (mg/L)	NAA (mg/L)	IBA (mg/L)	2,4–D (mg/L)	接种数（个）	诱导出愈伤组织的花药个数	诱导率 (%)
N1	2.0	0.5	-	-	40	5	12.5
N2	1.5	0.5	-	-	40	6	15
N3	1.0	0.5	-	-	40	3	7.5
N4	2.0	-	0.5	-	40	4	10
N5	1.5	-	0.5	-	40	5	12.5
N6	1.0	-	0.5	-	40	1	2.5
N7	2.0	0.5	-	0.2	40	12	30
N8	1.5	0.5	-	0.2	40	15	37.5
N9	1.0	0.5	-	0.2	40	9	22.5
N10	1.5	1.0	-	0.2	40	27	67.5
N11	1.5	0.2	-	0.2	40	12	30

NAA。我们进一步比较 NAA1.0mg/L，0.5mg/L，0.2mg/L 三个浓度梯度，结果发现 NAA 采用 1.0mg/L 时诱导率最高。由此可见不同浓度的激动素和生长素类在诱导矮牵牛花药培养过程中起着重要作用。最佳的诱导培养基为以 Nitsch 为基本培养基，附 加 BA 1.5mg/L,NAA 1.0mg/L，2，4-D 0.2mg/L。我们的最佳诱导培养基和一些以报道的矮牵牛花药培养 [6,7,9] 有些不一样，可能是由于矮牵牛基因型不同造成的。

2.1.5 不同糖源对‘天使’矮牵牛花药培养的影响

花药培养中，糖不仅是重要的碳源，而且还作为渗透稳定剂，维持细胞和培养基的渗透压。对花粉的脱分化和再分化起着有利的效应。选用 NH+6-BA 2.0mg/L+NAA 0.5mg/L +2,4-D 0.2mg/L 培养基，配以不同的糖源及浓度，观察其对诱导率影响，结果如表 3。结果表明，麦芽糖能显著提高愈伤组织诱导率，在花药培养中用麦芽糖作糖原优于蔗糖和白砂糖。2%、3%、4%和 5% 4 种浓度的麦芽糖对花药诱导率没有太大的影响，3% 的麦芽糖的诱导率略高于其它。单从不同蔗糖浓度来看，3%蔗糖花药的诱导率最高。另外，蔗糖和白砂糖的区别不是很大。到目前为止，已有许多关于麦芽糖是花药培养最佳碳源的报道，本试验的结果与报道相一致。对多数植物组织来说，

表 3 不同浓度的糖原对花药培养的影响

糖原及浓度（%）	接种个数（个）	诱导出愈伤组织个数（个）	诱导率（%）
蔗糖 2	40	12	30
蔗糖 3	40	17	42.5
蔗糖 4	40	8	20
蔗糖 5	40	7	17.5
麦芽糖 2	40	26	65
麦芽糖 3	40	27	67.5
麦芽糖 4	40	24	60
麦芽糖 5	40	25	62.5
白砂糖 2	40	12	30
白砂糖 3	40	16	40
白砂糖 4	40	9	22.5
白砂糖 5	40	7	17.5

表 4 不同分化培养基对愈伤组织分化的影响

序号	BA	IAA	接种愈伤组织数	分化出芽数	分化率（%）
M12	2.0	1.0	40	12	30
M13	2.0	0.5	40	5	12.5
M14	2.0	0.1	40	0	0
M15	1.5	1.0	40	25	62.5
M16	1.5	0.5	40	11	27.5
M17	1.5	0.1	40	1	2.5
M18	1.0	1.0	40	13	32.5
M19	1.0	0.5	40	4	10
M20	1.0	0.1	40	1	2.5

蔗糖和葡萄糖是良好的碳源。但在花药培养中，麦芽糖已被广泛证明能提高花药培养诱导率[12,13]。麦芽糖能显著提高胚状体或愈伤组织分化率，可能是由于在麦芽糖培养基中产生的胚状体或愈伤组织较为“年轻”，从而具有更高的再生能力[14]。在亚麻花药培养中麦芽糖以培养基中含 6%或 9%时，器官的发育及总的再生频率有显著的提高[15]。在矮牵牛花药培养中发现麦芽糖不但能显著提高愈伤组织诱导率，而且愈伤组织形态好，分化能力强，并有再生苗[7]。

2.1.6 不同分化培养基对‘天使’矮牵牛愈伤组织分化的影响

将诱导出的‘天使’矮牵牛白色愈伤组织转入分化培养基中，发现连续继代 3 ～ 4 次以后，愈伤组织由白色转为绿色，然后长出不定芽。不同浓度激素对愈伤组织分化有重要影响，从表 4 可以看出，生长素和激动素对其分化有影响。IAA 浓度低时分化效果不好，IAA 浓度高效果较好。BA 1.5mg/L，IAA 1.0mg/L 是最好的分化出芽的培养基。

2.2 ‘天使’矮牵牛花药再生植株的鉴定

2.2.1 形态上的差异

花药再生植株较弱，茎比较细，植株矮小，叶片也比较小，花也较小，花的颜色变浅。对照植株长势壮，植株大，叶片也较大，花较大，花的颜色较深（见图 6 ～图 10）。

2.2.2 水解时间对压片的影响

在根尖压片时，发现根尖水解时间是关键的一步。解离的目的是使细胞壁之间中层的果胶物质以及部分细胞质分解，而使细胞易于分散。还可以使细胞壁适度软化而易于压片。我们比较了根尖在 1N HCl 60 ℃ 中解离 5min、10min、15min，结果发现 5min，水解不够，细胞没有分散开。15min 水解过了，染色体受到损伤甚至完全分解。水解 10min 合适，经过 10min 解离后的材料，细胞易于分散，染色体又没有受损，易于观察染色体数目。

2.2.3 矮牵牛采用盆栽苗和组培苗根尖压片的差异

在植物细胞染色体的研究中，根尖分生组织为最主要的材料，分生区易于识别。一般采用种子萌发取根，由于我们的材料没有种子，我们采用了组培后移栽小苗的根。结果发现矮牵牛的根系多为须根与土盘绕在一起，根尖特别细，不是很健壮，而且根与土分离时，须根易断，甚至连根尖都找不到。我们找到的根尖也不是很健壮，比较细，染色观察的效果不好。因此盆栽苗不适合作根尖压片的材料。

而我们采用组培苗刚刚生根的小苗，根还是比较粗壮，根很短时就取出来，经过预处理，固定，水洗，解离后进行压片，可以看见根尖生长点是乳白色的，不同于其它部位是透明的。操作时须避免损伤根尖生长点的部位。比较这两种材料，我们发现取组培苗进行根尖压片效果比盆栽苗好。

2.2.4 染色体数目的鉴定

花药再生植株的染色体数有为 7 条，14 条，矮牵牛的染色体数为 14 条，所以，获得的再生植株单倍体居多，但也有二倍体。我们认为试验过程中形成的花药再生植株，不完全是由小孢子发育来的，可能还有细胞壁等其他因素的影响。花药培养易受到体细胞的干扰，在产生单倍体的同时也产生二倍体或四倍体；培养中要使小孢子分裂，而二倍体组织不分裂，但这种情况往往难以办到；在混倍性的材料中很难分离出单倍体，为单倍体细胞的生长很易被生长旺盛的多倍体细胞所掩盖。花药培养中进一步提高诱导花粉单倍体植株的频率，减少体细胞干扰等是应该重视的问题。

3 小结

外植体为2mm的‘天使’矮牵牛花蕾合适，用湿纱布包好花蕾置于4℃冰箱中进行低温预处理48h，采用吐温浸泡1分钟，再用酒精消毒30秒，氯化汞消毒8分钟是最好的消毒方式。我们诱导出的‘天使’矮牵牛的花药愈伤组织，花药培养诱导愈伤组织的最佳培养基为：以Nitsch为基本培养基附加6-BA 1.5mg/L，NAA 1.0mg/L，2,4-D 0.2mg/L。麦芽糖能显著提高愈伤组织诱导率，在花药培养中用麦芽糖作糖原优于蔗糖和白砂糖。2%、3%、4%和5% 4种浓度的麦芽糖对花药诱导率没有太大的影响，3%的麦芽糖的诱导率略高于其它。愈伤组织诱导出芽，以MS为基本培养基附加BA 1.5mg/L，IAA 1.0mg/L为最佳的培养基。

花药再生植株与对照在形态上存在差异，花药再生植株较弱，茎比较细，植株矮小，叶片也比较小，花也较小，花的颜色变浅。对照植株长势壮，植株大，叶片也较大，花较大，花的颜色较深。盆栽苗不适合作根尖压片的材料。采用组培苗刚刚生根的小苗，根还是比较粗壮，根很短时就取出来，经过预处理，固定，水洗，解离后进行压片效果比盆栽苗好。根尖在1N HCl 60℃中解离10分钟细胞易于分散，染色体又没有受损，易于观察染色体数目。花药再生植株以单倍体数量居多，但也存在二倍体。

参考文献

[1] Engvild K C, 1973. Triploid petunias from anther cultures. Hereditas, 74:144—147.

[2] Malhotra K, Maheshwari S C, 1977. Enhancement by cold treatment of pollen embryoid development in Petunia hybrida. Z Pflanz Bodenkunde, 85:177—180.

[3] Mitchell A Z, Hanson M R, Skvirsky R C, Ausubel F M, 1980. Anther culture of Petunia: genotypes with high frequency of callus, root of plantlet formation. Z Pflanz Bodenkunde, 100:131—146.

[4] Raquin C, 1982. Genetic control of embryo production and embryo quality in anther culture of Petunia. Theor Appl Genet, 63:151—154.

[5] Raquin C, 1983. Utilization of different sugars as carbon source for in vitro anther culture of Petunia. Z Pflanz Bodenkunde, 111:453—457.

[6] 陈林晶，冯慧，丛日晨，王茂良，王建红，李森．矮牵牛花药植株再生体系的建立．山西农业大学学报，2009，29(4):343—347.

[7] 代色平，包满珠．矮牵牛花药培养及植株再生研究．亚热带植物科学，2003,32(2)：55—57.

[8] 代色平，包满珠．矮牵牛育种研究进展．植物学通报，2004，21(4)：385—391.

[9] 庞海峰，王平，姜策．矮牵牛花药培养的研究．北方园艺，2007（5）：196—197.

[10] 滕海涛，鲁守平，赵邦青，孔少华，李勇．植物花药培养预处理及其生理生化变化规律．河北农业科学，2008，12（10）：46—49，59.

[11] 张玉芳，岳岚，何松林，牛佳佳，观赏植物花药培养的主要影响因素。中国农学通报，2008，vol.2（6）：59—61.

[12] Flehinghaus T, Deimling s and Geiger H. Methodical improvementsin rye anther culture[J]. Plant Cell Reports, 1991, 10 (8): 397—400.

[13] Omhinsky BR, McGregor LJ, Johnson GIE, et a1. Improved embryoid induction and green shoot regeneration from wheat anthers cultured in medium with maltose[J]. Plant Cell Reports, 1990, 9(7): 365—369.

[14] Nageli M, Schmid JE, Stamp P, et a1. Improved formation ofregenerable callus in isolated micmspo re culture of maize: impact of carbohydrates, plating density and time of transfer[J]. Plant Cell Reports, 1999, 19(2): 177—184.

[15] 韩喜财，宋淑敏．亚麻花药培养高频率的植株再生[J]．中国麻业，2004，26(6)：307—310.

七种花色一串红 SRAP 分析

董爱香[1]　何天宇[2]

1.北京市园林科学研究所　北京　100102

2.北京市朝阳区绿色景观设计中心　北京　100123

摘　要： 应用 SRAP (Sequence—Related Amplified Polymorphism) 分子标记对 7 个不同花色的一串红进行遗传多态性分析。筛选出的 16 个多态性较高的引物组合，共产生 189 条多态性条带，多态性比率在 39.1% ~ 100% 之间，显示了较高的多态性。聚类分析结果，展望红色和酒红色、蓝带和展望红白亲缘关系最近，紫色和蓝带、展望红白关系较近，展望白、展望鲑红关系较近，而与其它花色的较远，这与根据花色表型观察结果相近，表明一串红遗传关系的远近与花色系差别具有一定的相关性。

关键词： 一串红；花色多态性；SRAP

一串红（*Salvia splendens*）为唇形科鼠尾草属多年生草本植物，原产于南美洲热带地区。其花色鲜艳，总状花序开花不断，适应性强，栽培容易，是世界范围内广泛栽植的重要草花之一。一串红花色丰富，除应用较多的红色品种外，还有白色、紫色及白红双色、蓝白双色等，但不同花色间亲缘关系研究较少（胡国富等，2007；2009）。

SRAP(Sequence-Related Amplified Polymorphism，序列相关扩增多态性）是由 Li 和 Quiros（2001）开发的一种新型分子标记，可通过独特的引物设计优先扩增基因组内的开放阅读框 (ORF)，对基因组内含子区域、启动子区域进行特异扩增。因不同个体、物种的内含子、启动子及间隔区长度不同而产生多态性。该标记简便、快速、稳定，不需预知物种的序列信息。目前，SRAP 技术在白菜、葱、番茄、黄瓜、西瓜、甜瓜、南瓜等重要蔬菜作物上得到应用 (Ferriol et al.，2003，2004；李严和张春庆，2005；韩建明等，2007；李慧芝等，2007；王燕等，2007）。本研究将 SRAP 分子标记应用于一串红不同花色的遗传多态性分析，以期了解一串红各花色间遗传多态性，为通过杂交育种，培育更多色彩艳丽的一串红新品种提供依据。

1 材料与方法

1.1 植物材料

供试一串红均为美国泛美种子公司培育的展望系列，7 个花色为红色、红白间色、白色、紫色、鲑红色、酒红色及蓝带，蓝带花为蓝白间色，植株略高，开花晚一周左右，其它花色品种间生长特性相近。

1.2 SRAP 分析

试验于 2008 ~ 2009 年在北京市园林科学研究所花卉实验室进行。SRAP 引物参考 Ferriol 等 (2003) 与 Budak 等 (2004) 的引物，从中选出 8 条正向引

作者简介

董爱香／女／1968 年生／中国农业大学博士毕业／现工作于北京市园林科学研究所，高级工程师。

表 1 SRAP 引物序列

正向引物 Forward primers	正向引物序列 Forward primers sequences	反向引物 Reverse primers	反向引物序列 Reverse primers sequences
me1	5′ TGAGTCCAAACCGGATA-3′	em1	5′ GACTGCGTACGAATTAAT-3′
me2	5′ TGAGTCCAAACCGGAGC-3′	em2	5′ GACTGCGTACGAATTTGC-3′
me3	5′ TGAGTCCAAACCGGAAT-3′	em3	5′ GACTGCGTACGAATTGAC-3′
me4	5′ TGAGTCCAAACCGGACC-3′	em4	5′ GACTGCGTACGAATTTGA-3′
me5	5′ TGAGTCCAAACCGGAAG-3′	em5	5′ GACTGCGTACGAATTAAC-3′
me6	5′ TGAGTCCAAACCGGTAA-3′	em6	5′ GACTGCGTACGAATTGCA-3′
me7	5′ TGAGTCCAAACCGGTCC-3′	em7	5′ GACTGCGTACGAATTCAA-3′
me8	5′ TGAGTCCAAACCGGTGC-3′	em8	5′ GACTGCGTACGAATTCTG-3′
		em9	5′ GACTGCGTACGAATTCGA-3′
		em10	5′ GACTGCGTACGAATTCAG-3′
		em11	5′ GACTGCGTACGAATTCCA-3′

物（me）和 11 条反向引物 (em)，形成 88 对引物组合，引物序列如表 1。

DNA 提取参考 Li 和 Quiros（2001）的方法，提取具有 1 对真叶时期的幼苗叶片 DNA，并进行了检测。PCR 扩增反应体系和反应程序参考 Ferriol（2003,2004）的方法并进行优化。PCR 反应在 PTC-100 温度循环仪 (美国产) 上进行。

1.3 数据分析计算

每个引物组合的多态性比率 (%)= 引物组合扩增的多态性条带数 / 总条带数 ×100。采用 Jaccardp’s 相似系数，使用 NTSYS2pc 2.0 软件，非加权组平均法 (UPGMA) 聚类。相似系数计算公式为 : Sij =a / (a + b + c) , 其中 a 表示两份样品共有带数， b 表示 i 样品特有的条带数，c 表示 j 样品特有的条带数。

1.4 表型性状观察

供试 7 个一串红品种 1 月中旬种植于温室中，施行规范的栽培管理，4 月初开花，进行观察照相。

2 结果与分析

2.1SRAP 多态性分析

利用 88 对引物扩增 7 个花色一串红材料，选出 16 对引物扩增产物多态性较好，带型稳定，重复性好。其中多态性较高的引物组合有 me-7/em-11 (图 1)、me-8/em-9、me-8/em-9 等。

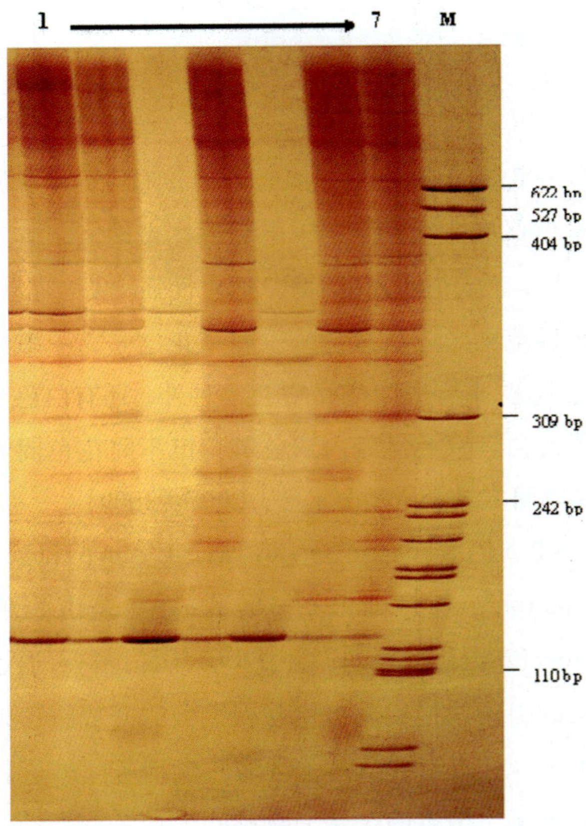

图 1 引物组合 ME–7/EM–11 对 7 个一串红品种的扩增结果
M:DNA marker（pBR322）; 1 ～ 7 号材料名见表 3

16 个引物组合共产生 307 条谱带，其中有 189 条多态性条带。多态性比率在 39.1% ～ 100% 之间（表 2），可见，SRAP 多态性较高，可作为一

表 2 16 个引物组合产生的多态性

引物组合	扩增条带数	多态条带数	多态性比率 %
me1/em4	15	9	60.0
me1/em7	23	15	65.2
me1/em8	23	9	39.1
me1/em10	20	9	45.0
me2/em11	19	11	57.9
me3/em9	24	13	54.2
me6/em7	16	8	50.0
me6/em10	22	13	59.1
me6/em11	26	16	61.5
me7/em1	20	12	60.0
me7/em4	19	12	63.2
me7/em8	18	11	61.1
me7/em9	17	11	64.7
me7/em11	18	18	100
me8/em7	16	13	81.3
me8/em9	11	9	81.8

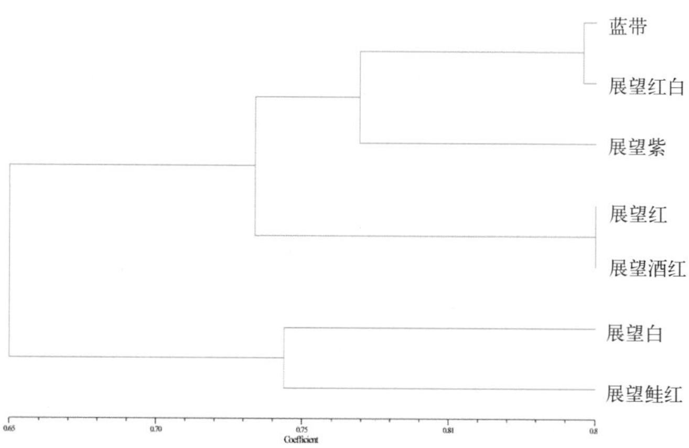

图 2 7 个一串红品种的聚类分析图

表 3 用引物组合 me7/em11 建立的 7 种花色一串红品种的数字指纹图谱

编号	品种	数字指纹编号
1	蓝带	111111110111110011
2	展望红白	111110010111110010
3	展望白	100000000101000101
4	展望紫	111110010011111010
5	展望鲑红	100000000101000001
6	展望红	111110110011110111
7	展望酒红	111110111011101111

串红资源多态性分析的有效手段。引物组合 me7/em11 可完全区分 7 个花色的品种，显示了极好的多态性。将 SRAP 分子标记的电泳条带表现的有和无用“1”和“0”表示，用引物组合 me7/em11 建立的 7 个不同花色的一串红品种的数字指纹图谱如表。

2.2 品种的聚类分析

根据 SRAP 引物扩增的 307 条多态性条带，对 7 种花色的一串红品种材料进行聚类分析 (图 2)，Jaccardp’s 遗传相似系数在 0.65 ~ 0.86 之间（如表 4）。在相似系数 0.74 的水平上，可将 7 种花色的一串红分为 3 大类：蓝带、展望红白、展望紫为 I 类；展望红、展望酒红为 II 类；展望白、展望鲑红聚为 III 类。根据聚类图可知，展望红和展望酒红、蓝带和展望红白最先聚在一起，其次，

表 4 遗传相似系数

	蓝带	展望红白	展望白	展望紫	展望鲑红	展望红	展望酒红
蓝带	1.00						
展望红白	0.86	1.00					
展望白	0.70	0.66	1.00				
展望紫	0.77	0.78	0.71	1.00			
展望鲑红	0.62	0.60	0.75	0.64	1.00		
展望红	0.75	0.73	0.68	0.75	0.61	1.00	
展望酒红	0.74	0.71	0.67	0.72	0.58	0.86	1.00

图 3 7 种一串红表型性状对比

展望紫和蓝带、展望红白聚在一起，而展望白色和鲑红与其它花色分开。

2.3 表现颜色性状比较

观察 7 种一串红花、茎节和叶柄颜色如图 3。从图看出，蓝带花为白和蓝间色，展望红白为红白间色，这 2 种花的色系搭配相似，而展望紫色和蓝带中的蓝色较接近；展望酒红和展望红颜色最相近；展望鲑红花色较浅。观察叶柄和茎节的颜色可知，展望白、展望红白、蓝带为青绿色，展望鲑红茎节和叶柄基部为浅红色，展望紫为浅紫色；展望红叶柄和茎节为红色，展望酒红为深红色。

3 结论与讨论

一串红花色以红色、白色、紫色及其过渡色为主，不同花色间的亲缘关系从表型上较难判定。SRAP 技术在一串红不同花色品种鉴定上表现出较高的多态性，且重复试验结果稳定，表明 SRAP 技术不仅是分析一串红不同花色品种，也可能是鉴定一串红种质资源、亲缘关系、新品种保护、杂交亲本选配等的有效工具。

根据图 2 的聚类结果，展望红和展望酒红、蓝带和展望红白最先聚在一起，其次，展望紫和蓝带、展望红白聚在一起，而展望白色和鲑红与其它花色分开。从这种分类结果可看出，展望红色和酒红色、蓝带和展望红白亲缘关系最近，紫色和蓝带、展望红白关系较近，展望白、展望鲑红关系较近，而与其它花色的较远，这与胡国富等（2007；2009）的研究结果相近，表明一串红遗传关系的远近与花色系差别具有一定的相关性，这就为通过杂交手段培育不同花色新品种提供重要依据。

根据图2的聚类分析，蓝带、展望红白、展望紫聚为Ⅰ类，展望红、展望酒红聚为Ⅱ类，展望白、展望鲑红聚为Ⅲ类，这种分类结果与根据花色表型观察结果相近，但与根据叶柄和茎节颜色划分的结果有一定偏差，其原因有待于进一步探讨。

参考文献

[1] 胡国富，李凤兰，袁强，胡宝忠．四种花色一串红 RAPD 分析．黑龙江农业科学，2007,5:65-67.

[2] 胡国富，李凤兰，李成雁，胡宝忠．一串红花色遗传多样性研究．北方园艺，2009,8:194-198.

[3] Li G，Quiros C F．2001．Sequence-related amplified polymorphism（SRAP），a new marker system based on a simple PCR reaction：Its application to mapping and gene tagging in Brassica．Theoretical and Applied Genetics，103：455 — 461．

[4] Ferriol M，Pico B，Nuez F．2003．Genetic diversity of a germplasm collection of Cucurbita pepo using SRAP and AFLP markers．Theoretical and Applied Genetics，(107)：271-282．

[5] Ferriol M，Pico B，Pascual Fernandez de Cordova，Nuez F．2004．Molecular diversity of a germplasm collection of squash (Cucurbita moschata) determined by SRAP and AFLP marker．Crop Science，44：653-664．

[6] Li G，Gao M，Yang B，et al.Gene for gene alignment between the Brassica and Arabidopsis genomes by direct transcriptome mapping.Theor Appl Genet，2003,107：168-180．

[7] Riaz A，Potter D，Stephen M．Genotyping of peach and nectarine cultivars with SSR and SRAP molecular markers．J Amer Soc HortSci，2004，129：204-211．

[8] 韩建明，侯喜林，徐海明，史公军，耿建峰，邓晓辉．2007．不结球白菜(Brassica campestris ssp．Chinensis Makino) 种质资 SRAP 遗传分化分析．作物学报，33 (11)：1862-1868．

[9] 李慧芝，尹燕枰，张春庆，张敏，李建敏．2007．SRAP 在葱栽培品种遗传多样性研究中的适用性分析．园艺学报，34 (4):929-934．

[10] 李严，张春庆．2005．西瓜杂交种遗传多态性的 SRAP 标记分析．园艺学报，32 (4)：643- 647．

[11] 王燕，龚义勤，赵统敏，刘广，郁樊敏，叶海龙，柳李旺．2007．番茄 SRAP2PCR 体系优化与品种分子鉴定．南京农业大学学报，30(1):23-29．

[12] Budak H，Shearman R C，Parmaksiz I．Molecular characterization of Buffalograss germplasm using sequence-related amplified polymorphism markers．Theoretical and Applied Genetics，2004,108：328-334．

‘焦糖’矾根的组织培养与快速繁殖

刘佳　北京市植物园　北京　100093

摘　要：‘焦糖’矾根（Heuchera‘Caramel’）顶芽或腋芽的茎段作为外植体，进行组织培养实验，结果表明，最适培养基：诱导培养基 MS+0.5 mg/L BA+ 0.1 mg/L IAA，增殖培养基 MS+0.2mg/L BA+ 0.01mg/L IAA，生根培养基 1/2MS+0.2mg/L NAA。

关键词：‘焦糖’矾根；组织培养；快速繁殖

‘焦糖’矾根（*Heuchera*‘Caramel’）是虎耳草科矾根属，多年生耐寒草本花卉，浅根性，叶基生，阔心型，长 20 ～ 25cm，深紫色，在温暖地区常绿，花小，钟状，花径 0.6 ～ 1.2cm，红色，两侧对称。自然生长在湿润多石的高山或悬崖旁。性耐寒，耐 −34℃低温，喜半荫，耐全光。在肥沃，排水良好，富含腐殖质的土壤上生长良好。适合做花境、花坛、花带。园林中多用于林下花境，地被，庭院绿化等等。花期 4 ～ 10 月。是理想的宿根花境材料。矾根是新优地被植物，近几年来应用于花境和园林景观中，具有良好的观赏特性和景观效果。由于矾根有美丽的叶色和独特的叶形，因而逐渐受到广大种植者的喜爱。但对‘焦糖’矾根的组织培养与快速繁殖研究尚未见报道，本文对‘焦糖’矾根进行的组织培养与繁殖实验对其推广及应用有一定参考价值。

1 材料与方法

1.1 材料

本实验材料取自北京植物园种苗中心‘焦糖’矾根品种，取其带顶芽或腋芽幼嫩茎段的作为外植体。

1.2 试验方法

在‘焦糖’矾根植株上选取 0.5 ～ 1cm 长带顶芽或腋芽的茎段作为外植体备用。先用洗衣粉洗净外植体，并在流水中冲洗 3h 后在超净台中用无菌蒸馏水冲洗 3 次，在无菌条件下用 75% 酒精浸洗 30s，再用无菌蒸馏水冲洗 3 次，然后放置于 0.1% 的升汞溶液中消毒 3 ～ 8min，再用无菌水冲洗 5 次，接种到接种诱导培养基上。诱导出芽后，接种到增殖培养基上，实验选出最佳增殖培养基进行多代增殖培养，达到壮苗效果最后进行生根培养，待生根后拿出进行过渡移栽实验。

培养条件为：

诱导培养基：

M1：MS+BA0.5+IAA0.1；

M2：MS+BA0.2+IAA0.1；

增殖培养基：

M3：MS+BA0.1+IAA0.01；

M4：MS+BA0.2+IAA0.01；

M5：MS+BA0.5+IAA0.01；

生根培养基：

M6：1/2MS+NAA0.2；

作者简介

刘佳／女／1982 年生／毕业于南京林业大学／现工作于北京市植物园，助理工程师。

M7：1/2MS+NAA0.5；

M8：1/2MS+NAA1.0；

培养基附加 0.5% 的琼脂粉，3% 的蔗糖，生根培养基为 2% 的蔗糖，pH 值为 5.8，浓度单位为 mg/L。温度 25±2℃，光照强度 1000 lx，光照时间 14h/d。

2 结果与分析

2.1 不定芽的诱导

2.1.1 消毒时间对不定芽诱导的影响

‘焦糖’矾根外植体在 0.1% 的升汞溶液中消毒时间对不定芽诱导的影响不同，如表 1 所见，消毒时间为 3min 的外植体污染率偏高，消毒时间为 5min 的外植体污染率低且出芽较好，消毒时间为 8min 的外植体污染率偏低，但出芽率比 5min 的明显低很多。由此可见，选取消毒时间为 5min 对矾根的不定芽的诱导最适合。

2.1.2 培养基对不定芽诱导的影响

将消毒好的外植体接种到以 MS 培养基为基础 6-BA 浓度不同的 M1 ~ 2 培养基上，经过 10 ~ 20d，形成愈伤组织同时分化出许多不定芽，此时接种在 6-BA 浓度为 0.2mg/L 的种苗诱导率高，芽团数多。可见矾根不定芽诱导需要激素平衡的条件下诱导率高（如表 2）。

2.2 继代增殖培养

接种后的植株经过 10d 左右茎段上的芽会开

图 1. 出芽照片

图 2. 增殖照片

表 1 不同消毒时间对‘焦糖’矾根的影响

消毒时间（min）	株数	污染率（%）	出芽率（%）
3	15	60	20
5	15	33	60
8	15	20	33

表 2 不同培养基对不定芽诱导的影响

序号	接种数（株）	诱导率（%）
M1	30	66
M2	30	40

表 3 不同培养基对‘焦糖’矾根继代增殖的影响

培养基	6–BA 浓度（mg/L）	IAA 浓度（mg/L）	接种数（株）	25d 后丛生芽数	增殖率（%）
M3	0.1	0.01	200	300	150
M4	0.2	0.01	200	660	330
M5	0.5	0.01	200	400	200

始萌动，20d 后可长出芽团。这时将丛生苗切割后导入培养基 M3-5 后观察，得到的结果如表 3，激素对矾根丛生苗的增殖培养影响很大，激素过高会影响繁殖速度，出现玻璃化现象，芽团上的嫩芽长势不好。6-BA 浓度为 0.2mg/L 时矾根丛生苗芽团生长旺盛，且玻璃化现象很小。所以 M4 培养基为最佳增殖培养基。

2.3 ‘焦糖’矾根的生根培养

选取多代增殖培养后健壮小苗，接种到生根培养基 M7-9，15d 后小根生出，25d 左右，观察 4 组苗的生根情况。图 1. 图 2. 图 3 对比看出 M6 培养基中的苗高达到 3 ~ 4cm 根多粗壮且侧根较多。生长最好，生根率在 95% 以上。

2.4 炼苗移栽实验

在温度保持 20℃左右光照 1000lx 的室内环境中打开试管瓶放置 2d 后，然后移入到室外，最好放置到温度为 20℃左右有一层遮阴网遮阴，湿度不低于 70% 的湿润环境中。再次炼苗 2d。然后将生根苗从瓶中取出，轻轻洗净根部的残留培养基，洗时应注意保护根不被折断，并且要彻底洗净根上的琼脂，以免使根腐烂影响成活率。移栽培养基为泥碳土与沙按 1:1 的比例进行配制。搅拌均匀后

图 3.M6 培养基下生根情况

图 4.M7 培养基下生根情况

图 5.M8 培养基下生根情况

装入耐高温的塑料袋中在 121℃的条件下高压灭菌 20min 后放凉将芽苗移栽到灭菌的混合基质中，浇透水，湿度保持在70%以上，适度遮阴，成活率较高。

3 讨论

利用植物组织培养技术对‘焦糖’矾根的组织培养与快速繁殖进行了研究，在试验中不定芽诱导时期种苗出现了玻璃化的现象，这一现象的原因主要是矾根诱导培养基配制中添加的 6-BA 激素过高引起的，所以矾根在诱导培养基选用上应注意 6-BA 激素的剂量。玻璃化现象也因外部环境而出现，温度过高，培养基封口膜不够透气，冷热温差大使植物体上出现水珠都易使种苗产生玻璃化现象。控制种苗玻璃化现象应注意，把诱导时期的种苗放在温度适中，恒温，湿度适中的环境中，注意培养皿要选取透气性好的封口膜。在培养基配制中可多加一些琼脂粉以增加培养基的硬度也可减小玻璃化现象。若种苗出现轻微玻璃化应把种苗放置到自然光线充足处，可控制玻璃化现象。‘焦糖’矾根的芽团组织在植物体的基部，在多代增殖培养过程中，应多保留基部的愈伤组织，若分株时植物体芽团较小或基部过小会影响其快速增殖。多代增殖时期可选用 MS0 培养基与 M4 培养基交替使用。对种苗壮苗起到一定作用。

几种沙生植物在北京植物园的引种种植

成雅京 齐继 北京市植物园 北京 100093

摘 要：2008 年 11 月从新疆吐鲁番沙漠植物园和甘肃民勤沙漠植物园引种沙生植物中间锦鸡儿、沙打旺、四翅滨藜、木贼麻黄在北京植物园种植，经过两年的种植观察，这些植物具有耐旱，耐高温，生长期长的优点，值得在北京地区推广种植。

关键词：沙生植物；北京植物园；种植

近些年，沙生植物由于具有耐干旱、耐高温等特性，符合节约型园林的要求，因而受到了很大的关注，很多城市都在做其引种工作。在生理方面和资源利用方面已经有很多研究，但是在引种种植方面，特别是在北京的种植研究非常少，最大的问题是这些植物在北京夏季 7 月份雨季后是否能够存活。我们最近三年一直致力于沙生植物在北京的种植研究，现总结如下。

1 引种植物介绍

1.1 中间锦鸡儿

中间锦鸡儿（*Caragana intermedia* Kuanget H.C. Fu）：豆科，锦鸡儿属。灌木。高 70 ~ 150cm，丛径 1 ~ 1.5m，老枝黄灰色或灰绿色，幼枝被柔毛。羽状复叶有 3 ~ 8 对小叶；托叶在长枝者硬成针刺，长 4 ~ 7mm，宿存；叶轴长 1 ~ 5cm，密被白色长柔毛，脱落；小叶椭圆形或倒卵状椭圆形，长 3 ~ 10mm，宽 4 ~ 6mm，先端圆或锐尖，很少截形，有短刺尖，基部宽楔形，两面密被长柔毛。花梗长 10 ~ 16mm，关节在中部以上。很少在中下部；花萼管状钟形，长 7 ~ 12mm，宽 5 ~ 6mm，密被短柔毛，萼齿三角状；花冠黄色，长 20 ~ 25mm，旗瓣宽卵形或近圆形，瓣柄为瓣片的 1/4 ~ 1/3，翼瓣长圆形，先端稍尖瓣柄与瓣片近等长。耳不明显；子房无毛。荚果披针形或长圆状披针形，扁，长 2.5 ~ 3.5cm，宽 5 ~ 6mm，先端短渐尖。花期 5 月，果期 6 月[1]。

1.2 沙打旺

沙打旺（*Astragalus adsurgens* Pall）：豆科，黄芪属。多年生草本。高 50 ~ 70cm，全株被丁字形茸毛。主根粗长，侧根较多，主要分布于 20 ~ 30cm 土层内，根幅达 150cm 左右，根上着生褐色根瘤。茎直立或倾斜向上，丛生，分枝多，主茎不明显，一般 10 ~ 25 个。叶为奇数羽状复叶，有小叶 3 ~ 27 枚，长圆形，托叶膜质，卵形。总状花序，多数腋生，每个花序有小花 17 ~ 79 朵，花蓝色、紫色或蓝紫色，萼筒状 5 裂；花翼瓣和龙骨瓣短于旗瓣。荚果矩形，内含褐色种子 9 ~ 11 粒。

1.3 四翅滨藜

四翅滨藜（*Atriplex Canescens*）：藜科滨藜属。又称灰毛滨藜，高 1 ~ 2m，枝条密集，干灰黄，嫩枝灰绿，叶互生条型或披针型，全缘，长

作者简介
成雅京／女／1976 年生／毕业于北京农学院本科／北京市植物园，高级工程师。

1.6 ～ 6.8cm。叶正面绿色，稍有白色粉粒．叶背灰绿粉粒较多，无明显主干，分枝多。花单性或两性，雌雄同株或异株，花期 5 ～ 7 月。胞果有不规则果翅 4 枚，果翅为膜质。种子卵形，7 月下旬挂果，9 月下旬成熟，有后熟现象。

1.4 木贼麻黄

木贼麻黄（*Ephedra equisetina* Bunge）：麻黄科，麻黄属。直立小灌木，高达 1m，木质茎粗长，直立，稀部分匍匐状，基部径达 1 ～ 1.5cm，中部茎枝一般径 3 ～ 4mm，小枝细，径约 1mm，节间短，长 1 ～ 3.5cm，多为 1.5 ～ 2.5cm，纵槽纹细浅不明显。常被白粉，蓝绿色或灰绿色。叶 2 裂，长 1.5 ～ 2mm，褐色，大部合生，上部约 1/4 分离，裂片短三角形，先端钝。雄球花单生或 3 ～ 4 个集生于节上。无梗或开花时有短梗，卵圆形或窄卵圆形，雌球花成熟时肉质红色，长卵圆形或卵圆形，花期 6 ～ 7 月，种子 8 ～ 9 月成熟 [1]。

2 引种种植研究

2.1 植物材料来源

2008 年 11 月从新疆吐鲁番沙漠植物园引种中间锦鸡儿、木贼麻黄，甘肃民勤沙漠植物园引种沙打旺、四翅滨藜种子。在植物园进行剥壳，清洗，晾晒，处理好的种子放入种子袋中，放在冰箱的冷藏室冷藏。

2.2 种植地点及方法

2.2.1 种植地准备及播种

北京植物园苗圃，为半坡地，苗圃地的种植土为沙质壤土加水洗沙，比例为 5：1，翻地做高 30cm 的高床，床做好后浇透水，2008 年 11 月 8 日进行撒播，播种后覆盖细沙，厚度为盖住种子。

2.2.2 种植地气象条件

东经 116° 28′ 北纬 40° 海拔 61.6m，年均温度 12.8℃，年降水量 532.6mm，一月均温 − 2.5℃，七月均温 32.0℃，一月极端最低温度 − 13.8℃，七月极端最高温度 38℃

2.2.3 田间管理

播种后浇透水，2009 年 3 月在高床上覆盖 50% 透光率的遮阴网，每天喷水保持土壤潮湿。种子出苗后逐渐打开遮阴网，让种子适应正常光照，最后撤掉遮阴网。小苗期 5 天浇一次水，进入 7 月雨季后只靠雨水浇灌，9 月以后两周浇水一次，11 月下雪以后停止浇水。2010 年 4 月植物开始萌动后每周浇水一次，6 月以后停止浇水，仅靠雨水维持生长。

3 结果与分析

3.1 几种沙生植物的物候观测结果见表 1

3.2 几种沙生植物的生长特点

（1）繁殖容易：几种沙生植物采用播种繁殖

表 1 几种沙生植物的物候观测结果

中文	学名	分布	特点	出苗期	现蕾期	开花期	果熟期	枯萎期	返青期
中间锦鸡儿	*Caragana intermedia*	产自内蒙古、陕西北部、宁夏。生于半固定和固定沙地、黄土丘陵。	耐寒、耐酷热，抗干旱，耐贫瘠，不耐涝。	4 月下旬	5 月初	5 月中旬～ 6 月	7 月初	10 月下旬	4 月初
沙打旺	*Astragalus adsurgens*	苏联西伯利亚和美洲北部，以及中国东北、西北、华北和西南地区。	抗逆性强，适应性广，具有抗旱、抗寒、抗风沙、耐瘠薄等特性。	4 月初	6 月下旬	7 ～ 10 月	9 月	10 月下旬	4 月初
四翅滨藜	*Atriplex canescens*	温带、亚热带、干旱半干旱地区。	是一种耐干旱、干冷、高寒。	4 月初	两年生未见开花			11 月	4 月初
木贼麻黄	*Ephedra equisetina*	我国内蒙古、河北、山西、陕西、四川、青海、新疆等地。	耐寒，畏热；可作岩石园、干旱地绿化用。	4 月中	两年生未见开花			常绿	4 月初

出苗快，出苗率高，生长健壮，当年成型，均为多年生植物，一次种植永久受益。

（2）绿化期长，观赏效果好：绿化期均为4～10月，长达半年，开花期长，花量大，观赏效果好。以沙打旺为例，2010年7月开花，初花时每枝有花序1～2个，紫色花，8月份每枝花序达到10个，花量大。

（3）养护简单：不需要过多的修剪，每年冬季将干枯的枝干于根茎部修剪一次，留根茎10cm。或在春季萌芽前进行修剪，将干枯的枝条从根茎处剪掉。宿根性的品种如果不修剪，春季仍旧可以萌发出新芽，不影响观赏。

（4）节水：在幼苗期和春季干旱的季节适当补充水分，尤其是幼苗期定期浇水增加土壤的湿度可以保证植物的萌发，其他季节不用经常浇水，雨季靠雨水足够维持生长，是真正的节水型植物。

3.3 几种沙生植物在北京园林绿化中应用的前景

中间锦鸡儿：为落叶灌木，高度为70～150cm，枝上有小刺，花期为5～6月，开花量大观赏效果好，绿色期为4～10月，耐干旱和高温，适应性强。适合做绿篱或绿化隔离带。中间锦鸡儿2～3年生枝条开花数占到全部枝条开花数的绝大部分[2]，在中间锦鸡儿的种植过程中每过几年就可以结合绿篱的修剪进行平茬。

沙打旺：宿根草本植物，高度为50～70cm，羽状复叶，花期7～10月，花紫色，花量大，观赏效果好，耐干旱、高温。沙打旺的营养生长时间较长，对土壤要求不严，ph值为6～8渗透性好的土壤或沙土上都可以生长[3]，适合做花境、高速公路边坡绿化。

四翅滨藜：落叶灌木，高度为1～2m，可用种子繁殖，生长快、丛围大、枝叶密，硬嫩枝扦插繁殖，耐干旱和高温，抗寒，抗碱耐盐[4]。四翅滨藜在年降水量200～600mm范围内都可以正常生长[5]，适应性很强。适合做绿篱，花境，各种绿化带。

木贼麻黄：常绿小灌木，匍匐生长，耐干旱和高温，适应性强，绿化期长，适合做道路两旁、坡地的绿化。特别是在人践踏少的坡地非常适合种植。

4 结论

这几种沙生植物在北京植物园可以正常生长，它们具有抗旱，耐高温，适应性强，绿化期长的优点，值得做进一步的研究，以期在北京能够推广种植应用。

参考文献

[1] 中国科学院《中国植物志》编辑委员会．中国植物志〔M〕．北京：科学出版社，1978.

[2] 陈河龙等．中间锦鸡儿的开花习性研究．草业科学，3/2006,23卷3期，51–56.

[3] 穆丽花等．沙打旺在昆明地区的引种栽培试验．草业与畜牧，2008年第11期，总地156期，22–24.

[4] 蔡继琨等．四翅滨藜引种栽培试验，畜牧与饲料科学，2005年第4期，38–39.

[5] 王刚狮，冯康安．四翅滨藜在山西不同降水条件下的生长状况研究．山西农业科学，2009，37（12）：25–27，52.

北京植物园竹的引种栽培与推广应用

王金革　北京市植物园　北京　100093

摘　要：受气候条件的限制，北京地区常绿植物种类比较有限，而竹类则能够保证四季常青，因此通过对竹子引种可以丰富北京地区的绿化植物资源，给北京的冬季增色。北京植物园自70年代开始已经先后引种栽培了一些竹种，并得以保存和推广应用。近些年在此基础上，又从扩大引种属和针对先前没有引进的或没能保留下来的、观赏性较强的竹种进行再次引种栽培。经过反复的引种栽培试验，不仅总结出一些栽培管理方法，而且对竹种具体表现进行对比分析，从中筛选出一些适合北京地区生长的竹种以期推广应用。

关键词：北京植物园；竹种；引种栽培；推广应用

北京植物园竹园是以收集、保护和展示竹亚科植物种、品种为主的专类园。在北方地区，寒冷、干燥、土壤盐碱化是比较常见的生境，而北京植物园竹园，由于地处小西山麓，属山前暖湿地带，为竹种生长提供了较为适宜的生长环境[1]。筛选出耐寒性较强的竹种，对于提高北方地区园林绿化水平、丰富物种资源具有十分重要的意义。

1 引种

引种竹的选择，除了要考虑竹种本身的分布区域、适应性、生长规律，还要考虑其观赏价值、经济价值、文化内涵等。在北京地区，影响竹种生长和保存的主要因素是：冬季持续的严寒和春季干燥多风的气候条件。选用竹种时，还应考虑其出笋期、以及对早春的低温和干旱等不良环境的抗性等。

1.1 母竹的选择

母竹质量对造林质量影响很大，散生竹母竹质量主要反映在年龄、粗度和生长情况等方面，母竹应该生长健壮，分枝较低，枝叶繁茂，竹节正常，无病虫害植株。母竹最好是选择 1 ～ 2 年生苗。竿直径 1 ～ 3cm 左右为宜。过粗易受风吹摇晃，不易栽活；过细往往生长不良[2]。起球时带土坨的大小影响成林速度，若土坨太小没带竹鞭则不能更新繁殖。

1.2 母竹的栽植

远途运输的竹子一般在早春出笋前栽植，此时对竹子伤害较小，要提前整好地，运到立即栽植。高生竹栽植前要修剪，一般留 3 ～ 5 盘枝。矮生竹尤其是叶片较大的箬竹属要重剪，减少叶面水分蒸发。栽竹时种植穴要挖深挖大，垫土后栽竹，把竹鞭平展，栽植深度比原土痕稍深即可。栽植后，对于高大的竹种要进行支撑，并立即浇一遍透水，隔天再浇一遍透水，最少要保证浇 3 遍透水。

1.3 栽植地点的选择

北京冬季气候寒冷干燥，春季干燥多风，雨水分布不均衡，这些是影响竹子生长最关键的因素，

作者简介

王金革／女／1980 年生／2009 年毕业于北京林业大学／北京市植物园，工程师。

所以需要给竹子创造适合其生长的生长环境。首先竹种的种植地点要选择在背风向阳地，以减少春季干燥风的影响。其次要保证有便利的水源，保证需水季节雨水不足时能够人工灌溉。

1.4 防寒措施

竹子在栽植的前3年防寒是十分必要的，冬季架设风障和覆盖地面是直接的保护办法，对于中小型竹根据其高度，风障高度为4m，覆盖地面主要用松针及落叶；对于地被竹，主要采取塑料薄膜防寒。

2 竹子的主要栽培管理措施

引种竹的栽培与养护科学与否，直接关系到竹种的成活率与生长好坏，由于北京气候条件所限，竹种对环境条件和养护要求都比较高。只有养护达到一定的水平，才能达到预期的景观效果。

2.1 水分管理

水分是影响竹子成活及生长好坏的关键之一。栽植后要及时浇第一遍水，第二遍水在栽植后第二天进行，并覆土保墒以减少蒸发。对竹子生长至关重要的返青水浇的要早，冻水浇的要晚，在夜冻昼消时进行最佳。总体来说，除7、8月雨季外，竹林生长期内个月都需要灌溉，竹林地上部分旺盛生长，需要水分最多的时期是4～6月，是保证竹林正常出笋的关键，合理的利用喷灌可以增加小范围内的空气湿度，有利于竹子的生长发育要求。

2.2 施肥管理

竹子施肥要灵活掌握，秋季施肥结合去除竹蔸一起进行，以有机肥为好。当竹子生长势不佳，养分供给不足时施些速效肥对竹子快速恢复生长有促进作用。施肥的时期主要有4个时间段，包括发笋前1个月施用，有利于春季的发笋；笋后肥在6月初施用，促进幼株的生长及发鞭；发鞭肥在8～9月施用；秋季施用缓效肥，厩肥，可保持土温，增强防寒能力，对新竹鞭芽越冬也很有好处。

2.3 保持合理的地上地下结构

每年将竹林内老竹、弱竹、病虫竹伐除后，地下竹蔸自然腐烂需要的时间很长，在秋冬季要将竹蔸挖出，有利于地下竹鞭的生长。

在笋期将后期的笋、细笋、长势弱的笋去除，保证地上有足够的生长空间，保持良好的通风透光条件，有利于竹林健康生长发育。

2.4 更新复壮

当竹林连续几年笋期出现出笋少、笋细弱，或者出笋集中于林缘，这时我们需要对竹林进行更新复壮。主要方法是采用梅花形点穴法，使穴在林内均匀分布，不影响林外的观赏效果。挖穴时将老龄的竹鞭剪除，将有机肥和壤土混合好回填穴内，最后浇水。

3 引种的竹及其特征

经过多年的引种栽培和2009年严寒的考验，筛选出一批适应性较强的竹种，具体属种如下：

3.1 刚竹属

分布广泛，经济价值、观赏价值均高，适应性也强。是北京地区园林中应用最广泛的竹属之一，适于大面积片植，也可用于制作园林小品及庭园绿化。

3.2 箬竹属

高度在2m以下，叶片大可作粽叶，竹秆可供笔杆，筷子等用。也可栽培作为庭园观赏竹种，尤宜植于假山或岩石缝中。耐修剪，成片种植在山坡等地，效果也好，同时是较好的地被竹，北京地区也有应用。

3.3 巴山木竹属

巴山木竹在竹园内栽植已有20余年，表现尚佳，高2～4m，可以种植在门口两侧或呈丛种植，需要一定的小环境。

3.4 倭竹属

鹅毛竹已经栽植20余年，表现好，近两年引

表 1 刚竹属属引种情况

序号	种名	拉丁学名
1	筠竹	*Phyliostachys glauca* 'Yunzhu'
2	黄槽石绿竹	*P. arcana* 'Luteosulcata'
3	早园竹	*P. propinqua*
4	金镶玉竹	*P. aureosulcata* 'Spectabilis'
5	淡竹	*P. glauca var.glauca*
6	乌哺鸡竹	*P. vivax* '.Vivax'
7	石绿竹	*P. arcana* '.Arcana'
8	黄纹竹	*P. vivax* 'Huangwenzhu'
9	黄竿乌哺鸡竹	*P. vivax* 'Aureocaulis'
10	白哺鸡竹	*P. dulcis*
11	黄古竹	*P. angusta*
12	美竹	*P. mannii*
13	灰竹	*P. nuda* 'Nuda'
14	雷竹	*P. praecox* 'Prevernalis'
15	早竹	*P. praecox* 'Praecox'
16	黄槽竹	*P. aureosulcata* 'Aureosulcata'
17	篌竹	*P. nidularia* f. *nidularia*
18	安吉金竹	*P. parvifolia*
19	黄竿京竹	*P. aureosulcata* 'Aureocaulis'
20	红哺鸡竹	*P. iridenscens*
21	毛毛竹	*P. bissetii*
22	变竹	*P. glauca* var.*variabilis*
23	曲竿竹	*P. flexuosa*
24	桂竹	*P. bambusoides* f. *bambusoides*

种的狭叶倭竹表现也不错，此属竹种高 1—2m，耐修剪，竹秆纤细矮小，叶片繁茂，别具风韵。宜丛植于假山叠石之间，或配植于树丛下作地被点缀，制作绿篱，色块及盆栽均很适宜，是良好的地被竹。

3.5 赤竹属

是 2005 年新引种的，可以在北京地区生长，但是冬季叶片干枯，春季可以展新叶重新生长，在小环境较好的地方可以适当的应用。为城市公园或庭园的良好观赏竹种，通常用作地被材料，也广泛用来制作盆景，是护堤护坡较好的竹种。

表 2 箬竹属引种情况

序号	种名	拉丁学名
1	御江箬竹	*Indocalamus migoi*
2	善变箬竹	*I. varius*
3	髯毛箬竹	*I. barbatus*
4	箬叶竹	*I. longiauritus* var. *longiauritus*
5	巴山箬竹	*I. bashanensis*

表 3 巴山木竹属引种情况

序号	种名	拉丁学名
1	巴山木竹	*Bashania fargesii*

表 4 倭竹属引种情况

序号	种名	拉丁学名
1	鹅毛竹（原变种）	*Shibataea chinensis* var. *chinensis*
2	狭叶倭竹（原栽培型）	*Shibataea lanceifolia* ' Lanceifolia,

表 5 赤竹属引种情况

序号	种名	拉丁学名
1	翠竹	*Sasa pygmaea*
2	铺地竹	*Sasa argenteastriatus*
3	菲白竹	*Sasa fortunei*
4	菲黄竹	*Sasa auricoma*

表 6 大明竹属引种情况

序号	种名	拉丁学名
1	黄条纹金刚竹	*Pleioblastus kongosanensis* f. *aureo-striaus*

表 7 短穗竹属引种情况

序号	种名	拉丁学名
1	毛环短穗竹	*Brachystachyum densiflorum* var. *villosum*

3.6 大明竹属

此属相对其它属耐寒性稍差，此种黄条纹金刚竹高 1m 以下，冬季叶片干枯越冬，春季重新萌发新叶，2009 年的严峻天气对其影响不大。此种观赏效果较好，可用做地被或用于庭院种植。

3.7 短穗竹属

此属竹种毛环短穗竹 2009 年表现出的耐寒性较强，但是需要在背风向阳有一定小气候条件下栽植，竿形2～3m，可以成丛或片种植，姿态优美。

4 竹子在园林中的栽植方式

竹子的栽植方式也是多种多样，可以丛植、群植、隅植、盆栽和作地被。

4.1 丛植

主要用形态或杆形等奇特的竹种，既表现竹子的群体美，又突出个体美的丛状组合形式，形成高低、远近的空间变化。丛植时散生竹要将地下鞭隔离，防止穿插。丛植常见于障景、夹景、漏景、隔景等。运用效果较好的竹种如刚竹属的金镶玉竹、黄竿京竹、筠竹等，同时可以配以石笋更是增色不少（图1）。

4.2 群植

竹子成片栽植，大的可以形成大面积竹林景观，气势磅礴；中的可以形成竹林景观，群植一般以散生竹为主，多用于主景的创造，群植可以在视觉上产生震撼作用，人置身林内又远离尘嚣、心神安定的感觉（图2）。

4.3 隅植

将数株竿型奇特或色彩独特或姿态清秀的竹子栽植在墙角、窗前、院中、岩石旁，以观个体美为主，使建筑与自然物更好的协调起来，从而增加美感(图3）。隅植常见于苏州园林中。

4.4 盆栽

可以随意造型，做成一个个小盆景，或修剪成各种样式，如箬竹属、赤竹属、倭竹属的竹种，在北方地区也可用于不耐寒竹种的种植（图4、图5）。

4.5 地被

竹类植物中有一些矮竿竹种，被用作同林地被，如韭黄竹、韭白竹，适应性强，高度一般在30～50cm，高矮一致，不需修剪，发笋稠密，与杂草相比有很强的竞争力，作为护坡植被具有防止水土流失作用，另外如箬竹属、倭竹属的竹种通过修剪也可作为地被植物使用。

5 竹子在园林中的应用

在中国的园林中采用竹子造景，不管是以竹造园还是以竹点景、框景都能组成如诗如画的美景，如竹径通幽、竹水相依、竹石小品、竹亭闲逸、竹影映壁等景观艺术，都是园林中的经典之作，可见竹子的魅力所在。竹能与自然景观融为一体，在庭院布局、园林空间、建筑周围环境的处理上都有显著的效果，易形成优雅惬意的景现，令人赏心悦目。竹子的造景将竹子的特色加以灵活运用，例如在古典园林的传统配置中，竹子大多与山石、水体、楼台亭阁以及其他乔灌木配置成景。在中国古典园林中，竹子造景成为一绝，在现代园林中，竹子造景更加受到造园者的青睐。

5.1 竹子与水配景

竹子与水配景，可以形成竹水相依，虚实相映的景观效果，清幽宁静，别具一格（图6）。同时水边池畔，也可用株形矮小、丛密的箬竹属、鹅毛竹、翠竹、铺地竹等作地被、扩坡或镶边，并散置块石、湖石点缀，使其呈现山野情趣；树影竹景，倒映水中，上下两层天，更成一片景。

5.2 竹子与山石配景

竹与山石及其他植物配置。假山、景石是特殊风趣的庭园小品，若配植适当竹子，能增添山体的层林叠翠，呈现自然之势，山林之美（图7）。择粉墙为背景，配以山石，构画出意境深远的精品。

5.3 竹子与建筑配景

竹子与建筑搭配，丰富空间变化。植于亭、堂、楼、阁、水榭附近，不仅能起色彩和谐的作用，而且陪衬建筑的秀丽，配置高大挺拔的观赏竹，如黄竿乌哺鸡竹、斑竹等，不仅对建筑起到遮挡缺陷，丰富景观的效果，而且使环境变得更为优雅（图8）。

5.4 竹子与植物配景

竹子适合与其它树木配置，历来具有“岁寒三友”之称的松、竹、梅，配置起来富有色彩绚丽

图 1 紫竹院江南竹韵

图 2 积水潭医院

图 3 紫竹院公园

图 4 盆栽毛竹 1

图 5 盆栽毛竹 2

图 6 紫竹院公园

图 9 北京植物园

图 8 颐和园

图 7 紫竹院公园

图 10 紫竹院公园

图 11 紫竹院公园

的景色。北京市植物园的竹子专类园就是将松、竹、梅进行配置来体现“岁寒三友”这一主题（图 9）。

竹子作为一种园林素材还可以用作其他植物的背景，用它来衬托其它植物（图 10），或与其它植物配置，体现竹子婀娜多姿的姿态，同时也可衬托其它植物的质感，与其它植物形成鲜明的对比（图 11）。

5.5 片植及其竹林小径的应用

从古至今，竹林一直是中国园林中一种独具魅力的审美空间，而利用大中型观赏竹营造竹林景观也是观赏竹类一项重要的应用形式。在竹林中设置绿竹成阴的小径，使游人在“动观”中感受到深邃、优美的意境（图 12），使游人在“静观”中沉思、体会。需要注意的一是竹林小径贵在含蓄深邃，设计中应“忌直求曲，忌宽求窄”，注重相互掩映，力求曲径通幽之妙。如中山公园竹林小径，让人感到很惬意。

6 小结

北方地区引种竹宜选择抗寒性较强的散生竹或混生竹，相比丛生竹出笋早，越冬新竹保存率高。引种时母株的质量尤为重要，起坨的大小影响成竹的质量与速度。移栽时间以早春或雨季为宜，此时成活率最高。严格按照以上要求栽植的竹种成活率较高。

在养护中，水分管理是最为重要的。冻水是

图 12 紫竹院公园竹林小径

保证竹子越冬成活的关键，充足的春水是保证竹子正常出笋的关键；科学施肥可以促进竹子生长；保持合理的地下生长空间，可以集中养分供应；保持地上合理的疏密度，保证通风透光，减少病虫害的发生。

竹类植物以其特有的文化内涵和独具特色的观赏价值深受广大人民的喜欢。新世纪的城市园林绿化已不再是一般意义上的环境绿化，而应朝着赋予文化内涵、贴近人们生活环境的、以植物造景为主的园林化方向发展。在北京应用比较多的竹种是主要有早园竹、金镶玉竹和善变箬竹，其实在一些小环境较好的空间，可以将更多的竹种应用其中；在竹种的应用方面普遍应用的是比较高的散生竹，地被竹应用的较少，地被竹有很高的观赏价值，配置于石边、水池边、林下都能获得很好的观赏效果。

参考文献

[1] 张济和．《北京植物园竹亚科植物的引种栽培》．中国园林，1990，6(3)：44—49.
[2] 周芳纯．《竹林培育学》．203—207．
[3] 李义，朱红霞．竹文化在园林配置中的应用．中国花卉园艺，2003(9).

浅谈芳香植物在园林中的应用

金紫霖　北京景观园林设计有限公司　北京　100029

摘　要： 城市生态环境的改善一直是人们生活水平提高的标志之一，北京城市的"香化"在近几年的发展中，与世界其他城市相比尚有很大发展空间。本文介绍了世界上几个典型的芳香治疗花园，并就芳香植物的作用做了阐述，希望能借鉴国外芳香植物应用的成功范例，将北京的生态和生活环境提升到更高的层次。

关键词： 芳香植物；园林应用

近年来，随着城市园林"绿化"、"美化"、"彩化"、"香化"的发展，城市生活环境有了不同层次的提高，但其中"香化"作用的发挥，与世界先进城市相比尚有很大的发展空间。

1 芳香植物的发展现状

含有挥发性芳香油，具有芳香气味的植物，即芳香植物。芳香植物运用于室外园林空间，对环境的净化、人体机能的改善均有很大的作用。有些植物香气能使人愉快，缓解压力；有些香气能使人安静、减少焦虑、集中注意力，还会减少人类建筑综合病症的症状。一些芳香植物还具有杀菌除尘、驱蚊逐蝇、治疗疾病等作用。另外植物香气所产生的意境，能留给人们更广阔的遐想空间，同时还能进一步扩大园林的使用人群，照顾到一些弱势群体的需求。

格哈特布赫鲍尔已经证明芳香分子能真正地被人体吸收并转移进血液，这就证明了芳香气体对人体是有作用的。学术界对芳香植物对人体生理和心理方面的研究也逐渐发展，很多研究显示香气对人体的生理指标和心理状态都能产生不同程度的影响。这就为我们使用适合的芳香植物改善环境、强身健体，提供了科学依据。

2 世界上几个典型的芳香医疗花园

目前世界上很多国家都开设了康复花园（医疗花园），其中就包括了嗅觉花园，用于受创伤人群的心理恢复。法国、日本、德国等国家也开设了"花香医院"，治愈了许多诸如心血管病、高血压、气管炎、哮喘、神经衰弱、失眠的患者，尤其在神经系统、呼吸系统方面治疗效果很明显。下面介绍几个世界上的康复花园，供我们日后芳香植物应用的参考。

2.1 前苏联巴库健康公园

在前苏联的巴库，有一座著名的"健康"公园，这是世界上第一个用花香来治疗疾病的疗养区。在"健康"公园里，经过挑选种植了一些其香味有益于人体健康的花木，其中有15个品种能成功地治疗心血管病、气喘病、高血压、肝硬化、神经衰弱和失眠症。

2.2 日本淡路景观学校园艺疗法庭院

淡路景观学校园艺疗法庭院面积1200m^2，分为展示区和活动体验区，展示区以"人与植物"为主题，展示能够给予人的五官娱乐的植物，以及说明植物能够给予人们的治疗效果，设有彩色花坛、

作者简介

金紫霖／女／1984年生／北京林业大学，硕士／北京景观园林设计有限公司。

触觉花坛、芳香味觉花坛和音响花坛。芳香味觉花坛种植有芳香气味的、刺激气味的，甚至可食用的植物，让人们通过植物的挥发物来感知植物。

2.3 纽约布鲁克林植物园

布鲁克林植物园 (Brooklyn Botanical Garden) 始建于 19 世纪末，这里有规模不等的 20 多个分类园。在布鲁克林植物园里，有美国第一个为盲人设计的花园——芳香园 (Fragrance Garden)，这里种植着各种芳香花卉，盲人可以通过不同的香味辨别出不同的花卉。同时，据说香气还可以释放压力、治疗疾病，因此芳香园成为纽约的一个特殊医疗场所，受到很多人欢迎。

2.4 伊丽莎白和诺那·埃文斯疗养花园

伊丽莎白和诺那·埃文斯疗养花园是克里夫兰植物园董事会筹建的，面积 1115m^2，花园有 3 处独特的景观构成，静思园、示范园（探索园）、园艺疗养园。花园向患者提供了不同的种植区域和展示区域，花园中种植了大量罗勒（芳香植物），让所有来到花园疗养的人们都能获得视觉和嗅觉上的享受。

3 芳香植物的作用

古人将丁香等做成“香囊”，用菊花、金银花“香枕”来预防疾病。我国芳香植物资源非常丰富，分属于约 100 多个科，共 500 多种，约占世界上已知芳香植物的 18%，比较集中的科有：菊科 (Compositae)、樟科 (Cinnamomum)、唇形科 (Labiatae)、木兰科 (Magnolia)、芸香科 (Rutaceae)、伞形科 (Umbelliferae)、蔷薇科 (Rosaceae)、松科 (Pinaceae) 和姜科 (Zingiberaceae) 等，因此芳香植物应用中可选择的范围很广泛，在园林中直接应用这些芳香植物，更让人有置身于大自然的感觉。

3.1 芳香植物能净化空气、除菌增湿，增加氧气

植物在城市生态系统中的作用不仅表现在防风、降噪、除尘、加湿等方面，在某些以空气传播的流行性疾病的多发地，特别是在呼吸道疾病蔓延的地区，多栽种一些抑菌作用较强的植物，对疾病的控制有很强的现实意义。有研究证明，松柏园区萜烯类物质的含量明显提高，增强了空气的清新感，具有良好的保健作用，园区空气中细菌含量明显降低，空气洁净度高。

3.2 芳香植物能改善人的情绪和状态

心理学教授拜伦 (Robert A Baron) 发现，怡人的气味使人们工作较有自信、有效率，且较有诚意化解冲突。芳香精油也已经被证明对减轻一些病人治疗时的痛苦有作用，并能处理消费和改善学生的记忆力、提高学习效率。有实验在学生们在吸入日本扁柏芳香气体前后分别测定（脑波、血压和一些心理测试）。吸入气体以后不论是男性还是女性的交感神经系统都更稳定，压力和收缩压都减少了，并且有利于短期记忆。孙基哲（2007）通过对人压力、清醒度、焦虑、收缩肌血压、扩张肌血压、心脉跳动的测定，确定了吸入柠檬、罗勒、迷迭香的混合刺激性精油能非常明显的缓解压力，同时有提神作用；而吸入由熏衣草、马郁兰、快乐鼠尾草混合的安神性精油，可以明显地减少压力。IFF(居全球首位的香精香料创造及生产商) 测定了 28 个大学生被试者的皮肤电反应、心率、皮肤温度等指标，发现苹果 + 肉豆蔻香味令人愉快。郑华 (2002) 将人体脑波变化作为生理测定指标，发现人们闻过月季、雪松等的气味后情绪趋向放松。

3.3 芳香植物能满足特殊人群的观赏需求

社会上一些弱势群体，因为生理或者心理上的原因，不能和正常人群一样欣赏园林景观。因此在园林历史的发展中，慢慢出现一些针对这些特殊人群的花园。使他们能在这样的花园中和正常人一样活动，从而对他们的病情和心理有积极的引导作用。

针对这些人群，世界上目前出现了一下几种康复疗养花园的形式：

（1）医疗花园 (Healing gardens)：花园为病人提供消极或积极地恢复身体功能的机会，重点强调的是从生理、心理和精神 3 方面或其中一方面，重拾人整体的健康。

（2）疗养花园 (Restorative gardens)：花园设计的目的是缓解压力，使病人重获动态平衡，关注病人的心理和情感健康，使他们在压力后重新达到身心平衡。

（3）体验花园 (Enabling gardens)：花园强调老年人生理上的需求以维持和提高他们的身体条件。通过积极的活动，循序渐进地保持和提高他们的

身体状况，强调生命特定的阶段，借助有意义的反思和认知活动来改善精神面貌。

精神病患者、神经衰弱者，以及其他病症患者的康复期，常伴随一定的心理障碍和生理病痛，需要通过一些方式给予患者精神上的鼓励和帮助。而具有康复和医疗功能的花园能在一定程度上减轻患者的病痛或者让患者对病症有清醒的认识；也能够减轻患者身心上的压力，提高舒适感。身体虚弱的人或者老年人伴随着休闲时间的增加和家人关注程度的变化，也会存在一些心理和生理上的问题，疗养和体验型的花园设计能提供她们一个心理上的保护感，使他们能做一些力所能及的园艺活动，以此来增加自我认同感，并提高他们的幸福感。

4 应用前景与展望

芳香植物在国外医疗花园、疗养花园中的应用已经发展成熟，北京可以借鉴他们的成功经验，结合我们自己的现况，根据北京的特殊目标人群设立一些花园，将会达到良好的社会效果，并产生良好的生态环境效益。

(1) 在医疗保健方面可以结合医院各部门，将医院的后花园设计成芳香医疗花园，帮助重症患者、特殊病症患者的心理建设和生理恢复。园内种植能让人精神放松，身心愉悦的芳香植物，如月季、薰衣草等，能改善病患的恐惧心理，有助于病症治疗与恢复。

(2) 还可结合残疾人福利社和残疾人学校等，设计相应的疗养花园，针对盲人、聋哑人、行动不便的各类残疾人群设置属于他们自己的芳香植物花园。芳香植物的挥发物质能改善人们的情绪，让人们对美好的事物有所联想，以此来达到改善残疾人的心理状态的目的。

(3) 目前国内兴起的回归大自然的风潮，以农家乐、采摘果园的形式发展起来，但是仅局限于饮食一个方面。我们也可以设置一个综合体验花园，设置一些家庭成员共同完成的园艺学习项目，如芳香植物分类、制作植物标本等。目的是将家庭三代人联系在一起，关爱老年人和儿童。让老年人做一些力所能及的活动，并将大自然的认知结合在活动中，丰富孩子的知识。

(4) 在一些公园中开辟芳香植物专类区，让盲人和其他有需要的人群能在花香环境中欣赏到自然的气息和花朵的美丽。同时也给全园的空气中增加一份香气，能够吸引游人，改善公园的嗅觉环境。

(5) 在居住区充分应用芳香植物，将芳香气息融入人们的平常生活中，让大家在花香中放松神经，舒缓压力，调节身体机能等。商业区的绿化中也可增加芳香植物的应用，让人们在舒适怡人的环境中提高工作效率。

近年来，国内部分学者已经开始注意芳香植物花园，2007 年在上海闵行区建设了国内首个保健型芳香植物园。由薄荷、薰衣草、迷迭香等芳香植物组合，分别按“降血压”和“助睡眠”两大功能配置而成。北京首批种植的芳香植物也在同年获得成功，试验基地面积 1500 亩，种植的芳香植物品种总共有 31 种，包括薰衣草、百里香、薄荷、罗勒、芸香等。虽然芳香植物近几年在北京逐渐发展，但仍需进一步加大引进的力度，并根据北京的实际情况，探索芳香疗法园的设计建造和管理机制，从而保障花园的治疗效果和可持续发展，使其在改善城市环境中发挥重要作用。

参考文献

[1] 郑华．北京市绿色嗅觉环境质量评价研究．[D]. 北京：北京林业大学，2002.

[2] 孙基哲．室内植物可以挽救人的生命 [M], 湖南：湖南人民出版社，2007.

[3] 范靖国．巴库有个健康公园 [N], 中国花卉报，2008.8.29.

[4] 李树华．尽早建立具有中国特色的园艺疗法学科体系（下）[J]. 中国园林，2000，16(4):32–34.

[5] 中国芳香植物网，来源：美国《侨报周刊》．美国布鲁克林为盲人设计的花园 —— 芳香植物园 [EB OL] http://www.apcn.cn/main_detail.asp?id=1074&tablename=csjs&moduletype=%D6%D0%B9%FA%B7%BC%CF%E3%D6%B2%CE%EF%CD%F8

[6] Dirtworks.PC, 刘宪涛译．伊丽莎白和诺那·埃文斯疗养花园 [J]. 中国园林，2006，17(5):18–23.

[7] 陈祥，刘锦雯．神奇的“花香疗法”[J]. 医药与保健，1998,(10).

[8] 刘方弄，彭世逞，刘联仁．芳香观赏植物观赏与栽培 [M]. 上海：上海科学技术文献出版社，2006.

[9] 张薇．几种园林植物挥发性物质成分分析及抑菌活性研究．[D] 湖南：湖南大学，2007.

[10] 洪蓉．北京植物园有机挥发物的构成极其保健作用．[D] 北京：北京林业大学，2002.

[11] 章俊华．规划设计学中的调查分析法 16—SD 法 [J]. 中国园林，2004，20(10)：54–58.

[12] Jeong S, Cho M, Son K. Application of Horticulture Therapy Program by Phases of Psychological Adaptation for the Psychosomatic Rehabilitation in Stroke Patients[C], Seoul, Korea: IHC, 2006.

[13] 郑华．北京市绿色嗅觉环境质量评价研究．[D]. 北京：北京林业大学，2002.

[14] 张文英，巫盈盈，肖大威．设计结合医疗——医疗花园和康复景观 [J]. 中国园林，2009，25(8):07–11.

芳香植物及其在城市园林中的应用

顾亚东[1]　张西西[1]　何天宇[2]

1.北京市园林科学研究所　北京　100102

2.北京市朝阳区绿色景观设计中心　北京　100123

摘　要：本文介绍了芳香植物的概念，芳香植物的主要品种及分布；探讨了芳香植物与城市园林的关系及其在城市园林绿化过程中发挥的作用，并在此基础上介绍了芳香植物在城市园林中的主要应用形式，最后讨论了芳香植物在城市园林建设中需遵循的原则和存在问题。

关键词：芳香植物；城市园林；绿化

1 芳香植物概述

芳香植物是指组织器官中含有芳香油、香精油、挥发油或难挥发树脂状分泌物等芳香物质，具有芳香气味，兼有药用植物和香料植物属性的植物类群。芳香植物含有抗氧化物质、抗菌物质、天然色素、大量营养成分和微量元素，且其含有率高于其他农作物和蔬菜，可用于提炼天然香精、医疗制药、盆栽观赏，绿化香化环境等[1]。

据不完全统计，全世界共有3300多种芳香植物，分属于163科756属，其中被有效开发利用的有400多种，经常使用的芳香植物有200～300种，主要集中在唇形科、菊科、伞形科、十字花科、芸香科、姜科、豆科、鸢尾科、蔷薇科、樟科、木兰科、松科、百合科等[2,3]。

世界芳香植物的原产地主要分布在地中海沿岸诸国、中亚、东亚、南亚和南美等地区。目前全球有许多国家和地区进行了芳香植物的引种、栽培和种植，并形成了各具特色的芳香产业：如巴西的精油、保加利亚的玫瑰精油、澳大利亚的桉树油、法国的薰衣草、中国的肉桂和八角茴香等[1]。

我国地域辽阔，各地地貌与气候复杂多样。芳香植物资源植物丰富，种子植物中富含精油的有260余科800属1000余种，其中含精油较高的芳香植物达370余种，有利用价值的种类有400余种。

我国的芳香植物资源具有以下特点：一是分布范围广，几乎遍及全国。二是精油分布的科、属集中。三是精油含量高的植物种类多。四是分布相对集中。我国的南方尤其是热带和亚热带地区芳香植物品种资源比较集中。五是香型较齐全。世界上所有香型的植物我国均有分布，进行批量生产的天然香料品种已达100多种[3]。

2 芳香植物与城市园林绿化

经济的发展和生活水平的提高，促使人们对环境质量的要求越来越高，尤其对于人口集中的城市，园林绿化更显重要。城市园林绿化应该具有生态、美化、防护、休闲、人文、经济等综合效应。

园林植物是城市园林"绿化"、"美化"、"彩化"、"亮化""香化"的主要材料。芳香植物集绿化、美化和香化三方面作用于一身，是重要的园林设计要素之一，为城市园林绿化增添了无穷生机。其作用集中表现在以下几个方面：

作者简介

顾亚东／男／1973年生／硕士／讲师／北京市园林科学研究所／主要从事花卉及育种等研究工作。

2.1 芳香植物能有效改善现代城市环境质量

芳香植物除了普通植物的具有涵养水源，保持水土等生态效应外，因其独特的挥发香气，具有杀菌消毒和抗氧化作用，可以对污染空气进行杀菌消毒，起到净化空气的作用。芳香气味对一般昆虫或菌类有某种程度的避忌作用，不易感染病虫害，植物栽培过程中一般不需要喷施农药，从而减少了环境中的农药污染。

谢慧玲[4]、张薇[5]对植物挥发性分泌物对空气中微生物杀灭和抑制作用进行研究，结果表明：植物挥发性分泌物对空气中微生物具有明显的杀灭和抑制作用。张德强[6]对园林绿化植物对大气污染的净化能力及修复功能进行研究，结果表明：芳香植物对于大气污染具有一定的净化能力及修复功能。

2.2 芳香植物是构成城市生物多样性的重要组成部分

现有可利用芳香植物资源极为丰富，植物形态各异，乔木、灌木、藤本、草本一应俱全，适合在城市中各种立地类型和生境条件下生长。随着各种育种手段和技术的发展，芳香植物的品种和变种资源也会越来越丰富，适应性和抗逆也会越来越强，其分布和应用范围也会逐步扩大，芳香植物已成为城市生物多样性的重要组成部分。

2004 年 6 月，建设部公布《居住区环境景观设计导则》规定："居民小区内应引进芳香类植物，排斥散发异味、臭味和引起过敏、感冒的植物。"可见芳香植物种植将成为各地城市园林绿化发展热点。因此，广泛使用芳香植物创造特有的芳香植物景观，对增加城市植物多样性具有积极的意义[7]。

2.3 芳香植物能提升城市整体景观层次

在园林应用过程中，一直以来，人们对视觉的依赖超过了五感中的其它几个要素。视觉景观可以代表园林中实的因素，它的表达直抒胸臆。虽然嗅觉在其中居于虚的地位，但它所产生的意境可以留给人们更加广阔的遐想和深刻的印象。实现园林艺术从形态美到意境美的升华[8]。

我国古典园林崇尚师法自然，应用植物多"重于香而轻于色"，注重意境之美的创造，着重体现哲学中人与天地相和谐的观点。现代园林植物造景中为追求视觉上的冲击效果而往往忽视了听觉、嗅觉等方面的感受，试图以所谓大色块，大效果取悦于人，造成人们对园林艺术理解的片面化和简单化。合理发挥芳香植物在园林植物配置中的作用，运用嗅觉感受作为视觉感受的有益补充，虚实结合，达到"景有尽而意无穷"的园林意境美的至高境界，能够使园林的艺术效果得到更加完整地表现[3]。

2.4 芳香植物在医疗保健方面有独特功效

芳香植物通过挥发性物质，对人类的生理和心理方面发挥作用，人们通过吸收香料或挥发性物质，产生生理和心理反应，用于治疗和减轻不适症状、预防疾病和避免感染，以此达到防病、治病及日常保健的目的。

芳香疗法的历史非常悠久。文献记载，最早利用芳香疗法的是公元前 4500 年左右的古埃及人，他们利用芳香植物来治疗各种身心失调的疾病；中东、印度、希腊、罗马等古文明都有使用芳香疗法的记载；我国在距今五千多年前的黄帝神农时代，也利用芳香植物来杀虫治病，驱疫避秽[9]。

现代研究结果表明，芳香植物对人类的医疗保健作用主要有以下几个方面：

（1）芳香植物分泌挥发性物质，能够直接杀死许多有害微生物，例如萜类、苯基 / 苯丙烷类、脂肪酸衍生物等[10]，100mg/ml 侧柏挥发油对肺癌细胞 NCL-H460 抑制率高达 97%[11]。谢慧玲对植物挥发分泌物对空气中微生物的杀灭作用进行了研究，结果表明：27 种供试植物的挥发性分泌物均具有杀菌能力[4]。

（2）芳香植物分泌挥发性物质驱除蚊虫等，直接或间接达到保健作用。林琳对 50 种园林观赏植物进行蚊虫驱避试验，结果表明驱蚊效果最好的有侧柏、孔雀草、薄荷、驱蚊香草、番茄 5 种植物[12]。

（3）芳香植物分泌挥发性物质通过被人体吸收，改善人体的心理活动和生理机能。高岩对人体嗅闻树木释放的 VOCs 后的人体生理指标的变化进行研究，结果显示：油松、白皮松、桧柏枝叶释放的 VOCs 能够降低人体的心率、收缩压和舒张压，使人体处于放松状态，情绪变为松弛、缓解紧张[13]。

2.5 芳香植物在城市人文建设、经济建设方面具有独特的作用

千园一面、大同小异，是目前园林绿化比较普遍的现象。随着人民精神文化需求的不断提高，建设特色园林的呼声不断提高。将“香化”这一独具特色的设计理念运用到园林绿化中，无疑拓宽了园林绿地建设理念的内涵。

目前许多地方开展香味大道、芳香小区、保健园林、芳香植物自然疗法园、芳香植物科普园、芳香植物生态观光园等形式的建设，极大地丰富了城市园林绿地形式。在为人民群众提供进行文化娱乐生活、保健身心的极佳场所的同时，形成了各自的特色，吸引了国内外大批的游客参观旅游，对当地的人文和经济建设做出很大贡献[14]。

3 芳香植物在园林中的应用形式

3.1 芳香植物应用于城市专类园

用芳香植物来丰富植物景观，构建各类芳香植物专类园。主要从芳香植物的叶、花、果等几个方面进行利用，选择地上部分具有芳香气味，姿态优美的植物，例如木兰科、蔷薇科、蜡梅科、木樨科等科属中的大部分植物取其花香；木瓜、枇杷、柑橘、佛手等取其果香；香樟、松柏类、茶属等取其枝叶清香，服务于大众游客进行游览观赏和科普教育。专类园经常适合配置于植物园、综合性公园等公共绿地。

3.2 芳香植物应用于城市绿地建设

利用芳香植物的保健作用构建城市保健绿地。植物学家们通过对不同植物的长期测试和研究，目前已发现几百种植物对人类具有保健功效。它们适合配置于广场绿地、住宅绿地、医院、疗养院等地用于构建特殊功效的芳香绿地。例如专为盲人而建的芳香园，可以选择气味相异能够识别的不同植物品种组成；菊花和薄荷香气可激发儿童的智慧和灵感，使之萌动求知欲和好奇心，因此在校园中专为学生而建的芳香园就可以以菊花、薄荷等作为主要配置材料；对长期从事脑力劳动的人，应在其工作环境附近配置水仙、柠檬和茉莉等芳香植物以减轻大脑疲劳，提高工作效率。

3.3 芳香植物应用于城市园林绿化

芳香植物因其种类繁多，类型丰富，在城市园林绿化中的应用形式也多种多样，主要有以下应用形式：

（1）利用一些冠整形优，树干通直，分枝点高，抗逆性强，病虫害少，污染少，强健长寿，易于管理的芳香树种，如香樟、广玉兰、刺槐等作为行道树。

（2）利用枝叶茂密，绿荫如盖，污染少的种类，如香椿、阴香、泡桐等作为庭荫树。

（3）利用树形特征明显，树姿优美，观赏性强的种类，如白玉兰、梅花、丁香、桂花、含笑等作为园景树。

（4）利用一些对污染气体有较强抗性，或能够降噪滞尘、防火等，且适应性强的种类，如海桐、广玉兰、厚皮香、珊瑚树等作为防护树。

（5）利用具有蔓生茎或能够攀援的藤本种类，如木香、金樱子、络石、香莓、金银花、香花藤等用于棚架、墙垣、桥柱等立体绿化和垂直绿化。

（6）利用一些芳香植物萌芽能力强、耐修剪，枝叶稠密，基部不空，生长迅速，适应性强，易于管理，如侧柏、海桐、九里香、月桂、珊瑚树等，在园林中可以用作绿篱、绿墙。

（7）利用植株低矮，适应性强，易于管理，绿色期长的灌木或草本，如薄荷、玉簪、留兰香等，作为地被植物使用。

（8）利用管理粗放，适应性强的多年生草本或灌木类，如铃兰、萤草、玫瑰、晚香玉等作为花带、花坛、花境使用。

（9）利用许多科或属具有芳香，如木兰科、丁香属等，可以将同一科或属的不同种，或同一种的不同品种集中栽植观赏。形成专类芳香园[15]。

3.4 芳香植物应用于城市家庭盆栽观赏

随着社会经济的发展和群众生活的提高，越来越多的人开始追求生活、工作环境的自然化、

园林化、田园化。

芳香植物进入办公室、家庭等私密空间已成为社会时尚。通过在办公室、居室或庭院栽植一些芳香植物，在增添美景的同时，芳香植物散发的香气既可以调节人们的心理、生理机能，改变精神状态，又具有杀菌驱虫、净化空气、香化居室等功效。目前芳香盆花的“大众化、生活化、平价化”使人们走进芳香生活、回归自然、享受大自然的愿望逐渐得到实现[8]。

3.5 芳香植物应用于城市休闲观光产业

应用芳香植物，打造城市特色芳香植物主题活动和主题公园，构建丰富多彩的城市生态农业和城市旅游观光产业是目前城市园林发展新的热点。

日本在芳香植物的开发应用上有很好的范例，例如北海道的薰衣草景观、被称为“世界之香”的日本神户香草公园。目前国内也有不少地区开展芳香植物农业和观光园的建设，新疆正建成亚洲最大的芳香生态观光园，北京密云紫海香堤芳香园也成为区域休闲旅游的著名景点[8]。

4 讨论

当前芳香植物在城市园林绿化应用中需要遵循原则和注意问题：

（1）加快发展乡土植物，科学引进外来植物

我国是世界芳香植物资源最丰富的国家之一，但在开发利用上相对滞后，许多具有开发价值的观赏芳香植物尚处于野生状态或尚未进行规模化的人工栽培。因此相关研究机构、科技工作者应该从我国芳香植物资源的调查，引种驯化及新品种的培育等方面入手，在不破坏本地生态系统的前提下，科学引进国内外应用广泛、经济价值较高、适合本地区种植发展的外来优秀品种，不断丰富本地芳香植物种类，增加园林植物的生物多样性。

芳香植物往往具有显著的地域性，本地乡土植物最能适应当地自然生长条件，而且体现了一定的植被文化和地域风情，在加强引种的同时也要注意本地资源的保护和利用[7]。

（2）坚持合理布局和设计，采用适树适种的原则

芳香植物的香气容易挥发，通过一定的地形、建筑物及植物的围合等方法能够保持一定的芳香浓度。芳香植物类型较多，香气不同，所含的化学物质也不尽相同，对人产生的作用也不同，应用时要考虑其功能及服务的对象。在植物配置时，香味过浓的种类应注意布置在空间较开阔的地方，以有利于香味的散发。此外还要注意芳香植物飘香季节时当地的主要风向等[14]。

参考文献

[1] 王羽梅．中国芳香植物．[M]．科学出版社，2008:5–10．
[2] 黄士诚，张绍扬．芳香植物名录汇编．[J]．香料香精化妆品．2007，2:43–44．
[3] 孙明，张启翔等．我国芳香植物资源及其园林应用．[C]．2005年全国面向新世纪的花卉研究与生产技术开发学术研讨会 中国园艺学会 南京 2005．
[4] 谢慧玲，李树人等．植物挥发性分泌物对空气微生物杀灭作用的研究．[J]．河南农业大学学报，1999.33（2）：127–133．
[5] 张薇．几种园林植物挥发性物质成分分析及抑菌活性研究．[D]．湖南大学．2007：15–16．
[6] 张德强等．园林绿化植物对大气二氧化硫和氟化物污染的净化能力及修复功能．热带亚热带植物学报，2003．11（4）：336–340．
[7] 林艳云．芳香植物在园林绿化中的应用．[J] 科技创新导报，2009.28：113–114．
[8] 张晓玮．观赏芳香植物在园林绿化中的作用与应用．[J]．安徽农业科学，2009.37（33）：16632–16635．
[9] 陈辉，张显．浅析芳香植物的历史及在园林中的应用．[J] 陕西农业科学，2005．（3）：140–141．
[10] 王小婧，贾黎明．森林保健资源研究进展．[J]．中国农学通报．2010.26(12):73–80．
[11] 李晓储，蒋继宏等．生态保健树种最新研究进展．[J]．中国城市林业．2005.3（6）：61
[12] 林琳．孔雀草等五种园林植物对蚊的驱避影响及挥发物的成分鉴定．[D]．四川农业大学，2008:16–20．
[13] 高岩．北京市绿化树木挥发性有机物释放动态及其对人体健康的影响．[D]．北京林业大学，2005:32–40．
[14] 董运斋，王利明等．芳香植物在园林中应用的初步探讨．[C]2005年全国面向新世纪的花卉研究与生产技术开发学术研讨会 中国园艺学会南京 2005．

荚蒾的花期生长及其对冬春极端低温的响应

陈莉[1] 崔洪霞*[1] 韩孟春[2]

1.中国科学院植物研究所

2.北京富力城房地产开发有限公司

摘 要: 分别于2009年及2010年春季，对中国科学院北京植物园栽培的10种荚蒾属植物进行了花期生长观测记载。根据始花出现时间分为早花、中花、晚花3个类型；2009—2010年的冬－春季极端低温使9种荚蒾的始花期推迟了近20天；桦叶荚蒾对冬季极端低温的耐受性极差，在冬季应对其实施特殊越冬保护。并揭示了荚蒾属植物花期对极端低温的适应机制。

关键词: 荚蒾；开花；生长

荚蒾属（*Viburnum*）属于忍冬科，全世界约200余种，我国约有74种，广布于全国各省区，以西南地区种类最多[1,2]。荚蒾多为灌木或小乔木，常绿或落叶；叶形多样，花序复伞形或圆锥形，小花多白色，有的种类具有大型的不育边花或全为不育花；果实色彩富于变化。花、叶、果都具有重要的观赏价值[2]。

很多植物在开花坐果的同时，伴随着叶和枝的营养生长。对于陆地植物来讲，包括生殖和营养生长在内的生命活动都无一例外地受到环境温度的影响。而植物对冬－春季温度不寻常变化的应激性响应对植物后续的生长有着重要影响。因此，花期的物候观测就显得十分重要。

2009年入冬后，北京连续多次遭遇寒潮、强冷空气和降雪过程，11月平均气温突破了50年的最低记录[3]，而2010年4月北京平均气温也较往年同期低2～4℃，是近10年来最晚入春的年份。当气候条件发生如此不寻常的变化时，我们针对花期物候变化的观测，对于正确认知植物的驯化适应机制具有重要意义，同时对植物栽培和植物景观设计、配置具有重要的指导作用。

1 研究方法

观测地点位于中国科学院北京植物园（北纬39°48′，东经116°28′，海拔76m）[4]。2009、2010年4月平均温度分别为14℃和10℃，2009年11月至2010年3月植物休眠期平均温度范围在为-6℃至3℃。冬春温度较常年显著降低。

选取包括齿叶荚蒾（*V. dentatum*）、欧洲绣球（*V. opulus*）、黑果荚蒾（*V. melanocarpum*）、红蕾荚蒾（*V .carlesii*）、桦叶荚蒾（*V. betulifolium*）、梨叶荚蒾（*V. prunifoloum*）、琼花（*V. macrocephalum*）、修枝荚蒾（*V. burejaeticum*）、槭叶荚蒾（*V. acerifolium*）、皱叶荚蒾（*V. rhytidophyllum*）10种荚蒾进行观测。

于2009年4月9日、4月17日、4月26日分

作者简介

陈莉/987年生/硕士研究生/中国科学院植物研究所/主要从事植物生理生态学研究。

*崔洪霞/1969年生/通讯作者 博士/主要从事植物引种、育种及适应性研究，Email：cuihongxia69@163.com。

表 1　2009 年 4 月荚蒾单株开花比例

物种	4 月 9 日（%）	4 月 17 日（%）	4 月 26 日（%）
黑果荚蒾 *V. melanocarpum*	0	100	100 *
红蕾荚蒾 *V. carlesii*	10	50 *	100 *
修枝荚蒾 *V. burejaeticum*	0	30	10 *
桦叶荚蒾 *V. betulifolium*	0	0	60
梨叶荚蒾 *V. prunifolium*	0	0	10
琼花 *V. macrocephalum*	0	30	50
齿叶荚蒾 *V. dentatum*	0	0	0
欧洲绣球 *V. opulus*	0	0	0
槭叶荚蒾 *V. acerifolium*	0	0	0
皱叶荚蒾 *V. rhytidophyllum*	0	0	0

* 表示植株进入开花末期。

别进行 3 次观测，观测中记载单株开花比例（始花期：花冠完全展开的小花数与全株最大花蕾数的比值；开花末期：花冠萎蔫的小花数与全株最大花蕾数的比例）和 3 个定量观测参数：叶面积（长 × 宽 ×0.7）、新梢长、新梢粗。于 2010 年 4 月～8 月再次进行了包括花期在内的物候观测(观测间隔 5 ～ 10 天），观测中记载花期、结果始期等参数。每个物种分别选取正常生长的 3 个单株作为重复。其中，定量观测选取 1 个植株上 3 个待测器官进行测量。

2 结果

2.1 花期和果期的生长动态

2009 年 4 月观测完成时，除皱叶荚蒾全株仅有 5% 现蕾，其余植株均在花蕾盛期，全株现蕾均达到 60% 以上。但全株开花程度在种间存在较大差异（见表 1）；根据观测数据及历史观测可将其分为早花、中花、晚花三类：

I 早花，4 月上旬始花，中旬盛花：黑果荚蒾、红蕾荚蒾、修枝荚蒾；

II 中花，4 月中旬始花，下旬盛花：桦叶荚蒾、梨叶荚蒾琼花；

III 晚花，4 月下旬始花：齿叶荚蒾、欧洲绣球、槭叶荚蒾、皱叶荚蒾。

和 2009 年及先前的观测记录相比，在经历了 2009 ～ 2010 年的冬春低温后，2010 年的花期出现整体推迟（见图 1），但花期早、中、晚花的种间分异仍明显，仅欧洲绣球（由晚期提前为中期）和桦叶荚蒾（由中期延后至晚期）的始花期出现

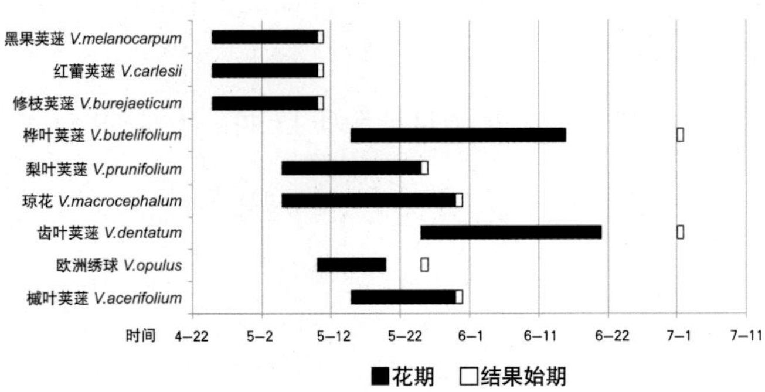

图 1 2010 年荚蒾花期与结果始期观测

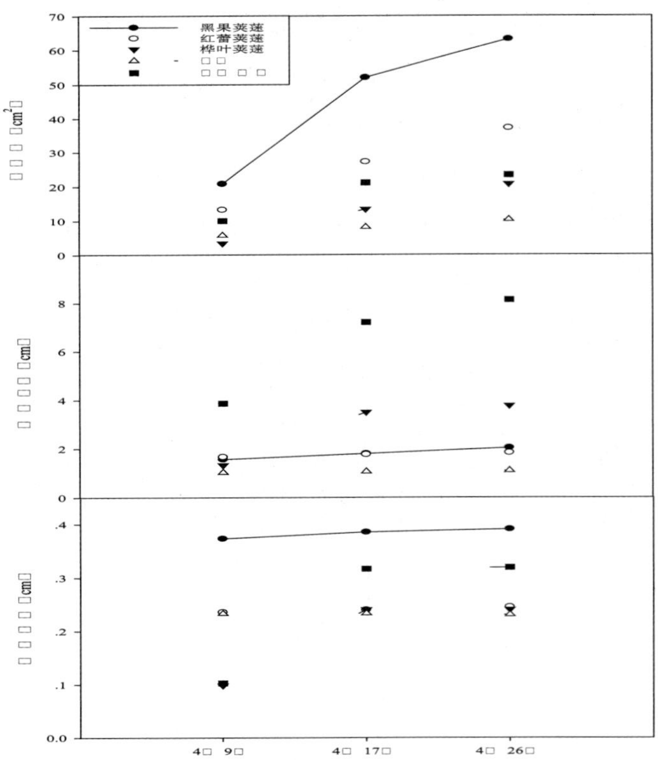

图 2 叶片和新梢生长动态

较大变化。皱叶荚蒾在2010年4月份观测期内尚未始花。2010年果期观察，槭叶荚蒾结果始期明显提前，其它种类的结果始期与始花期分类一致。

2.2 叶片和新梢生长动态

5种荚蒾叶片和新梢生长观测表明（见图2），黑果荚蒾和欧洲绣球的叶面积在4月17～26日增加量小于9～17日，其余3种荚蒾的叶面积在4月份的中、下旬维持着相同的生长速率；桦叶荚蒾和欧洲绣球的新梢长度和粗度在4月17～26日的增加明显小于9～17日，其余3种的枝条生长则随时间变化维持着相同的延长和增粗速率。

3 分析讨论

将2009年与2010年的始花时间进行对比，可以发现大部分物种始花期延迟近20天。这一物候现象显然是由于2009年冬季极端低温和2010年春季气温回暖缓慢造成的。春季气温过低，无法满足植物萌芽、开花所需的热量条件，会直接限制植株萌发生长。

在经历了2009～2010年冬春低温后，欧洲绣球和桦叶荚蒾的物候期发生了较为特殊的变化。其中，中花类的桦叶荚蒾在2010年春季花期延迟为晚花；而晚花类的欧洲绣球的花期则提前为中花类别。欧洲绣球的自然分布范围较广，在欧洲、高加索及远东地区[1]均有分布，其中多数地区的冬季较为寒冷，造就了欧洲绣球较强的耐寒能力。相比之下，桦叶荚蒾仅分布在我国西南部[1]，对低温的耐受性较弱或许成为其狭域分布的重要原因。在引种地遭遇不寻常的冬春低温而延迟回暖时，两物种耐寒能力的差异造成了其花期应激变化的不同，耐寒能力较强的欧洲绣球受低温影响小，维持了较早的花期，而桦叶荚蒾则花期推迟。

荚蒾的叶片生长与其各自的花期并不同步。黑果荚蒾的花期明显早于欧洲绣球，其叶面积扩增均随时间出现下降。同化物的叶片分配效率与花期的同化物消耗偶联并不紧密。荚蒾的新梢长度、粗度与花期则有较紧密的联系。当植株逐渐进入花期，其新梢长度、粗度扩增出现下降；而处于盛花期植株的新梢长度、粗度则不再增加。似乎表明植株进入花期时暂时停止同化物向枝条的分配。植株花期与叶片、新梢生长关系的差异，反映了花期同化物向新生功能器官与结构器官分配的差异。为保证生殖器官的同化物供应以顺利完成开花和座果的生殖行为，植株能够通过调控使结构器官的同化物分配减小，而此时叶片的生长大多不受限制，以有利于植株功能器官春季同化产物的积累。

由荚蒾属植物花期物候观测得到的种间生殖和营养生长状况的差异，不仅提示我们在进行荚蒾属植物景观设计时，按照早、中、晚花期不同进行植物配置，延长花期观赏时间；更为重要的是使我们增进植物驯化过程中对极端气象事件的应激响应规律的理性认识，在气候变化的环境背景下掌握物种特殊的响应特征，为植物景观配置和栽培管理策略的制定提供科学的依据。

4 结语

本文通过对比休眠期极端低温前后荚蒾物候的变化，阐述了极端低温对荚蒾物候的影响及不同荚蒾物种对极端低温的响应规律差异。然而，随着全球极端气候的频繁出现，各种植物的生长和生存都将经受严酷的考验，其应对不同极端气候的响应规律需要得到更为广泛的关注。对这些规律的理性解释，将有助于我们理解植物在极端环境下的进化选择，制定科学的植物保护策略。

参考文献

[1] 徐炳声．中国植物志（第72卷）北京：科学出版社．1988，12—104．

[2] 李先源，余蓉，曹伟．重庆荚蒾属园林植物种质资源及其应用．西南园艺，2004，32（2）：32—34．

[3] 任国玉，陈峪，张爱英．2009年—2010年冬季气候异常与全球气候变暖．科技创新与品牌．2010，33（3）：46—47．

[4] 陈又生，崔洪霞，张会金等．荚蒾属植物的引种栽培．中国植物学会植物园分会第十五次学术讨论会—引种驯化集刊，2000，15：50—56．

谈屋顶绿化及其植物配置

任义　段晔*　关坤　北京花乡花木集团有限公司　北京　100067

摘　要： 本文阐述了屋顶花园的发展历程和在增加城市绿量、改善气候环境、保护建筑结构等方面发挥着巨大的生态效益，并以草桥社区文化中心屋顶花园为案例，重点介绍了该项目屋顶绿化结构层设置、种植层设置、植物配置以及后期养护管理注意事项，通过该案例，对屋顶绿化种植层选择、植物配置选择进行了描述。

关键词： 屋顶绿化；生态效益；种植层；植物配置

1 屋顶绿化的含义以及其发展历史

屋顶绿化在增加城市绿量、改善城市环境、补偿建筑物占用绿化面积，以及保护建筑物构造上发挥着极大的作用，越来越受到业内人士的关注。屋顶绿化在一些国家有相当长的发展历程，从20世纪60年代开始，在我国也逐渐得到了发展。随着国内城市化进程的加快，经济建设高速增长，城市建设迅猛腾飞，然而在努力追求建筑经济利益最大化的同时，现代化城市进程跟城市绿量、城市生态效益、以及居住环境的矛盾日益突出，生态系统失调、城市荒漠化已经越来越为严重了，绿地面积不足、空气质量急剧下降，热岛效应日益严重等一系列严重的环境问题已经成为了阻碍城市发展的最大恶疾，生态环境的建设也越来越受到人们的关注。如何通过扩大绿化面积来增加城市绿量，向空中要绿地，大力发展屋顶绿化、垂直绿化已经越来越受到人们的青睐与重视。

根据北京市地方标准《屋顶绿化规范》规定：屋顶绿化（roof greening）是指高出地面以上，周边不与自然土层相连接的各类建筑物、构筑物等的顶部以及天台，露台上的绿化。屋顶绿化与陆地园林和植物造景的最大区别即在于：把植物种植于人工的建筑物或者建筑构架上，种植土壤与大地是分隔开来的。

在国外，屋顶绿化的发展历史可以追溯到公元前4000年左右了，古代苏美尔人在乌尔城所建的亚述古庙塔，被后人认为是屋顶花园的设计思想的发源地，直至公元前600年，古巴比伦人所建造的“空中花园”即可以算作是真正意义上的屋顶花园了，为后世屋顶花园的发展带来了深远的影响。在随后的发展过程中，德国最早开展屋顶绿化的推广普及工作，到1994年，已经有900万m^2的屋顶被绿化，占屋顶总面积的11%，到2001年，绿化屋顶的面积已经占平屋顶的14%，及至以后美国、日本、加拿大、俄罗斯、意大利、澳大利亚、瑞士等多个国家的大力推广，使这一绿化形式得到了大力发展。

然而在我国，由于古代建筑多采用木质结构的坡屋顶，由于其结构承载能力稍弱，且受潮后

作者简介

任义／男／河北农业大学园林专业毕业／现在北京花乡花木集团有限公司工作。

*通讯作者：段晔／男／毕业于河北农业大学园林专业／现在北京花乡花木集团有限公司工作，园林项目工程部经理／工程师。

电话：18901059909.E—mail:dygwb@126.com

容易腐烂，故而在我国古代，屋顶花园并未得到普遍发展，直至20世纪20年代，伴随着西方文化以及西方建筑形式的涌入，我国建筑形式开始发生改变，为日后屋顶花园的发展奠定了基础。到了20世纪60年代，成都、重庆等一些城市开始利用工厂车间、办公楼等一些平屋顶的空地进行屋顶绿化工作的建造，所涉及到植物多为农副产物。建于1983年的北京长城饭店屋顶绿化成为了我国屋顶绿化最早的酒店之一，也成为了北京市第一个建造屋顶花园的单位。

2 屋顶绿化的分类及其生态效益

根据北京市地方标准《屋顶绿化规范》（2005年5月10日发布并实施）规定：屋顶绿化分为简单式屋顶绿化（extensive roof greening）和花园式屋顶绿化（intensive roof greening）两种，简单式屋顶绿化是利用低矮灌木或者草坪、地被植物进行屋顶绿化，不设置园林小品等设施，一般不允许非维护人员活动，建筑静荷载应不小于100kg/m^2；花园式屋顶绿化是指根据具体条件，选择小型乔木、低矮灌木和草坪、地被植物进行屋顶绿化植物配置，设置园路、座椅和园林小品等，提供一定的游览和休憩活动空间的复杂绿化，建筑静荷载应不小于250kg/m^2。

屋顶绿化作为城市绿化的补充，可以有效增加城市可视绿量，提高绿化美观的景观效果，是改善城市生态环境不可或缺的内容，除了在丰富城市俯视景观，补偿建筑物占用的绿地面积，增加单位面积上的植物绿量以外，屋顶绿化对于建筑物的保护以及对于城市发展所产生的其他生态效益也是不容忽视的。

（1）保温隔热，调节室内温度，节约能源消耗，建筑结构

① 调节室内温度：据专业实验测定通过进行屋顶绿化建造的建筑物，在夏季由于植物的蒸腾作用和种植基质的水分蒸来发散失热量，在冬季通过种植基质的绝热功能，很好的调节了室内温度，与水泥屋顶的建筑物相比，通过屋顶绿化的建筑物，在夏天其平均室温可以低1.3～1.9℃，在冬天其平均室温可以高1.0～1.1℃，有效起到了节约建筑能耗的作用。

② 调节屋顶楼板温度：据专业实验测定通过屋顶绿化的建筑物的楼板表面年温差为29.2℃，远远低于水泥屋顶建筑物楼板表面年温差的58.2℃，通过屋顶绿化，很好的起到了保护建筑结构、保护建筑防水层，延迟楼面材料寿命的作用。

（2）减少城市热岛效应 缓和周围小环境条件

（3）有效蓄水、保水，截留雨水，缓解城市排水压力。

3 屋顶绿化设计施工及植物配置

3.1 屋顶花园设计施工

作为建筑和园林设计的结合体，屋顶绿化是一种特殊的造园形式，是融合建筑学、植物学、材料学为一体的综合性学科，为建筑师们提出了高的要求，在建设构造完成前，要考虑好屋顶的承重、荷载、给排水、防水等多方面因素，同时也对园林景观设计师以及施工队伍提出了更高的要求，在与业主充分沟通，了解业主需求，进行屋顶绿化设计施工之前，需要先对建筑物结构构造有深入了解，对于其构造、承重能力、给排水等基本数值做到心中有数，了解其荷载大小、建筑梁、柱等承重点位置，根据照明或者园林小品用电问题预先考虑好电源管线布置。避免管线外露而带来的安全隐患，需要多方面综合考虑以满足其使用功能、绿量效益、园林景观以及经济安全等多个方面。

3.2 屋顶绿化植物配置及选择（以草桥社区文化中心屋顶花园建造为例）

草桥社区文化中心屋顶花园（其面积300m^2，结构荷载500 kg/m^2）处于北京市丰台南三环与南四环之间镇国寺北街南侧，属于居民区集中、人口密度较大的地方，鉴于社区文化中心建筑高度小于周围居民楼建筑高度，在草桥社区文化中心进行屋顶绿化，可以有效提高草桥社区绿地覆盖率，增加周围高层居民区可视景观效果，为周围社区居民提供更佳的园林景观。

表1 草桥社区文化活动中心屋顶绿化主要植物种类

植物名称	拉丁学名	习性	观赏特性
山楂	*Crataegus pinnatifida*	落叶小乔木，喜阳，稍耐阴	观花，观果
龙爪槐	*Sophora japonica* f. *pendula*	落叶小乔木，喜阳，稍耐阴	观树形
紫叶矮樱	*Prunus × cistena*	落叶小乔木，喜阳	观叶 观花
紫薇	*Lagerstroemia indica*	落叶灌木，喜阳	观干，观花
油松	*Pinus tabuliformis*	常绿乔木，喜阳	观干，观树形
金银木	*Lonicera maackii*	落叶灌木，喜阳	观花，观果
珍珠梅	*Sorbaria kirilowii*	落叶灌木，喜阴	观花
平枝栒子	*Cotoneaster horizontalis*	落叶灌木，喜半阴	观花
小叶黄杨	*Buxus sinica*	常绿灌木，喜阳耐阴	观叶
紫叶小檗	*Berberis thunbergii* ‘Atropurpurea’	常绿灌木，喜阳耐阴	观叶
‘金娃娃’萱草	*Hemerocallis fuava*	落叶地被，喜阳，耐半阴	观花
佛甲草	*Sedum lineare*	多年生草本，喜阳抗旱抗贫瘠	观叶

草桥社区文化中心结构荷载达到500 kg/m^2，大于北京地方标准《屋顶绿化规范》对于花园式屋顶绿化建筑静荷载所要求的250 kg/m^2，故而根据其园林用途，进行花园式屋顶绿色设计施工。考虑到屋顶绿化的特殊性，所有涉及到的材料尽量选择轻质材料，同时在施工过程中，注意保护原有建筑，不因屋顶绿化施工而破坏建筑结构。

3.2.1 屋顶绿化植物配置

由于屋顶环境小气候条件的特殊性，在植物的选择上，我们在植物配置的选择上，主要遵循三项原则：抗性强、须根强、符合景观要求。根据这三条原则所选择的植物必须生命力旺盛、抗逆性强、喜光、耐旱、耐热、抗瘠薄从而来抵御屋顶环境的风力强、光照时间长、白天温度较高、夜间温度较低以及栽培基质较薄等不利因素；同时需要根系浅，须根发达的植物以避免主根对建筑物产生危害。

草桥社区文化活动中心，建筑楼层相对较低，属于中层建筑，环绕在周围高层居住区中间，楼间距较小，光照强度相对不是太过强烈，然而小环境风力较强，在植物的选择上，以小型乔木和花灌木、攀援植物、草坪、地被植物为主，避免由于风力过大而导致大乔木产生危害，均为生长特性和观赏价值相对较稳定的乡土树种或者通过引种驯化成功的植物，并且须根发达，易移栽，耐修剪，可以粗放管理，同时注意常绿和落叶树种的搭配，观花观叶植物的搭配，以保证不同季节的景观效果，同时精心选择造型油松，来营造独特的园林景观（本项目植物种类名录见表1）。

3.2.2 屋顶绿化结构层

在进行施工前，严格按照中华人民共和国行业标准《种植屋面工程技术规程》和北京地方标准《屋顶绿化规范》中的要求规范进行设计施工。

在屋顶结构层上面依次设置

屋面防水层：双层铺设，SBS改性沥青，4mm厚/层，向建筑侧墙面延伸，高于种植基质表面15cm以上。

分离滑动层：玻纤布，搭接15cm，向建筑侧墙面延伸15～20cm。

隔根层：HDPE材料，1.0mm厚，搭接100cm，向建筑侧墙面延伸15～20cm。

排水蓄水层：HDPE材料，25mm，40mm，对接15cm，向建筑侧墙面延伸至基质表层下方5cm。

隔离过滤层：聚酯过滤布，240g/m^2，搭接10cm，用于阻止基质进入排水层。

栽培基质层以及最上层的植物种植层。

3.2.3 屋顶绿化排水防水工程

在屋顶绿化项目建设中，由于维持各种植物生长需要一定的水量，然而一般建筑物的建筑设计，均未考虑到建造屋顶花园所需要的种植物渗透水的给水排水问题，同时由于植物生长的特殊性，在多余的排出水中容易含有植物根叶和泥沙等杂物，导致排水口堵塞甚至排水管道堵塞，为建筑安全增加隐患，所以在本案设计施工中，尤为重视排水防水工程。在建造屋顶花园之前进行了防水处理测试，进行二次防水处理，确定防水层不漏，然后进一步完善排水设施。

由于草桥社区文化中心为原有建筑，在房屋建筑之初并为考虑日后的屋顶花园建设，所以除了提前了解建筑屋面的承重荷载外，还需要进行严格的防水测试，进行二次防水处理，全面检查了原有的防水性能，确保建筑原有防水设施完好。从而在此基础上进行下一步的防水层处理。

3.2.4 屋顶绿化栽培基质的选择

在本项目属于花园式屋顶绿化，根据植物种植设计，包括了从小乔木到地被多种植物种类以及少量小型的园林小品，最薄种植土层厚度为30cm，根据地上种植植物的不同，设计局部微地形处理，进行乔灌木的种植，来满足下表所列的种植基质厚度，土层太薄如果没有均衡灌溉，容易导致土壤干燥，然而土层太厚，则会为建筑承载带来一定压力，故而需要在满足植物生长和降低荷载上寻找一个适当比例，根据不同植物种类，参考下表确定适当的种植基质深度。

由于要保证一定的种植基质深度，就需要选择具有自重轻，保水保肥性好，经济环保，不易板结，施工简便等特点的种植基质，要求湿重不超过1300kg/m^3（屋顶绿化工程施工技术，2008），在种植基质的选择上参考下表进行配制，既保证植物成活，也降低建筑荷载，尽可能增加种植土

表 2 屋顶绿化植物生长适宜的种植基质厚度

屋顶绿化种植模式	植物种类	种植基质深度（cm）
花园式屋顶绿化	小乔木	80 ~ 100
	大灌木	60 ~ 80
	灌木	35 ~ 60
	地被植物	30 ~ 35
	宿根花卉	30 ~ 35
	草坪	25 ~ 30

厚度，又要减轻土壤比重，通过增加草炭土、蛭石等起到减轻土壤比重，增加透水透气性的作用。最后，为了保证植物的正常生长，需要根据条件适当添加一些有机肥料，尤其是对于观花植物下的种植土层。

表 3 改良土常用基质类型和配制比例参考

主要配比材料	配制比例	湿密度（kg/m^3）
田园土，轻质骨料	1:1	1200
腐叶土，蛭石，沙土	7:2:1	780 ~ 1000
田园土，草炭，（蛭石和肥）	4:3:1	1100 ~ 1300
田园土，草炭，松针土，珍珠岩	1:1:1:1	780 ~ 1100
田园土，草炭，松针土	3:4:3	780 ~ 950
轻沙壤土，腐殖土，珍珠岩，蛭石	2.5:5:2:0.5	1100
轻沙壤土，腐殖土，蛭石	5:3:2	1100 ~ 1300

许多其他的屋顶花园案例植物栽培土壤介质有使用蛭石、锯木屑、炭渣、腐叶土、珍珠岩、泡沫等有机树脂制品等混合物的，在本项目中，主要选择了田园土、草炭土和蛭石以及肥料的混合基质，由于本项目中，所涉及到的建筑荷载相对较大，故而在上表配制比例（4:3:1）的基础上，适当增加了田园土的比例，在不超过荷载的条件下，大大降低了工程造价，取得了较好的经济效益，而且通过以后的相关测试，我们认为在土壤比重、透水保肥等方面，均有良好表现。

一般在植物基质的选择上，可以根据当地不同环境条件，选择适宜的不同的栽培基质，只要保证重量轻、能为植物提供水肥、并且能起到固定支撑植物作用即可，也可以选择有机基质与无机基质混配而成，如北京长城饭店屋顶绿化以草炭、蛭石和沙土混合（比例为7:2:1）容重为780kg/m^3；上海一些工厂屋顶采用城市垃圾堆肥，经过消毒和腐熟后合成了容重仅670 kg/m^{3}的轻质种植基质。

3.2.5 屋顶绿化养护管理工作

对于建造完成的屋顶绿化工程，后期的管理养护同样不可掉以轻心，在进行常规管理（如修剪、病虫害防治、枯枝落叶清扫等）来满足植物正常生长需求，保证植物景观效果以外，尤其要注意屋顶绿化的特殊性，保证其屋顶绿化的安全性，

保证植物、建筑的安全性。需要随时检查排水口是否通畅，及时清理排水口堆积残留的枯枝落叶，尤其雨季更要注意检查排水系统是否正常；遇到大雪天气，要及时清扫积雪，以免造成荷载增加，对建筑产生安全隐患；遇到相对干旱的冬季应定期观察基质层的含水量，需要时在温度适合时间及时补水；要定期检查及时加固植物，在大风天气更要对其进行检查进行防风加固，以免伤人；由于屋顶花园的高空特性，为避免空气污染，病虫害防治一方面从植物配置上需要多品种的组合搭配，另一方面用生物防治和物理防治为主。

在本屋顶绿化项目中，由于小气候环境条件，风力更为较强，更要注意对植物进行防风加固工作，所以对所有的乔木树种采用井字架进行长期支撑固定，以保证植物正常生长，同时不会出现由于乔木折断而对附近居住区建筑、居住区居民产生危害。

4 结语

一个良好优质的人居绿色空间是建立在环境的质与量的基础之上的，两者缺一不可。需要兼顾构思，总体布局，在宏观和微观处精心设计，在满足植物生态习性的前提下，科学合理种植，根据不同环境条件，精心打造不同形式的屋顶绿化，发展空中绿地，增加绿色空间，创造更加宜居绿色空间，草桥社区文化中心屋顶绿化建设完工后，极大地缓解了周围高层住宅对于园林景观的需求，提高了居住区景观效果，提高了住户本身居住环境质量。完善的屋顶绿化景观与丰富的阳台绿化景观相互映衬进一步丰富了居民的窗口景观。

参考文献

[1] 韩丽莉，李连龙，单进，王月宾，杜伟宁．屋顶绿化生态效应定量研究．建筑绿化，2010,1：20—24.

[2] 汤浩．屋顶绿化在北京实行的可行性研究．建筑绿化，2010，1:30—34.

[3] 赵惠恩．我国植被屋面普及展望 .2010,1:28—29.

[4] 屋顶绿化施工技术 .2008,2.

[5] 李谦盛. 屋顶绿化栽培基质的选择［J］. 安徽农业科学，2005，33（1）：84—85.

[6] 周伟伟. 北京地区屋顶绿化地被植物的抗逆性研究［D］. 中国林业科学研究院硕士学位论文 .2008.

[7] 许荷. 屋顶绿化构造探析. 北京林业大学硕士学位论文［D］. 2007.

[8] 黄金琦．屋顶花园设计与营造．中国林业出版社 ,1994,(2).

[9] 马月萍，白淑媛．屋顶绿化设计与建造．机械工业出版社 .2010.

园林工程篇

园林工程是实现设计师设计意图的过程，是将画在图纸上的内容表达到土地上，同时也是再设计的过程，它是表达设计意图和后期养护十分关键的中间环节，马虎不得。

天安门地区行道油松衰死原因分析及更换、复壮、后期养护技术措施研究

田黎明　向星政　袁学文　北京金都园林绿化有限责任公司　北京　100037

摘　要：本文在对天安门地区行道油松多年来不断衰死，尤其是1999年以后衰死量大为上升的原因进行研究分析的基础上，介绍了2006年油松更换、复壮的具体措施与方法，以及更换、复壮后所开展的各种养护技术措施，并对更换、复壮措施后油松生长情况及生长环境进行了综合评定，通过3年多的养护及观测证明：对天安门地区行道油松衰死原因分析是正确的，2006年的更换、复壮过程中所采取扩大营养面积、改良土壤、增加排水设施、增加通气渗灌设施、人工接种菌根、增加树池围牙等及后期进行特养等措施是合理、有效的。

关键词：油松；衰死；复壮；养护；天安门地区

为了充分体现天安门地区象征我国政治、文化中心的庄严和雄伟，1958年经过周恩来总理确定，天安门地区开始大量栽植既庄严且景观效果较好的油松。后经过几次大的改造，形成了现在的绿化景观效果。天安门地区目前共有油松650株，其中行道油松335株。但该地区的行道油松在栽植后不久就开始不断衰死，1999年以前，平均每年的衰死量为5～6株，在1999年天安门地区改造以后，油松的衰死量比原来大为上升，年衰死量达12～41株，严重影响了天安门地区的整体景观效果。

为阻止天安门地区的油松继续衰死，并使已衰弱的油松能逐渐复壮，2002～2003年在原北京市园林局的支持下，天安门地区行道油松衰死原因分析及复壮措施研究项目得以实施；到2006年6月，由于针叶枯黄过半的油松已达到该地区行道油松的50%以上，经北京市园林绿化局报市政府批准，2006年7～9月对天安门广场周边188株针叶枯黄过半的油松进行了更换，并对剩余保留下来的油松进行复壮；2006年9月至2009年底，又对更换及复壮后的油松进行了近4年的特养及观测，现将该地区行道油松衰死原因及更换、复壮、后期养护管理技术措施研究成果总结如下：

1 天安门地区行道油松衰死原因分析

2002～2003年笔者从病虫害、大气污染、土壤污染、土壤养分及土壤物理性质5个方面，并选取毛主席纪念堂绿地、历史博物馆绿地、人民大会堂绿地、机场路、潭柘寺、十三陵水库、妙峰山林场等地生长良好的油松作对照，对可能造成天安门地区行道油松衰死的原因进行了系统、全面的分析，结果显示：

（1）病虫害并不是造成天安门地区行道油松衰死的主要原因，但在日常养护中应加强对虫株率较高的松大蚜和松针介壳虫监测和防治，以及在天安门地区有病源株存在的松落针病的监测和

作者简介

田黎明／男／1956年生／中国农业大学本科毕业／北京金都园林绿化有限责任公司，高级工程师。

防治，避免其爆发成灾。

（2）大气污染也不是造成天安门地区行道油松不断衰死的原因，因为行道油松与历史博物馆绿地及人民大会堂绿地内的油松最近距离不超过20m，距毛主席纪念堂绿地内的油松最近也不超过60m，但历史博物馆绿地、人民大会堂绿地及毛主席纪念堂绿地内油松却长势很好。

（3）通过对天安门地区行道油松及对照油松根部0～40cm（油松的吸收根主要分布在此段土壤内）土壤的pH值、可溶性盐含量、Na^+、Cl^-含量的测定和对比，发现融雪剂的大量使用所导致的土壤中的Na^+、Cl^-含量超标是造成天安门地区行道油松衰死的原因之一。油松正常生长的Na^+含量不宜超过60mg/kg、Cl^-含量不宜超过35.5mg/kg。

（4）通过对比分析天安门地区衰弱行道油松根部土壤中的有机质、N、P、K、Ca、Mg、Fe、Mn、Cu、Zn与对照油松根部土壤中的各元素含量并无显著差异，说明天安门地区行道油松的衰死与土壤养分并没有直接的相关性。

（5）在广泛了解天安门行道油松地下环境及其形成原因的基础上，通过对比分析天安门行道油松的衰弱树、壮树及对照油松根部土壤的质地，以及根部土壤表层、40cm、80cm深处土壤密度、毛管孔隙度、非毛管孔隙度等物理性质，并测定天安门行道油松的衰弱树、壮树以及对照油松根部土壤不同时期的容积含水量，另外，还利用衰死树更换之际分析了天安门地区行道油松120cm以下土壤的物理性质，发现天安门地区人行步道铺装碾压垫层时，造成了油松树池以外土壤紧实度大为提高，土壤通气性变差，以及因土壤长期处于高含水状态和非毛管孔隙度过低所造成土壤总体通气性不良，是造成天安门地区行道油松衰死的根本原因。适宜于油松生长的土壤非毛管孔隙度应在9%以上，总孔隙度应不小于48%，土壤容积含水量在12%～22%之间，土壤密度应不超过1.45g/cm³。

而1999年以后，造成天安门地区行道油松衰死量较1999年以前大为上升，是因为在1999年天安门地区改造时，将行道油松树池外的原本有一定通气透水性的三七灰土垫层加水泥方砖铺装，改成了几乎不通气透水的二灰料垫层＋混凝土垫层＋花岗岩面层；另外，在改造施工的过程中，许多油松的树池内也被部分或全部铺上了二灰料垫层及混凝土垫层。以上两个原因使得天安门地区行道油松树池内外的通气性较1999年天安门地区改造以前大大降低了，这就是1999年以后天安门地区行道油松衰死量较1999年以前大为上升的根本原因。

2 天安门地区行道油松更换、复壮过程中采取的主要技术措施

根据上述天安门地区行道油松衰死原因分析的研究结果及有关专家的意见和建议，在2006年的天安门地区行道油松更换、复壮工程中，主要采取了以下针对性的措施：

2.1 扩大营养面积，清除坑内已盐渍化的土壤、混凝土及二灰料等

为了改善天安门地区行道油松恶劣的土壤环境，本次更换、复壮工程针对上述导致油松衰死的根本原因及主要原因，采取了将原1.5m×1.5m及1.8m×1.8m的独立树池改为2.4m×13.5m三株一组的组合树池，个别株因现场原因做成2.4m×2.4m的独立树池或2.4m×18.5m四株一组的组合树池；破除新树池范围内的混凝土、二灰料垫层，清除坑内已盐渍化的土壤、混凝土及二灰料等；对不更换而只进行复壮的油松，则只清除树池内树干周围0.75m范围内的混凝土、二灰料垫层等，保留树干周围0.75m范围的的土壤，清除树池内树干周围0.75m范围外的已盐渍化土壤、混凝土及二灰料等，但要求尽可能少伤及根系，对不可避免的断根，必须做到断口平滑，并及时喷土壤消毒剂或在断口涂抹根腐灵等保护剂。

2.2 增设排水设施

清除坑内的盐渍土至铺装面以下1.1m，在两株油松之间挖一个60cm×60cm×60cm的渗水井；坑底纵向铺设软式透水管连至渗水井内，以利于排水；为了便于观测渗水井的渗水情况和有无积水，在每个渗水井内加装一根长1.7m、管径为

φ75 的 UPVC 竖向观测管（下端 30cm 打 φ10 孔 20 个），上口、下口及下端打孔段均用土工布或无纺布包裹；在渗水井内满填粒径 5 ~ 8cm 的卵石，在坑底满铺 8cm 厚粒的卵石作为排水淋层，再在卵石上满铺 2cm 厚粗沙作为隔土滤层。

2.3 增设通气渗灌设施

在新植树土球和保留树土台周围缠绕直径 5cm 的通气渗灌管，通气渗灌管从土球底部粗沙层上螺旋缠绕 2 ~ 3 圈到地面，在土层上留 5 ~ 8cm，管口打结或加装带孔盖，既能防止土壤流入通气渗灌管中，又能保证通气渗灌管的通气性。通气渗灌管主要起到改善油松根部通气性的作用，还可以用作人工补水时的通道，可以保证水分能快速均匀的灌到油松根系分布的各层，而且还可以避免土壤板结。为便于对油松进行人工补水，沿行道树方向每隔 40 ~ 50m，还在树池内增设了快速取水阀。

为了减小浇水劳动强度，本次更换、复壮时，还在每株新植树土球和保留树土台周围加装 4 个直径 10cm、高 1m、内填陶粒的树笼（含涌泉灌头），树笼可以在控制器的控制下进行自动浇灌，水在树笼内经涌泉喷头喷出后，会以树笼为中心向四周渗透，起到的是渗灌的作用；另外，树笼在不浇水时，还可以起到通气渗灌管的作用，即增加改善油松根部通气性的作用。

2.4 施用菌根菌，增加油松根周土壤中的有益菌群落

为了增强油松对不良环境条件的抵抗力，增加油松根周土壤中的有益菌群落，提高新植油松的成活率及对保留油松进行复壮，本工程选用了中国林科院生产的专用外生菌根制剂。具体施用方法是在新植油松土球及保留油松的土台外围分层撒施菌种制剂，或将菌根制剂直接抹在土球或土台侧面。

2.5 回填专门配制的营养基质，改善油松生长的土壤环境

在清除坑内已盐渍化的土壤、混凝土及二灰料，并做完地下排水通气措施、衰死油松更换等工作以后，回填专门配制的以农田土和松针土为主的营养基质。

2.6 埋设土壤剖面含水量探管

为便于在养护期实时、动态监测根周土壤含水量，并指导浇水，真正做到科学浇水，在 2006 年更换、复壮时，还在天安门地区行道油松树池内分 15 处各预埋了 1 根土壤剖面含水量探管。

2.7 加装高于铺装地面的树池围牙及树池盖板

为防止便道上的地表径流流入树池，造成树池积水而致使土壤通气不良，以及冬季防止含有融雪剂的雪水流入树池，造成树池内土壤再次盐渍化，本次工程中加装了高于铺装地面的树池围牙。为避免围牙磕绊行人，还对围牙外侧进行了斜面处理。为防止因行人踩踏造成树池内土壤板结，还将围牙内侧设计为 5cm × 5cm L 型槽，槽内盖 5cm 厚的加筋复合材料盖板。

2.8 喷施及灌施生根粉促根

本次更换、复壮工程中还在回填营养基质前对新植油松的土球和保留油松的土台外围喷施了 50mg/L 的 GGR 生根粉溶液（重点是根系的断口处），在回填营养基质后再在土球或土台范围内每株灌施 10mg/L 的 GGR 生根粉溶液 200L，以促使新植油松和保留油松尽快长出新根。

2.9 夏季更换、复壮施工所采取的其他保活、促活技术措施

(1) 打破了油松不修剪的旧观念，掘苗前粗修剪，完成栽植并做好支撑后，立即对新更换和保留复壮的油松进行细修剪和疏枝以平衡根冠比，保证树势平衡，修剪后剪口抹防腐剂以防止流脂和病害侵染。

(2) 掘苗前摘果、喷蒸腾抑制剂及装车后补喷以平衡树势保成活。

(3) 掘苗时断大根锯口平滑，并喷生根粉以利于生根。

(4) 掘苗前树干采用草绳绕干，防止吊、运、

栽的过程中伤树干。

(5) 严格按规范掘苗及包装土球，掘苗后吊装前及装车后视天气情况采取土球防雨措施，远距离运输的苗木土球采用双层包装和麻袋片保湿，保证土球质量，防止吊、运、栽的过程中散坨及以利根部保湿。

3 天安门地区行道油松更换、复壮后的特养措施

3.1 建立天安门地区行道油松信息管理系统

为了进一步了解天安门地区行道油松的养护情况，在2006年油松更换、复壮后，对天安门地区行道油松进行了挂牌编号，对油松高度、种植时间、产地来源及照片等资料进行了基础信息数据的采集，建立天安门地区行道油松的信息管理系统。并在系统中记录浇水、施肥、病虫害防治、修剪、树冠喷水的情况以及所采取的其他技术措施，对每株油松的生长情况进行实时监控，对出现异常情况的油松及时采取针对性的养护措施。

3.2 制定油松特养月历

尽管在更换、复壮工程中采取了各种改善油松立地条件的技术措施，但总体上天安门地区的行道油松生长环境相对其他地段仍很恶劣。为了最大限度地确保新植油松成活和生长健壮，保留油松能得以复壮，在北京市园林绿化局的领导和支持下，特邀请园林植物专家、土壤学专家、植保专家，对所有新植及复壮的油松制定了特养月历。并建立了油松特养管理机构，做到责任到人，监管到位，同时还与相关专家保持长效沟通机制，以根据实际情况随时修订和完善特养方案。

3.3 土壤水分含量监测，科学指导浇水

利用更换复壮工程施工时预埋的土壤剖面含水量探管，每周用土壤水分快速测量仪器对土壤不同深度（20cm、40cm、60cm、80cm）的水分测定。根据2002 ~ 2003年的研究成果，并参照其他绿地内长势良好的油松土壤含水量指导浇水，对出现含水量超过油松生长适宜土壤含水量的，要立刻停止浇水，如发现严重超标或可能造成积水时，及时进行人工揭盖板晾晒及利用2006年更换复壮时埋设的PVC观测管排水防涝等措施。根据2003年的研究结果，适宜油松生长的土壤容积含水量在12% ~ 22%之间，通过对天安门地区行道油松40cm深度历史同期（2007年5月、2008年5月和2009年5月）土壤容积含水量进行对比分析（见表1），可以看出各年同期的土壤含水量均在适宜油松生长的土壤含水量范围内，且各年含水量变化不大，说明更换、复壮后的天安门地区行道油松不存在浇水过度或缺水现象。

3.4 及时修剪、摘果，保证水分、养分供给平衡

在后期养护过程中适时的对油松进行适当修剪和疏枝，修剪重点为枯死枝、病虫枝、过弱枝、过密枝、重叠技、下垂枝、交叉枝、损伤枝等，疏枝要适当，避免过轻或过重，以平衡根冠比，保持树势平衡，保证树冠通风透光良好和树姿美观。同时要及时摘除所结松果（关键是要摘除未成熟的松果及当年新结的松果），以减少养分消耗，而将养分用于油松的营养生长。

3.5 树冠喷雾保湿，改善油松生长小环境

天安门地区除了少量绿地，其余地方全部为硬质铺装（花岗岩、沥青、建筑等），辐射热强度高，这样的环境必然加大油松的水分消耗量。另外，降尘污染在天安门地区也较严重，不利于油松的生长，所以在油松养护过程中，根据气候、油松生长规律等情况，适时采取树冠喷雾或喷洒

表1 历史同期（5月份）天安门地区行道油松土壤平均含水量统计表

年度编号	004号	025号	064号	086号	109号	110号	139号	169号	187号	207号	238号	252号	292号	309号	310号
2007年5月	17.8	17.4	16.9	16.2	20.3	16.3	17.1	17.6	16.5	16.6	17.8	15.1	16.3	18.7	17.8
2008年5月	18.0	19.2	19.9	18.0	19.3	17.0	20.0	16.5	17.3	17.6	16.3	16.5	16.6	17.4	18.3
2009年5月	17.2	17.5	18.6	17.3	19.1	17.9	18.2	17.3	17.2	18.3	17.9	18.3	16.7	17.2	17.1

抗蒸腾抑制剂等措施，以达到给油松保湿、洗尘或防尘的目的。

3.6 建立油松病虫害监测体系，加强病虫害的防控

为预防病虫害对油松的危害，在养护期间建立了油松病虫害监测体系，重点加强了对红蜘蛛、松大蚜、松毛虫、松梢螟、蚧类等虫害及松落针病等病害的监控，并根据其发生发展规律及时采取预防措施。

3.7 树池清理、中耕松土

为确保油松树池的透气性，防止土壤板结，每年不少于2次对油松树池进行清理、中耕松土，每次松土深度在5～10cm左右。

3.8 冬季防盐除雪，减少和降低融雪剂对油松土壤的污染，防止松枝雪折

建立了冬季防盐除雪机制，以减少和降低融雪剂对油松土壤的污染，防止松枝雪折。冬季一旦下雪，立即加大对天安门地区行道油松的巡视看管力度，对油松上的过厚的积雪及时击落或抖落，发现油松树池范围内被喷撒有融雪剂颗粒或堆放了含有融雪剂的残冰、残雪，则立即予以清除，以防融雪剂或含融雪剂的残冰、残雪融化后进入油松树池内的土壤，造成土壤盐渍化，通过2007年、2008年、2009年连续三年对天安门地区行道油松的土壤含盐量及土壤中Na^+、Cl^-含量进行检测监控，发现连续三年土壤含盐量均低于1.2g/kg，土壤中的Na^+、Cl^-含量也均低于前述油松不宜正常生长的限值。

4 更换、复壮后油松生长势综合评价及本项研究的结论

4.1 油松新梢生长势逐年增强及针叶宿存率大大提高

油松新梢生长势及针叶宿存年限是油松生长势强弱的最直观的指标，通过随机抽取天安门地区行道油松22株（其中复壮树11株，更换新植树11株），进行了为期3年的新梢生长量及松针的宿存年限的观测。结果表明：无论是对复壮油松还是更换新植油松，新梢生长量都呈现逐年增加的态势，而且针叶宿存年限也从更换、复壮前的绝大多数不到1年，提高到了2～3年（见图1）。

4.2 油松根系生长势旺盛

油松根系生长情况也是衡量油松长势的重要指标之一。调查结果显示，新植油松和复壮油松在2007年4月15日仅在土球或土台（土球、土台半径为0.7m）外沿有毛细根分布，2009年5月调查时，根系均已经分布到离树干1.2m外的土壤中，即新植油松和复壮油松的根系两年时间生长均在50cm以上。

4.3 油松长势对天安门地区绿化景观效果的影响

通过2006年的更换及复壮，以及后期精心养护，天安门地区行道油松在迎接2008年北京奥运会及2009年建国60周年国庆等活动中，为天安门地区增添了庄严和雄伟的绿化景观效果，同时也向世界及全国人民展现了天安门地区的良好形象。

以上结果都证明了2002年～2003年对天安门地区行道油松衰死原因的分析是正确的，2006年的更换、复壮过程中所采取扩大营养面积、改良土壤、增加排水设施、增加通气渗灌设施、人工接种菌根，增加树池围牙及后期进行特养等措施是合理、有效的。

5 有待进一步解决的问题

5.1 融雪剂对油松根部土壤的污染依然存在

2009～2010年冬季的几场大雪，尽管采取了扫雪、除雪等措施，但是为保证道路交通畅通，环卫部门大量喷洒高浓度氯化钙、镁融雪剂溶液，

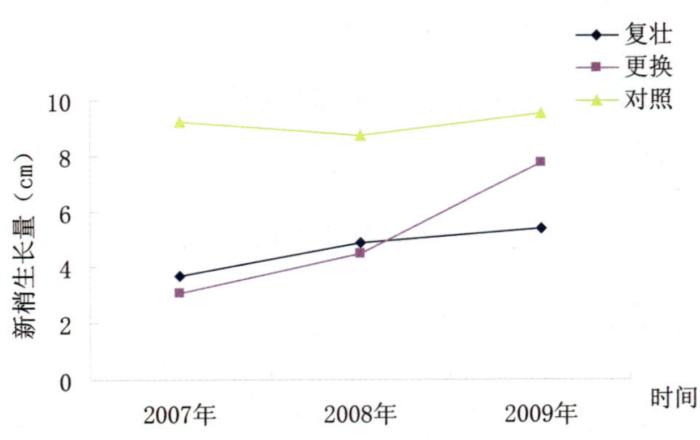

图1 油松新梢生长量变化图

由于作业方式的不当，造成含有高浓度融雪剂的溶液大量溅入油松树池内，致使自2010年4月中旬开始，天安门地区行道油松针叶逐渐出现枯黄、树势衰弱，甚至出现濒死症状，经取树池内土样进行土壤检测，送检土样全盐量指标、氯化物、钙、镁离子含量均严重超标，检测土样中Cl^-含量高达2658mg/kg（油松生长的土壤Cl^-含量不宜超过35.5mg/kg），pH值也呈强碱性，根据检测结果及现场受害状，北京林业大学、北京市园林绿化局、北京市园林科研所多位专家一致认为造成2010年天安门地区行道油松大量枯黄的原因是融雪剂危害。截止到2010年6月底，因融雪剂危害严重影响景观效果的油松已达252株，目前该部分油松已经全部更换，同时北京市园林绿化局也在会同有关部门正在研究冬季防融雪剂危害的措施。

5.2 养护经费不足，制约了特养措施的落实

油松在天安门地区这样特殊的环境下，要确保其长势良好，营造良好的景观效果，离不开持之以恒的对油松采取高于普通绿地内乔木或一般行道树的养护标准的特养措施，但目前的养护经费机制却未将天安门地区的养护经费与其他地段的养护经费区别对待，这就在很大程度上制约天安门地区行道油松特养措施的落实。

参考文献

[1] 北京市园林局科教处／绿化一、三大队科研组．毛主席纪念堂油松死亡原因及排水改土工程情况．园林科技，1979（2）：10—16．
[2] 关正锋，信桂容，勾锡金．抗美援朝烈士陵园油松枯黄原因分析及防治技术．辽宁林业科技，1998（1）：61—62．
[3] 刘克锋．天坛公园土壤研究Ⅲ——古树生长区围栏效果分析．辽宁林业科技，1994，9（1）：15—21．
[4] 刘晓苟，山仑，邓西平．植物对土壤紧实度的反应．植物生理学通讯，2001，37（3）：254—260．
[5] 张宝贵．团城上的古树为什么长得很好．绿化与生活，1996（2）：15．
[6] 李玉和．城市土壤密实度对园林植物生长的影响及利用措施．中国园林，1995，11（3）：41—43．
[7] 李淑丽，王路芳，刘志群，等．邢台市油松死亡情况调查及原因初析．河北林果研究，2001，16（1）：66—67．
[8] 李锦龄．北京市公园古松柏生长衰弱原因及复壮措施的研究．园林科技，1982（5）：20—29．
[9] 李锦龄．北京松柏类古树致濒原因及复壮技术研究．北京园林，2001，18（1）：24—30．
[10] 李嘉乐，李锦龄．北海团城古代植树的技术措施纪实．园林科技，1982（5）：33—34．
[11] 苏宝玲，殷有，赵昀，等．辽宁东部山区油松枯死原因及研究趋势分析．辽宁林业科技，2001（6）：10—15．
[12] 陈悦章，彭桂英．植物根系环境Cl、S含量对叶片Cl、S含量和抗性的影响．环境科学，1982，4（3）：45—49．
[13] 周章义，雷增普，王文新，等．七王坟古油松濒死原固的研究，1995，17（1）：48—54．
[14] 赵烨，刘芸，赵承易，等．北京城区油松灰分含量与大气质量指数相关分析．北京师范大学学报（自然科学版），2000，36（2）：281—284．
[15] 徐化成．油松．北京：中国林业出版社，1993．
[16] 崔洲平．浅析油松的林学特性．内蒙古林业，2000（8）：31—32．
[17] 梁建萍，韩有志，张云龙，等．油松人工林根系生物量的研究．河南科学，1999，17（专辑）：77—79．
[18] 蒋高明．承德市油松针叶硫及重金属含量动态及其与大气SO2之间的关系．生态学报，1995，15（4）：407—412．
A. Bernatzky. Tree Ecology and Preservation. Elsevier Scientific Publishing Co., 1978.
[19] 朱丽辉．沈阳东陵油松古树生长状况及保护对策[J]．山东林业科技，2008，3：34—35．
[20] 高守惠，韩有志．油松菌根调查研究初报[J]．山西农业大学学报，1986，6(2)：141—145．
[21] 杨建伟等．土壤干旱对油松生长及水分利用的影响[J]．西北农林科技大学学报，2004，32(4)：88—96．
[22] 朱晋存．浅谈油松大树移栽后的复壮措施[J]．太原科技，2008，9：92—93．

生态袋技术在湖岸修复中的应用

许兴 程炜 北京市植物园 北京 100093

摘　要： 本文描述了工程施工中，利用生态袋技术对受损湖岸进行修复的方法与过程，归纳总结了这一新技术的原理性质、技术特点与施工要点。与其他方法手段相比，利用生态袋技术修复湖岸，手法简单，效果明显，是园林景观工程中湖岸修复较为成功的方法。

关键词： 驳岸；生态袋；景观修复

1 施工背景

北京植物园湖区建于2002年，水面面积10万 m^2。是北京西部较大的人工水体。湖区修建完成后，在美化植物园景观效果、改善局部小气候中起到了很大的作用。湖边驳岸形式为混凝土柱护坡，还有随地形漫坡入水两种形式。其中混凝土柱护坡方式，驳岸较高，又有混凝土材质的护桩，因此驳岸形式完整，没有受到外界破坏；而漫坡形式的驳岸，由于长期受湖水冲刷，土壤流失情况比较严重，植物也因为失去基质，不能正常生长，从而导致驳岸失去连贯性与完整性，植物群落缺失，整体水域景观效果遭到破坏。

图1中，左下方红色区域反映的就是驳岸土壤经湖水反复冲刷，被冲走后露出防渗土工膜的情景。

通过图2可以看出整段湖区驳岸被湖水冲刷后的景象，土壤大量流失，驳岸形式不连贯，园林景观受到极大破坏。同时由于土壤的流失，使得驳岸上几乎没有植物生长，景观造成通视，也变相使得游人更加容易迈下驳岸，近距离靠近水面，造成了很大的安全隐患。

为解决这一问题，曾经采取过往驳岸回填种植土的方法，以求恢复驳岸正常形态，保证植物正常生长所需。但是由于湖水冲刷依旧存在，因此这种方式只能解决短时间问题，时间一长土壤

图1 被冲刷的湖岸

图2 冲刷的湖岸景观

作者简介

许兴／男／1977年生／毕业于沈阳农业大学，本科／北京市植物园园林管理部，工程师。

又被湖水冲刷带走；也采取过麻袋填装种植土后，在受损驳岸进行码放，希望以此来解决这一问题，但是弊端比较明显，首先是麻袋上面很难进行植物种植，麻袋上面撒草籽很难出草，对麻袋进行破口栽植的话，麻袋受损，很快就不能使用了；其次是麻袋码放后的不稳定性，时间过久，在湖水冲击以及游人踩踏等多重因素下，容易发生坍塌，造成安全隐患。

2 应用技术

经过反复摸索与调研后，在湖区驳岸修复中选用了鑫三角生态环境工程技术。此技术为加拿大专利技术，是建立在土工合成材料不断发展、岩土力学理论不断完善的基础上，抛弃了传统的高能耗、高污染硬体材料(如钢筋、水泥等)，完全采用适于植被生长、具有生态修复功能的新型软体材料建造各种永久稳固的结构系统。鑫三角生态环境工程系统是目前领域内将生态工程与结构工程结合相对成功的护坡、固堤工程系统。此系统由两个主要部分组成。

2.1 GTX 生态袋

生态袋为非织造的土工合成布料做成，由100%聚丙烯人造纤维材料制成。这种材料在长时间水中浸泡下不会腐烂，不发生质变，具有非常好的透水不透土的特性，可以被各种材料填充，如种植土、碎石等。面层不怕锐器划损，即使有小刮蹭，受损位置也不会继续扩大，保证了它的耐用性。

2.2 连接扣

包括标准扣和工程扣。标准扣是用于连接生态袋的固定连接器，用来增加结构的连接强度。工程扣具有连接加筋土工格栅的倒钩，用来使结构各部分成为牢固的整体（图 3）。

3 施工过程

北京植物园对驳岸的修复工作，于 2009 年 4 月 13 日开始进行，在 120 延长米的受损驳岸区域内进行。在进行湖区驳岸修复中，按照如下几个步骤进行操作。

3.1 施工材料的准备

3.1.1 种植土

种植土的配比，按照腐殖质：素土 =1:4 的比例进行（见图 4）。其中腐殖质的比例不可过高，因为经过试验，腐殖质含量过高的情况下，种植土质地偏软，后期填装进生态袋，袋体比较松软，不利于后期的码放、植物种植等工作。

3.1.2 生态袋填装

种植土配好后，进行生态袋的填装（图 5）。遵循的原则以填装完毕后，袋体紧实为准。填装完毕后，将袋体顿实，并用封口机将袋口进行缝合，确保后期的稳定性与耐用性（图 6）。经过上述工序，即完成了成型的生态袋成品的填装（图 7）。

3.1.3 植物材料

驳岸恢复主要是在生态袋表层进行草类植物的种植和在生态袋之间的缝隙内插种灌木两种方式。因此，我们需要把草种和灌木提前准备好。灌木准备比较简单，就是按照常规栽植手段，对选取好的小型灌木，比如迎春、连翘等，进行提前断根，等生态袋码放好后，插入即可；而对草种，需要在施工前进行处理。首先，按照适宜的比例

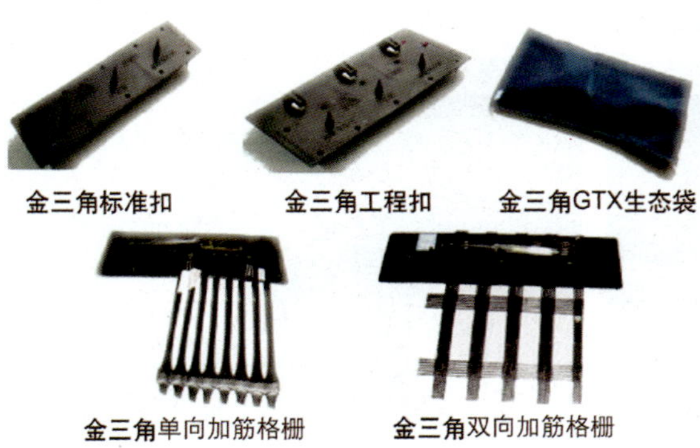

图 3 固堤工程系统的连接扣

图 4 种植土的配制

图 5 生态袋填装

图 6 生态袋填装过程

图 7 生态袋成品

图 10 生态袋的码放

进行草种配比，选择草种的原则为出草快、覆盖效果好而且有一定高度，因此我们选择了黑麦草、狗牙根和狼尾草 3 种进行混播，比例各占 1/3。随后将混好的草种与木纤维混合在一起，用水搅拌好后放在一边备用（见图 8、图 9）。

图 8 草种与与木纤维

图 9 混合草种与木纤维

3.2 施工

材料准备好后，开始进行生态袋的放置。我们将准备好的生态袋整齐码放在驳岸近水第一排，然后将连接扣放置在生态袋之间，放好之后再将第二排生态袋放置在连接扣之上。当放置好之后，压实生态袋，确保生态袋之间被牢固的互锁，安全可靠。如此循环，直至将受损驳岸区域用生态袋填充完毕（图 10）。

在码放生态袋的同时，可在袋体之间的缝隙中进行小型灌木及宿根植物的插播（图 11）。操作方法非常简单，选取合适部位，将两个袋体分离，少量加入种植土后，将灌木植株塞入缝隙内。因为我们选取的灌木品种都是生命力比较顽强的，例如迎春等，还有千屈菜、鸢尾等水陆两栖宿根植物，这类植物生命力顽强，适应性强，需土量少，因此在这样的环境下可正常生长。

按照上述步骤，生态袋全部码放后，即可形成图 12 所示的效果。随后，进行生态袋表面草种的

图 11 播种植物

图 12 码放后效果

图 13 草种涂抹

图 14 无纺布覆盖施工场和现场防护

图 15 施工完毕的湖岸

图 16 向生态袋上草种喷雾补充水分

图 17 同一区域施工前后对比改造后效果是非常明显

图 18 2010 年 7 月效果

铺种。将先期准备好的草种与木纤维混合物，均匀涂抹在生态袋表面（图 13）。在进行涂抹中，着重注意涂抹的厚度，因为涂抹太厚了浪费材料，太薄了又不容易出草。经过实践摸索，涂抹最佳厚度为 2cm，这个厚度既不浪费草种也能保证较好的出芽率。

涂抹工作结束后，生态袋的施工过程基本就完成了。还可利用无纺布对施工面进行覆盖，这样可大大提高草种的出芽率和促进出草时间的提前。同时为防止游人践踏，可暂时用护栏对该区域进行围挡保护，以保证草种出芽效果（图 14）。

上述施工时间共用 5 个工作日，共用人工 34 个，种植土 $210m^3$，生态袋 600 个，草种 1.5kg，无纺布 $400m^2$（图 15）。

3.3 养护

无纺布放置到位后，开始正常的养护工作。因为此时草种仅靠木纤维的黏性与生态袋体结合在一起，如果采用喷灌或水管灌溉的话，草种非常容易从生态袋表面脱离，因此先期一周内，每天用喷雾器早晚各一次进行喷雾，保证草种萌发所需的水分即可（图 16）。

施工结束后第 9 天，即 2009 年 4 月 27 日，草种即开始出芽萌发。30 天后，95% 的草已经出芽，而且长势健壮，已经钻破无纺布，此时就可以撤去无纺布，改用自来水管灌溉。

3.4 效果

经过一个月左右的时间，草根已经扎进袋体内，到 60 天后，生态袋袋体的草长势健壮，已经将这片区域完全覆盖，插播的迎春和千屈菜、鸢尾长势也非常健康。植物的健康生长，使得这片区域的园林景观效果得到极大的恢复，狼尾草和千屈菜探向水面，给人视觉上一种深不可测的感觉，使得游人不敢轻易走下驳岸（图 17，图 18）。

经过 2009 年冬季严寒的考验，第二年春季，我们对受游人踩踏过于严重的靠路的一条生态袋进行了草种的补植，同时为避免以后此类情况发生，在生态袋与道路之间种植了迎春，将其作为绿篱的作用来保护生态袋。

4 结论

生态袋技术具有几个非常鲜明的优势，首先，它易于安装，工人只需要简单培训即可操作，无需专门的技术人员指导；生态袋及连接扣等组件小巧，生态袋内的填充基质可以利用当地的自然种植土来填充，因此不存在大体积大重量的组件，易于运输；生态袋系统结构仅需要一个合理的水平基面，即可在各种复杂的环境条件下进行施工，具有易建造性；生态袋建造工程是充满生命活力的绿色生态技术，具有适应环境和自我修复的能力。

利用生态袋技术，使得受损的驳岸得到了很好的恢复，为植被的生长提供了土壤基质，使得植物的恢复与园林景观的建立成为可能，而植物的根系结构又增强了整个系统的强度，从而加速了工程的自然永久化过程，保证了驳岸的完整性与坚固性。生态袋所具有的独特性能与结构，确实达到了传统方法无法比拟的效果。在水景大行其道的现代化园林中，利用生态袋技术，的确可以解决一些特殊条件下，驳岸或边坡绿化美化难以实现或难以维持的问题。作为一项绿色的护坡、绿坡工程系统，生态袋技术值得大力推广。

对节约环保型园林的认识与工程管理的实践体会

韩孟春[1] 崔洪霞[2]

1.北京富力城房地产开发有限公司 北京 100022

2.中国科学院植物研究所 北京 100093

摘 要： 基于园林景观和工程管理实践，从园林工程设计和资源利用角度阐述对节约型园林的认识。强调植物造景在景观构成和环境调节中的主导作用，在加大耐旱乔灌木用量的同时，结合工程所在地的自然植被特征和人文因素设计构建居住区人工园林，重视工程原址资源的充分利用，铺设中水和雨洪利用设施，减少化学防治，加强施工过程管理，从长而计促进园林绿化行业发展。

关键词： 节约；园林；耐旱

人居环境的改善历来以资源消耗和环境扰动为代价。一个时期以来，我国众多的人口、较快的经济发展速度、有限的技术水平和相对滞后的资源环境保护意识使得人们在生存质量提高的过程中付出了沉重的资源环境代价。在人口相对密集的城市，园林绿化是人居环境中的重要内容。而在水、电、燃料和人力等资源短缺的背景下，园林工程企业不仅面临建设成本的提高，更要面对可持续发展的压力。因此，贯穿于设计和施工过程中的节约和环保理念越来越成为企业生存和良性发展的自觉意识。将现有条件资源化，立足长远发展、构建节约型和环保型园林是园林工程发展的必然趋势。多年的园林工程实践让我们在景观构成、景观风格、资源利用、组织施工等方面的节约和环境保护产生了一些思考。

1 多软景绿化少硬质铺装

如果将水泥、沙石等建筑材料构建的亭、山、路、桥称作“硬质”景观的话，那么具有生命的植物造景则可视为“软质”景观。人工园林中硬质景观的休憩、装点、分隔、导引等功能固然重要，而植物构成的绿化软景的骨架和网路轮廓则更是景观灵性的体现。北京市“十一·五”园林绿化发展规划提出了绿化覆盖率达到45%的要求。为了实现这一目标，在我们对居住社区的绿化设计中，除必备的道路等硬质铺装外，最大限度地增加绿化元素比重，小区绿化覆盖率普遍达到80%以上，远远高出北京市的规定标准。从富力城打造的诸多景观工程中我们切身体会到，相对于硬质景观而言，充满活力的植物景观能够以较低的施工成本实现造景效果，并有效进行地表温度调节、改善土壤通透性，同时体现了景观的灵动与生机。

2 多乔灌及宿根地被，少时花及草坪

植被是植物景观中的核心因素，因植物养护而发生的资源消耗自然成为节约型园林的重要影响因子。深根性的木本植物在水分利用方面具有优势。较深的根系，能够有效地吸收土壤深层水

作者简介

韩孟春／1970年生／北京富力城房地产开发有限公司副总经理／负责北方区园林景观工程管理。

分，使植株的水分持有状况较小地受到地表水分变化的影响。耐旱灌木也常常具有完备的生理性和结构性保水机制，对地表水分的波动不很敏感。即使受到干旱胁迫，也多表现在叶片、当年生或一年生的枝条上，通过枝条修剪等简单的园艺操作即可挽回对树体和景观的影响。同时，木本植物养护管理相对粗放，水肥和人工资源投入较少。不仅如此，木本植物多年蓄积的较大地上生物量，能够形成显著的地上景观效果和功能效应。而一年生的草本花卉及草坪则不然。由于生命周期短、根系分布浅，为保证正常生长、维护景观质量，需每年补充大量水分。在北京旱季高温条件下，必须频繁浇灌并施以精细的除杂管理才能维持正常的景观效果，使资源消耗和养护成本都显著增加。宿根花卉的水分需求明显低于一年生草本植物，通常具有突出的耐旱、耐荫的特点，并且大多具有优异的观赏性状，如耐旱的景天、耐阴的玉簪，鸢尾、马蔺、千屈菜和福禄考等宿根花卉的应用，不仅能够丰富春夏植物景观的多样性，提升景观效果，更能大大降低浇灌水、修剪、病虫害防治费用，一举而多得。

3 模拟自然群落构建风格细腻的绿化景观

在节约和环保型园林的建设趋势下，仅仅具有种树、种花和种草的基本绿化概念显然是落伍的。在为经济发展付出了沉重的资源环境代价之后，人们终于意识到尊重自然的重要性。模拟自然群落构建园林工程的理念，是对园林绿化更高层次的认知，对园林企业的长远发展更具裨益。

自然永远是我们最好的老师，科学地分析和模拟自然群落的做法能够避免盲目地追求奢华而带来的建设和维护成本的铺张。自然群落是在物种与物种、物种与环境的长期磨合中趋于稳定的。而绿化工程创制的人工群落是依据人文景观效果构建的，其中的植物元素和地貌元素都是人为确定和人工创制的，这就意味着建设方在物种与物种、物种与人造环境的协调过程中可能付出巨大的建设、养护和时间成本。而基于地带性自然气候特征，参照区域自然群落创制的人工园林能够充分利用空间、阳光、水分、养分等环境资源，不仅提高了地表绿化覆盖率，更能提高空间绿量。不仅如此，参照区域自然群落设计构建植物景观，就近采用乡土树种，在很大程度上保证成活率，最大限度地缩短植物对环境的适应时间，从而减少了苗木采购和养护成本。

长久以来，在模拟自然的宗旨下进行空间层次的细腻配置已成为富力城植物景观构建的风格。对于不同地区的工程，我们先行考察当地的自然群落特征，将乔木层分成高大乔木层（5 ~ 6m）、一般乔木层（4m）和亚乔木层（2.5 ~ 3m）。例如在太原富力城工程中，以高大的太原市树国槐构成高大乔木层，以油松、云杉等常绿树种组建一般乔木层，以海棠、碧桃组建亚乔木层；而在灌木层中又分为大灌木层（2 ~ 2.5m）和一般灌木层（1.2 ~ 1.5m）。0.6 ~ 0.8m 以下为草本层。如在北京富力又一城及沈阳富力仙湖别墅工程中，以金银木和大苗龄紫丁香组成大面积的灌木层，以低苗龄丁香、锦带、珍珠梅、小檗、女贞和黄杨为一般灌木层，以福禄考、玉簪等宿根植物为草本层。以当地自然群落为参照建成的人工园林体现了当地植被特征的主导成分，细腻的空间层次由相对丰富的物种构成，增加了物种多样性，减少了病虫害，切实降低了工程养护成本。

4 利用地基开挖土方创建园林地形

房地产开发过程中，建筑主体地基挖掘时产生大量土方，以往将其视为工程废弃物，需调集车辆异地运输和处理。其实，土方也是一种宝贵的资源，对其稍加分类处理后就能成为园林地形创建的不可或缺的材料，这种就地消纳的做法同样可以节约可观的建设成本。根据地基开挖的状况，施工中我们将无法用于绿化用土的瓦砾及垃圾外运，将可利用的土方用于修筑园林地形，这种做法早已成为我们的施工惯例。在富力城一般的绿化施工中每年要利用约 60 万 m^3 的地基土方，节省车辆租运费和土方消纳费约 200 余万元，同时免除了因地基土方外运、异地堆放而带来的继发资源占用和环境污染问题。

5 保护工程原址乔木，避免资源二次破坏

为了实现开发商期望的立竿见影的园林景观效果，大龄苗木的需求量甚大，而苗圃的大苗供给量有限，因此边远地区的大龄苗木成为搜寻重点，多年来这种做法已经对自然生境造成了破坏。面对这种情形，我们特别注重工程建设场所原址树木的保护。原址存留的树木往往树龄较大、数量可观。富力城的设计人员在进行植物造景设计前首先了解工程原址的树木种类、规格和数量，将其纳入设计保护、利用范畴。2007 年在“富力又一城”和“马坡富力湾”两个项目中，保存和利用的原址大乔木约 2000 株。其中，就地保存和利用的就有 1500 余株，同时将原址无法保留的 400 余株高大乔木移植至公司苗圃假植，以备后续绿化用苗。实践表明，原址树木的就地利用和保护不仅减少了公司苗木采购成本，更减少了对异地大树的资源破坏，是经济效益和环境效益双赢的做法。

6 中水利用

对于北京这样一个严重缺水的城市来说，中水利用对缓解水资源整体压力理应起着重要作用。但是，由于中水配套设施的一次性投资较大、短期效益不显著，加上用水政策的不配套，使得中水资源远远没有发挥预期作用。即使在这样的背景下，我们仍旧立足长期效益，恪守资源节约理念，投入大量人力和物力，在具备中水水源的工程中进行中水管线的铺设和接驳，做到园林养护的中水回用，提升了工程的环保标准，极大地节约了自来水和地下水资源。

7 雨洪利用变废为宝

和中水利用中的瓶颈一样，雨洪资源的利用同样意味着建设成本的增加。本着水资源节约的原则，长期以来我们结合园林景观的地形走向和道路规划进行雨洪利用设施的建设。雨洪储蓄井、沉降过滤池和增压泵是雨洪利用的必备设施。最经济的做法是，根据道路和地形特点将雨洪储蓄井布置在低洼区域，雨季中地表径流经沟槽导入沉降过滤池净化后进入雨洪储蓄井，增压后用于绿化浇灌。雨洪利用设施建于地表以下，地表预留检修井口。设施容积根据区域年降雨量和绿地浇灌面积而定，一般 2000 ~ 5000m^3 不等。绿化施工需在储蓄井结构、防水工程、泵体安装调试等地下工程完毕后回填土方再进行。我国西部严重缺水，我们在山西太原“富力城”绿化配套工程设计中，于第一期 5 万 m^2 的绿地面积内建设了 2 个容量 5000m^3 的雨洪储蓄井，每年可以节水 2 万 m^3。

8 充分利用设施灌溉

在绿化工程配套中我们常用的设施灌溉包括喷灌、滴灌、微喷和渗灌。设施灌溉的使用能够有效避免传统大水漫灌造成的资源浪费，实现精确灌溉，节省水资源和人工消耗。渗灌是近年新兴的灌溉方式，虽然设施需要一定投入，在基于长期养护过程中的水分节约原则，我们在施工中已开始采用。在地形规则的绿地中，距地面 30 ~ 50cm 处预埋管道，管道内的水通过管壁上的小孔直接渗于植物根际，有效避免了地表灌溉的蒸发消耗，真正实现水资源的最大限度地利用。

9 物理和生物防治结合使用

基于环境友好理念，在园林植物的养护中，尽力减少化学农药的使用，避免农药残留对环境的影响。物理防治害虫的方法简便有效，自然最为常用。如利用昆虫的趋光性，采用黑光灯能有效诱杀鳞翅目等趋光性害虫的成虫如美国白蛾等。此外，采用树干包膜对于松毛虫、举肢蛾的防范十分有效。生物防治是降低病虫害治理成本的有效方法。采用阿维菌素等生物制剂喷布叶面，能有效减少红蜘蛛数量。

10 合理组织施工机械、物料和人力

传统施工中，为了保证大型车辆的通行，在工地内通常先铺设临时水泥硬化道路，我们则循环采用大钢板代路，减少了水泥硬化道路的成本，同时减少了水泥道路破碎后对环境的二次污染。在每年近 40 万 m^2 的园林工程施工中，我们通过

精心排布施工进度计划，定期召开现场协调会，根据园林施工各工种的先后进场顺序严格控制各节点工期，来确保各分项园林施工如综合管线施工、土方回填、园林结构、饰面施工、园林绿化施工，等有条不紊的进行。在现场施工中广泛使用园林机械，如小挖掘机、铲车、吊车、绿篱修剪机、机动喷雾设施等替代人工作业，在提高工作效率的同时，也节约了大量的社会成本。

长久以来的行业实践告诉我们，尽管在节约型和环保型园林构建实践中存在着投入高、公众理念滞后以及行政指令和法规的不完善等诸多现实问题，但面对生存发展与资源消耗的突出矛盾，可持续发展早已不再是一个口号，而是我们必须付诸实践的生存原则。节约和环保是可持续发展的重要内容，而真正意义上的节约型和环保型园林建设纵然还需披荆斩棘，但仍旧会坚定不移地走下去。从短期效应来看，企业的确要为节约和环保目标的实现付出可观的建设成本。而长远来看，付出的经济成本可能换来更为深远的环境和社会效益。而这类效益会随着政策的完善、能源供给与消费的经济协调机制的成熟而最终转换成更为可观的经济收益。

屋顶花园施工技术探讨

周小芳　北京金都恒达园林绿化处二队　北京 100015

摘　要： 屋顶花园作为城市绿化系统的重要组成部分，对提高城市景观质量和空间利用率，增加城市绿地数量和可视数量，改变建筑环境景观、建筑小气候，建立生态健全、景观良好的现代化国际都市具有战略意义。本文以北京市园林市场为例，阐述了屋顶花园在北京市园林绿化中的重要地位和意义，结合我公司参与施工的屋顶花园为具体研究对象，同时参考相关文献资料，研究分析屋顶花园施工的技术要点、植物品种的选择及今后施工中的操作建议等。

关键词： 屋顶花园；现状与问题；施工要点；建议

1 屋顶花园的发展现状

当前城市园林绿化发展的突出问题是园林绿化发展与用地的矛盾，城市中心地区当前的绿化覆盖率和人均绿地指标严重不足。为了缓解城市绿地紧张，继地面绿化、立体垂直绿化后，北京市政府提出了屋顶园林绿化的理念，以治理北京的热岛效应，实施以屋顶园林绿化为代表的城市建筑大面积植被化之路。

近年来北京市政府大力发展屋顶园林绿化，2005 年 6 月 3 日北京市政府召开新闻发布会，宣布北京市地方标准《屋顶绿化规范》正式颁布执行，相关的政策法规正在制定之中；2006 年 3 月，北京屋顶绿化协会成立；同年 9 月，北京市政府发文，规定 2007 年规划设计的新建筑，必须进行屋顶的绿化美化，这标志着北京市屋顶园林绿化的春天已经到来。从 1983 年北京长城饭店建成我国北方地区第一座屋顶花园，其后通过政府引导实施、社会广泛参与，截止到 2010 年初，北京市完成屋顶花园面积已超过 100 万 m^2。仅由我公司负责施工的包括屋顶花园的工程就有：长城饭店（1983 年）、机场航站楼景观工程（1998 年）、中关村西区楔形绿地景观工程（2003 年）、中央统战部庭院及屋顶景观工程（2006 年）、望京东湖居住小区一期室外景观园林工程（2007 年）等。屋顶花园的发展使城市空间景观得以改善，并对首都的整体环境改变起到了积极的作用。

2 目前北京市屋顶花园存在的问题

屋顶花园虽然具有很多优点，但是目前在施工中仍然存在很多问题，这些问题在一定程度上成为制约屋顶花园发展的瓶颈。

2.1 相关法规不健全，市场混乱

屋顶花园相关的法规还不健全，行业标准尚未完善；目前北京市对承揽屋顶花园的施工企业尚无特殊资质要求，一般都是按照园林企业资质等级来进行招标，存在着各企业施工水平良莠不齐、市场竞争混乱的诸多问题。

2.2 屋顶花园的建造难度要远远高于普通绿地施工

屋顶花园的建造关系到建筑物结构荷载的增加、必须有效解决建筑屋顶渗水、隔热的技术难题、屋顶防水的加强、灌溉系统等设施的配备、景观

作者简介

周小芳／女／1972 年生／1995 年毕业于北京农学院，本科／北京金都恒达园林绿化处二队，高级工程师。

小品材料的选择、特种营养土的供应、种植土内排水管的设置以及植物选择等多方面问题。这些都直接涉及到要增加施工的成本。屋顶花园要求特定的施工技术，施工单位缺乏相应的技术能力、操作不规范是影响屋顶花园推广的关键因素。

2.3 屋顶花园的营造成本相对较高

一般地面园林工程施工造价在 30 ~ 200 元 /m^2，简式屋顶花园的施工造价在 100 ~ 200 元 /m^2 左右，花园式屋顶施工造价基本在 400 元 /m^2 以上。屋顶花园需要人工精心养护，维护费用高；屋顶花园绿化植物品种单一，景观效果欠佳，短时间内不能看到屋顶花园的直观效应，与地面园林绿化的效果仍有一定差距。屋顶花园营造必须要考虑屋顶荷载的要求；屋顶花园最致命的问题是，如果一旦防水工程失败的话，维修工程将困难重重。

2.4 因设计失败导致屋顶花园未能达到预期的景观效果

前期设计未进行实地考察或未实际考虑植物合理配置问题，使屋顶花园未能形成应有效果。如设计了不适合屋顶花园种植的苗木导致苗木死亡，迟迟达不到预期景观效果；频繁更换植物的同时也增加了屋顶花园的营造成本；对屋顶花园的特殊生长环境未能充分进行考虑，最终导致未能达到设计要求的景观效果。

2.5 屋顶花园建成后因管理不善导致屋顶花园弃用的现象屡屡发生

屋顶花园建成后缺乏相应的技术人员进行施工后养护管理，致使苗木长势不佳、各类植物杂生，影响了各自的正常生长，这样即使前期投入大量的资金建成的屋顶花园，也不能取得预期要求的景观效果，未能实现生态效益的最大化。

3 屋顶花园的施工技术要求

屋顶花园要建在经验收、检测完全符合国家建筑构造、屋顶荷载符合安全竣工验收标准的建筑结构的顶面上。屋顶允许承载重量 > 一定厚度种植层最大湿度重量 + 一定厚度排水物质重量 + 植物重量 + 其他物质重量。

3.1 屋顶花园系统组成

屋顶花园系统由隔离层、蓄水层、排水系统、过滤层、雨水收集系统、轻质基质、合理配置的植物系统及铺装及景观小品、喷灌系统等组成。亭子、花架、山石等较重景观配置应设计在建筑的承重墙、柱或梁的位置。

3.2 屋顶花园施工流程

屋顶花园施工流程为：清扫屋顶表面——►验收基层——►做二次防水处理——►铺设隔根层——►铺设排（蓄）水层——►铺设过滤层——►绿地种植池池壁施工——►园林小品施工——►铺设基质层——►种植植物——►植物固定支撑处理——►裸露部分铺设表面覆盖物。

3.3 施工前期材料垂直运输途径问题的考虑

施工前要充分考虑屋顶花园施工材料的垂直运输途径问题，常用的运输方法为建筑施工室外材料运输简易电梯、利用起重机械进行垂直运输，对于超小型屋顶花园也可以采用人工运输方式，在施工前要根据设计规模进行选择，如果是大型屋顶花园施工的话在工期安排上尽量在建筑工程室外运输设备未撤离时进行，以降低施工成本、缩短工期。

3.4 屋顶防水和排水工作是屋顶花园施工的关键

做好防水和排水是屋顶花园施工的关键所在，也是屋顶花园保持长久效应的关键，因此在施工中一定要突出重点，在不损伤建筑原有防水层的情况下实施二次防水处理，严格做好 48 小时闭水实验，以达到双重防水目的，优先选择耐植物根系穿刺的防水材料。铺设防水材料时应向建筑侧

图 1 附屋顶花园标准施工断面

墙面延伸，应高于基质表面15cm以上。竣工后及时检查屋面排水情况，排除下水口的污物和杂物，保证排水畅通。隔根层铺设常用的有合金、橡胶、聚乙烯和高密度聚乙烯等材料，铺设在排（蓄）水层下，搭接宽度不小于100cm,并向建筑侧墙面延伸15 ～ 20cm，防水层做好后应及时养护。屋顶花园的各项园林工程和建筑小品只有在确认屋顶防水工程完整无损的条件下才允许施工。

3.5 排（蓄）水层的施工技术要求

排（蓄）水层铺设在过滤层下，常用材料有排（蓄）水板、陶粒和排水管等不同的排（蓄）水形式，用于改善植物根部与基质的通气状况，迅速排出因下雨或养护浇水时的多余水分，同时有效缓解瞬时压力，并可蓄存少量水分，避免造成积水而导致植物根系腐烂；同时，为防止水分蒸发过快，基质内还需加入高分子保水剂以利植物生长。具体操作时应根据屋顶构造、荷载要求选用不同材料。如果屋顶排水坡度较大时可采用排水管，荷载允许时可选用陶粒，如果疏水层材料选择碎石或轻体陶粒时，粒径一般在20 ～ 40mm左右。目前施工常用材料为排（蓄）水板。施工时应向建筑侧墙面延伸至基质表层下方5cm处。

3.6 隔离过滤层的施工技术要求

隔离过滤层铺设在基质层下方，采用既能透水又能过滤的聚酯纤维无纺布、玻璃纤维、尼龙布、金属丝网等材料，用于阻止基质进入排水层，施工时要求搭接缝的有效宽度应达到10 ～ 20cm，并向建筑侧墙面延伸至基质表层下方5cm。

3.7 铺装材料及山石、小品造景技术要求

铺装材料尽量选择环保、防滑、透水性好、轻质、美观的铺装材料，铺装面材应具有柔和的光线色彩，减少反光和刺眼，并与所处地形、植物、山石小品等协调一致。铺装垫层在设计时尽量采用轻质陶粒混凝土。山石为景观特殊要求，施工时宜选用造型独特、特点鲜明、体量较小而分散的精美置石，石材体积不宜过大，便于从地面垂直运输到屋顶并满足屋顶荷载的要求；专业施工队参照设计图纸要求组合摆放，山石放置应在种植工作展开前完成，并确保其稳定。

小品中所用的木材如花架、木平台、木座椅等应选用经CCA处理过的户外花园防腐木材，如果设计要求为施工方自行加工，应选用杉木或者楸木，并做桐油浸渍防腐处理，面层涂漆，拼接材需经过设计同意并认同拼接形式。所有外露的钢构件需做防腐处理，除锈后涂防锈漆两道，面层处理根据设计要求进行施工。

屋顶花园可以适当增加园林小品成品，所选成品应符合整体园林设计风格，形成适宜休息、观赏的游览和休憩空间，如成品座椅、小型雕塑等能充分融入整体景观花园的景观小品等。

3.8 水体施工技术要求

水体工程是屋顶花园的重要组成部分。形体各异的水池、叠水和喷泉为屋顶有限空间提供观赏景物。特别是以中国古典山水园为造园基调的屋顶花园，水体更是常用的造景手法。因受到场地和承重限制，多建造成浅矮小型观赏池。施工时要统筹考虑，处理好水电设备，并对建成后的使用管理方面的问题要全盘考虑。水池的施工应配合专业管线设施进行土建施工，水池每超过20m长度需设变形缝一条，管线穿池壁需做防水处理，水池防水材料一般选用金属高分子复合防水材料层。

3.9 屋顶花园施工要尊重原有屋面排水系统设计

在屋顶花园种植池、水池和道路场地施工时，应遵照原屋顶排水系统进行规范设计，不应封堵、隔绝或改变原排水口和坡度。特别是大型种植池排水层下的排水管道，要与屋顶排水口配合，注意相关的标准差，便于种植池内的多余灌水能顺畅排出，以免造成积水影响植物正常生长。

3.10 屋顶花园喷灌、照明系统的选择要求

因屋顶花园的营造面积相对地面较小，因此在喷灌系统的选择上要方便进行管理，一般选用微喷、滴灌、渗灌等灌溉系统。如果有条件的话，可以建立屋顶雨水和空调冷凝水的收集灌溉系统，以降低后期养护成本。

屋顶花园可以根据使用功能和要求，适当设置夜间照明系统，白天，精巧的灯具是屋顶组景

表 1 屋顶花园种植区土层厚度与荷载值参考

类别	地被	花卉小灌木	大灌木	浅根乔木	深根乔木
植物生存种植土最小厚度（cm）	15	30	45	60	90 ~ 120
植物生育种植土最小厚度（cm）	30	45	60	90	120 ~ 150
排水层厚度（cm）	--	10	15	20	30
平均荷载（种植土容重按 1000kg/m^3 计）（kg/m^2）	150	300	450	600	600 ~ 1200
	300	450	600	900	1200 ~ 1500

中引人注目的小品；夜间，可起到指示和引导游人的作用，还可以丰富城市的空间夜景。照明系统施工时应做好特殊的防水和防漏电措施。一般选择低矮的草坪灯和射灯，不宜选用庭院灯。

3.11 屋顶花园种植土壤的选择

为保证屋顶荷载的要求，同时要充分满足植物生长需要，种植土宜采用适于植物生长的轻质营养土壤，如选用腐殖酸土、珍珠岩、有机肥、草炭土、泥炭等按比例混合的疏松土壤，还需注意的是土壤具有保水成分很关键，要求土壤的 pH 值为 5.5 ～ 7.0 左右，湿度 30% ～ 70%，土壤表面应低于道牙花池 2 ～ 5cm 左右，部分乔木种植时为达到种植深度要求可适当增加微地形处理。种植土回填达到设计要求后用 2% 的高锰酸钾喷雾进行消毒，以利植物成活。

3.12 屋顶花园栽植树种的选择及种植要求

栽植树种的选择，因为屋顶花园施工环境的特殊性，夏季高温干旱、冬季低温寒冷风力大；因此在选择苗木品种时要严加筛选。乔木原则上不宜选用树形高大、深根性的大乔木，因高大乔木根系深、树冠大，而屋顶上的风力较大，土层太薄的话，乔木容易被风吹倒；如果加厚土层则会增加重量，加重屋顶的荷载；而且乔木发达的根系往往还会深扎防水层而造成屋顶渗漏；不宜选用根系穿刺性较强的植物，以防植物根系穿透建筑防水层，应选择须根发达、树形相对低矮、根系较浅、生长缓慢、冠幅适中的小乔木，植物高度以不超过 2.5m 为宜，乔灌木搭配合理，并适当穿插色块、地被、花卉等多花及观叶植物进行点缀，采用复层植物配植方式，尽量选择抗风、耐旱、耐高温、耐寒、耐瘠薄、生命力强、管理粗放、生长缓慢、病虫害少、绿色期长、供氧率大、滞尘控温能力较强、绿化覆盖率高的乡土树种，以期达到较好的景观效果。为保证屋面防水、排水和消防要求，植物的种植面不能直接靠近建筑立面边缘，要以 20 ～ 50cm 的碎石或陶粒等轻质物质带进行隔离。

植物种植应在适当季节进行，以确保成活率；种植定位应按照图纸要求，并合理避让喷灌管线，种植坑应大于最低种植层厚度要求，回填种植土应分层压实以确保植物能牢固地植于土壤内，苗木栽植后立即做好支撑，种植后应立即用水浇灌，如果需要做树坡应做平坡；浅土壤种植必须做好植株加固处理。

3.13 对不适宜回填土种植屋面的处理方法

如果屋顶花园不适宜进行回填土种植，可根据屋顶荷载和使用要求，采用铺装小品加容器组

图 2 中央统战部屋顶花园竣工后现场

图 3 中央统战部屋顶花园竣工后现场

图 4 中央统战部屋顶花园竣工后现场

合形式进行造景，常采用玻璃钢种植池的形式进行植物栽植。玻璃钢种植池的优点是便于进行植物品种组合，便于移动造景，管理方便，造型多样，可根据季节不同随时进行组合变化，更换植物品种方便，缺点是玻璃钢种植池透气、透水效果更差，苗木长势较差。我方在统战部屋顶花园施工中除回填土种植苗木外还大量采用了彩色仿木贴面玻璃钢种植池进行种植的方式种植小花灌木及地被等，丰富了屋顶花园的色彩。经过几年的精心养护管理，目前植物长势良好。

3.14 适宜北京市屋顶花园施工的苗木品种

目前屋顶花园适宜北京市种植的小乔木品种有：红枫、石榴、碧桃、玉兰、紫叶李、龙柏、樱花、黄栌、云杉等；灌木品种有：矮生紫薇、丝兰、木槿、棣棠、红瑞木、沙地柏、早园竹等；地被色块品种有：大叶黄杨、小叶黄杨、金叶女贞、紫叶小檗、景天属植物等；花卉品种有：常夏石竹、金娃娃萱草、芍药、玉簪、鸢尾、品种月季等；攀援植物品种有：常春藤、扶芳藤、紫藤、爬蔓月季等；草种选择有白三叶、冷季型草、佛甲草等；近几年常用的覆土植物为佛甲草，它具有强耐旱、耐极度低温、生存期长、无需修剪、易成坪及更换、质轻但不耐践踏等特点。

我方在中央统战部屋顶花园施工时选用暖色碎拼花岗岩、红色混凝土透水砖、防腐木平台、木座椅、玻璃钢种植池（池壁采用仿木贴面处理）、成品阳伞茶座等景观材料与周围建筑简洁庄严的整体风格统一；选用金娃娃萱草、阔叶箬竹、玉簪、早园竹、红瑞木、油松、丝兰、紫叶李、八宝景天、扶芳藤、佛甲草等色彩丰富的植物来丰富季相变化；为防止乔木及大灌木发生倒伏现象，采用在树木根部土层下埋设塑料网以扩大根系固土作用。

4 屋顶花园的发展前景及今后施工中的建议

随着城市绿地的日益减少，屋顶花园施工会成为越来越普遍的景观花园营造方式，屋顶花园具备的生态功能和景观功能越来越引起人们的重视。在今后的几年中，要大力推广屋顶花园，充分发挥其不占地面占空间的独特优势，充分利用高科技手段，结合北京市的屋顶整治，使北京市的屋顶花园早日达到世界水平。

进一步健全屋顶花园施工规范，对施工单位采取施工资质审核制度，以防止施工企业水平良莠不齐的现状，保证屋顶花园整体施工质量，使其能安全、长时间地被有效利用。建立权威的检测机构，对屋顶花园施工材料制定行业标准，强制执行；因地制宜，发掘更多适宜屋顶花园种植的苗木品种，以丰富屋顶花园色彩，拓宽植物选择范围，提高屋顶花园的生态效益；在施工中不断进行总结，学习借鉴国外发达国家先进的施工技术和施工材料，不断完善屋顶花园施工经验。

5 结论

在今后的屋顶花园的设计和施工中要更加充分地体现低碳、环保、绿色的概念，积极宣传屋顶花园相关知识，引进国外先进的施工技术和经验，结合北京市环境特点，大力提倡屋顶花园节能技术。在充分体现设计意图、保证施工质量的的情况下降低施工成本，使屋顶花园营造能在更多的城市中广泛应用，形成城市的空中绿化系统，很好的改善我们的城市环境，为我们的城市创造更多环境优美的生活空间。

参考文献

[1] 弗朗西斯科 . 阿森西奥 · 切沃 . 商务园林与屋顶花园 . 南京：江苏科学技术出版社，2002.
[2] 黄金锜 . 屋顶花园设计与营造 . 北京：中国林业出版社，1994.
[3] WALTER KOLB. 屋顶绿化 . 沈阳：辽宁科学技术出版社，2002.
[4] 郑达谦 . 给水排水施工 . 北京：中国建筑工业出版社 ,1998.
[5] 北京市屋顶绿化规范地方标准 . 北京市质量技术监督局 .2005.
[6] 胡连真 . 提倡屋顶绿化促进城市建设 . 河南林业科技 ,2001.
[7] 杰瑞 · 哈勃，大卫 · 史蒂芬 . 屋顶花园阳台与露台设计 . 北京：中国建筑工业出版社，2006.
[8] 瓦尔特 · 科尔布 . 屋顶绿化 . 沈阳：辽宁科学技术出版社，2002 年 .

园林养护管理篇

在城市化推进过程中，动、植物赖以生存的自然环境遭到严重破坏，生态平衡被打破，气候出现异常，园林养护作为园林绿化的重要环节，难度越来越大，方法和手段需不断创新。

极端气候造成园林绿化植物次生灾害（融雪剂危害）的防护与救治

曹臻[1]　周雪[1]　柏超[2]

1.海淀区园林绿化局　北京　100089

2.海淀区绿化三队　北京　100142

摘　要：冬季降雪之后，为缓解城市交通压力，相关部门均会撒施融雪剂。而融雪剂的使用对园林绿化植物造成了极大危害。为了减少或避免这种危害，积极探索各种防护、救治措施。本文通过对园林绿化植物受融雪剂危害之前的防护和受融雪剂危害之后的救治，来探讨北京园林绿化行业如何高效、低耗地应对极端天气和城市特定环境对园林绿化植物的影响，进而找到保证社会生活正常运转与维持生态环境健康发展的平衡点。

关键词：融雪剂；危害；园林绿化植物；防护、救治措施

2009年冬季至2010年春，北京遭遇了几场多年罕见的大雪，连续降雪致使气温持续走低，并给人员、车辆出行带来了极大的不便。据有关部门统计，为缓解交通压力，仅1月3日降雪后北京市就使用了近3万吨融雪剂用于清理市政道路路面积雪。

依据北京市目前情况，在连续降雪的极端天气条件下，融雪剂的使用短时期内不可避免。而融雪剂的使用对园林绿化植物造成了极大的危害。如何做好园林绿化植物的防护，使其免受或少受融雪剂危害；以及如何采取救治措施，挽救受融雪剂危害的园林绿化植物，是近几年来一直思考的问题。

1 融雪剂对园林绿化植物的危害途径

国内外使用的融雪剂一般有两大类[1]：一类是以醋酸钾为主要成分的融雪剂，其融雪效果好，腐蚀性低，但价格高，一般用于机场等重要场所融雪除冰。另一类以“氯盐”为主要成分，如氯化钠、氯化钙、氯化镁、氯化钾等，通常称作“化冰盐”。这类融雪剂价格便宜，但对公共基础设施的腐蚀严重，常见的融雪剂就属于这一类。2010年初北京市园林科研所对北京市受融雪剂污染的雪样、土样进行化验的结果显示：北京市所用融雪剂也属于此类(见表1)。其主要成分为工业用盐，大量使用会造成土壤中可溶性盐分过多，对植物造成危害，也就是通常所说的“盐害”。这种影响是多种多样的，但主要表现为[2]：渗透胁迫、营养缺乏胁迫、离子毒害和生理代谢紊乱，最终表现为对植物生长发育的综合影响，严重时造成植物死亡。

众所周知：对植物一次施肥过多，会造成“烧苗”；盐碱地里的农作物总也长不好。这主要是因为成熟的植物细胞是一个渗透系统，植物根系通过渗透作用从土壤中吸水，水分由溶液浓度低的一侧向溶液浓度高的一侧渗透，当细胞液大于环境溶液的浓度时，细胞会从环境中吸水，

作者简介

曹臻/男/海淀区园林绿化局副局长/高级工程师。

表1 2010年1月18日送检的受融雪剂污染的雪样检测结果(北京市园林科研所检测数据)

取样地点	全盐量(%)	pH值	EC(mS/cm)	氯化物(mg/L)	钠吸附比(SAR)
北三环 四通桥 毛白杨 草坪	1.46	6.45	19.26	8862.50	86.16
北三环联想桥下 毛白杨 草坪	0.49	7.20	7.56	3545.00	62.06
中关村大街(大叶黄杨色带)	0.95	7.06	13.28	5672.00	70.97
北四环车段(主辅隔离带 月季 草坪)	1.95	6.66	28.54	21270.00	100.55
学清路(主辅隔离带 月季 大叶黄杨色带)	0.68	6.95	9.82	3899.50	45.65
中关村南大街(主辅隔离带 大叶黄杨色带)	0.47	7.50	6.90	2658.75	48.98
新外北延(主辅隔离带 月季 大叶黄杨色带)	0.28	7.21	4.02	1240.75	24.34
永丰路(主辅隔离带 草坪)	0.22	7.30	3.40	531.75	23.28
圆明园西路(主辅隔离带 小叶黄杨 草坪)	0.19	7.35	2.91	1772.50	10.56
昆明路东路中央隔离带 沙地柏 草坪	0.20	7.55	3.27	354.50	28.54
西四环路编号(主辅隔离带 龙柏)	0.28	7.30	4.26	354.50	205.68
北四环西段(主辅隔离带 藤本月季)	1.63	6.60	20.90	9748.75	96.76
圆明园东路(主辅隔离带 大叶黄杨色带 藤本月季)	0.30	7.22	4.62	2481.50	31.09
清华东路(主辅隔离带 沙地柏)	0.99	6.92	13.90	709.00	96.60

反之细胞会失水。所以，无论是使用“环保型”融雪剂，还是使用“氯盐”类融雪剂，只要造成植物根系周围环境溶液浓度大于植物根系细胞液的浓度，就会导致植物根系失水，从而造成对植物的伤害。因此，只要融雪剂有使用需求，就有必要对园林绿化植物做好保护。

在制定防护措施之前，需要了解融雪剂是通过哪些途径接触到植物的。经观察融雪剂对植物造成危害的途径主要有以下两种：

危害植物叶片：主要是喷洒融雪剂时溅到植物叶片上，或是过往车辆带起的含有融雪剂的雪水溅到植物叶片上，不仅影响植物的光合作用和呼吸作用，而且会使植物叶片脱水枯黄。

污染土壤，危害植物根系：主要是含有融雪剂的雪水污染土壤并下渗而影响植物根系吸水，造成植物脱水死亡。

2 园林绿化植物受融雪剂危害前的防护措施

针对融雪剂危害植物的途径，在植物受融雪剂危害之前，所采取的办法是“遮挡”，避免或者减少融雪剂与土壤、植物相接触。通过对各条受融雪剂影响的路段进行调查分析，发现以行道树和绿化带(分车带、中间隔离带)内的植物受危害最重。因此，特别针对这些地段的植物制定相应措施进行保护。

2.1 在行道树树池内铺塑料布

浇完冻水之后，在行道树树池内铺塑料布，避免进入树池内的融雪剂或含有融雪剂的雪水下渗进入植物根部，影响植物生长甚至造成植物死亡。其作业程序如下：

(1) 首先将行道树树池清理干净，原土清出10～15cm，预留备用，之后将树池内土层整平。

(2) 将1.9m × 1.9m的加厚塑料布平铺入树池内[树池规格为1.5m(长) × 1.5m(宽)]，塑料布一定要比树池略大，便于覆土后使其边缘紧贴树池壁，以免融雪剂从树池外缘渗入(如图1所示)。

(3) 将预留的原土覆于塑料布上方，覆土的同时不断向上轻拉树池边缘的塑料布，使其保持相对平整并与树池壁紧密贴合(如图2所示)。

(4) 覆土过程中不断踏实踩平。

(5) 第二年春天浇第一遍春水之前，将塑料布与其上方已污染的土壤一同清走，回填10～15cm的好土。塑料布可清洗干净后再利用。

这种方法的主要作用在于：塑料布上方的覆土可吸附融雪剂和含融雪剂的雪水，塑料布又可

图1 铺设塑料布

图2 覆土

图3 制作挡盐板——准备材料

图4 制作挡盐板——下料、钉装

图5 制作挡盐板——成品外立面

图6 制作挡盐板——成品内立面

图7 专用铁卡

图8 加装木方支架

图9 在防护地外围搭框架

图10 框架外边绷上彩条布和无纺布

图11 新型挡盐板

图12 新型挡盐板组合使用示范

图13 雪后用有机酸(木酢液)溶液冲洗挂盐过多的植株

图14 清水处理后的地表土壤颜色

阻隔含融雪剂的雪水下渗，从而达到保护植物免受融雪剂危害的目的。

2.2 在绿化带外围安装防护设施

2.2.1 安装自制的挡盐板

浇完冻水之后，在绿化带外围安装自制的挡盐板，预防融雪剂在使用过程中被撒入绿化带内，或含有融雪剂的雪水溅入绿化带内，影响植物正常生长甚至造成植物死亡。其作业程序如下：

(1) 制作长度为2m、高度视所围挡的植物高度而定(一般要高出植物10～20cm)的挡盐板。挡盐板为木框结构，里层材料为彩条布(防止被污染的雪水渗透)，外层包无纺布(为了美观)，分别用塑料条固定在木质框架上，四角钉装固定木条(如图3至图6所示)。

(2) 将挡盐板用专用铁卡安装在道牙上。铁卡根据道牙宽度量身定做，上面有固定支架和加固螺丝，可帮助固定挡盐板(如图7所示)。

(3) 因道路较长，为了保证挡盐板牢固，每隔2m加装一个木方支架，增加其防风系数(如图8所示)。

挡盐板可预先制成成品，再上路安装，从而大大缩短了道路作业时间，降低了道路作业的安全隐患，同时也能避免因道路作业时间过长而造成的交通拥堵。另外，挡盐板可回收利用，养护成本大幅降低。这种方法的主要作用在于：挡盐板能够阻挡融雪剂在使用过程中被撒入或喷溅到绿化带内，或来往车辆带起的含有融雪剂的雪水溅到绿化带内，从而达到保护绿化带内的植物免受或少受融雪剂危害的目的。

2.2.2 安装防寒防盐大包围

这种传统的防护措施，除了能够满足防寒需求之外，也能够预防融雪剂或含有融雪剂的雪水溅入绿地，保护绿化植物少受危害。但由于此项措施需要在作业现场安装木质框架(如图9所示)，然后再在框架上绷上彩条布和无纺布(如图10所示)，占道作业时间长，安全系数较低，而且损坏率较高，难以回收利用。

2.2.3 安装新型挡盐板

新型挡盐板的防护原理等同于自制的挡盐板，是新近出现的一种冬季绿化防护工具。安装在绿化带外围，对绿化植物起到防风、防寒，防止融雪剂伤害的作用，帮助植物安全过冬。

新型挡盐板采用全塑的环保材料，材质比自制的挡盐板较为坚固(如图11、图12所示)。其功能和安装程序与自制的挡盐板类似。目前新型挡盐板刚刚开始工业化生产，尚未大面积推广应用。

3 园林绿化植物受融雪剂危害后的救治措施

3.1 使用有机酸(木酢液)

木酢液是利用各种杂木树枝等经过高温蒸馏出来的纯天然物质，主要成分是有机酸和酚类物质。对受融雪剂危害的植物喷施或灌溉一定浓度的有机酸(木酢液)，通过络合作用，达到降低盐害的目的。

今年开春北京市多个区县都试用了该产品，使用方法主要有以下2种：

(1)雪后用低浓度(1000倍)有机酸(木酢液)溶液冲洗挂盐过多的植株。

(2)在土壤开始化冻之前，用稍高浓度(200倍)有机酸(木酢液)溶液灌溉土壤。

在北京市园林绿化局科技处和城镇绿化处的大力推动和协助下，北京林业大学和海淀区、丰台区做了用低浓度(1000倍)有机酸(木酢液)溶液冲洗挂盐过多植物的试验，下面以此为例，对试验结果加以分析说明。

2010年2月2日在海淀区新建宫门路(大叶黄杨、金叶女贞色带)及北三环路(藤本月季、桧柏篱)，于雪后向植物表面喷1000倍木酢液。为了喷施周到，从植株两侧对整体植物各喷施一遍，并做了清水处理对照。2010年2月5日现场查看，表现结果如下：有机酸洗掉大量植物体表面白色物质(因沾染融雪剂所致)，处理效果优于清水处理效果。

2010年3月24日在丰台区大红门桥外侧分车带(主要植物有藤本月季、桧柏)进行木酢液(1000倍)试喷，并用清水喷洗部分植物作为对照，2010年4月2日北京林业大学的孙向阳教授带领学生进行了现场调查，拍照并取样，在北京林业大学土壤实验室分析全盐、钠、氯、pH值等指标，同时与处理前的本地段检测数据(由北京市园林科研所测定)

相对比，结果见表2。

以上试验数据表明：

(1) 10～15cm土壤全盐量、钠、氯含量：清水处理＞试验前＞木酢液处理，说明木酢液处理降低了土壤含盐量，而清水处理后土壤中的盐分随水分蒸发逐渐积累在地表，会对植物生长产生一定危害，须通过换土来解决。

(2) 15～30cm土壤全盐量、钠、氯含量：清水处理＞木酢液处理＞试验前，说明盐分随浇灌有从表层向下层渗透的趋势；木酢液处理通过络合部分离子降低了危害程度，而清水处理使根部土壤含盐量增高，可能会导致危害程度加大。

(3) pH值无显著性变化。

(4) 盐碱地可以分为轻盐碱地(含盐量＜0.3%)、中度盐碱地(含盐量0.3%～0.6%之间)和重盐碱地(含盐量＞0.6%)。通过数据可以看出，采用清水处理的土壤含盐量严重超标。据观察：清水处理后的地表土壤颜色发白，木酢液处理后的地表土壤颜色正常。

由此可见：有机酸确实能络合部分盐分，降低融雪剂对土壤的污染程度，减少融雪剂对园林绿化植物的危害。但该产品是一种新型产品，怎样更好地发挥它的作用，还需要不断地加以试用，寻找出最好的使用方法，最佳的使用时期和最有效的使用浓度。

3.2 换土

据报道，融雪剂中的盐分在土壤中降解的最长时间可达15年。所以对受融雪剂危害严重而死亡的苗木，在拔除死苗之后，要进行深层换土，更换好土之后，再种新苗，否则受污染土壤不清除，新种苗木也会逐渐衰弱、死亡。对受融雪剂危害而尚未死亡的植物，在浇第一遍春水之前，先换掉表层20cm左右受污染土壤(在不伤害植物根系的情况下，换土深度越深越好)。

3.3 打孔、浇灌

对行道树，在清除掉受污染土壤后，最好能用洛阳铲打孔，然后再进行浇灌。城市绿化，尤其是道路绿化，由于受地下条件所限，植物根系都不能自由生长，根系所能生长的深度也受到限制。所以对受融雪剂危害的植物进行大水浇灌、浇足浇透，使盐分尽可能下移，降低根系周围环境溶液的浓度，便于植物根系吸水。

3.4 其他措施

对受融雪剂危害而死亡的行道树，在补种新苗时，除单株换土之外，可安装渗水管，有利于植物的成活和生长。

4 几种防护、救治措施的成本比较

4.1 行道树

采取铺塑料布防护和不采取防护措施而补植死亡苗木的成本比较见表3。

4.2 绿化带

采取有机酸、挡盐板、传统围挡防护和不采取防护措施而补植死亡苗木的成本比较见表4。

表3、表 4 显示：对园林绿化植物进行防护、

表2 大红门桥试验数据

指标＼深度	处理	0～15cm	15～30cm	土壤状况
全盐(%)	试验前	0.44	0.10	
	木酢液处理	0.171	0.241	
	清水处理	0.772	0.41	中度至重度盐碱
钠(%)	试验前	0.15	0.016	
	木酢液处理	0.096	0.117	
	清水处理	0.259	0.142	
氯(%)	试验前	0.222	0.037	
	木酢液处理	0.036	0.051	
	清水处理	0.266	0.058	
pH值	试验前	8.80	8.75	
	木酢液处理	8.81	8.84	
	清水处理	8.88	8.59	

救治的费用，均小于不采取措施而补植死亡苗木的费用。由此可见，采取防护、救治措施，不仅保护了园林绿化成果，保护了城市生态环境，而且也节约了成本。

5 结论和建议

对园林绿化植物进行防护、救治以减少或避免融雪剂所造成的危害是十分必要的，通过近几年不断摸索，认为简便易行又效果显著的方法主要有：

(1) 在行道树树池内铺塑料布。

(2) 在隔离带、分车带周边安装挡盐板。

(3) 对受融雪剂危害的植物喷施或浇灌有机酸(木酢液)。

(4) 对受融雪剂危害的植物，浇第一遍春水之前，在不伤害植物根系的情况下，尽可能多地换土，然后再浇灌。

总之，在极端天气条件和特定的社会环境下，融雪剂的使用及其给城市园林绿化植物带来的危害是必须认真面对的问题。经过几年来的摸索和实践，已经掌握了多种防护、救治方法，部分解决了由此产生的一系列问题。在今后的工作中，还需要继续探索，从经济效益和社会效益两方面考虑，根据自身情况和辖区特点，采取高效、低耗的有效措施，对园林绿化植物进行保护。同时，也希望这一问题能够引起社会各方面的足够关注，在制度措施上加以规范，减少因满足社会生活需求而对生态环境造成的不利影响，为广大市民创造一个和谐美好的城市生存环境。

表3 采取防护措施与补植苗木成本比较表

序号	植物名称	规格	补植费用(元/株)	铺塑料布费用(元/株)	备注
1	行道树：以国槐为例	D:10~12cm	1108	65	塑料布的面积按1.9m × 1.9m计算。各项费用均包括直接费和各项间接费
2	行道树：以银杏为例	D:10~12cm	2104	65	
3	行道树：以油松为例	H:4~4.5m	1548	65	

表4 多种防护、救治措施与补植苗木成本比较表

植物种类	补植费(元/100m)	有机酸(木酢液)(元/100m)	传统围挡(元/100m)	自制挡盐板(元/100m)	新型挡盐板(元/100m)	备注
色带：以大叶黄杨为例	24180(按20株/m计算)	6550(产品买入价1.4万元/吨)	11000	7000	10500(厂家提供产品买入价75元/m)	围挡和挡盐板均按1m宽计算。各项费用均包括直接费和各项间接费
绿篱：以桧柏篱为例	26028(按双行篱，每6株/m计算)	5500(产品买入价1.4万元/吨)	11000	7000	10500(厂家提供产品买入价75元/m)	

参考文献

[1] 殷宁，顾龚平.融雪剂种类及其对环境中动植物的影响.农业科技与信息，2009.

[2] 杨月红等.植物的盐害和抗盐性.生物学教学，2002.

北京地区园林蛀干害虫的主要种类及无公害防治技术*

仇兰芬　王建红　郭　蕾　车少臣　北京市园林科学研究所　100102

摘　要：通过对北京地区主要园林蛀干害虫的调查，明确了蛀干害虫的主要种类及危害，并对其无公害防治技术进行了探讨。

关键词：园林；蛀干害虫；防治技术

随着北京市提出加快建设世界城市，首都园林绿化亦面临前所未有的重要机遇期。园林绿化事业的大发展，使得从外地调入苗木成为一项重要工作。然而，由于苗木检疫工作的不到位，一些严重的病虫害随之传入，不仅对苗木本身的生长造成很大影响，甚至死亡，还严重威胁了当地植物的正常生长。在传入的危险性病虫害中，蛀干类害虫的种类和数量较多，这主要是由于其危害的隐蔽性决定的，如近年传入北京的锈色粒肩天牛、红脂大小蠹等。此外，本地的蛀干害虫也会对园林绿化成果造成很大破坏，如严重危害柳树的光肩星天牛、薄翅锯天牛、小线角木蠹蛾，危害白蜡的木蠹蛾等。因此，加强对蛀干害虫的调查和研究是园林植保的一项重要工作，对于保护园林绿化成果具有重要作用。

通过对北京地区主要园林绿化树种的调查，发现蛀干类害虫对其生存威胁较大，而目前生产对该类害虫的控制缺少有效的防治技术。因此，笔者对北京地区主要的园林蛀干害虫的发生及防治技术做一简要论述。

1 北京地区园林蛀干害虫发生情况

1.1 柏树蛀干害虫

1.1.1 双条杉天牛*Semanotus bifasciatus* (Motschulsky)

危害侧柏、圆柏、龙柏、沙地柏等。北京1年发生1代，以成虫在被害枝、干内越冬。3月上旬成虫出蛰，产卵于弱树裂缝处皮下，4月中下旬幼虫孵化，在皮层与木质部间蛀食危害，5月中下旬危害严重，5月中下旬至6月中旬陆续蛀入木质部，9～10月在蛀道内化蛹，羽化成虫越冬。

1.1.2 柏肤小蠹 *Phloeosinus aubei* Perris

北京1年发生1代，以成虫和幼虫在树皮蛀道内越冬。1年有2个危害高峰。4月成虫开始飞出，在衰弱柏树上蛀孔侵入皮下，雄虫跟踪而入，雌雄交尾后作母坑道，母坑道一般与被害枝干平行，并在坑道内产卵，每次产卵20～30粒，幼虫孵化后在树皮和木质部之间向坑道两侧呈放射状蛀食危害。5月中下旬幼虫老熟，在蛀道末端化蛹，6月上旬成虫羽化，咬成圆形羽化孔飞出，转移到树冠上直径约2mm粗的小枝蛀食，补充营

作者简介

仇兰芬/女/1977年生/2008年毕业于中国林业科学研究院森林保护学专业，博士/现在北京市园林科学研究所工作，高级工程师/主要研究方向：园林有害生物防治，蛀干害虫防治。

* 基金项目：北京市公园管理中心课题“重要园林蛀干害虫无公害可持续控制技术的研究”。

养，被害枝易风折落地。9月中下旬成虫再回到较粗枝干上潜入越冬。

1.2 柳树蛀干害虫

1.2.1 天牛类

柳树是我国园林绿化中应用最为广泛的树种之一，但由于蛀干类害虫的危害，常使柳树千疮百孔，易风折，这种现象在树龄较长的柳树上发生更为普遍，如2009年的雪灾使得北京地区的柳树被大量折断，而折断处常可见到蛀干害虫危害。长期以来，柳树蛀干类害虫防治一直受到园林工作者的重视，但因其发现及防治难度大，当前防治效果不甚理想。据调查，光肩星天牛*Anop1ophora glabripennis* (Motschulsky)主要发生在一些壮年树或新移栽的柳树上，而对于树龄较长的柳树，主要发生的种类则是薄翅锯天牛*Megopis sinica* White和小线角木蠹蛾*Holcocerus insularis* Staudinger。据调查，这3种蛀干害虫可单独发生，亦可混合。

对于薄翅锯天牛的研究较少，该虫在北京2年发生1代，以幼虫在寄主蛀道内越冬。6～7月为成虫羽化期，啃食树皮补充营养，产卵于树干上。卵粒乳白色，椭圆形，长约3mm，宽约1mm。成虫体长约50mm，深褐或赤褐色；头部密布刻点和褐毛；鞘翅宽于前胸，向后逐渐收缩，翅面有明显纵凸线和细刻点。薄翅锯天牛产卵在其他天牛的旧蛀道中，每雌产卵200多粒，是典型的蛀弱型蛀虫。

柳树蛀干害虫发生严重，尤其是一些大树(古树)树冠出现不同程度的枝干枯死、树干变得千疮百孔，有的伐掉树冠、有的整株砍伐。这不仅影响树木生长，破坏绿化成果，影响城市美观，也给环境安全带来隐患。北京地区柳树蛀干害虫主要是光肩星天牛、小线角木蠹蛾和薄翅锯天牛。通过对多处行道及单位绿地进行调查，有虫株率高达100%，如果不及时采取有效防治措施，将会使绿化成果毁于一旦。如有些单位对蛀干害虫的防治采取放任态度，不采取预防及有效的防治措施，只是发生严重时被动的砍伐，这不仅给园林绿化成果造成很大损失，也破坏了城市生态环境。

1.2.2 木蠹蛾类

在北京地区，危害较重的主要是小线角木蠹蛾，主要危害白蜡、柳树、槐树、银杏等。北京地区2年发生1代，以幼虫在干枝木质部内越冬。5月下旬至9月中旬成虫期。成虫羽化后蛹壳一半露在枝干外，一半留在树体内。卵单产或呈堆块状产于树皮缝中，初孵幼虫顺树皮缝爬行，寻找合适钻蛀部位，聚集在形成层、木质部浅层危害，逐渐蛀入木质部。

1.3 白蜡树蛀干害虫

1.3.1 白蜡窄吉丁*Agrilus planipennis* Fairmaire

北京1年发生1代，以老熟幼虫在树干蛀道末端的木质部浅层内越冬。4月上旬开始化蛹，4月下旬至6月下旬为成虫期，羽化孔半圆形或扁圆形，直径约2mm。白蜡窄吉丁以幼虫在树木的韧皮部、形成层和木质部浅层蛀食危害，因其不排出虫粪，因此从外面难以发现，防治极为困难。据报道，20世纪60年代该虫曾在我国东北地区发生较重，当年东北的美国白蜡和洋白蜡因受害严重而不得不逐渐被淘汰。目前，该害虫仍是东北地区危害水曲柳的重要害虫。近年来白蜡窄吉丁在我国的河北、天津部分地区的绒毛白蜡上发生严重。2002年发现该虫已传入北美某些地区如美国的密歇根和俄亥俄州、加拿大的安大略省等，并已在当地大面积暴发成灾，造成了严重的经济损失。通过笔者对北京地区白蜡的调查，发现该虫在某些区域危害严重，受害严重的白蜡正逐步被砍伐更新，如不进行有效的控制，该虫会进一步扩散，对全市的白蜡树造成危害。

1.3.2 小线角木蠹蛾

小线角木蠹蛾对白蜡也会造成严重危害，据笔者在朝阳区某些路段调查该虫危害严重，受害率达30%以上，危害点多位于分枝以上，高达数十米，防治困难。由于该虫聚集危害，树干被蛀孔，一旦遇到大风、大雪即可折断，对人们的生命财产造成很大威胁。

1.4 椿树蛀干害虫

北京地区栽植较多的椿树有千头椿、臭椿，对其造成严重危害的害虫主要是臭椿沟眶象*Eucryptorrhynchus brandti*(Harold)、沟眶象*Eucryptorrhynchus chinensis*(Olivier)、六星吉丁*Chrysobothris succedanea* Saunders，其中臭椿沟眶象发生数量最多。臭椿沟眶象和沟眶象形态特征相似，其区别主要是：臭椿沟眶象成虫体长约11.5mm，黑色，头部刻点小而浅；前胸背板几乎全部白色，刻点几乎无或小而浅；鞘翅坚厚，肩部和后端部几乎全部为白色，刻点粗大而密，前端两侧各有1个刺突。沟眶象成虫体长13.5～18.5mm，黑色；喙细长，头部刻点大而深；前胸背板多为黑、赭色，少数白色，头部刻点大而深；胸部背面、前翅肩部及端部1/3处密被白色鳞片，并杂有赭色鳞片，前翅基部外侧特别向外突出，中部花纹是龟纹；鞘翅上刻点粗。

臭椿沟眶象在北京1年发生1代，以幼虫在干内或成虫在树干周围2～20cm深的土层内越冬。以成虫越冬者出土较早，4月下旬开始出土危害，4月下旬至5月中旬为盛发期。以幼虫越冬者，5月越冬幼虫化蛹，6～7月成虫羽化，7月为羽化盛期，8月产卵孵化。虫态不整齐。成虫有假死性，产卵前取食嫩梢、叶片和叶柄等补充营养，危害约1个月便开始产卵。

2 园林蛀干害虫的无公害防治技术

2.1 加强对蛀干害虫检疫

植物检疫是防控蛀干害虫的一项重要工作，但目前一些苗木调运人员和检疫人员对病虫害的相关知识及技术的欠缺，使得一些检疫性害虫传入新的地区，对当地的植物造成极大威胁。

2.2 加强对蛀干害虫的测报

通过引诱剂预报某些害虫的发生期，为准确制定防治策略提供依据。

(1)2月份在柏树林挂设诱捕器可以较为准确地预测柏树蛀干类害虫(如双条杉天牛、柏肤小蠹、长蠹等)的发生期及数量。

(2)3月份在油松林挂设横坑切梢小蠹诱捕器可以预测横坑切梢小蠹的发生期。

(3)5月份在柳树、白蜡、银杏树上挂设小木蠹蛾性引诱剂诱捕小木蠹蛾。通过引诱剂诱捕不仅可以预测这些害虫的发生期，明确其种群变化动态，还可以通过增加诱捕器的数量，达到较好的控制作用。

2.3 改善树木生长环境，提高树势

通过对树木生长状况进行调查，确定衰弱树，针对衰弱树的具体情况制定相应的复壮措施。若是地下土壤造成的大树衰弱，可以采取改善土壤透气、透水特性等措施，以满足树木根系正常的生长需要，从而提高树势。树势强的树木对病虫害的抵抗力亦强，反之亦弱。

2.4 及时清除枯枝、断枝及死树

蛀干类害虫主要侵染树势衰弱的树木，而枯枝、断枝及死树都容易成为成虫扬飞期间的侵入目标而形成新虫源地。

2.5 保护和利用天敌

天敌是控制病虫害发生的自然因子，良好的生态系统天敌对病虫害的控制作用强。如花绒寄甲可寄生光肩星天牛幼虫，蒲螨可寄生双条杉天牛成虫或幼虫。在横坑切梢小蠹发生严重的油松树干上可见到寄生蜂等。加强对这些天敌研究和保护是病虫害防治中的一项重要工作。除了进行保护天敌以外，我们还可以人为的增加天敌的种类和数量，以达到对目标害虫的控制作用。例如通过释放肿腿蜂可以防治柏树上的双条杉天牛；释放蒲螨可以防治柏肤小蠹等害虫；释放花绒寄甲可以降低光肩星天牛的危害等。

2.6 利用饵木或信息素诱杀

利用柏木段诱杀双条杉天牛、柏肤小蠹等蛀干害虫。利用植物源信息素诱杀双条杉天牛；利用性信息素诱杀小木蠹蛾；利用性信息素诱杀国槐叶柄小蛾等。

2.7 化学防治

在没有更好的防治技术的情况下，对于已经蛀入树干的蛀干类害虫，化学防治是不得已而采取的措施，目前应用较多且效果较好的主要是应用绿色威雷触破式微胶囊剂。应该树干注药防治光肩星天牛幼虫也可达到80%以上的防效。笔者

通过树干注射药剂防治白蜡窄吉丁，最高防效达92.3%。但在进行化学防治时一定要注意与生物防治的协调，保护天敌。

2.8 建立综合控制技术体系

对于任何一种病虫害，很难以一种防治方法就可以完全控制其危害，每一种方法都可以降低其发生数量，这就需要我们根据不同蛀干害虫的生物学特性、发生规律适时采取措施，采取以上全部或部分措施，制定综合防治技术体系，以达到有效控制蛀干害虫的目的。

2009～2010年北京冬季极端气温对园林植物的影响

许联瑛[1]　金　衡[2]　张　跃[3]

1.北京市东城区园林绿化局　北京　100079

2.天坛公园　北京 100061

3.北京京植园林绿化有限公司　北京　100061

摘　要： 2009～2010年冬季，我国北方地区出现历史上罕见的大雪及冰冻天气，是北京最近10年以来出现的第一个冷冬。本文通过观察记录了北京冬季极端气温对一些园林植物，主要是常绿阔叶植物产生的影响并对所做观察进行初步分析。

关键词： 北京；极端气温；园林植物；冻害影响；观察

1 2009～2010年北京冬季气候特点及其评价

在既往大多数年份里，11月15日为冬秋之交，北京从此开始进入冬季。而2009年11月1日，北京及我国北方大部分地区普降大雪，当日降水量9.3mm,是自1988年以来同期最大的一次。从2010年1月2日开始，北京连续3天大雪后，1月6日，出现北京当年最低温度－16.7℃。2010年1月，北京降雪量又是自1951年1月份最大降雪记录，气温创近40年来同期最低记录，日最高气温创历史最低值[1]。受风雪影响，2010年1月份，最低气温连续11天一直在处于－10℃以下的低位，据统计，这种情况是自1978年(32年)以来的第一次。

北京市气象部门提供的“北京冬季气候影响评价”表明[2]：2009～2010年冬季(2009.12～2010.2)北京地区主要气候特点表现为：气温偏低。降水偏多，平原地区平均气温为－3.5℃，比常年(－2.7℃)偏低0.8℃，比近十年平均(－1.9℃)偏低1.6℃。与历史同期相比，大部分地区以偏冷为主，是近十年出现的第一个冷冬。

这样的极端气候条件给北京园林植物带来了严重危害，其中常绿阔叶植物受冻害情况相对严重。

2 对北京17个种(类)园林植物的观察记录

表1 2009～2010年冬季对17个植物种(类)观察统计表[3]

调查地点	品种序号	种(类)名称	生境描述	冻害情况描述	观察时间	景观恢复情况
朝阳区 金盏苗圃	1	雪松 (*Cedrus deodara*)	苗圃地	安徽进5年生2000株以上全部死亡	5月9日	死亡
西单路口西北角	2	广玉兰 (*Magnolia grandiflora*)	建筑物东南角	10%叶片受冻	4月7日	良好
广顺路			楼南墙下	10%叶片受冻	5月6日	良好
北京明城 墙遗址公园	3	梅花 (*Prunus mume*)	城墙南侧绿地	基本无冻害	4月25日 7月27日 10月15日	良好

作者简介

许联瑛/女/1955年生/北京林业大学/研究生/北京市东城区园林绿化局/教授高级工程师。

（续）

调查地点	品种序号	种(类)名称	生境描述	冻害情况描述	观察时间	景观恢复情况
东花市社区	4	蚊母 (*Distylium racemosum*)	楼南绿地	40%失绿至5月中旬	5月17日 10月15日	较差 良好
新景家园	5	石楠 (*Photinia serrulata*)	楼南绿地	10%叶片受冻	2月27日	良好
东花市社区			庭院绿地	10%叶片受冻	2月27日	良好
龙潭公园			南北建筑物夹道	50%叶片受冻17株当中7株死亡	3月3日	存活植株良好
北京50中学			庭院绿地	20%叶片受冻	2月24日 5月9日	良好
左安门绿地			楼南绿地	5%～10%叶片受冻	5月5日	良好
明城墙遗址公园			角楼东侧绿地	20%叶片受冻	2月27日	良好
花市大街	6	小叶黄杨 (*Buxus microphylla*)	北便道以上高台	95%失绿 85%失绿	5月19日 10月15日	较差 较差
花市大街	7	大叶黄杨 (*Euonymus juponicus*)	东西向道路隔离带	85%以上失绿	5月19日 10月15日	更新
北京市公园中心	8	爬蔓卫矛 (*Euonymus alatus*)	北墙下	基本无冻害	1月6日	良好
龙潭公园	9	女贞 (*Ligustrum lucidunm*)	建筑南侧绿地	失绿至5月中旬	5月7日 7月14日	较差 良好
东花市社区			楼南绿地	失绿至5月中旬	5月17日 10月13日	较差 良好
左安门道路隔离带	10	金叶女贞 (*Ligustrum Vicaryi*)	南北向道路隔离带	80%失绿	5月15日	更新
五道口商场北绿地			建筑北侧绿地	90%以上失绿	5月15日 10月22日	较差 较差
东花市社区	11	皱叶荚蒾 (*Viburnum rhytidophyllum*)	楼南绿地	30%失绿至5月上旬	5月17日 10月15日	良好
龙潭公园	12	箬竹 (*Indoca lamus*)	开敞式公园绿地	100%失绿至5月中旬	5月7日 10月13日	较差 良好
北京教学植物园			楼南绿地	90%失绿至5月中旬	5月12日 9月16日	较差 良好
紫竹院	13	苦竹 (*Pleioblastus amarus*)	西墙下绿地	95%失绿至5月上旬	5月4日 10月14日	较差 良好
紫竹院	14	大明竹 (Pleioblastus)	南坡下	95%失绿至10月中旬	10月14日	较差但根系未死
东三环 南路	15	早园竹 (*Phyllostachys propinqua*)	南北向道路隔离带	95%失绿至5月中旬	5月11日 10月15日	较差 良好
龙潭公园			开敞式公园绿地	95%失绿至5月中旬	5月7日 10月13日	较差 良好
北京教学植物园	16	棕榈 (*Trachycarpus fortunei*)	温室南侧绿地	60% 以上受冻12株当中4株死亡	9月16日 10月20日	存活植株长势良好
北京林业大学幼儿园			楼南绿地	共3株死亡2株	2月12日 5月6日 10月22日	较差 存活植株良好
幸福大街南口东三环南路	17	凤尾兰 (*Yucca gloriosa*)	南北向道路隔离带	10%叶片受冻	5月17日 10月15日	良好
			南北向道路隔离带	10%叶片受冻	5月11日 10月15日	良好

3 调查记录情况分析

3.1 所观察记录的植物基本为外来种(类)

3.1.1 植物原产地

雪松原产喜马拉雅山西部自阿富汗至印度，广玉兰原产北美东部，梅花原产我国长江流域，大叶黄杨原产日本，棕榈主要分布长江以南各省区[4]，凤尾兰原产北美东南及东南部等。但其中大多数已在北京引种生长多年。其中约35%已经成为北京城市绿化的骨干植物品种，如雪松、大叶黄杨、小叶黄杨、爬蔓卫矛、箬竹、早园竹[5]等。约有47%的种或品种在北京生长期相对较短，虽有种植但尚未得到广泛应用，如广玉兰、梅花、蚊母、石楠、女贞、皱叶荚蒾、棕榈、凤尾兰等。

3.1.2 植物引种地

金盏苗圃雪松从安徽引进，2009年秋栽植；北京明城墙遗址公园梅花从河南西部引进，2006年栽植；北京林业大学幼儿园棕榈从西安引进，1980年栽植；紫竹院苦竹从陕西引进，1994年栽植；紫竹院大明竹从常州引进，2004年栽植；东花市社区的蚊母、皱叶荚蒾、女贞从江苏引进，1996年栽植；北京五十中学、龙潭公园、新景家园的石楠从江苏引进，分别在1999～2007年栽植。另据了解，爬蔓卫矛、小叶黄杨以及大叶黄杨引进北京的时间约在20世纪40～50年代，广玉兰、凤尾兰大约在20世纪的80年代引进北京，金叶女贞在20世纪90年代在北京开始应用。

3.2 所观察记录的植物基本为常绿阔叶植物种(类)

所观察植物共17种(类)，其中6%(1个品种)为常绿针叶植物，88%(15个品种)为常绿阔叶植物，6%(1个种)为落叶植物。

3.3 植物受冻害表现

植株死亡或丧失景观严重的有：朝阳区金盏公园附近苗圃栽植从安徽采购5年生雪松2000株全部死亡，北京林业大学幼儿园多年生棕榈死亡2株，紫竹院大明竹95%失绿至2010年10月中旬，龙潭公园西北门内的石楠有7株死亡。

植株恢复景观较晚的有：2010年5月上旬及中旬观察，南三环东路和龙潭公园的早园竹、紫竹院西南门的苦竹，龙潭公园和北京教学植物园的箬竹，东花市社区和龙潭公园西门内女贞、花市大街便道以上小叶黄杨(高台花池)。用东花市社区的皱叶荚蒾和箬竹对比，2010年5月17日，在皱叶荚蒾已经完全恢复了绿色景观后，而在它东侧种植的箬竹仍然呈现95%以上的失绿状态。紫竹院的苦竹在2010年10月14日观察到景观已完全恢复。龙潭公园西北门夹道处的石楠，因立地条件差比其他地方种植的冻害严重，约有50%左右的叶片被冻伤，2010年3月3日观察，17株苗木中有7株死亡。

植株受冻害影响较小的有：西单附近的广玉兰、北京明城墙遗址公园、北京教学植物园、龙潭公园等地的梅花、左安门绿地、五十中校园、东花市社区、新景小学绿地的石楠、北京市公园管理中心的爬蔓卫矛等，其中爬蔓卫矛景观状态为最佳。

另外，东花市社区楼院1996年同时种植的蚊母和皱叶荚蒾相比，皱叶荚蒾受冻害较轻，景观效果恢复情况较好。

3.4 冻害情况初步分析

3.4.1 低温、低温初始时间与低温持续时间

对于植物受到冻害，气温低是一个重要指标，但最低温度初始发生时间和持续时间长短也是同样重要、可能会更加重要的指标之一。通过观察我们发现，今年和2001年相关数据对比。2001年预报最低温度为-17℃，今冬预报最低温度为-16.7℃。为什么这些植物对2009～2010年的低温的感觉更突出，受到伤害更明显呢？这种情况与2009～2010年冬季低温来的时间早和持续时间长是否有更多关系？因为对比2001年和2009～2010年冬季低温表现，我们注意到它们的持续时间相差无多，但低温起始时间早晚却有较大差异，尤其是2009年11月1日大雪以及次年元月的持续11天的-10℃低温天气，应该是对植物所产生不利影响的重要原因之一。

北京市公园管理中心的高飞和北京园林科研所的车少臣等也认为：2009年第一场大雪时秋叶尚

表2 2001～2010年冬季-10℃天气对比统计表

对比年度	初始时间	结束时间	起始至结束时间总长度	总天数	对比提前天数	连续天数	对比特点
2001	1月4日	2月11日	39个日历天	17		10天	植物基本进入休眠期，有准备
2009～2010	12月21日	1月16日	27个日历天	18	14	11天	长期暖冬使一些植物还在生长期，时间提前、低温集中，无准备

未落尽，多数植物未能得到充分的抗寒锻炼和休眠准备，而进入休眠期，然而气温已骤降10多度，因此，这些植物的枝条、芽和茎部易受到低温伤害。同时植物尚未落叶叶片和枝条上聚集大量冻雪，形成重力，造成机械损伤，同时，北京1月持续低温，极端低温为－16.7℃，已超过部分常绿阔叶植物叶片的抗寒能力。

3.4.2 原产地与引种地的过渡

通过观察我们看到，原产地与引种地之间合理的中转与过渡对于一些常绿植物的成功引种是有必要的。分析上表中的雪松：雪松1920年就被引进国内，在北京种植的时间至少也有四五十年了，早已成为北京城市绿化的骨干树种之一，在这次极端气候灾害中全军覆没的原因，恐怕与直接从安徽引进有较大原因，当然，对极端气候所引起的风险估计不足、又是在2009年秋季栽植，都是非常不利的重要因素。一些专家认为，如果这批苗木从山东青岛采购，就有可能规避一定的风险。同样分析上表中的梅花：梅花原产我国长江流域，但北京明城墙遗址公园近年来所引种的苗木基本从山东、河南采购，这样符合循序渐进的引种原则，使被引种的植物与引种目标地具有更多的生态相似，以至于植物面对突发性极端气候(极冷和极热)的时候可能会具有更多适应的能力。因此对于一些边缘品种的引种，重视在原产地与引种地之间的过渡带和中转站，具有非常积极的现实意义。

3.4.3 更多综合因素及其共同作用

对于植物来讲，树龄、土质、雪盐、立地条件、种植技术、综合养护等都是与极端低温天气相关的重要因素。如大雪会使常绿阔叶植物的叶片受冻，降低植物的生长势，对落叶植物的枝干、根系造成冻害以及随之引起的断梢、断枝等机械损伤等次生灾害，也会引起树势衰弱；融雪剂的使用，造成植物生理干旱与盐离子毒害共同作用，导致植物生长衰弱或死亡[6]；龙潭公园西北门的石楠与新景家园等处种植的石楠，由于立地条件不同，相同植物受到冻害时表现差异很大；五道口商场北绿地的金叶女贞和花市大街高台花池的小叶黄杨到10月中下旬观察仍然没有恢复绿色景观，主要原因是养护管理水平差，五道口商场北绿地基本为弃管状态。北京冬、春季节特有的干旱和大风所引起的植物生理干旱会使冻害加重，也是很重要的一个方面。

另外，经过多年观察，还发现北京入秋以后的冷凉天气，虽然使大多数落叶树开始进入休眠期，但也适合另外一些植物(主要指常绿阔叶植物)的生长，例如石楠等。生长期的延长使这些植物所形成一些没有木质化的秋梢和秋条，一般来讲会降低它们抗御极端低温天气的能力。

4 结论与讨论

警惕北京多年来暖冬所引起的惯性思维，加强北京对常绿阔叶植物引种的科学论证，重视极端气候给园林植物引种驯化成果带来的风险。

参考文献

[1] 高飞，车少臣，王建红.城市园林绿化次生灾害预警分析与危机管理体系的探讨.北京园林，2010(1):50-53.
[2] 2009～2010年北京冬季气候影响评价.北京市气象科技服务中心提供2009年9月26日.
[3] 陈有民.园林树木学(修订版).北京：中国林业出版社,2001.
[4] 贺士元，邢其华，尹祖棠等.北京植物志.北京：北京出版社,1984.
[5] 冯小虎，范卓敏，欧小平.北京园林，2010.1.36-40.
[6] 董丽，黄亦工，贾麦娥等.北京园林常绿阔叶植物抗冻性及其测定方法.北京林业大学学报，2002.24(3)：70-73.

适于古树复壮的基质筛选研究

张宝鑫　丛日晨　聂秋枫　舒健骅　北京市园林科学研究所　北京　100102

摘　要：以原土回填作为对照，对14种复壮基质组合应用于颐和园长廊景区的侧柏古树复壮的效果进行了研究，结果表明：草炭+有机肥、草炭+禾神元生物菌肥的配比组合显著促进了衰弱古树吸收根的萌发，因此对于古树复壮较为有利，而原土添加其他促进生根材料的基质配比对根系的萌发作用稍差，在密实度较大的立地条件下，改善地下生境的通气状况和营养状况比单纯的促进生根措施更为有效。

关键词：古树；复壮；基质；根系

古树是城市的“活文物”，北京作为六朝古都有六千年文明史，北京的古树以其悠久的历史，磅礴雍容、奇绝苍健的形态闻名于世。然而由于种种原因，这种珍贵的资源生存状况不容乐观，正面临衰弱和死亡的危险。根据调查，目前古树处于濒危状态的约占1%，衰弱的约占5%，因此有必要加强衰弱古树复壮的相关技术的研究和应用。

目前古树(大树)的主要复壮技术措施包括：改善立地条件、补充营养、树体加固、修复、防治病虫害等，这些措施在一定程度上提升了衰弱树的健康水平，但是技术针对性、综合性和可操作性不强。

根据现有的研究成果，古树衰弱与古树体内的矿质营养元素有关，运用古树复壮技术,调节元素的平衡后，古树的树势及各项生理指标都有恢复健壮的趋势，但是当前各种复壮措施对于古树复壮的影响有多大，还没有明确的结果，本试验拟通过生长指标来衡量不同复壮措施对古树复壮的影响，从而定量分析各种因子的重要值，从而筛选合适的复壮技术组合。

1 材料与方法

1.1 试验地概况

位于北京市颐和园长廊景区，地处北京市海淀区，北纬40°，东经116°，属温带半湿润季风型大陆性气候，全年日照时数为2000～2800h，年平均气温11～12℃，年极端高温在38～40℃，极端低温在-14～-20℃，年降雨量在500～600mm，且集中在6～9月，年均风速2.7m·s^{-1}，年蒸发量1956.8mm，无霜期190～195d。

1.2 试验材料

以颐和园长廊景区南侧的侧柏古树为试验材料，采用14个不同的基质配比，基质材料为草炭、原土、柏树土分别添加有机肥、禾神元生物菌肥、杨树枝、生根粉、碧护等。

1.3 试验设计

本试验采用随机区组试验。总共设置15个组合，每个处理3次重复，以原土回填作为对照(见表1)。

作者简介

张宝鑫/男/1976年生/硕士毕业于北京林业大学园林植物专业/现在北京市园林科学研究所树木研究室工作，高级工程师/研究方向为园林绿化相关方面的研究。

表1 古树复壮基质配比

基质类型	配比
组合1(CK)	原土
组合2	草炭＋有机肥
组合3	草碳＋禾神元(厚20cm＋灌根)
组合4	原土＋草炭
组合5	柏树土＋氨基酸＋碧护(稀释10000×，喷根＋灌根)
组合6	原土＋生根粉(50mg/L灌根)
组合7	柏树土＋生根粉
组合8	柏树土＋有机肥(1/4袋)
组合9	原土＋氨基酸肥(300ml稀释100×)
组合10	原土＋有机肥(1/4袋)
组合11	柏树土＋氨基酸
组合12	柏树土(原土与松针土1:1)＋禾神元(厚20cm＋灌根)
组合13	原土＋杨树枝(20cm杨树枝＋20cm土＋20cm杨树枝＋20cm土)
组合14	柏树土＋杨树枝
组合15	原土＋禾神元(厚20cm＋灌根)

1.4 试验方法

每棵树的一侧或两侧树池附近挖方坑，坑的规格为80cm×80cm×80cm，回填各种基质或者采取促进根系生长的物质进行根部处理等。采用上述的复壮措施处理1年后测量树木根系生长的相关指标以及复壮穴内的气体情况，通过统计分析，筛选出古树复壮适宜的技术组合。

取根系时分别在复壮穴靠近树干的两侧取土样，每20cm土层钻取土样，取到80cm，将所取土样用密封的塑料袋装好，然后在室内进行分离活根和死根。用根系扫描仪将活根区分为直径d≤1mm和d>1mm。用清水洗净后烘干至恒重，再分别称重和记录。

测定指标：根长、平均根粗、根体积，复壮穴内的氧气和二氧化碳气体的含量等。

1.5 结果处理

试验结果采用数理统计的方法，统计分析不同复壮基质配比对古树复壮、生长的影响。

2 结果与分析

2.1 不同基质对根长的影响

从图1可以看出14种基质中，有草炭的组合对古树根系生长有利，草炭加有机肥的组合(组合2)，草炭加禾神元的组合(组合3)这两者都对于树木总根长的影响较大，表明它们能很好地促进根系的生长。而原土的组合(组合6，组合9，组合10，组合13，组合15)总根长相对较低。因此可以看出，衰弱古树复壮中增加土壤的透气性比单纯的促进生根对于吸收根的生长更为有利。

2.2 不同基质对平均根粗的影响

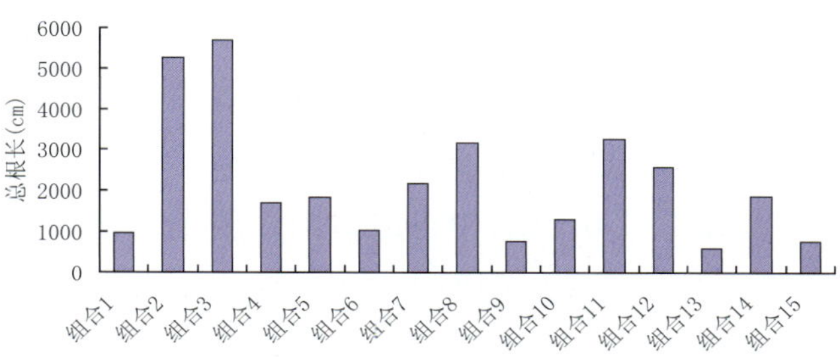

图1 不同基质对总根长的影响

从图3可以看出，组合2和组合3的平均根粗最小，表明这两种基质组合增加了细根的生长，而大量的细根作为吸收根对于植物吸收水分和养分有利，而原土的组合(组合6、9、10、13、15)平均根粗较粗，但是总的根长较小，因而在复壮后吸收根的生长稍差。

2.3 不同基质对根体积的影响

图2 新根萌发情况

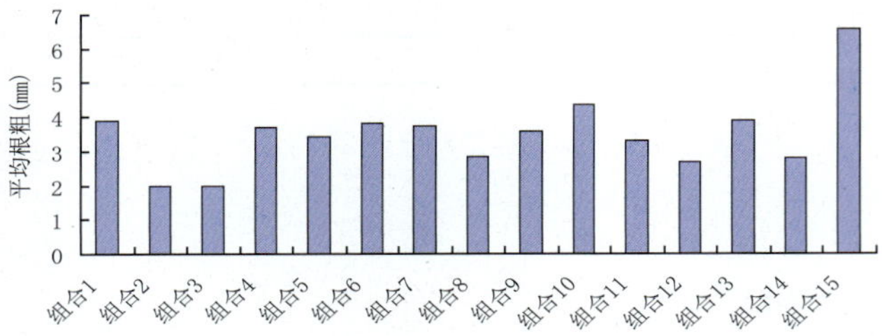

图3 不同基质对平均根粗的影响

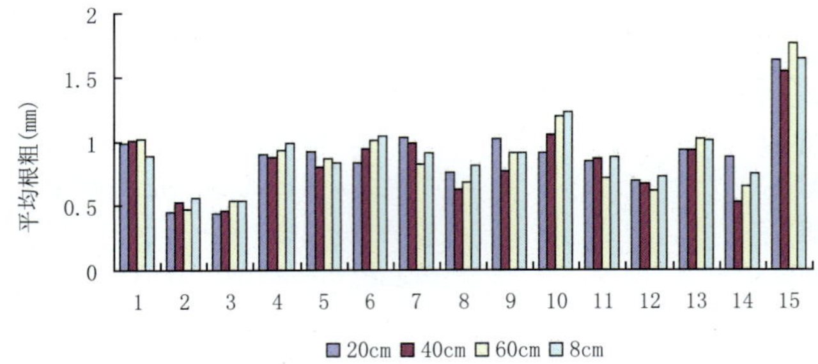

图6 平均根粗的分布

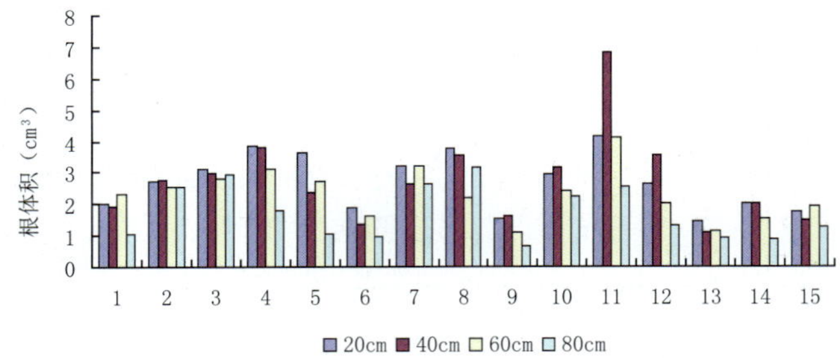

图7 根体积的分布

从图4可以看出，含有原土的组合(组合1、6、9、13、15)的根系体积较小，组合8、组合11的根系体积较大，其他基质的根系体积较大。

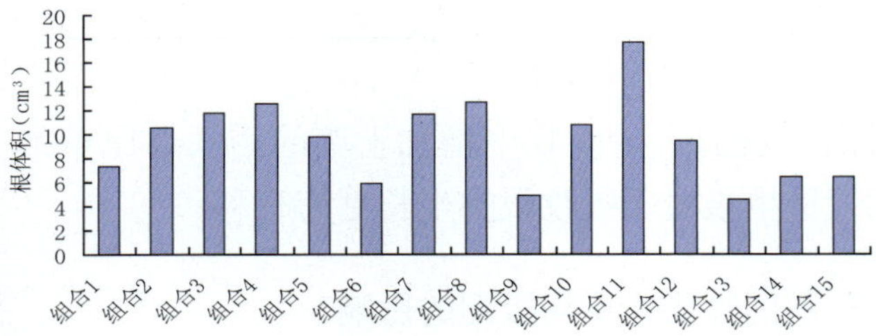

图4 不同基质对根体积的影响

2.4 不同基质对根系分布的影响

从图5、图6、图7中可以看出，新生的根系多分布在20～60cm的范围内，新生根系的粗度在复壮穴不同深度内相差不大，不同基质组合对于根系的分布与根系生长量一致。

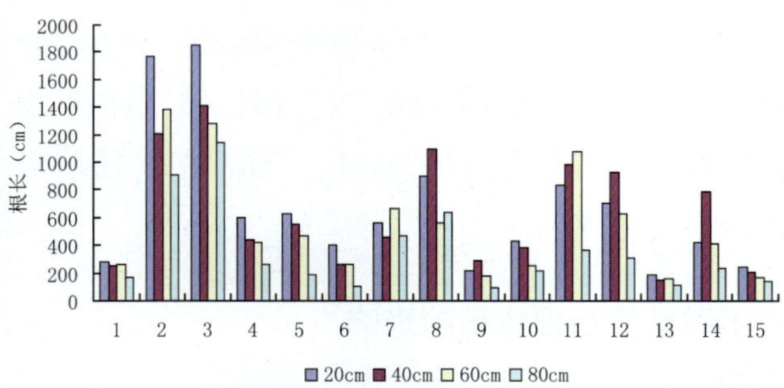

图5 根长分布

3 结论

根系分布特征有着特殊的生态意义，它反映出植物适应和改造环境的功能。在目前的数量较多的衰弱古树中，由于地下生境引发的恶化占了很大的比重，因此通过地下生境的改良促进古树根系的生长对于古树健康状况的恢复同样具有重要的意义。

通过对颐和园长廊景区古侧柏复壮的试验，综合分析所试验的14种基质配比组合，认为组合2(草炭＋有机肥)，组合3(草碳＋禾神元)，组合8(柏树土＋有机肥)，组合11(柏树土＋氨基酸)这4种基质对于古树的复壮效果较好，可以在古树保护和复壮实践中进行推广。而采用原土回填或者原土添加其他成分的效果也不是很理想。另外根据试验的结果，复壮中使用生根粉的组合的根系恢复效果也不是很理想，这可能是古树年龄较大，生长环境的地下生境密实度较大，单纯的生根促进措施不如改善透气状况能够改善根系的生长。

参考文献

[1] 韩烈保，王琼，王晓蓓，辜再元，杜永吉，宋桂龙.不同立地条件下荆条根系分布规律[J].应用基础与工程科学学报，2009，17(2):231－237.
[2] 王进鑫，王迪海，刘广全.刺槐和侧柏人工林有效根系密度分布规律研究[J]. 西北植物学报，2004，24(12):2208－2214.
[3] 张宇清，朱清科，齐实，等.梯田生物埂几种灌木根系的垂直分布特征[J].北京林业大学学报，2006，28(2):34－38.
[4] 魏国良，汪有科，杨涛.滴灌条件下梨枣根系分布特征研究[J]. 安徽农业科学，2010，38(12)：6136－6137，6139.
[5] 杨丽，张秋良，常金宝.胡杨榭根系空间分布特性[J]. 内蒙古农业大学学报，2006，27(1)：15－17.
[6] 张劲松,孟平.石榴树吸水根根系空间分布特征[J]. 南京林业大学学报：自然科学版，2004,28(4)：89－91.

天坛公园园林植物害虫普查与防控技术

薛 丽[1] 刘育俭[2*]

1.北京市大兴区市政园林服务中心绿化队 北京 102600

2.北京市天坛公园管理处 北京 100061

摘 要： 于2006～2008年，通过对天坛公园园林植物害虫的普查，园林植物害虫有372种，隶属13目，78科。分析了1994年和2006年两次害虫普查的变化和害虫发生趋势，提出了绿色植保技术。

关键词： 园林植物；害虫普查；防控技术

于2006～2008年参与了对天坛公园园林植物害虫的普查，对公园内园林害虫有一个比较全面的了解，以便今后确定园林植物害虫防治策略，制定检疫措施，更好地开展北京市园林虫害预测预报和防治提供科学依据。

1 材料与方法

1.1 天坛公园园林植物基本情况

现总面积210hm^2，其中绿地面积175hm^2，绿化覆盖面积177 hm^2，绿地率83.21%，绿化覆盖率84.39%。种植各种乔木、灌木花卉5.5万余株、园林植物种类近200种。人工草坪30万m^2，占园内绿地一半面积的为野生地被。有古树3564株，以桧柏和侧柏为主。

1.2 收集有关资料

包括1996年编写的《天坛病虫志》以及相关的园林植物病虫害书籍、图片及标本等。

1.3 调查分区

根据公园内不同植物组成作为不同的调查类型，共分为9个区。调查面积占绿地面积的80%。分别为月季园、双环亭麦冬草区、野牛草区、黑松林地区、古柏林自然地被区、侧柏林区、油松林区、豆科地被区、苗圃。

1.4 调查时间

2006年4至10月，每周调查一次。

1.5 调查方法

(1)网捕法

以平行式调查为主。每小区共扫600网，每50网收集一次昆虫。鳞翅目成虫则用手轻轻挤压前胸以破坏飞行肌，再用三角纸袋装好。昆虫放置在毒瓶10分钟后按分区保存在棉花包中。

(2)样方调查

与扫网调查同时进行。地被植物采取5点随机抽样，取样单位1，调查害虫虫口密度、危害程度及对草坪观赏性的影响。对害虫形态和危害情况进行实地拍摄。

(3)灯诱法

设立诱虫屋每周收集所诱昆虫，制作标本或保存在棉花包内。

(4)设置陷阱

作者简介

薛丽/女/1971年生/1994年毕业于北京农学院园林专业/现在北京市大兴区市政园林服务中心绿化队工作，任副队长/从事园林绿化养护、工程施工以及屋顶绿化的植物材料选择和施工等方面工作。

*通讯作者：刘育俭/教授级高级工程师/ yjl1124@126.com

依据调查区域的大小分布陷阱，对诱捕到的昆虫带回室内进行鉴定和统计。

1.6 昆虫鉴定

对昆虫标本初步分类、整理、查阅相关资料或请专家进行种类鉴定。

2 结果与分析

调查结果表明，天坛公园园林植物害虫及软体动物有385种，隶属12目75科。主要有鳞翅目、同翅目、鞘翅目、半翅目、缨翅目、直翅目、蜱螨目害虫(见表1)。

表1 天坛公园园林植物主要害虫种类及寄主

目	科	害虫名称	寄主植物
鳞翅目	尺蛾科	国槐尺蠖*Macaria elongari* Leech	国槐、龙爪槐
		金星尺蠖*Abraxas suspecta* Warren	丝绵木、黄杨、卫矛、杨、柳
	刺蛾科	双齿绿刺蛾*Latoia hilarata* (Staudinger)	海棠、樱花、桃、核桃
	粉蝶科	菜粉蝶*Pieris rapae*(Linnacus)	多种花卉
	卷蛾科	梨小食心虫*Grapholitha molesta* Busck	碧桃、杏、山楂
		槐小卷蛾*Cydia trasias* Meyrick	国槐、龙爪槐
	潜叶蛾科	桃潜叶蛾*Lyometia clerkella* Linnaeus	碧桃、山桃、李、樱桃
		桃冠潜叶蛾*Tischeria* sp.	碧桃、山桃、李、樱桃
	细蛾科	元宝枫细蛾*Caloptilia dentata* Liu et Yuang	元宝枫、五角枫
	灯蛾科	美国白蛾*Hyphantria cunea* (Drury)	核桃、榆、臭椿、碧桃、杨、桑等
	毒蛾科	柏毒蛾*Parocneria furva*(Leech)	侧柏、桧柏等
		柳毒蛾*Stilpnotia candida* Staudinger	柳、杨
	雕蛾科	含羞草雕蛾*Yponomeuta* sp.	合欢
	木蠹蛾科	小褐木蠹蛾*Holcocerus insularis* Staudinger	白蜡、柳、国槐、银杏、悬铃木
	枯叶蛾科	天幕毛虫*Malacosoma neustria testacea* Motschulsky	蔷薇科植物、杨、柳、李、桃
	螟蛾科	松梢螟*Dioryctria splendidella* H.S.	油松、黑松、华山松
		棉大卷叶螟*Sytepta derogata* Fabrics	木槿、蜀葵、大花秋葵
		黄杨绢野螟*Diaphania perspectalis*(Walker)	小叶黄杨
	夜蛾科	棉铃虫*Helicoverpa armigera*(Hubner)	月季、美人蕉、大丽花、木槿等
		小地老虎*Agrotis ypsilon* Rott.	草坪、杨、柳、月季、菊花等
		黏虫*Leucania separata* Walker	禾本科草及其它地被植物
	天蛾科	芋双线天蛾*Theretra oldenlandiae*(Fabricius)	凤仙花、牡丹、核桃、地锦、
鞘翅目	鳃金龟科	毛黄齿爪鳃金龟*Holotrichia trichophora*(Fairmaire)	泡桐、杨、苹果、草坪
	丽金龟科	铜绿丽金龟*Anomala corpulenta* Motschulsky	杨、柳、榆、核桃、板栗、草坪
	天牛科	红颈天牛*Aromia bungii* Fald	碧桃、山桃、杏、樱桃
		双条杉天牛*Sermanotus bifascaitus* Motschisky	柏类
		桃红颈天牛*Aromia bungii* Fald	碧桃、山桃、杏、樱桃
		柏肤小蠹*Phloeosinus perlatus* Chapius	柏类
同翅目	盾蚧科	桑白盾蚧*Pseudaulaspis pentagona* Targioni	国槐、核桃、臭椿、碧桃、山桃
	绵蚧科	草履蚧*Drosicha corpuienta*(Kuwana)	核桃、杨、柳等，杂食性
	毡蚧科	柿树白毡病*Asiacornococcus kaki* (Kuwana)	柿树、梧桐、桑
		石榴囊毡蚧*Eriococcus lagerostroemiae* Kuwana	紫薇、石榴、女贞
	蚧科	朝鲜毛球蚧*Didesmococcus koreanus* Borchsenius	桃、梨、杏、樱桃等
	蚜科	桃蚜*Myzus persicae* (Sulzer)	碧桃、杏、樱花、山桃、李
		桃粉大尾蚜*Hyalopterus amygdali* (Blanchard)	碧桃、山桃、杏、梅、李
		月季长管蚜*Macrosiphum rosiuorum* Zhang.	月季、蔷薇、白兰
	瘤蚜科	桃瘤蚜*Trichosiphoniella momonis* Matsumura	碧桃、榆叶梅、山桃、梨
	毛蚜科	栾多态毛蚜*Periphyllus koelreuteria* (Takahashi)	栾树

(续)

目	科	害虫名称	寄主植物
	大蚜科	柏长足大蚜*Cinara tujafilina* (del Guercio)	侧柏
		居松长足大蚜*Cinara pinea* (Mordwiko)	油松
		白皮松长足大蚜 *Cinara bungeanae* Zhang,Zhang et Zhang	白皮松
	木虱科	文冠果隆脉木虱 *Agonoscena xanthoceratis* Li	文冠果
		槐豆木虱*Cyamophila willieti* (Wu)	槐树
		梧桐裂木虱*Carsidara limbata* (Enderlein)	梧桐
	粉虱科	黑刺粉虱*Aleurocanthus spiniferus* (Quaintance)	山楂、月季
缨翅目	蓟马科	丁香饰棍蓟马*Dendrothrips ornatus* (Jablonowsky)	丁香
直翅目	蝼蛄科	单刺蝼蛄*Gryllotalpa unispina* Sauss	多种绿化苗木
蜱螨目	叶螨科	山楂叶螨*Tetranychus viennensis*	海棠、梨、桃、杏等
		截形叶螨*Tetranychus truncatus*	国槐、龙爪槐等
		柏小爪螨*Oligonychus perditus* Pritchard et Baker	各种柏类
		松针叶螨*Oligonychus ununguis* Jacobi	松柏
半翅目	网蝽科	梨冠网蝽*Stephanitis nashi* Esaki et Takeya.	梨、苹果、海棠

害虫种类与1994年天坛公园园林植物病虫害普查时所编写的《天坛病虫志》比较，园林害虫增加的主要有168种(见表2)。

3 园林植物害虫发生变化的原因

3.1 害虫数量增加显著

由1994年的214种增加至372种。超过原来158种。究其原因：调查发法的改进。后一次调查方法以系统调查和样方调查相结合，并利用性诱、灯诱等手段，因此调查方法更科学。原来的病虫志主要是基于植保工作者经验和实践的基础上完成的，没有进行系统调查。由于经费和条件有限，有些害虫未鉴定名称。

3.2 害虫组成发生变化

两次调查间隔12年，此间公园内树种有较大变化。由于历史原因天坛公园在20世纪50年代在园内种有大片果树，最多时有苹果、桃、梨等果树6000余株，90年代开始进行树种调整，全部伐除果树，并根据坛庙的树种要求改种桧柏、侧柏等常绿树种，在外坛种植银杏及花灌木，并对地被植物进行改造。1994～2004年间相继伐除各种果树4113棵，栽种桧柏、侧柏、银杏及各种花灌木10294株，补充月季近万株，栽植冷季型草、麦冬等地被植物50万m^2。树种的变化定会影响害虫种类的变化。一些过去被作为主要害虫的种类已变为次要害虫。如危害苹果叶片的金纹细蛾、危害果实的桃小食心虫、危害梨树的梨星毛虫等都已不在作为主要害虫进行防治了。危害银杏的茶黄硬蓟马，危害白三叶的甘薯条盲蝽、花蓟马等作为新增加种类被补充进来。

3.3 对原有错误进行了更正

由于当时的资料有限，一些害虫的命名和分类存在错误，此次调查中都做了相应修改。如草履蚧由硕蚧科更改为绵蚧科。含羞草雕蛾由巢蛾科更改为雕蛾科等。

3.4 新增危险性检疫害虫

2006年天坛公园在本市市区首次利用性诱剂诱到美国白蛾。由于近年来植物材料调运日趋频繁，有害生物极易随植物材料和交通工具进入新的危害区域。

危险性害虫美国白蛾1979年传入中国，2006年又进入北京市区，因其危害植物多样，自然界天敌昆虫缺乏，因而成为目前危害园林植物的头号杀手。

4 园林害虫危害动态

4.1 以五小害虫为主的吸汁害虫日趋严重

由于常年夏秋雨水偏少，使一些耐干旱的吸汁害虫发生严重。柏小爪螨、柏长足大蚜作为危害柏树的主要害虫每年在投入防治资金中所占的比例最大，另外，阔叶花灌木上的蚜虫、红蜘蛛、木虱类及蓟马的危害也不可小视。介壳虫的

表2 1994年和2006年两次害虫调查种类对比

目	1994年	2006年	种类增加
鳞翅目	86	155	74
鞘翅目	35	50	16
膜翅目	7	8	3
同翅目	55	99	42

发生表现在两个方面：一是发生的种类越来越多，寄主的范围逐渐扩大。不但草履蚧、桑白盾蚧危害程度不减，就连以前危害较轻的日本龟蜡蚧、欧洲栎链蚧趋向严重。考氏白盾蚧、长尾粉蚧等一些危害温室花卉的蚧虫有增无减。近年来又出现了国槐长珠蚧这一新的蚧虫种类。二是其虫体小，习性复杂，防治较困难。银杏上的茶黄硬蓟马及白三叶等地被植物上的花蓟马的危害也是逐年增加。

4.2 食叶害虫得到了有效控制

叶部害虫种类繁多，蔓延迅速，是危害状最为明显的一大类。国槐树上国槐尺蠖防治较及时，柏毒蛾也结合防治柏树蚜虫而得到有效控制。美国白蛾对园林植物的危害较大，由于各级部门对此虫防治的高度重视，且采用综合防治的措施，将美国白蛾的危害控制在低水平。

4.3 根部害虫的发生严重

植物根茎部发生的虫害，虽然种类没有叶部虫害多，但所造成的危害往往是致死性的。近年根茎部虫害以蛴螬、小地老虎、淡剑夜蛾为主的地下害虫，致使被害草坪呈现多片枯黄。

4.4 蛀干害虫危害得到有效控制

天坛公园蛀干害虫以双条杉天牛、柏肤小蠹为主，通过多年的试验和实践，总结出一套以释放天敌、饵木诱杀、药剂封干和园林管理技术相配套的综合防治措施，使蛀干害虫形成有虫不成灾的局面。古树因蛀干害虫的死亡数目由20世纪90年代每年的6～7株下降为0。

4.5 危险性园林害虫的传播和蔓延对园林植物构成威胁

由于苗木等植物材料频繁调运，旅游业日益兴旺，这些都为园林害虫的传播创造了有利的条件，如已发现的美国白蛾、红脂大小蠹、锈色粒肩天牛等都是从外界传入的。对北京园林植物构成威胁的危险性林木有害生物还有松幽天牛、日本松干蚧、松材线虫病、六星黑点豹蠹蛾、杨干象、栗山天牛、青杨脊虎天牛、白蜡窄吉丁、苹果蠹蛾等。

5 实行园林绿色植保技术控制害虫发生

5.1 性信息素的应用

悬挂性信息素对害虫进行测报、诱杀，具有使用简便经济，效果明显，无毒、不伤天敌，不污染环境等优点。2006年天坛公园利用性诱捕器首次在北京市区内准确诱集到美国白蛾，为绿化部门及时采取防控措施，赢得了时间。利用性诱剂除测报防治美国白蛾外，对桃潜叶蛾、金纹细蛾、槐小卷蛾、棉铃虫、梨小食心虫等园林害虫都有很好的测防效果。槐小卷蛾每个诱捕器诱虫20～40头，单独利用性诱剂就可以控制槐小卷蛾的发生。

5.2 天敌昆虫应用

管氏肿腿蜂为防治双条杉天牛的有效天敌，具有较强的搜寻和寄生能力。在天坛公园内的试验结果表明，管氏肿腿蜂对双条杉天牛的幼虫及蛹有较好的寄生作用，平均寄生率在35.5%左右。是对隐蔽性强的钻蛀性害虫的一个主要防治措施。

近年来又释放异色瓢虫(*Leis axyridis* var. *spectabilis*)防治蚜虫和螨，释放蒲螨(*Pyemotes* sp.)、赤眼蜂(*Trichogramma* spp.)、周氏啮小蜂等天敌昆虫防治蛀干害虫和鳞翅目害虫，同时设立鸟食台、悬挂鸟巢保护鸟类，既不污染环境，又可达到持续控制的目的。在不影响天坛气氛的情况下，外坛种植针阔叶混交林，通过乔、灌、草的植物群落结构来改善环境，并有意识的大面积栽植二月蓝、蒲公英、紫花地丁等地被及蜜源植物，为天敌昆虫提供丰富的食料和安全越冬的场所。浆果、荚果植物招引鸟类，增加了生物多样性，也有利于植保工作。

5.3 各种物理防治法的应用

(1)饵木诱杀：利用双条杉天牛等蛀干害虫出蛰成虫外出喜在新鲜原木上交配产卵的特性，在柏树集中种植区放置饵木诱杀成虫。

1982年起,天坛每年在古柏林缘设置饵木数千根，诱集捕捉双条杉天牛成虫近千头，消灭饵木内的幼虫多达几十万头。

(2)黑光灯诱杀：设置黑光灯来诱杀鳞翅目、鞘翅目等害虫。近年来，草坪的地下害虫蛴螬危害严重，每年天坛公园内草坪因其损坏几千m^2，自2005年开始，改变以往只防治幼虫的方法，使用黑光灯诱杀成虫控制金龟子。调查结果表明：虫口密度明显降低，草坪受害面积减少85%。此项措施也是防控美国白蛾成虫的措施之一。

(3)潜所诱杀：采取树干绑草把诱集美国白蛾下树的老熟幼虫。绑草把掌握在老熟幼虫下树前，即6月下旬～7月中旬、9月上旬～9月下旬或10月中旬～11月上旬，待下树完毕，摘除草把，将诱集到的蛹集中销毁。用缚草绳的方法还可以诱杀各种以成虫越冬的红蜘蛛，树干绑缚报纸捕捉柳毒蛾等。

(4)阻隔防治：草履蚧是公园内春季发生最早的害虫，过去都是采用喷药和树下撒药环的方法，由于其虫体小、虫量大，药剂防治也往往受天气的影响，浪费大量药剂还要污染环境。我们创新了一种树干绑塑料环截杀草履蚧的方法，即在树干上围一圈20cm宽、2cm厚的泥环，泥环外用宽30cm的塑料条包裹，最后用铁丝在泥环位置拧紧，关键是要将铁丝嵌入泥中，有效阻隔草履蚧上树危害。在草履蚧出蛰前即1月底前应用效果显著。

(5)人工防治：根据园林病虫不同的生活习性，组织人力利用挖蛹、捕捉成虫、打带虫豆荚、刮树皮、刷越冬虫茧、剪掉病枝虫枝等方法对病虫进行防治，收到了事半功倍的效果。如冬季清理古柏林间的蛀干害虫虫源木，春季收集处理落地的国槐、栾树、柿子二齿茎长蠹的虫枝。清理掩埋月季、牡丹等花卉的病落叶和病株等，都可以收到事半功倍的效果。

5.4 合理的药剂应用

5.4.1 无公害农药的选择

选用不污染环境的药剂，如生物制剂(BT乳剂、白僵菌、病毒等)、天敌昆虫、线虫、植物源药剂、信息素等。在药物剂型上，采用不直接毒害人体的剂型，如微胶囊包衣剂等。

5.4.2 改变施药方法

(1)注射法：使用树体杀虫直插瓶和注射法使药液通过树木的输导组织传导到树体各个部位，杀死蛀干、内吸、食叶等各类害虫。

(2)熏蒸法：对于受到蛀干害虫危害严重的古树采用药剂熏蒸的方法加以防治，在熏蒸过程中不影响树木的生长，又能彻底消灭蛀干害虫。

5.5 喷洒清水防虫的应用

叶面喷水对那些喜欢干燥的害虫不利，如蚜、螨类，特别是每年3月下旬用高压喷枪喷清水清洗柏树叶片，可有效控制早春蚜螨的增殖速度，减少叶片上的灰尘，提高药剂的控制效果。利用此方法还可以控制白蜡绵蚧、碧桃上的桑白蚧及臭椿树干上斑衣蜡蝉的卵块。

5.6 植物检疫法的应用

为了防止危险性的病虫从外地传入，我园引进园林植物苗木、种子、花卉和其他材料时，严格进行检疫工作，在确保有原产地主管部门出具的检疫证明才能引进，从而有效地防止了危险性害虫的传入。

参考文献

[1] 徐公天. 园林植物病虫害防治原色图谱. 北京：中国农业出版社. 2003.

[2] 方剑峰. 城市园林害虫的生物合理调控策略[J]. 中国园林，2002(3)：80.

[3] 徐明慧. 园林植物病虫害防治.北京：中国林业出版社，1993.

[4] 郭喜东. 城市生态环境与园林植保的方向.中国园林，2002(2):77-79.

撒施氯盐融雪剂对城市道路绿化带土壤性状的影响

王艳春　白雪薇　北京市园林科学研究所　北京　100102

摘　要：2009年底至2010年初，北京市降雪非常集中且强度较大，为保障交通畅通，大量的氯盐融雪剂在北京城区的道路上应用，其用量达3万吨。路面撒施的融雪剂不可避免地进入分车带、绿化带等绿地，对绿地植物正常生长造成威胁。本文通过实地采集了45个绿地土样，研究了道路绿地土壤盐分等相关指标，结果表明，与对照相比，撒施融雪剂对道路绿化带土壤造成了严重的污染，土壤全盐量范围为0.11%～2.79%，最高值出现在西城区金融街；表层土壤氯化物含量范围为222～19548 $mg \cdot kg^{-1}$；表层土壤水溶性钠分别达到了对照的18～780倍。从不同土层来看，0～10 cm的表层土壤全盐量、氯化物、水溶性钠的含量远远高于10～20 cm土层；地理分布上呈现出中心城区表层土壤全盐量总体高于外围城区，交通主干道高于次干道和交通支线的特点。最后，提出了减缓氯盐融雪剂危害的建议措施。

关键词：融雪剂；氯盐；土壤；化学性状

2009年底至2010年初，北京地区连降几场大雪，其中1月3日的降雪量是自1961年以来历史同期49年一遇的大雪，城区降雪量为13mm，达到“暴雪”级，紧接着又出现自1979年以来历史同期39年一遇的持续低温，气候异常给城市的正常运转带来诸多不便。据报道：为保证城市交通畅通，环卫部门采取了机械铲雪、撒施融雪剂等多种技术措施，全市共施撒融雪剂3万吨左右，总用量相当于以往过去5年冬季使用量的总和，据环卫工人反映环路等交通干线每平方米用量高达100g，存在超量使用现象，且尚有把掺有融雪剂的残冰残雪堆放到树池或绿地内的现象。此外，车辆行驶将路面含融雪剂的残雪溅入绿地和树木上的情况亦十分严重。这些对道路绿化带的土壤和园林植物的正常生长造成了严重的威胁。城市绿地是城市中唯一有生命的基础设施，土壤质量直接关系到绿地中园林植物的生长质量。

尽管非氯盐型融雪剂在迅速发展中，但由于成本较高，是氯盐型融雪剂的几倍甚至数十倍。受到经济因素的制约，在短时期内不可能大量使用。而氯盐型融雪剂由于价格低廉，货源充足，因此，被包括我国在内的多数国家广泛使用。为以氯化钠为主要成分的化学融雪剂，使用于城市道路后，主要有2种途径进入环境造成危害：一是冰雪融化后融雪剂通过地表径流直接进入土壤，临时或长期地滞留在土壤中，甚至部分进入地下水或者地表水，对土壤和地下水造成污染；另一途径是部分融雪剂被植物吸收，临时或长期地停留在植物组织中，对植物造成盐害胁迫。二者均对生态环境产生重要影响[1]。融雪剂的环境效应问题也越来越受到有关部门和学者的广泛关注。目前，融雪剂对土壤的影响研究主要集中在偏远地区的公路附近土壤[2]，关于城市道路绿地土壤的调查较少。

2010年初北京城区融雪剂的使用量是近年来

作者简介

王艳春/女/1972年生/1999年毕业于中国农业大学植物营养系/北京市园林科学研究所工作，高级工程师。

最大的一次，预计可能会给道路绿化带土壤造成的污染，威胁到园林植物的正常生长。为了更好地掌握3万吨融雪剂撒施后对重点道路绿地土壤的影响，本文开展了北京城区主要道路绿化带土壤盐分相关指标的调查和检测，以期为后期科学治理和城市环境管理提供数据支撑。

1 材料与方法

1.1 研究对象

以北京市城八区具有代表性的交通干道(包括环路和联络线)为对象，对道路绿化带(包括主辅分车带和部分行道树)的土壤分两层取样(0～10cm和10～20cm)进行采样，共45个取样点。同时在北京市园林科学研究所院内绿化带(即为未受融雪剂影响的土样)，取对照土样，便于进行对比分析。采样点分布示意图见图1(注：石景山区3个点图中未标出)。

1.2 采样时间

浇春季返青水之前，于2010年3月18日，进行城市交通主干道绿化带土壤样品的采集(大量撒施融雪剂2个月后)。

1.3 测定项目

土壤：pH值、水溶性盐总量(全盐量)、氯化物、水溶性钠。

测定方法：参考土壤检测标准方法(NY/T 1121-2006)。

图1 采样点分布示意图

2 结果与讨论

2.1 土壤全盐量分析

随着城市规模扩大，城区范围内融雪剂的使用量也在逐年增加。融雪剂过量使用造成土壤全盐量升高是引起园林植物受害的最直接原因之一。土壤全盐量过高，会使植物根际土壤溶液渗透势降低，根细胞渗透势相对升高，从而给植物造成一种水逆境，使植物吸收水分困难，造成"生理性干旱"，严重时还造成细胞组织的水分外渗，抑制植物的萌发与生长。因此，北京市地方标准《园林绿化工程施工及验收规范》(DB11/T 212-2009)规定，绿地种植土全盐量应小于0.12 %。

本次调查表明，表层(0～10cm)土壤全盐量范围为0.11%～2.79%(图2)，几乎全部超过北京市地方标准(DB 11/T 212-2009)，仅34号样点(丰台区大成路)为0.11%，接近允许上限0.12%，其他样点的全盐量均高于0.12%的上限要求，最高值出现在10号样点(西城区金融街)，达到了2.79%，是对照点土壤全盐量的48倍(对照全盐量含量仅为0.06%)。

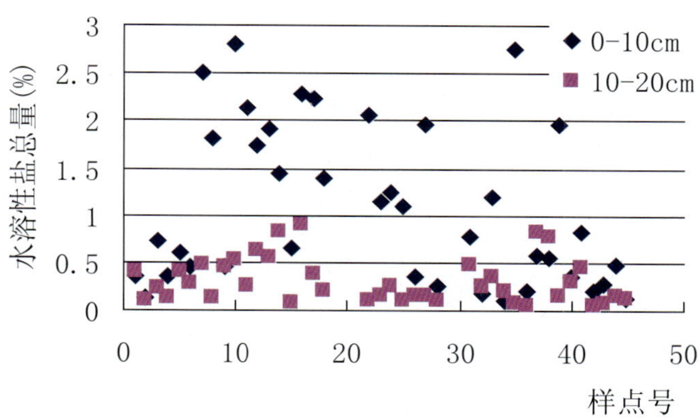

图2 不同土层的土壤全盐量含量

参考土壤盐分(%)和植物生长关系(表1)[3]，表层土壤中不同水平分布比例分别为：17.8%的样品分布区间为0.1%～0.3%，属于盐渍化土壤；20%的样品分布区间为0.3%～0.5%，属于中度盐土；15.6%的样品分布区间为0.5%～1.0%，属于重盐土；26.7%的样品分布区间为1%～2%；17.8%的样品全盐量含量高于2%(表1)。分布比例表明全盐量为1%～2%所占比例最高，总共有近45%的样品高于1%，属于极重盐土，只有少数耐盐植物能在此条件下生长。但北京地区常用园林植物均属不耐盐植物，因此融雪剂造成的土壤污染对北京地区栽植的常用园林植物均造成了严重的威胁。

从不同深度土层来看，表层以下10~20 cm土层的土壤全盐量大大低于表层土壤，含量范围是0.05%～0.9 %，其中15.6%的样品全盐量低于0.1%，属于非盐渍化土壤，46.7 %的样品分布区间为0.1%～0.3%，属于盐渍化土壤；20%的样品分布区间为0.3%～0.5%，属于中度盐土；17.8 %的样品分布区间为0.5%～1.0%，属于重盐土，没有样品全盐量超过1.0 %(表1)。

调查结果表明，0~10cm的表层土壤远远高于10~20cm土层全盐量，主要与采样时间有关。本次调查取样时尚未灌溉返青水，盐分仍然聚积在土壤表层，只有很少部分下渗到20cm土层。掌握了融雪剂盐分在土壤中的分布规律，对于受融雪剂污染的土壤的后期治理具有重要的指导意义。

从地理分布来看，中心城区(崇文、宣武、西城、东城)表层土壤全盐量总体高于外围城区(朝阳、丰台、海淀、石景山)，交通主干道高于次干道和交通支线，全盐量高于2%的8个样点均分布于二环路、三环路和四环路，这与融雪剂撒施规律是相吻合的，优先保证交通主干道的畅通和交通安全，因此在环路路面撒施融雪剂最多。

表1 土壤盐分(%)和植物生长关系

盐分(%)	盐渍化程度	植物反应
<0.1	非盐渍化土壤	对植物不产生盐害
0.1～0.3	盐渍化土	对盐分极敏感的植物有影响
0.3～0.5	中度盐土	对盐分极敏感的植物有影响，但对耐盐植物无多大影响
0.5～1.0	重盐土	对耐盐植物有影响
>1.0	极重盐土	只有极少数耐盐植物能生长

融雪剂的使用在造成土壤全盐量升高的同时，也会对土壤结构造成破坏。渗透到土壤中的融雪剂盐类物质随着残雪不断融化，逐渐渗透到土壤，并对土壤结构造成破坏。氯化钠型融雪剂融化后，Na^+和Cl^-在土壤中有较高的溶解度，容易在土壤中蓄积，导致土壤盐度上升。土壤盐分增加的同时，土壤的理化性质也发生了改变。随着氯化钠的渗入，Na^+通过离子交换置换土壤中Ca^{2+}、Mg^{2+}、K^+等离子，高浓度Na^+能分散土壤中有机颗粒和无机颗粒，会导致土壤的渗透能力下降，造成土壤板结，使土壤通气透水性下降，对植物后期生长造成一定的障碍[4]。

2.2 土壤氯化物分析

目前北京城区所用融雪剂主要成分为氯化钠，其中高浓度的氯化物对土壤和园林植物均造成了严重威胁。氯过量造成植物生长不良的主要表现是：生长缓慢，植株矮小，叶片少，叶面积小，叶色发黄，严重时尖呈烧灼状，叶缘焦枯并向上卷筒，老叶死亡，根尖死亡。

本次调查表明，表层(0～10cm)土壤氯化物含量范围为222～19548mg·kg^{-1}(图3)，平均值为6596mg·kg^{-1}，最低点出现在34号样点(海淀区大成路)，最高点出现在17号样点(东三环分车带)。10～20cm土层氯化物含量范围111～6868mg·kg^{-1}，平均值为1562mg·kg^{-1}，远低于表层土壤。因此，

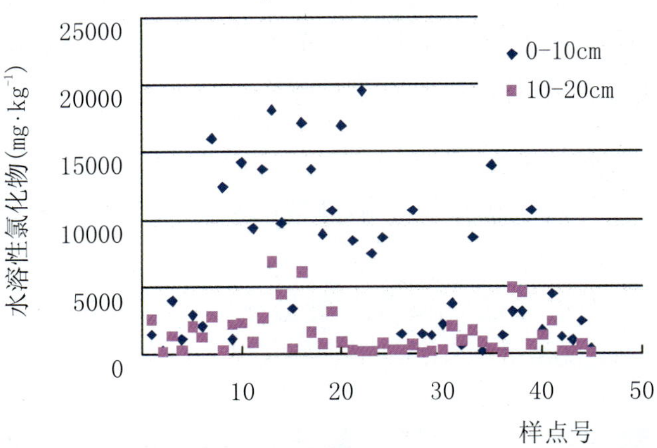

图3 采样点不同土层土壤氯化物分析

从不同深度土层比较来看，氯化物主要聚积在表层土壤，与全盐量分布具有一致性。

目前北京市地方标准没有对土壤氯化物含量允许上限作出规定，本调查中以未受到融雪剂污染的园林科研所院内绿化带表层土壤为参比对照，对照土壤氯化物含量仅为88.63mg·kg^{-1}，调查的道路绿化带表层土壤(0～10cm)氯化物分别达到了对照的2.5～221倍，平均值达到了对照的74倍；10～20cm土层氯化物含量分别达到了对照的1.3～75倍，平均值达到了对照的18倍，说明表层和10～20cm土层土壤均受到了融雪剂中氯化物的严重污染。

文献表明，当使用过多的融雪剂后，氯化物

会在土壤表层聚集，造成表层根系死亡；氯盐类融雪剂均可降解成相应的离子，形成电解质溶液，使含盐浓度高出正常值的几百倍，当春季灌水或生长季节降雨时就会导致盐离子下移，使主要根系周围的氯含量和含盐量超标，产生很高的渗透压，使植物发生生理性缺水而受到影响[5,6]。

2.3 土壤水溶性钠分析

Na^+是主要的毒害离子，细胞许多代谢活动中心对Na^+的累积非常敏感，Na^+浓度的升高会引起其他离子吸收的抑制效应，且对细胞代谢活动有直接伤害。

钠离子对植物的危害虽低于氯离子，但高浓度的钠含量也会造成土壤渗透压升高，并破坏土壤结构。本次调查表明，表层(0～10cm)土壤水溶性钠含量范围为203～8962mg·kg^{-1}，平均值为3402mg·kg^{-1}，最低点出现在25号样点(朝阳区三台山路)，最高点出现在10号样点(西城区西二环的金融街)(图4)。10～20cm土层氯化物含量范围89～5053 mg·kg^{-1}，平均值为892 mg·kg^{-1}，远低于表层土壤。因此，从不同深度土层比较来看，水

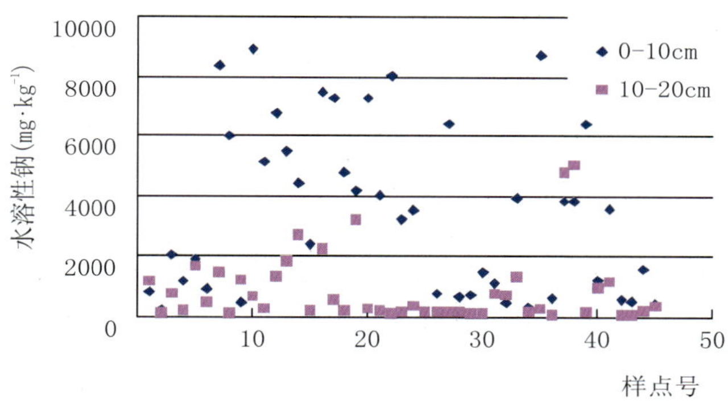

图4 采样点不同土层水溶性钠含量

溶性钠主要聚积在表层土壤，与全盐量和氯化物分布趋势具有一致性。

目前北京市地方标准没有对土壤水溶性钠含量允许上限作出规定，本调查中同样以未受到融雪剂污染的园林科研所内绿地土壤为参比对照，对照土壤水溶性钠含量仅为11.49mg·kg^{-1}，调查的道路绿化带表层土壤(0～10cm)水溶性钠分别达到了对照的18～780倍，平均值达到了对照的296倍；10～20cm土层氯化物含量分别达到了对照的8～440倍，平均值达到了对照的78倍，说明表层和10～20cm土层土壤均受到了融雪剂中水溶性钠的严重污染。

土壤中水溶性钠浓度升高，可以置换土壤胶体颗粒吸附的Ca^{2+}、K^+、 Mg^{2+},使土壤的pM (金属离子浓度的负对数) 值升高引起土壤黏土颗粒的弥散，从而影响土壤团聚体的稳定性和土壤的渗透能力(包括水力传导度、入渗率和透气性)[7]。土壤性质的改变不可避免地会加速水土流失和水土环境恶化以及土壤生产力的降低，水土流失最终会使营养物质以及微量元素转移到地表水中，造成对地表水的污染，同时土壤溶液中过高的可溶性钠也会对土壤和作物生长产生不良的影响[8,9]。

2.4 对园林植物外观的影响分析

北京地区土壤全盐量的背景值一般在0.1%左右，因此绿地中大部分园林植物对盐分的耐受力较差，当土壤盐分浓度突然升高时，植物会出现萎蔫、枯死等盐害症状。由于融雪剂造成的盐害影响，2003年春季至秋季，北京城市一些主要路段包括长安街沿线、二环、三环、四环等两侧的行道树、绿篱出现了新叶变小、叶尖卷曲、叶缘焦枯、枝条萎缩甚至枯死等症状，造成了较为严重的经济损失和社会负面影响[10]。

2010年初撒施融雪剂时，虽然植物处于休眠期，但撒施融雪剂的洒水车溅到沿路植物枝条和叶片表面的大量“盐霜”也使叶片细胞脱水而干枯(图5)。

今年春季返青时，城区交通主干道沿线分车带内绿篱、紫薇和藤本月季均出现了大量干枯和死亡的现象(图6)，造成了较大的损失。根据土壤调查结果，判断道路绿化带内大批植物死亡原因在于融雪剂的污染。

3 减缓氯盐融雪剂危害的建议措施

(1)及时铲走污染严重的表层土壤

调查数据显示，在未灌水前，融雪剂盐分主要积聚在土壤表层，但随着春季灌溉则会下渗到植物根系分布层，并对植物造成危害。因此，为了避免其危害，应在春季灌水前铲除表层土壤。

(2)防止融雪剂过量使用

为了尽量降低氯盐类融雪剂对环境的影响，应该严格规范融雪剂的使用数量、范围和时间。北京

图5 绿化带内植物叶片和枝条表面残留的融雪剂盐分

图6 北四环分车带内黄杨和月季大量枯死、春季未发新芽（5月份）

市融雪剂使用管理办法第十条规定：在降雪量不超过10mm/次时，施洒(撒)量不得大于10g/m^2。去年全市融雪剂施洒(撒)量达3万吨，部分区域存在过量使用的现象。融雪剂的使用应充分考虑土壤环境的承载能力，确保在合理的用量范围内。

(3)杜绝把掺有融雪剂的残冰残雪堆在绿地内

含有融雪剂的冰雪，不得堆放于绿地、树池及其融化后有可能影响植物生长的地区内。绿地养护单位应采取措施提高绿化带的主动防护，防止融雪剂进入绿化带，造成土壤污染和危害植物生长。

(4)开发环保型融雪剂

鉴于氯盐类融雪剂的环境危害，研究环保型的融雪剂产品已经为各国政府所重视，目前已有了一定的进展。如美国 DOT公司利用城市垃圾中的纤维素和含有碳酸镁的石灰石研制出醋酸钙镁融雪剂，还有用乙二醇及其衍生物制成的融雪剂也具有较好的融雪效果，而尿素也被认为是效果较好的融雪剂。

参考文献

[1]. 严霞，李法云，刘桐武等. 化学融雪剂对生态环境的影响[J]. 生态学杂志，2008，27(12):2209- 2214.

[2]. Norrstrom A C， Bergstedt E. The impact of road deicing salts (NaCl) on colloid dispersion and base cation pools in roadside soils [J]. Water，Air， and Soil Pollution， 2001， 127: 281-299.

[3]. 鲍士旦. 土壤农化分析(第三版)[M].北京：中国农业出版社， 2000.

[4]. 骆虹， 罗立斌， 张晶.融雪剂对环境的影响及对策[J]. 中国环境监测， 2004， 20(1): 55- 56.

[5]. 杨月红，孙庆艳，沈浩.植物的盐害和抗盐性[J].生物学教学， 2002， 27 (11): 1-2.

[6]. 余海英，孔亚平，张科利，袁平. 融雪剂在路域土壤中的累积、扩散及其对土壤性质的影响[J]. 水土保持学报， 2009， 23(6):182-185.

[7]. 朱昱航. 氯盐类融雪剂对环境的影响及其对策研究[J]. 资源开发与市场，2008，24 (11):1019-1021.

[8]. Defourny C. Environmental Risk Assessment of Deicing Salts [J] .World Salt Symposium， 2000， (2)767-770.

[9]. Fritzsche C J. Calcium Magnesium Acetate Deicer [J]. Water Environment and Technology ，1992 ，4 (1)：44-51.

[10]. 丛日晨，李芳，古润泽.融雪剂对城市园林植物伤害机理的研究[J] .中国园林， 2005， (12)：60-64.

2009～2010年冬春北京市植物园园林植物冻害调查分析及冻后处理措施浅议

耿欣　程炜　宋强　王广勇　北京市植物园　北京　100093

摘　要：本文通过对北京市植物园的不同类别园林植物进行冻害调查，归纳了2009～2010年冬春极限低温的发生特点，得出了植物冻害的发生规律并分析了导致原因，并对受灾后植物的生长势恢复管理及养护提出了方法和建议。

关键词：低温特点；植物冻害调查；冻害恢复措施

2009～2010年冬春季节，北京地区冬季降至近40年来历史最低气温，园林植物遭受冰冻灾害尤为严重。北京植物园也经历了历史最低温-18.9℃，这对许多园林植物的生长发育造成了严重影响，并直接影响到了2010年植物的萌芽生长和景观效果。因此，调查植物受害情况，弄清园林花卉树木冻伤冻死原因，并对冻害和灾后采取积极有效的挽救和管护，实现冻害后园林植物健康生长，是把灾害损失降低到最小程度的重要保证。

1 2009年冬季北京急剧降温及气温特点

据北京气象局统计，2009年入冬以来，我国华北地区异常低温，且降雪来得早、频次多、降水量大、气温低。这些因素都给北京园林植物越冬及恢复带来了严峻考验。

1.1 降温速度快，幅度大

2009年12月25日至2010年1月8日短短半个月左右时间，北京遭受两次大规模寒潮袭击，一夜之间气温骤降10℃以上。

1.2 平均气温低

2009℃冬季以来平均气温较常年偏低1℃，为1982年以来最低。2009年12月26日至2009年12月28日，2010年1月1日至1月6日，北方遭受两次强寒潮天气袭击。从2009年12月到2010年2月连续3个月最低月均温都在-9℃以下。特别是2010年1月6日，北京最低气温达-16.7℃，突破了1971年以来同期最低气温记录。北京植物园最低温更是达到了-18.9℃，为有史以来植物园的最低温度。

1.3 持续时间长

2010年春季持续低温，主要是太阳辐射改变，大气环流进行了明显调整，冷空气因此势力强劲，不仅长时间影响北京，还直接影响到南方，造成南方出现大面积降雪天气。北半球大气环流调整，使得北极的冷性低涡影响位置南移。一般情况，冷涡的边缘在北纬60°，冬季可达到50°，而今年冬天则直接到了45°，影响的范围就大了很多。另外，冷涡分裂为3个中心，长期滞留在亚洲、北美洲和欧洲，造成了这些地区出现低温、雪大的共同特点。

1.4 降水量大

据北京市气象局统计，2009年11月至2010年3月14日，北京降雪日数达到16天，先后出现10次过程性降雪，为历史罕见。北京市平原地区降水

作者简介

耿欣/1979年生/北京市植物园养护队工作，高级工程师。

量为53.5mm，比常年同期(19.5mm)偏多1.7倍，为30年以来最多。

1.5 三月份气温变化大，出现短春现象

据《北京气候志》记载：北京3月，天气逐渐变暖，蛰虫相继出洞，草木吐芽，桃花开花。由于降水稀少，气候仍很干燥。月平均降水量只有8.6mm。降雪逐渐终止，降水日数为4天左右，晴天日数多达22.5天。北京的3月往往有这样一个特点，在阳光充足时，气温会迅速上升，一旦阴天来临气温又会迅猛下降，北京正是在这样气温起起伏伏中进入春季，而春天往往也只有60天左右。按照天文季节的划分，一般将3至5月认为是春季，气象学上通常将连续5天日均气温超过10℃设定为气象学意义上的入春标准。

但是2010年春天值得关注的是，3月的短短半个月里，北京下了4场雪。据市气象局气候中心的统计表明：2010年2月本市降水量仅为2.6mm，比常年偏少4成。而3月却降雪4次，超过往年同期降水4倍以上。往年的3月，暖空气势力北上，而冷空气势力则逐渐消退。今年，冷涡势力到了3月仍未消退，而暖气团则按计划北行，因此出现了频繁雨雪天气过程。

表1 北京植物园冬季温度统计表

(2009.11.1～2010.3.15)

日期	月最高平均温(℃)	月最高温度(℃)	月最低平均温(℃)	月最低温度(℃)
2009.11.1～2009.11.30	5.2	13.7	-2.4	-6.2
2009.12.1～2009.12.31	1.9	7.3	-5.3	-9.3
2010.1.1～2010.1.31	0.5	9	-9.9	-18.9
2010.2.1～2010.2.29	3.7	13.9	-5.7	-11.4
2010.3.1～2010.3.15	5.2	13.7	-2.4	-6.2

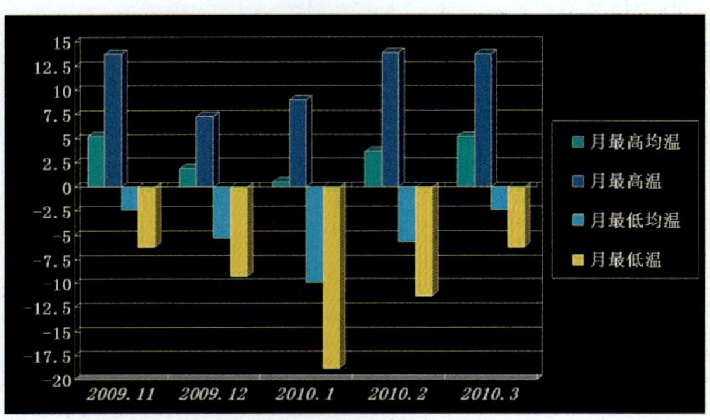

图1 2009年冬季北京植物园温度统计柱状图

2 园林植物低温冻害调查

冻害通常指0℃以下的气温，使植物细胞受冻结冰而引起的急骤伤害或死亡现象。冻害时植物造成的损害主要是由于0℃以下的低温，使细胞间隙的水分结冰，细胞受冰晶的挤压引起损伤。冰晶在扩大过程中还会不断夺走细胞内的水分，使原生质失水凝结失去活力，致使整个细胞的内容物遭到破坏。

2.1 调查的植物范围

于2010年3月下旬在全园范围内对重点植物和重要专类植物进行了调查。重点植物包括：

(1) 近几年引种栽植及部分已解除防寒越冬的植物。

(2) 原产地在温带及半温带地区，在北京的小气候条件下可以越冬的植物。

(3) 重要的专类植物包括受冻害较严重的植物，如雪松、乔松、大叶黄杨及竹子等。

(4) 部分落叶树种中园林景观效果较好的植物，如梅花、丁香、紫薇等。

2.2 调查方法

采用削皮、划痕、观察等方法，鉴别植物组织是否变色或具冻斑及溃疡面，并用数码相机拍照，记录植物受冻情况。

冻害程度主要采用对外部形态进行感观鉴定的方法，对植物的叶、芽、枝、整株等的生长指标、组织褐变等指标进行分级调查，并参考备注从株数/面积、有无防寒措施、立地条件等几方面进行。具体调查观测方法如下(详见表2，此法不包含竹类)：

(1) 叶片分少部分失绿、枯黄、脱落，占全株30%以下，占全株30%～70%，占全株70%以上三个等次。

(2) 芽分少量干瘪、褐变、鳞片脱落，占全株30%以下，占全株30%～70%，占全株70%以上三个等次。

(3) 一年生枝条分在同一枝条上木质部褐变、皮层干枯皱缩，占同一枝条30%以下的全株百分数，以及此情况占全株30%以下的群体百分数。占同一枝条30%～70%的全株百分数及此情况占全株30%～70%的群体百分数。占同一枝条70%以上的全株百分数及此情况占全株70%以上的群体百分数。

(4) 多年生枝条分同一枝条的多年生枝30%以下韧皮部变软、30%以下茎枝有冻斑或裂口的全株百分数，及此情况占全株30%以下的群体百分数。同一枝条的多年生枝30%～70%韧皮部变软、30%～70%茎枝有冻斑或裂口的全株百分数，及此情况占全株30%～70%的群体百分数。同一枝条的多年生枝70%以上韧皮部变软、70%以上茎枝有冻斑或裂口的全株百分数，及此情况占全株70%以上的群体百分数。

(5) 植株主干部分分为主干50%以下冻伤，大量枝条折断，地上部分50%以上冻死，来年仍能萌蘖，整株死亡三个等次。

2.3 园林植物冻害等级划分

综合植物各部分受冻的观测结果进行冻害等级划分。见表2。

表2 园林植物冻害等级划分及对应的耐寒指标

等级	具体指标
0	枝条叶片无冻害，或仅有个别叶片局部干枯或呈水渍样。
I	叶片少部分失绿、枯黄、脱落，占全株30%以下。芽有少量干瘪、褐变、鳞片脱落，占全株30%以下。
II	叶片部分失绿、枯黄、脱落，占全株30%～70%。芽有部分干瘪、褐变、鳞片脱落，占全株30%～70%。一年生枝条木质部褐变、皮层干枯皱缩，占同一枝条30%以下。
III	叶片大部分或全部失绿、枯黄、脱落，占全株70%以上。芽大量干瘪、褐变、鳞片脱落，占全株70%以上。一年生枝条木质部褐变、皮层干枯皱缩，占同一枝条30%～70%。多年生枝30%以下韧皮部变软、30%以下茎枝有冻斑或裂口。
IV	一年生枝条木质部褐变、皮层干枯皱缩，占同一枝条70%以上。多年生枝条30%～70%韧皮部变软、30%～70%茎枝有冻斑或裂口。
V	多年生枝70%以上韧皮部变软、70%以上茎枝有冻斑或裂口。主干50%以下冻伤，大量枝条折断。
VI	地上部分50%以上冻死，来年仍能萌蘖。
VII	整株死亡。

3 园林植物冻害调查结果

3.1 重点植物冻害调查统计结果

2010年3月下旬对植物园内重点区域的近年引种栽植植物及部分彩叶植物进行调查，结果如下：

表3 园林植物冻害调查表

种名/品种名	定植时间	胸径(cm)	原产地及分布	立地条件	冻害级别	修剪程度	有无保护	调查株数
‘金亮’锦带 *Weigela florida*‘Gold Rush’	3年	6	欧洲	丛植	I级	无	无	10
金叶雪松 *Cedrus deodara*‘Aurea’	3年	12	地中海地区	孤植	II级	无	无	1
金银木 *Lonicera maackii*	2年	12	地中海地区	孤疏林	II级	无	无	10
紫叶稠李 *Prunus virginiana*	4年	8	中国	孤植	I级	无	无	10
金叶复叶槭 *Acer negundo*‘Aurea’	6年	7	亚洲欧洲	疏林	0级	无	无	10
柽柳 *Tamarix chinensis*	6年	4	中国	疏林	0级	无	无	10
金叶女贞 *Ligustrum × vicaryi*	5年	4	中国日本	丛植	I级	重剪	无	10
接骨木 *Sambucus willamsii*	4年	6	中国	孤植	II级	无	无	8
紫叶矮樱 *Prunus × cistena*	4年	4	中国华北	疏林	I级	无	无	10
十大功劳 *Mahonia fortunei*	4年	1.2	中国四川西藏	丛植、背阴	III级	无	塑料膜保护	6
洒金珊瑚 *Aucuba japonica* var.*variegata*	4年	1.1	原产日本	丛植、背阴	0级	无	有	2
玉铃花 *Styrax obassia*	4年	1.4	中国中部	丛植、背阴	II级	无	有	4
映山红杜鹃 *Rhododendron simsii*	4年	1.2	中国长江流域	丛植、背阴	II级	无	有	9
红瑞木‘主教’ *Cornus sericea*‘Cardinal’	3年	2	栽培品种	丛植	II级	无	无	50
红瑞木‘黄芽’ *Cornus alba*‘Bud's Yellow’	3年	1.8	栽培品种	丛植	I级	无	无	50
红瑞木‘蓓蕾’ *Cornus*‘Baileyi’	3年	1.2	栽培品种	丛植	I级	无	无	15
杉木 *Cunninghamia lanceolata*	25年	27	中国长江以南	孤植向阳	II级	无	无	1
柳杉 *Cryptomeria fortunei*	25年	10	中国长江以南	丛植向阳	III级	无	无	8
木姜子 *Litsea auriculata*	20年	5	中国长江以南	孤植背阴	I级	无	无	2
广玉兰 *Magnolia grandiflora*	8年	12	原产美洲	孤植向阳	III级	无	无纺布包干	2

由此看出，受冻害比较严重，在III级以上的有柳杉、十大功劳和广玉兰等。具体受冻形态由图2至图7所示。

图2、图3 柳杉(*Cryptomeria fortunei*)受冻害后形态

图4、图5 广玉兰(*Magnolia grandiflora*)受冻害后形态

3.2 常绿植物及落叶植物调查

此次冬春极限低温冻害，从园林植物的影响整体来看分为以下几类。

3.2.1 受冻害影响较大的植物种类

(1) 常绿树受冻害严重

雪松、乔松一年生枝叶大面积变黄，少部分枝叶干脆失水、脱落。小部分油松和雪松有局部流胶现象。大叶黄杨几乎叶片全部变褐色失水、干脆，部分一年生枝和芽有皱缩失水。对树木区部分常绿树种类进行调查。

(2) 对竹子影响较大

调查发现，相当大部分竹子都有受害表现。受冻害后竹子叶片几乎全部发白浅绿，失水严

图6、图7 十大功劳(*Mahonia fortunei*)受冻害后形态

重，大部分有脱落现象，部分小枝和竹秆出现部分冻褐斑，少部分受害严重的竹子甚至出现流胶现象。

根据竹子的不同受害程度，对竹子冻害调查描述分级如下。

3.2.2 受一定影响或影响不大的植物种类

(1) 对夏季开花部分植物有一定影响

对于紫薇等夏季开花且做越冬防寒保护的植物，由于其生长萌动比较晚，早春观察其冻害影响不明显。但气温回升进入生长旺季后，不同类型的紫薇(如古桩紫薇、树状紫薇、灌丛紫薇)生长势和萌芽力都有很大程度下降，花期推后20天左右，着花量明显下降。特别是古桩紫薇类，萌芽率很低，主干地上部分几近枯死，其生长恢复及耐寒情况通过养护复壮管理还有待进一步观测。

对于花石榴、柿树等结果类落叶树，受冻害影响严重。花石榴春季没有萌芽迹象，几乎全部全株死亡。进入生长旺季后基部又有部分萌蘖，柿树生长势极弱，出现大量干枝死叉，萌芽期推迟了近45天。生长恢复情况还需进一步观察。

(2) 对春季开花的落叶植物影响不大，但物候期推迟

表4 树木区部分常绿树冻害调查分级表

树木区常绿树种类	Ⅰ级	Ⅱ级	Ⅲ级	Ⅳ级	Ⅴ级	Ⅵ级	Ⅶ级	调查株数
乔松 *Pinus griffithii*	—	4	10	12	6	1	1	34
北美乔松 *Pinus strobus*	—	—	1	—	—	—	—	1
雪松 *Cedrus deodara*	—	4	7	6	2	1	—	20
红松 *Pinus koraiensis*	—	2	1	—	—	—	—	3
矮紫杉 *Taxus cuspidata* ʻNanaʼ	2	2	—	—	—	—	—	4
黄杨 *Buxus sinica*	—	2	2	6	—	—	—	10
大叶卫矛 *Buxus megistophylla*	—	3	—	—	—	—	—	3
洒金柏 *Platycladus anrea* ʻNanaʼ	—	4	—	—	—	—	—	4

对碧桃等春季开花的落叶植物有一定影响。虽树体、枝条无明显冻害现象，仅个别花芽叶芽干瘪皱缩，一年生纸条顶端有轻微失水。但除花期推迟外，还有花小色淡等现象，着花量也不及往年。

迎春、连翘等小型花灌木的较细枝条一般有1/3发生冻伤，花期着花量有较大下降。

丁香、海棠、梅花、玉兰、榆叶梅等植物受冻害程度不明显，有部分一年生枝条有少量褐色冻斑，花芽有少量干瘪，开花期花量、花色和花径与往年无明显差别。

牡丹始花期比往年推迟25天左右，通过冻后修剪和控水等措施，虽花量有所下降，但由于低温时间较长，花色和花径有了明显提高。

总的来看，春花植物整体花期推迟20天左右，且今年花芽受冻后饱满度及着花率不及往年，大多出现花朵较小和花量略少的现象。

(3) 对近几年新栽植的彩叶植物影响不大，未见显现

绚秋园近3年新栽植的彩叶植物受此次冻害影响不大，仅孤植向阳的金叶雪松受冻后全株枝叶变褐色，但枝条基部还有水分韧性，黄叶未见脱落。浇水后有泛绿迹象，通过薄肥复壮，进入生长旺季后生长势恢复。

金叶连翘等其他彩叶树种在春季多风干燥气候条件下常发生抽条失水现象，通过补足春水，气温稳定后轻剪干枝，阻止了冻害进一步发生。

表5 竹子冻害等级划分及耐寒指标

等级	具体指标
0	竹杆 叶片无冻害
Ⅰ	竹秆及侧枝存活，浅绿色。竹秆表皮轻微冻伤，竹叶失水50%以下
Ⅱ	植株浅绿色，叶片浅绿色，有轻微卷曲，失水量中等50%左右，有一定韧性，有脱落现象
Ⅲ	植株浅灰绿色。叶片发白，严重卷曲，自然脱叶严重。叶片失水严重80%左右，揉捻易碎
Ⅳ	全株发黑，也有发红、发黄褐色现象。叶片灰褐色，叶片完全失水95%以上，脱落严重，叶片脆而易碎，出现流胶现象
Ⅴ	地上部死亡

表6 植物园竹子受冻情况调查简表

全园竹子分布	种类	冻害级别发生率（%）						调查面积(m^2)	备注
		0级	Ⅰ级	Ⅱ级	Ⅲ级	Ⅳ级	Ⅴ级		
黄叶村班	早园竹+金镶玉	——	——	100	85	15	——	800	向阳
丁香园班	早园竹	——	10	60	30	——	——	20	庇荫
绚秋园班	早园竹	——	——	——	100	——	——	60	山脚
梅园班	早园竹	——	40	60	——	——	——	310	山脚
	箬竹	——	——	——	100	——	——	140	湖边
园艺班	早园竹+箬竹	——	——	15	65	20	——	700	路边
牡丹园班	早园竹	——	——	——	——	100	——	500	去年移栽
	刚竹	——	——	10	90	——	——	300	向阳

4 结果分析

4.1 冻害发生规律

通过本次调查，发现园林植物受冻害反应主要表现在如下方面。

(1) 乡土树种比引种植物适应性要强。尤其是珍稀的产地边缘植物，受害较重。

(2) 栽植在小气候条件下比空旷地的植物受害要轻。

(3) 丛植内部植物比外缘、路边植物受害要轻。株数越多，树冠茂密，可互相保护，减轻冻害。

(4) 栽植平坦地势比栽植水边、坡地及低洼地植物受害要轻。水边均温较低，坡地及风口处风大易抽干枝条，洼地冷空气下沉淤积，不易散出。

(5) 栽植在背风荫蔽处植物比向阳处植物受害要轻。有雪覆盖处枝条得到保护，未受冻害。阳面及见光面白天温度较高雪易融化成冰，几次升降，即可冻伤叶片组织和嫩枝，再遇冷风抽干，常变黄

褐色且失水严重。

(6) 栽植多年的植物比近两年内移栽的植物受害要轻。

(7) 植株生长势强的其抗寒性也强。

(8) 入冬修剪后的植株受冻害较为严重。伤口无法愈合，受冻后遭遇冷风很快抽干整枝。

4.2 冻害原因分析

4.2.1 植物内因分析

(1) 生理干旱

春季干旱、大风易造成树体生理干旱，常造成冻害，也是树体地上部分抽条、死亡的重要原因。这是因为此时树体地上部分开始生长，急需吸收水分，而根系所处的地下部分还未完全化冻，于是造成地上部分与地下部分的水分失调而发生冻害。

因此冻害的发生，一般不在绝对温度最低的休眠期，而常在初春发生。

所以树木的抗寒性，不仅表现在对于低温的抵抗能力，还表现在解除休眠后对综合环境条件的适应能力。所以在植物受冻后，早春最重要的工作，要把春水浇透，尽可能减少冻害修剪后的抽梢干枝现象。

(2) 引种植物栽植的诸多因素考虑

引进的外来植物，特别是在入园栽植过程中，不能忽视树种的原产地，生物学特性与气候的适应性以及对极端气候的适应能力。应根据本地的自然地理、气候条件及树种的生物学特性做出相应的防护措施。

4.2.2 外因分析

日极端最低温度和低温持续时间过长是导致大量树体受害的主要因素。

(1) 低温是园林植物冻害发生的客观条件

一般受三个方面制约：一是极端最低温度；二是低温持续时间；三是冷暖骤变程度或幅度。由于北京2009年冬季突遇极端低温大雪，而且降温幅度大，持续时间长，冻融激烈，同时还伴随三次大风，这对大多数园林植物冻害影响极大。

同时，一、二年枝条组织木质化程度不高，一旦连续低温，细胞组织原生质就会脱水冻结，细胞损坏，苗木不能进行正常生理活动，出现枯叶、烂根、枝干脱皮、溃烂甚至死亡。

(2) 土壤冻结引起冻害

发生冻害后，由于土温低，水分不能正常保持平衡，使苗木根部组织变干，根系因土壤冻结膨胀被拔出地面或被拉断。之后又被风吹日晒，造成苗木死亡。

5 园林植物冻后恢复生长技术措施

冻害的发生不仅仅在冬季绝对温度最低的休眠期，还常常发生在早春。植物解除休眠早，受春季低温胁迫的威胁较大，解除休眠晚，可避开早春低温威胁。早春低温风大干旱，易造成植株枝条抽干，地上部生长急需水分，地下部还未完全化冻或水分不足，常出现上下水分失衡而发生危害。所以受灾害后的防冻工作我们还需要更为关注。

5.1 及时检查

由于部分植物受害的表征不在低温冻雨天气时立即表现出来，而在天气逐渐回暖时渐渐表现，因此天气回暖后要及时检查和修剪受冻植物，剪除受害组织并对伤口进行消毒和防腐处理。

一般在冻害发生后15～30天内进行检查，用刀具刮削开些许树皮，若呈现青绿便说明树状良好；若发现枝皮变黄变褐，说明该部分树枝已无法成活。

5.2 适时适度修剪

在气温稳定回升后，采取小伤摘叶、中伤剪枝、大伤锯干等措施，合理处理树冠。

(1) 明显枯死部分可及时剪除，以利伤口愈合。

(2) 受冻害但未枯死树体要晚剪和轻剪，给予枝条一定的恢复时期，最好等当地气候基本稳定下来时再进行。

(3) 对于一时看不准受冻部位时，不要急于修剪，待春天发芽后再做决定。

同时要注意，不同的树种，冻害程度不同，不能一刀切，要区别对待。修剪程度不宜过大，试探着往下剪，直至没有冻伤的部位，以免给植物带来第二次伤害。剪口如果较大，最好能均匀涂上保护蜡或用薄膜包扎，以利抽生新芽，恢复树势。对受冻造成的伤口要及时治疗，应喷自涂剂预防日灼，并结合做好防治病虫害和保叶工作。对于根颈部位冻裂的皮层进行修复，涂抹杀菌药剂及萘乙酸后，用塑料薄膜包扎严密，以防腐烂病发生并促使伤口尽快愈合。

5.3 松土及施肥

冻后恢复生长的树，一般均表现出生长不良，树体功能显著减弱。春季温度回升后，立即在树冠下松土，增加土温。对发生冻害的植物进行全面松土、培土，改善通气条件，增强根部呼吸，防止烂根和根部病害的发生。可在3月上旬松土培土15cm左右，培土后可使植物根系的深度相应增加。

施肥要以水带肥。注意对于受冻害的植株，不能马上追施高浓度的化肥，而应待气温回升，根系恢复吸收功能后，再喷施或浇施低浓度的液肥。并以速效氮肥为主，勤施薄施，切忌施肥过浓。可在培土后，根施0.1%～0.5%尿素或水溶性复合肥溶液。3月下旬再施1次，新叶展开后，可喷施磷酸二氢钾等叶面肥。

5.4 合理浇水

春水要在气温平稳且松土后分次浇灌。因受冻后植株大多根部受损，一次性浇水过多，若土质透气性不好，再遭遇气温突降或大风，树体吸收能力下降，容易发生烂根、沤根现象。

5.5 病虫害防治

观赏植物受低温危害后树势较弱，极易遭受病虫害侵袭，要结合防治冻害，加强对植株灾后的病虫害防治力度。

6 园林植物冻害预防小结

6.1 首先要“适地适树”

充分利用植物园小气候、小地形有针对性地栽植树种。

6.2 加强整枝管理

秋季通过适当控梢、摘心、整形等手段，控制枝梢在晚秋前不再生长，减少受冻的可能性。同时在整个后期增施磷钾肥、有机肥，适当控水，充实细胞组织，提高木质化程度，促进枝条成熟，提高树体抗性。

6.3 冻前灌水

灌水可增加土壤含水量和空气湿度，减少地面辐射，加速深层土温向上传导，减轻冻害。在持续低温(0℃以下)时，北京常于11月上旬开始灌冻水。一般可在上午9:00以后，12:00之前浇适量的水分，有利于减轻冻害。

6.4 培土增温

冬季培土能提高土温，增加肥力。从而达到保护根系和根颈的目的。到第二年春季，要扒开培土，以防根颈霉烂。

6.5 搭棚或包干

对引种栽植的抗寒性弱的植株，树体周围搭塑料棚膜，树干包扎稻草或无纺布都是较好的防冻措施。搭棚后可减轻平流降温和强烈辐射降温产生的冻害，尤其适用于晴冻型和雪后霜型冻害。

6.6 保证树体健壮

抗寒性大小与树体的营养状况密切相关，加强栽培管理有助于树体内营养物质的贮备。为提高园林植物抗寒能力，可采用改良土壤，促进根系生长。春季加强肥水供应，可以促进新梢生长和叶片增大，增加营养物质的积累，保证树体健壮。

参考文献

[1] 王荣富．植物抗寒指标的种类及其应用[J]．植物生理学通讯，1987(3).
[2] 曾麟祥．福建百年、五十年一遇两次极端低温对树木冻害的研究[J]．中国生态农业学报，2002，10(2).
[3] 周敏功．100种园林树木冻害情况的调查分析[J].中国园林，1997.

融雪剂对城市园林植物影响状况调研分析

杨　鹤　北京市香山公园　北京 100093

摘　要：本文介绍了融雪剂的种类及其作用机理，并结合几个案例分析了氯化物型融雪剂对环境中动植物的伤害机理，提醒决策者在大量使用融雪剂减灾时要站在生态保护的高度以免除得不偿失的境况。

关键词：融雪剂；有机融雪剂；动植物；生态保护

使用融雪剂是国内外高纬度城市冬季除雪的主要措施之一，但使用不当也会带来很多负面问题。2003年春季至秋季，北京长安街沿线、二环、三环、四环等一些主干道以及部分环路主辅路一些主要路段两侧的行道树、绿篱出现了新叶变小、叶尖卷曲、叶缘焦枯、枝条萎缩甚至枯死等症状，造成了较为严重的经济损失和社会负面影响。造成损失的主要原因就是在冬季大量使用融雪剂，使道路绿地土壤中的盐离子严重超标，从而对园林植物造成伤害。

2008年春节前后的冻雪让我国广大受灾地区的交通陷入瘫痪，影响了人们生活、工作的正常秩序，严重影响了民生。面对突如其来的重大灾害，为了尽快恢复交通，大量的融雪剂被投入使用，在促进冰雪消融之际，隐患也随之埋下。本文试图就融雪剂的种类及其对环境中植物的伤害进行分析，提示在使用融雪剂减灾时也要站在生态保护的高度进行全盘考虑。

1 融雪剂的应用和种类

融雪剂应用于清除道路积雪开始于20世纪30年代，并在20世纪60年代得到了广泛应用。随着科技的进步，融雪剂已由当初的NaCl单一成分发展为多组分的复合融雪剂，从传统的无机融雪剂发展到有机融雪剂。

目前，一般将融雪剂分为3种类型：①氯化物型融雪剂；②非氯化物型融雪剂；③混合型融雪剂。氯化物型融雪剂：目前氯化钠作为融雪剂的用量最大，但固体氯化钠溶解时吸热，直接影响了冰雪的融化速率，而氯化钙用作融雪剂在溶解时放热，较氯化钠优越。此外，氯化镁等也用作融雪剂。非氯化物型融雪剂：CMA(钙镁乙酸盐)，一种无氯、无污染、对环境安全的融雪剂，原料为城市垃圾中的纤维素废物和含碳酸镁的石灰石；LMWBL融雪剂，1988年美国Terence EP发明，其原料为牛皮纸纸浆生产中的黑色液体，其中含有碳酸钠、多种有机酸和它们的盐，以及由木质纤维素衍生物所构成的复杂混合物。这些有机融雪剂通常对环境友好。混合型融雪剂：氯化物加非氯化物型融雪剂，如结合氯化钠和CMA的优点，将二者按一定比例混合，制造出了一种新型的融雪剂；氯化物加缓蚀剂(阻锈剂)或同时再加非氯化物型融雪剂，Robert SK等在氯化镁中加入磷酸

作者简介

杨鹤/女/1984年生/毕业于北京农学院/北京市香山公园，助理工程师。

盐或三乙醇胺作为缓蚀剂配制了一种防腐蚀融雪剂。

2 融雪剂的作用机理

根据拉乌尔定律，冰的蒸汽压高于溶液中溶剂水的蒸汽压，冰就会融化，冰在融化过程中要从体系中吸收热量，因此体系的温度就会降低。冰的表面总附着有少量的水，当撒上氯化物型融雪剂后，盐溶解在水中成为溶液，溶液的蒸汽压低于冰的蒸汽压，冰就要融化，冰融化要吸热。随着冰的融化，冰盐混合物的温度就会降低。如采用NaCl和冰，在一定条件下，温度可降至251K，用$CaCl_2 \cdot H_2O$和冰的混合物，温度可降到218K。

有机融雪剂一般由4种成分组成：①由烯烃和羧酸的共聚体形成的有机吸水剂；②由1～2种多元醇形成的冰点下降剂；③由聚羧酸衍生物、聚丙烯酸衍生物，以及烯烃与羧酸的共聚体形成的冻结迟延剂；④由醇的硫酸酯、烷基的硫酸酯及砜酸酯为冰硬度降低剂。其融雪除冰机理大致为：有机吸水剂将土壤表面的自由水、吸附水从膜状变成粒状被吸收；然后剩余的水在冰点下降剂的作用下使液相处于不结冰状态；添加冻结迟延剂稳定了系统的过冷状态，最大限度地推迟了冻结时间；冰硬度降低剂使冰块冻结硬度降低，易于处理。以上作用的综合效力，使得有机融雪剂效果显著。

尽管非氯化物型融雪剂在迅速发展中，但由于成本较高，是氯化物型融雪剂的几倍甚至数十倍，受到经济因素的制约，在短时期内不可能大量使用。而氯化物型融雪剂由于价格低廉，货源充足，因此，被包括我国在内的多数国家广泛使用。下面结合氯化物型融雪剂对环境中动植物的影响案例，分析它们是如何影响动植物的生命活动的。

3 氯化物型融雪剂对植物的影响

研究发现，枯死树幼叶未全部展开；多年生枝条的韧皮部和木质部呈现失水特征；萎缩状树体衰弱，新叶小，或呈黄褐色萎缩，叶尖卷曲。在枯死和萎缩状树的枝、干和叶片上均未发现病虫害、冻害和药害特征，因而可排除植物病虫和极端气候等所造成的危害。对长安街行道栾树和长虹桥毛白杨的立地环境调查表明，枯死树和萎缩状树处在道路和人行便道的中间或处在车站出口的拐角处，融雪面积较大或所处树池较深；旺长树多分布在地下通道护墙的边缘，融雪面积较小，再加上通道护墙的阻挡，减少了树堰中雪水渗入量。与旺长树相比，在土壤0～30cm处的枯死树和萎缩状树的毛细根系呈死亡特征，旺长树根系则表现出较强的生命力。对旺长树根系调查表明，根系生命力的好坏对保持树体正常的生命活动有重要的意义，由此推断融雪剂导致的毛细根系的死亡是造成树体枯萎和死亡的原因之一。

当土壤中全盐量大于0.1%时，银杏就会受到伤害，说明生长正常银杏的远路端土壤没有发生盐害，焦叶的银杏树根际周围大部分土壤发生了盐化。然而，研究中发现，在焦叶银杏根系周围的土壤中的盐含量未超过0.1%的水平，即土壤中未发生盐化，这可能与在整个生长季内的淋溶等因素有关，除了降雨和灌溉等造成了盐分的流失外，银杏树以及银杏周围的金叶女贞或小叶黄杨在生长季节均会因生长而主动或被动吸收土壤中的水溶性盐离子，导致土壤中盐含量有一定程度的降低。尽管如此，土壤仍有不同程度的盐化，可以推测在春季，土壤中全盐量可能更高，从而也可认为土壤出现盐化可能是银杏出现焦叶的主要原因。土壤全盐量在不同土层、距离路的远近之间没有明显的规律性，但水溶性Cl^-在近路端的土层中的含量高于相应远路端土壤中的含量。水溶性Na^+无论是远路端还是近路端，20cm土层中的含量均低于40cm土层中的含量，说明水溶性Na^+随着自然降水和浇灌向下层土壤淋溶。这证明，春季灌水和生长季节降雨导致盐离子下移，使主要根系周围Cl^-含量和全盐量超标，导致树体发生较为严重的Cl^-毒害和盐害，继而造成新梢萎缩和整株死亡。

上述研究结果表明，盐害是行道树、绿篱植物等出现枯萎、枯死现象的主要原因，但在对银杏和油松的研究中也发现了土壤中盐含量与伤害之间没有很好的相关性，即死亡的植物生长立地土壤中可溶性盐离子的含量有低于生长正常植物的现象。即使土壤轻微盐化，银杏和油松同样有死亡现象，土壤中的盐类对银杏、油松有一定的伤害作用。

2003年4月16日，在西四环、北四环主路绿化带分别取生长良好和已经死亡的金叶女贞、月季、红叶小檗和沙地柏生长的立地土壤进行化验分析。死亡绿篱植物立地土壤的全盐量、Cl^-(氯离子)和Na^+的含量远远高于生长正常的植物，其中土壤全盐量和Cl-的含量分别是对照的2.4～6.5倍和2.5～6.5倍，由上述结果可以认定，土壤中的Cl^-、Na^+(钠离子)和全盐量高是导致绿篱植物死亡的直接原因。由于融雪剂使用过多，容易形成盐分和Cl^-在树盘表层聚集，能导致表层根系死亡。2002年冬季含有融雪剂的雪水中含盐量普遍超标。不同地点采集的积雪融化后的雪水中的Cl^-、Na^+、Ca^{2+}(钙离子)含量远远高于对照(没有喷洒融雪剂的)和自来水，含有融雪剂的雪水中Cl^-、Na^+、Ca^{2+}含量分布是对照的31～1010、18～1692、30～1260倍。不同地点采集的雪水的离子含量不同，东四环路雪水中Cl^-、Na^+以及全盐量含量最高。由此推测，融化后的雪水一旦渗入到土壤中，将会把大量的可溶性盐离子带到植物根系周围，这便可证明融雪剂是导致西四环、北四环主路绿化带绿篱植物死亡的原因之一。

2008年2月17日，《北京晨报》报道，广东省韶关市乳源县大桥镇数千村民使用的饮用水，突然变得苦咸、发涩，不少村民喝了有发烧、呕吐的症状。经有关部门调查，初步证明，春节期间撒落高速公路的千吨融雪剂是此次水源污染的祸首。

降低冰点性能最好的是氯盐类，其次为亚硝酸钠。亚硝酸钠又是很好的阻锈剂，与氯盐共用既可降低冰点，又可防止钢筋锈蚀。在美国、日本常将亚硝酸钠加入氯盐融雪剂用于钢筋混凝土桥梁融雪，但不能用于非桥路面，主要担心渗入土壤会污染地下水。亚硝酸钠是工业用盐的主要成分，常用于染料的生产等，外观与食盐相似，但其具有很强的毒性。亚硝酸盐进入人体血液后，能将正常携氧的低铁血红蛋白氧化为高铁血红蛋白，高铁血红蛋白失去携带氧气的能力，导致组织缺氧，出现亚硝酸盐中毒现象。人体一旦中毒，会出现头晕、腹泻、心悸、血压下降、呼吸困难等症状，严重时发生抽搐、昏迷，如抢救不及时或摄入量过多，就会因呼吸循环衰竭而死亡。上述案例就可能是融雪剂中的亚硝酸钠污染造成的。

氯化物型融雪剂随着融化的雪水进入土壤，会改变土壤的理化性质，降低土壤中有机物的含量，从而对土壤动物的种类、数量、生活史、群落结构以及对它们的生理过程和生态功能等产生影响，进而导致土壤退化和环境变化。此外，高盐浓度也会对土壤中的微生物产生重要的影响。

4 当前环境现状

当前全球气候暖化，地震、海啸、冰雪、暴雨、狂风、干旱……一个又一个空前的自然灾害和极端气象事件在世界各地频繁发作。据联合国政府间气候变化专门委员会(IPCC)指出：2007年的十大自然灾害有九件是因为全球暖化、气候混乱造成。而全球气候暖化的主要原因是人类的不当活动所导致。

在研究国内外相关资料的基础上，发现在清理积雪时首选人工或者机械除雪，尽量不用或少用融雪剂处理积雪；在确实要用融雪剂的情况下，要综合考虑其对桥梁、环境等的损害，结合当地的情况选用适合的融雪剂类型；加紧研究新型的、对环境友好的融雪剂，在选用原料时充分考虑资源的多级利用；加强多部门合作，比如交通部门和环境部门的合作，在交通设施的两旁多用一些耐盐或者能富集盐的植物等。在保障雪中道路畅通和防范融雪剂污染环境的两难选择中，走出一条适合各地的恰当的路，实现生态的良性循环。

参考文献

[1] 赵晨阳，郑荣梁.DNA氧化损伤与端粒缩短[J].生物化学与生物物理进展，2000，27(4):351-354.

[2] 严霞，李法云，刘桐武等．化学融雪剂对小麦和玉米种子发芽的影响[J]．气象与环境学报，2007，23(4)：63-66.

[3] http://www.counsellor.gov.cn/content/2009-11/09/content_8014.htm

[4] http://www.bjkw.gov.cn/n1143/n1240/n1465/n242664/n242712/5786263.htm

北京市植物园月季冬季受害分析

杜　莹　许桂花　陈进勇　北京市植物园 北京 100093

摘　要： 对2009～2010年冬季极端低温天气造成北京植物园的月季受害情况进行调查，分别在2月和3月对8个品种的月季进行了越冬性观察，结果表明月季品种间表现不一，‘摩纳哥公主’、‘粉扇’等表现较好，‘和平’、‘古龙’等表现较差；低温和强风均对月季枝条的死亡有直接影响，在低温冻害后强风的危害可以使抽条现象进一步恶化。调查结果还显示，选择背风向阳的小环境、搭风障、埋防寒土等措施均有利于月季的安全越冬。

关键词： 北京；月季；冻害；分析；对策

现代月季(*Rosa hybrida*)通常被简称为月季，是由中国的月季花(*Rosa chinensis*)在18世纪被介绍到欧洲，与多种蔷薇属植物反复杂交而形成的。现代月季类型多样、花色纷繁、品种众多，是世界上重要的观赏植物。在1986年与菊花一起被选定为北京市的市花，为首都园林绿事业做出了巨大贡献。月季喜温暖、向阳、背风、空气流通的环境，生长的最适宜温度为白天18～25℃，夜间10～15℃。在北京春天和秋天最适宜月季的生长，此时温度和光照适宜，月季花大色艳。当气温低于5℃一般进入休眠状态，据资料记载能忍耐-15℃的低温，但不同品种之间的耐寒性有很大差异。

北京属暖温带半湿润季风大陆性气候区，四季分明，在背风向阳的小气候条件下大部分月季品种可安全越冬[2]。但北京植物园位于市区的西北部，月季园面积较大，自然地形起伏，地势比较高，四周平坦开阔，冬季西北风肆虐，年平均气温比市区低2℃左右，小气候条件恶劣。不同种类、品种的月季每年均受到不同程度的冻害，其中个别区域的个别品种受冻害重，每年都有少量“死苗”现象。因此，摸清影响月季越冬的因素，采取切实有效的保护措施，使月季安全越冬，以保证每年春季的北京月季文化节有最好的月季景观效果是一个复杂而又棘手的难题。

北京植物园气象站资料显示，在2009～2010年冬季北京遇到了极端天气，最低气温达到-18.9℃(2010年1月6日)，是近40年来最冷的一个冬季，促使所有裸露在空气中的月季枝条都出现不同程度的冻害现象。最大风速出现在3月份，其中3月5日最大风速为20.2m/s(相当于9级)，对月季的影响很大，导致月季枝条中的水分被抽干而死亡，直接影响来年植株的生长。因此，我们对月季受冻害的情况进行了调查和分析，以筛选出耐寒性较强的品种，找出影响月季越冬的主要因素，从而确定合理的冬季防护措施，使来年的月季保持株型大、花朵多等良好特性，提高其观赏价值。

1 材料与方法

月季品种繁多，不同品种的抗寒特性也大不

作者简介

杜莹/女/1986年生/大专/北京市植物园。

相同。调查的对象均为北京植物园露地栽植的月季，有杂种茶香月季和丰花月季两个不同类型，共8个品种。

1.1 调查时间

主要集中在2010年2月1日至4月15日。2010年1月后即开始进行冻害调查。由于早春气温与往年相比一直偏低，因此直到3月底才解除月季的防寒工作，在这期间连续对月季的冻害情况进行跟踪调查。

1.2 调查方法

选择长期观察物候的一部分品种进行调查，主要从3方面进行。其一，同一地区不同品种的调查。选择杂交茶香月季品种'古龙'('Kronenbourg Plaming Peace')、'和平'('Peace')、'摩纳哥公主'('Grace de Monaco')、'粉扇'、'似锦'('Prowise')、'粉和平'('Pink Peace')作为观察分析对象，这些品种的栽植时间和栽植地相同，所处的外部环境及土壤条件相同，苗龄在5～6年生，栽植位置均为开阔地，防寒措施同样是埋土防寒，具有可比性。因此在这6个品种之间出现的差异可以进行有效对比，筛选出其中耐寒性相对较好的品种。其二，相同防寒措施不同栽植地区两个品种的差异比较。在一片开阔的环状栽植地，利用地形所出现的一侧无遮挡的风口区和另一侧有绿篱遮挡的背风区，分别对丰花月季品种'仙境'('Fairyland')和'冰山'('Iceberg')进行调查。在此条件下，可以有效对比出冬季寒风对月季的影响情况。其三，同一个品种不同的防寒措施的调查，在开阔的路两侧对称种植品种'粉和平'，月季规格均为8年生，长势一致。采取不同的防寒措施分别是埋土加风障与单一埋土这两个不同的措施。从而比较出不同保护措施所体现的差异，同时验证风会对月季造成一定危害。

在不同的时间调查可以分析月季受害时期以及受害因素。在低温期过后做调查可以发现月季受到冻害后的情况，受强风危害后再次调查可以分析风害因素。调查项目分别有品种名、品系、栽植位置情况、月季规格、死亡枝条规格、死亡枝条长度、枝条冻伤情况、采取的防寒措施、死条所占植株比例、受害等级。其中每个品种测量的数量为100棵，"死亡枝条的长度"取其平均值，"死亡枝条规格"与"枝条冻伤情况"进行观测描述。在调查区域内每个品种的种植数量都有200余棵，因此对每个品种中200棵月季进行调查，清点出死亡植株的数量从而计算出死亡率。

根据多年观察月季枝条的受害情况，初步制定了"月季抗寒性等级评定"，主要通过枝条受害程度描述进行分级(表1)。

表1 月季耐寒性评定标准

耐寒性等级	性状描述
1级	未受冻害，枝条秋梢无明显抽条
2级	秋梢轻度受冻害，抽干部分长度不足秋梢总长度的1/3
3级	秋梢中度受冻害，抽干部分长度超过秋梢总长度的1/3，不足2/3
4级	秋梢重度受冻害，抽干部分长度超过秋梢总长度的2/3，一、二年生枝条出现红褐色冻斑
5级	秋梢全部抽干，一、二年生枝条抽干部分长度不足总长度的1/3，枝条出现黑色冻斑
6级	秋梢全部抽干，一、二年生枝条抽干部分长度超过总长度的1/3，不足2/3，出现黑色冻斑，韧皮部有裂纹
7级	秋梢全部抽干，一、二年生枝条抽干部分长度超过总长度的2/3，接近于枝条基部，冻疮以上枝条死亡
8级	地上部分枝条全部死亡

表2 2010年月季品种的受冻情况

月季品种	平均株高(cm)	调查月份	死亡枝条规格	死亡枝条长度(cm)	枝条冻伤情况	死条所占比例(%)	等级
‘古龙’	44	2月份	一年生秋梢	15	枝条整体红褐色	34	3
		3月份	一年生条	25	红褐色，死条为黄褐色	56	5
‘和平’	50	2月份	一年生条	25	红褐色，个别枝条有黑褐色冻伤	50	4
		3月份	一、二年生条	30	红褐色，黑色冻伤裂开，死条为黄褐色	60	6
‘摩纳哥公主’	45	2月份	一年生秋梢	19	枝条整体红褐色	42	3
		3月份	一年生秋梢	20	红褐色，死条为黄褐色	44	3
‘粉扇’	51	2月份	一年生条	17	枝条整体红褐色	33	3
		3月份	一年生条	22	红褐色，死条为黄褐色	43	4
‘似锦’	49	2月份	一年生秋梢	15	枝条整体红褐色	33	3
		3月份	一年生条	23	红褐色，死条为黄褐色	46	4
‘粉和平’	50	2月份	一年生秋梢	10	枝条红褐色	20	3
		3月份	一年生条	20	红褐色，死条为黄褐色	40	4

2 结果与分析

2.1 月季不同品种的越冬性观测

2.1.1 不同时期冻害分析

根据表2可以看出在相同的情况下，2月份调查时，月季受到1月6日-18.9℃的低温冻害后不同的品种表现不同。在3月份的调查中常出现大风天气，其中3月20日出现了最大风速为17.8m/s(相当于8级)，此时月季的情况又有了明显变化。在2月份的调查中‘和平’的死亡枝条长度与枝条冻伤情况最为严重，其一年生枝条死亡规格较其他品种更为严重，而且枝条出现黑褐色冻伤，位置在枝条底部，会影响整个枝条的生长。‘粉和平’相对表现较好，其他品种差异不大。通过图表1可以看出‘和平’这个品种受害程度最为严重，说明其抗寒性较差，‘粉和平’的抗寒性相对较强。

经过3月份强风的危害后各品种死亡枝条规格和长度都有所提高，枝条的死亡情况已表现得非常清晰。从图1可以看出，‘和平’依然表现不好，抽条的长度和规格都有所加重，部分冻伤的黑块表皮已经爆裂，并造成整个枝条死亡。‘古龙’的情况与上次调查的数据有了明显的变化，抽条的长度同上次相比增加了40%之多，说明强风更容易对这个品种造成的危害。‘摩纳哥公主’与2月份的情况差异并不大，只是死亡枝条的颜色明显变浅，显然其中的水分已经被大风所抽干。由此可以看出月季冻害后再受强风可导致枝条中水分迅速流失，死亡枝条现象明显加重，也就是说低温并不是导致月季枝条死亡的唯一因素，强风也是影响枝条死因的主要因素之一。不同品种对抗风的强度也不同，例如此次调查的品种‘古龙’抗风性相对较差最为明显，受到强风后加重了死亡枝条的长度。而‘摩纳哥公主’这个品种的抗风性相对较好，受到强风后其性状没有明显表现。其他品种受到强风后都表现出不同程度的危害性状，死亡枝条的长度明显增长。

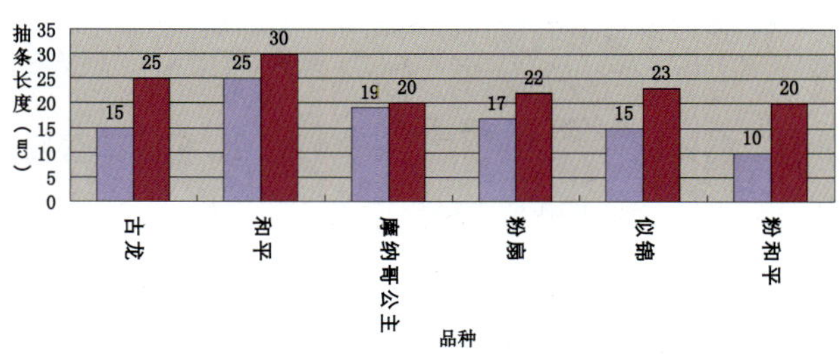

图1　2、3月份不同月季品种抽条长度对比

注：紫色代表2月，红色代表3月

2.1.2 越冬死亡率

经过一个冬季，低温冻害伴随着强风的危害，使月季死亡率比往年有所上升。死亡率的调查是对每个品种受害后总结性统计，如表3所示。

表3 月季品种的死亡率调查

月季品种	品系	调查数	死亡数	死亡率%
‘古龙’	HT	200	43	21.5
‘和平’	HT	200	72	36
‘摩纳哥公主’	HT	200	16	8
‘粉扇’	HT	200	19	9.5
‘似锦’	HT	200	39	19.5
‘粉和平’	HT	200	23	11.5

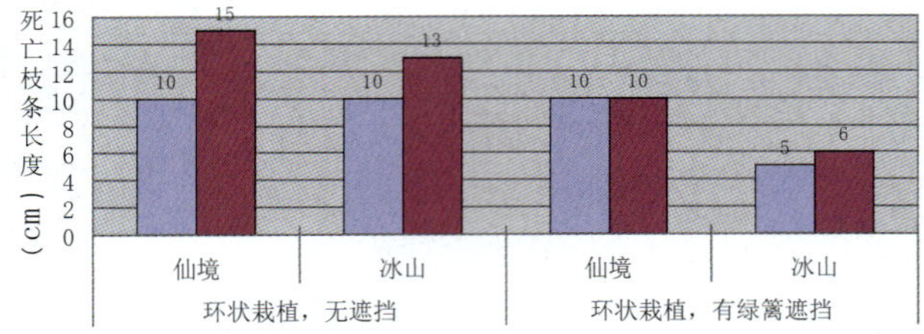

图2 不同小环境条件下月季品种的越冬性

注：紫色代表2月，红色代表3月

通过表3可以发现死亡率的表现同冻害调查的情况如出一辙。“抗寒性等级评定”的级别越高，死亡率就越高。‘和平’的死亡率最高达到36%，是6个品种中最不抗寒的，而‘摩纳哥公主’这个品种死亡率最低，虽然极端气候下的低温对其造成一定伤害，但强风并没有使其情况继续恶化。因此可以推测，抗风性较好的品种死亡率相对较低，也就是说能够通过对月季加强保护措施，抵挡寒风，从而提高其成活率。

2.2 不同小环境对越冬性的影响：

在相同保护措施下，选择种植在不同小环境下的2个月季品种进行观察比较，也是在两个受害时间进行。在一片开阔的环状栽植地，利用地形所出现的一侧无遮挡的风口区和另一侧有绿篱遮挡的背风区造成的小环境差异，分别对丰花月季品种‘仙境’和‘冰山’进行调查。在此条件下，可以有效对比出冬季寒风对月季的影响情况。

通过图2可以发现，在前期受到低温冻害每个品种都会出现抽条现象，而在3月份风力较强的时期，同一个品种在受到遮挡保护的情况下几乎没有加剧抽条现象，而在风口处的月季抽条有加重的情况，这就证实风对月季枝条的死亡是有直接影响的。加强防风措施可以阻止抽条现象进一步恶化。

2.3 不同防寒方法对越冬性的影响

月季冬季保护是每年都会进行的工作，但什么样的保护手法可以起到最好的效果还是需要总结。对同一地块的相同品种采取不同的防寒措施，可分析出不同的保护措施对月季的影响。从表5可以看出，搭设风障的月季抽条现象要低于只进行埋土防寒的月季，这也可以说明风障对月季有一定保护作用，也证明了寒风会对月季造成危害。

表4 小环境对月季品种的越冬性影响

月季品种	平均株高(cm)	位置描述	2月份调查情况					3月份调查情况				
			死亡枝条规格	死亡枝条长度(cm)	枝条冻伤情况	死条所占比例(%)	等级	死亡枝条规格	死亡枝条长度(cm)	枝条冻伤情况	死条所占比例(%)	等级
‘仙境’	28	环状栽植，风口无遮挡	一年生条	10	深黄褐色	35	3	一年生条	15	深黄褐色	53	4
‘仙境’	29	环状栽植，有绿篱遮挡	一年生条	10	深黄褐色	34	3	一年生条	10	深黄褐色	34	3
‘冰山’	30	环状栽植，风口无遮挡	一年生条	10	黄褐色	33	3	一年生条	13	黄褐色	43	3
‘冰山’	31	环状栽植，有绿篱遮挡	一年生秋梢	5	黄褐色	16	2	一年生秋梢	6	黄褐色	19	2

表5 不同防寒方法对月季品种的越冬性影响

月季品种	平均株高(cm)	防寒措施	2月份调查情况			3月份调查情况		
			死亡枝条长度(cm)	死条所占比例(%)	等级	死亡枝条长度(cm)	死条所占比例(%)	等级
粉和平	41	埋土风障	7	17	2	9	21	2
粉和平	42	埋土	10	23	2	14	33	3

3 小结与讨论

近年来由于环境恶化，极端天气屡见不鲜，对极端气候下植物受害的情况进行调查分析是十分重要和必要的。通过此次冻害调查发现，在北京地区月季冬季受害因素主要是低温冻害以及强风危害，而强风对月季的威胁相对较大，危害时间也较晚，这就需要我们在春季解除防寒设施时把握好时机。对于在多风干燥的北京春季，如果过早拆除防寒设施会对已经安全越冬的月季造成二次伤害，导致其死亡率增高。还有一点就是北京冬季土壤和空气都处于干燥时期，加上强风和低温的侵害，由于干旱枝条中的水分被迅速抽干出现死亡现象，干旱也是造成月季不能安全越冬的因素之一。

上面的调查数据均来自北京植物园露地栽植的月季品种，在调查时数据是取测量时的平均值，会出现一定误差，而且月季有其品种的特殊性，不同品种的受害性状也不相同。这次的调查只是对一小部分具有可比性的品种进行了分析，在今后的调查观测中累积数据，进行更准确的分析。在应对极端天气带来的危害时，可以运用适宜的防寒措施来减轻月季受到的伤害，例如增加埋土高度、搭设防风障、用苇席包裹枝条、用双层无纺布遮挡等。以上方法都是对现有抗寒性较差品种的补救措施，最关键的因素是筛选出抗寒性好的优良品种在北京地区推广，或进行适当的驯化，从而减少每年防寒的工作量，降低养护成本，以满足节约型园林的要求。

参考文献

[1] 张佐双，朱秀珍.中国月季[M].北京:中国林业出版社，2005.
[2] 李玲.月季的应用与前景[J]，中国园林，2003(4)：56-58.
[3] 田伟，郑伟，李琳.沈阳市及周边地区2000～2001年冬季园林树木冻害调查分析及对策[J].中国园林，2003(1).
[4] 王瑛.2009年冬陕西杨凌甜柿冻害调查[J].中国果树，2010(4).

冷季型草坪越夏养护管理措施

彭海平　北京金都恒达园林绿化处 北京 100140

摘　要： 冷季型草坪绿色期长，在北京地区应用广泛，但在夏季高温、高湿的环境中，极易发生病虫害，如不加强养护管理，容易造成斑秃，甚至大面积死亡，严重影响草坪景观效果。本文结合五元桥草坪成功的养护管理经验，着重谈谈夏季冷季型草坪的养护管理措施。

关键词： 冷季型草坪；越夏管理措施

冷季型草坪作为园林绿化的底色，其质地好，坪质优，色泽浓绿而亮丽，并具有耐寒力强，绿色期长等优点，被广泛应用在绿地建设中，但其在夏季生长明显遭到抑制并进入休眠期，特别是在北京地区夏季更是高温高湿，日最高温度可达38℃以上，如果管理不得当，极易发生病害，造成草坪大面积斑秃，严重影响绿地景观效果。因此夏季的养护管理是冷季型草坪全年管理的最重要时期，是保证草坪优质的关键，应采取科学、合理而有效的养护措施，使草坪能够安全越夏。

1 冷季型草坪概述

1.1 冷季型草坪的种类

目前世界上常用的冷季型草坪约有20种，主要有早熟禾属(*Poa*)、羊茅属(*Festuca*)、黑麦草属(*Lolium*)和剪股颖属(*Agrostis*)等，大部分地区栽植的冷季型草坪均为这几属的混播草。

1.2 冷季型草坪的生物学特性

冷季型草坪喜冷凉气候，最适宜生长温度为15～25℃，适宜在我国黄河以北地区种植，耐寒性强，具有春秋两季生长势强，夏季生长缓慢，具有休眠习性，在北方地区一般绿色期常在260～280天，一般喜酸性土壤。

(1) 早熟禾属(*Poa*)：包括草地早熟禾、粗茎早熟禾、加拿大早熟禾、球茎早熟禾和林地早熟禾等。其中最常用的是草地早熟禾，习惯上称早熟禾。草地早熟禾喜冷凉湿润、光照充足的气候，根系主要集中于15～20cm的土层中，在耕作土壤中，部分根系可深达30～40cm，发达的根茎具有一定的耐旱性和极强的抗寒能力，最适生长温度为15～27℃，最适土壤温度13℃，气温在15～30℃时可充分生长，其根茎繁殖力强，较耐踏压，对高温、干旱、病害较敏感。

(2) 羊茅属(*Festuca*)：包括高羊茅、紫羊茅、硬羊茅、羊茅、邱羊茅等。其中高羊茅为粗叶型，其余为细叶型草坪草。常用的高羊茅草适应性广，能在贫瘠、干燥和酸性土壤中生长，抗寒性强，能在冬季-15℃条件下安全越冬，也是最耐旱和最耐践踏的冷草之一，对夏季高温有一定抵抗力，最适生长温度15～30℃，最适土壤pH值一般在4.7～8.5，对病害较敏感。

(3) 黑麦草属(*Lolium*)：是当前广泛使用的冷季型草坪草种之一，主要有多年生黑麦草和多花黑麦草，我国引种栽培，常作为优势草与早熟禾

作者简介：

彭海平/女/1971年生/1996年毕业于北京农学院园林系/现在北京金都恒达园林绿化处工作，工程师。

属、羊茅属、剪股颖属草种混植成坪，在条件差时也能生长，但不耐高温干旱。多年生黑麦草抗寒性较草地早熟禾弱，抗热性不及高羊茅，耐湿不耐干旱和瘠薄，在肥沃且排水良好的黏土中生长较好，适宜生长条件是在冬季温和，夏季凉爽潮湿气候，耐寒性差，最适土壤pH值在6.0～7.0，在北京地区绿色期250天左右。

(4) 剪股颖属(*Agrostis*)：主要包括匍匐茎剪股颖、细弱剪股颖和绒毛剪股颖。由于匍匐生长，是所有冷草中最能忍受连续低修剪的草种，其修剪高度可达0.5cm，适于寒冷、潮湿和过渡性气候，由于匍匐茎节上不定根入土浅，耐旱性差，适宜肥沃、排水良好微酸性土壤，对多种病害敏感，北京地区绿色期250～260天。

2 冷季型草越夏管理要点

五元桥绿化总面积23.3万m^2，其中冷季型草坪面积为5.86万m^2，占绿化总面积的1/4，于2002年建成，主要由高羊茅、多年生黑麦草、早熟禾等品种混播而成，混播的主要优势在于混合群体比单一群体具有更广泛的遗传背景，对外界条件具有更强的环境适应性和更好的综合表现，能达到优势互补。通过近年来观察发现，草坪长势良好，尤其在盛夏高温、高湿的环境中，草坪依旧保持绿毯如茵的景观效果，这与有效的养护管理措施密切相关。

2.1 始终保持坪地平整，打好基础条件

草地的平整度是预防草坪病害的最基本的条件，也是形成草坪良好景观的基础。因为地势不平，使正常浇水或下雨形成积水，草坪容易产生病害，在日常的养护中如发现有土地下陷或其他人为因素导致的地面下陷要及时垫土，以免造成积水。在雨季，由于雨水较大，造成五元桥区的京顺路北侧白蜡地内的草坪出现不同程度的塌陷，发现后及时进行了补土，并使新植草坪与原草坪高度保持一致，不影响整体美观。另外，如果地面出现小面积的凹凸不平，也可撒施沙土，既改良土壤，又保证了草坪的平整。保持坪地的平整还可以避免修剪不齐、损坏机械等问题的出现，为草坪管理打下良好的基础。

2.2 适时、适度修剪

适时、适度的修剪有利于草坪通风、透光，减少病虫害的产生，对预防草坪病虫害起到重要的作用。五元桥的草坪全年修剪保持在15～18次，夏季修剪次数相对减少，平均每10～15天修剪一次。通过修剪的草坪，不但可控制高度整齐，维持优美景观，而且可促进基部萌发新枝。北方冷季型草坪一般不超过10cm即要修剪，应遵循“剪去量三分之一”的原则。在夏季，冷季型草处于休眠期，生长缓慢，应适当提高修剪高度，平均控制在5～7cm左右，因为留茬过高使通风、透光不良，易干枯死亡，滋生病虫害；留茬过低，使植株受到严重破坏，影响景观效果。对草坪夏季修剪，应注意以下几点：

(1) 禁忌早晨带露水修剪草坪，因为高湿环境特别适合病菌传播。

(2) 修剪草坪时要保持刀片锋利，减少叶面创伤，钝刀片易造成草叶受伤创面大，病原体乘虚而入。

(3) 剪草时应对剪草机的刀片进行消毒处理，从一块地转到另一块地时，也应对剪草机轮子和刀片进行药液消毒，减少人为传播病源的概率和途径。

(4) 草坪在每次修剪后要及时喷洒农药，防止病菌感染。

(5) 剪掉的草应及时用铁耙耧出，增加草坪的透气性，并放在彩条布上集中清走，以防病原菌传播，减少病虫害的发生。

(6) 为避免剪草机在地表留下车辙，最好在土壤不潮湿又较松时进行修剪。

2.3 适时、适量浇水

要根据各地块土质、气候等实际情况进行草坪浇水，应掌握“哪干哪浇、不干不浇、浇则浇透”的原则。

(1) 根据不同土质情况进行浇水：草坪需水量的大小，在很大程度上决定于坪床土壤的质地，还受土壤性质的影响。五元桥草坪面积较大，分布地块较多，不同地块的土壤情况有所不同，

如：京顺路北侧主路以东的土壤为深厚肥沃、排水良好的砂质土；8号门区域的土壤属于黏性土，板结较重，土壤的透水性和保水性差，易干旱。针对以上情况，分别采取不同的浇水方式，土质好的草坪视天气和气温情况两三天浇一遍水；土质差的草坪则每天保证浇水两遍。夏季草坪浇水要本着“见干见湿”的原则，不能硬性规定每几天浇一次水或一天浇几次水。

(2) 浇水量的控制：由于夏季气温高，蒸发快，土壤很容易干旱，而草坪喜欢土壤湿润，在每次浇水时应一次性浇透，以湿润地表15～20cm为准，可以插棍测试，草坪就能够得到充足的水分供给。如果每次浇水只停留在土壤表层，致使表层土长期湿润，一方面使草坪根系分布越来越浅，适应性和抗性随之降低；另一方面由于表层土湿度大，高温季节来临时，褐斑病、枯萎病等病害不断发生，同时这种浇水方式也大大增加了水分的蒸发，造成水资源的巨大浪费。

(3) 浇水时间的控制：应选择在早上浇水为主，避开在高温的中午浇水，否则会出现烫伤草坪的现象。在早晨为最佳时间，如在傍晚浇水容易感染病害，要配合喷施防真菌性病害的杀菌剂。

2.4 病虫害的防治

在草坪的病虫害防治工作中，应以预防为主，加强预防意识，将预防工作贯穿于整个养护管理过程，并进行综合防治，才是最有效的养护管理，如果等发现了病虫害时再进行治疗为时已晚，至多只能控制住不再蔓延，却无法完全恢复，既影响了草坪观赏效果，又造成一定的经济损失。通过近年来对五元桥范围内各个不同地点草坪发病情况的观察和监测，找到病虫害的发生规律，如：8号门里的草坪由于周边百姓进入踩踏严重，土地板结，草坪长势相对较弱，发病情况较为突出；主路东侧地块有地蚕(蛴螬)；京顺路边易发生黑粉病；辅路两侧易发生白粉病等。根据发病情况和发生时间，分析诱发因素，有针对性的进行预防，将各类病虫害的发病情况降至最低。

夏季草坪病害主要是腐霉枯萎病、镰刀菌枯萎病、锈病、霉腐病和霜霉病等。当气温升至15～20℃时，注意观察草坪草是否有菌丝，适时控制浇水量和浇水次数，同时喷杀菌剂。杀菌剂主要有代森锰锌、粉锈宁、多菌灵、甲基托布津、威力克、福美砷、百菌清等。对于病害相对较少的地点可施用单药剂预防，对于个别发病严重地点可使用两三种药剂混用，混合用药时应遵循可湿性粉剂、悬浮剂、水剂、乳油的顺序依次加入，避免直接将各单剂混用，并随配随用，通过混用使草坪病害发生率大大降低。另外，在雨季高温、高湿的气候条件下，是各种草坪病害的高发期，也是重点防治期。根据不同地点、温度、湿度等因素条件，一般15天左右打药一遍。草坪易发生的虫害主要有蛴螬、夜蛾、黏虫、蜗牛等。在蛴螬1龄幼虫盛发期时往表土上撒施辛硫磷，每亩用50%辛硫磷乳油400～500ml加细土3kg拌匀，结合草坪施肥混撒在表土上，然后浇水，以杀初孵幼虫；如在蛴螬成虫盛发期时，往草坪上喷洒1000倍的50%辛硫磷乳油，按每亩750～1000g加30倍细土拌匀，以杀成虫。夜蛾、黏虫三龄前用20%的灭幼脲1600倍液或喷BT乳剂600～1000倍液，打药量为150～180g/m^{2}药液。灭杀蜗牛使用灭蜗灵，用量每公顷3750～7500g。

打药时应注意以下几点：

(1) 在草坪叶片干燥时喷药，最好是修剪之后，清除枯草层和病残体，草坪浇透水，叶面干后再施用。

(2) 避开中午高温时间，以免灼伤叶片。

(3) 打药时要均匀，包括叶面、基部和地表，目的是尽最大可能消灭病源，病害发生较重的地块适当加大用药量。

(4) 打药后如遇下雨，应进行补打一次。

2.5 合理施肥

由于五元桥各地块情况不同，施肥情况也不同。冷季型草坪夏季生长缓慢，氮肥用量减少，施肥量也应该减少，但对某些不施底肥或施底肥少的草坪和颜色发黄的草坪也应及时施用少量氮肥，但施肥量不宜过多，否则会刺激茎叶生长，减少了根系养分供应，造成草坪草抗性减弱。磷、钾肥可提高草坪草的抗性，夏季可以至少施一次钾肥和一次磷肥，以提高草坪的抗病性和耐热能力。一般可采用根外追肥的方式为草坪补充营养，即叶面喷肥，追施多采用0.5%～1%尿素和0.2%～0.5%的磷酸二氢钾溶液，在衰退草坪区域，如：在五元桥桥区内过往行人经常踩踏的草坪，追加1～2次复合肥(N:P:K为2:6:3)10～15g/m^2，以促进根系的健壮和提高草坪的抗性。

2.6 疏草、打孔

草坪夏季易发生病害与草坪枯草垫有着密切关系，应在早春时节，用疏草机疏草，疏除草垫层。由于草坪经过冬季后，根部积累了一层厚厚的枯草层，枯草层的存在，妨碍了草坪草通气与吸收阳光，影响了光合作用，又为病原菌孢子、害虫提供了繁殖的场所。疏草机是借安装在高速旋转水平轴的刀进行近地表面的垂直切割，以清除表面积累的枯草层，减少杂草蔓延，从而改善通气性和透水性，促进生长。生长多年的草坪由于滚压、浇水、践踏等，使表面紧实，同时由于枯草的积累，使严重缺氧，活力下降，影响根系的正常呼吸，进而影响生长发育。北方地区每年土壤化冻后，先进行疏草，再进行土壤打孔，使土壤通气，有利于根系呼吸和水分、养分、肥料渗入土层，加快草皮对有机质的分解，促进草坪地上部分的生长发育，还可以断除老根，促使新根系的形成，增强草坪根系的生长和抗旱能力。同时打孔与浇水、施肥相结合，促使了空气、水和养分穿透草毡层和土层，促使土壤颗粒越过草毡的障碍，循环加快，增强抗病虫害的能力。

2.7 松土、滚压

松土是为了使郁闭的草坪增加透气量，有利于草坪吸收水分和营养；滚压是为了增加草坪的分蘖和促进草坪匍匐茎的生长、生根，使草坪变得密集健壮。

2.8 除杂草

除杂草也是草坪养护管理的一个重要环节，夏季是杂草生长旺盛的季节，应随时清除草坪中的杂草，以免蔓延。人工拔杂草要除根，不留尾巴，不留死角，只要不是本地块种植的草就是杂草，应加以拔除。

冷季型草坪在夏季养护管理中，病虫害防治是关键性工作，应以预防为主，除了从水、肥、土上加强管理，还要从修剪、疏草、打孔、中耕、除草、施药等多方面采取措施进行综合管理，只有这样，才能使冷季型草坪顺利越夏，保持良好的绿地景观效果。

参考文献

[1] 赵怀谦，赵宏儒，杨志华.园林植物病虫害防治手册.北京：农业出版社.1993.
[2] 孙吉雄.草坪学.北京：中国农业出版社.2003.3.
[3] 刘自学.草坪草品种指南.北京：中国农业出版社.2002.7.

北京杨柳飞絮治理现状、问题与展望

王建红　车少臣　邵金丽　仇兰芬　郭　蕾　北京市园林科学研究所，北京，100102

摘　要：杨柳飞絮污染是北方城市园林管理部门面临的一大难题，每年春天都会严重污染这些城市的环境质量，一些科研部门也在研究寻找经济、简便、易行的杨柳飞絮治理技术，本文综述了杨柳飞絮治理技术及相关问题研究进展。

关键词：杨柳飞絮；治理技术；杨柳树

杨柳树具有品种丰富、生态适应性广、抗逆性及生命力强、生长速度快、繁殖容易、树体高大、树形优美、遮荫效果好等诸多优点，不仅可以用作生态防护林、水土保持林、农田林网建设和城乡环境绿化美化，还可以用作大面积的工业用材林建设，在我国城乡广泛种植，对改善城市生态环境和形成鲜明特色的城市园林景观发挥了十分重要的作用，生态效益巨大。然而每年春天的杨柳飞絮严重污染了市民的居住环境和休憩环境质量，给市民的正常生活造成严重的干扰，每到飞絮季节，市民电话不断，飞絮问题成为园林绿化行业面临的一个突出问题，成为限制宜居城市建设的因素之一。

1 杨柳树与杨柳飞絮

杨柳树是杨柳科*Salicaceae*植物的总称，包括杨属(*Populus*)、柳属(*Salix*)和钻天柳属(*Chosenia*)3个属。中国是杨柳树的起源和分布中心，原产于中国的杨属植物有53种，占世界杨树种类的一半以上，其中中国特有种35种；原产于中国的柳属植物有257种，也约占世界柳树种类的一半左右，其中179种为中国特有种；钻天柳属仅1种，分布于中国东北地区和朝鲜、日本和俄罗斯远东地区。

杨柳飞絮实质上是杨柳树种子基端上的附属绒毛，植物学术语叫“种缨”，起源于胚珠的珠柄，起帮助种子借风力传播的作用。由于杨柳树在进化中选择以风力作为传媒来繁衍，其种子非常小，以胡杨为例，其种子每千克数量高达210万粒[1]；其种子的自然繁衍几率极小，只能以大量的种子换取少量的生存机会，如胡杨单株产种量平均高达1.5亿粒[2]。再加上杨柳树种子的种缨非常发达，其长为种子长度的5倍左右，宽度的10～20倍左右，故每株成年杨柳树都会形成大量的飞絮。

2 杨柳飞絮的危害

北京的杨树种类主要有毛白杨(*P. tomentosa*)、加杨(*P. canadensis*)和小叶杨(*P. simonii*)3种，其总株数占北京杨树总数的99%以上；柳树种类主要有垂柳(*S. babylonica*)和旱柳(*S. matsudana*)两种，其总株数也占北京柳树总数的99%以上[3]。而毛白杨和小叶杨在北京的飞絮时间为4月中旬～4月下旬，垂柳和旱柳在北京飞絮的时间为4月下旬～5月中旬，加杨在北京飞絮的时 间为5月下旬～6月上旬，故北京市民每年都有1～2个月生活在不同程度杨柳飞絮污染的环境中。由于杨柳飞絮期间北京气候较干燥多风、降雨量少，更加加重了杨柳飞絮污染。

作者简介

王建红/男/1970年生/1995年硕士毕业于北京林业大学森林保护专业/北京市园林科学研究所，高级工程师/主要从事园林有害生物防治和园林植物转基因工程的研究。

杨柳飞絮的危害主要有：①影响环境质量，对人们身体健康造成一定的危害。漫天飞舞的杨柳飞絮常飞入行人的眼睛、鼻孔，使人们感觉非常不适，特别是对那些敏感人群，接触飞絮可导致皮肤过敏，出现小红疹、脱皮、红肿和瘙痒等症状，严重时可刺激产生哮喘、慢性支气管炎等呼吸道疾病；飞絮轻柔，落地后常随风飘起，因而可携带和传播病菌，导致鼻、眼等处产生炎症。②对公共安全、交通安全和公共设施具有一定的危害。飞絮经常遮挡行人、车辆出行视线从而影响交通安全；飞絮属于易燃物质，接触烟头等明火极易导致火灾发生；飞絮常堵塞汽车水箱散热片使汽车易开锅熄火。③干扰生产、科研活动。飞絮会影响一些高精密度仪器测量的准确性；飞絮会飞入车间，对工业生产构成一定的威胁。

3 杨柳飞絮治理意义

(1) 响应市民要求尽快治理杨柳飞絮的要求。随着经济的发展，人们对居住环境和休憩环境质量的要求也越来越高，然而每年春天的杨柳飞絮严重污染了市民的居住环境和休憩环境质量，给市民的正常生活造成严重的干扰，治理杨柳飞絮问题有助于和谐社会的建立。

(2) 保护现有绿化成果的需要。为治理杨柳飞絮，结合城市改造，许多杨柳树雌株被更新，北京市杨树和柳树在5年内就分别从2000年的350万余株和150余万株[4]下降到2005年的197万余株和115万余株[3]，给北京城区的绿化事业带来无法估量的损失。杨柳飞絮有效治理有助于减少在城市改造中处于壮年期杨柳雌株的更新数量。

(3) 建设绿色环保和宜居城市的需要。每年春天，杨柳飞絮严重污染了城市环境质量，成为限制宜居城市建设的因素之一，一个春天漫天飞絮的城市不是一个好的宜居城市。

(4) 公共安全、交通安全和公共设施安全的需要。由于飞絮经常遮挡行人、车辆出行视线从而影响交通安全；飞絮属于易燃物质，接触烟头等明火极易导致火灾发生；飞絮常堵塞汽车水箱散热片使汽车易开锅熄火，因而杨柳飞絮治理工作可消除上述安全隐患。

(5) 体现了园林绿化管理部门和科研单位为市民服务的意识。

4 杨柳飞絮的治理技术现状

目前杨柳飞絮的治理技术主要有更新杨柳雌株法、杨树雌花序疏除法、柳树高位嫁接法、树干注射抑花一号法4种方法：

(1) 更新杨柳雌株法是砍伐淘汰飞絮的杨柳雌株后，种植杨柳雄株及其他绿化树种，从而永久地控制杨柳飞絮的方法。但由于历史的原因，城市中种植的杨柳雌株的数量十分巨大，且现有的杨柳雌株正处于植物生长的壮年期和生态效益发挥最显著时期，大量砍伐淘汰这些杨柳雌株会极大破坏城市原有的生态环境和绿地景观，更换后的树木在短期内难以形成原来树木的绿化和遮荫效果，从而给城市绿化事业带来无法估量的损失，严重降低城市绿化的生态效益，同时大规模更换杨柳雌株需投入巨大的人力、物力和财力。因此，在短时间内大量更换飞絮的杨柳雌株是不现实的，砍伐更新杨柳树雌株只能结合城市改造逐渐进行。

(2) 杨树雌花序疏除法是通过药剂的作用在杨树雌花序的基部形成离层，使其在未飞絮前提早脱落，从而控制飞絮的方法。但该法对施药时间和施药技术要求较严，需在杨树雌花序长到4～6cm时施药才能达到最高70%左右的疏除效果，施药过早会极大地降低防治效果，如花序长度在3cm时施药仅有40%的防治效果；施药过晚由于杨树开始发叶，会引起杨树叶片变形而产生药害，严重时影响杨树的正常生长。同时由于杨树雌株雌花序发育之间存在一定的个体差异，杨树树体高大，一般喷药器械难以将药剂喷到杨树树冠顶部，进一步降低了该药剂对杨树飞絮的控制效果。因此该药剂很难达到理想的杨树飞絮控制效果。再加上该药剂在喷药过程中的严重漂移现象，不仅对空气环境会造成较严重的污染，同时会使树下种植的其他发芽较早的阔叶植物产生药害，每棵树每年人民币20元左右的防治成本均极大地限制了该药剂的推广应用。柳树因为花叶同出，施用该药剂会使柳树叶片产生严重药害而使该药剂无法用于防治柳树飞絮。

(3) 柳树高位嫁接技术是通过去掉原有雌株柳树的树冠，然后嫁接柳树雄株接穗，使之树冠上部变为雄株的方法。但由于该方法在操作过程中首先要去掉其树冠，对行人和车辆具一定的安全隐患；嫁接技术需较高技术水平的嫁接专业人员，因此该方法成本较高，每株树需人民币120元左右；同时嫁接效率较低，每人每天仅能嫁接10～15株左右柳树，适合嫁接时间区间较短，每年仅为春天20～30天左右。再加上该方法初期对柳树的绿化和景观效果破坏较大，嫁接后柳树需人工定期去除原树萌蘖枝条1～2年，经2～4年柳树才能恢复原有的绿化和景观效果；嫁接后需要不断去除原树上的萌蘖，以及重新修剪恢复树型，需要较高的养护成本等都限制了该法的大面积推广应用，只能小范围应用。杨树高位嫁接后会严重破坏杨树的景观效果，使其失去高大挺拔的树姿，而无法将高位嫁接技术应用于杨树。

(4) 树干注射抑花一号法是通过树干注射杨柳飞絮抑制剂、抑制杨柳树花芽的分化，使之形成叶芽的方法，达到抑制飞絮形成的目的。杨柳树的花芽分化时间在杨柳树雌株开始飞絮后2个月内完成。在杨柳树花芽分化之前将抑花一号注射到杨柳树树体内，药剂随杨柳树蒸腾作用扩散到杨柳树各部分，抑制其花芽的分化，使原应分化为花芽的分生组织分化为叶芽，从而使杨柳树雌株在第2年不开花，也就不会形成飞絮污染，因而防治效果理想，对杨柳树飞絮的防治效果在90%以上，最高可达100%。同时抑花一号由于抑制了杨柳树的生殖生长，使原本用于生殖生长的营养用于营养生长，因而可增强杨柳树雌株的树势。施药后的杨柳树树干生长量明显大于对照。

由于抑花一号相对于其他3种杨柳飞絮防治方法具有明显的技术优势，成为近年来杨柳飞絮防治的首选方法，该项技术已在全国十几个省市自治区60多个城市中得到推广应用。河北省唐山市已连续3年应用该药剂全面治理该市的杨柳飞絮污染，共治理30多万株次的杨柳树飞絮，取得了良好的飞絮控制效果。北京市公园管理中心连续3年在市属11个公园治理杨柳飞絮，春天游人在上述公园中已不再遭受杨柳飞絮污染的困扰。

虽然抑花一号具诸多优点，但在应用抑花一号控制杨柳飞絮污染的实践中，我们发现树干注药操作效率成为大规模治理杨柳飞絮的主要限制因素。由于平均每人每天杨柳飞絮治理操作效率为100株左右杨柳树，一个大中型城市中杨柳树总数多在10万以上，若全部治理杨柳飞絮，需几十人在两个月内连续施工，才能完成上述工作，因而提高抑花一号的施药效率的研究势在必行。同时，每年每株树人民币5～15元的药剂成本，大规模治理杨柳飞絮时也是一笔不少的费用，一定程度上限制了该药剂的大规模推广应用。第三，树干打孔会对杨柳树干造成伤口，若伤口愈合不及时，夏季雨水进入伤口会造成树木流汤现象，施工不正确有可能造成树木韧皮部和木质部剥离而影响树木正常生长等均是该项技术有待改进的地方。

尽管抑花一号在大规模推广应用中受到一定的限制，但由于其对杨柳飞絮理想的防治效果，它在一些公园、学校、医院、小区、幼儿园、高尔夫球场、企事业单位的小规模应用中很受欢迎。

5 杨柳飞絮治理技术展望

由于树干注射的人工操作效率低是限制抑花一号大规模推广应用的主要因素，因此北京市园林科学研究所正在研究提高抑花一号施药效率的方法，即采用插瓶法来防治杨柳飞絮。应用插瓶法防治杨柳飞絮，必须解决抑花一号的不溶于水的问题和插瓶形状与口径与树干输药效率之间的关系。北京市园林科学研究所已研究出一种对抑花一号助溶效果很好的低成本助剂，同时研究了不同类型和口径的插瓶与抑花一号输液效率的关系，为插瓶法防治杨柳飞絮奠定了良好的基础。目前，北京市园林科学研究所正在进行插瓶法防治杨柳飞絮效果的研究，有望在今后几年内推出插瓶法防治杨柳飞絮技术和药剂。同时北京市园林科学研究所正在筛选成本更低的防治杨柳飞絮的药剂，若成功杨柳飞絮治理费用将会降低，杨柳飞絮治理技术就有可能大规模推广应用。

参考文献

[1] 王烨.14种荒漠珍稀濒危植物的种子特性. 种子, 1991, (3): 12～14.

[2] 徐金燕, 鲁天平, 刘建国.胡杨结实规律及种子特性的研究. 新疆林业科技, 1994, (1): 13～16.

[3] 北京市园林绿化局编. 北京市城市绿化园林绿化普查资料汇编2005. 北京: 北京出版社, 2006.

[4] 北京市园林局编. 北京市城市绿化园林绿化普查资料汇编2000. 北京: 北京出版社, 2001.

诊断施肥综合法(DRIS)在城市绿化树种衰弱原因诊断中的应用前景

舒健骅[1]　余　文[2]　丛日晨[1]

1.北京市园林科学研究所　北京　100102

2.北京世纪立成园林绿化工程有限公司　北京　100024

摘　要： 本文概述了诊断施肥综合法(DRIS)的理论基础与技术方法，阐述了DRIS法的应用现状，探讨了DRIS法在城市绿化树种衰弱原因诊断中的应用前景。

关键词： 营养诊断；DRIS；城市绿化树种；衰弱

随着城市化节奏的不断加快，城市绿化树种正在脆弱的城市生态系统中日益发挥着极其重要的生态功能。然而，城市绿化树种近年来面临的生长势衰弱问题却十分突出。城市绿化树种生长势衰弱的状态主要和城市土壤性质相关。城市化进程使城市土壤的性质发生了显著变化。城市土壤中普遍存在紧实度大、容重大、结构性差、地表封闭、土壤温度高、养分不足和污染等问题。城市土壤生态功能的逐步弱化甚至部分消失，不可避免地影响着绿化树生态功能的发挥。为了有效避免城市绿化树种栽培养护中施肥的盲目性，就要应用科学手段开展检测。植物营养诊断就是这样一种评价、预测肥效和指导施肥的综合技术，通过植株养分的分析对植株营养状况进行判断，指导合理施肥或改进养护管理措施。目前，应用较多的植物营养诊断法主要有以下5种：植物组织分析诊断法(临界值法——充足范围法SRM、诊断施肥综合法——DRIS)、栽培试验法、土壤养分分析法、植物外观诊断法、向量分析法等。通过植物营养诊断制定施肥方案，从而有针对性地改善植物生境的土壤结构和养分特征，最终达到改善绿化树种的生长状况的目的。现将诊断施肥综合法(DRIS)及其应用状况综述如下。

1 诊断施肥综合法(DRIS)

诊断施肥综合法(Diagnosis and Recommendation Integrated System，简称DRIS)是由南非Beaufils提出的一种先进的植物营养诊断方法，该法针对临界值诊断方法的不足从植物的营养平衡角度出发，以养分平衡理论为依据，采用植物体内养分浓度的比值作为诊断指标，从而避免了由于养分之间的假拮抗作用引起化学诊断的误诊。

1.1 理论依据

DRIS法应用的依据是，植物正常生长代谢所需要的养分是平衡的，一种元素与其他元素的比值存在一个最佳平衡值，最佳平衡值是通过高产群体的叶分析元素平均比值，值为0，实测比值距最适值越近则养分越平衡，相距±2／3标准差为适宜范围临界值，相距±4／3标准差为严重不平衡临界值，界于两者之间为中度平衡,它是以养分间比率作为植物营养诊断的一种方法。

作者简介

舒健骅/女/1968年生/1993年毕业于北京林学院园林系/大本/现在北京市园林科学研究所树木研究室工作，高级工程师。

1.2 数据处理

与常用的各种单一元素临界诊断法相比，DRIS法可对多种元素同时诊断，通过数理统计分析计算出叶片中各矿质养分的指数，以尽可能多的形式表达两种元素浓度的比值，如N/P、N/K、K/P、P/N、K/N、P/K等，计算所有元素比值表达形式的平均值及平均值的变异参数、标准差(s)、变异系数、(C.V)和方差。将高产组与低产组(健株与弱株)有显著差别的参数作为诊断指标，再与被测植物叶片中养分浓度的比值与标准指标的偏差值来评价养分的供求状况，并以此判定养分的丰缺、最大限制养分以及需要补充养分的次序，还可以诊断出潜在的养分缺乏以及叶片矿质养分总的平衡状况。

1.3 DRIS法的优劣点

DRIS法的优点是可以对多种元素同时进行诊断；标准的制定应用了数理统计分析，提高了诊断的可靠性；受品种、生育期、采样部位等因素的影响较小，精确性高。能够反映植物对各种营养元素的相对需求次序，在植物营养诊断上比传统的临界值法具有更大的优越性。

但是，DRIS法也存在着缺陷，该方法的指标是相对值，没有反映出某一元素需求量的具体指标，只表达了元素间的相对平衡情况，而这种平衡可能是适应范围的养分平衡，也可能是亏缺范围的养分平衡；要进行大量的数据分析，缺乏有效解释营养元素比率的生理基础。由于植物存在偏向性吸收，在植物的叶中易产生富集作用，而且不同植物对某种元素的喜好不同，往往造成单一元素的富集和缺失，因而该法适合与土壤分析法综合使用。针对其诊断过程中数据量大、运算复杂、运算速度慢等缺点，刘后胜等利用VB计算机语言研制开发出了基于DRIS与PLI结合的砀山酥梨营养诊断系统。该系统提供的可视化窗口界面友好，操作简单方便,只要用户输入数据就可得到满意的结果。

1.4 诊断器官的选择

运用DRIS法进行树体营养诊断时，正确选择诊断器官非常关键，它关系着营养诊断能否客观反映树体的营养水平。许多研究采用树木的叶片进行检测，并且选择春梢上的成熟叶片作为诊断器官。这是因为叶片不仅养分较多，而且是树木对营养元素盈亏变化最敏感的器官，实验样品的采集和制备都比较容易，其诊断结果较为可靠。仝月澳、庄伊美把叶片作为诊断器官进行分析，判断出植株的养分状况，特别是植株处于潜在养分失调状态，叶片或其他器官尚未出现不良症状时，通过叶分析来指导施肥，可防止树体不良症状的发生。叶分析还可检测出不同元素间的促进或拮抗作用，为保持树体元素间的生理平衡提供依据。一个植物种(或生态类型)在生理上对某种元素的需求是基本恒定的，反映在叶内含量上的差异主要是由环境条件、养分供应水平和其他管理技术所造成的。南果梨“红叶病”果园营养状况的诊断，就是通过对南果梨正常叶片中N、P、K 的测定，诊断出红叶病叶片内各元素的丰缺状况，还进行了需肥顺序的排列。由于叶分析的连续性，还可以预测树体未来的营养趋势并采取有效措施，使树体养分保持在适宜水平。

虽然叶分析很容易达到标准化计量的要求，但有时仅凭元素总含量还难以说明问题，尤其是钙、铁、锌、锰、硼等特别易于在果实和叶片中表现生理失活的元素，往往总量并不低，但由于散失运输或代谢功能上的活性导致缺素症状的发生。因此，除了叶片分析外，还可根据不同的诊断目的，运用其他植物器官进行分析,例如，枝条的生长点、叶尖或去柄叶片、木瘤或树干韧皮部、树汁、根、叶芽等都可以进行诊断。

1.5 采集部位和时间的确定

取样部位与时间的正确与否，是否具有代表性，决定了分析结果的准确性。大量研究结果表明，DRIS与临界值法相比较，受品种、树龄、生育期、采样部位、栽培条件等因子影响较小，有更高的精确性。Sumner在研究中证实，DRIS诊断结果不因叶片部位不同而异。这一优点在所有被试验的作物上都得到了证实。董林水在对福建柏的研究中发现，以全年各个月份所测苗木叶片营养元素含量为标准依据而制定的诊断标准，经回代检验后基本适合于各个月份的苗木，尤其是温室条件下苗木生长中期的8月份，诊断精度可达到100%。Rodriguez 等对‘Valencia’橘的研究表明，砧木和树龄对DRIS比值标准值没有显著影响。Hundal和Arora在印度先后提出荔枝(*Lithi chinensis*)的叶片氮、磷、钾的比值标准和微量元素(铜、铁、锰、锌)的比值标准，其研究表明DRIS诊断结果不受品种、采样位置和采样时间的影响。但是，由于林木叶片中养分浓度受树龄、树势、叶片在树冠上位置、不同时期以及环境条件等因素的影响，取样远比农作物复杂。王银华在研究茶树时发现茶树各生产期的生长量不同，在不同采摘轮次同一叶位叶片的养分含量也不相同。Cerda等利用DRIS诊断'Verna'柠檬树体的营养状况，表明DRIS的诊断结果与充足范围法基本一致，发现DRIS受采样时期和砧木的影响。

对于叶样的采集时间，研究表明必须在树体养分变化相对平缓的时期进行。李淑仪研究认为：雷林1号枝叶片营养诊断的最佳采样时间是8月龄，并可预测到第三年产量；同时，叶样所处的部位要有代表性，才能正确反映树体的营养水平。月季叶片的含氮量有较大的年变化与生长周期变化，张启翔等人对月季的营养诊断前，先进行了植株养分的年变化及生育期变化分析，综合各叶位的养分稳定性及组织养分浓度与产量、品质及生物量的相关性得出，月季全氮、全磷、全钾、全钙的取样部位为上部第2～4枚五小叶复叶，取样时间为1～4月；全镁的取样部位为第6枚五小叶复叶，取样时间为2～5月。

还有研究表明，果树叶片内矿质营养元素含量具有种间相似性，同一树种在不同的环境条件下叶片内矿质营养元素含量差异较小。关于单株取样与混合取样的选定，谢世恭对丰产园糯米糍荔枝叶片的单株样和混合样中不同矿质元素进行t检验发现，单株样和混合样的叶片中矿质元素含量之间差异均未达到0.05显著水平。他认为混合样制定相应的叶片标准值更具代表性。可以利用混合样建立相应元素的标准值和比值参比值等参数。

1.6 后期处理

掌握了准确的采样部位、采样时间，在采样过程中，还应当注意采下的叶样要尽快送回室内处理。若运输路途较长，最好低温贮运，以降低因呼吸造成的变化。有条件的可就地清洗烘干叶片，采叶时应尽可能避开打药、喷肥等处理，要赶在喷药前或至少错后一周，要选取无病虫害、无机械损伤的健康叶片。

叶片取回后，准确称取其混合后的鲜重，清洗叶片，然后放入烘箱中，采后6h内在80～90℃下干燥杀青15～30min，65℃烘干12～24h，干燥叶片粉碎磨细，用于试验测定。一般进行全氮测定，采用凯氏法；全磷、钾、钠、钙、镁、铁、锰、锌、铜的测定，采用原子吸收分光光度法。

2 应用现状

2.1 以相对产量为目标的诊断

目前，DRIS已成功地应用于许多农作物和园艺植物，如玉米、樱桃、苹果等，之后Walworth等提出了M-DRIS(即修正DRIS),Hallmark等进一步修正了M-DRIS。

国内外研究者主要在甜樱桃、苹果和桃树上应用DRIS或M-DRIS。Davee等研究发现，甜樱桃叶片矿质养分非平衡指数(NII：各养分指数绝对值之和)与相对产量的增加之间存在很高的相关性。Parent和Grangerm曾经应用常规DRIS法和M—DRIS法的结果表明，在苹果叶片矿质营养诊断中应用M-DRIS比临界值法可以得到较满意的结果，同时发现养分比值标准值的年际变化的现象。其养分比值标准值是根据19%的高产树计算的。姜远茂等亦利用现有的红星苹果高产园叶片矿质养分的标准值计算DRIS比值标准值及其变异系数，并比较常规DRIS与M-DRIS的差异，结果发现两者诊断结果差异较小，建议在诊断时利用一种即可。丘星初和曾明均利用DRIS对温州蜜柑氮、磷、钾营养状况进行诊断。郑家基等则在雪柑和福橘施肥中应用DRIS，结果表明丘陵山地果园严重缺钙和镁。

国内林业有关的研究报道可见于杉木、毛竹、湿地松、日本落叶松、油松、桉树、锥栗、银杏、刺槐、三倍体毛白杨等林木的营养诊断上。

2.2 以健康程度为目标的诊断

Schaffer S和larson K.D利用常规DRIS对供试的衰弱杧果树进行诊断，结果表明与健康果园相比，衰弱果园的杧果树叶片养分的非平衡指数(NII)较高。并指出将DRIS与充足范围法相结合可以成为有意义的方法。20世纪80年代初，DRIS开始被应用到杂交白杨、冷杉等树种的营养诊断中，取得了令人鼓舞的结果。Hochman等研究发现，优质圣诞树叶片中养分含量处在更好的平衡状况。

3 应用前景

DRIS诊断法是目前应用最广泛的植物营养诊断方法之一，有着其深厚的理论基础和实践基础。由于它直接检测分析植物营养敏感器官叶片组织中的矿质元素含量，只要在采样的过程中选择树体养分变化相对平缓的时期进行，且选择有代表性的叶样，就可正确反映树体的营养水平。DRIS法在养分互作关系以及养分需求顺序的诊断中具有一定的优势，因而获得广泛应用。在诊断标准制定中，根据DRIS诊断指数判断需肥顺序，不仅充分考虑了养分供应状况，而且有利于评价主要的养分限制因子，虽然无法明确区分高水平或低水平平衡关系，但可以通过健壮植物平均诊断指数进行调节，从而消除养分供应水平所带来的影响。在实际工作中，可以应用于衰弱树种的营养元素状况检测，通过数理统计分析，制定合理的施肥方案。针对园林绿化中苗木栽培养护不规范和施肥不当引起的绿化和水土问题，采用DRIS法跟踪植物营养的亏缺，综合指导施肥、养护植物，保护水土，从而达到环保经济的目的。同时，还可以将DRIS与植物营养诊断的其他方法结合使用，以提高诊断的准确性和可靠性。

参考文献

[1] 闫晓明等.小麦诊断施肥综合法(DRIS法)的影响因素及诊断指标的建立[J].安徽农业科学，1996，24(4)：357－359.
[2] 陈竹君．一种林木营养诊断法-DRIS法[J]．陕西林业科技，1993，(2)38－40.
[3] 耿增超，张立新，赵二龙.陕西红富士苹果矿质营养DRIS标准研究 [J] [J].西北植物学报，2003，23(8)：1422－1428.
[4] 闫晓明，何传龙，陶龙红等.淮北砂姜黑土地区小麦诊断施肥综合法DRIS应用研究[J].土壤通报，1996，27(6)：259－262.
[5] 彭志平，刘国坚，张壮塔.紫花芒果NPKCaMg叶片诊断的DRIS标准初步研究[J].热带亚热带土壤科学，1998，7(1)：36－40.
[6] 董小平，张玉萍，孙红专.应用综合诊断施肥法DRIS进行棉花营养诊断[J].新疆农业科学，2000，(4)：184－186.
[7] 臧国长.闽南尾巨桉施肥与营养诊断研究[学位论文].福建：福建农林大学，2008.
[8] 刘后胜，李绍稳，刘莉.基于DRIS与PLI结合的砀山酥梨营养诊断系统[J].计算机与农业，2002，17(11)；15－18.
[9] 仝月澳，周厚基.果树营养诊断法[M].北京：中国农业出版社，1982.
[10] 庄伊美.柑橘营养与施肥[M]. 北京：中国农业出版社，1994.
[11] 李港丽，苏润宇，沈隽.几种落叶果树叶内矿质元素含量标准值的研究[J].园艺学报，1987，14(2)：81－89.
[12] 王春枝，李东晶，齐宝利等.基于DRIS 法的南果梨"红叶病"果园营养状况诊断[J]，2008，24(5)；261－263.
[13] HD查普曼编．园艺植物营养诊断标准[M]．庄伊美，江由，邵少蕙译．上海：上海科学技术出版社，1986.
[14] 李俊华，董志新，朱继正．氮素营养诊断方法的应用现状及展望[J]．石河子大学学报:自然科学版，2003，7(1)：80－83.
[15] 森田明雄．用树液诊断茶树营养状况[M]．北京农业新技术新方法泽丛，1992，(2)：44－45.
[16] Sumner, M.E.1977.Application of Beaufil's Diagnostic Indices to maize data published in the literature irrespective of age and conditions. Plant and Soi.1977b, 46:359–369.
[17] 张旭东，董林水，周金星，郑郁善.珍稀乡土树种福建柏苗期DRIS营养诊断[J].2005，25(5)：1165－1170.
[18] 林德喜，陈辉.锥栗人工林营养综合诊断DRIS研究[J].林业科学，2001，37(增1)：117-12.

再生水回用于景观用水的问题分析

——以北京市陶然亭公园为例

田 宇[1] 王艳春[1] 史辛欣[2]

1. 北京市园林科学研究所 北京 100102

2. 北京市陶然亭公园 北京 100050

摘 要： 以再生水作为景观湖水补水水源，造成水体富营养化现象。分析陶然亭公园近3年来东湖、南湖、西湖南、西湖北湖水水体的色度、pH值等理化指标和BOD_5、氨氮、总氮、总磷等营养盐指标，显示湖水的pH值升高，色度偏高；氨氮在6月份出现峰值，总氮、总磷在春季含量较高，总氮表现出积累现象；表明以再生水为水源的景观水体存在较强的富营养化趋势。藻类繁殖优先吸收氨氮，可以将氨氮作为再生水的首要控制指标。

关键词： 再生水；景观水体；富营养化

景观水体是城市园林的重要组成部分，属于人工水生态环境，对人们的生活起着重要的作用。但是近十几年来，随着城市化进程的加快，水资源变得短缺、水污染日益严重。根据水利部《21世纪中国水供求》分析,我国2010年后将开始进入严重的缺水期,其中北方地区的水资源形势将尤为严峻[1]。为了缓解城市缺水问题、改善城市水环境质量，再生水作为一种水量稳定、供给可靠的非常规水资源，得到了很大的发展。因此，将再生水回用为景观用水也应势而生，成为了一种新型的补给方式。

1 我国再生水回用于景观用水的现状

我国将城市污水回用于景观水体的研究最早始于“七五”国家科技攻关计划。“十五”期间，先后在北京、天津、西安、合肥和石家庄等城市建成了一系列的再生水用于景观水体的示范工程[2, 3]，此后，北京、天津、石家庄等城市相继将再生水补给到缺水的景观河道和湖泊等，北京的高碑店湖、南护城河、昆玉河；天津的海河、卫津河；石家庄市区的“民心河”等景观水体在视觉上均得到了一定的改观，此举改善了民生环境，取得了良好的经济效益，对我国再生水回用于景观水体的工程实践起到了积极的示范作用。此外，实施再生水回用于景观水体的城市还有泰安、郑州、成都、慈溪等地。

水质是再生水回用于景观水体的至关重要的问题。我国先后颁布了若干与景观水体有关的水质标准(见表1)，如《地表水环境质量标准》(GB 3838—2002)中的Ⅲ、Ⅳ、Ⅴ类水体考虑了景观娱乐水体的水质；《城市污水再利用景观环境用水水质》(GB/T19821-2002)中明确了污水再利用的水质范围，但是目前，我国对再生水用于景观用水的水质标准与技术措施尚处于摸索期，各标准的范围值相差甚远，如GB 3838—2002中氨氮、总氮、总磷的规范较为严格，忽略了水体的自净能力，而GB/T 18921—2002中对氮、磷的要求又过于宽松，会给河道带来一定的污染负荷，如果不

作者简介

田宇/女/汉/1980年生/毕业于北京农学院，大学本科/现工作于北京市园林科学研究所，工程师。

表1 再生水回用于景观水体的相关标准比较

规范或标准名称			主要水质指标				
			pH值	BOD5 (mg/L)	氨氮 (mg/L)	总氮 (mg/L)	总磷(mg/L)
地表水环境质量标准GB3838-2002	Ⅲ类		6～9	≤4	≤1.0	≤1.0	≤0.2
	Ⅳ类			≤6	≤1.5	≤1.5	≤0.3
	Ⅴ类			≤10	≤2.0	≤2.0	≤0.4
城市污水再利用景观环境用水水质GB/T19821-2002	观赏性景观用水	河道类	6～9	≤10	≤5	≤15	≤1.0
		湖泊类		≤6			≤0.5
		水景类					
	娱乐性景观用水	河道类	6～9	≤6	≤5	≤15	≤1.0
		湖泊类					≤0.5
		水景类					

注：Ⅲ类，适用于水源地二级保护区、一般鱼类保护区及游泳区；Ⅳ类：一般工业用水区及人体非直接接触的6娱乐用水区；Ⅴ类：农业用水区及一般景观要求水域。

在后续过程中采取相应措施，将缺乏安全保障，水体水质可能逐渐劣化甚至黑臭，从而丧失作为景观用水水体的价值。因此，建立一套切实可行的再生水回用于景观水体的水质标准是必要的。在实际应用中，再生水回用于景观水体遇到的主要问题是富营养化现象，许多景观水体都存在不同程度的此种问题，分析并得出影响水质出现富营养化的主要因素，提出可行性建议，是本次研究的主要目的。

2 试验对象与方法

2.1 试验水体简况

目前北京几个主要污水处理厂出水回用于景观环境的用水量近30万m^3/d[4]，本研究以高碑店污水处理厂处理的二级出水为出水水源，后又经水源六厂进行再处理的再生水作为陶然亭公园湖水景观水体的水源作为研究对象。陶然亭公园位于北京市南二环陶然桥西北侧。全园总面积56.56hm^2，其中水面16.15hm^2，湖水量12万m^3，平均水深1～1.2m，因湖面积较大，将其分为东湖、南湖、西湖北和西湖南4个监测区域，对水体进行3年的调查监测，比较水质理化、营养盐等指标的月变化和年变化，分析再生水年度间的相关性，营养盐的积累程度，水体富营养化的发生趋势，为再生水应用于景观水体的状况提供数据支持。

2.2 研究方法

2007～2009年的5～8月，选定湖水中易出现水华的地方，每月集中采集水样一次。采集方法为在选定的采样点，用采水器在每个采样点距离湖面0.5m水层采集水样，不混入漂浮于水面上的物质[5]。

2.3 测定指标和方法

参见《水与废水监测分析方法》(第四版)[5]。

色度：铂钴标准比色法；pH值：玻璃电极法；五日生化需氧量(BOD_5)：溶解氧仪电解法；氨氮(NH_3-N)：纳氏试剂光度法；总氮(TN)：过硫酸钾氧化—紫外分光光度法；总磷(TP)：过硫酸钾消解法—钼锑抗分光光度法。

3 结果与分析

3.1 理化指标的变化

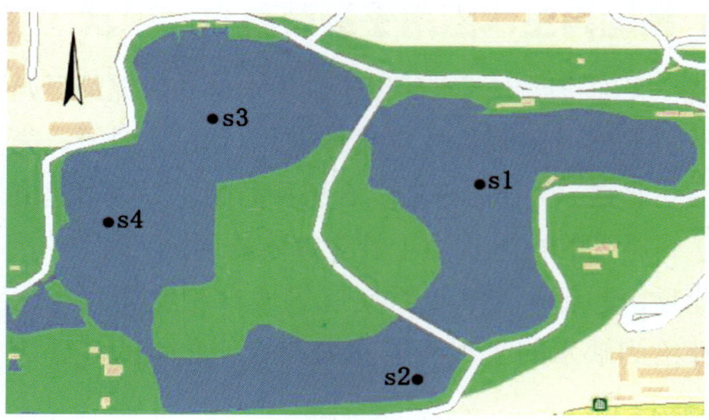

图1 采样分布示意图

3.1.1 色度

作为景观水体，在满足卫生学要求的前提下，其美学效应是景观水体使用中首先要考虑的。色度就是用来描述水体颜色的种类和深浅程度的指标，是人类评价水体水质最早的指标之一，也是直接反映水质好坏程度的重要参数。本研究主要测定的是水体的“表观颜色”，即没有去除悬浮物的水具有的颜色，包括溶解性物质以及不溶解的悬浮物所产生的颜色[6]。测定结果(图2～图5)表明：2007～2009年，各采样点色度月变化规律性不明显，2007、2008年色度总体偏高，均超过再生水景观水体的水质标准所规定的30度，湖面上蓝藻清晰可辨，水体深绿色，可观赏性较差。2009年与前两年相比，色度降低明显，可能是与春季水中水草生长茂盛，吸收了一部分氮、磷等营养物质，使水华发生的概率降低相关。

3.1.2 pH值

从图6至图9中可以看出，陶然亭湖水的pH值较高，GB3838-2002、GB/T19821-2002中规定其范围为6～9之间，本研究所调查的3年间均有pH值大于9的月份，07年普遍较高，且6月份出现了大于10的情况，2008年次之，0209年的5月、6月、7月相对2007、2008年较好，符合水质标准中规定的6～9的范围，但是到了8月份pH值增高，超出了水质标准的范围。

李一平等人认为，清洁水体的pH值接近中性，富营养化水体的pH值一般为中性或弱碱性[7]。一般情况下，藻类生长比较旺盛的水域，水体的pH值较高，有的藻类在较高pH条件下可以很好地生长，例如蓝藻。藻类经光合作用吸收水中的CO_2，释放出氧气，使水体的pH值升高，因此，藻

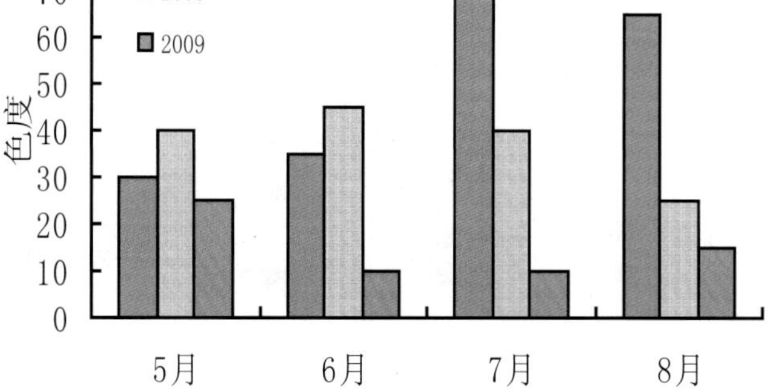

图2 东湖色度的变化

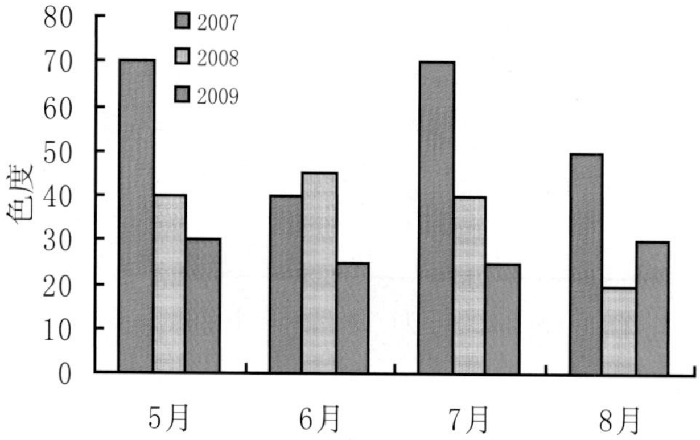

图3 南湖色度的变化

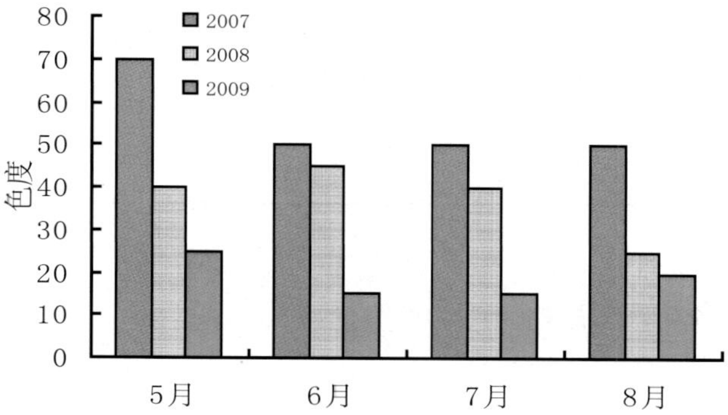

图4 西湖北色度的变化

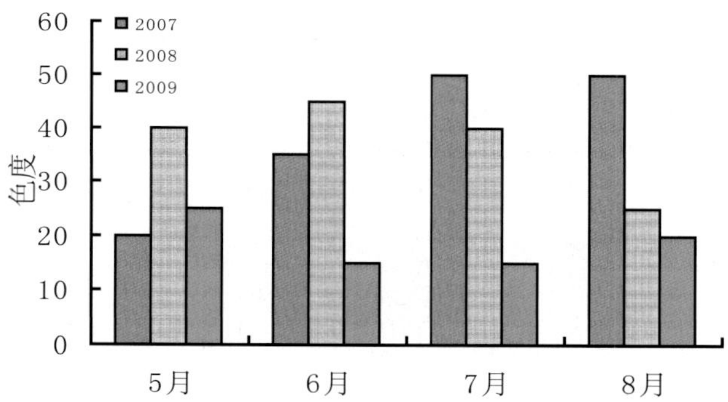

图5 西湖南色度的变化

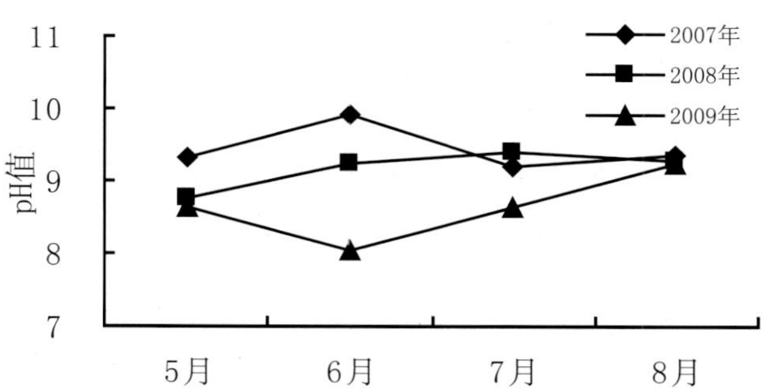

图6 东湖pH值的变化

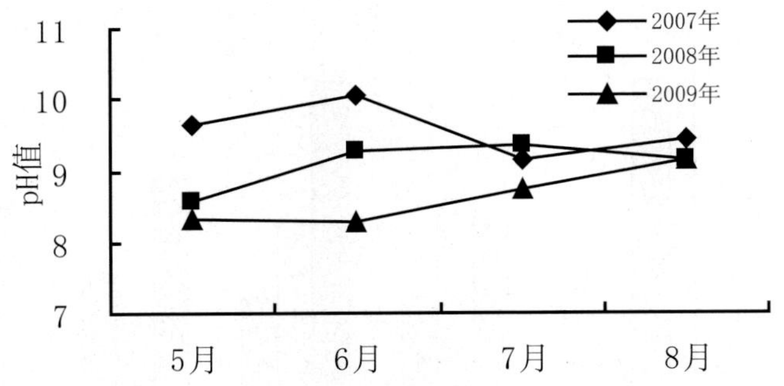

图7 南湖pH值的变化

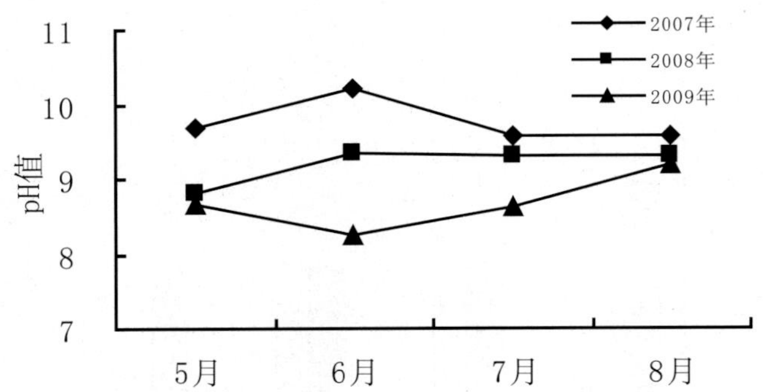

图8 西湖北pH值的变化

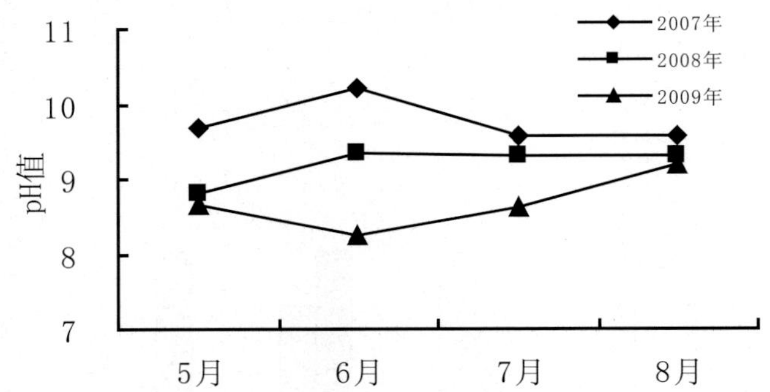

图9 西湖南pH值的变化

类生长与其所引起的pH值的变化有某种相关性，水体的pH值可在一定程度上间接反映藻类的生长情况，所以pH值的高低也可以作为水体富营养化的简便预警指标。

3.2 营养盐指标变化

3.2.1 BOD_5的动态变化

水体中有机物成分较为复杂，很难测定其成分，水体有机物的污染情况常利用水中有机物在一定条件下所消耗的氧来间接表示水体中有机物的含量，五日生化需氧量(BOD_5)即属于这类的重要的指标之一，从图10～11中看出，07年的BOD_5较高，5月和7月的耗氧量尤为严重，超出了GB3838-2002中Ⅴ类水的标准，属于劣Ⅴ类水，6月和8月水质属于Ⅴ类水，2008年较2007年BOD_5的浓度有所下降，但属于Ⅴ类水，有机污染严重，2009年BOD_5的浓度符合GB/T19821-2002中景观环境用水的水质标准，但不符合GB3838-2002中Ⅲ类水的标准，属于Ⅳ类水。纵观2007年、2008年、2009年三年，有机物没有明显的积累现象。

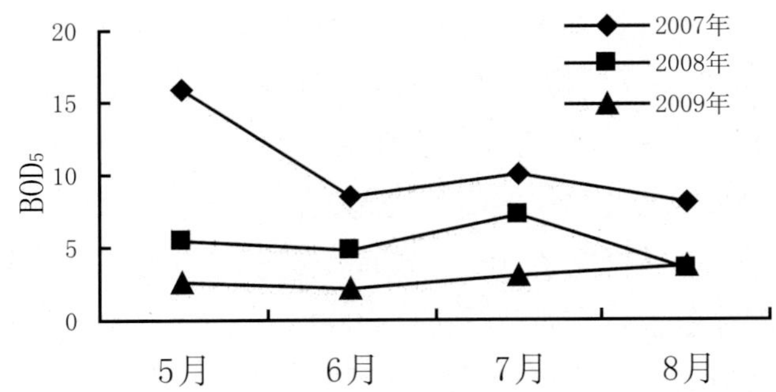

图10　东湖BOD_5的变化

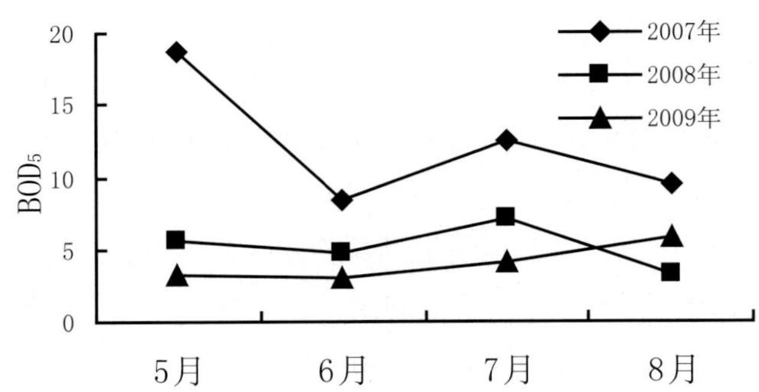

图11　南湖BOD_5的变化

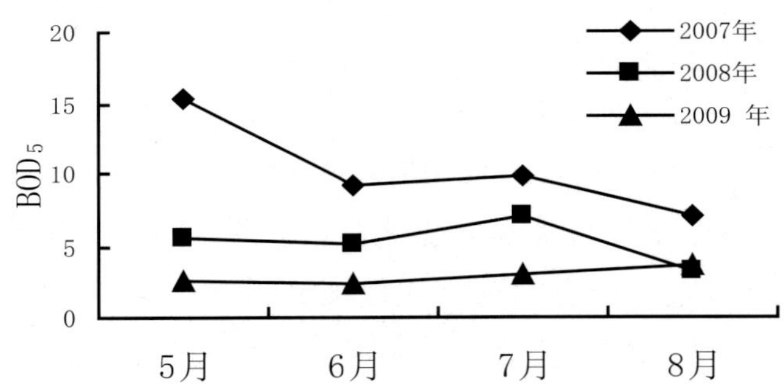

图12　西湖北BOD_5的变化

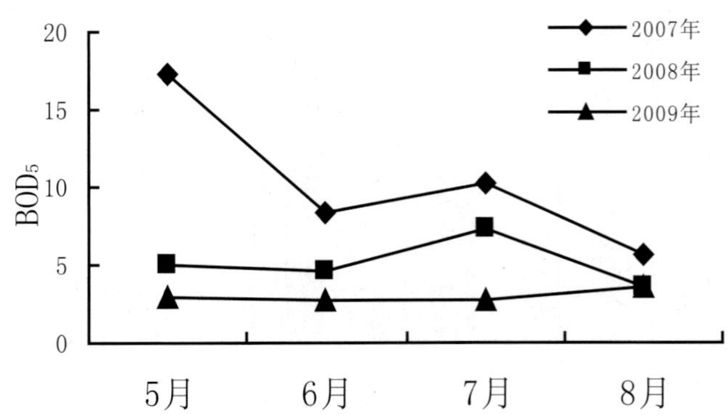

图13 西湖南BOD_5的变化

3.2.1 氨氮的动态变化

从图14至图17中看出，2007～2009年三年间，2007年氨氮总体浓度要比08、2009年高，2009年氨氮浓度比2008年要高，说明氨氮没有年间富集现象，各个监测点浓度的变化趋势在5～8月期间基本一致，5月份数值较低，其范围为0.59～1.21mg/L之间，6月份出现了高峰值，最高为东湖2007年的2.55mg/L，7、8月份开始降低。水体中的一些藻类具有固氮能力，能够把大气中的氮转化为可被吸收和利用的氨氮，从而使得藻类能够获得充足的氮类营养物质。周律等人研究认为氨氮对藻类的生长影响最大，在其生长过程中优先吸收氨氮，其次简单有机氮也转化为氨氮被吸收[8]。因此当温度升高时，如6月份，氨氮浓度升高，为藻类繁殖创造了

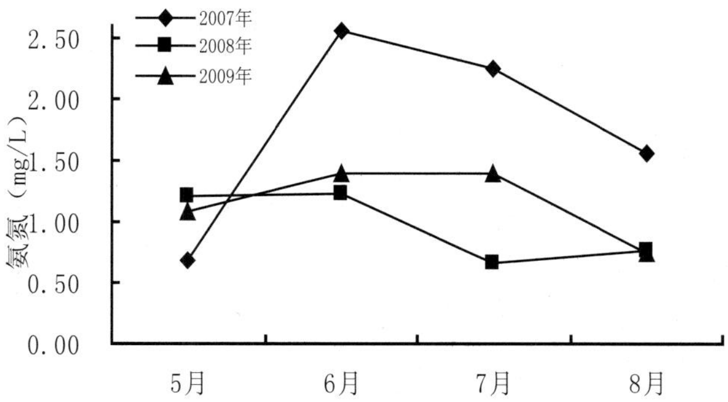

图14 东湖氨氮浓度的变化

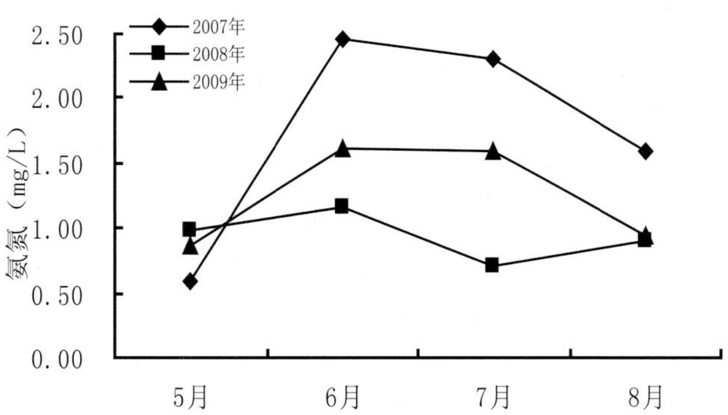

图15 南湖氨氮浓度的变化

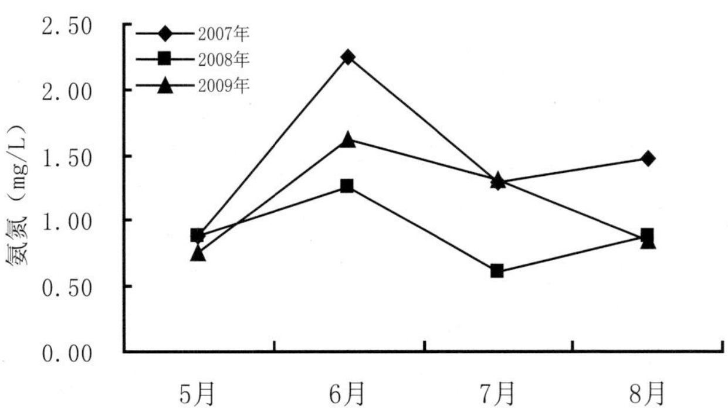

图16 西湖北氨氮浓度的变化

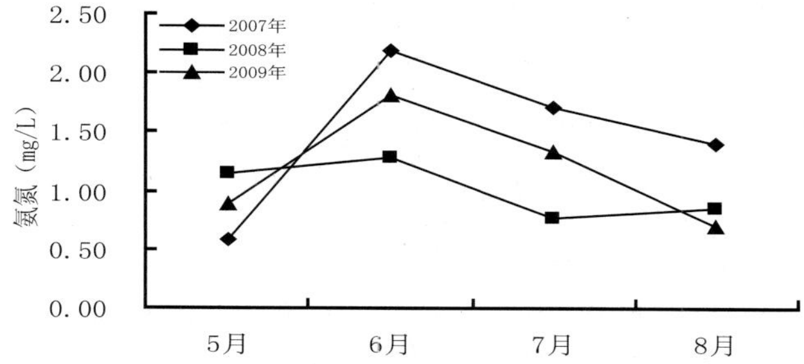

图17 西湖南氨氮浓度的变化

营养条件，其生物量开始逐渐增加，出现富营养化现象，到了7、8月份随着氨氮被吸收，其浓度逐步降低。

3.2.2 总氮的动态变化

总氮是水体富营养化的主要限制性因素之一,是反映湖泊、水库营养盐水平的重要指标之一[9,10]。从图18～图21中可以看出，5～8月份总氮含量的变化呈下降趋势，5月份含量最高，2007年为8.48～7.45mg/L，2008年为9.41～10.52mg/L，2009年为3.24～4.22 mg/L，总氮含量超出《地表水环境质量标准》(GB3838-2002)中的V类水的水质要求，为劣V类水质，但从6月份开始总氮含量明显减低，到了2009年8月下降为0.9～1.8mg/L，其中东湖、西湖北、西湖南总氮含量均小于1mg/L，达到了《地表水环境质量标准》(GB3838-2002)中Ⅲ类水标准。此外，2007年8月总氮的含量大于2008年8月总氮的含量，过了一个冬季之后，总氮

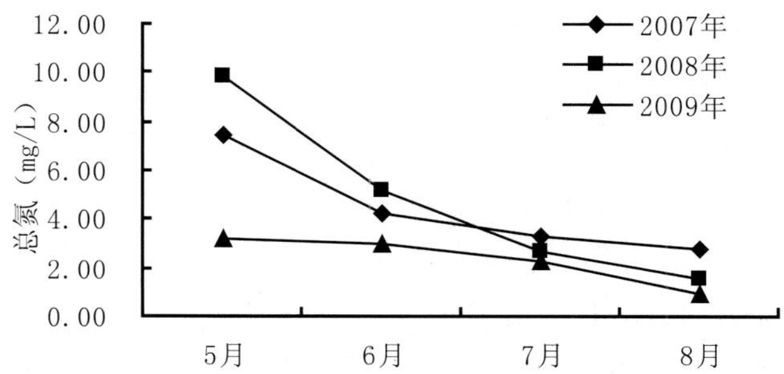

图18 东湖总氮浓度的变化

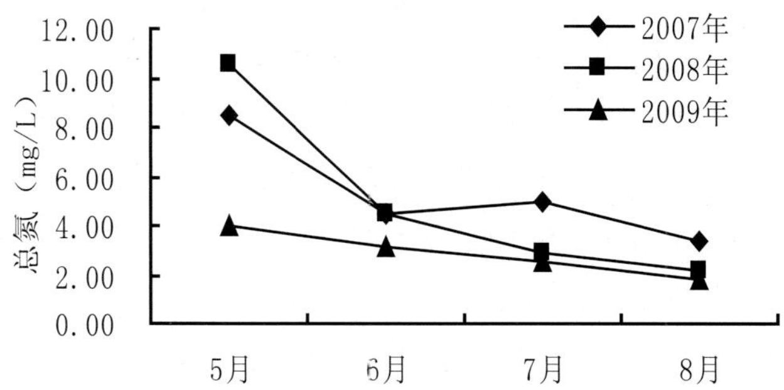

图19 南湖总氮浓度的变化

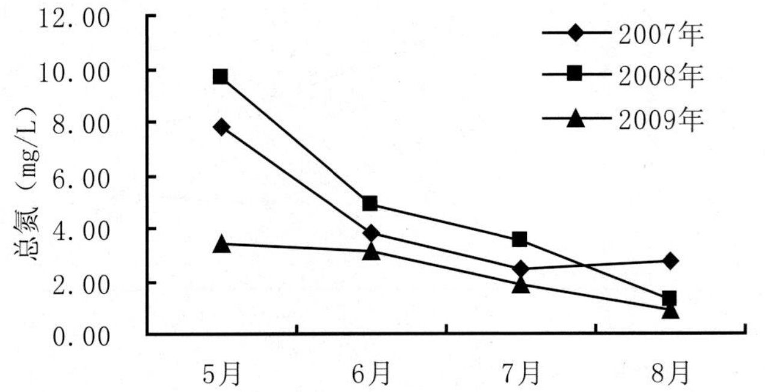

图20 西湖北总氮浓度的变化

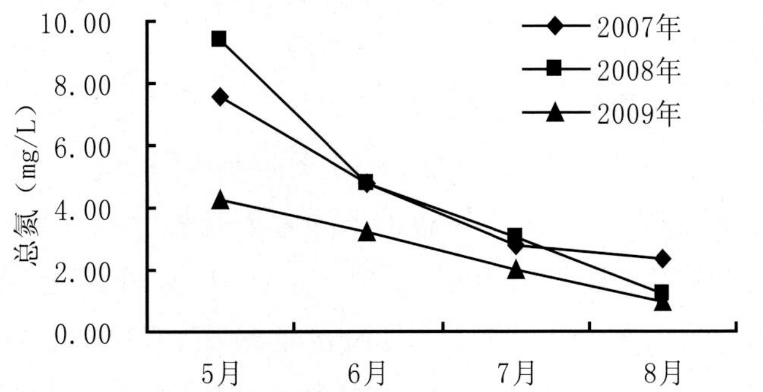

图21 西湖南总氮浓度的变化

显示出积累现象，从图中可以看出，2008年5月总氮的含量高于2009年5月总氮的含量，因此得出春季是各个湖中总氮含量最高的季节，其原因可能是藻类等水生生物在冬季的分解以及沉积物中营养物质的释放。天气转暖水温升高后，藻类等水生植物的生长会使营养水平大幅降低。

3.2.3 总磷的动态变化

磷亦是致使水体富营养化的关键因素之一。GB3838-2002中规定Ⅲ类水的总磷浓度不得超过0.1mg/L。但一般认为，含磷量大于0.01mg/L就可能引起水体的富营养化[11]。图21～24显示，2007～2009年总磷含量均超过了0.01mg/L，属于富营养化水体，并且变化幅度较大，变化趋势也不一致，但总体来看5月份总磷浓度均比6月份要高，这一特征与总氮变化相一致，说明温度升高后，磷作为营养物质被藻类等水生生物吸收，7月以后总磷浓度趋于稳定，2007年为0.16～0.21mg/L，2008、2009年有所降低，均小于0.1mg/L，除了藻类的吸收使营养水平降低外，还有可能是取样点处外力搅动较少，无机磷吸附于固体颗粒上并随之下沉，使取样层总磷含量较低。

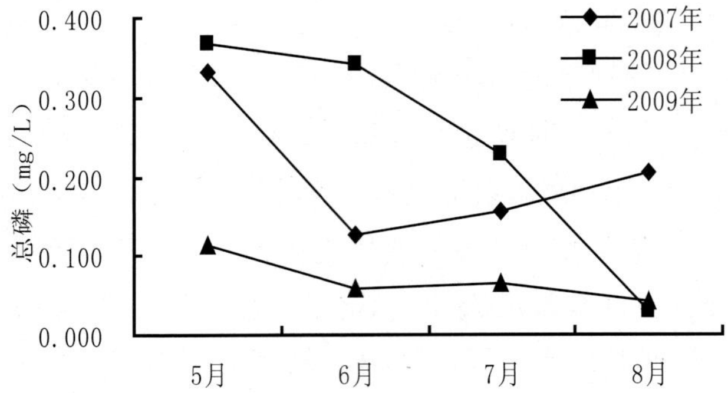

图22 东湖总磷浓度的变化

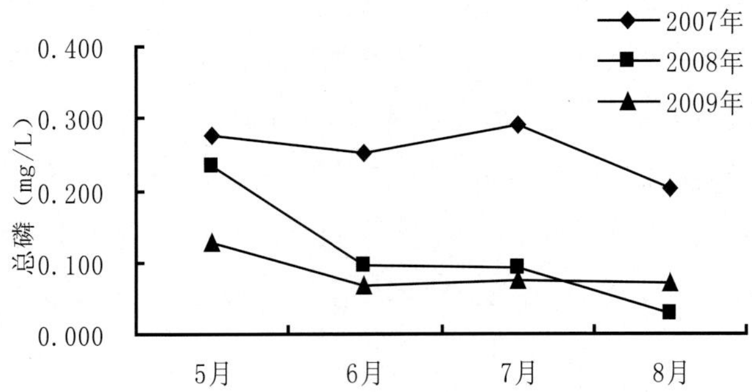

图23 南湖总磷浓度的变化

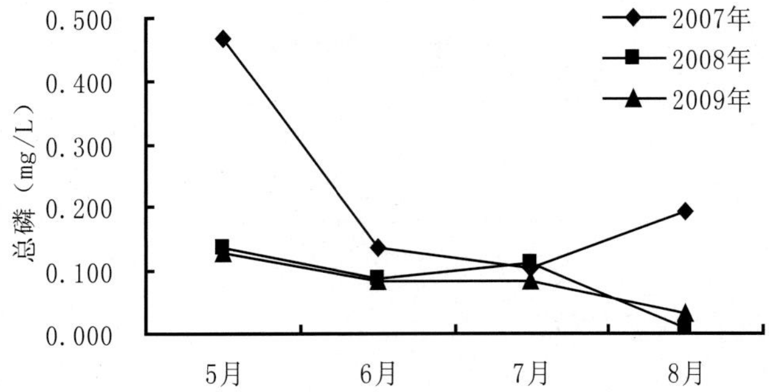

图24 西湖北总磷浓度的变化

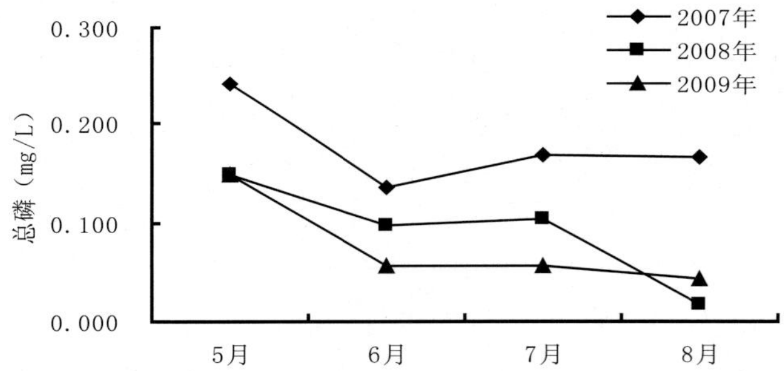

图25 西湖北总磷浓度的变化

4 结论与建议

(1) 陶然亭湖水的pH值、氨氮、总氮和总磷等指标说明水体已经属于富营养化水体，水质情况不容乐观，尤其是2007、2008年、2009年水体有所好转，可能是早春发生水草的缘故。水草可以吸收水中的氮、磷等营养盐，可以抑制蓝藻的发生，但是营养盐过量会引起水草大面积的生长，因此建议可以在水面易出现水华的地方种植一些挺水植物代替水草，常用效果较好的挺水植物有芦苇、香蒲等，除挺水植物外，部分沉水植物对水中氮磷的去除也有很好的效果，如川蔓藻、篦齿眼子菜等。

(2) 在调查研究的3年中，BOD_5含量变化不显著，说明有机物没有明显的积累显现，因此建议控制补水水源所带来的污染物，适当治理在水源水输送过程中沿途发生的污染，用再生水作为景观水体补水水源时，尽量降低再生水中氮、磷等的含量，条件允许的情况下，在使用时运用一些措施净化水质，保证水质，减少水体富营养化。

(3) 春季总氮含量较高，说明前一季冬季含氮类营养盐有积累现象，因此建议在冬季湖面上冻前可以对水体进行处理，以免第二年春季总氮基数过大。

(4) pH值与藻类的生长繁殖有密切的关系，一定程度上水体的pH值可间接反映藻类的生长情况，所以pH值的高低也可以作为水体富营养化简便预警指标。

(5) 藻类在生长过程中首先吸收氨氮，尤其在6、7月份，因此，可以将氨氮作为再生水的优先控制指标。

(6) 对景观水体进行定期水质监测，及时发现水质变化，及早采取化学和生物等措施进行治理，防止出现大面积水华等，影响景观效果。

参考文献

[1] 王昌俊，韩烈保，苏德荣等.再生水用于都市绿地灌溉的研究进展[J].环境污染与防治，2005，27(4)：256～258.

[2] 郑兴灿.再生水用于城市景观水体的案例分析[C].见:首届城市水景观建设和水环境治理国际研讨会论文集，2005.

[3] 黄伟伟，郑兴灿等.再生水回用于景观水体的富营养化趋势研究[J].给水排水，2008，34(12):13～16.

[4] 黄金屏主编.城市污水再生利用系标准实施指南[M].北京:经济科学出版社，2003，104～110.

[5] 国家环保局编.水和废水监测分析方法(第四版)[M].北京：中国环境科学出版社，2002.

[6] 郑祖庆.水的色度[J].城市给水，2001，15(1):23～24.

[7] 李一平，逄勇，吕俊.太湖富营养化的驱动因子分析 [J].河海大学学报(自然科学版)，2004，32(6): 644～647.

[8] 周律，邢丽贞，段艳萍等.再生水回用于景观水体的水质要求探讨[J]. 给水排水，2007，33(4):38～42.

[9] 李勇，王超，朱亮等.长荡湖底污染特征及水体富营养化状况[J].环境科学与技术，2005，28(2):38～34.

[10] 陈静，丁卫东，焦飞等.丹江口水库总氮含量较高的调查分析[J].中国环境监测，2006，21(3)：54～57.

[11] 任南琪，马放等.水污染控制微生物学[M].哈尔滨:黑龙江科学技术出版社，2002.

选用植保新优药剂与应用措施初探

曹 杰 北京市海淀区绿化三队 北京 100142

摘 要：北京市海淀区绿化三队近年来选用的园林植保新农药、新技术、新措施，积极促进人与自然和谐的植保真谛，大力选用推行绿色防治措施和药剂，不断顺应时势，以更好地保绿护绿，为北京建设世界城市贡献一份力量。

关键词：园林除草剂；新优防治药剂；顺应时势

2010年北京确立了建设世界城市的宏伟目标，为此，需要经济、社会、生态高标准、全面协调可持续发展，而园林植物保护正是首都展现高品质的园林景观和生态环境，建设世界城市，提升国际化水平的重要一环[1]。

1 筛选可靠、高效、经济的除草剂

1.1 园林除草剂应用现状和趋势

相比农田中广泛使用的除草剂，以往园林行业应用得较少，究其原因主要是：

(1) 过去人工除草人力充足、费用较低，而且必要时，还可使用镰刀、割灌机、剪草机等工具机械，可大大提高除草效率和降低成本，所以，园林绿地应用除草剂就没有得到特别重视或没有深入开展。

(2) 现有的除草剂往往是匹配农业开发的，或针对园林植物开发的除草剂还不成熟，或应用推广得不够，在园林应用推广存在诸多困难，需要经过大量的试验探索。与农作物相比，园林地被植物属性不同，品种繁多，栽植方式多样，布局丰富，生长周期长，药物敏感性差别大，人为活动频繁等方面都有很大差异，因而，使用效果也会大相径庭，盲目、蛮干或不慎使用会产生严重药害。

园林绿地中的杂草，严重影响园林景观效果和正常生长，为了清除杂草，每年需要反复投入大量人力、物力、财力，然而，人工除草效率低、劳动强度大、治标不治本，加之，近年来人工成本日益昂贵，民工难招的问题越来越突出，首都园林绿化工作又越来越精细化和节能低碳减排，因此，合理选用优良的园林除草剂就是一个亟待解决的问题，像发达国家一样，势必将广泛应用。

1.2 园林除草剂选用原则

(1) 首先要确保安全可靠，大面积应用前，要进行小面积多次试验。要针对具体园林植物，经过认真试验，以确保无药害，而且，要准确掌握其除草条件和药效，才能有的放矢地发挥除草剂的巨大威力。

(2)大力推行无公害低毒(忌使用对土壤残毒高、或残留时间太长、或对周围水质有影响等)、选择除草高效、适用植物广、除早、除小、除了、费效比优的除草剂。

1.3 北京市海淀区绿化三队选用丹麦草除草剂方案和情况

针对园林中广泛栽种的丹麦草坪，伴生着繁多的杂草，近年来我们先从丹麦草坪中大量杂草入手，探寻适合的除草剂，并推而广之。

杂草以往只能靠人工拔草，防除困难，往往前脚拔着，后面就又长起一茬。有些杂草脆嫩和繁密，不易拔除，或有些杂草种借人工拔除过程中，四处散

作者简介

曹杰/男/1977年生/内蒙古农业大学本科/北京市海淀区绿化三队，园林工程师。

落等，从而陷入“越拔越难越多”的怪圈里。常见的北京优势杂草如牛筋草、马唐、狗尾草、莎草、旋覆花、野生酢浆草、田旋花、马齿苋、紫花地丁、刺儿菜、车前、灰灰菜、蒲公英、苦荬菜、小飞蓬等，即阔叶、禾草、莎草三大类杂草[2]。

1.3.1 备试用的除草剂

分别选取了绿茵除草剂、阔叶净、使它隆、草坪隆1号等新型园林选择性除草剂。

排除了一些毒性大或易对园林药害的农业传统的除草剂：如2, 4-D丁酯，虽选除阔叶杂草的内吸输导型除草剂，但为根叶吸收传导，且有很强的挥发性，药液雾滴可飘浮很远，对不少植物敏感，易使园林周边花木受害[3]。

1.3.2 试用方案的要点

(1) 选取杂草较多的丹麦草试验地块：中央电视塔绿地、车公庄西路分车带、鲁艺绿地及滨河一期丹麦草等。

(2) 结合产品功效介绍，及时观察记录：喷药时间、适用草坪、浓度、喷药量、喷药面积、除草种类、天气影响、见效时间、快慢、副作用或药害、对比总结等情况，筛选出可以推广使用的除草剂品种；由于条件有限，达不到除草定量观测，只能进行总体定性测试除草效果[2]。

(3) 喷药器械：15L药背桶(一般每桶喷120～150m^2)、1.5L喷雾器(一般每筒喷12～15m^2)。

(4) 喷药时间和天气：一般避开11:00～14:00高温和太阳直射和阴雨天气，选择无风或2级风的天气，以利于植物吸收药剂；喷药后注意观察和记录天气情况。

(5) 试验浓度：除选取正常量外，也注意超大剂量的影响。

1.3.3 试用对比情况

1.3.4 优选结果

综上表格，经过多次的试验：

(1)为了达到良好的景观和除草效果，草坪隆1号是一种对丹麦草和冷型草较理想的园林除草剂，目前，由于价格没完全降下来，较适用防除高档草坪种植基地、园林绿化和高尔夫球场草坪杂草的选

表1 不同除草剂的试用结果

序号	除草剂名称	试验地点	除草种类	正常浓度(ml/15kg)	试用时间	总体效果	备注
1	绿茵丹麦草坪除草剂	中央电视塔、滨河一期绿地	阔+禾+莎	300	2009.6.2；6.23	一般，并产生黄叶、死苗药害	产品性能差
2	阔叶净	同上	阔	10～20	2009.7.9；7.23；8.10	一般，并黄尖、黄叶药害	产品不成熟
3	使它隆	同上	阔	15～30	2009.7.9；7.23；8.10	较好，但丹麦草有黄尖、黄叶药害	景观效果要求高慎用
4	草坪隆1号	同上，及车公庄西路、鲁艺绿地	阔+禾	30～50	2009.7.23；8.10；9.2；2010.4.27；6.2；6.12；	较好，且无药害	超大浓度100ml时，其中的刺槐黄叶药害

表2 草坪隆一号的除草效果

<table>
<tr><th>名称</th><th>类型</th><th>试用草坪</th><th>除草种类</th><th>喷药时间</th><th>一般使用药量(ml/15kg)</th><th>喷药面积(m²/15kg)</th><th>除草效果</th><th>费效比</th><th>注意事项</th></tr>
<tr><td rowspan="3">草坪隆1号</td><td rowspan="3">低毒、内吸茎叶处理</td><td>丹麦草</td><td rowspan="3">阔+禾</td><td rowspan="3">如上，杂草3～5叶以后，夏秋时期，杂草大时，喷药浓度加大</td><td>30～50</td><td rowspan="3">120～150</td><td rowspan="2">效果较理想，3～7天除三棱草外，打到药的各种杂草扭曲，逐步枯死，丹麦草无药害</td><td rowspan="3">经测算：药费0.2元/m²左右(一般人工每人每天最多可拔除100m²，50元日工计算，一次除草费月0.5元/m²)，大大降低除草成本和劳动强度，除草较人工更干净彻底，一般使用2～3次/年(4～5月、6～7月、8～9月)第一年使用次数稍多</td><td rowspan="3">1、药液为黏稠悬浮剂，类似除虫脲，所以，一定确保充分摇匀、准确、冲净、混匀配药，对上下层杂草茎叶喷打周到均匀，宜用独头喷头,方便控制喷药，尤其要对杂草喷施；
2、注意天气，喷药后，需当天无雨水影响，并避开中午最热时间，湿度大，温度高，有利于促进茎叶充分吸收药液；
3、喷药时，尽量避开非木本植物茎叶，对木本植物基本无药害，宜3～5叶时喷用；
4、适当剪草后，可露出杂草喷药，效果更好，没打到的可局部补喷；
5、喷彻底除根，20后天降解，及时做好效果观察反馈等</td></tr>
<tr><td>冷型草</td><td>30～50</td></tr>
<tr><td>野牛草</td><td>20</td><td>可除草，但野牛草产生黄尖、黄叶药害，不建议使用</td></tr>
</table>

择性内吸传导型除草剂,合理使用除草效果良好。

内吸传导杀根型，对园林植物无药害，植物中持效期20～30天，可进一步大面积推广使用，三叶一心后至成坪草坪。茎叶处理一次杀死70余种萌生的禾草、阔叶类杂草，尤其对大龄马唐、稗草、狗尾草、白茅、水花生等恶性杂草有特效。但不可指望，使用除草剂可一蹴而就、一劳永逸、万事大吉了，需要辅助人工除草、一两年跟踪应用，才能彻底见效，达到丹麦草自然郁闭，杂草稀生，少量除草的状态。[2]

(2)而使用使它隆除丹麦草杂草，草坪隆1号除野牛草杂草，对原草有黄尖或黄叶副作用，景观要求不太严格时，可慎用。其他除草剂因为药害太大，或选择效果不良等原因，淘汰。

草坪隆一号优点：①毒性低、无环境污染、对草坪安全的特点。②具有除草杀根、使用适期宽、适用草坪种类多、成本远低于人工拔草，至少可以节约用工 60%～80% ,降低成本40%～80%[2]。

缺点：①较大植株的灰灰菜、刺菜等杂草，一遍有卷曲、畸形，不能达到除草效果，需多遍用药；②茎叶型除草剂，没有防芽前杂草的作用；③长期看价格适中，但短期内投入较大，价格不易接受，是推广应用的一大障碍；因没能规模化生产和知识保护，药价类似进口农药阿米西达，属高档药品，北京市海淀区绿化三队只少量购进，主要是针对大量恶性杂草时进行除草。

1.3.5 针对丹麦草芽杂草试用(图4)

乙草胺是一种传统的选择性芽前土壤处理除草剂，以往对丹麦草中应用的定论很少，今年6月以来，通过在北京市海淀区绿化三队的海淀公园、巴沟山水新工刚种完丹麦草坪等中试用，也在新工白地、片林等试用乙草胺；初步试用总结经验如下：

特点：主要防除对象是芽前的马唐、稗草、狗尾草、牛筋草等一年生禾草，对苋、灰灰菜等阔叶杂草也有一定效果，对多年生杂草无效，持效期可达2月多。

试用剂型：50%乳油。

使用浓度：30～50ml/15kg，喷施150～200m^2。

使用时间：一般栽植丹麦草5～7天后，杂草萌芽前，开始喷施。

除草效果：对苗木安全，合理使用，对减少杂草效果较好，尤其是减少禾草；受外界条件影响较大，主要包括原土杂草情况(种子库和已萌发杂草)、施药后地膜破坏情况、施药情况(条件和方法)，以上条件越适合，除草效果越好,成本较低，每次喷施药费：约0.03～0.05元/m^2。

注意事项：

(1) 杂草主要吸收药剂部位是芽鞘，因此必须在杂草出土前施药，一般对已出芽或拔除后留根的杂草和园林植物无除草效果，且无药害；下一步计划明年4月杂草芽前，与草坪隆一号配合，喷用于丹麦草坪芽前除草，除草效果应该会更好些。

(2) 施药条件：要求在土壤潮湿、避开11:00～14:00高温条件下施用易形成地膜，才能发挥药效，反之，积水或干旱、沙土地、温度过高易产生药害[3]。

(3) 施后时，采用倒行式喷雾，避免踩坏药膜，要周到均匀；施药后，1～2天药膜形成后，可以小雨式浇水或喷水，要尽可能避免人为踩踏和大雨、浇水冲淋影响施药；大雨后或每遍拔草后，及时补打。

(4) 也可应用于砂地柏、月季、林地等地块土壤处理，减少芽前杂草。

1.3.6 对丹麦草坪杂草，下一步试用计划

其一，明年争取选取一块杂草较多的丹麦草样地，结合乙草胺、草坪隆一号，进行一两年跟踪应用，以达到彻底除草目的和长期的性价比；其二，选用价格更低的同类型替代药；其三，将丹麦草除草剂的选用经验，推而广之，找到更适野牛草、月季、色带等的除草剂。

1.4 针对林地、铺装上杂草等灭生性除草

应用推广草甘膦和乙草胺等传统除草剂，有效的化学除草模式—— 一封(芽前除草，如乙草胺)一杀(灭生型，如草甘膦)，价格低廉，效果良好(图5)。

使用剂型和浓度：乙草胺(同上，略)、41%草甘膦(农达)100～200ml/15kg，喷施150～200m^2，经测算：两种混合每次喷施药费：约 0.1元/m^2。

使用方法：春季先封地，再对芽后杂草灭生除草，或直接混用，一年主要为4月、6月、8月酌情施用。

注意事项：

(1)草甘膦为内吸传导型广谱灭生性除草剂，低毒高效，对人畜安全，为茎叶吸收，多数杂

草，包括多年生深根杂草都可彻底除治，24小时可传导到根系，5～7天变枯黄，15～30天继而变褐，最后倒伏，保持长时间无草；气候因子对除草剂杀草效果关系很大，选择晴好天气、无风或微风、土壤湿润的条件下喷施效果较好[3]。

(2)要作定向喷雾，或可喷雾器上加防护罩喷雾，不要让药液触及周边植物的叶片上，防止药害。

(3)草甘膦进入土壤后即被钝化，失去除草活性，一般喷洒后4周土壤无残留，安全性好；施药后6小时内遇雨，会降低药效，应酌情补喷。

(4)属慢效除草剂，为达到除草快效，宜及早计划和喷施，或探选低毒快效灭生除草剂；不建议用传统快速灭生性除草剂百草枯(克无踪)，因为其对人毒性极大，且无特效药，安全隐患大，很多国家禁止或者严格限制使用。

(5)要避免破坏杂草地被的水土保持作用、灭生的枯黄杂草火险隐患和土壤残毒，请施用前慎用。

2 园林植物病虫害防治需与时俱进，选用或轮用新优药剂和措施

2.1 北京市海淀区绿化三队以往和现用的防治药剂比较，见表3。

总体而言，2003年以后，北京市海淀区绿化三队的防治工作措施越来越注重无公害性、预防性、主动性、抗药性和成效，而不是被动灭火式防治，因而，防治工作有了长足的进步和提高。

2.2 替代高氯等菊酯类速效杀虫剂，选用新优无公害药剂

以往经常使用的菊酯类速效杀虫剂，如高氯，其气味刺鼻，喷施中易与路人发生冲突，另外，使用多年易产生抗药性，积极选用推广新优等效杀虫剂。

目前，北京市海淀区绿化三队所属的元土城公园(海淀段)、星期八公园、玲珑公园等都已广泛应用，效果较好；作用特点：植物源农药，新型无公害环保型广谱高效绿色农药，具有很强的触杀作用，一般持效期10～15天左右，高效，可杀蚜虫也可杀食叶害虫，目前价格是高氯的3～4倍，因而，目前主要是在公园等养护经费高的园林绿地内选用。

2.2.1 苦参碱(京绿)0.38%水剂、1%水剂

防治对象：蚜虫、白粉虱等刺吸害虫，尺蠖、美国白蛾等食叶害虫等。

使用方法：一般分别为稀释800～1000倍；1200～1500倍，兑水均匀喷雾。

注意事项：①无高氯、菊杀等强烈刺鼻的味，对环境友好，减少扰民，很适宜公园等人多处使用；②杀虫效果较高氯稍慢，0.5～1小时完全见效，发生初期使用为佳；主要是触杀作用，剂型附着能力稍差，对叶面有蜡质植物效果稍差；无内吸性和熏蒸作用，否则效力差，所以要更细致、更及时周到喷药。

表3 北京市海淀区绿化三队以往和现用的防治药剂比较

防治对象	2003年前防治药械	特点	2003年后或当前防治药械	特点
美国白蛾等食叶害虫预防慢效药	除虫脲、灭幼脲三号、Bt	仿生药，无毒	同前	仿生药，无毒
美国白蛾等食叶害虫速效药	敌敌畏、菊杀、氧化乐果	有机磷农药、低、高毒	苦参碱(京绿)、桉油精、逐步替代高氯	生物源药、低毒
蚜虫、介壳虫等刺吸害虫	蚜剑、氧化乐果、蚧休	有机磷农药、中、高毒	吡虫啉、苦参碱(京绿)、桉油精黄板、苯氧威	生物源药、低毒
红蜘蛛等	三氯杀螨醇	有机氯农药、易燃、抗药性	阿维菌素、哒螨灵	微生物源药等、低毒
天牛等蛀干害虫	洗瓶注射药剂、线虫、浇灌根施药铁灭克等	药量大、吸收少、效果差、毒性大	树大夫、肿腿蜂、奥灭克、高压注射器和燃油打孔机	以虫治虫和生物源药、毒性小
蛴螬等地下害虫	辛硫磷、氧化乐果	有机磷农药、低、高毒	地虫净、白僵菌、辛硫磷	以菌治虫和生物源药
其他：卵、蛹、成虫期害虫等	性诱捕器、人工修剪、隔膜泵打药机	分别无毒、剧毒	黑光灯、塑料环、周氏啮小蜂、性诱捕器、人工除治、物理泵打药机	物理和以虫治虫、无毒
一般广谱病害	代森锰锌、三唑酮、福美双、杀毒矾	中、低毒	井冈霉素、梧宁霉素、石硫合剂、多菌灵、阿米西达、腈菌唑、甲托、威力克、石硫合剂	生物源等、低毒

2.2.2 5%桉油精

产品特点：纯植物源杀虫剂，为低毒、无残留、广谱高效农药。

作用方式和防治对象：以触杀为主，并且较强渗透和驱避作用；防治美国白蛾、尺蠖、卷叶蛾等食叶害虫，蚜虫、白粉虱等刺吸害虫等。

使用方法：一般稀释2000～3000倍，兑水均匀喷雾。

2.2.3 3%苯氧威(双氧威)

产品特点：高效速效无公害，对蜜蜂和有益生物无害，替代进口速扑杀，防治介壳虫特效药。

作用方式和防治对象：具有胃毒和触杀作用，并具有昆虫生长调节剂作用、杀虫广谱，可防治美国白蛾、尺蠖等食叶害虫，蚜虫、木虱、介壳虫等刺吸害虫。

使用方法：一般稀释2000～3000倍，兑水均匀喷雾。

2.3 针对普遍发生、又难于防治的蛀干型害虫，应用新型防治器械和方法，效果良好

蛀干害虫防治困难在于如何有效的将药剂直达受害部位和如何细致扎实的施药，以往对于蛀干害虫用洗瓶往树洞灌药或树根浇灌内吸型杀虫药，往往施用了大量药剂，却大多流失掉了，有效吸收的很少，防治效果差；

2009年秋和2010年春，两次对以往蛀干害虫危害明显的复兴路和田村山南路等国槐、白蜡，选用树干高压注射药剂，并辅助奥灭克土壤根施药剂，通过2010年下半年观察，以往明显的蛀干迹象得到有效遏制或缓解。

(1) 高压树干注射机：由北京市园林研究所监测的，本措施具有便携式、高压、快速、定量树干注射，结合燃油式打孔机(方便道路上无电源使用)，内吸型杀虫剂，如吡虫啉、乐果50～100倍液等，是一种防治蛀干害虫的有效措施。

(2) 奥灭克：新型低毒根施颗粒杀虫剂，可以直接埋于根部土壤中，迅速杀死植物上的害虫，但不会杀死有益昆虫，是一种对空气和土壤无污染而又高效、方便的环保型杀虫剂。正常使用24小时后，害虫停止进食；48小时后，害虫开始死亡；72小时后，害虫进入死亡高峰期，持效期1个月左右，是较好的替代剧毒铁灭克的药剂。

有效成分：吡虫啉10%特制颗粒剂。

适用范围：各种花卉及乔灌木，防治蚜虫、叶蝉、果蝇、蓟马、潜叶蛾、白粉虱，辅助除治蛀干害虫等。

用法用量：①露地花、灌木胸径每1cm用量为3g，分成4～8点埋施,施完药后，一定要浇透水。②将颗粒剂埋在花卉、乔灌木树冠外缘下须根处最为适宜。

2.4 为解决公园内闭园后无电可接，铺设通电线路施工复杂，夜间无法使用普通黑光灯，可有效减少蛴螬、蛾类、蚜虫等食叶害虫的虫口密度，减少农药使用，节能低碳

以往8～9月，因蛴螬高发期严重危害，尤其是园灯下的冷型草，蛴螬口密度高，易猖獗，提前撒施药剂，防治较被动，效果又有限，2010年春季，北京市海淀区绿化三队在元土城公园、阳光星期八公园内应用了三台新型太阳能杀虫灯，大量诱杀其成虫金龟子，危害明显得以缓解。

该灯外形集观赏性和实用性于一体，而且解决了公园绿地内熄灯后，普通杀虫灯没有电源可接用的问题，免去了铺设通电线路繁杂施工，其白天可以利用太阳能板给蓄电池储存能量，阴雨天可连续工作3～4天，也具有自动控制开关灯，雨天自动断电，电路系统对人安全，杀虫原理是利用害虫的趋光、趋化、趋色的特点。需要注意及时清理杀虫通道，避免因其堵塞或逃跑空隙而招来更多害虫。

结束语：园林植保是一项综合性、实践性、技术性较强的工作，在信息日新月异和世界化的时代，要不断顺应时势，立足实际工作，争取领导的支持，博采众家之长，增强预见性，勇于实践创新，统筹兼顾，抓早，抓实，抓细，力求出亮点，才能确保良好的防控效果。

图1 草坪隆一号除治丹麦草中的酢浆野草效果良好

图4 乙草胺对新植丹麦草安全，杂草有一定除治作用

图2 草坪隆一号除丹麦草中禾本杂草逐渐从茎基腐烂死亡

图5 草甘膦除灭绿地边铺装上的杂草彻底枯黄

图3 草坪隆一号对冷型草安全，可有效除治禾和阔杂草

图6 燃油打孔机和高压注射器防治蛀干害虫

参考文献

[1] 陈自新.2009北京生态园林城市建设.中国林业出版社，2010.
[2] 薛光.草坪杂草原色图鉴及防除指南.中国农业出版社，2008.
[3] 苗建才.林木化学保护.东北林业大学出版社，1990.
[4] 徐公天.园林绿色植保技术.中国农业出版社，2003.
[5] 赵怀谦，赵宏儒，杨志华.园林植物病虫害防治手册.农业出版社，1994.
[6] 王运兵等.无公害农药实用手册.河南科学技术出版社，2004.

园林绿化与城市污染土地的植物修复

弓清秀　北京市园林科学研究所　北京 100102

摘　要：在城市化推进过程中，大批的污染企业搬出了城区，搬迁后大量的土地资源需要再开发利用，为确保污染土地资源的安全再利用，如何对污染土地进行植物修复成为园林绿化工作者面临的一个新的课题。本文依据植物修复污染土壤的理论，从绿化设计、绿化植物材料的选择、绿化施工和绿化养护管理等方面提出了进行污染土地绿化修复的初步构想。

关键词：污染土地；植物修复；园林植物；园林绿化

北京城市化向郊区推进过程中，大批的污染企业搬出了城区，搬迁后大量的土地资源需要再开发利用。然而，在这些土地上的工厂大多数是具有50多年生产历史的污染非常严重的老厂，常年的化工生产对周围的环境和土壤都造成了很大程度的污染。工厂搬迁后，污染源没有了，但对土壤造成的污染却不会带走，这些污染将来势必会对生活在这一地区的居民造成不同程度的危害。如何治理污染，修复被污染的土地，开发利用好宝贵的土地资源，越来越引起公众的关注。园林绿化植物是城市生态系统的重要组成部分之一，担负着生态和景观的双重功能，前人对上述两方面已做大量研究，但未见过用园林绿化植物进行化工厂搬迁后的污染土壤治理的报道。园林绿化植物在绿化中只起观赏作用，不进入食物链，是理想的土壤修复材料。本文将对园林绿化植物治理污染土壤的途径和策略提出一些构想，以期为北京的城市环境建设服务。

1 城市土地污染的种类和特点

1.1 污染土地的定义

英国皇家环境污染委员会认为：污染土地是指人类活动引起的物质和能量输入土地，并引起结构或“和谐”受到损害，人体健康受到伤害，资源和生态系统受到破坏，对环境的合理使用受到干扰。

1.2 城市土地污染物的种类

城市土地污染的污染源，主要涉及化学工业污染源、生活污染源，其中化学工业污染物是造成城市污染的重要原因。在多年的化工产品生产中，跑、冒、滴、漏和生产事故使大量的有毒、有害物质进入土壤，造成了严重的土壤污染。工业污染物主要为重金属、有机物和其他化学品等，包括土壤中多年积存的镉(Cd)、铬(Cr)、汞(Hg)、铅(Pb)、锑(Sb)、钡(Ba)、铜(Cu)、锌(Zn)、锡(Sn)、硒(Se)、砷(As)、氰化物(CN)、硫氰酸盐(SCN)、氟化物、卤化物、有机磷和有机硫等。

1.3 城市土地污染的特点

1.3.1 隐蔽性与滞后性

从对北京2002年搬迁的几家化工企业的调查可知，有些产品已经停止生产20多年了，如氯化汞，可是，当工厂搬迁后，环保部门在原来生产氯化汞的车间的土壤中，仍然测出了大量的汞元

作者简介

弓清秀/男/1959年生/1982年毕业于太原理工大学/现任北京市园林科学研究所部门主任，高级工程师。

素。可见土壤污染具有显著隐蔽性与滞后性。

1.3.2 积累性与地域性

在同一块土地上，由于生产车间的变换或同一车间不同产品的生产，使同一块土壤中几乎包含了其上车间生产的各种重金属元素和有机化合物。而且，在一个厂区内，地上车间生产的产品不同，地下土壤中拥有的污染物就不同。因而，土壤污染也有很强的积累性与地域性。

1.3.3 不可逆转性

重金属污染物进入土壤后，很难通过自然过程得以从土壤中消失或稀释，对生物体的危害和对土壤生态系统结构与功能的影响难以自然恢复。

2 污染土壤对城市生态环境和人体的危害

2.1 污染空气

化工企业搬迁后，厂房全部拆除，含重金属浓度较高的污染表土以及在随后建筑施工中挖到地表的深层土在风力的作用下进入到大气环境中，导致大气污染。北京在春、秋两季，扬尘十分严重，其中有一半来源于地表，表土的污染物质，如汞等重金属以气态或甲基化形式，在风的作用下，随扬尘进入大气中，造成了空气污染。在绿化中由于选择绿化植物材料不当，汞和砷等元素易被植物从土壤中吸收并挥发到大气中。

2.2 污染水体

土壤环境受到污染后，重金属浓度较高的表层土在水力的作用下，进入到水环境中，导致地表水和地下水的重金属污染。污染的工业用地被用作生活小区后，地下的上下水管线会星罗棋布。一旦发生泄漏也会造成水的污染。污染水被人饮用就会使人中毒，甚至致人死亡。

2.3 导致人体直接受到危害

污染土地上建成生活区后，将会有许多的人在其中生活。人们休闲、娱乐等日常活动，无时不处于污染物的影响之中。特别是儿童极有可能将污染土壤地表的有害物质吮入体内，对人体造成危害。铬、铅、汞、苯、氯乙烯及石棉等，会引发皮肤病、不育、流产、神经错乱、消化道疾病、白血病、肝癌和肺癌等。

3 城市污染土地的植物修复方法

污染土地的修复方法有植物修复方法、生物修复方法、化学修复方法和物理修复方法等多种修复方法，其中，最经济、最有效的修复方法是植物修复方法。

3.1 植物修复的定义

植物修复(phytoremediation)是利用植物及其根际微生物体系的吸收、挥发和转化、降解的作用机制来清除环境中污染物质的一项新兴的污染环境治理技术。主要是利用植物及其根际微生物体系清洁污染土壤。能够起到清洁土壤中污染物的植物称为修复植物。

3.2 植物修复的种类

不同的植物具有不同的特点，对土壤中无机污染物和有机污染物的吸收、挥发和降解等的修复作用也不同。根据修复植物在某一方面的修复功能和修复特点可将植物修复的种类概括为以下几种：植物提取修复法；植物挥发修复法；植物稳定修复法；植物降解修复法；根际生物降解修复法。

3.3 土壤重金属污染的植物修复

重金属污染土壤的植物修复是利用植物修复重金属污染土壤环境技术的总称。它通过重金属超积累植物的提取作用、挥发植物的挥发作用和固化植物的稳定作用来去除、挥发或稳定土壤中的重金属，使污染土壤得到修复，既不破坏污染土壤结构，又减少修复费用，已成为一种修复重金属污染土地的经济、有效的方法。根据其作用过程与机理，重金属污染土壤的植物修复技术可归纳为3种类型：(1)植物吸取；(2)植物挥发；(3)植物稳定。

3.3.1 植物吸取

植物吸取是利用超积累植物(hyperaccumulator)至少吸收一种土壤中的有毒金属，将其转移、贮存到植物地上部分，然后收割植物，离地处理。植物修复的成功事例在国外均有报道，如1991

年在美国明尼苏达州圣保罗镉污染土壤的植物修复。他们用天蓝遏蓝菜(*Thlaspicae rulescens*)、麦瓶草属(*Silene vulgaris*)、长叶莴苣菜(*Lactuca sativa* var. *longifolia*)、镉积累型玉米及抗锌和镉的紫羊茅(*Festuca rubra*)将一片富含镉25mg/kg、锌475mg/kg、铅155mg/kg的“死地”变得生机盎然。早期验证是在英国小规模的田间实验，示范实验表明，十字花科遏蓝菜属植物(*Thlaspicae rulescens*)具有很强的积累锌和镉的潜力。现在越来越多的超积累植物被发现。据报道，现已发现Cd、Co、Cu、Pb、Ni、Se、Mn、Zn超积累植物400余种。如羊齿类铁角蕨属植物对土壤重金属有较强的吸收聚集能力，对镉的吸收率可达到10%，连续种植多年则能有效降低土壤含镉量。蜈蚣草叶片富集砷达0.5%，为普通植物的数十万倍；能够生长在含砷0.15%～3%的污染土壤和矿渣上，具极强的耐砷毒能力；其地上部与根的含砷比率为5：1，显示其具有超常的从土壤中吸收富集砷的能力(蓝俊康)。

3.3.2 植物挥发

植物挥发是与植物吸收相连的，它是利用植物的吸收从污染土壤中将重金属吸收到体内，转化为可挥发的形态挥发到大气中去，从而减少土壤污染物。元素汞、硒和砷是一些易挥发的重金属污染物。一些细菌在汞污染位点存活繁衍，通过酶的作用可将甲基汞和离子态汞转化为毒性小得多的单质汞而挥发到大气中。许多植物可从污染土壤中吸收硒并将其转化成可挥发态(二甲基硒和二甲基二硒)，从而降低硒对土壤生态系统的毒性。富硒植物有：窄叶野豌豆、帝王羽状花、卷心菜、胡罗卜、大麦和苜蓿等。

3.3.3 植物稳定

植物稳定的作用是通过植物根部积累、沉淀、转化土壤中有毒金属，或通过根部吸附来加强对污染物的固定，以降低其生物有效性和防止其进入地下水和食物链，从而减少其对环境和人类健康的污染风险。根际微生物改变根际环境pH值和氧化还原电位Eh来改变污染物的化学形态，固定土壤中的重金属。现已发现的固化植物有：耐铅的羊茅(*Festuca ovina*)，耐铅、锌、铜、镍的细弱剪股颖(*Agrostis tenuis*)等。

3.4 土壤有机污染的植物修复

有机污染的植物修复包括两种策略：一是将有机污染物吸收到植物体内降解；二是通过根分泌物中的一些物质直接或间接的在根部将有机污染物降解。据现有的研究可知：水生植物如伊乐藻、浮萍、鹦鹉毛(*Myriophyllum aquaticum*)和杨树对有机污染物有降解作用，草类植物对多环芳烃(PHAs)有降解作用。增施有机肥对降解有机污染也有增强作用。

4 园林绿化与污染土壤的治理

城市居住区是城市中建筑和人口高度集中的地方，居住区绿化一定要以人为本，尽量满足人们对环境质量、休息、游憩的需求。对于一般意义上的城市居住区，只要能做到为居住区美化环境、便于社区服务及有一个良好的生态环境就达到了城市居住区绿化的要求。但对土地受到严重污染、环境质量受到严重破坏的居住区绿化，就必须首先考虑环境可能对人体健康的影响。就需要从居住区绿化设计、居住区绿地植物材料的选择、居住区绿化的施工和居住区绿化的养护管理等方面统一部署,以达到充分利用植物材料生态效应和美学效应的目的。

4.1 污染土地居住区的绿化设计

在污染的土地上做绿化设计，首先要对被绿化的土地做一个了解，对土壤中所含的污染物要清楚。本着“先治污，后美化”的原则进行设计。在有条件的地方最好能先设计种植一些超积累的先锋植物，对污染土壤进行先期植物修复。要能根据居住区的环境条件，因地制宜搞出特色来。设计者要充分利用现有的土壤植物修复成果，结合园林绿化的实际，为污染土地上的群众营造出最佳的人居环境。

4.2 污染土地居住区绿地植物材料的选择

设计者要了解各种园林植物的生态习性，要结合土壤中的污染元素选择绿地植物材料。既要考虑污染土壤对植物材料的胁迫作用，又要考虑植物材料对污染土壤的修复能量。还要考虑植物材料的不当选择强化了污染物的作用，以至对人体带来可能的伤害。如在富含汞、硒、砷的污染土壤上，种植易挥发植物，会加剧汞、硒、砷的挥发，会对居住区的大气造成二次污染，此时居住区居住的群众就会受到伤害。因此，挥发性植物最好作为先锋植物种植。当大量居民进驻居住区后，以多种植吸收植物和固化植物为好。乡土植物应当成为污染土壤绿化的骨干植物。目前有关具有修复功能的植物材料在国内还未见报道，而美国目前利用植物修复技术处理的污染物种类和所采用的植物的成功事例，对我们选择居住区绿地植物材料具有很好的参考价值(见表1)。

表1 美国一些场地修复所采用的植物类型(据EPA,1998)

污染物	污染介质	选用植物	采用场地位置
汽油	土壤	三叶草	Portsmouth, VA
PCP, PAH s	土壤	黑麦草	Portland,OR
重金属，放射性核素	土壤	印度芥子	Trenton, NJ
重金属	土壤	杂交白杨树,草类	Anderson, SC
放射性核素	土壤	印度芥子,卷心菜	Upton, N Y
PAH s	土壤	桑树	得克萨斯市, TX
油烃	土壤,地下水	苜蓿,白杨,桧属植物,酥油草	Ogden, UT
含氯溶剂	地下水	杂交白杨	Edgewood, MD
含氯溶剂	地下水	东方三角叶杨	ForWorth, TX
含氯溶剂	地下水	杂交白杨	New Gretna,NJ
放射性核素	地下水	向日葵	Ashtabula,OH
放射性核素	地下水	向日葵	乌克兰,切尔诺贝利
废炸药	地下水	浮萍,鹦鹉羽毛	Milan, TN
硝酸盐	地下水	杂交白杨	Amana, IA

4.3 污染土地居住区的绿化施工

鉴于污染土地居住区的环境条件比较复杂，要求上又有其特殊性。因此，对施工单位要进行资质审查，要制定居住区绿化施工质量标准和技术规范。要对其绿化范围、栽植技术、整地筛土、道路和铺装做法、排水流向处理和施工中裸露土的处理等都应做出明确的规定。在施工过程中不仅要实行工程质量和施工进度监理，还要实行环境质量监测。要确保施工人员不受伤害，同时又要确保工程质量。对于不合格的地方，必须要求施工单位返工，对于施工中挖出的先锋植物，一定要按要求处理好。直到达到合乎标准为止。

4.4 污染土地居住区绿化的养护管理

污染土地居住区绿化的养护管理比起一般小区的绿化养护管理来要复杂得多，既要考虑植物修复的特性，又要考虑绿化景观效果，还要保障安全、优美的人居环境。因此，污染土地居住区绿化的养护管理一定要解决好养护管理体制、养护管理经费和养护管理责任三个问题。居住区的绿化养护管理无论是由单位自管，还是由街道办事处管理，或是由房屋开发建设单位或房屋产权单位委托园林绿化专业部门代管，都必须建立一个专门队伍。明确其管理养护职责，保证其经费，要求其对吸收植物的回收处理一定要达标，避免给居民生活带来隐患。

5 问题与展望

利用园林绿化手段对污染土壤进行修复，是当前城市园林绿化工作者面临的一个新课题，要求既要修复被污染的土壤，发挥植物材料的生态功能，又要美化环境，发挥植物材料的美化功能，如何解决好这个问题，作者认为应从以下几方面入手。

5.1 正确处理生态效益和景观效益的关系

园林绿化始终强调“以人为本”的理念。在

污染土壤居住区中绿化，要充分考虑环境污染和景观美化的关系。首先要创造无污染的良好环境，保障人们的健康。其次才是提高优美的生活环境，最大限度地满足人们接近自然的愿望。

5.2 增加园林绿化与污染土壤修复的科学研究

目前，我国有大量工矿区土地和城市土地受重金属及有机物的污染，直接影响地下水、地表水、大气等环境质量，对居民生活和人类健康已造成巨大的危害。发达国家的植物修复技术已开始进入商业化初期阶段，已有近100家企业开始涉足植物修复技术领域。如美国已有10多项植物修复技术方面的专利，且已经开始进行工程化应用。可在国内，利用园林绿化植物材料修复污染土地还是一片空白。因此，我们应该广泛开展园林绿化与污染土壤修复方面的科学研究。

5.3 积极开展修复植物的引种驯化、选种、育种的工作

资料表明，在全球50万种植物中，人们仅发现400余种植物具有植物修复作用。建议广大园林工作者积极开展具有修复作用的植物材料的引种、选种和育种工作。总结现有成果，从生态治理和美化两方面，制定城市高污染地区的绿化新思路，为城市居民提供一个健康、优美的生活空间。

5.4 积极推广具有修复污染土壤功能的绿化植物材料

在高污染的居住区绿化，要选择具有修复功能的绿化植物材料。要从设计出发，将科研在修复污染土壤方面选、育出的绿化植物材料大量运用到绿化工程中去。使科研成果能早日造福于民。

园林绿化已成为现代城市空间的优化者和城市自然空间的缔造者，园林绿化起着改善城市生态环境，为居民提供游憩空间，美化市容，创造城市减灾避灾条件等的重要作用。园林绿化也一定能为土壤修复，治理污染发挥作用。

参考文献

[1] 周启星，宋玉芳等．污染土壤修复原理与方法．北京：科学出版社．
[2] 龙新宪，杨肖娥，倪吾钟．重金属污染土壤修复技术研究的现状与展望．应用生态学报，2002,13(6)．
[3] 赵志强，牛军峰，全燮．环境中有害金属植物修复的生理机制及进展．环境科学研究，2000,13(5)．
[4] 张太平，潘伟斌．根际环境与土壤污染的植物修复研究进展．中国环境生态网．
[5] 中国致公党．以人为本建设人性化的城市居住区．中国致公党中央在全国政协十届二次会议上的发言．
[6] 王凤江．选准切入点，让北京城市绿化更加多姿多彩-北京城市园林绿化树种选择的思考．中国园林，2003,1．
[7] 祁云枝，谢天寿，杜勇军．养生保健型生态群落在城市园林中的构建．中国园林，2003,10．
[8] 王姗．以人为本，营造最佳人居环境-居住区绿化建设与管理浅析．中国园林，2003,8．
[9] 陈自新．城市大园林——现代城市园林发展的必由之路．城市大园林论文集．北京：北京出版社．
[10] 古润泽．要让居住区绿化充分发挥生态效应．城市大园林论文集．北京：北京出版社．
[11] 韩丽莉．推荐提高北京城市道路绿化生态效益的种植模式．城市大园林论文集．北京：北京出版社．
[12] 李逢敏．播绿环楼宇　居者隐疏林——浅议居住区绿化．城市大园林论文集．北京：北京出版社．
[13] 赵印泉，刘青林．园林植物对城市生态环境的作用．北京园林，2004,2．
[14] (美) D.H.K.李．环境与健康——生产、生活环境因素对人体的作用．北京：人民卫生出版社．
[15] Hickey R F，Smith G．1996．Biotechnology in industrial waste treatment and bioremediation．London：CRC Press．
[16] Raskin I，Ensley B D．2000．Phytoremediation of toxic metals:using plants to clean up the environment．New York：John Wiley and Sons,Inc．
[17] 蓝俊康．植物修复技术在污染治理中的应用现状．地质灾害与环境保护，2004,3.

城市生态篇

随着城市规模和人口的急剧扩张，城市的生态、功能、区划等方面都发生了重大的变化，因此出现了大量的城市病。强调城市与自然之间的和谐，以此为出发点的城市生态设计思想开始形成并迅速发展。

北京城市热岛效应时空变化特征及缓解措施研究

李延明 郭 佳 北京市园林科学研究所 北京 100102

摘　要：在常规地面监测数据的支持下，对多年的TM卫星热红外遥感影像进行定量反演，建立1987～2009年的北京城市热岛分布图，分析北京城市热岛22年中的变化特点。以高分辨率的遥感影像为基础建立不同年份的城市绿化现状图，并与热岛分布图叠加分析，研究城市绿化对热岛效应的影响。结果表明：北京城市热岛效应持续强烈，在城市中心区热岛强度有所缓解的同时热岛影响面积不断扩大；通过城市绿化建设，可以有效缓解城市热岛效应。据此提出缓解城市热岛效应的技术措施，为改善城市生态环境提供决策支持。

关键词：热岛效应；时空变化；TM；北京

城市“热岛效应”（Urban Heat Island Effect 简称UHI）是指城市气温高于郊区的现象[1]。随着城市化进程的加快和全球气候变暖的趋势越来越明显，作为城市人居环境要素之一的城市热环境问题日益引起社会的关注，尤其是对于大城市，随着城市规模和人口的急剧扩张，城市的形态、功能、区划等各方面都发生了重大的变化，对城市热环境产生了很大的影响，强烈的热岛效应就是其集中体现。北京作为我国的首都，在建设世界城市和宜居城市的过程中，必然要对城市的热环境质量提出更高的要求，因此，深入研究城市热场在时间上和空间布局上的变化，剖析内在的原因及规律，对于优化城市规划建设、改善人居环境都具有重要的理论和现实意义。

本文通过对多年的城市TM热红外遥感影像进行定量反演，结合实地测定数据分析，建立不同年份的北京市热岛分布图和城市绿化现状图，进而分析多年北京城市热岛发展的特点，评价城市发展及城市绿化对热岛效应的影响，同时探索缓解城市热岛效应的技术措施。

1 研究方法

采用遥感技术与地面的系统测定相结合，获得同时相、大区域、精度高的热辐射图，并通过地物反射光谱亮度值的标定，进行热辐射变化的定量比较，实现城市热岛效应的分析。同时采用相关时相的LandSat 5号卫星多光谱数据、SPOT卫星全色影像数据、高分辨率快鸟遥感影像以及航空影像等解译绿色空间和城市建设信息[2, 3]。研究范围是北京主城区的规划市区，东起定福庄，西到石景山，北起回龙观与北苑北，南至南苑，即规划市区界线范围内的部分。

1.1 采用的影像及数据

用于热岛反演的数据：1987、1994、1998、2000、2001、2007、2009年的LandSat 5号卫星TM图像的第6波段热红外波段影像数据；地面测定数据及气象资料，来自于小型气象站。用于绿色空间及城市化发展分析的数据：1987、1994、1998、2000、2001、2007、2009年的LandSat 5号卫星多光谱影像数据和同期的SPOT卫星PAN影像

作者简介

李延明/男/1965年生/1988年毕业于北京林业大学/北京市园林科学研究所所长，教授级高级工程师。

数据；1999年航空影像数据；2002年IKONOS卫星影像数据；2006、2009年快鸟卫星影像。

1.2 城市热岛效应专题信息的生成

利用TM卫星6波段影像灰度值对城市热岛状况进行提取和分级，主要采取以下步骤实现：

首先，将多光谱数据按照北京市域1:25000矢量数据进行几何纠正，然后将TM6波段数据导出，对其亮度值进行密度分割，即增加一个伪彩色层，按照地面辐射状况进行准确分级。

为了更好地体现城市热辐射状况的特征，并便于各年度数据进行对比，将北京城市的地面热辐射分为5个等级：一级热辐射区即强热岛（地物特征一般为大量建筑密集且绿化差的区域），二级热辐射区为次强热岛（一般为建筑较密集且绿化较差的区域），三级热辐射区为中间区，四级热辐射区为比较凉爽的区域（一般为绿化较好的地区），五级热辐射区为最凉爽的区域（一般为水体或大片林地）。

1.3 城市绿色空间及建设用地信息

城市绿色空间及建设用地信息的提取，主要采取以下步骤实现：

利用LandSat卫星多光谱影像数据（空间分辨率为30m）和SPOT卫星（空间分辨率为10m）的全色波段影像数据，进行图像的融合，形成各年份的城市地物特征图；利用LandSat卫星多光谱影像数据自动提取植被信息，生成各年份的NDVI图层；采用相同地形图完成IKONOS卫星和快鸟卫星影像的纠正和配准。

将城市热岛影像图与其他专题图进行精确配准、量算，分析城市发展与绿色空间演变、城市热岛演变、绿色空间与城市热岛效应之间的关系等。

2 北京城市热岛效应的演变

在城市热岛专题图(图1)上，分别以不同地理界线为依据，量算各个区域范围内的热岛强度和影响面积，分析北京城市热岛效应的多年演变。

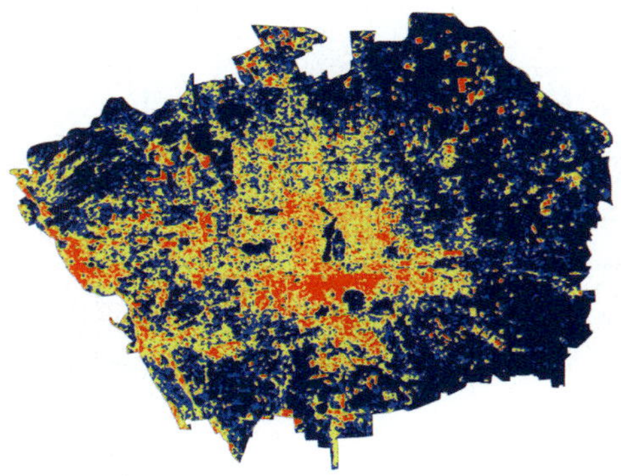

1987年北京规划市区热岛分布图

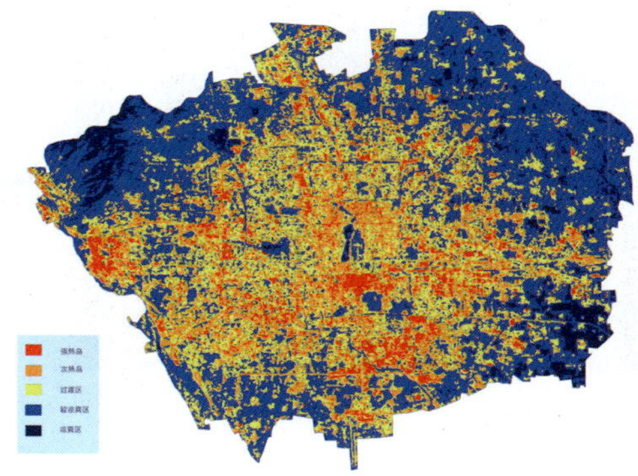

1998年北京规划市区热岛分布图

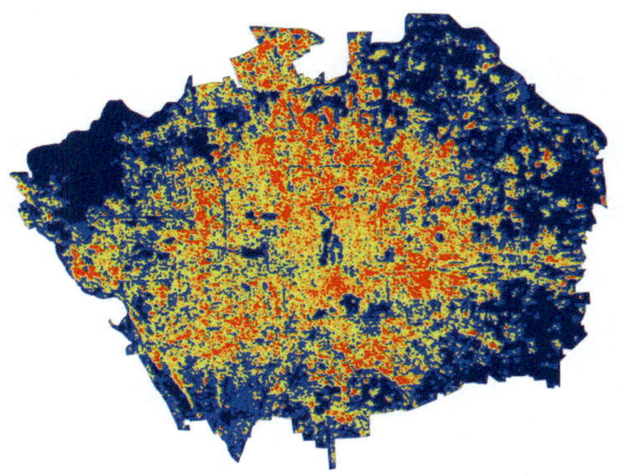

2000年北京规划市区热岛分布图

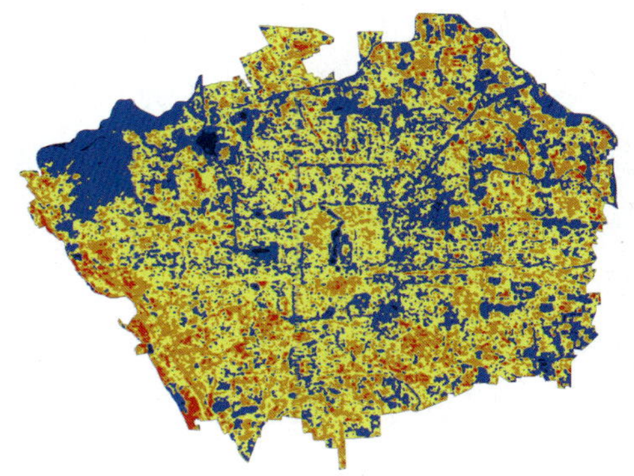

2009年北京规划市区热岛分布图

图1 多年北京规划市区热岛分布

2.1 规划市区内的热岛效应演变

在北京市规划市区范围内，22年中热岛效应始终比较强烈，影响范围呈逐步扩大的趋势。1987年，热岛面积仅为111.04km²，占规划市区总面积的10.74%；此后，热岛效应明显增强，影响面积扩大，1994年为186.12km²，1998年达到266.22km²，比例高达25.75%，形成热岛比例的第一个峰值；2000年和2001年，热岛效应呈下降的趋势，面积分别为246.65km²和232.67km²；近年来，热岛比例又有所增加，2009年上升至26.77%，主要为次强热岛比例增加较多（表1）。

将热岛演变与城市建设发展对照分析，可见：随着城市建设逐渐扩张，建城区的范围逐渐增加，建设用地不断扩大，热岛效应在这期间也基本上呈上升趋势。2009年城市建设用地已是1987年建设用地的2倍，热岛影响面积也随之增加了1.5倍（图2），尤其是城市边缘地带建设开发力度持续增强，新的热岛不断出现。

表1　规划市区内热岛效应的多年演变

	热岛面积（km²）		中间区面积(km²)	非热岛面积（km²）		热岛面积占规划市区总面积的比例
	一级	二级	三级	四级	五级	(%)
1987年	34.56	76.48	199.56	634.56	88.51	10.74
1994年	34.41	151.71	273.78	483.08	90.69	18.01
1998年	82.16	184.06	324.85	363.79	78.81	25.75
2000年	53.26	193.39	275.82	458.64	52.55	23.86
2001年	62.34	170.33	348.03	317.31	135.66	22.51
2007年	54.18	210.36	463.21	301.80	4.12	25.59
2009年	30.30	261.97	447.11	345.11	7.18	26.77

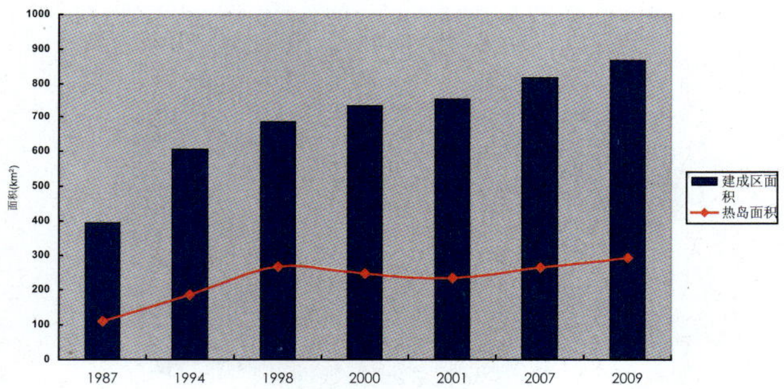

图2 规划市区内热岛效应变化

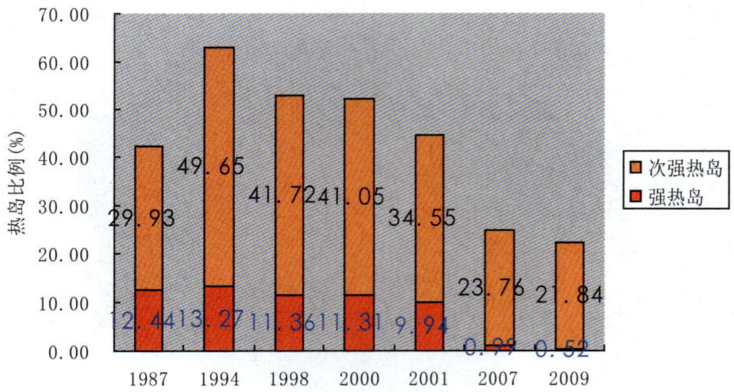

2.2 城市中心地区热岛效应的演变

北京规划市区的中心区，在1980年以前基本上位于二环路范围以内，随着城市化的发展其范围逐渐扩大，目前公认的城市中心地区的范围已经扩大到了四环路。分别以二环路和四环路为界研究区域内的热岛效应情况，分析城市中心区的热岛演变。

二环路以内地区的总面积62.7km²，是最典型的旧城区，既是北京古城特色比较集中的地区，也是人口最集中，建筑物尤其是平房最集中的地区。主要包括东城区、西城区的大部分地区。分析结果显示：从1987～2009年，二环路范围内的热岛效应总体上先升后降，高峰出现在1994年。1987年热岛面积最小，为26.6km²，占区域面积的42.0%；1994年热岛面积最大，上升至39.4km²，比例62.94%，平均每年增加热岛面积1.84km²；此后，热岛面积不断减小，至2009年，热岛比例已下降至22.38%，尤其是高热的强热岛面积明显减小，区域内的热岛以次强热岛为主，热岛效应得到有效缓解(图3)。

四环路内区域面积为302.1km²，22年中热岛效应变化也呈明显的先升后降的趋势，规律与二环路内相似，在1998年出现最高峰（图4）。

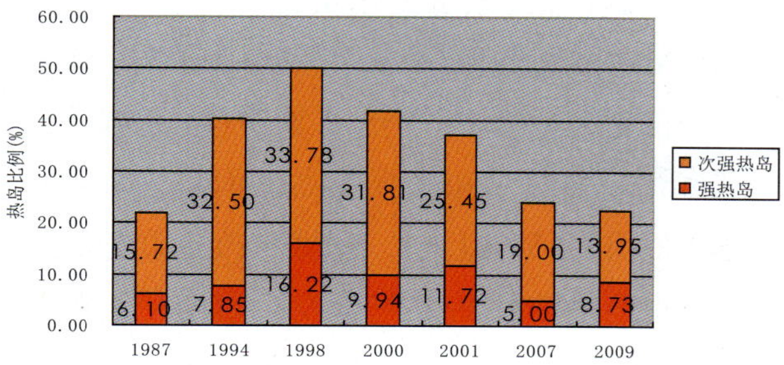

图4 四环路热岛效应变化

2.3 四环路外热岛效应演变

四环路外至规划市区边界之间的部分，总面积为731.51km^2。该地段曾是北京市的近郊区，近年来随着城市建设的发展，大规模建设项目多集中在这一区域。

该区域的热岛效应在这22年间总体上呈逐年增加的趋势。1987年热岛面积仅有45.1km^2，占区域面积的比例仅为6.2%；2009年热岛面积已上升至248.06km^2，比例也上升至31.40%，为1987年的5倍。通过下垫面分析，该区域内热岛集中区多为城乡结合部的平房集中区，建设密集、布局混杂，随着越来越多的农业用地被开发为建设区，绿色空间迅速减小，新的热岛不断出现，如朝阳区东辛店、环铁周边区域以及丰台区沙子口周边区域等，使得四环外的热岛效应不断增强，成为北京规划市区内热岛效应增长的主要区域，也成为推动北京热岛效应再次走强的主要力量（表2、图5）。

表2 四环路外热岛效应的多年演变

年份	四环路内			四环路至规划市区边界		
	热岛面积（km^2）	非热岛面积（km^2）	热岛比例（%）	热岛面积（km^2）	非热岛面积（km^2）	热岛比例（%）
1987	65.92	236.21	21.8	45.1	686.4	6.2
1994	121.92	180.21	40.4	64.1	667.4	8.8
1998	151.08	151.05	50	115.1	616.4	15.7
2000	126.13	176	41.7	120.5	611	16.5
2001	112.29	189.84	37.2	120.4	611.1	16.5
2007	72.70	229.43	24.00	191.77	539.73	26.20
2009	68.53	233.77	22.70	248.06	541.32	31.40

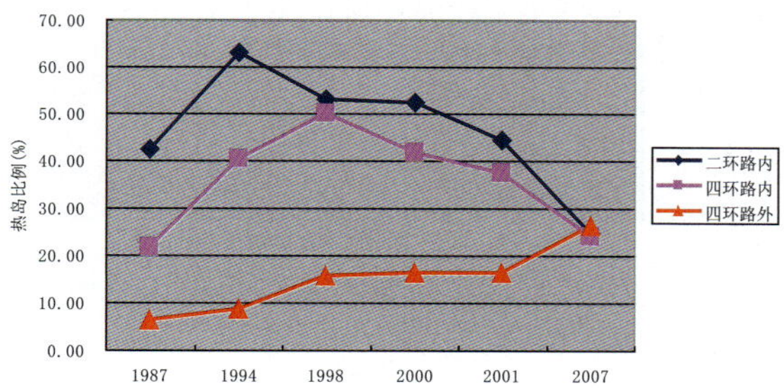

图5 不同环区内热岛效应变化

3 园林绿化对热岛效应的缓解作用

大量研究和实践表明，园林绿化是缓解热岛效应的重要措施。绿地缓解热岛效应，主要是通过植物生理活动中产生的生态效益引起的。植物通过蒸腾作用，从环境中吸收大量的热量，降低环境空气的温度；植物通过光合作用，大量吸收空气中的二氧化碳，抑制温室效应；植物还能够滞留大气中的粉尘，减少引起空气升温的颗粒物。

3.1 热岛效应与植被覆盖率的关系

按照系统抽样方法在规划市区内选择试验样点，每样点实地面积为500m×500m，在影像图上统计样点的热岛比例及植被覆盖率，并进行回归分析，结果表明：热岛比例与植被覆盖率成明显的负相关关系，覆盖率越高，则热岛比例越低（图6）。表明良好的植被覆盖是缓解热岛效应的重要因素。当一个区域植被覆盖率大于30%时，绿地对热岛效应即有较明显的削弱作用，覆盖率进一步提高，热岛影响可以得到更加有效的控制[4]。

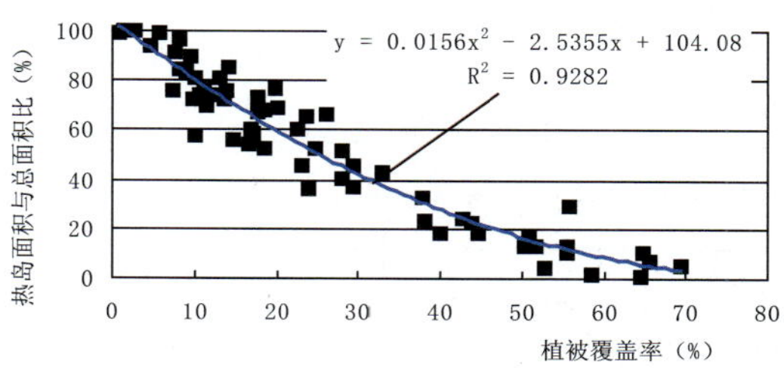

图6 植被覆盖率与热岛比例的关系

对市区内的典型样地进行分析可见，规模大于3hm^{2}且绿化覆盖率达到60%以上的集中绿地，其内部的热辐射强度有显著降低，与郊区自然下垫面的热辐射强度相当，即在城市中形成了以绿地为中心的低温区域。

3.2 绿地建设缓解热岛效应的典型分析

通过城市中心地区的规模化集中绿地建设，可以改变局部地区下垫面特性，有效地改善区域内的热环境状况，为当地居民提供良好的户外活动空间。

3.2.1南中轴绿地

南中轴绿地位于北京南中轴线上天坛公园西侧，绿地建成前该区域为平房密集区，从图7可以看出，绿地建成前1987年该区域的热岛比例为84.04%，1994年曾一度达到99.78%。从2004年起，在该区域实施拆迁建绿工程，新建了将近15hm^{2}的集中绿地，到2009年热岛比例降低为0。可见，大规模的集中绿地建设，使得该区域的热岛效应得到彻底的缓解。

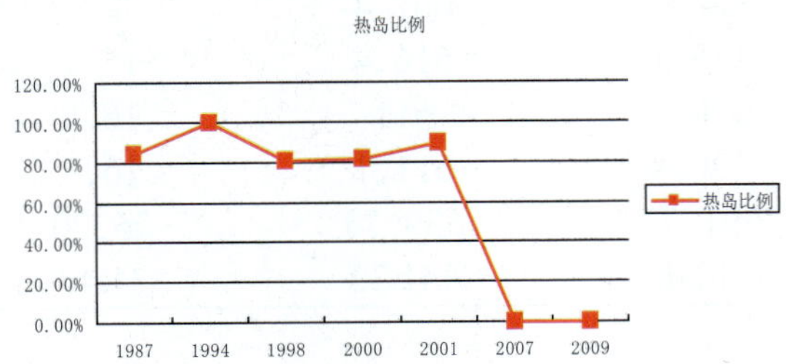

图7 南中轴绿地热岛效应多年变化

3.2.2明城墙遗址公园

明城墙遗址公园位于北京火车站南侧，绿地建成前下垫面为大量的建筑、水泥地面等，从图8可以看出，绿地建成前1994年该区域的热岛比例曾高达99.72%。2002年崇文区结合集中绿地建设工作，在该区域实施拆迁建绿，新建了13hm^{2}的集中绿地，使得该区域的热岛效应明显得到缓解，到2009年该区域的热岛比例为0。

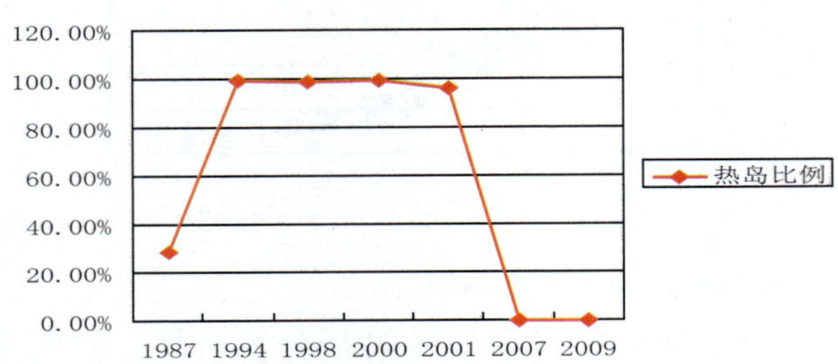

图8 明城墙绿地热岛效应多年变化

3.3 典型地段热岛效应变化状况

在规划市区的范围内，22年中曾先后出现大栅栏、首钢、西黄庄等热岛集中区(区域范围大于100hm^2，强热岛和次强热岛的面积之和占区域范围总面积的65%以上)，在城市改造和建设过程中，这些地段的热岛效应也发生着变化。随着绿化建设的推进，大栅栏等热岛集中区的热岛效应得到明显的缓解，而在开发力度较大的城市边缘地带，随着农用地绿色空间的缩减，出现了新的热岛集中区。

3.3.1 大栅栏地区

该区域的范围在前三门大街以南、崇文门大街以西、宣武门大街以东、天坛北门以北的地区，总面积885.8hm^2。多年来区域内建筑密集，街道狭窄，人口密度大，城市绿化覆盖率长期徘徊在16%以下，热岛强度曾一度高于80%，成为典型的高热区域。随着旧城改造等工作的开展，大量危房和违建被拆除，绿化建设得到加强，热环境状况明显改善，热岛面积减小，热岛比例由1994年最高时的93.70%降到2009年的47.1%(图9)。

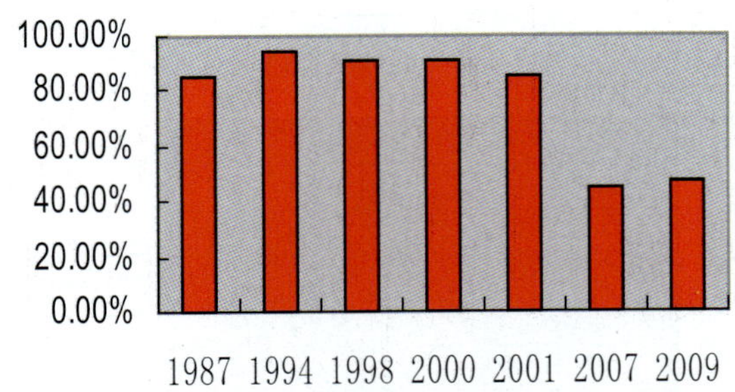

图9 大栅栏热岛效应多年变化

3.3.2 化工区

该区域东至京包铁路，南至劲松路-南磨房路一线，西至东二环以东，北到朝外大街-朝阳路。总体绿化状况曾一度较差，在2000年绿化覆盖率仅为13.77%，热岛比例高达73.27%，到2009年该区域绿化覆盖率提高到23.31%，热岛比例也随之呈降低趋势，热岛比例已下降至32.47%（图10）。

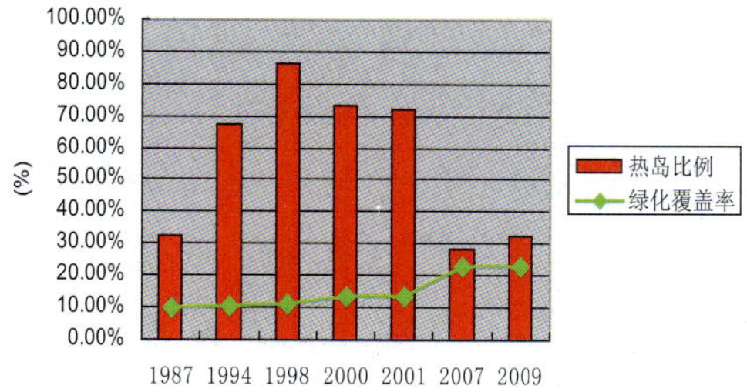

图10 化工区热岛效应多年变化

3.3.3 东铁匠营地区

位于南三环与南四环之间，大红门至小红门的范围内，总面积1761.6hm^2。随着城市的发展，该区域成为热岛效应多年持续较高地段，1987年热岛比例只有16.18%，1998年上升至72.88%，成为典型的热岛集中区。虽然到2007年热岛比例略有下降，但还是达到60.26%。造成多年高热的原因，主要由于该区域位于城郊结合部，1987年区域内尚有大量的农田，村镇规模较小，建筑密度较低，绿色空间比例较高；此后的迅速发展，使该地区成为平房、临建密集区，农田面积锐减直至基本消失，城市绿化很差，绿色空间总量锐减（图11）。

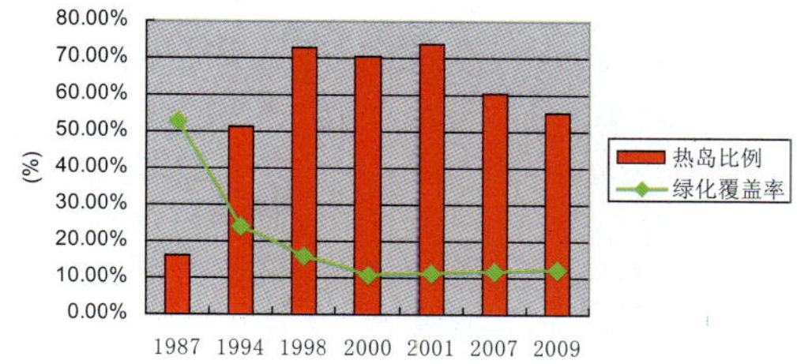

图11东铁匠营区域热岛效应多年变化

3.3.4 垡头地区

该区域位于四环路和五环路之间的垡头地区，属于城乡结合部地带，随着城市的扩张，区域内的大量农田等绿色空间被平房、临建、厂房等占用，热岛比例随之发生了明显增加，到2007年热岛比例占到了85.82%，成为新的热岛集中区(图12、图13)，虽然2009年略有下降，但通过多年对比，仍呈显著上升趋势，应引起高度关注加以控制。

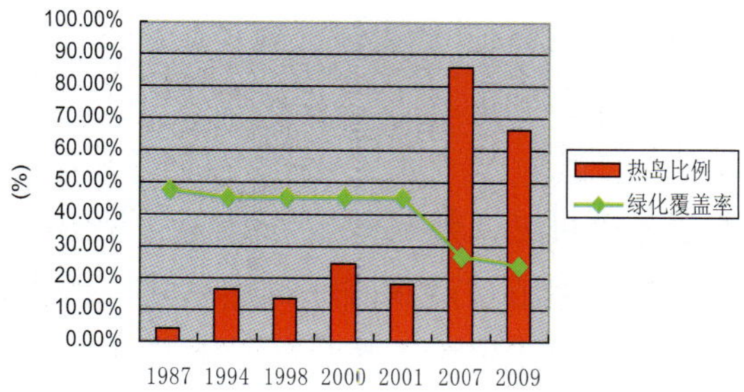

图12 垡头区域热岛效应多年变化

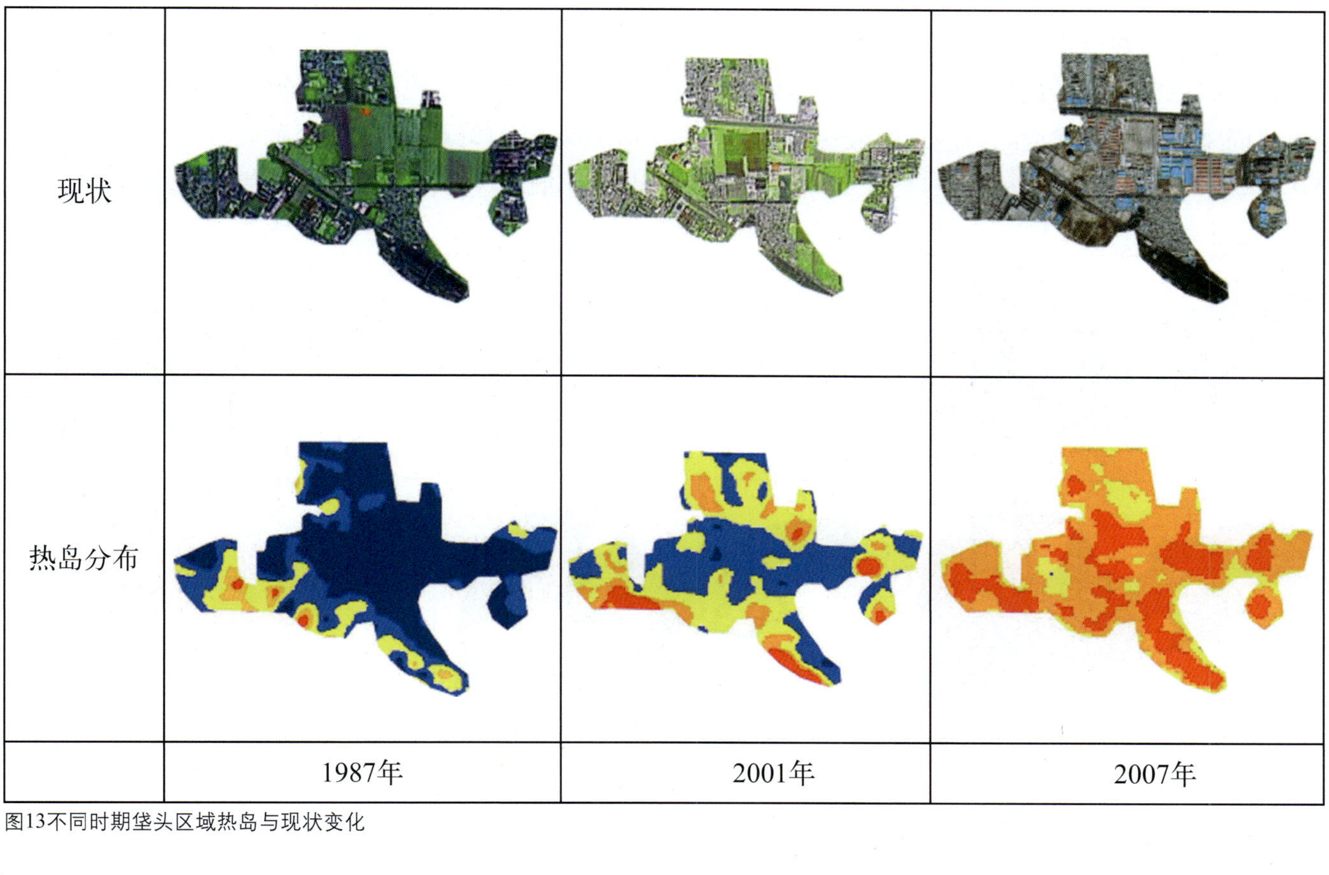

图13不同时期垡头区域热岛与现状变化

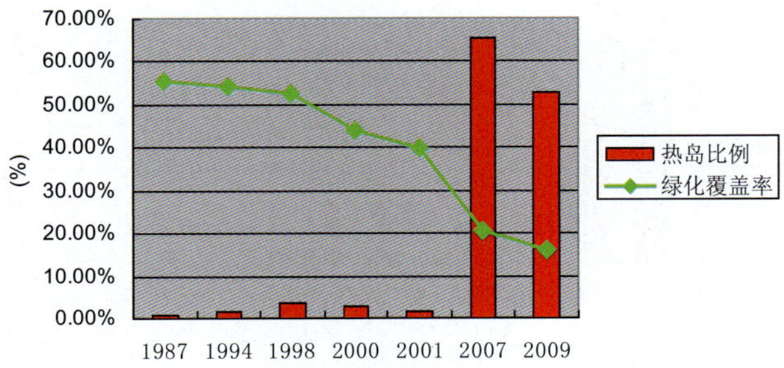

图14环铁南区域热岛效应多年变化

3.3.5 环铁南地区

该区域位于北京市区东部朝阳区环形铁路南侧，属于典型城乡结合部地带，随着该区域城市建设的速度增加，下垫面发生较大变化，建筑等人工构筑物取代了原有的绿色空间，因此也带来了热岛强度明显变化，1987年该区域热岛0.82%，到2007年出现转折，热岛比例增加到最高的65.57%，成为北京城东部的热岛集中区(图14、图15)。

由上述分析可见，热岛效应与绿化状况密切相关，区域内的自然植被遭到破坏时热岛强度迅速升高，而通过加强绿化建设，热岛效应即可得到有效缓解。总体上看，热岛强度增加的地段主要集中在市区南部四环路以外，是近年来开发建设的主要区域，伴随着大量建筑工地和新建筑的出现，既往农田等自然绿色空间逐渐消失，而多数建设项目的配套绿化尚未展开，新建成的绿地总体绿量尚小，因而热岛效应显著。

4 结论与讨论

4.1 对北京城市热岛效应的基本评价

通过对城市热岛效应的分析可见：22年中，北京城市的热岛效应始终比较明显，热岛在规划市区内呈多中心的不均匀分布。不同地段的热岛强度与该区域范围内的绿化状况密切相关，缺绿少绿易形成热岛，加强绿化使热岛效应明显缓解。

目前，北京城市的热环境状况总体上依然比较严重，在城市中心区热岛效应得到有效缓解的同时，由于城市边缘地带的高强度开发建设，出现了新的热岛和热岛集中区，使热岛的影响范围不断扩大。

4.2 加强园林绿化，缓解城市热岛效应

缓解城市热岛效应的措施包括加强城市绿化、增加水体面积、引导城市通风、减少人工热源、提高建筑表面反射率等，其中城市绿化是最主要的措施。城市绿化既能够有效发挥缓解城市热岛效应的作用，同时又是相对造价低、最容易实现的途径，因此针对城市的现状，加强城市绿化，则是消减城市热岛效应的有效措施。

4.2.1 全面开展城市立体绿化建设

通过大力推进以屋顶绿化、墙体垂直绿化、道路立交桥体绿化、停车场绿地等立体绿化，可增加城市总体绿量，有效缓解城市热岛效应。尤其是对于旧城区，由于建设格局基本形成，可用于绿

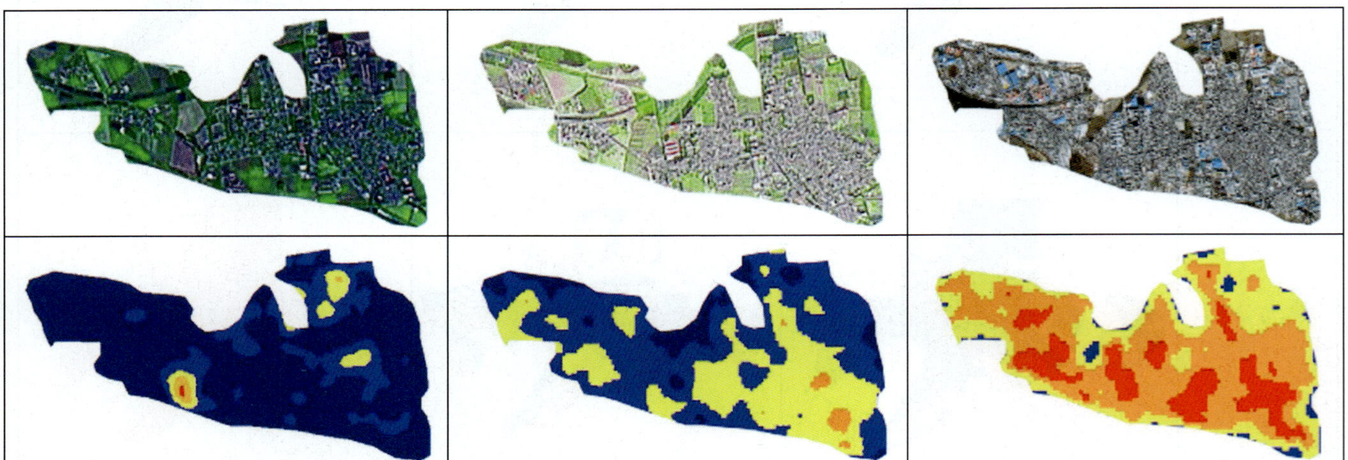

1987年，热岛面积0.03km^2，占该区域0.9%	2001年，热岛面积0.06km^2，占该区域1.8%	2007年，热岛面积2.37 km^2，占该区域67.15%

图15 不同时期环铁南地区热岛现状对比

化的现状用地越来越紧缺，增加地面绿化的成本越来越高，而通过开展立体绿化则可以进一步提升城市绿量，强化缓解热岛效应的功能。据初步测算，北京市建成区可绿化平面屋顶面积约6979hm^2，开展立体绿化的潜力巨大。

4.2.2 强化建设重点地段的集中绿地

面积大于3hm^{2}的集中绿地，不仅可以有效缓解热岛效应，还可以在绿地中形成凉爽的环境，为酷暑中的居民提供良好的户外活动空间。鉴于集中绿地在缓解热岛效应中的特殊重要作用，在城市中的各个热岛集中区内，应该根据现状的具体情况，采取有效措施，调整部分城市用地，建设较大规模的城市集中绿地，使居民的户外生活环境得到有效改善。

4.2.3 加快城市边缘地带的绿化进度

目前，城市边缘地带的热岛效应持续强烈，且伴随开发建设不断扩大，应充分重视这些地区的热环境状况，加强绿化建设。一是要抓紧建设项目的配套绿化，尽快完成配套绿地的建设。二是要尽力保护开发项目用地上的既有树木。三是要杜绝非法侵占或损毁现状绿地、农田和自然环境。

4.2.4 逐步构建城乡一体的绿地系统

通过全面统筹，科学规划，重点突破，系统完善，建立结构合理、城乡一体的绿地系统，使城区的园林绿地与郊区的农田、湿地和森林等绿色空间形成有机的整体，是全面缓解城市热岛效应、改善生态环境的必由之路。要全面提升城区绿化的水平，提高绿量，降低热岛强度；要重视绿地分布的均匀度，以当地的植被削减当地的热岛；要加快楔形绿地和生态廊道建设，将城市外围凉爽、洁净的空气引入城市内部，缓解城市内部的热岛效应；要加强郊区农田和自然环境的保护，强化绿化隔离地区和郊野公园的建设，形成厚重的生态腹地；要重视新城的规划和绿化建设，避免新区的热环境恶化。

参考文献

[1] 杨小波、吴庆书等编著.城市生态学[M].北京：科学出版社，2000.8.
[2] 张兆明等.基于RS与GIS的北京市热岛研究[J].地球科学与环境学报，2007，29(3):107-110.
[3] 王天星等.亮温与地表温度表征的城市热岛尺度效应对比研究[J].地理与地理信息科学，2007，23(6):73-77.
[4] 李延明，张济和，古润泽.北京城市绿化与热岛效应的关系研究[J].中国园林，2004，(1)：72-75.

1987～2007年北京中心城区热环境变化

李新宇 郭 佳 李 薇 北京市园林科学研究所 北京 100102

摘　要：城市热岛效应强弱是绿化建设对城市气候影响最典型的表现。本文以TM遥感数据，反演了自20世纪80年代以来的3个特定年份的北京市地表DN值，并以此来分析北京城市热岛扩展的时空演变格局，结果表明：北京城市热岛范围不断扩大，强度不断增加，分布格局逐渐由集中分布呈现片状破碎化分布；北京市建成区的扩展是导致城市热岛范围扩大、强度加大的最直接，也是最根本的原因之一。

关键词：城市热岛；热环境；中心城区；北京

城市下垫面类型复杂多变，其热环境的形成和格局又与地—气之间水分、热量和动量交换的作用过程息息相关。自1818年英国的Lake Howard在《伦敦气候》一书中首次提出“城市热岛”(UHI)概念以来，不少学者从不同方面、利用不同方法对其进行研究，城市热环境也成为了城市环境研究中理论和实践意义重大的课题之一[1,2]。灰度值(DN)作为研究城市热环境的有效手段之一，其定量反演的成果将推动旱灾预报和作物缺水研究、农作物产量估算、数字天气预报、全球变化和全球碳平衡等各项领域研究的进展[3~7]。城市绿地(UV)在改善城市生态环境方面发挥着重要作用，不仅能为广大居民提供良好的生活空间，而且在维持城市环境质量和城市可持续发展中占有不可替代的地位。而城市绿地景观的空间结构，在很大程度上又控制着其功能及生态作用的发挥，影响着城市中物质流、能量流和信息流的正常运转[8,9]。因而，城市绿地，城市植被是城市环境研究中的一项重要内容[10]。自20世纪80年代以来，北京市经历了更为迅速的城市扩展过程，强烈影响了城市环境，城市热岛范围明显扩大。北京市政府在城市扩展的过程中采取了一系列的绿化措施，城市绿地景观更为复杂化。目前，对北京市热岛现象和城市绿地已经有了深入的研究，然而，从城市热岛现象与城市绿地环境效应结合的角度，对北京市环境进行整体的研究相对不足。特别是在几十年的时间跨度上对热岛现象和城市绿地的研究，对于揭示北京市环境的内部机制及发展变化，制定相应的绿地规划建设方案，均有着重要的意义。本文利用自20世纪80年代年以来的3个年份的Landsat卫星遥感数据反演的城市地表温度，揭示北京市热岛范围的扩展情况。

1 研究方法

研究范围为北京市中心城区，东起定福庄，西到石景山，北起回龙观与北苑北，南到南苑，面积约1097km^2。采用1987、2000、2007年的Land Sat 5号卫星TM图像的热红外波段（简称为TM6）影像数据，对城市不同地区热岛状况分别提取DN值（即灰度值），主要采取以下步骤：

(1)将多光谱数据按照北京市域1:25000矢量数据进行几何纠正，为保证纠正的精度，我们采用如下原则选取地面控制点：一是地面控制点均匀地分布在图像内；二是控制点在图像上有明显的、精确定位的识别标志，以保证空间配准精度；三是控制点有一定数量的保证。

(2)将TM6波段数据导出，为其亮度值进行密度分割，即增加一个伪彩色层，按照地面辐射状况进行准确分级。

作者简介

李新宇/女/1979年生/毕业于北京师范大学，博士/现工作于北京市园林科学研究所，高级工程师。

(3)为了更好的体现城市地表热辐射状况的特征，并将各期数据进行大尺度对比，将北京城市的地面热辐射分为5个等级：一级热辐射区即强热岛(与郊区地表DN值相差27~44)，二级热辐射区为次强热岛（与郊区相差23~26），三级热辐射区为中间区（与郊区相差18~22），四级热辐射区为比较凉爽的区域（与郊区相差1～17），五级热辐射区为最凉爽的区域。将一级与二级合称为热岛区。

2 结果分析

2.1北京市历年UHI扩展趋势分析

以Landsat卫星热红外波段反演的历年DN研究北京市UHI演化情况。图1为反演结果。热岛扩展的趋势与北京市建成区扩展的情况十分吻合[12]，城市热岛最显著的一个特征就是城乡温度差异显著。正是由于城市景观取代农村景观及其一系列相关变化(人口聚集、工业生产取代农业生产、出行频率增加等)导致热辐射、热存储和热传递模式都发生了变化。因此，城市热岛范围扩大是城市建成区范围的扩展的最直接，也是最重要的影响，说明北京市城市热岛是反映城市化最直接的形式。对北京市历年UHI演化情况分析，可以发现与1987年相比较，2000年热岛的范围向外扩展了很多，主要是东部和北部方向，并且城乡对比更加明显，热岛效应更为明显。

2.2 规划市区内的热岛效应演变及空间格局分析

在规划市区范围内，1987～2007年的20年中，热岛面积逐年增加，1987年热岛面积最小，为111.04km^2，占规划市区总面积的10.74%；此后，热岛效应明显增强，2000年热岛面积246.65km^2，比1987年增加13.12%，2007年热岛效应又有所增加，热岛比例占规划市区总面积的25.59%，主要为二级热岛比例增加较多(表1)。

将热岛演变与城市化发展对照分析，可见：随着城市建设逐渐扩张，建成区的范围逐渐增加，热岛效应在这期间也基本上呈上升趋势，1998年后，城市化发展继续加强，建设用地继续扩大，到2007年城市建设用地已是1987年建设用地的2倍，随着建设用地和建设速度的增加，尤其是四环外建设用地的增加，热岛效应又呈现出了增长的趋势（图1）。

为了深入分析北京城市热环境的空间格局，以北京市旧城区为中心点，划分东西、南北两条剖面线，提取两个方向的剖面DN值，剖面分析一方面能分析市中心、建成区热场的内部结构，同时能较好地分析城乡地表温度差异及城市空间扩展对热场的影响。南北剖面线经过北四环外、北三环外、北二环外、二环内、南二环外、南三环外、南四环外；东西剖面经过西四环外、西三环外、西二环外、二环内、东二环外、东三环外、东四环外（图2）。

通过对3年北京市地表DN值南北、东西方向的剖面线温度分析可以看出，北京城市热场具有以下特征：

(1) 从南北方向剖面线上的DN值变化看，总体

表1 规划市区内热岛效应的多年演变

	热岛面积（km^2）		中间区面积(km^2)	非热岛面积（km^2）		热岛面积占规划市区总面积的比例
	一级	二级	三级	四级	五级	(%)
1987年	34.56	76.48	199.56	634.56	88.51	10.74
2000年	53.26	193.39	275.82	458.64	52.55	23.86
2007年	54.18	210.36	463.21	301.80	4.12	25.59

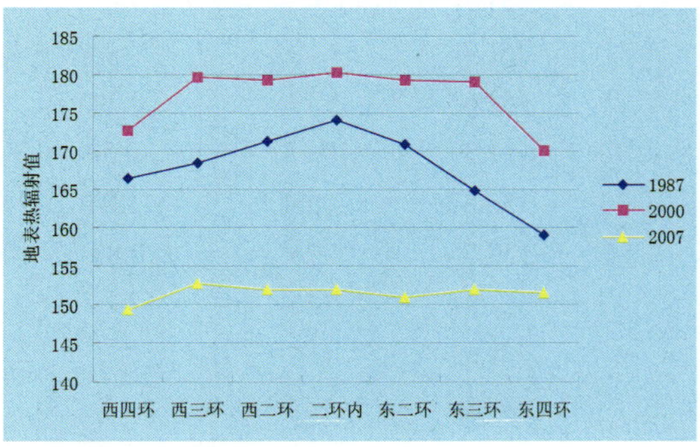

图1 1987~2007-UHI

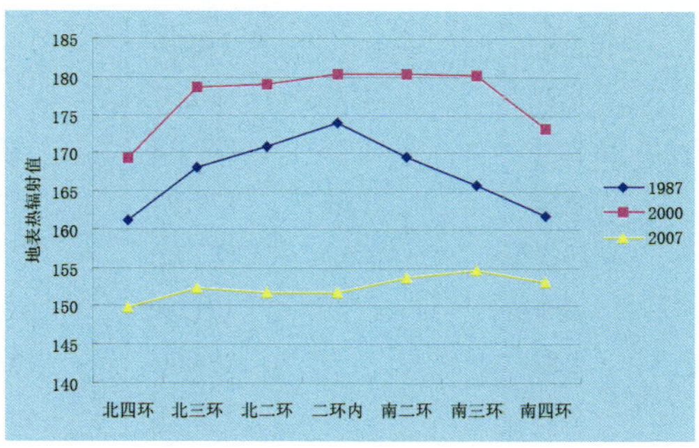

图2 1987~2007年南北-东西地表DN值变化分析

表现为左端“凹陷”，右端“凸起”的态势，说明北京南部温度明显高于北部，且从2000到2007年这种差异表现更为明显，对比3条南北剖面线，发现南三环至南四环之间地表DN值上升的趋势最为明显，至2000年其平均DN值甚至比二环内还高，这与植被覆盖度分析结果一致，丰台区在城八区中植被覆盖度减少幅度最大，由1987年的57.76%降为2000年的41.21%，减少16.55%。这些表明城市热岛在空间上的不对称性，其扩展方向与城市扩展方向基本保持一致，该点可以在后面得到论证。

(2) 从东西方向剖面线上DN值的变化看，总体表现为二环内旧城区的温度明显高于外部，市中心呈现明显的“隆起”态势，四环外呈现明显的下降趋势，这体现明显的热岛效应。尤其1987到2000年这种差异表现更为明显。对比3条东西剖面线，发现城市中心区的温度在逐年减小，而郊区的温度在逐年加大，总体上看，这种两头低中间高的形态越来越不明显，这也说明城市热岛效应正在逐步向外部扩散。

2.3 城市中心地区热岛效应的演变

所谓“热岛效应”是指城市中心气温比郊区气温高的现象。因此通过landset5热红外波段计算各城区与规划市区热辐射平均值之差能充分说明该区热岛效应的强弱及趋势。

从1987、2000、2007三年热辐射数据的对比可以得出：1987年二环内东城、西城、崇文、宣武等4个旧城区的热岛效应明显，比规划市区平均值高9.61。其中宣武区的热岛效应最为严重，比该区平均DN值高3.67。城八区中朝阳区的热岛效应最弱，比规划市区平均DN值低3.86。

2000年较1987年全市的DN值有明显增加趋势，规划市区和旧城区的DN值较1987年分别增加9.60、6.26，各区均值有4-11个值的增幅，虽然旧城区热岛效应仍然存在，但热岛效应相对减弱（与均值差异减小），而城八区中朝阳区依旧是热岛效应最弱的，但与其他各区差距缩小，丰台区的热岛效应明显增加，高于规划市区热辐射均值3.64。石景山区的热岛效应消失，已由1987年高于全市DN值转变为低于全市DN值。

2007年全市各区DN值之间相差不多，各区的热岛效应逐渐均衡（表2）。

从城八区逐年热岛效应变化对比来看，8个区域DN值之间的差异逐渐减小，东城、西城、崇文、宣武、海淀、石景山等6个城区的热岛效应都呈现逐渐减弱的趋势，其中东城、西城、崇文、宣武4个旧城区热岛效应减弱效果明显（图3）。

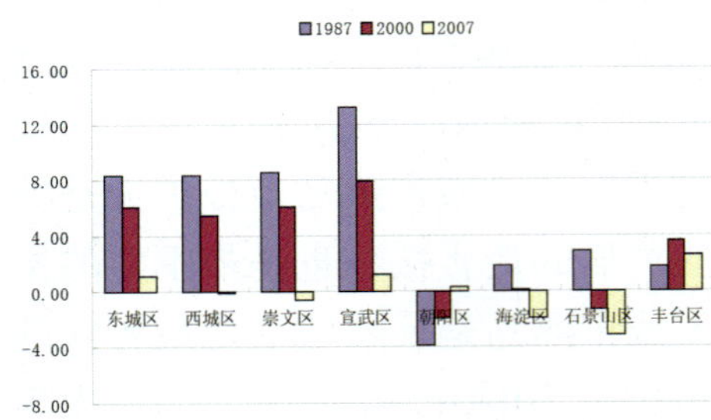

图3 规划市区内城八区热岛效应变化

但朝阳区与丰台区的热岛效应却呈现显著增加的趋势，尤其朝阳区增加趋势尤为明显。由此说明城市热岛效应分布格局逐渐由集中分布呈现片状破碎化分布。

2.4 四环路外热岛效应演变

四环路外至规划市区边界之间的部分，总面积

表2 1987、2000、2007年份城八区热岛演变与均值差值

	均值	1987年与规划市区差值	与旧城区差值	均值	2000年与规划市区差值	与旧城区差值	均值	2007年与规划市区差值	与旧城区差值
规划市区	164.39			173.89			151.51		
旧城区	174.00			180.26			151.91		
东城区	172.65	8.26	-1.35	179.97	6.09	-0.29	152.65	1.13	0.74
西城区	172.75	8.36	-1.26	179.34	5.45	-0.92	151.37	-0.15	-0.54
崇文区	172.95	8.55	-1.06	179.93	6.04	-0.33	150.87	-0.64	-1.04
宣武区	177.67	13.28	3.67	181.80	7.91	1.54	152.76	1.25	0.85
朝阳区	160.54	-3.86		171.96	-1.92		151.81	0.30	
海淀区	166.21	1.81		174.00	0.12		149.55	-1.97	
石景山区	167.31	2.92		172.51	-1.37		148.36	-3.16	
丰台区	166.09	1.70		177.52	3.64		154.07	2.55	

表3　四环路外热岛效应的多年演变

年份	四环路内			四环路至规划市区边界		
	热岛面积（km^2）	非热岛面积（km^2）	热岛比例（%）	热岛面积（km^2）	非热岛面积（km^2）	热岛比例（%）
1987	65.92	236.21	21.8	45.1	686.4	6.2
2000	126.13	176	41.7	120.5	611	16.5
2007	72.70	229.43	24.00	191.77	539.73	26.20

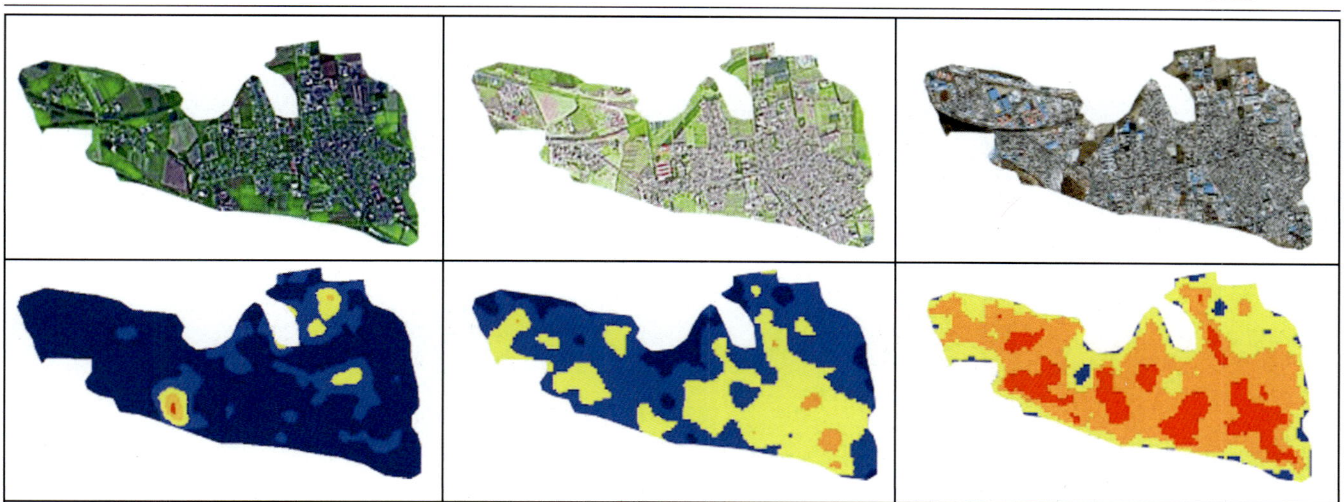

1987年，热岛面积0.03km^2，占该区域0.9%	2001年，热岛面积0.06km^2，占该区域1.8%	2007年，热岛面积2.37 km^2，占该区域67.15%

图4 不同时期四环外某区域热岛现状对比

为731.51km^2。该地段曾是北京市的近郊区，近年来随着城市建设的发展，大规模建设项目多集中在这一区域。

该区域的热岛效应在1987～2007年这20年间总体上呈逐年增加的趋势。1987年热岛面积仅有45.1km^2，2007年已上升至120.4km^2；热岛比例也由1987年的6.2%上升至2007年的26.20%，增加了20个百分点。通过下垫面分析，该区域内热岛集中区多为城乡结合部的平房集中区，这些区域缺乏规划、建设布局混杂，同时越来越多的农业用地被开发为建设区，存留下来的非建设区面积迅速减小，使得四环外成为北京规划市区内热岛效应的主要增长区域(表3、图4)。

综上所述，北京市城市热环境格局变化最为明显的特征是，城市热岛范围逐渐扩大，结构更为复杂，并且由高度集中向片状破碎化发展。

3 结语

本文通过对自北京市1987年以来3个特定年份Landsat卫星遥感数据进行反演分析，得到3个年份的北京市UHI演化图，形象地揭示了北京市城市热岛的空间演变格局。

(1) 北京市城市热岛范围不断扩大，强度不断增加，分布格局逐渐由集中分到布呈现片状破碎化分布，城市热中心区有了进一步分解与演变，热核区与局部高温区的分布更为分散。1987年热核区主要分布在二环内的旧城区，2000年逐渐向二环外三环内扩散，2007年则“遍地开花”，扩散到四环外各区县，尤其南部区县热岛效应更为显著。

(2) 城市建成区范围的扩展是城市热岛范围扩大，强度加大的最直接，也是最根本的原因之一。正是由于城市景观取代农村景观及其一系列相关变化导致热辐射、热存储和热传递模式都发生了变化，从而进一步造成了城市热岛的一系列变化。

(3) 从整体来说，市区温度比郊区高，出现明显的“城市热岛”现象，但对北京来说，有些地区如丰台区、朝阳区等地温上升比城区更快。这主要是由于北京市旧城区基本格局已定，发展的空间有限，即使是旧城改造，政府在环境治理方面所做的工作也保障改善了城区的热环境。而近几年北京新区快速发展，尤其朝阳、丰台、海淀，兴建了大型工业园区，贸易中心，人口日益集中，但在环境保护和治理方面所做的工作远不及旧城区。从各新区来看，朝阳与丰台两区地表DN值变化最大。本研究对于客观评估北京城市热环境变化分布情况，植被覆盖分布特征以及植被对降低城市UHI的积极作用提供一定的科学依据。

参考文献

[1] 张仁华. 对于定量热红外遥感的一些思考[J]. 国土资源遥感，1999，1: 126.

[2] 周坚华，孙天纵. 城市遥感[M]. 上海: 上海科技出版社，1995.

[3] Weng Q. Fractal A nalysis of Satellite-detected Urban Heat Island Effect [J]. Photogrammetric Engineering & Remote Sensing, 2003, 69: 555-565.

[4] Snyder W C, Wan Z, Zhang Y, et al. Classification Based Em issivity for Land Surface Temperature Measurement from Space [J]. International Journal of Remote Sensing, 1998, 19:2753-2774.

[5] Weng Q , Lu D, Schubring J. Estimation of L and Surface Temperature-vegetation Abundance Relationship for Urban Heat Island Studies [J]. Remote Sensing of Environment, 1998, 89: 467-483.

[6] Lo C P, Q uattrochi D A, Luvall J C. App lication of High resolution Thermal Infrared remote Sensing and GIS to Assess the Urban Heat Island Effect [J]. International Journal of Remote Sensing, 1997, 18: 287-303.

[7] Hung T, U chihama D, Ochi S, et al. Assessment with Satellite Data of the U rban Heat Island Effects in Asian Mega Cities[J]. International Journal of App lied Earth Observation and Geoinformation, 1997, 8: 34-48.

[8] 周廷刚，郭达志. 基于GIS 的城市绿地景观空间结构研究——以宁波市为例[J]. 生态学报，2004，24 (6) : 1158-1163.

[9] 何兴元，陈玮，徐文铎等. 沈阳城区绿地生态系统景观结构与异质性分析[J]. 应用生态学报，2003，14 (12) : 2085-2089.

[10] Small C. Estimation of Urban Vegetation Abundance by Spectral Mixture Analysis[J]. International Journal of Remote Sensing, 2001, 22 (7) : 1305-1334.

[11] 岳文泽. 基于遥感影像的城市景观格局及其热环境效应研究[D]. 华东师范大学博士论文，2005.

[12] 梅安新，吴健平，周坚华等. 上海城市扩展和城市化过程及规律的遥感动态研究[R]. 上海市航空遥感综合调查研究报告，1997.

北京城市生态环境建设与城市热岛效应

罗 茜 北京景观园林设计有限公司 北京 100029

摘 要：随着社会经济的发展和城市化水平的提高，城市热岛效应变得越来越明显，相关领域的研究也日益受到人们的关注。大量研究表明，植被以及风、水体是缓解城市热岛效应的主要因素。北京建设世界城市，必须努力改善生态环境，缓解城市热岛效应。园林绿化作为缓解热岛效应的重要途径，在改善生态环境中发挥着重大的作用，因此加强城市园林绿化建设就尤为重要。

关键词：生态环境建设；热岛效应；园林绿化

今年夏季，不少城市面临罕见高温考验，北京的夏天更是不同寻常，地面温度连创新高。北京市气象局几度发布高温橙色预警信号。这一现象除了自然气象原因以外，“热岛效应”是引发城市持续高温的元凶之一。根据中国气象局的最新统计，在气候变化导致的气温上升原因中，大约有1/4是由城市热岛效应导致的，已经严重影响了人们的正常生活和工作。因此缓解城市热岛效应，改善整个城市的生态坏境，对于提高人们的生活质量，维持城市可持续发展具有重大的意义。

1 城市热岛效应

“城市热岛效应”，也称为Urban Heat Island Effect，指的是城市气温明显高于外围郊区的现象。随着我国经济的快速发展和城市化进程的加快，城市的规模不断扩张，人口急剧增加，建筑物越来越高大密集，小汽车的使用愈来愈普及，加上工业生产带来的污染等，使城市热岛效应愈演愈烈。日益明显的热岛效应不仅影响了人们的生产和生活，也使城市生态环境遭到破坏，影响了城市的健康发展。

北京市园林科学研究所曾对城市热岛效应展开研究：北京1040km^{2}的规划市区范围内，共出现了10个热岛分布区，强、次热岛面积占了总面积的23.91%，其中二环以内热岛内面积达到区域面积的53%，三环以内达到43%，四环以内达到42%。在热岛效应明显的区域，气温比城郊高出5℃，近地面温度高出约10℃。而郊区热岛总面积仅占4.87%[1]。

这些热岛区域的地物现状的共同特点是：①绿化状态差，绿地覆盖率低；②建筑物等人工构筑物密集拥挤；③人口密集；④有集中的人工热源。近年来，随着奥运的到来绿化面积有了明显增长，城市热岛效应总体上有所减缓。但是随着北京城市开发力度的进一步加大，一些城市边缘地带、城乡结合部地区，正在成为新的热岛。

2 建设世界城市必须缓解城市热岛效应

随着世界经济的发展，人类为其自身生存和发展，在利用和改造自然的过程中，对自然环境的污染和破坏，产生了危害人类生存的各种负反馈效应，热岛效应就是其中之一。目前北京正在向世界城市迈进，城市生态环境建设得到了越来越广泛的重视。建设世界城市必须首先缓解城市热岛效应，将北京建设成一个生态的、宜居的、可持续发展的世界城市。

作者简介

罗茜/女/1988年生/毕业于北京林业大学/现工作于北京景观园林设计有限公司，助理工程师。

在北京建设世界城市的过程中，发展园林绿化已经成为了一项重要指标，园林绿化建设是一个城市重要的底色和名片。绿色奥运检验北京的生态环境,也给北京生态环境建设提供了一个极好机遇。北京生态环境建设既有大范围区域性的问题，也有小范围景观水平、系统水平和群落水平的问题。当然，它们之间是相互联系,相互制约的关系。作为一个北京市居民和景观园林设计工作者，应时刻关注北京生态环境的变化，并在园林设计专业方面不断探索。

3 园林绿化是缓解城市热岛效应的重要途径

城市绿化、水体和城市风是缓解城市热岛效应的有效因素,通过各种途径增加城市绿地、增加城市水面以及引导和促进城市风的形成,都是改善城市热环境的有效途径。

城市绿地对气温具有良好的调节作用,这主要是由于树冠能遮挡太阳光,减少日射,调节风速的缘故。太阳辐射直接加热空气的作用是很小的,每小时能升高0.02℃。而太阳辐射到地面,通过地表散热,才是直接加热空气的主要原因[2]。植物可以通过蒸腾作用，不断地从周围环境中吸收大量的热量，从而降低空气温度。研究表明每公顷绿地每天能从环境中吸收大约81.8MJ的热量，相当于1890台功率为1kW的空调的作用[1]；此外，由于空气中的粉尘等悬浮颗粒物能大量吸收太阳辐射热，使空气增温，而园林植物能够滞留空气中的尘埃，使空气中的含尘量降低，也能缓解热岛效应。由于植物可以起到降低环境温度、调节城市过热现象的作用，是缓解城市热岛效应的重要途径，因此，可以通过增加城市绿地面积、扩大城市绿化覆盖率来缓解城市热岛效应。专家认为一个区域的绿化覆盖率最好达到40%以上，才能有效地削减热岛效应。街道绿化、垂直绿化、屋顶绿化等园林绿化形式都能有效地缓解城市热岛问题。

4 面临问题与对策

北京热岛效应加剧，急需寻找对策。随着北京城市开发建设力度的进一步加大，北京的城市热岛效应在总体强度有所降低的同时，分布更广，影响范围更大了。城市的一些边缘地带、城乡结合部地区，正在成为新的热岛。虽然城市绿化隔离带等绿化建设在缓解城市热岛效应的过程中起到重要作用，但是北京的生态环境仍没有明显改善，北京市民的健康生活质量也没有明显的提高。分析原因有以下几点：

第一，园林绿化设计及施工不到位。由于设计施工变更，对人群使用缺乏考究，植物种植景观效果不甚理想，未能与环境相呼应而达到理想效果。北京市区寸土寸金，大面积的绿地对城市来说是很奢侈的，有效的利用也是势在必行的。第二，可达性差，不易亲近。大多郊野公园周边都在进一步规划改造中，与成熟的市属公园、开放公园相比，公园利用率比较低。第三，当外围发展压力增加时， 很多绿地很快成为投机和寻租空间。一些开发商的保护生态环境意识薄弱，导致公园范围不断变化，绿地面积逐渐减少。第四，被各行政管理部门条块式分割，支离破碎，很难实现应有功效。这就希望有关部门大力配合，加强沟通。

下面通过连接城市中心区与郊区的楔形绿地建设，以及四环内和四环外的城区绿化建设三个方面进行探讨。

4.1 推进城市楔形绿地建设

城市热岛的分布与当地的绿化状况有直接关系,哪里缺绿地，哪里就有热岛，而热岛的分布就越是普遍,热岛的强度也越高。楔形绿地的建设对于缓解城市热岛效应所起的作用是不容忽视的。北京中心城楔形绿地是由城市的绿化隔离地区、生态景观绿地及河道、放射路两侧绿化带、城市公园绿地为主组成，由外向内楔入至二环路的放射状绿色区域。规划包括六郎庄、小月河、北苑、永定河引水渠等10条楔形绿地，是北京城市中心区与郊区气流交换的重要载体，是第二道绿化隔离地区与第一道绿化隔离地区之间的纽带与生物廊道。

目前由于缺乏相应的机制与政策支持，规划的楔形绿地难以得到有效的控制，一些绿色空间逐步被蚕食，直接威胁着北京城市绿色空间格局的完整性，楔形绿地始终没有作为一个整体，系统地推动规划建设。按照目前的情况，如果要全面实现北京市规划的10条楔形绿地的建设工作，仍有大量的工作有待完成。要想充分发挥楔形绿地在城市中的综合功能，保证用地的连通性是关键，建议政府高度重视楔形绿地对于改善北京中心城环境质量的重要性，加快完成中心城楔形绿地的规划审批，统筹协调，持续投入，完善北京城市生态景观安全格局，早日实现北京世界城市的建设目标。

4.2 四环以内城市绿化建设

北京四环以内为城市中心区，热岛效应比较严重，生态环境亟待改善。由于可绿化的面积极为有限，在城市中心区增加大型绿地面临一定的难度。我们可以通过高效利用现有绿化成果，调整种植合理性，大力加强立体绿化等途径增加城市绿量，改善生态环境，缓解热岛效应。

4.2.1 保护和利用现有绿化成果

近年来，北京在生态环境建设方面投入了大量的财力和物力，园林绿化方面更是硕果累累，公园层出不穷，绿地率也有所上升，城市热岛效应有所缓解。与此同时，保护现有的绿化成果的工作也是至关重要的。在北京政府职能部门积极行动和全体市民密切配合下，绿化成果得到很好的保护。但仍然存在一些问题，仍有一些违反城市绿化管理条例的行为，擅自破坏或占用城市绿化用地。

为实现首都绿化美化建设目标,作为一个北京市民和一个园林设计工作者，提倡大家放弃眼前利益，进一步提高生态意识、环境意识、绿化意识，可持续发展，为子孙后代造福。要动员社会各界和更多的市民参与首都生态保护，调动全社会参与绿化首都美化家园的积极性，让“生态园林、科技园林、人文园林”深入人心，努力提高人们的绿化意识、环境意识和参与意识，在全社会形成自觉参与植树种花种草、爱绿护绿、保护生物多样性的良好社会风尚。保护绿化成果，人人有责，同时应加强管理与处罚力度。

4.2.2 加强城市中心区绿化，重视种植结构的合理性

城市中心区绿化难度比较大，各个地区都在探讨推动这项工作。城市核心地区的绿化虽然很难达到理想的状态，但还要充分挖掘潜力，在规划上多留绿地，利用空间充分绿化，使城市绿量增加。在城市绿地系统规划和建设中，必须充分重视绿地分布的均匀度，通过构建合理的绿地系统，使集中绿地在城市内部不同地段中相对均匀分布，提高绿地的覆盖率,这是减轻热岛效应的根本办法。

增加城市绿量，必须充分利用可用场地。比如光秃停车场可以建成林荫停车场，公园里有很多露天的娱乐场所可以建成林荫广场。张树林女士就曾经主张不要搞太多的草坪，要多种大树。1m^{2}的地方种一棵树，长成浓荫时它吸入二氧化碳，输出氧气的量就不是1m^{2}的效果了，树是立体的，摊平了至少是1m^{2}草坪的20倍，能够大大改善城市生态环境。

在绿地建设中要重视种植结构的合理性。在当前城市用地十分紧张的情况下，通过改进和完善绿地中园林植物的种植结构，尽可能多地采用乔灌草复层种植结构，既兼顾绿地的景观等其他功能，又使绿地的生态功能健全，是更好地发挥现有绿地削减城市热岛效应、维持城市良好环境质量的有效措施。在相同面积的绿地上，具有乔灌草复层种植结构的绿地，能够从环境中吸收更多的热量，更好地发挥其改善环境小气候的作用，降低温度，增加空气湿度。

4.2.3 增加立体绿化

立体绿化是地面绿化、墙体绿化、屋顶绿化的总称，泛指利用城市地面上的各种不同立地条件，选择各种适宜植物栽植于人工创造的环境里，使绿色植物出现在地面以上的各类建筑物的表面，如屋面、墙体、阳台、挡土墙、石壁、立交桥等[3]。城市立体绿化追求绿地最大的生态效益，拓展城市绿化空间，尽可能地提高城市绿化覆盖率，以达到改善城市生态环境和美化城市环境的目的，并且可以增加城市及园林建筑的艺术效果，使之与环境更加协调统一。研究材料表明，有垂直绿化的墙面表面温度比清水红砖表面温度低5.5～14℃,并且可减少墙面热辐射1464kcal/m^2·h。

随着城区地面可绿化用地越来越少，植树造林周期性长，屋顶绿化这种周期性短，能迅速改善首都城市生态环境面貌的绿化方式应运而生。2005年，北京市人民政府把屋顶绿化10万m^{2}列入为市民办的55件实事之一，全年实验推广13万m^2。屋顶绿化可吸收空气中的污染物质和暴雨降水量，减少大气飘尘。科学测定，一个城市如果把屋顶都利

用起来进行绿化，这个城市中的二氧化碳较没有绿化前要低85%；如果开发50%的屋顶搞绿化，每年也可滞尘5200 多吨；天然降水的70%可被屋顶绿地截留，减弱城市排水系统压力，并可过滤掉部分污染物质[4]。

世界环境保护专家称：城市建筑的屋顶绿化、立体绿化达到70%以上水平，该城市的暑天气温将下降10℃，冬季气温将上升5℃，空气将变得湿润而净洁。简言之，实施立体绿化具有不可估量的生态环境效益，对缓解城市热岛效应起到不容忽视的作用。

4.3 四环以外城市绿化建设

四环以外城区首先是城乡结合部，由于边缘效应，开发建设速度惊人，开始形成城市、城乡过渡带和乡村三重城市空间景观，也产生了一些新的热岛。这种现象主要是因为新一轮的开发建设使得很多地方由过去的农田变成了施工工地，绿化工作要在建筑完工后才能全面完成，导致新的热源产生。这一现象也引起有关单位的重视，第一、二道绿色隔离带的建设有效的改善了生态环境，控制热岛进一步的发展。

4.3.1 加强第一、二道绿化隔离带建设

第一道绿化隔离带是指在城市中心区和10个边缘集团之间以及各边缘集团之间用成片的大绿带进行隔离，防止城市中心地区与外围组团之间连成一片，实现城市规划“分散集团式”布局。2007年初，北京市按照城市总体规划开始启动“郊野公园环”的建设，预期两年内建成60处约4000hm^{2}的郊野公园，每隔3km一处，实现郊野公园环绕京城。目前，大部分郊野公园已经建成，剩余的也将于明年竣工完成。目前的“郊野公园环”是对北京市四环和五环之间的第一道绿化隔离带绿地进行近自然化和公园化改造，使之成为具有游憩功能的景观绿化带和生态保护带。改造完成后再进行第二道绿化隔离带的改造工程。

建设郊野公园还可以有效地控制城市中心地区的规模,防止城市“摊大饼”式发展,创造优美清洁的城市环境, 也为城市的发展改造留有余地。大面积的绿化成为城市的“肺”，能有效地保护和改善城市的生态环境, 提供大量新鲜空气，保持水土,防治风沙,调节小气候,并为城市居民提供大面积接近自然的游憩场所, 为城市提供减灾、防灾、避灾的空间。此外还可以带动周边乡镇的绿化改造，进一步拓展城市绿化隔离带功能,改善城市生态环境。

第二道绿化隔离地区规划范围为第一道绿化隔离地区及市区边缘集团外界至规划六环路外侧1000m绿化带，其中包括通州、亦庄、黄村、良乡、长辛店、沙河6个卫星城和空港城，规划范围总用地面积约1650km^2。随着规模巨大的第二道绿化隔离带的建立和实施，绿带政策正在得到越来越多的关注和思考。怎样改善生态环境，统筹城乡发展成为各机构探索的重点难点。第一道绿化隔离带的改造即将完成，我们需要及时进行总结归纳，发现问题寻找对策。在即将进行的第二道绿化隔离带改造中，吸取经验教训，更好的提升环境质量，使两道隔离带真正发挥作用，为北京市民造福。

4.3.2 加强新城绿地系统规划

在新城绿地规划和建设中，必须统一设计，保持景观连续性，充分重视绿地分布的均匀度，构建合理的绿地系统。北京到2005年,卫星城和33个中心镇达到园林城镇建设标准,绿化覆盖率分别达到45%～50%以上,人均公共绿地分别达到15～20m^{2}以上,人均绿地达到50m^2。全市85%以上的村庄要建有一定规 模的生态林[5]。新城绿地系统规划要求建设一个更高标准的园林绿地生态体系，服务于宜居城市和生态城市的建设。

北京周边自然环境优美，生物多样性在世界都城中是名列前茅的。而土地的承载力有着一定的限度。随着我国城市化进程的不断加快和城市人口的增长，几乎所有的城市都以“摊大饼”的方式向外无序蔓延，城市建成区不断向周围地区侵占与渗透，失去有效的控制。随着北京城市总体规划中新“发展带”的建设，希望能疏解旧城中心区，走出同心圆的发展模式。但也存在的新的担忧，今后新的发展区成为未来的“大饼”，导致郊区农业地带、防护林、绿化隔离带等被无情的蚕食，使原先的自然资源与景色消失殆尽。因此，亟需在城市开发用地掠夺行动之前，将这里的大片绿地保留下来，以此保护城郊生态环境与生物多样性。

因此，削减城市的热岛效应，创造良好的城市生态环境，必须坚持国务院批复的《北京城市总体规划》确定的分散集团式布局，并从可持续发展的战略出发，科学、合理地编制新城绿地系统规划。

通过规划，实现城市绿地的合理布局，有重点、有针对性地合理进行绿地建设，转变城市绿化工作"见缝插绿"的局面，从而克服绿地不均匀分布带来的诸多弊端，实现"规划建绿"[3]。必须规划和建设新城之间的绿色缓冲隔离带，防止新城连片蔓延发展，形成良好的生态环境。新城应根据自身发展的需要和自然条件，形成各具特色、相对完整的城市绿地系统。其绿地建设标准、布局结构和各项指标应优于中心城。

4.3.3 重视乡镇绿化

城市与乡村之间的景观、功能的差异依然明显，在城市与乡村的二元结构存在的同时，城市、城乡过渡带和乡村三重城乡空间景观开始形成。这些地方引起有关单位的重视，加大绿化力度成为当务之急。城市周边的城郊过渡区往往是生态环境保护较弱的地区。林地、草地、水体、湿地通常受到比较严重的破坏，造成生态系统的退化。加强乡镇绿化需要充分利用现状植被，保护周围生态环境，改善居民健康生活质量。各个乡镇可通过街道改造，植树造林等增加绿量。还可以通过打造花卉苗木种植区域、果树采摘园区等途径，既改善生态环境，又促进了地方经济发展。

在城市绿地规划和建设中，必须充分重视绿地分布的均匀度，构建合理的绿地系统，使集中绿地在城市内部不同地段中相对均匀分布，提高绿地的覆盖率，以当地的植被缓解当地的热岛效应。可以在每个乡镇建设中心公园，充分利用当地的自然风光，体现该区域的文化特色，给人们提供休闲活动空间和绿色、文化体验。点状的乡镇中心公园和带状的绿化隔离地区融合在一起，可以更好地巩固城市绿地系统，有效改善人们的健康生活和首都生态环境，一举多得。

4.3.4 建设 "森林公园环"

"郊野公园环"是第一、二道绿化隔离带，对绿地进行近自然化和公园化改造，使之成为具有游憩功能的景观绿化带和生态保护带。欧洲大城市周边的森林公园是环城绿带的一部分，具有郊野公园的性质。从功能、内容和形式等方面来看，城市郊区的森林公园也可以作为郊野公园的一种形式。那么北京为什么不建设森林公园来巩固我们的生态体系呢？随着城市核心区向外扩展，城乡过渡带的内边界外移，城乡过渡带外边界也不断向乡村地域拓展，环带状的城乡过渡带不断向外迁移。我们的"郊野公园"或许有一天会被城市包围，我们是否应该提前做好准备呢？

建设"森林公园环"可以作为保护城市生态环境的第三道保障，形成抑制城市盲目扩展的又一道防护带。在郊野公园外围建设大面积森林公园，更有助生态系统的恢复与稳定，涵养水源、保护地表土壤等，增强城市的生态调控能力。更重要的是，有力地保护了北京周边郊区无限珍贵的自然风光和生物多样性，保证城市的格局与形态，协调城市与周边地区的土地利用关系，确保城市健康有序发展。森林公园植被丰富，生态文化底蕴深厚，不仅可以缓解热岛效应，还是建立各类基地的理想场所，将有效改善市民的健康生活。

5 结语

北京建设世界城市的形势和改善城市生态环境的任务，作为景观园林设计工作人员，深感责任重大。园林绿化设计工作不是简单的绿化，而是研究景观的分析、规划布局、设计、改造、管理、保护和恢复的科学和艺术，是一门关于如何安排土地及土地上物体和空间，为人们创造安全、高效、健康和舒适的环境的科学和艺术。城市生态环境建设内涵极为丰富，希望能通过对改善城市热岛效应的一些思考打开探索之门，为改善首都城市热岛效应，改善生态环境贡献力量。

参考文献

[1] 温娟，包景岭，沈伟然.缓解城市热岛效应的生态措施分析[J].中国环境科学学会学术年会优秀论文集(2006).

[2] 赵明洁，王厚华.绿化改造工程对城市热岛效应的影响[J].环境工程，2009年第27卷增刊.

[3] 张宝鑫.城市立体绿化[M].北京:中国林业出版社，2003.

[4] 谭天鹰.浅谈屋顶绿化在首都建设生态城市办绿色奥运中的重要作用——剖析屋顶绿化的必要性、可靠性、可行性和紧迫性[J].现代园林，2006(1).

[5] 甘敬，胡涌.绿色奥运与北京生态环境建设的理论与实践[J].北京林业大学学报，2002 (9).

浅析北京市矿山生态恢复中的旅游新用

——以昌平绿谷旅游开发为例

周 洋 中国城市建设研究院 北京 100029

摘 要： 近年来，北京市陆续关闭系列矿山，并开展对其环境保护与治理工作，矿山的开采对北京市环境的影响深远，对其进行生态恢复和保护。本文从矿山资源再利用的角度探索了其在旅游方面的利用价值，并以昌平区绿谷旅游区为例，详细介绍了其在矿山利用规划中的建议和措施，以期对全市矿山生态恢复借鉴。

关键词： 生态恢复；旅游利用；北京矿山；昌平绿谷

1 北京市矿山资源恢复与利用情况

矿业是我国经济发展的重要支柱，目前我国93%的能源、80%的工业原料、70%的农业生产资料是以矿产品为原料的[1]。北京虽然不是一个矿业城市，但其矿产资源种类丰富，其中以固体矿产为主，主要包括煤炭、铁矿、石灰岩、白云岩、叶蜡石、建筑用砂、汉白玉等。这些矿产多分布在远郊区县，规模以中小型矿为主。

多年以来，上述矿产资源的开发利用为北京市带来良好的经济效益和社会效益，但同时日益严重的环境及地质安全问题接踵而至，调查显示，截至2005年，北京市矿山占用破坏土地共4890hm^2，废渣累计积存量为16789万吨，塌陷坑979个，地裂缝492条，山体滑塌76处，不均匀沉降达43处[2]。这样的矿山环境问题给北京市生态环境的建设与保护工作带来了不利影响，与北京最新城市功能定位对生态环境的要求不相适应。因此近几年，北京市投入专项资金陆续开展矿山环境恢复治理工作，力求在改善首都生态环境和创造“宜居城市”等方面做出一定贡献。

2 矿山对于生态环境的影响

矿山的开采对于自然生态环境和周边的居民社会生活均会产生一定的影响，具体包括以下几项：

2.1 环境污染

采矿和矿石运输过程中均会产生大量的粉尘和汽车尾气，给周边居民的生活带来不便。同时粉尘附着在植物上会致其生长缓慢或死亡，影响周边自然生态环境。

2.2 地质灾害

采矿区地质灾害的发生率要远远高于其他区域，极易产生诸如滑坡、崩塌、地面塌陷、地表裂缝等地质灾害现象，从而造成人民生命和财产的损失。

2.3 地貌景观破坏

铁矿、石灰岩、砂石、黏土等露天开采将会造成地形地貌的改变，使山体岩石大面积裸露，植被及地貌景观遭到破坏，甚至很多地区在开采后已经几乎没有植被分布。

作者简介

周洋/女/1983年生/毕业于北京林业大学，硕士/中国城市建设研究院，助理工程师。

2.4 占用破坏土地资源

采场、固体废物的堆砌等占用了大量的非开采区域，严重影响土地资源的使用率[3]。

2.5 噪声污染

采矿的机械运转声或运输的汽车轰鸣声都会产生强烈的噪声污染，影响周边居民的日常生活。

3 闭矿后矿山的利用形式探讨

如果矿山的开采是人们向大自然的索取，那么矿山的生态恢复就是一个人们“还债”的过程。在这其中，需要投入大量的人力、物力、财力和精力。经过开采后的山体地段，往往已经没有植被生长，覆土层已经严重缺失，只有裸露的岩石，因此，如果大面积地通过植物覆盖来达到生态恢复的效果，难度较大。同时植被成活率较低，巨大的经济成本很难在短时期内收回相应的生态效益。

旅游作为新时期的朝阳产业，因其具有广泛的参与性而受到越来越多的人的普遍关注，人们都渴望能够用自己的时间和精力去换取一份体验。作为一项“无烟产业”，它可以在短时期迅速回笼货币，因此如果将矿山这一看似废弃的矿产地作为一项旅游资源打造，将重新审视它的利用价值。这样既能将场地利用最大化，产生的经济效益也可以用于完成生态建设，同时旅游产业的乘数效应可以极大带动周边相关产业的发展，形成区域产业联动的良性循环，变废为宝，一举多得。

4 案例分析

4.1 项目概况

绿谷位于北京市昌平区崔村镇八家村。该项目由北京科技职业学院投资建设，拟借助其独特的教育背景作为开发资源，将其建设成为以未成年人校外教育基地为主打品牌，涵盖休闲、避暑、会议、度假等多种功能的综合旅游区。

在该规划区域内，有一石灰石矿山采石场，虽然即将关停，但山体破坏极为严重，裸露面垂直投影为2km^2，加上垂直山体部分，破坏的面积将达到约4km^2，宛如绿色山体上的一道巨大的伤疤。另外粉尘和噪音污染对周边居民造成的环境污染也极为严重。

4.2 开发与利用

针对该项目的具体情况进行分析，此处石灰石矿场在过去是为北京的城市建设运输原材料，可以说为其做出了不可磨灭的贡献，现在作为北京京郊生态涵养区的一部分，关停面临着“两难局面”——恢复难、利用也难。

因此规划将其转型开展工业遗产旅游，首先用旅游项目盘活这一区域，同时进行生态的涵养与恢复，形成互相循环促进的模式，使其成为北京市北部山区矿场游览点的旗帜和恢复利用的示范。开发相应的工业体验游览项目，特别是针对儿童青少年群体的系列活动。保留其中典型工业痕迹（如巷道、输送山道、钻头机械、运输卡车等），进行改造和开放游览。其余部分采用点状客土的形式，进行山体生态修复。

4.2.1 科普宣教

对于青少年的教育始终是家长和社会关心的话题，一味的说教不仅达不到教育的目的，反而会使孩子产生厌烦和抵触的情绪，因此寓教于乐类项目的开发更加有助于孩子对于知识的掌握，培养孩子的动手能力、理解能力和沟通能力。

在矿场内的工业遗迹，是工人的记忆，也是青少年学生探索工业奥秘的最佳途径。因此开展各种类型的科普宣教和体验活动，如结合水泥矿场的现状裸岩，开设地质馆。介绍石灰岩地质地貌的特征，形成发展过程，以及石灰岩的用途，包括石灰岩衍生产品的介绍，激发青少年对科学的热爱。

4.2.2 情景游乐

“玩”永远是孩子的天性，“如何玩”却是我们思考的问题，在这样一个大型的场地中用有趣而又安全的游乐项目留住孩子及家长是项目设计的核心所在。

矿场有两处大型的输送石灰矿料的“漏斗”，对漏斗适当进行改造，增加各类防护措施，增加“运输斗”成为体验“漏斗速降”的“座驾”，体验一回“矿料输送过程”。保留矿场专用轨道和蒸汽小火车，使其成为游览区的游览专列。

现状矿场因为开采而产生大面积平整的场地，可以因地制宜，开展户外休闲活动，如卡丁车乐园等。

4.2.3 实景训练

鉴于目前全世界地质灾害频发的现状，对孩子进行灾害教育势在必行。让孩子学会自我保护的措施，在紧急情况中能够迅速逃生，最大限度地避免受到伤害。

开辟应急避难训练营，用模拟的各种仿真灾难场景邀请孩子亲身参与体验，为他们讲授相关的地质科学知识和灾害发生机制，让他们学会在地震、泥石流、台风等各种自然灾害情况下的应急避难。

4.2.4 创意体验

孩子的创意是与生俱来的，但更需要的是后天的发现、挖掘和培养。利用现状遗留的工业原料、运输卡车以及各种零配件（废品），打造生活创意馆等设施。发挥人们无限的创意，特别是孩子们丰富的想象力，将工业废品打造成具有艺术气息的艺术品。

5 跳出保护看保护

环境的保护永远都是一个讨论的热点话题，保护并不意味着围合与封闭，更不意味着对其置之不理。完全的不受人为干扰的自然演替与恢复需要多年的时间，况且作为矿山这样一种已经破坏较为严重的生态环境，如果仅靠其自然的恢复是远远达不到理想效果的，人为的覆土种植又将成为沉重的经济负担，因此，我们应该跳出保护看保护。

在保护的基础上加以利用不仅可以将其使用价值充分发掘，避免资源的浪费，同时带来的经济效益用以生态环境的恢复，另外这种利用所创造的社会价值要远远高于其经济价值，使整个项目变成独立的、具有经济、社会和生态效益的有机体，而非社会的负担。

参考文献

[1] 我国矿山环境恢复治理存在的主要问题及对策[J].中国地质矿产经济，2003(10)，30-32.

[2] 北京市矿山环境保护与治理规划（2006-2015）

[3] 矿山关闭后矿业城市面临的问题研究综述[J].测绘通报，2005(6)，59-61.

颐和园山体护坡与生态修复技术的探讨

闫宝兴 北京市颐和园管理处 北京 100091

摘 要：山体护坡与生态修复技术目前广泛应用于矿山、河道绿化，本文通过对颐和园山体护坡与生态修复技术的探讨，探究生态修复技术在园林中的应用。

关键词：颐和园；山体护坡；生态修复技术

1 颐和园山体地形地貌特点

颐和园主体结构万寿山源出自西山一带的自然山水，随着地壳的剧烈活动和强烈的腐蚀作用，使西山向东延伸的基本构架分裂成几个小孤山，即今日的玉泉山和万寿山[1]。万寿山的山体在金、元时期因形似瓮形被称为瓮山。800年前（1157年）金代金章宗开始曾在这里建行宫，名“金水院”。明代（1494年）修圆静寺，后扩大为好山园，瓮山的天然山体于清乾隆15年（1750年）始建清漪园时融入了人工雕琢的痕迹，为造园所需，将疏浚西湖挖出的泥土，堆补在山的东麓，造成中高，东、西低缓的山形[1]。1753年又开始挖了曲折多姿的后溪河，形成水围山转、山固水活的山水环抱的地貌结构。万寿山经过这番精心改造整理，终于形成今日完美的山水地貌，使人造景观与大自然融为一体，继承和发扬了中国古典造园艺术中“融人工匠意与自然造化于一体”的思想体系。

2 颐和园传统山体护坡工程简况

颐和园建园初期，体现出清代皇家园林宏大的气势和典丽的风格。但随着历史战乱，万寿山上的建筑和植物遭到破坏，但湖山实体遗存。万寿山历经战乱，但由于不重视修养山貌，水土流失开始严重。光绪十六年为新建德和园戏楼，分位起刨万寿山山脚。1928年至1948年中华民国统治时期，未见旧公园有维修的记录，为防止火灾每年深秋必须打割山上杂草，山路也年久失修，使水土流失日趋严重。据非正式测量，1949年至1979年30年间万寿山个别山头下降约为1m[1]。1977年开始修补包山脚。20世纪80年代后用5年时间翻修全部山路，在山路两侧砌青石荷叶沟排水，增砌砖包山脚，使水土流失好转，但野草问题未得到解决，90年代初期全园绿化调整，结合治山平垫沟洼，清理全部山坡，增砌青石包山脚护坡和太湖石护坡，清除全山杂草，改铺草坪，不仅绿化了山体，而且水土流失现象得到控制，使万寿山的山形得到较好的保护。

颐和园在防止水土流失方面主要做了以下工程措施。

2.1 利用天然地形的沟谷（山涧）排水

最具代表的为万寿山北部的东西桃花沟，充分利用山体的沟谷走向排除万寿山顶部多余的雨水。

2.2 作截水沟（扬仁风）将多余的雨水引入地下管道排除

作者简介

闫宝兴/女/1968年生/北京林业大学毕业/北京市颐和园管理处，高级工程师。

在万寿山前山的挡土墙和扬仁风北墙处有一处人工处理的截水沟，将万寿山顶部的多余降水通过拦截引入地下管道，经雨水管道排出园外。

2.3 山路两侧作鱼骨式护土筋减少冲刷

万寿山沿山路两侧坡度较大处或边沟沟底纵坡较陡的地方铺设鱼骨式护土筋，用青砖成行埋置于土中，使其露出地面3～5cm，每隔一定距离（10～20m）设置三至四道（与道路中线成一定角度，如鱼骨状排列于道路两侧）。护土筋在山路上可减少雨水径流，在一定程度上保持了水土。

2.4 沿山路两侧作泥沟排水，并在地形变化处设挡水石，减少雨水下流的动能，减少冲刷

万寿山部分道路两侧设置宽约40～50cm泥沟,引导山上的雨水顺沟而下，设立在道路转弯处的挡水石不仅减弱了雨水顺流而下的冲刷，减少了雨水的动能，而且还分流了雨水流向，减少了冲刷。

2.5 作水簸箕跌水沟

利用地面或明渠排水，在排入园内水体时，为了保护岸坡结合造景，出水口作适当处理，如“水簸箕”，利用山石布置成峡谷，溪涧，落差大的地段处理成跌水或小瀑布。这不仅解决了排水问题，而且丰富了园林地貌景观。

3 生态修复技术的应用

边坡生态技术是将传统护坡工程技术与土壤生态工程相结合。所谓生态修复技术，就是指运用生态学原理和系统科学的方法，把现代化技术与传统的方法通过合理的投入和时空的巧妙结合，使生态系统保持良性的物质、能量循环，从而达到人与自然的协调发展的修复治理技术。

生态修复技术分为土壤改造技术、植被的恢复与重建技术、防治土地退化技术、小流域综合整治技术、土地复垦技术等五类。目前边坡生态修复多用于矿山、河道护坡等方面，在园林中还未得到广泛的应用。

颐和园作为世界文化遗产单位，每天迎来送往的游客达数万人次，过多的游人量给颐和园管理带来超负荷运转，山体、草坪被践踏，植被破坏，山路土壤板结，造成山体地表径流加快，加之近几年万寿山绿地改造及山体喷灌系统的建立，一些灌木、地被遭到破坏，山体坡面冲刷加大，水土流失严重，景观被破坏，存在安全隐患。为了减少不安全因素，为广大游人创造优美、和谐的山林环境。2007年年初颐和园管理处开始对园内水土流失较为严重的几处地段进行山体修复。

3.1 生态修复的原则

通过对山体水土流失现象的调查，我们制定了修复原则，即颐和园内水土流失防治与园林植被景观修复必须符合皇家古典园林特色，不仅要与周边的景观环境相协调，而且所选植物还必须具备耐干旱、固坡及遮荫效果好等特点。

3.2 制定护坡方案

经过多次雨后观察，修复工程主要定位在水土流失较为严重的东桃花沟、写秋轩、北宫门等三处(本文以东桃花沟为例)。单一用草地护坡，虽覆盖度大，出苗快，初期均匀整齐、美观，但由于草的根系浅，固坡效果差。草地在降雨时虽有截流作用，但能力有限，其作用主要是草地粗糙的表面防止水滴对土壤的直接打击，对山坡表面的冲蚀有保护作用，但缺少粗根系的固持作用，所以只用草地护坡发生滑坡、崩塌等的危险依然存在。灌木具有护坡的优势，这是因为灌木根系的先端部位能向土壤内部延伸，固持风化土层、增加边坡的稳定性；灌木对水肥的需求少，适应性强，管理粗放；改善小气候作用明显，能缓和阳光的热辐射，酷热时能降温、失燥，给人以舒适感；但由于单一的灌木也容易产生表土侵蚀，对初期水土保护不利。如果仅栽植乔木，而无灌草层，会导致地表径流，在山地乔木粗大的根系虽然对土壤有锚固作用，但是又会提高坡面的负载，在风力作用下极易造成坡面的不稳定甚至造成坍塌。鉴于以上认识，经过仔细地实地调查研究，多次方案调整，确定采用传统的工程护坡与生态护坡相结合适合颐和园绿化景观的生态护坡方案。植物主要以耐荫的花灌木、地被为主，与周边环境相协调。

3.2.1 东桃花沟生态护坡

东桃花沟位于须弥灵境东侧、善现寺以北，

水平投影面积1420m^2，坡面面积1760m^2，山体平均坡度大于9°，个别地方山坡陡峻，如1963年8月1～8日连日阴雨间特大暴雨，后山后湖3处山头破裂。为了保护好山水地貌，颐和园做了大量的工作，特别是1991～1994年的三年绿化调整，水土流失得到了很好的控制，善现寺一带原有山石护坡，打桩编栅护坡，但由于汇水路线的改变，又有持续降雨使土壤含水量增大，加之这一带土壤渗透性较好、疏松、土层较厚、抗冲性较弱，大雨后存在许多不稳定因素，总结以往的经验，我们认为单纯使用一种方式，无论是传统的或生物工程的护坡方式都各有利弊，应根据实情况综合考虑。就善现寺水土流失情况而言，应在冲刷严重的部位截留出流的雨水，令其进入地下暗管排除，对减少地表径流、减少冲刷是非常重要的，把部分雨水集中后又可有效再利用。

首先在善现寺以北在被冲山坡的上端结合地形作水平条截水沟（视情况一般间距5m）施行拦挡、疏导。沿等高线方向，两侧向中间最低处的坡降为3%～5%，水平截水沟净宽为0.5m，内外侧高差150～200mm，采用半填半挖的形式，在截水沟的外侧采用生态植被袋和松木桩拦挡。在坡面纵向铺设管径160mm的PVC排水暗管山上冲下来的雨水和坡地上部的雨水沿水平条截水沟汇入暗管(D=160mm)，减少地表沿坡面下流。在每级截水沟的最低高程点处设置管径250mmPVC的集水管，集水管与地下的排水暗管互相联通，集水管上盖雨水箅子，将截取的坡面径流进入地下排水暗管，并汇入下流的自然排水通道。

植被修复尽可能保留原有植被，施工时尽可能避免削坡作业，结合颐和园自身优势群落，确定最初配比与最终形成植物群落之间的动态关系。在局部整地时，适当进行土壤改良，以利于后期植物生长；植被修复时尽量保留原有乔木，栽植以灌木为主，草灌结合。植物选种均为颐和园原有植物，通过实践证明，这些植物固土能力强，易于管理，耐瘠薄，耐干旱，并且极耐荫。灌木：荆条、扶芳藤、胡枝子、绣线菊等；草本：百脉根、野菊花、紫花地丁、二月蓝、马蔺、蕨类等。

3.2.2 山坡外缘危树处理方案

万寿山山坡外缘危树或倾斜受大风摇动而牵动根系，引发土壤松动及裂缝渗水，从而引发边坡崩塌，树木倾斜。惯用的方法是立保护栅或进行植物的支撑，减少因风引起的摇动，但是有些

表1 东桃花沟生态修复植物种类

中文名	科	拉丁文名	习性	用途
二月蓝	十字花科	*Orychophragmus violaceus*	耐寒性强，冬季常绿。又比较耐荫，适生性强。对土壤要求不严	为良好的园林阴处或林下地被植物，也可用作花径栽培
绣线菊	蔷薇科	*Spiraea salicifolia*	喜光、喜温暖湿润气候，在肥沃土壤上生长旺盛；耐旱、耐瘠薄	可在花坛、花境、草坪等处丛植、孤植或列植
荆条	马鞭草科	*Vitex negundo var.heterophylla*	耐寒，耐旱、耐瘠薄，适应性强	山区常见的灌木
胡枝子	豆科	*Lespedeza bicolor*	萌蘖力强，根系发达，并具根瘤，有固氮作用	是保持水土和改良土壤的优良树种
鸢尾	尾科	*Iris tectorum*	性强健，耐寒性强。喜阳，也耐半阴	可丛植，布置花坛，栽植于池边湖畔、石间路旁
马蔺	尾科	*Iris lacteal*	耐寒，喜光，耐盐碱，耐践踏	用作地被，可用于盐碱地改良
萱草	百合科	*Hemerocallis fulva*	喜充足阳光，亦耐半阴	栽于林缘向阳处或疏林下作地被
紫花地丁	堇菜科	*Viola philippica ssp.munda*	性强健，耐寒、耐旱，对土壤要求不严	可单种成片植于林缘下或向阳的草地上
小冠花	豆科	*Coronilla varia*	喜阳，耐半阴。生长健壮，适应性强	是抗性和固土能力极强的地被植物，防止水土流失
扶芳藤	卫矛科	*Euonymus fortunei*	对土壤、光线要求不严耐瘠薄，适应性强	用以掩盖墙面、山石或攀援于老树、花格上
金银花	忍冬科	*Lonicera japonica*	喜光，也耐阴，耐寒，耐修剪，对土壤要求不严	缠绕半灌木，常绿，花气清香
绣线菊	蔷薇科	*Spiraea japonica*	生长强健，适应性强	可布置草坪及小路角隅等处
铁线莲	毛茛科	*Clematis florida*	性耐旱，耐寒，喜半节环境，生长旺盛，适应性强	为重要的垂直绿化材料
蛇莓	蔷薇科	*Duchesnea indica*	性耐寒，喜生于荫湿环境，对土壤要求不严，但以肥沃、疏松湿润的砂质壤土为好	常生于沟边潮湿草花地
常春藤	五加科	*Hedara nepalensia var.sinensis*	耐阴，喜温暖，稍耐寒，喜湿润，而不耐涝	附于阔叶林中树干上或沟谷阴湿的岩壁上

图1 东桃花沟改造前

图2 集水管截面

图3 东桃花沟改造后景观

图4 危树生态恢复前

图5 危树保护一年后的景观

植物经过以上处理后仍然存在安全隐患，植物根系裸露，随时可能发生安全事故(图4)。为了避免出现意外，对于路边危树采取回土、拦挡、稳固的措施实现坡面种植土的恢复，主要通过用松木桩形成月牙形主要是通过生态植被袋分层码放，用土工网和锚杆稳固。在生态袋码放过程中根据实际间距侧向栽植藤蔓植物(金银花、常春藤等)，以便在后期对植被袋形成多层次植被覆盖。在“尊重自然，恢复自然”理念的指导下，实现生态修复，如今这里是一派幽静的山林，枝叶繁茂，充满着山野的情趣。

4 结语

山体护坡和生态修复技术在颐和园内是首次使用，经过近3年的养护管理已初见成效。特别是东桃花沟植物生长显著，目前局部已达到郁闭程度。在山体护坡生态修复技术中应用乡土植物，向自然学习，构建生态自然群落是颐和园生态修复值得借鉴之处。但是由于游人践踏以及林下植物过荫等多种原因，在写秋轩应用挂网技术生态修复没有取得预想的效果，如何针对不同地点采用不同的生态修复技术是我们今后需要不断探讨的问题。

参考文献

[1]颐和园管理处.颐和园志.北京：中国林业出版社，2006.

城市湿地公园在鸟类保护中发挥的作用

——以翠湖国家城市湿地公园为例

张 强 商晓静 刘筱竹

北京市海淀区翠湖湿地公园管理处 北京 100194

摘 要：鸟类是城市生态系统的重要组成部分，对环境的变化非常敏感。然而，城市化进程迅速改变了城市及其周边的土地利用格局，鸟类因栖息地的丧失或改变很难继续生存。近年来，随着城市湿地公园这一新兴概念的产生，我国陆续建立了一批以生态、自然、动植物保护为核心内涵的城市湿地公园，城市湿地公园的建设不但能够使其融入整个城市的绿地规划系统，给游人提供科普休闲服务，同时给城市鸟类提供了栖息场所，形成了人、鸟、环境三位一体的共同生活圈。

关键词：城市湿地公园；鸟类保护；作用；翠湖

鸟类在城市生态系统中占有重要地位，具有很高的生态价值和审美价值，然而，随着城市发展和人口激增，大量城市鸟类，尤其是湿生鸟类丧失了自然栖息地，直接面临着生存困境[1，2]。目前，我国已记录到鸟类共81科1186种，其中湿地鸟类271种。通过园林绿化途径，尤其是营造健康的湿地生态系统，既可以提高人居环境质量，又可有效维持城市鸟类多样性和种群数量。本文试图通过以北京翠湖国家城市湿地公园为例，说明城市湿地公园在鸟类保护中发挥的巨大作用。

1 城市发展对鸟类的威胁

随着工业化的不断发展，越来越多的相对自然土地向城市用地转化。人造景观尤其是高大建筑和硬化路面逐渐取代了自然景观。随着北京经济的迅速发展，城市化进程正以前所未有的速度推进。研究表明，在高度城市化的区域，鸟类的丰富性与城市的地理位置、气候特征等自然因素无关[3]。城市中的绿地空间是维持鸟类多样性的重要因素。然而，现在部分绿地以视觉效果为重，单纯按照平面构图的原则运作建设，忽视了其内在的系统结构和景观模式，只能使绿地成为城市的装饰和点缀，而孤立于城市生态系统之外，也就丧失了为鸟类提供生存空间的价值。唐仕敏[4]等人对比研究了城市化对上海市五角场地区鸟类群里的影响，发现鸟类种数从20世纪60年代的128种降至20世纪90年代的46种，尤其是农田水网生境的改建，直接导致游禽在该区域的全部消失。

2 城市湿地公园的概念及规划理念

城市湿地公园，是指利用纳入城市绿地系统规划的适宜作为公园的天然湿地类型，通过合理的保护利用，形成保护、科普、休闲等功能于一体的公园。具备下列条件的湿地，可以申请设立国家城市湿地公园：能供人们观赏、游览，开展科普教育和进行科学文化活动，并具有较高保护、观赏、文化和科学价值的；纳入城市绿地系统规划范围的；占地500亩以上能够作为公园的；具有天然湿地类型的，或具有一定的影响及代表性的。

城市湿地公园规划应以湿地的自然复兴、恢

作者简介：

张强／男／1979年生／毕业于北京林业大学资源与环境学院，硕士／现在北京市海淀区翠湖湿地公园管理处，工程师。

复湿地的领土特征为指导思想，以形成开敞的自然空间和湿地公园的定义与概念地带、接纳大量的动植物种类、形成新的群落生境为主要目的，同时为游人提供生机盎然的、多样性的游憩空间。因此，规划应加强整个湿地水域及其周边用地的综合治理。其重点内容在于恢复湿地的自然生态系统并促进湿地的生态系统发育，提高其生物多样性水平，实现湿地景观的自然化。规划的核心任务在于提高湿地环境中土壤与水体的质量，协调水与动植物的关系。

3 北京鸟类保护情况

全世界共有鸟类9198种，中国有1244种，北京官方记录有412种。鸟类是北京野生动物中种类最多的类群[5]。2010年，北京观鸟会发布的统计显示，北京地区记录的野生鸟类破记录达到了424种。北京鸟类的不断增加与全市多年的生态移民、封山育林、植树造林、兴修水库、自然保护区的建设、经济发展、人民的生活水平提高、砍柴等山林活动减少等多种因素使生态环境有所改善密切相关。目前北京市正进行野生动植物保护及保护区建设工程的规划和实施。北京现在已有森林生态系统自然保护区11个，其中松山为国家级自然保护区；6个湿地类型的自然保护区，其中有3个为市级保护区，密云水库湿地已列入中国重要湿地名录。广大市民的环境保护意识和保护野生动物意识不断提高，环境在不断恢复和改善。所以，有些种类在一些地区，种群数量有明显的增加。如：官厅水库、密云水库、怀柔水库等水域的扩大，雁鸭类明显增加；喜鹊、灰喜鹊由于筑巢条件的改善和食物来源广泛，在城区、郊区都明显增多。雉鸡数量的增多，在郊区已对农作物构成一定威胁。与北京郊区良好的栖息地恢复形成对比的是越来越快的城区城市化建设，制约了鸟类在城区栖息地的活动。城市公园是城市中鸟类比较丰富的地方，其变化试举例如下:

（1）20世纪50年代末，颐和园在夏季有21种鸟繁殖；21世纪初只有13种。

（2）1995年以前，颐和园的后山灌木、杂草多年自然生长，冬季可见到25种鸟；1996年以后进行修整，种植人工草坪，冬季只能见到10种鸟。

（3）20世纪90年代后圆明园福海等开发，水鸟比80年代少11种，减少69%。

任何生物都需要生存的环境条件，最重要的是水、空气、温度、阳光和营养物质等。各种生物所需各自有别。鸟类也需要自己的生存条件，最基本的是有吃的、有住的地方。各种鸟由于数万年的演化适应，各自有一套生活方式，就有取食、筑巢等生活习性的多样化，要求多样性的生活环境。水禽（雁鸭类、鹤、鸥、鹳、鹭、鹬、鸻、翠鸟等）首要的是要有一定面积的水环境，水中要有它们所吃的水生植物、动物、微生物，诸如藻类、鱼、虾、昆虫、蠕虫等。还需要能安生的隐蔽场所，如芦苇、蒲草、灌木草丛和岸边树等植物。如果是繁殖鸟还应具备筑巢场所，如雁鸭类、鹤、鹭、鹬等需要漫滩、草丛，鹳、鹭、翠鸟等还要有高大的乔木、崖壁，等等。因此，恢复北京城区鸟类种群种类和数量，积极建设适合鸟类栖息的城市湿地生态系统，推进城市湿地公园的健康发展是一项重要工作。

4 翠湖湿地公园鸟类保护情况

4.1 翠湖湿地公园概况

北京市海淀区翠湖国家城市湿地公园位于海淀西北的上庄镇，上庄水库北岸，是2005年5月由国家建设部批准的北京地区唯一一家国家级城市湿地公园，属人工修复湿地类型。翠湖湿地公园目前已完成一期湿地恢复建设面积53hm^2，二期建设正在筹备中，总体规划面积将达到156hm^2(图1)。

图1.翠湖湿地公园一期平面图

4.2 设立缓冲区和保护区

公园将所辖区域划分为缓冲区和保护区，限制游人在缓冲区内活动，禁止在保护区内活动(图2)。

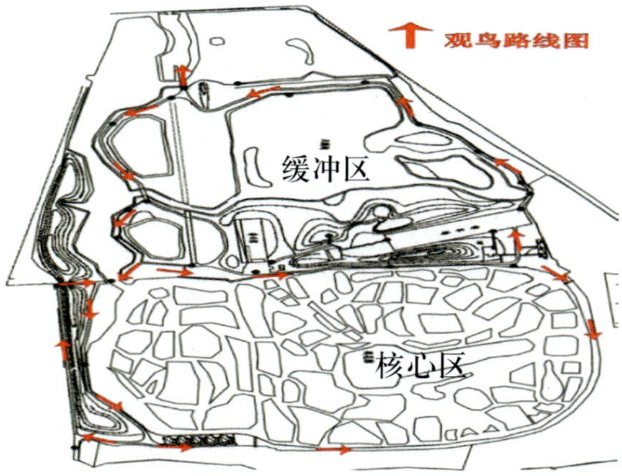

图2 观鸟路线及公园一期缓冲、核心区示意图

4.3 恢复适生环境，提供丰富食物

翠湖湿地公园具有一定大面积的水域，水域中生长有沉水、浮水、漂浮等水生植物和鱼、虾、螺蛳等水生动物和微生物，为鸟类的取食提供了良好场所。此外，公园水域中及周边依次种植了北京地区湿地适生的水生植物、湿生植物、中生植物、陆生植物，植物群落丰富，为鸟类提供了使其能够安生的隐蔽和筑巢场所。

4.4 开展引鸟、留鸟工作

公园通过在树木上悬挂鸟巢，适当增设投喂点，在少浅滩的水面建立人工浮岛等方式吸引外来鸟类栖息、驻歇在公园中。冬季，公园始终保留一片活水水域，同时投放鱼类、颗粒料等食物，保证部分雁鸭类、鹭类等鸟类在公园安全过冬。

4.5 设定观鸟路线，开展观测记录工作

翠湖湿地公园每天设有专人进行鸟类和相关生态因子的观测记录工作。按照观鸟路线，随时记录观测到的鸟类种类及数量，同时记录各时段公园的气温、水温等气象要素，水位、水量等环境监测要素及植物物候变化。每天，外业观测人员填写《科普观测日总汇表》、《野外鸟类观测日记录表》，详实记录当日所观测到的鸟类种类、数目。

4.6 翠湖湿地公园鸟类观测情况

截止到2010年9月，翠湖湿地公园观测到鸟类16目46科126种。同比2009年的全年观测记录，鸟类增加了4目20科63种。在2010年观测到的126种鸟类中，湿地鸟类77种，占全园总鸟类的61%，分别占全国和北京湿地鸟类的28%和59%（全国湿地鸟类271，北京湿地鸟类130种）。其中国家Ⅰ级保护鸟类5种（黑鹳、金雕、黑颈鹤、丹顶鹤和遗鸥），国家Ⅱ级保护鸟类17种（白鹈鹕、白琵鹭、大（小）天鹅、白额雁、鸳鸯、鹗、普通鵟、鸢、白尾鹞、红脚隼、燕隼、灰鹤、白枕鹤、蓑羽鹤、雕鸮和东方角鸮）；北京市一级保护鸟类10种，北京市二级44种（见附表《翠湖国家城市湿地公园鸟类名录》）。此外，在翠湖有繁殖记录的湿地鸟类有苍鹭、白鹭、黑天鹅、黑水鸡、小鸊鷉、疣鼻鸭、绿头鸭、斑嘴鸭、冠鹤、灰雁、鸿雁、黄苇鳽、普通翠鸟、白胸苦恶鸟等10多种。

5 展望

湿地往往有着丰富秀丽的自然风光，是濒危鸟类、迁徙候鸟以及其他野生动物的栖息繁殖地，具有很高的景观价值。宽广的水面、飞鸣的水鸟、丛生的芦苇，野趣盎然，为城市增加了自然的气息，使城市居民对城市湿地公园产生极大的爱好。

现在人们提倡生态旅游、认知自然等，城市湿地则是最佳的认知场所。出于既要保护又要接近的需求，可以采用远距离的视线碰触的方式，在不惊扰生物的休养生息、不破坏保护地价值的前提下，通过这样非凡的信息读取方式，满足城市居民的观赏要求，加强人们对湿地的认知，更要为鸟类提供生存空间，共同创造城市中人与鸟类和谐相处的环境。

参考文献

[1] 张林源.北京城市鸟类保护的思考[J].绿化与生活,2003,5.

[2] 张淑萍.城市化对鸟类分布的影响[J].生态学杂志.2008,27(11).

[3] 吴贤斌.城市绿地结构与鸟类栖息环境的营造[J].环境科学与管理.2008,6.

[4] 唐仕敏.城市化对上海市五角场地地区鸟类群落的影响[J]上海环境科学.2003 (06).

[5] 约翰·马敬能，卡伦.菲利普斯著.何芬奇译.中国鸟类野外手册[M]长沙：湖南教育出版社.

附表 翠湖国家城市湿地公园鸟类名录

编号	中文名	别名	拉丁名	英文名	目	科	栖息地	园内可见处	食性	繁殖期	巢	叫声	保护等级	受威胁等级	居留类型		生态类型	湿地水鸟	园内可见月份
1	小䴙䴘	水葫芦、王八鸭子	*Tachybaptus ruficollis*	Little Grebe	䴙䴘目	䴙䴘科	河流、湖泊、水库和芦苇丛等沼泽地，喜欢终日漂浮在水面上	水生植物茂密、安静的区域；如公园荷花塘、大小眼镜湖、荷花塘外围区域(公园芦苇荡、荷花、香蒲、水生鸢尾等植物生长地区)水深至少20cm	以小鱼、小虾和水生昆虫为主	夏季	上窄下宽的圆台状浮巢	嘟，噜，噜、噜-	2		夏候鸟	17	游禽	是	6~11
2	白鹈鹕	鹈、淘河、塘鹅、鹈鹕	*Pelecanus onocrotalus*	Great White Pelican	鹈形目	鹈鹕科	湖泊、江河、沿海沼泽地带，常成群结队生活	水面开阔、鱼类较多的水域喜欢栖息在水边高大的树木上(如柳树)，如公园天鹅湖、荷花塘	水生动物，以鱼为主	4~6月	芦苇丛、沼泽泥地用树枝和杂草构建		II		留鸟		游禽	是	1~12
3	普通鸬鹚	黑鱼鹰、水老鸦	*Phalacrocorax carbo*	Great Cormorant	鹈形目	鸬鹚科	河流、湖泊、水库、海湾等地	喜停留在湖泊、岸边及岛上较高大的树木上捕食鱼类及贝类。如公园荷花塘中心岛树上	喜集群捕食鱼类	春天，4~6月	近水的岩崖上、树上或芦苇丛中，群巢		2		旅鸟	1	游禽	是	9
4	苍鹭	老等、灰鹭、青庄	*Ardea cinerea*	Grey Heron	鹳形目	鹭科	河边、水田、沼泽、海滩等处	喜浅水、浅滩区域；繁殖在离水较近的高大树木上。公园各水域均可见，繁殖在边境湖中心岛的柳树上	鱼类、蛙、蜥蜴、昆虫等	4~6月	岸边悬崖峭壁、高大乔木上或苇丛中呈圆盘状或杯状	呱呱	2		留鸟/夏候鸟		涉禽	是	1~12
5	草鹭	紫鹭、花洼子	*Ardea purpurea*	Purple Heron	鹳形目	鹭科	河边、水田、沼泽、海滩等处	公园景观塘	鱼类、蛙、蜥蜴、昆虫等	4月下旬至5月上旬	营巢芦苇或草丛中，巢以苇或蒲叶弯折作为基础，上面以苇秆、苇叶及蒲草	粗哑的呱呱叫声	2		夏候鸟	18	涉禽	是	
6	大白鹭	白庄、白洼子	*Egretta alba*	Great Egret	鹳形目	鹭科	开阔平原和山地丘陵地区的河流、湖泊、水田、海滨及沼泽湿地等水域	浅水、浅滩区域；公园各水域均可见；捕食鱼虾、贝类等	以鱼、虾、蝌蚪、陆生和水生昆虫为主	4~7月	与水岸边树上或苇丛中用枯枝或香蒲、芦苇筑巢		1		旅鸟/夏候鸟		涉禽	是	3~10
7	小白鹭	白鹭	*Egretta garzetta*	Little Egret	鹳形目	鹭科	稻田、河岸、沙滩、泥滩及沿海小溪流	浅水、浅滩区域；公园各水域均可见；捕食鱼虾、贝类等	小鱼、哺乳动物、爬行动物、两栖动物和浅水中的甲壳类动物	5月前后	树木、灌木丛或地面上，多用粗细枝条搭成的浅圆盘状		2		旅鸟/夏候鸟		涉禽	是	3~10
8	牛背鹭	黄头鹭、畜鹭、放牛郎	*Bubulcus ibis*	Cattle Egret	鹳形目	鹭科	池塘、水库、稻田和沼泽湿地，与家畜及水牛关系密切	浅水、浅滩区域；公园荷花塘及外围水域可见；捕食鱼虾、贝类等	杂食性，以昆虫为主，也捕食青蛙、野鼠等	4~7月	松、杉、樟、竹林或水边树上和芦苇荡		2		夏候鸟	1	涉禽	是	5
9	池鹭	红毛鹭	*Ardeola bacchus*	Chinese Pond Heron	鹳形目	鹭科	稻田、池塘、水库、湖泊、沼泽湿地等水域或树上停歇	浅水、浅滩区域，尤其喜好水生植物茂密、安静的区域；公园各水域均可见	以鱼、虾、蟹、蛙和多种昆虫为主	3~7月	与水岸边树上用枯枝和少许软草筑巢		2		夏候鸟	2	涉禽	是	4~9
10	夜鹭	夜洼子	*Nycticorax nycticorax*	Black-crowned Night Heron	鹳形目	鹭科	临近水域的阔叶林中、沼泽和河湖水面上，夜出性，白天结群隐藏于密林中	冬季喜欢栖息在灌木丛中，春夏季喜欢浅水、浅滩区域；公园冬季在汀步东侧北岸火炬树丛中栖息，春夏季各水域均可见。喜爱停留在公园鱼类投喂点附近	蛙类、小鱼、虾等水生动物，偶尔食植物性食物	4~7月	树上营巢呈浅盘状，群巢		2		夏候鸟	3	涉禽	是	4~10
11	黄斑苇鳽	小水骆驼	*Ixobrychus sinensis*	Chines Little Bittern	鹳形目	鹭科	芦苇、水草等植物丛生的湖泊、水库、稻田等地	喜水生植物茂密、安静、隐蔽区域：（芦苇荡、香蒲、鸢尾等植物茂密处）。公园眼睛湖、荷花塘、及外围可见	鱼虾和一些小的昆虫	5~7月	在密苇丛中以芦苇、杂草建的盘状或碟状巢		2		夏候鸟	4	涉禽	是	1~3，7~8，10
12	大麻鳽	大水骆驼、蒲鸡	*Botaurus stellaris*	Great Bittern	鹳形目	鹭科	河、湖、池塘苇丛、蒲草丛中，夜行性	喜水生植物茂密、安静、隐蔽区域：（芦苇荡、香蒲、鸢尾等植物茂密处）。公园眼睛湖、荷花塘、及外围可见	以鱼、虾、蛙、昆虫等小动物为食	5~7月	单独营巢在苇丛、草丛中		2		旅鸟/夏候鸟		涉禽	是	5，10
13	黑鹳	老鹳、锅鹳	*Ciconia nigra*	Black Stork	鹳形目	鹳科	有悬崖的河谷、森林及沼泽地，常单独活动	喜欢觅食在水深5~40cm左右的浅水、浅滩域区，以鱼类和螺类为食公园荷花塘处有见	以鱼、虾、蛙、蜥蜴、啮齿类、昆虫等动物为食	4~7月	营巢于人迹罕至的大森林，河岸峭壁上		I		夏候鸟	5	涉禽	是	4
14	白琵鹭	琵琶鹭、匙嘴鹭、琵鹭	*Platalea leucorodia*	White Spoonbill	鹳形目	鹮科	河流、湖泊、水库岸边及芦苇沼泽、红树林等地浅水处	喜欢浅水、浅滩水域；公园荷花塘处可见；捕食鱼虾、贝类等	杂食性，以虾、蟹、水生昆虫、软体动物、蛙、蝌蚪、蜥蜴、小鱼等动物为主，偶	5~7月	树上、芦苇丛或地面上用香蒲、芦苇、水草茎叶筑巢，群巢	哼哼，嗒嗒	II		旅鸟	2	涉禽	是	4~5
15	白胸苦恶鸟		*Amaurornis phoenicurus*	White-breasted Waterhen	鹤形目	秧鸡科	于湿润的灌丛、湖边、河滩、红树林及旷野走动	通常单个活动，喜湿润的灌丛环境，在旷野走动找食。多在开阔地带进食，也攀于灌丛及小树上。公园荷花塘西侧外围水域可见	以螺等软体动物、昆虫、蜘蛛等动物为食，也吃植物花、果实及种子	4~7月		单调的uwok-uwok叫声	*		旅鸟、夏候鸟		游禽	否	5
16	黑天鹅		*Cygnus atratus*	Black Swan	雁形目	鸭科	海岸、海湾和湖泊等水域，成对或集群活动	不属于中国物种，适应性强，喜开阔水域，以水生植物和水生小动物为食，营巢在浅水的芦苇、香蒲中。公园各处均可见	以水生动植物为食，也吃鱼虾及水生昆虫等小动物	11~12、3月	筑巢于水边隐蔽处或芦苇荡中				留鸟	1	游禽	是	1~12
17	大天鹅	咳声天鹅、喇叭天鹅	*Cygnus cygnus*	WHOOPER SWAN	雁形目	鸭科	栖息于开阔的、水生植物繁茂的浅水水域	喜欢开阔水域，公园冬季荷花塘有见	在水中寻觅水菊、莎草等水生植物，有时也捕捉昆虫和蚯蚓等小型动物为食	3月末4月初	繁殖于北方湖泊的芦苇地，结群南迁越冬	klo-klo-klo	II		留鸟	2	水禽	是	3
18	小天鹅	短嘴天鹅，白鹅	*Cygnus columbianus*	TUNDRA SWAN	雁形目	鸭科	冬季旅经中国东北部至长江流域的湖泊越冬	喜欢开阔水域，公园冬季荷花塘有见	主要以水生植物的根茎和种子等为食，也兼食少量水生昆虫、蠕虫、螺类和小鱼	3月份	繁殖于西伯利亚苔原带	悠远的klah声	II		留鸟	3	水禽	是	3
19	鸿雁	原鹅、大雁	*Anser cygnoides*	Swan Goose	雁形目	鸭科	旷野、河川、湖泊、沼泽等水生植物丛生的近水环境	喜开阔及水生、陆生植物茂密的区域，以水生和陆生植物为食，偶食甲壳和软体动物。营巢在湖岸、湖中岛及浅水区域水生植物茂密处。公园各处可见	夜间觅食，主食各种水陆生植物，偶尔吃少量软体动物	4月	河中沙洲、湖中小岛或洼地的芦苇草丛中营巢		1	EN	旅鸟	3	游禽	是	3~12
20	豆雁	大雁、鸿	*Anser fabalis*	Bean Goose	雁形目	鸭科	河川、湖泊或农田，常与鸿雁混群	喜开阔及水生、陆生植物茂密的区域，以水生和陆生植物为食，偶食少量软体动物 公园各处可见	青草和禾苗	5~7月	在多湖泊的苔原沼泽地、湖心岛上、河岸上或海岸礁石上营巢		2		旅鸟	4	游禽	是	3

附表　翠湖国家城市湿地公园鸟类名录

（续）

编号	中文名	别名	拉丁名	英文名	目	科	栖息地	园内可见处	食性	繁殖期	巢	叫声	保护等级	受威胁等级	居留类型		生态类型	湿地水鸟	园内可见月份
21	白额雁	花斑雁，明斑雁	*Anser albifrons*	White-fronted Goose	雁形目	鸭科	湖泊沼泽湿地或开阔的草原	喜开阔及水生、陆生植物茂密的区域，以水生和陆生植物为食。公园各处可见	以莎草科、禾本科植物的嫩叶为主，也吃草籽和谷物等	6～7月	在河流与湖泊密布、且小灌木生长的苔原地带		Ⅱ		旅鸟	5	游禽	是	9～12
22	灰雁	大雁、沙雁、红嘴雁	*Anser anser*	Graylag Goose	雁形目	鸭科	湖泊、沼泽、河滩水域地带，水生植物密布的环境藏身，开阔湖面游荡，常与鸿雁混群	喜开阔及水生、陆生植物茂密的区域，以水生和陆生植物及螺、虾、昆虫等动物为食。营巢在湖岸、湖中岛及浅水区域水生植物茂密处公园各	早晨、夜间或黄昏觅食，以野草、种子和藻类为主，偶尔吃小虾、田螺和一些昆虫	4～6月	水边草丛间或沼泽地以苔藓、杂草或羽毛筑巢		2		旅鸟	6	游禽	是	9～10
23	斑头雁	白头雁，黑纹头雁	*Anser indicus*	Bar-headed Goose	雁形目	鸭科	沼泽、平原和山区的湖泊、河谷	北京地区不常见喜开阔及水生、陆生植物茂密的区域，以水生和陆生植物及贝类、软体动物和其他小型无脊椎动物为食公园各处可见	以植物为主食	4～6月	在高原湖泊繁殖，一般在干燥向阳的沙石滩上筑巢				旅鸟	7	游禽	是	2～10
24	赤麻鸭	红雁、黄鸭	*Tadorna ferruginea*	Ruddy Shelduck	雁形目	鸭科	江河、池塘、湖沼草丛和苇垛丛生的水面或海涂上	喜开阔水域，以鱼虾贝及水生、陆生植物为食公园荷花塘、天鹅湖等水域可见	食草为主，兼吃昆虫、小鱼、蛙、螺、虾等	4～5月	多在近溪流、湖泊的洞穴附近筑巢		2		旅鸟	8	游禽	是	5～6，9～10
25	翘鼻麻鸭	冠鸭、白鸭、翘鼻鸭、掘穴鸭、潦	*Tadorna tadorna*	Common Shelduck，Shelduck	雁形目	鸭科	栖息于江河、湖泊、河口、水塘及其附近的草原、荒地、沼泽、沙滩、农田和平原疏林等各类生境中，尤喜平原上的	喜欢开阔的平原上的湖泊；公园二期湖面有见	主要以植物的叶子和种子、藻类为食。也吃昆虫、甲壳动物、软体动物、虾、水蛙	6～7月	常在海岸、盐湖边的沙丘或石壁间营巢	嘎嘎'	2*		旅鸟	9	游禽	是	5
26	赤膀鸭	紫膀鸭、漈凫	*Anas strepera*	Gadwall	雁形目	鸭科	喜欢栖息和活动在江河、湖泊、水库、河湾、水塘和沼泽等内陆水域中，尤其喜欢在富有水生植物的开阔水域活动，	公园荷花塘中央岛西侧及西南侧水域	以水生植物为主。常在水边水草丛中觅食。觅食时常将头沉入水中，有时也头朝	5-7月	营巢于水边草丛或灌木丛中，巢很隐蔽，有时也在离水域较远的地方营巢		易危		旅鸟	10	游禽	是	
27	针尾鸭	尖尾鸭、长尾凫、长闹、拖枪鸭、	*Anas acuta*	Northern Pintail	雁形目	鸭科	沼泽、湖泊、河流及沿海地带，常成对或集群活动	喜开阔平静水域，以草籽、嫩芽和种子为食，也吃水生无脊椎动物。公园荷花塘有见	以草籽、水草嫩芽和杂草的种子等植物性食物为主，也吃软体动物和少量昆虫，白	4～7月	湖边或岸边的地洞、树洞中营巢		2		旅鸟	11	游禽	是	10～11
28	白眉鸭		*s querquedula*	Garganey	雁形目	鸭科	栖息于开阔的湖泊、江河、沼泽、河口、池塘、沙洲等水域中，也出现于山区水塘、河流和海滩上	公园荷花塘中央岛西侧及西南侧水域	主要以水生植物的叶、茎、种子为食，也到岸上觅食青草和到农田地觅食谷物，特	5-7月	营巢于水边或离水域不远的厚密高草丛中或地上。巢掩蔽较好，也在远离水				旅鸟	12	游禽	是	
29	琵嘴鸭	杯凿 铲土鸭 广味凫 琵琶嘴鸭	*anseriformes anatidae*		雁形目	鸭科	喜沿海的泻湖、池塘、湖泊及红树林沼泽	公园荷花塘中央岛西侧及西南侧水域、天鹅湖	多在浅水处把用匙形嘴掘着泥沙觅食来获取甲壳动物、鱼卵、蛙、小鱼等食物，有	5～7月	以草类为材料筑巢于芦苇及沼泽区域	似绿头鸭但声音轻而低，也作			旅鸟	13	游禽	是	
30	罗纹鸭	镰刀毛鸭、扁头鸭	*Anas falcata*	Falcated Duck	雁形目	鸭科	水域岸边，在浅水处或农田觅食	喜开阔平静水域，以草籽、嫩芽和种子为食，也吃水生无脊椎动物。公园荷花塘有见	以水生植物和谷粒等为食	5～7月	岸边草丛筑巢		2		旅鸟	14	游禽	是	10～11
31	绿翅鸭	小水鸭、巴鸭	*Anas crecca*	Green-winged Teal	雁形目	鸭科	常成群栖息于河、湖、水库中	喜水面开阔平静或植物茂密、隐蔽的浅水区域以水生植物及软体动物为食。公园荷花塘、天鹅湖、及外围水域可见	以植物性食物为主，繁殖期也吃些动物性食物	5～7月	岸边灌草丛中筑巢		2		旅鸟/冬候鸟		游禽	是	12
32	绿头鸭	野鹜、沉鹜、官鸭、野鸭	*Anas platyrhynchos*	Mallard	雁形目	鸭科	水生植物丰盛的湖泊、沼泽 、池塘等水域中，集群活动	喜水面开阔平静或植物茂密、隐蔽的浅水区域以水生植物及鱼虾贝为食。公园各水域可见	清晨或黄昏觅食，多以植物的茎、芽和种子为食，也吃软体动物、昆虫等	4～6月	水域旁的草丛或土坑中用干草茎、苔藓等材料筑巢	嘎-嘎-嘎	2		旅鸟/夏候鸟		游禽	是	1～3，6～10
33	斑嘴鸭	黄嘴斑鸭、麻鸭、火鹦鸭	*Anas poecilorhyncha*	Spot-billed Duck	雁形目	鸭科	岸边水生植物或芦苇密生的湖泊、池塘和江河中，集群活动	喜水面开阔平静或植物茂密、隐蔽的浅水区域以水生植物及鱼虾贝为食。公园各水域可见	黄昏时飞往稻田、沟渠或泥塘中觅食，杂食性，以植物为主，也吃螺类及昆虫等	5～7月	河流、湖泊等水边草丛、竹丛或芦苇丛中用干草、干树枝、青苔、芦苇、绒		2		旅鸟/夏候鸟		游禽	是	1～3
34	红头潜鸭	红头鸭	*Ayghya ferina*	Common Pochard	雁形目	鸭科	湖泊、水库、稳水水域中，喜集群活动	喜水面开阔平静或植物茂密、隐蔽的浅水区域以水生植物及鱼虾贝为食。公园荷花塘、天鹅湖可见	以水生植物及其种子为主，也吃岸上的草及草籽，春、秋季还吃些昆虫、软体动物	4～6月	在香蒲、薦草、芦苇丛中筑巢		2		旅鸟	15	游禽	是	3，10
35	鹊鸭	喜鹊鸭、白颊鸭、金眼鸭	*Bucephala clangula*	Common Goldeneye	雁形目	鸭科	湖泊和较宽的河流水域中，喜在深水区活动	喜水面开阔平静水域，以水生植物及鱼虾贝为食公园荷花塘、天鹅湖可见	以软体动物、甲壳类、鱼、蛙及水生昆虫等动物性食物为食	5～7月	水域附近树上的树洞中筑巢		2		旅鸟	16	游禽	是	3～4
36	斑头秋沙鸭	白秋沙鸭	*Mergellus albellus*	SMEW	雁形目	鸭科	栖息于小池塘及河流	喜开阔水域，公园荷花塘有见食物主要为小鱼，也大量捕食软体动物、甲壳类、石蚕等水生无脊椎动物，偶尔也吃少量植物性食物	以鱼类、无脊椎动物和少量植物性食物为食	5-7月	在树洞中繁殖	通常无声雄鸟发情时发出呱呱低声及啸音	2		旅鸟	17	游禽	是	3、4
37	普通秋沙鸭		*Mergus merganser*		雁形目	鸭科	一般集小群，迁徙期间和冬季也常集成数十甚至上百只的大群，偶尔也见单只活动游泳时颈伸得很直，有时也将	荷花塘中央岛西侧水域	食性以鱼、虾、水生昆虫等动物性食物为主，亦采食少量的水生植物	5-7月	通常营巢于紧靠水边的老龄树上天然树洞中，也在岸边岩石缝隙、地穴、灌				旅鸟	18	游禽	是	
38	花脸鸭	巴鸭，黑眶鸭，眼镜鸭，黄尖鸭，王	*Anas formosa*	Baikal Teal	雁形目	鸭科	通常栖息于淡水湖畔，喜结大群并常与其他种混群	喜欢开阔的水域及灌草丛，公园荷花塘西侧水域可见	主要以轮叶藻、柳叶藻、菱角、水草等各类水生植物的芽、嫩叶、果实和种子为	6～7月	营巢于柳丛或灌木丛下地上和草丛中，也营巢于小树林内水塘边地上和开阔		1		旅鸟	19	游禽	是	3～5
39	凤头潜鸭	泽凫，凤头鸭子，黑头四鸭	*Aythya fulifula*	TUFTED DUCK	雁形目	鸭科	常见于湖泊及深池塘	喜欢开阔水域，公园荷花塘、天鹅湖可见	捕食软体动物、虾、蟹、小鱼、蝌蚪等动物性食物；也兼食一些水生植物	5月-6月	繁殖于整个北谷北区，在南方越冬	低沉的kur-r-r叫声	2*		留鸟	4	水禽	是	2、4
40	鸳鸯	乌仁哈钦、官鸭、匹鸟、邓木鸟	*Aix galericulata*	Mandarin Duck	雁形目	鸭科	栖息于内陆湖泊及山麓江河中，平时成对生活而不分离	喜欢栖息在隐蔽苇塘处，公园天鹅湖、荷花塘周边可见	以植物性食物为主，也食昆虫等小动物	4～9月	巢置于树洞中		Ⅱ		旅鸟	20	游禽	是	5

附表　翠湖国家城市湿地公园鸟类名录

（续）

编号	中文名	别名	拉丁名	英文名	目	科	栖息地	园内可见处	食性	繁殖期	巢	叫声	保护等级	受威胁等级	居留类型		生态类型	湿地水鸟	园内可见月份
41	疣鼻鸭	番鸭、瘤头鸭、洋鸭	*Cairna moschata*	Muscovy ducks	雁形目	鸭科	喜临水又有树荫的地带	公园各湖的林缘地带		4～5月	隐蔽的灌丛中筑巢繁殖						游禽	是	全年
42	普通鵟	土豹	*Buteo buteo*	Common Buzzard	隼形目	鹰科	开阔地附近稀疏森林中，秋冬季于农田、草地、丘陵地上空	喜开阔平原、旷野、开垦的耕作区、林缘草地主要以森林鼠为食。公园荷花塘上空有见	杂食性，主食啮齿类动物，有时亦捕大型昆虫	4～6月	用枯枝叶营巢于林缘附近树顶或峭壁悬崖上		Ⅱ		旅鸟	21	猛禽	否	3
43	鹗		*Pandion haliaetus*	OSPREY	隼形目	鹰科	分布广泛但一般罕见。留鸟分布在中国多数地区，夏候鸟鉴于东北及西北	喜欢栖息在高树上，公园荷花塘中心岛柳树上及上空可见	捕鱼之鹰	2～6月	喜在海岸和岛屿的岩礁上筑巢	响亮哀怨的哨音	Ⅱ		留鸟	5	猛禽	否	4
44	鸢	黑耳鸢	*Milvus Korschun*	Blake Kite	隼形目	鹰科	国内分布几遍及各地，终年留居	主食啮齿类动物，喜欢在高达的树木上休息。公园二期湖面上空可见	主要吃野兔和蜥蜴，亦吃鹌鹑卵		在高大树上筑巢		Ⅱ		留鸟	6	猛禽	否	4
45	白尾鹞	白抓、灰鹞、鸡鸟、鸡鵟、白尾巴	*Circus cyaneus (Linnaeus)*	Northern Harrier	隼形目	鹰科	栖息于平原和低山丘陵地带，尤其是平原上的湖泊、沼泽、河谷、草原、荒野以及低山、林间沼泽和草地，农田耕地	喜水面开阔的芦苇塘地带，公园荷花塘中央岛北侧树上及定植块上	要以小型鸟类、鼠类、蛙、蜥蜴和大型昆虫等动物性食物为食	4-7月	营巢于干枯的芦苇丛、草丛或灌丛间的地面上，偶尔在悬崖上营巢		Ⅱ		旅鸟	22	猛禽	否	4
46	金鹏		*Aquila chrysaetos*	GOLDEN EAGLE	隼形目	鹰科	栖于崎岖干旱平原、岩崖山区及开阔原野	通常单独或成对活动，白天常见在高山岩石峭壁之巅，以及空旷地区的高大树上歇息，或在灌丛等处捕食。公园荷花塘上空有见	捕食雉类、土拨鼠及其他哺乳动物		窝筑在崖峭壁的洞穴里，或者孤零零的一棵大树上		Ⅰ		留鸟	7	猛禽	否	3
47	红脚隼	青鹰、青燕子、黑花鹞、红腿鹞子	*Falco vespertinus*	Red-footed Falcon	隼形目	隼科	主要栖息于低山疏林、林缘、山脚平原、丘陵地区的沼泽、草地、河流、山谷和农田耕地等开阔地区，尤其喜欢具有	喜欢开阔区域，白天都单独活动公园二期上空有见	主要以蝗虫、蚱蜢、蝼蛄、蠡斯、金龟子、蟋蟀、叩头虫等昆虫为食，有时也捕食	5-7月	通常营巢于疏林中高大乔木树的顶枝上		Ⅱ		旅鸟	23	猛禽	否	4～5
48	燕隼	青条子　土鹘　儿隼　蚂蚱鹰　虫	*Falcosubbuteo*		隼形目	隼科	燕隼是我国猛禽中较为常见的种类，栖息于有稀疏树木生长的开阔平原、旷野、耕地、海岸、疏林和林缘地带	喜欢开阔区域，白天都单独活动大湖上空	主要以麻雀、山雀等雀形目小鸟为食，偶尔捕捉蝙蝠，更大量地捕食蜻蜓、蟋蟀、	5—7月		重复尖厉的叫声kick	Ⅱ		旅鸟	24	猛禽	否	
49	环颈雉	雉鸡、野鸡、山鸡	*Phasianus colchicus*	Common Pheasant	鸡形目	雉科	山地、丘陵、平原的疏林和灌丛中，冬迁至山脚草地和农田	喜植物繁茂及田野地带；公园边境湖外围芦苇荡地带、饲料房后小山坡上可见	以杂草、种子、浆果、谷物和蝗虫等昆虫、蠕虫等为食	6～7月		咯-咯-	2		留鸟	8	陆禽	否	1～6，8～12
50	蓑羽鹤	闺秀鹤	*Anthropoides virgo*	Demoiselle Crane	鹤形目	鹤科	开阔的湖畔和沼泽湿地，一般不与其它鹤类合群	喜欢栖息于苇塘等地。蓑羽鹤性羞怯，不善与其他鹤类合群，多独处（公园圈养）	杂食性，以植物嫩芽、嫩叶、种子、根茎、农作物、鱼、蛙、昆虫和软体动物等为	5～6月	草甸或滩涂地凹陷处简陋做巢	咕噜，咕噜	Ⅱ		留鸟	9	涉禽	是	1～12
51	白枕鹤	白顶鹤、红面鹤	*Grus vipio*	White-neped Crane	鹤形目	鹤科	开阔的芦苇、湖滨沼泽湿地，结群生活，常与灰鹤、白头鹤一起活动	最喜欢的生境还是芦苇和水草沼泽，以及湖滨沼泽地带（公园圈养）	杂食性，最爱鱼、虾、植物根茎、种子及蜘蛛、小昆虫等	4～5月	芦苇或水草沼泽中的安静处筑巢，巢周水深20cm左右	叩、叩、叩	Ⅱ		留鸟	10	涉禽	是	1～12
52	灰鹤	现代鹤	*Grus grus*	Common Crane	鹤形目	鹤科	芦苇荡和其它各种沼泽湿地中，休息时常单腿站立，头弯回插入背羽中	灰鹤栖息于沼泽草甸，沼泽中多草丘和水洼地，水生植物有水麦冬、水毛茛和薹草等较多的地方（公园圈养）	杂食性，但以植物为主，特喜欢吃玉米，也吃昆虫、青蛙、蛇、鱼和鸟蛋	3月	枯草或芦苇丛中筑巢		Ⅱ		留鸟	11	涉禽	是	1～12
53	黑颈鹤	藏鹤、雁鹅、黑雁	*Grus nigricollis*	Black-necked Crane	鹤形目	鹤科	海拔2500～5000m的草甸沼泽、河滩沼泽和湖滩沼泽地带	黑颈鹤是在高原淡水湿地生活的鹤类，主要栖息在海拔2500～5000米的高原，是世界上唯一生长、繁殖在高原的鹤。活动在高山沼泽、草甸、湖周沼泽地和河谷沼泽区（公园圈养）	杂食性，最爱吃绿色植物的根、芽和农作物种子，也吃软体动物、昆虫、蛙、螺、蜥蜴、鱼	4～5月	以枯草和小树枝筑简陋巢，常先产蛋，后筑巢		Ⅰ	VU	留鸟	12	涉禽	是	1～12
54	丹顶鹤	仙鹤	*Grus japonensis*	Red-crowned Crane	鹤形目	鹤科	开阔的芦苇丛或多草的沼泽地带	主要栖息地是沼泽和沼泽化的草甸（公园圈养）	杂食性，以鱼、虾、贝类和植物根茎为主	4～5月	四周环水的芦苇丛浅滩用芦苇或莎草筑巢	嗝-嗝，嗝啊-嗝啊	Ⅰ	EN	留鸟	13	涉禽	是	1～12
55	冠鹤	戴冕鹤	*Balaerica payonin*	West Africa Crowned Crane	鹤形目	鹤科	热带草原和沼泽地带，常活动于植物茂盛的水边，集体生活	喜欢在植物丰盛的水边觅食小鱼、蝌蚪、昆虫、小爬行类、蛙类和各种植物嫩芽。该鹤不怕人，常跟随人之后（公园圈养）	以小鱼、昆虫、小型爬行动物、蛙类和各种植物嫩芽为食	7～10月	筑巢于沼泽地或树上				留鸟	14	涉禽	是	1～12
56	黑水鸡	红骨顶	*Gallinula chloropus*	Common Moorhen	鹤形目	秧鸡科	苇蒲丛生的沼泽、水塘、溪流、水库、河滩及近水的灌丛、农田、草地上，单独或成对活动	喜在水生植物（如：芦苇、香蒲等）茂密、隐蔽的浅水域生活及营巢。杂食，以水生植物嫩芽、根茎和水生昆虫、软体动物为食。公园荷花塘、眼睛湖、外围水域可见	杂食，以水生植物嫩芽、根茎和水生昆虫、软体动物为食	5～9月	灌丛、苇蒲或草丛基部筑巢，巢底沉入水中，上部露出		*		夏候鸟	6	涉禽	是	2～11
57	白骨顶	骨顶鸡	*Fulica atra*	Coot	鹤形目	秧鸡科	内陆水域水草茂密地区，昼行性群栖	喜在水生植物（如：芦苇、香蒲等）茂密、隐蔽的浅水域生活杂食，以水生植物嫩芽、根茎和水生昆虫、软体动物为食。公园天鹅湖、外围水域可见	常潜入水中啄食水生植物、鱼类和小型水生动物，也吃植物种子及水稻、高粱等谷物	5～7月	距水面不高处将水草折弯后编成盘状巢		*		旅鸟/夏候鸟		涉禽	是	6，9～10
58	凤头麦鸡		*Vanellus vanellus*	NORRHERN LAPWING	鸻形目	鸻科	喜耕地、稻田或矮草地	喜欢矮草低区域，公园荷花塘定植块上有见	以植物种子、蚯蚓、蜗牛、昆虫等为食	6～8月	在沼泽附近草地营巢	拖长的鼻音pee-wit	*		留鸟/夏候鸟		涉禽	是	4
59	灰头麦鸡	海和尚	*Vanellus cinereus*	GREY-HEADED LAPWING	鸻形目	鸻科	栖于近水的开阔地带、河滩、稻田及沼泽	喜欢矮草低区域，公园荷花塘定植块上有见	以蚯蚓、昆虫、螺类等为食		繁殖于中国东北及日本	chee-it chee-it	*		留鸟	15	涉禽	是	4
60	蒙古沙鸻		*Charadrius mongolus*	Lesser Sand Plover	鸻形目	鸻科	河湖岸边、海滩、草原及田野，常结群活动，边走边觅食	喜的浅水及浅滩水域。以昆虫、软体动物、蝼蛄、蝗虫、螺等小动物为食。公园荷花塘有见	以昆虫、软体动物、蝼蛄、蝗虫、螺等小动物为主		置巢于苔原水域岸边及海岸滩地				夏候鸟	7	涉禽	是	4

附表　翠湖国家城市湿地公园鸟类名录

（续）

编号	中文名	别名	拉丁名	英文名	目	科	栖息地	园内可见处	食性	繁殖期	巢	叫声	保护等级	受威胁等级	居留类型		生态类型	湿地水鸟	园内可见月份
61	反嘴鹬		*Recurvirostra avosetta*	PIED AVOCET	鸻形目	反嘴鹬科	栖于水边或开阔地区	喜欢浅水、浅滩地带；公园荷花塘定植块上可见	壳类软体动物	5~7月		似笛的叫声：kluit kluit	*		旅鸟	25	涉禽	是	5
62	黑翅长脚鹬	黑翅高跷	*Himantopus himantopus*	Black-winged Stilt	鸻形目	反嘴鹬科	沿海浅水及江边或湖畔沼泽地，浅水处结小群觅食	喜浅水及浅滩水域以软体动物、蠕虫、甲壳类和昆虫等水生动物为主，兼食杂草种子。公园荷花塘有见	以软体动物、蠕虫、甲壳类和昆虫等水生动物为主，兼食杂草种子	5~7月	在水边高处或稻田埂上用芦苇和其它枯草、泥土、小圆石子筑巢，常集群筑		2		旅鸟/夏候鸟		涉禽	是	4
63	白腰草鹬	白尾梢	*Tringa ochropus*	GREEN SANDPIPER	鸻形目	丘鹬科	喜小水塘、池塘、沼泽及沟壑	常单独行动，喜欢浅水、浅滩、小池塘的环境公园荷花塘定植块上有见	软体动物及甲壳类为食	5~7月	营简陋巢于地面	tlooeet-ooeet-ooeet	*		旅鸟	26	涉禽	是	5
64	扇尾沙锥	扇尾鹬、田鹬	*Gallinago gallinago*	Common Snipe	鸻形目	鹬科	栖息于河岸湖泊边、沼泽及水田地带，多在晨昏和夜间活动，白天多隐匿在草丛或砾石间	喜的浅水及浅滩水域以环节动物、昆虫、蜘蛛、甲壳类、软体动物和小鱼为食，也取食种子和果实公园二期湖边有见	以环节动物、昆虫、蜘蛛、甲壳类、软体动物和小鱼为食，也取食种子和果实	5~7月	在地面草丛中筑巢，每窝产卵4枚		*		旅鸟	27	涉禽	是	5
65	矶鹬	普通鹬	*Actitis hypoleucos*	Common Sandpiper	鸻形目	鹬科	沙洲、泥滩地、水田、溪流和河流两岸，常停息在有石块和木桩的地方，小群活动	喜浅水及浅滩水域以昆虫、螺类、蠕虫等为食公园荷花塘及外围水域可见	以昆虫、螺类、蠕虫等为食	5~7月	河边沙滩草丛中地上营巢	ji-ji-ji	*		旅鸟	28	涉禽	是	5
66	阔嘴鹬		*Limicola falcinellus*	Broad-billed Sandpiper	鸻形目	鹬科	性孤僻，喜潮湿的沿海泥滩、沙滩及沼泽地区	喜浅水及浅滩水域公园荷花塘有见	以鱼虾贝等为食			干涩的颤音ch-r-r-reep			旅鸟	29	涉禽	是	5
67	银鸥	黑背鸥、叼鱼狼、鱼鹰子	*Larus argentatus*	Herring Gull	鸻形目	鸥科	河流、湖泊、沼泽以及海岸岛屿上，善游泳	栖息于港湾、岛屿、岩礁和近海沿岸，喜欢群居（公园圈养）	鱼、废弃物、鸟卵和雏鸟		在沼泽土丘上营巢，巢内有少许羽毛		*		旅鸟	30	游禽	是	1~12
68	红嘴鸥	笑鸥、钓鱼郎、赤嘴鸥	*Larus ridibundus*	Black-headed Gull	鸻形目	鸥科	从生芦苇及其它水生植物的湖泊和池沼处，喜欢在稻田及水面上空飞翔	喜开阔水域以鱼虾、昆虫为食公园荷花塘可见	主要取食鱼类、昆虫及其它水生动物，兼食各种动物尸体、废弃物及少量植物组织	4~6月集群繁殖	群巢建于芦苇和草丛中、土丘和沙石滩上		*		旅鸟	31	游禽	是	3
69	遗鸥	钓鱼郎	*Larus relictus*	Relict Gull	鸻形目	鸥科	栖息于海拔1200~1500m的沙漠咸水湖和碱水湖中	喜欢开阔水域浅滩，公园荷花塘定植块有见	杂食性，繁殖期以水生昆虫等动物性食物为主	5月初至7月初	繁殖在中国西北部天山西部地区及中国东北的湿地	沙哑的kwar叫声	I		候鸟		游禽	是	4
70	普通燕鸥	长翅海燕、海鸥	*Sterna hirundo*	Common Tern	鸻形目	燕鸥科	江河、溪流、湖泊、沼泽、草地等处常集群在湖泊中活动	喜开阔水域以鱼虾、水生昆虫为食公园荷花塘可见	以小鱼、小虾及水生昆虫为主	5~7月群栖繁殖	湖心滩沙丘上以芦苇和干草营巢		*		旅鸟/夏候鸟		游禽	是	3，7，10
71	白额燕鸥	小海鸥、小海燕	*Sterna albifrons*	Little Tern	鸻形目	燕鸥科	湖泊、河流、沼泽等内陆水域附近的草丛、苇丛及灌木丛中，以及沿海海岸、近海无人岛礁等处，集群飞翔	喜开阔水域以鱼虾、水生昆虫为食公园荷花塘可见	主要以小鱼为食，也吃甲壳类、软体动物和昆虫	4~7月成对或小群繁殖	海岸、岛屿、河流与湖泊岸边裸露的沙地、沙石地或河滩上扒小坑为巢		*	NT	旅鸟/夏候鸟		游禽	是	10
72	须浮鸥		*Chlidonias hybridus*	Whiskered Tern	鸻形目	燕鸥科	沿海、河流、湖泊、沼泽草地、芦苇丛间	喜开阔水域以鱼虾、水生昆虫为食，也吃蝗虫公园荷花塘可见	以小鱼、虾类及水生昆虫为主，也吃蝗虫	5~6月	群巢于水面上，浮巢以枯草茎叶及水藻等堆积而成		*		夏候鸟	8	游禽	是	5~6
73	山斑鸠	黑腹燕鸥	*Streptopelia orientalis*	Oriental Turtle Dove	鸽形目	鸠鸽科	多林平原、山区，常结小群活动	多在建筑周围，或小水面附近，取食于地面公园地库树上有见	以各种作物种子、杂草籽和野果为食，兼吃昆虫	5~7月	用稀疏枯枝营巢于乔木上呈盘状	咕、咕-咕	*		留鸟	16	攀禽	否	7
74	珠颈斑鸠	鸪雕、鸪鸟、中斑、花斑鸠	*Streptopelia chinensis*	Spotted-necked dove	鸽形目	鸠鸽科	树上	喜欢生活在开阔地及稀疏的树林中，房前屋后有它们较多的踪影，常飞到地上、或水边觅食，生性胆。小公园二期树木及草地上可见	农作物种子和杂草种子、樟树籽的内核，少量昆虫和初生螺蛳	5-7月	用小树枝在树杈上搭建极为简单的平台巢	咕咕-、咕咕	*		留鸟	17	鸣禽	否	5
75	鸡尾鹦鹉	卡美鹦鹉，高冠鹦鹉	*Nymphicus hollandicus*	Cockatiel	鹦形目	凤头鹦鹉科	主要栖息在干燥与半干燥的各种林地、灌木丛、河流边的森林区、荆棘丛、果园、农场田园、平原、路边等地区	喜欢栖息在较干燥的林地间，或成行站立在屋脊上，公园新老木屋周边树丛常见	主要食物为种子及谷类		营巢于树洞				留鸟	18	攀禽	否	4、6、9
76	四声杜鹃	光棍好过、快快割谷	*Cuculus micropterus*	Indian Cuckoo	鹃形目	杜鹃科	通常栖于森林及次生林上层	喜欢栖息在茂密高大树林中的顶端，公园随处可见	主食昆虫，多捕食大量松毛虫		不自营巢	光棍好过、割麦割谷	2*		夏候鸟或旅鸟		鸣禽	否	5
77	大杜鹃	布谷、咯咕	*Cuculus canorus*	Common Cuckoo	鹃形目	杜鹃科	开阔的树林中，尤喜近水树林间，单只活动	岸边柳树上	以昆虫为食，嗜吃毛虫		自己不筑巢，将卵产于苇塘的苇莺巢中，由巢主代孵卵代育雏	布谷，布谷	2*		夏候鸟	9	鸣禽	否	
78	雕鸮	恨狐	*Bubo bubo*	Northern Eagle Owl	鸮形目	鸱鸮科	栖于有林山区	栖息于隐蔽林缘树丛间，公园别墅西侧大杨树上有见	主要觅食齧齿类(兔)和大型禽类	4—7月	营巢于岩崖，极少于地面	沉重的popo声	II		留鸟	19	猛禽	否	1
79	东方角鸮	红角鸮	*Otus sunia*	Oriental Scops Owl	鸮形目	鸱鸮科	秋冬季南迁到东南亚越冬，四月乔木枝叶茂盛后方开始在北京出现。它们白天大多数时候都呆在树荫深处，靠保护色	喜欢栖息在高大乔木上，公园天鹅湖东侧树林地带常见	捕食大型昆虫和小型啮齿类动物		在树洞、墙洞等凹陷处筑巢繁殖		II		候鸟		攀禽	否	
80	北京雨燕	楼燕	*Apus apus*	Common Swift	雨燕目	雨燕科	空中觅食的种类很少栖息	善飞行，大多数时间都成群地在类似田野的环境并有水的地带上空不停地飞翔，飞行迅速敏捷，有时飞得很高，有时又紧贴水面一闪而过，时东时西，忽上忽下，没有固定飞行方向，活动范围不大。公园随处可见			筑于岩石上、缝隙中或洞穴内，多种巢材用唾液粘合								
81	普通翠鸟	小翠鸟、翠雀儿	*Alcedo atthis*	Common Kingfisher	佛法僧目	翠鸟科	开阔郊野的湖泊、溪流、平原河谷、水库、水塘和水田岸边，单独捕食	喜水生及陆生植物茂密、幽静地带，在水边泥岸上筑窝。公园各水域均可见，人工处理湿地处多见	以鱼、虾和水生动物为食	5~8月	水域岸边或沙岩壁上掘洞为巢	滴-滴-滴-滴-	*		旅鸟/夏候鸟		攀禽	是	6
82	蓝翡翠	秦椒嘴、喜鹊翠	*Halcyon pileata*	Black-capped	佛法僧目	翠鸟科	沼泽、池塘及多树的水域、低山河谷等地，常在水边的乔木上休息	喜欢栖息在河边的枝头上，与普通翠鸟习性相似。公园各水域均可见	以小鱼、虾和昆虫为主		筑巢于水域边土洞		1		夏候鸟	11	攀禽	是	5

附表 翠湖国家城市湿地公园鸟类名录

（续）

编号	中文名	别名	拉丁名	英文名	目	科	栖息地	园内可见处	食性	繁殖期	巢	叫声	保护等级	受威胁等级	居留类型		生态类型	湿地水鸟	园内可见月份
83	冠鱼狗	小花鱼狗	*Ceryle rudis*	Lesser Pied Kingfisher	佛法僧目	翠鸟科	平原溪流、河流、湖泊等视野开阔的水边或水塘和路边水渠岸上，单独行动	喜水生及陆生植物茂密、幽静地带与翠鸟习性相似，公园各水域均可见	以鱼、虾和水生昆虫为主	3～7月	水边的土堤内筑巢				旅鸟		攀禽	是	1
84	斑鱼狗		*Ceryle rudis*	Lesser Pied Kingfisher	佛法僧目	翠鸟科	生活在不同的栖息地和湿地，沿沟附近的公路，村庄的池塘边，大型水库和湖泊都可以看到它也往往生活在缓慢的	喜欢水、低矮水生植物密集的地方；公园汀步东侧北岸火炬树上	食物以小鱼为主，兼吃甲壳类和多种水生昆虫及其幼虫，也啄食小型蛙类和少量	9月至3月	在海岸或湖泊河流的堤岸上挖一处地洞营巢	尖厉的哨声			留鸟	20	鸣禽	是	
85	戴胜	臭姑鸪、山和尚、呼饽饽	*Upupa epops*	Eurasian Hoopoe	佛法僧目	戴胜科	低树枝上，在城市、平原、山地的林缘单独或成双活动	喜开阔潮湿地面及水生植物较多的隐蔽区域公园各处均可见	主食地下的金针虫、蝼蛄、步行虫等昆虫		筑巢于树洞或石缝中	呼-咕、咕	2		留鸟/夏候鸟		攀禽	否	10～12
86	灰头绿啄木鸟	绿锛打木	*Picus canus*	Grey-headed Woodpecker	鴷形目	啄木鸟科	城市、平原、低山、中山的林中	喜欢栖息于树林较多、繁茂的地带公园柳树、杨树上分布较多	主要食蚂蚁及昆虫	4～6月	树洞中	哈-，哈-	1		留鸟	21	攀禽	否	7
87	大斑啄木鸟	花锛打木	*Picoides major*	Great Pied Woodpecker	鴷形目	啄木鸟科	林中	喜欢栖息于树林较多、繁茂的地带公园柳树、杨树上分布较多	以昆虫为主，也食植物种子	4～6月	树洞中	呕-，呕-	1		留鸟	22	攀禽	否	
88	星头啄木鸟		*Pcoides canicapillus*	Grey-capped Woodpecker	鴷形目	啄木鸟科	分布广泛但并不常见，见于各种类型的林地	喜欢栖息在树林地带，公园随处可见	以树上昆虫为主，偶尔也吃植物果实、种子	4～6月	树洞中	尖利的ki-ki ki ki rrr	1*		留	23	攀禽	否	5
89	金腰燕	赤腰燕	*Hirundo daurica*	Red-rumped Swallow	雀形目	燕科	它常停栖在山区海拔较高的地方，低山及平原的居民点附近	善飞行，大多数时间都成群地在类似田野的环境并有水的地带上空不停地飞翔，飞行迅速敏捷，有时飞得很高，有时又紧贴水面一闪而过，时东时西，忽上忽下，没有固定飞行方向，活动范围不大。公园随处可见	以昆虫为食	4～9月	用泥丸混以草茎筑瓶状巢于建筑物隐蔽处		2*		夏候鸟	12	鸣禽	否	4～5
90	家燕	观音燕、燕子、拙燕	*Hirundo rustica*	Barn Swallow	雀形目	燕科	栖息于村屯中的房顶、电线以及附近的河滩和田野里	善飞行，大多数时间都成群地在类似田野的环境并有水的地带上空不停地飞翔，飞行迅速敏捷，有时飞得很高，有时又紧贴水面一闪而过，时东时西，忽上忽下，没有固定飞行方向，活动范围不大。公园随处可见	主要以昆虫为食，食物种类常见有蚊、蝇、蛾、蚁、蜂、叶蝉、象甲、金龟甲、叩头甲、蜻蜓等双翅目、鳞翅目、膜翅目、鞘翅目、同翅目、蜻蜓目等昆虫	4-7月	巢多置于人类房舍内外墙壁上、屋椽下或横梁上，甚至在悬吊着的电灯头上筑巢	高音twit及嘁嘁喳喳叫声	2*		夏候鸟	13	鸣禽	否	4～5
91	灰鹡鸰	马兰花儿、黄鸰、灰鸰	*Motacilla cinerea*	Grey Wagtail	雀形目	鹡鸰科	栖息于海拔在400～2000m的山区、河谷、池畔等各类生境中	喜欢栖息在水域岸边，公园二期水渠岸边有见	食物几乎纯为昆虫	5～6月	树洞、墙洞、岩石缝隙中	飞行时发出尖声的tzit-zee或	*		夏候鸟、旅鸟		鸣禽	是	4～5
92	白鹡鸰	白颤儿、白面鸟、白颊鹡鸰、眼纹	*Motacilla alba*	White Wagtail	雀形目	鹡鸰科	主要栖息于河流、湖泊、水库、水塘等水域岸边，也栖息于农田、湿草原、沼泽等湿地，有时还栖于水域附近的居民	喜欢栖息在水域岸边，公园人工处理湿地浅水石块上	主要以昆虫为食	4-7月	通常营巢中边等水域附近岩洞、岩壁缝隙、河边土坎、田边石隙以及河岸、	jilin-jilin	*		夏候鸟、旅鸟		鸣禽	是	3～5
93	黄头鹡鸰		*Motacilla citreola*	Citrine Wagtail	雀形目	鹡鸰科	喜沼泽草甸、苔原带及柳树丛	喜欢湿润地带及柳树林公园二期水渠岸边有见	以昆虫为食，偶尔吃少量植物种子	5～7月		喘息声tsweep	*		夏候鸟、旅鸟		鸣禽	是	4～5
94	黄鹡鸰		*Motacilla flava*	Yellow Wagtail	雀形目	鹡鸰科	喜稻田、沼泽边缘及草地	荷花塘西侧芦苇丛中可见	以昆虫为食	5～7月		尖细悦耳的tsweep声，结尾时略上	*		夏候鸟、旅鸟		鸣禽	是	4～5
95	树鹨	木鹨、麦如蓝儿	*Anthus hodgsoni*	Orienfnl Tree Pipit	雀形目	鹡鸰科	常见于开阔林区，高可至海拔4000米	喜欢有树林的地带，公园随处可见	主要以昆虫及其幼虫为主要食物，在冬季兼吃些杂草种子等植物性的食物	6～7月	营巢在林边地面或灌木丛里	细而哑的tseez 叫声	*		旅鸟	32	鸣禽	是	5
96	白头鹎	白头翁	*Pycnonotus sinensis*	Light-vented Bulbul	雀形目	鹎科	多活动于丘陵或平原的树本灌丛中，也见于针叶林里	喜欢栖息在灌木丛中，尤其喜欢果树林非常活泼。公园别墅周边树林中有见	杂食性，既食动物性食物，也吃植物性食物	3月至8月	巢于桑树茂密的绿叶丛中，或油茶树上及各种灌木丛中，距地大多2—3米	典型的叽叽喳喳颤鸣及简单而无韵	2		留鸟	24	鸣禽	否	5
97	鹪鹩	巧妇、桃虫、蒙鸠	*Troglodytes troglodtes*	WINTER EREN	雀形目	鹪鹩科	冬季在缝隙内紧挤而群栖	喜欢栖息在潮湿的、有石头的地方及灌木丛中。公园饲料房柳树上可见	取食昆虫	7～8月间	许多种在洞中营巢，有些在灌丛或岩石突出部筑圆顶巢	亚嗓的chur、生硬的tic-tic、			留鸟	25	鸣禽	是	12
98	红胁蓝尾鸲	蓝尾巴根	*Tarsiger cyanurus*	ORANGE-FLANKED BUSH ROBIN	雀形目	鸫科	常栖于湿润山地森林及次生林的林下低处	喜欢栖息在地边树丛中，公园地库附近树林中有见	食叶蜂、天蛾幼虫、象甲成虫及蝗虫	5～6月	繁殖于亚洲东北部及喜马拉雅山脉	叫声为单音或双轻音的chuck,声轻	*		留鸟	26	鸣禽	否	12、1
99	北红尾鸲	灰顶茶鸲、红尾溜	*Phoenicurus*	DAURIAN REDSTART	雀形目	鸫科	夏季栖于亚高山森林、灌木丛及林间空地，冬季栖于低地落叶矮树丛及耕地	喜欢栖息在地边树丛中，公园地库附近树林中有见	嗜食昆虫，均为害虫，除极少是益虫	5～7月	在树洞、墙缝、石缝中筑巢		*		夏候鸟	14	鸣禽	否	3
100	黑喉噪鹛	山呼、珊瑚	*Garrulax chinensis*	BLACK-THROATED LAUGHINGTH	雀形目	莺科	结小群栖于竹林密丛及半常绿林中的浓密灌丛	栖于浓密灌丛中，公园汀步北侧灌木丛、办公区西侧灌木丛中有见#	昆虫，植物浆果和部分种子			滴卟-，滴卟			留鸟	27	鸣禽	否	
101	极北柳莺	柳串儿、北寒带柳莺	*Phylloscopus borealis*	Arctic Warbler	雀形目	莺科	喜开阔有林地区、红树林、次生林及林缘地带	喜欢开阔的有林地带，公园随处可见	在树叶间寻食			连串的chweet啷声，最后的	2*		旅鸟	33	鸣禽	否	4～5
102	黄腰柳莺	槐树串儿、黄尾根柳莺、黄腰丝、	*Phylloscopus proregulus*	Pallas's Leaf Warbler	雀形目	莺科	栖息于森林和林缘灌丛地带	喜欢开阔的有林地带，公园随处可见	觅食昆虫及幼虫，偶尔吃杂草种子	5～7月	营球形巢于树枝上	choo-choo-chee-chee-chee	2*		旅鸟	34	鸣禽	否	4～5
103	黄眉柳莺	树串儿、槐串儿、树叶儿、白目眶	*Phylloscopus inornatus*	Yellow-browed Warbler	雀形目	莺科	一般常见于森林及林区	喜欢开阔的有林地带，公园随处可见	食虫		地面或泥洞中	swe-eeet	2*		旅鸟	35	鸣禽	否	4～5
104	东方大苇莺		*Acrocephalus orientalis*	Oriental Great Reed Warbler	雀形目	莺科	喜芦苇地、稻田、沼泽及低地次生灌丛	喜欢芦苇及低地灌丛生境；公园各芦苇荡处可见	食物以昆虫为主，也偶尔吃些植物种子	3～7月	巢通常筑在芦苇丛或灌丛中	沙哑似喘息的单音chack	2		夏候鸟	15	鸣禽	是	5～6
105	北灰鹟		*Muscicapa dauurica*	ASIA BROWN FLYCATCHER	雀形目	鹟科	常见于各种高度的林地及园林，但冬季在低地越冬	喜欢栖息在各种高低的树丛中，公园地库周边树林中可见	从栖处捕食昆虫			尖而干涩的颤音tit-tit-	2*		旅鸟	36	鸣禽	否	5
106	斑鸫	穿草鸡、窜儿鸡、红麦鶇、斑点鸫	*Turdus naumanni*	Dusky Thrush	雀形目	鹟科	繁殖期间主要栖息于西伯利亚泰加林、桦树林、白杨林、杉木林等各种类型森林和林缘灌丛地带，非繁殖季节主要栖	乔灌木较多地带，公园地库山坡山桃树上有见	夏季昆虫活跃的时候以各色昆虫为主，主要包括蝗虫、金龟子、地老虎等，可达食	5--8月	通常营巢于树干水平枝杈上，也在树桩或地上营巢，偶尔在悬崖边营巢		2		冬候鸟、旅鸟		鸣禽	否	
107	画眉		*Garrulax canorus*	HWAMEI	雀形目	画眉科	常见于华中、华南及东南的灌丛及次生林	喜欢栖息在灌木丛中，喜欢在腐叶间找食物公园汀步北侧灌木丛、办公区西侧灌木丛中有见	甚惧生，于腐叶间穿行找食			悦耳活泼而清晰的哨音	2		留鸟	28	鸣禽	否	7、12
108	棕头鸦雀	驴粪球儿	*Paradoxornis webbianus*	VINOUS-THROATED	雀形目	鸦雀科	常见留鸟于中等海拔的灌丛、棘丛及林缘地带	常结群在灌木荆棘间窜动，公园灌木丛（紫叶小檗）、乔木林中均可见	主食昆虫也有野生植物的种子	4～7月	营杯状巢于灌木的树杈间	高音的tw'i-tu titi	2		留	29	鸣禽	是	4、5、12

附表　翠湖国家城市湿地公园鸟类名录

（续）

编号	中文名	别名	拉丁名	英文名	目	科	栖息地	园内可见处	食性	繁殖期	巢	叫声	保护等级	受威胁等级	居留类型		生态类型	湿地水鸟	园内可见月份
109	大山雀		*Parus major*	GREAT TIT	雀形目	山雀科	常光顾红树林、林园及开阔林	喜欢栖息在乔木及灌木丛、水生植物间，公园北门区域的树林及饲料房周边柳树上常见	食昆虫或种子	5～6月	营巢于树洞	pink tche-che-che	2*		留鸟	30	鸣禽	否	12.4
110	红尾伯劳		*Lanius cristatus*	Brown Shrike	雀形目	伯劳科	主要栖息于低山丘陵和山脚平原地带的灌丛、疏林和林缘地带，尤其在有稀矮树木和灌丛生长的开阔旷野、河谷、湖	大湖西侧外围	主要吃直翅目蝗科、螽斯科、鞘翅目步甲科、叩头虫科、金龟子科、瓢虫科、半翅	5月下旬到6月中旬	巢多位于林缘及开扩地附近，巢距地高度平均距地为9m，以6～8m最多巢		2		留鸟	31	鸣禽	否	
111	黑枕黄鹂	黄鹂、黄莺	*Oriolus chinensis*	Black-napped Oriole	雀形目	黄鹂科	平原地区、山麓、丘陵地带高大乔木上	喜栖于林丛间，公园各处均可见	昆虫		树上		2		夏候鸟	16	鸣禽	否	4～10
112	灰喜鹊	山喜鹊	*Cyanopica cyana*	Azure-winged Magpie	雀形目	鸦科	山地、田野、村庄附近和城内公园、居民区树木较多地带	喜栖于稀疏林中，公园各处均可见	以松毛虫、金龟子等昆虫为食，秋冬季也吃浆果实和种子	5～7月	用枯枝、纤维、兽毛等营巢于树顶，呈皿状	kwei-kwei	1*		留鸟	32	鸣禽	否	12
113	喜鹊	鹊、客鹊	*Pica pica*	Common Magpie	雀形目	鸦科	山脚、村庄、公园、田园、菜地等，多成对活动	喜栖于稀疏林中，公园各处均可见	以松毛虫、蝼蛄等昆虫为食，也吃小鸟、鸟卵等，秋冬吃谷物、杂草种子	5～7月	以枯枝、细枝、碎纸、纤维、毛等于高树树干端部筑巢	chark-chark	*		留鸟	33	攀禽	否	12
114	达乌里寒鸦	山老鸹	*Corvus dauurica*	Daurian Jackdaw	雀形目	鸦科	栖于林地、泥沼地、多岩地区、城镇及村庄	营巢于开阔地、树洞、岩崖或建筑物上公园冬季荷花塘、天鹅湖上空可见	以果实及动物为食，一些种食腐食	4～7月	巢大，不整洁，材料为木棍、树枝	garp-garp	*		留鸟	34	攀禽	否	12
115	小嘴乌鸦	老鸹、细嘴乌鸦	*Corvus corone*	Carrion Crow	雀形目	鸦科	喜结大群栖息，但不像秃鼻乌鸦那样结群营巢	喜欢取食于矮草地，公园随处可见	取食于矮草地及农耕地，以无脊椎动物为主要食物，但喜吃尸体，常在道路上吃被	4～7月	高树或悬崖凹处				留鸟	35	攀禽	否	12
116	大嘴乌鸦	老鸹、乌鸦	*Corvus macrorhynchos*	LARGE-BILLED CROW	雀形目	鸦科	栖息于平原、山地，多见于村落、农田	喜在高大乔木上、隐蔽草丛中休息、公园天鹅湖、荷花塘种植块及周边树上可见	取食昆虫、鼠类等	5～6月	在高大乔木上营巢	ar-ar			留鸟	36	鸣禽	否	12
117	黑卷尾	黑黎鸡、黑龙眼燕、黑连	*Dicrurus macrocercus*	Black Drongo	雀形目	卷尾科	平时栖息在山麓或沿溪的树顶上，或在竖立田野间的电线杆上，一见下面有虫时，往往由栖枝直降至地面或其附近处	喜栖息在树丛中，公园天鹅湖周边柳树上有见	主食各种昆虫及幼虫，如蝗虫、甲虫、蜻蜓、胡蜂、金花虫、瓢、蝉、天社蛾幼虫	6—7月间	巢以高粱秆、草穗等，以及蛛网网丝等织成浅杯状，常置于榆、柳等树	它的叫声为嘹亮的金属声音，活跃	1*		繁殖候鸟及留鸟		鸣禽	否	
118	八哥	鸲鹆	*Acridotheres cristatellus*	Crested Myna	雀形目	椋鸟科	城郊	喜结群，集结于大树上，或成行站在屋脊上，每至暮时常呈大群翔舞空中，噪鸣片刻后栖息。夜宿于大树或芦苇丛，并与其他椋鸟或乌鸦混群栖息公园办公区、木屋周边可见	以昆虫、植物种子和果实为食	3—7月	巢无固定模式		2		留鸟	37	鸣禽	否	6
119	灰椋鸟	高粱头，竹雀，假画眉，哈拉燕	*Sturnus cineraceus*	WJITE-CHEEKED STARLING	雀形目	椋鸟科	栖息于平原或山区的稀树地带	喜欢栖息在接近水域的林缘地带，公园荷花塘西侧外围灌木丛、木桥西侧柳树上可见	取食于农田	5-7月	繁殖期5～7月，筑巢于树洞中	单调的吱吱叫声	*		留鸟	38	鸣禽	是	4
120	树麻雀	树麻雀、家雀、老家贼	*Passer montanus*	Tree Sparrow	雀形目	雀科	居民区的屋檐、牲口栏、草堆等地	喜栖于乔灌木丛林间，公园随处可见	以各种农作物种子为食，也吃野生植物、杂草种子和昆虫	4～6月	筑于屋檐墙缝等处的洞中		*		留鸟	39	鸣禽	否	
121	金翅雀	金翅、绿雀、芦花黄雀、黄弹鸟、	*Carduelis carduelis britannica*		雀形目	燕雀科	金翅雀主要分布在北京地区，其他东部地区也有少量分布。经常可以见成群齐飞	二期	主要取食植物，如草籽、松籽等，也吃少量谷物，夏季兼食昆虫	3～7月	在松、杨、竹、榕等树上营巢巢成杯状，以杂草，细根等物构成，外敷				留鸟	40	鸣禽	否	
122	黑尾蜡嘴雀	蜡嘴、小桑嘴、皂儿	*Eophona migratoria*	Black-tailed Grosbeak	雀形目	燕雀科	喜结小群活动在平原或山区的阔叶林或灌丛中	栖于公园各种树林、灌木丛林中公园新木屋周边树上可见	以杂草籽、野生植物种子、浆果、嫩树芽为主，也吃昆虫				*		留鸟		鸣禽	否	7
123	长尾山椒鸟		*Pericrocotus ethologus*	LONG-TAILED MINIVET	雀形目	山椒鸟科	主要栖息于山地森林中	喜欢在开阔的高大树木及常绿林的树冠上空盘旋降落，公园人工处理湿地对岸的柳树上	主要以昆虫为食		通常营巢于海拔 1000m-2500m 的森林中乔木树上，也在山边树上营巢	甜润双声笛音pi-ru.	2		留鸟	41	鸣禽	否	5
124	小鹀	虎头儿、红脸鹀	*Emberiza pusilla*	Little Bunting	雀形目	鹀科	栖息于平原至山地的树林、灌丛、草地及农田，春季结小群，秋季结大群，冬季分散或单独活动，甚胆怯，即使迁徙	喜欢栖息在隐蔽的灌草丛中，公园随处可见	主要在地面取食草籽、谷物及昆虫				*		旅鸟/冬候鸟		鸣禽	否	4～5
125	三道眉草鹀	韩鹀、山带子、山麻雀、小栗鹀	*Emberiza cioides*		雀形目	鹀科	栖息在低山，丘陵的低矮灌木丛草丛中	荷花塘定植块	以植物种子为主，也吃昆虫			zit-zit-zit	*		留鸟	42	鸣禽	否	4～5
126	黄喉鹀	黄眉子	*Emberiza elegans*	YELLOW-THROATED BUNTING	雀形目	鹀科	栖于丘陵及山脊的干燥落叶林及混交林。越冬在多阴林地森林及次生灌丛	喜欢栖息在水边的林缘灌丛中，公园地库周边树林中有见	以昆虫和昆虫幼虫为食，繁殖期间几全吃昆虫	4月末至6月初	繁殖于西伯利亚东南部及黑龙江北部或北朝鲜及邻近的中国东北地区，越冬	便高声tzik.	*		留鸟	43	鸣禽	是	12

注：①.保护等级为Ⅰ：国家一级，Ⅱ：国家二级，1：北京市一级，2：北京市二级，*：国家保护的有益的或者有重要经济、科学研究价值的野生动物；
②受威胁等级为根据2004年IUCN红色名录CR：极危，EN：濒危，VU：易危，NT：近危；

关于屋顶绿化在城市环境建设中的作用及发展的思考

——以海淀区屋顶绿化现状为例

杨 颖 北京市海淀区园林绿化局 北京 100089

摘 要： 随着城市建筑用地与绿化用地矛盾的日益紧张，发展屋顶绿化，发挥植物生态效益，缓解城市“热岛效应”已势在必行。本文通过分析海淀区2005年至2009年5年间屋顶绿化发展现状的数据，提出屋顶绿化目前存在的问题，并阐述了促进屋顶绿化发展的建议与设想。

关键词： 屋顶绿化；生态作用；海淀；北京

在城市建筑日益增加的今天，城市中的大绿地日益稀缺，建设用地与绿化用地之间的矛盾日趋尖锐，因而开发建筑物顶面用于绿化建设，增加城市绿化面积，降低城市建筑能耗，缓解城市“热岛效应”已势在必行。

屋顶绿化作为一种特殊的园林形式，它有诸多不同于地面绿化的特殊性和复杂性，它以建筑物屋顶平台为依托，综合建筑、园林等专业学科，将建筑物的空间潜能与绿色植物的生态效益充分结合，是当代城市园林发展的新方向。

1 屋顶绿化的发展历程

屋顶绿化起源于西方国家，其发源地是公元前2000年左右古代苏美尔人所建的大庙塔，而真正的屋顶花园是“古代世界七大奇迹”之一的古巴比伦“空中花园”。20世纪60年代以后，受到西方发达国家广泛关注，英过、美国、德国、日本等国相继建造了各类规模的屋顶绿化工程。1959 年美国建成的具有高技术含量的奥克兰市凯泽中心屋顶花园，被认为是现代屋顶花园发展史上的一个里程碑。

我国随着改革开放进程的深入，自20世纪60年代起才开始研究屋顶花园和屋顶绿化的建造技术，80年代后期逐步探索发展，2000年后在上海、天津、杭州、成都等城市屋顶绿化迅速崛起。

北京自1983年在长城饭店建成了北方地区第一座屋顶花园后，一直在不断探索、尝试屋顶绿化的新技术与材料，积累屋顶绿化的经验。2005年市政府首次把屋顶绿化列入控制城市大气污染重要措施，把屋顶绿化10万m^2列入“为民办55件实事”，正式出台北京市地方标准《屋顶绿化规范》（DB2005/11-23）；2006年北京屋顶绿化协会成立，8月21日市园林绿化局、市财政局、市规划局联合下发了《关于进一步推进本市屋顶绿化工作的通知》，同年市政府将完成屋顶绿化50万m^2列入《北京市“十一五”期间环境保护与生态建设规划》，要求全市每年既定完成屋顶绿化面积至少10万m^2。

目前北京有不同时期建成的屋顶绿化几百余处，面积100多万m^2，仅为城市可做屋顶绿化总面积的1.4%左右，仍大有作为的空间。

作者简介

杨颖／女／1977年生／1999年毕业于北京农学院，本科／海淀区园林绿化局，工程师。

2 屋顶绿化的生态效益

屋顶绿化可以广意的理解为在各类古今建筑物、构筑物等的屋顶、露台、天台、阳台上，先进行防水隔根、蓄排水等专业处理，之后造园、种植花草树木的统称，达到绿化美化屋顶平面的效果。但屋顶绿化的目的并不是为了单纯地美化楼顶景观，更重要的是要发挥植物的生态效益，改善人居环境，净化空气质量，从真正意义上做到节能、低碳。

屋顶绿化的生态效益可归纳为以下几点：

2.1 美化环境、净化空气，改善人居环境

裸露的建筑物顶面不仅影响城市形象，还会增加建筑物的热反射，增加热岛效应。而将屋顶裸露平面进行绿化后，不仅改善了城市空中景观、增加立体性绿化、减小城市噪音，还能吸附空气中大量的尘埃，减少大气灰霾，吸收二氧化碳，释放新鲜氧气。一个城市如果把屋顶面积全部利用起来进行绿化，城市上空的二氧化碳将减少80%左右。

如按北京建成区现有的6979万m^2建筑平屋顶面积的30%进行屋顶绿化计算，可提高城市绿量769.8万m^2，使绿地每年滞尘量增加192.45t，全年吸收二氧化硫量增加3.95t，大大改善大气质量及人居环境。

2.2 节能降耗，缓解城市能源危机

北京多年来大规模地进行城市建设，道路、高架桥、高层建筑等发展迅猛，这些建筑到了夏季就变成了城市的“加热器”，加剧了城市的“热岛效应”。建筑物顶面夏季最高温度可达78℃，但如果将屋顶进行简易绿化后可使顶面温度降低20～30℃，室内温度降低2～3℃，按空调调高1℃节约10%左右的用电负荷计算，屋顶绿化可起到降低用电负荷约20%～30%的作用，大大缓解城市的夏季电力紧张情况。

另外，屋顶绿化的生态隔热保温特性还可保护屋顶建筑材料免受高低温、光辐射等自然因素的损坏，延长屋顶建材的使用寿命，实现资源节约。

2.3 缓解城市排水压力

屋顶绿化可截流64%的雨水，有利于城市水资源的良性循环，在储蓄、利用天然降水的同时，减少雨水直排对地面的冲积，减缓城市排水压力。另外，屋顶绿化的种植基质、植物，还具有收集、过滤雨水的功能，经处理过的雨水可以浇花、洗车，甚至可以作为饮用水。

2.4 种植蔬菜、药材等作物，创造经济效益

由于屋顶光照通风条件好，空气湿度相对较小，昼夜温差大，病虫害少，在屋顶开发生态农业特别是种植药材，单产是地面的一倍，可以创造可观的经济价值。

3 屋顶绿化的类型

依据北京市地方标准《屋顶绿化规范》[1]的相关规定，屋顶绿化可分为：简单式屋顶绿化及花园式屋顶绿化。

简单式屋顶绿化要求建筑静荷载大于等于100kg/m^2，在进行隔根防水、蓄排水、过滤等前期工作后，利用低矮灌木或草坪、地被植物进行屋顶绿化，不设置园林小品等设施，一般不允许非维修人员进入活动，施工成本约为85～200元/m^2；而花园式屋顶绿化要求建筑静荷载大于等于250kg/m^2，选用小型乔木、低矮灌木和草坪、地被植物进行屋顶绿化植物配置，适当设置园路、座椅和园林小品等设施，可以为人们提供一定的游览和休憩活动空间，施工成本约为300～800元/m^2。

4 国内外屋顶绿化政策法规的动态

西方发达国家、国内部分城市为了成功推广屋顶绿化，出台了相关的强制性法律、法规及优惠政策，如德国政府立法要求新建筑平顶必须做屋顶绿化，否则不准建设，老的建筑屋顶进行屋顶绿化，会得到25%的绿化经费作为补助金；日本将“屋顶绿化”计入建筑绿化总面积以及贴补体积率，给予赞助金、低率融资等优惠政策；成都2005年明确市区范围内建筑竣工时间在近20年以内、产权明晰、满足房屋建筑安全要求的建筑均应根据条件实施屋顶绿化；上海市2006年将屋顶绿化写入《上海市绿化条例》，从法律方面支持屋顶绿化的推广，要求新的住宅和商务楼，在规划之初就要做出屋顶绿化设计；杭州市2007年市建委、市绿化委员会、杭州市园文局等单位出台

了关于屋顶绿化发展的政策，要求所有的新建建筑都必须进行屋顶的绿化美化，而且屋顶绿化与主体建筑的设计、施工、验收同时进行，屋顶绿化被计入小区的绿化率，等等。

5 海淀区的屋顶绿化现状及存在问题

5.1 海淀区屋顶绿化的开展情况及数据分析

海淀区自2005年来，开始大力推广屋顶绿化工作，结合政府专项资金补助的鼓励政策，当年实现4个街道辖区内6个单位共1.4万m^2的屋顶绿化。2006、2007年，海淀区抓住“办好奥运会”、“建设宜居城市”的良好时机，以及依靠市园林绿化局、市财政局、市规划委员会联合下发的“通知”的政策支持，两年完成屋顶绿化面积近6万m^2，掀起了屋顶绿化的高潮。5年多来，海淀区摸索出“坚持政府行业引导，财政专项资金补助，街道鼓励、督促，单位积极实施”的模式，倡导屋顶绿化因地制宜、形式多样、安全第一、科学施工。从2005年至2009年，海淀区共实施屋顶绿化44处，完成屋顶绿化面积共15.7万m^2，涌现出一批优秀屋顶绿化项目，如香格里拉、北京口腔医院、科技部大楼等。其中简式绿化26处，约8.7万m^2，占屋顶绿化实施总面积的55%；复式绿化18处，约7.0万m^2，占屋顶绿化实施总面积的45%。

由此可见，简式屋顶绿化由于对楼体要求、施工难度及施工成本相对较低等原因，较易推广，实施数量多，实施面积较大；复式屋顶绿化受屋顶建筑结构、承重、防水等硬性指标要求高的制约，且实施成本及后期养护费用高，因此实施数量少，实施面积较小。

从屋顶绿化实施单位的类型看，居住区屋顶绿化为4处，占屋顶绿化实施总量的9%；学校、医院屋顶绿化为7处，占屋顶绿化实施总量的16%；政府机构、部队屋顶绿化为16处，占屋顶绿化实施总量的36%；商务楼、写字楼屋顶绿化为17处，占屋顶绿化实施总量的39%。

由此可见，屋顶绿化工作在政府机构、部队以及商务楼、写字楼较易推广，实施数量多；在学校、医院需加大推广力度，目前实施数量较少；在居住区极难推广，实施数量仅占实施总量的9%。

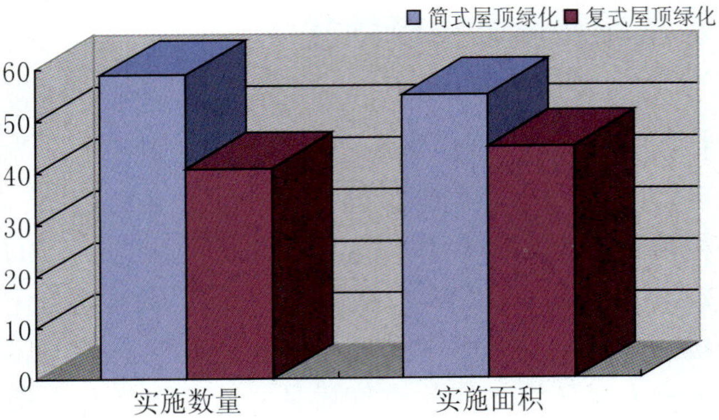

图1 简式、复式屋顶绿化实施数量及面积

5.2 海淀区屋顶绿化工作目前存在的问题

5.2.1 对屋顶绿化的宣传力度不够，致使群众认知度小，推广难度大

现阶段屋顶绿化的宣传力度还远远不够，缺乏对其改善人居环境量化数据以及新技术、新材料应用等相关内容的系列报道，百姓不能切实了解屋顶绿化对改善环境质量的贡献，不能从技术角度上排除人们心中对漏水、承重等问题的疑虑，不能统一大家对屋顶绿化实施价格的认识，致使屋顶绿化的推广难度大，尤其是居住小区的屋顶绿化工作。

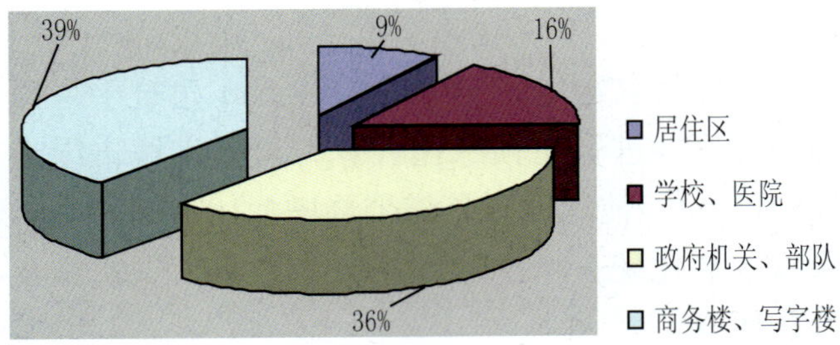

图2 屋顶绿化实施单位类型

5.2.2 缺乏鼓励、引导性政策，以充分调动实施单位积极性

尽管2006年市园林绿化局、市财政局、市规划委员会联合下发了《关于进一步推进本市屋顶绿化工作的通知》，鼓励和支持新开发的居住小区开展屋顶绿化美化工作，符合实施条件的老旧建筑适度开展屋顶绿化，同时，明确了符合相关条件的屋顶绿化按实有面积的1/5计入绿化用地

面积指标以及市、区财政进行资金补贴的有效激励机制，为推动北京市的屋顶绿化工作奠定了坚实基础。但是“通知”与国、内外成功开展屋顶绿化城市的政策相比，在法律层面上还有很大差距，缺少强有力的支持，致使出现建设单位为节约资金不按屋顶绿化要求设计屋顶的承重荷载、结构等情况，后期根本无法实现屋顶绿化。

5.2.3 施工单位良莠不齐，缺乏施工规范、施工定额等，无法确保施工质量，施工报价混乱

由于施工企业资质中未包含屋顶绿化的施工范畴，造成实施单位不易考量施工企业的真正实力，同时又缺乏屋顶绿化的施工操作手册及质量标准、屋顶绿化材料的质量要求、屋顶绿化验收规范、施工定额组价等相关规定，致使实施单位花冤枉钱，施工质量差。

5.2.4 植物品种、实施类型单一

屋顶绿化实施单位由于看到施工简便、造价低等特点，通常选用种植佛甲草进行简单绿化的方式，但品种单一极易爆发病虫害，而且使用者易感到景观单调缺乏层次感。

5.2.5 后期缺乏精细养护管理，屋顶绿化成果不易留存

由于屋顶绿化的植物生长受早晚温差大、风力强、水分蒸发快、种植基质薄等原因影响，后期养护管理工作尤为重要。一旦管护单位出现不及时浇水、补充种植基质、防治病虫害、拔除杂草等管理疏漏，轻者会造成植物长势弱、观赏效果差的后果，重者则会出现植物大面积死亡，屋顶绿化成果荡然无存。

6 促进屋顶绿化发展的几点建议

6.1 加大对屋顶绿化的宣传力度，为快速推进屋顶绿化工作奠定基础

通过各种形式进行屋顶绿化宣传，及时将屋顶绿化的生态作用、技术成果、操作形式等新动向通告给全社会，在提高全社会对屋顶绿化的认知度的同时，调动全民参与屋顶绿化的积极性，卸下大家思想上的包袱，为稳步开展屋顶绿化工作奠定良好的基础。

6.2 积极探索屋顶绿化的新技术、新材料、新方法

结合多年来屋顶绿化实施过程中的经验教训，不断探索、尝试屋顶绿化的新形式、新技术、新材料，筛选出适宜屋顶生长、便于后期养护的植物品种，逐步攻克以往屋顶绿化受楼体限制大、施工费用高等难题，寻求一条安全、便捷、效果好、易推广的屋顶绿化新路。比如近年来采用的Pvc-GF防水隔根层卷材、蓄排水隔根板等新型材料，加厚型无土草坪、组合式盆栽箱等屋顶绿化新技术。

6.3 尽快出台适合北京现状的政策、法规，实现建管并重

目前大部分用于屋顶绿化的屋顶均非公共绿地，产权归建设单位或使用单位，因此必须制定强制性屋顶绿化政策，要求所有的新建建筑必须进行屋顶绿化，而且屋顶绿化要与主体建筑的设计、施工、验收同时进行，才能有效地提高屋顶绿化实施率。同时可以实行将屋顶绿化计入小区的绿化率，减免一定的税收等优惠、鼓励政策，来提高实施单位的积极性。

另外，为了确保屋顶绿化成果，督促管护单位尽责，将屋顶绿化养护检查纳入园林行业检查，并制定相应的奖惩政策。将已实现的屋顶绿化项目建立养护管理台账，明确养护单位职责、管护标准；对养护专业检查中管理好的单位进行表彰，政府可参考市园林局确定的标准（简式屋顶绿化养护定额10元/m^2·年、花园式屋顶绿化养护定额20元/m^2·年）给予管护单位养护资金补助，并对养护管理差的单位进行通报批评。

6.4 结合“十二五”规划，做好屋顶绿化资源普查工作，制定屋顶绿化长远期规划

依据《屋顶绿化规范》的相关技术要求，并结合“十二五”规划重点，对辖区内可进行屋顶绿化的现有建筑进行普查，按建筑使用性质进行划分，从较易推广的写字楼、商用楼、部队及政府机关办公楼入手，加大对医院、学校等公益性建筑的推广力度，制定可行的发展规划，稳步推

进屋顶绿化工作。

6.5 规范施工企业行为，明确施工质量、验收等相关要求，提高施工质量

由于近期不可能实现由建设部评定屋顶绿化施工企业的资质，建议先由北京屋顶绿化协会、市园林局等部门推荐数家实力强、施工质量好的施工企业进行专业化施工。同时，尽快出台施工及验收质量标准，施工定额等相关规定，使屋顶绿化工程逐步规范。

参考文献

[1] 屋顶绿化规范[S].北京：DB11/T.281-2005

综合研究篇

园林是一门综合学科，包含着人文、历史、社会、艺术、建筑、自然等众多学科内容，因此园林绿化要上水平，各个学科需联动发展。

北京市园林绿化废弃物资源化再利用现状及思考

孙向阳[1]　徐　佳[2]　杜建军[2]

1北京林业大学水土保持学院　北京　100083；

2北京市园林绿化局　北京　100029

摘　要：介绍了园林绿化废弃物资源化再利用的模式及原理，对国内外园林绿化废弃物再利用的政策、措施、技术和现状情况进行了阐述。在阐述了北京市园林绿化废弃物再利用现状的基础上，提出了针对北京市的建议和展望。

关键词：园林绿化废弃物；资源化再利用；循环经济；堆肥；花木基质

随着生态城市的建设，北京市绿化面积不断扩大，园林绿化废弃物的数量日益增加，已经成为城市发展中不容忽视的环境问题。园林绿化废弃物(garden waste,也有称yard waste，yard trimming)是指园林植物自然凋落或人工修剪所产生的枯枝、落叶、草屑、花败、树木与灌木剪枝及其它植物残体等，也有人称之为园林垃圾或绿色垃圾。它们虽然在表面上是废弃物，但由于其主要成分为有机质，因而再利用潜能和价值巨大，可以通过进一步加工，生产有机肥、花木基质和土壤改良基质等。这些废弃物如果处理不当，不仅影响城市美观，而且还可能引起大气、水体和土壤的污染，从而影响城市居民人身健康和生态城市建设。

通过对北京地区园林绿化废弃物的调查结果表明，北京市园林绿化废弃物产生量巨大，但是利用率却偏低。传统的做法是将这些废弃物填埋或焚烧，不仅造成资源浪费、环境污染，而且也要花费运输和处理资金；如果进行资源化再利用，虽然同样需要处理费用，但可以得到腐殖质丰富的有机肥或再进一步加工成栽培基质，替代泥炭等不可再生资源的使用，对于园林内部的循环经济及整个城市的生态环境建设，将具有重要的意义。

1　园林绿化废弃物资源化再利用的主要模式及原理技术

园林绿化废弃物通常成分以有机质为主，纤维素、木质素含量较高。针对园林绿化废弃物的特点，合理的处理方式应该是减量化、资源化及再循环利用。目前国内外主要的途径包括堆肥发酵、高温厌氧惰化(炭化)技术，生物质能源处理技

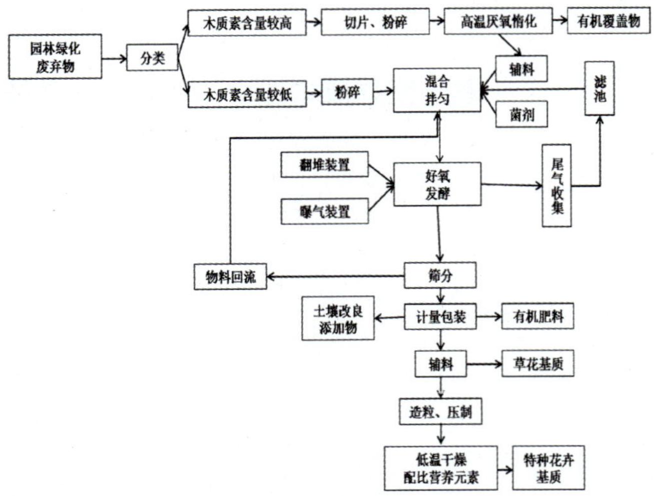

图1　园林绿化废弃物资源化再利用技术路线

作者简介

孙向阳/1965年生/北京林业大学水土保持学院教授、博士生导师。

术等，通过这些工艺可以将园林绿化废弃物生产成为有机肥、土壤改良调节剂、花木栽培基质以及生物质能源等产品，从而达到变废为宝、循环利用的效果。其技术路线如图1。

堆肥是园林绿化废弃物处理的主要技术之一。园林绿化废弃物进行堆肥处理，将其中的有机可腐物转化为土壤可接受且迫切需要的有机营养物或腐殖质,不仅能有效的解决园林绿化废弃物的出路，解决环境污染和垃圾无害化，真正实现“3R”原则，即减量化(reduce)、再利用(reuse)和再循环(recycle)的循环经济模式。

1.1 堆肥化处理

园林绿化废弃物耗氧堆肥生产流程总体来说可分为3个步骤：第一步，把收集的树枝等进行一次粉碎或二次粉碎后，使其成为直径1毫米左右的颗粒，树叶、杂草可直接粉碎。第二步，把粉碎后的原材料投入发酵槽中，其厚度在50cm以上，调节C/N比、添加适宜菌剂和适量的水。第三步，每天进行1.5小时以上的搅拌，并定期加入一定原料。上述是槽式堆肥的简单步骤，如进行条垛式堆肥则是将园林绿化废弃物粉碎后按照一定的堆体体积进行堆制，再调节其含水量、C/N比、加入菌剂，并且定期进行翻堆。耗氧堆肥系统温度一般为50~60℃，最高可达80~90℃。这样，经过一定的时间，园林绿化废弃物经过发酵腐熟，最终变成了黑褐色的物质，可用作以下用途。

(1) 土壤改良基质

利用园林绿化废弃物发酵出来的产品是一类腐殖质含量很高的疏松物质，不仅可作为土壤的“调节剂”或者改良剂，还可作为有机肥源。其中含有的数量可观的腐殖质，是复杂的可降解的高分子有机胶体物质，除胡敏素等对植物生长直接起促进作用外，施用于土壤后还能提高土壤的交换容量和保温性，有效地吸附植物生长所必须的N、P、K及微量元素，保持土壤的持久肥力，增加土壤的有机质含量，改良土壤的板结状况。可以广泛用于绿地土壤改良、山区和平原造林、园林植物种植、养护、屋顶绿化等。

(2) 花木栽培基质

园林绿化废弃物通过堆肥处理,由于腐殖酸含量会显著增加，还可以用作替代泥炭基质的原料。在现代园艺业生产中，泥炭作为花木基质已广泛应用于花卉苗木生产，在栽培基质市场中占据了主导地位。但泥炭的大量开发使用致使生态环境破坏，造成严重的环境和资源压力。为了保护湿地生态系统，泥炭资源较少的国家如南欧，很少开发利用泥炭，即使在泥炭资源丰富的国家，泥炭的开采利用也开始受到了限制[1]。因此利用废弃物堆肥产品是很好的替代产品。目前北京林业大学在园林绿化废弃物再利用生产红掌、竹芋、百合以及草花等试验取得了成功，结果表明可以部分或全部替代泥炭基质。

1.2 其他利用途径

园林绿化废弃物中一些大的枝干或树皮等，由于其木质素含量高，不易降解，所以可以利用削片机削片后生产有机覆盖物，用于绿地中裸地覆盖。

园林有机覆盖物有多方面的功能：首先可以保持土壤湿度，阻止土壤中的水分因蒸发作用而散失，使裸露的土壤避免阳光的直接暴晒，从而节省了用水；同时可以有效地控制杂草在花坛中的生长和蔓延；调节土壤温度，防寒保暖，减少越冬苗木冻害；不但可以防治土壤板结，保持土壤的通透性，促进水分的吸收和渗透，有助于减少水土流失，改善土壤结构，覆盖物的分解还能使土壤中的有机质含量逐渐增加，增强土壤肥力；它还能有效阻止灰尘的产生并阻止裸露地表土壤扬尘，防止雨水溅起泥土污染植株等，目前被国外很多国家所利用。在欧美等西方发达国家环境质量较好的城市，绿地上一般有5cm左右的园林覆盖物而非黄土露天。北京市朝阳园林废弃物消纳基地生产的有机覆盖物在自己厂区及来广营等绿化工地开始应用。北京市泛洋园艺有限公司在世纪坛、复兴门桥区也进行了有机覆盖物的示范，均有良好的反映。

将园林绿化废弃物转化成生物质能源也是资源化利用的重要途径之一，目前国内外有一些气化、制沼、生产建材和饲料添加剂、食用菌培养基及碳化等利用先例。但由于园林废弃物的来源复杂，季节或地域差异性较大，分选性差，很难进行集中有效的处理，造成前期投入较大，本身过程耗能较高，得不偿失，在我国目前很难推广。

2 国内外园林绿化废弃物再利用现状及政策

"废弃物"是"放错了地方的资源"。园林绿化废弃物经过适当的处理，它们中的大部分将会对人类社会再次做出贡献。概括世界各国的经验，资源的再利用是一项涉及到社会、经济与环境的综合性系统工程。开展资源的再利用工作必须包括完善的管理体制，强有力的法规和经济手段及合理的技术措施等综合性政策措施体系加以保证实施。

2.1 美国

美国环境保护署1994年专门颁布了园林绿化废弃物和城市固体废弃物堆肥的EPA530-R-94-003法则[2]，对园林绿化废弃物收集、分类、发酵和后加工的工艺程序，相关的法令和标准都有严格规定。"落叶化土"循环模式已在一些地区规模化，美国许多州还规定当废弃物堆肥材料符合土壤改良材料的质量要求时，政府部门就必须购买或使用这些废弃物的堆肥材料，为"落叶化土"找到出路。为了提高园林绿化废弃物的堆肥处理率，许多州还专门设立经费或制定各种政策和计划引导园林绿化废弃物的堆肥利用，如：成立专门的堆肥协会引导园林有机废弃物的堆肥；给经营园林绿化废弃物的生产厂家提供购买机械用的贷款；对不同居民数量和园林绿化废弃物产量进行估算以确定堆肥厂家规模、运行的费用等[3]。

纽约等城市中心绿地和城区，庭院有机废弃物的堆肥处理被大力宣传，如由纽约市环境卫生局发起，纽约植物园支持的"布朗克斯行政区绿色垃圾堆肥项目"，目的是教育居民了解堆肥制作、庭院废弃物处理的方法，减少城市固体垃圾中有机物占的比例，并建立永久示范中心来展示各种堆肥箱。纽约植物园建立的永久性堆肥场面积达2787m^2，使交送环卫局处理的垃圾减少了一半。

由于有政策和经费的保障，美国园林绿化废弃物用于堆肥的比例在美国逐年上升。从1990年的12.4%上升至2005年的62%。

为了提高堆肥质量，美国提倡根据季节和地区的实际情况，将树枝、草和叶子分类收集或同时收集。由于较大段的树枝不易降解，因此理想的收集方式是将粉碎之前的树枝和草、叶子分开收集。堆肥还可以根据不同来源的材料性质进行合理配比，如叶子可以和草这种含氮量高、利于发酵的原料混合发酵以获得高质量的产品。

与其他处理方式相比，废弃物的堆肥化处理成本也相对较低。如华盛顿西雅图拉里(Larry)市实践证明，堆肥化处理每吨绿色废弃物能够节省40~55美元，一年约节省41000美元；纽约的矫正服务部门(Department of Correctional Services，DOCS)每年则能够节省564200 美元；圣地亚哥环境服务部门垃圾填埋的费用为42美元/t，而绿色废弃物堆肥处理的费用为22美元/t[4]；伯克利市绿色废弃物填埋处理的费用为40美元/t，而堆肥处理的费用为26美元/t[5]；帕罗奥多(Palo Alto)市废弃物堆肥生产的费用为18美元/t，远远低于填埋所需费用。

2.2 英国

1996年英国政府对进入填埋场的有机废弃物收取一定税收，主要目的是使填埋逐渐成为一种昂贵的处理方法，从而增强其他处理方式(如堆肥再利用等处理方式)在财政上的竞争力，以此来减少废弃物对填埋场的依赖[6]。在英国肯辛顿镇(Kensington)和切尔西皇室自治区，政府鼓励居民对绿色废弃物进行收集，在一定的时期会将一定数目的收集袋免费发放给居民，居民也可再额外购买。生物可降解的可重复利用的收集袋的费用为2美元/个，而一次性生物可降解收集袋的费用为0.3美元/个。而有的地区采取收年费的形式，在规定的时间收取居民的绿色废弃物。英国布雷克诺克郡政府提供给居民240L的收集箱，并由专门人员每2周收一次，而居民则需缴纳32英镑的年费[7]。

于美国相同，英国对收集的废弃物的品质也有较严格的限制。英国肯辛顿镇和切尔西皇室自治区规定收集的绿色废弃物只能包括树叶、草坪修剪枝、野草、花、嫩枝和树篱的修剪枝，其中不能含有盆栽的容器、铁丝、塑料、玻璃、沙砾、石头、土壤、直径大于6cm的圆木和树枝等。

2.3 日本

1992年，日本为推进《再生资源利用促进法》的实施确定了39.5亿日元的预算方案，对废弃物减量化和再资源化进行调查、指导和事业补助；农林水产省、建设省也都拿出84.8亿日元和6427万日元预算支持有关资源综合利用技术开发项目。国家对控制污染的设备减税21%，对再生利用设备减税15% 。地方政府对购置废弃物处理设备、加工利用设备免除财产税、土地占用和经营场所税。对从事废弃物处理的工人有关的税收全部实行免税。并且在贷款方面给予特殊的低息贷款。

对于有机废弃物，日本近年来对堆肥化处理投入相当大的人力与财力进行研究开发。日本在乡村及郊区推广好氧发酵的堆肥化系统，在都市地区则采取厌氧性发酵处理系统，以节省土地面积，减少臭味散布。另外日本由企业界出资支持的日本有机物利用协会（JORA）已于2000年8月成立，将在国际民间推动有机物再利用的相关协会合作，推动有机废弃物再利用及建立一致性的有机废弃物处理产生堆肥的品质标准等，并且推动了其产业化的发展。

在日本，采取多种堆肥方法来处理绿化废弃物；使用树皮堆肥发酵制作肥料，使用可移动的粉碎设备将树木的剪枝等就地粉碎后堆肥，鼓励家庭制作活性堆肥；各类发酵剂和小型堆肥配套机械种类齐全，不少园林绿地都建有配套的堆肥场。

2.4 加拿大

在加拿大，由于地广人稀，经常采取地面铺设的循环方式让庭院废弃物自然降解，也就是将树枝类粉碎处理后进行地面直接覆盖，落叶也可以同样处理。

同时加拿大肥料委员会利用每年5月4日至10日的“全加肥料周”，鼓励市民自制堆肥，以利用废物及减少废物的产生。堆肥是各种有机物，如枯萎的花朵、树叶、用过的纸张及木屑等腐败而转变成的天然肥料。目前，在全加范围内有已有120万个堆肥箱被分发到各个家庭。市民只需将有机废物放入堆肥箱内，约三个月后，便可使用堆肥。

2.5 意大利

布鲁塞尔等较大的城市绿化服务机构较早就开始用混合堆肥的方式处理绿地有机废弃物，城市建有15个大型露天堆肥场，4个安置场，处理绿化废弃物达216000t，由非赢利组织VLACO进行组织和控制质量、进行促销；城市的整个堆肥系统实行质量控制的整体化，更有利于市场的销售[8]。

2.6 其他国家

在葡萄牙等国，植物园成为绿化废弃物堆肥处理最好的宣传阵地，如葡萄牙马德拉植物园等。

德国对园林绿化废弃物采用堆肥化处理，作为资源回收利用的一种方式予以十分的关注，近年来对堆肥化处理投入相当大的人力与财力进行研究开发，制定了Kassel计划，将庭园枯枝、落叶、花草等垃圾，厨房食物残余、果皮等有机废弃物放入生物降解塑料袋，再装入收集桶内进行处理试验。

新西兰规定2010年前将禁止有机废弃物以填埋方式处理，而且也不采用焚化处理，积极推动堆肥化和再利用政策。

2.7 国内

中华人民共和国建设部2007年8月30日建城[2007]215号《关于建设节约型城市园林绿化的意见》中指出“鼓励通过堆肥、发展生物质燃料、有机营养基质和深加工等方式处理修剪的树枝，减少占用垃圾填埋库容，实现循环利用”。另外，北京、上海、广州、深圳等经济发达地区也启动了园林废弃物的循环利用，由政府直接投资建立了一定规模的处置中心。

2.7.1 上海

近几年大力推广了绿化植物废弃物的循环再利用，有10多个区建立了绿化植物废弃物处置场地。另外，上海还主持制定了上海市《绿化植物废弃物处置技术规范》的地方标准，但由于缺少相应政策支持和全市统一的管理，基本也是各个区各自为政，难以形成绿化植物废弃物处置产业化的有效运转。

上海市静安区园林部门将景观树修剪后的枝丫和落叶收集起来，送往市园林科学研究所。这些园林废弃物被送到松江区“落叶化土”实验车间进行循环利用，1m^{3}枯枝落叶加入微生物菌种，经过40天培育，化为0.6m^{3}富含氮、磷、钾等成分的营养土，重新用于绿地养护。由于上海土质偏碱性、有机质含量少，不适合种树栽花，因此以往绿化部门只能从周边省市购买山泥用以建绿。购买山泥不仅耗费巨大，持续开采土壤也会破坏生态环境，并非长久之计。与普通泥土相比，变废为宝的营养土色泽偏黄、质地略显松软，上海技术人员期望这项研究能一举解决枯枝落叶处理与土壤质量两大难题。

2.7.2 广州

华南植物园迁地保育园区占地5000亩，园区内森林葱郁，花木繁茂，有大量的枯枝落叶资源。该堆肥厂以华南植物园凋落的枯枝落叶为生产原料，利用中科院广州能源研究所和华南农业大学的专利技术将枯枝落叶进行高温好氧发酵，快速腐熟与除臭，生产枯枝落叶环保肥。这种环保肥富含有益微生物，钙、镁等中微量元素，兼有无机肥和有机肥的优点，可用于草坪、花卉与苗木生产。

另外，广州市园林基质厂将枯枝落叶等园林垃圾变为植物生长的基质土壤，年处理园林垃圾量占广州市园林垃圾的40%。该厂工作的主要原理是把枯枝落叶粉碎，添加有益细菌，再经过高温发酵制成植物生长的土壤改良剂和高级营养基质等系列产品。变园林垃圾为基质土壤不仅解决了园林垃圾引起的环境问题，也有利于促进城市园林绿化的可持续发展，为广州市产生了良好的生态效益和经济效益。

2.7.3 河南焦作

河南焦作市选用36型粉碎机对收集的树叶集中粉碎处理，然后进行高温腐熟，最终生成优良的腐叶土，供园林花木基肥和盆土使用。河南的工作人员称此项处理：一是减少清运落叶垃圾的路程；二是变废为宝，符合该市全面禁烧有关规定，保持市内空气清新，增加生态和环境效益；三是落叶腐化肥料用于园林生产，可节省肥料盆土费用。

河南省濮阳市今年预计以园林废弃物为原料生产植物栽培基质和生物肥料的总量将达到600吨。经济效益将超过30万元。

2.7.4 北京

2008北京市科委和园林绿化局组织相关单位对北京市园林绿化废弃物再利用情况调查表明：北京市2007年年产园林绿化废弃物236万吨，其中城八区167万吨。其07年总处理园林绿化废弃物1.28万吨，仅占城八区园林绿化废弃物产生量的0.7%。并且调查表明北京市园林绿化废弃物的产生量在逐年递增。

针对日趋严重的环境压力，北京市目前已经出台了《北京市园林绿化废弃物资源化发展规划》。在相关部门特别是北京市科委及北京市园林绿化局的大力推进和支持，西城、朝阳、丰台等区县就解决该问题对相关产业进行了支持，目前朝阳区已经连续两年对从事园林废弃物消纳工作的企业进行资金补助。在朝阳、西城、丰台、顺义、都建有绿化废弃物集中消纳基地，在香山公园、朝阳区绿源公园、翠湖饭店等地也建立了就近消纳基地；昌平、海淀、房山等各区县的园林绿化废弃物消纳厂也正在规划建设当中。在北京市园林绿化局科技处的推动下，从2009年至今已经使用500m^{3}初级堆肥产品用于造林绿化，显著提高了北京市造林水平，为我国造林事业和碳汇管理开拓了新的思路。

2009年以来，北京市园林绿化局组织科研单位进行园林绿化废弃物技术攻关，相关工艺和产品在北京市园林绿化展览会向全民展示。并先后多次组织全市园林绿化系统在朝阳、丰台、香山等地召开现场会和培训会，取得了良好的效果。

北京市科委在2009年启动了“北京市园林绿化废弃物资源化再利用关键技术研究与示范”的重大项目，展开对相关技术的攻关有效推动了该项事业的发展。北京市发展改革委员会也进行了相关技术路线的调研，拟在2011年在全市范围内全面启动该项事业。

在消纳基地方面，北京市目前既有政府组织的也有民间自发的许多形式的企业。北京市朝阳园林废弃物消纳基地位于金盏乡马各庄村东，紧邻高安吞垃圾处理场，占地25亩。项目于2007年5月开始建设，2007年11月份开始生产。目前已完成投资350万元，建成了600m^{2}的加工车间，100m^{3}的发酵池，200m^{2}的储料棚，250m^{2}的管理用房，变电、输电、给排水等基础设施基本完备，处理场购置美国原产的威猛600树枝粉碎机2台、碎草机2台、翻倒机1台以及传送机械、混料机、灌装机等加工机械。目前，处理场已具备年处理各类园林废弃物2万m^{3}的能力，能够生产有机基质、生物有机肥、园林覆盖物三大系列产品。

东坝苗圃土壤基质加工厂位于北京市西城区东坝苗圃，是由北京市西城区园林市政工程服务中心在北京率先建立的首条土壤基质生产线。生产车间由粉碎机、输送带、自动行走搅拌机、微生物降解池等组成。占地总面积2500m^2，其中发酵生产车间113m^2，设计能力日处理5吨园林绿化废弃物。2005年在西城区政府的支持下，由西城区园林局投资150万建成。引进了一套由法夫曼生物科技(北京)有限责任公司研制生产的处理树枝、落叶、碎草等园林绿化垃圾的大型微生物转化设备。2006年春季正式投入使用以来，一些公园、街道的落叶枯枝等被运到这里进行处理。目前西城区园林局准备对该基地进行扩建，力争西城范围内园林废弃物的零排放。

丰台区草桥植物垃圾处理厂的车间位于南四环外，隶属于北京市花木花乡集团，占地近5000m^2，划分为堆料区、粉碎区、发酵区和加工区四部分。被粉碎的绿色垃圾经过加水、添加辅料等程序后，被推入发酵池，通过微生物分解发酵后，变成初步的肥料。这些肥料目前可适合菊花、草坪等采取粗放型种植方式的花卉。后期经过添加氮、磷、钾等元素，可以生产出适合兰花等室内中高档花卉的肥料和营养土。此外，还准备建立以“绿色垃圾”为原料的花卉种植所需的有机肥和基质肥加工厂。

香山绿化废弃物处理基地位于香山公园花卉基地，占地280余m^2，2006年由香山公园出资建设并于当年正式投入使用，是典型的公园式自产自销处理模式。具有单栋单膜温室，温室两侧有自动卷帘设计，通风透光；一台大型的柴油驱动粉碎机，主要进行树枝的粗粉碎；一台小型的电驱动垂片式粉碎机，可进行二次粉碎，粉碎完粒径适宜堆肥使用；还有一台可人工开动的翻堆机，在进行条垛式堆肥中进行翻堆使用，操作简单易行，省时省力。

纵观北京市的综合情况，我们在科技、宣传、政策、企业等方面均居全国领先地位，但和世界发达国家和城市相比，还有一定差距，特别是在政策和资金补助方面还缺乏全市统一的规定，这需要我们社会各界的共同努力和推动，才能真正使之成为园林绿化系统的循环经济。

3 园林绿化废弃物再利用建议及展望

3.1 加强宣传，提高公民环保意识，制定相关政策法规

从根本上解决园林绿化废弃物资源化再利用的问题，政府和公民均需要重视和关注，并有相应的法律法规保障。中华人民共和国建设部2007年8月30日建城[2007]215号《关于建设节约型城市园林绿化的意见》中指出“鼓励通过堆肥、发展生物质燃料、有机营养基质和深加工等方式处理修剪的树枝，减少占用垃圾填埋库容，实现循环利用。”但是不够具体和详尽。还应尽快完善这方面的法律法规，并从源头进行垃圾分类，并让社会各界人士认识到处理不当造成的污染和危害。同时相关部门如发改委、市政市容、园林绿化、环卫等要统一配合， 做到政策、资金、人员和工作的相互协调，实现园林绿化废弃物的零排放。

3.2 科学规划、正确选址、合理布局

园林绿化废弃物再利用应结合各地区的地理环境、人居状况、交通状况，分别选择不同的技术路线，从厂址的选择，运输路线的比较等方面进行全面科学的规划，采用就近处理与集中处理相结合，从而减少处理费用，在园林绿化系统内形成一个独立的循环产业。

3.3 加大政府扶持力度和资金投入

由于园林绿化废弃物处理和利用是一项社会公益事业，政府应该考虑给相关企业和部门以政

图2 推介会展示现场

图3 北京市朝阳园林废弃物消纳基地

图4 北京市东坝苗圃土壤基质加工厂

图5 丰台区草桥植物垃圾处理厂

图6 香山公园绿化废弃物处理基地

策和资金支持。园林绿化废弃物既是城市垃圾，本身处理需要费用,又是和有机肥相类似的有机产品，也理应享受和农用有机肥相似的补助政策。因此无论从哪个角度都应该享受资源再利用的政策补贴，使之能和单纯消耗资源的企业竞争，实现良性循环。

在北京市还应提倡园林部门优先采购再利用产品，以政府采购行为推动全市对园林绿化废弃物再利用的支持。政府采购所起的资源配置效应的示范力量很大，有助于产业从幼稚向成熟过渡。

同时政府也应给予相关科研院校及单位长期稳定、相对充足的科研经费支持，提升园林绿化废弃物资源化再利用基础研究和应用研究在自主创新中的作用，早日实现关键技术的突破和示范应用推广。

3.4 建立良好运行机制

北京市应率先将园林绿化废弃物再利用的循环经济作为一项政策，在宏观国家层面、中观区域层面和微观企事业层面逐步实施，逐步形成“政府主导、公众参与、法律规范、市场推进、政策扶持、科技支撑”的运行机制。希望通过努力，率先在北京建立资源循环型园林绿化废弃物的处理模式，打造“科技园林、绿色园林、生态园林”，为建立和谐绿色的首善之区，为北京的生态环境建设和保护事业做出贡献。

参考文献

[1] Cailile W R. The effects of the environment lobby on the selection and use of growing media[J]. ActaHort,1999,481:587-596.
[2] Jan B,etal.EPA530-R-94-003.Composting Yard Trimmings and Municipal Solid Waste [R].Environmental Protection Agency,1994.
[3] Robert S.How much does it cost to compost yard trimmings[J].Biocycle,1996(9):39-42.
[4] 范海荣，华珞，傅桦等.城市垃圾堆肥的生态效应与对策研究[J].土壤，2004,36(5):498- 505.
[5] Dominic H,Josef B,Enzo F,et al. Comparison of compost standards within the EU, North America and Australasia[M].TheWaste and Resources Action Programme, 2002: 37.
[6] Turner R K,Salmons R,Powell J,Craighill A.Green taxes,waste management and political economy[J]. J Environ Manag,1998, 53: 121- 36.
[7] 梁晶，吕子文，方海兰.园林绿色废弃物堆肥处理的国外现状与我国的出路[J].中国园林，2009. (4).01-05
[8] 周肖红.绿化废弃物堆肥化处理模式和技术环节的探讨[J].中国园林，2009. (4).07-11.

北京市园林绿化废弃物资源化利用的现状

李芳　勇伟　刘倩　北京市园林科学研究所 北京 100102

摘要： 园林绿化在改善生态环境的同时，其产生的废弃物的消纳成为急需解决的问题之一。通过对北京市园林绿化废弃物资源化利用的迫切性的分析，以及对北京市现有集中处理厂和就近处理单位的处理车间、使用的设备和处理技术，以及目前相关科研情况等调研的基础上，提出加快实现园林绿化废弃物资源化利用的建议。

关键词： 园林绿化废弃物；资源化；现状；建议

北京要建设世界城市，随着建设的推进，节能环保、低碳、生态的观念已深入人心。在建设世界城市中，园林绿化在改善生态环境中发挥着重要的作用，如降温增湿、释氧固碳、吸收有毒气体、降低粉尘污染、减轻噪声，抵御和消减工业化发展对城市环境造成的负面影响等，园林绿化带来明显生态效益的同时，所产生大量的枝干、落叶、草屑及其他绿化修剪物等，这些废弃物的消纳成为北京市急待解决的问题之一。

1 园林绿化废弃物资源化利用的迫切性

1.1 大量的园林绿化废弃物迫切需要消纳。

园林绿化面积呈现逐年增加的趋势，北京市建成区1985年的统计数据与2009年相比，人均绿地面积由5.14m^{2}增加到 49.5m^2；绿化覆盖率也由20.10%增加到44.4%。绿化面积增加，园林绿化废弃物的产生量也随之增加，北京市2007年年产园林绿化废弃物236万吨[1]。据初步估算，全市每年综合投入2.5亿元消纳园林绿化废弃物。园林绿化废弃物消纳方式主要是与生活垃圾一起被运往垃圾填埋场进行填埋，其次是焚烧，该方式已被逐步取消，但在一些郊区县地区，有时还能看到当地居民自行焚烧树枝、树叶的情况。目前，北京80%园林绿化废弃物与生活垃圾一起被运往垃圾填埋场填埋，资源化处理率仅占2%～3%。大量的园林绿化废弃物通过不正确方式排入环境，不仅占用宝贵的土地资源，而且严重污染周围环境，破坏生态平衡。目前园林绿化废弃物处理不仅给城市环境造成了很大的压力，而且成为园林绿化行业面临的重大难题。

1.2 花木生产需要大量新型花木基质

经过近20余年的发展，北京已成为我国重要的花卉物流、交易、信息和科研中心。据调查，2006年北京全市花卉销售额4.61亿元，2007年比2006年增长28.42%，达到5.92亿元[2]。随着人们生活水平的提高，北京花木的种植面积不断扩大，花木基质的使用量也与其成正比增加。我国泥炭基质虽然价格便宜，但在物理、化学性质等多项指标上，与国外泥炭产品的差距不能全面满足我国农林园艺单位和用户的需求。据行业内估算，2006年全国进口泥炭约有5.4万方[2]。高档花卉基质主要靠进口基质，与国内基质相比，价格昂贵，但国产基质的通透性、保水性等性状不佳，花卉长势较差。而且泥炭作为目前全球广泛使用

作者简介

李芳／女／1973年生／2003年博士毕业于中国农业大学／北京市园林科学研究所，高级工程师／主要从事园林植物营养、节约型园林等方面科研工作。

的花木基质原料，是一种不可再生的自然资源，过量开采会导致其湿地环境的破坏，因此急需开发花木替代基质。理论研究表明园林绿化废弃物可以作为生产新型花木基质的主要原料。

1.3 改善城市绿地土壤质量的需要“落叶归根”

城市建设的扩大，造成北京市绿地土壤垃圾土比重增加、土壤板结，有机质含量降低等问题，使得土壤质量严重下降，长久下去不仅增加了园林绿化管理的成本，而且严重影响城市环境质量以及人们的生活质量。北京城市绿地土壤十分贫瘠，将园林绿化废弃物资源化处理，可变成绿色有机肥料或土壤改良添加物，施入土壤可显著提高土壤有机质含量，改善绿地土壤质量。

1.4 预防沙尘天气需要覆盖裸露的绿地地面

北京市的沙尘天气问题一直困扰着市民的生活，城市裸露的地表，也是城市沙尘来源之一，因此城市裸土覆盖日益成为一个迫切需要解决的问题。近年来，北京市提出了“城区黄土不露天”的目标，而用园林绿化废弃物生产的有机覆盖物覆盖裸土正是治理城市扬尘污染的一种简单有效的办法。

1.5 建设绿色环保城市需要将园林绿化废弃物资源化再利用

北京市每年产生大量的园林绿化废弃物，具有极高的再利用价值，但是由于技术及政策的原因，大部分的园林绿化废弃物与生活垃圾一起进入填埋场，既增加政府对垃圾的处理成本，又浪费有限宝贵的土地资源，还对环境产生长久的危害，污染地下水、土壤及大气。将园林绿化废弃物资源化利用是建设绿色环保城市的一个方面。

1.6 建设世界城市发展循环经济需要园林绿化废弃物的循环再利用

发展循环经济，建立节约型城市将是世界城市的一个具体体现。目前必须把城市中各种绿化场所产生的“园林废弃物”资源化利用好，将“世界上本没有垃圾，只是放错了地方的资源”的理念运用于发展园林绿化废弃物再利用的循环经济上。产生于城市中园林绿化废弃物经过处理后用于改良绿地土壤、覆盖裸露的绿地地面、作为花木基质生产花卉等，在城市内部形成了园林绿化废弃物物质代谢的闭路循环，从园林绿化废弃物处置处理及利用层面推进循环经济发展。

2 北京市园林绿化废弃物处理情况和相关科研情况

2.1 北京市园林绿化废弃物部分集中处理厂的基本情况

目前，北京市建成的园林绿化废弃物资源化处理基地（厂）是一些基层部门自发行为。其处理车间的发酵池、使用的机器、堆肥过程控制等也是各异的。还有，这些基地缺乏系统性的管理和技术措施，再加上政策的滞后，造成堆肥定位不准、成本过高，与先进国家比较还有相当大的差距。北京市园林绿化废弃物集中处理厂的一些基本情况如表1。

表1北京市园林绿化废弃物部分集中处理厂的情况

城区	处理能力	堆肥的用途
朝阳区林业站的园林废弃物消纳基地	2007年已建成园林废弃物销纳基地占地约 8000m^2，目前销纳园林绿色废弃物15万立方米/年，生产堆肥约1.5万方/年	用于植树造林、绿化、生产蔬菜育苗的基质块等，还有部分堆积
北京花乡花木集团有限公园绿化废弃物处理厂	2007年已建成植物垃圾处理厂占地约5000m^2，销纳园林绿色废弃物2.7万方/年，生产堆肥约1000方/年	主要自产自消，用于基地栽植草花，也有少量用于山区造林中
北京泛洋园艺有限公司	2005年已建成植物垃圾处理厂占地约1200m^2，目前销纳园林绿色废弃物0.09万吨/年	主要作为有机覆盖物覆盖绿地中裸露地面
西城区园林局的土壤基质生产车间	2006年已建成土壤基质生产厂占地约700m^2，目前销纳园林绿色废弃物0.12万吨/年，年生产堆肥600方/年	主要自产自消，也有少量用于山区造林中

图1 园林绿化废弃物处理堆肥厂处理车间

图2 不同形式的发酵池

图3 粉碎设备

图4 翻堆设备

2.1.1 堆肥处理车间

北京市目前建成的园林绿化废弃物处理厂处理车间以砖墙结构的封闭式和半开放式为主。

2.1.2 发酵池形式

发酵池地面均以水泥铺成。发酵池采用砌墙式(一般深度为1.3m)或凹槽式(一般深度为2m)，也有条垛式直接堆放在水泥地面上。

2.1.3 粉碎机

园林绿化废弃物堆肥处理可以实现园林绿化废弃物无害化和资源再利用。堆肥处理需将废弃物进行粉碎处理，使其达到合适的粒径。堆肥时物料的粒径对堆肥周期、堆肥产品质量和腐熟度会有明显影响。北京市现有进行园林绿化废弃物堆肥处理单位使用的粉碎机（切枝机）的性能指标等存在很大差别。大多用的是国产机；也有用美国产的熊牌粉碎机将大的枝条压碎后，再用国产粉碎机进行二次粉碎；还有使用美国产的威猛切枝机，其粉碎枝干的效率很高，但粒

表2 不同品牌粉碎机（切枝机）的性能指标比较

	树枝粉碎机	木材粉碎机	树木粉碎机GS121G	威猛切枝机BC600XL	美国熊牌粉碎机70380
生产厂家或品牌	福州英迈格机械有限公司	北京赫博世诚高新技术有限公司	北京泛洋园艺有限公司	美国威猛制造公司	美国“老熊”(BEAR CAT)
切削枝干直径	≤10cm	≤6cm	≤12cm	≤15cm	≤7.6cm
是否可移动	不可以	不可以	可以	可以	可以
安全装置	无	无	无	有	无
是否自动进料	否	否	否	是	是
动力	电	电	汽油	汽油	汽油

径稍大。对于粉碎机的易损件—刀片的寿命各厂家也有所差别。一般国产粉碎机（切枝机）的刀片使用寿命很短，工作效率要低于进口粉碎机（切枝机）。

2.1.4 翻堆机

目前北京园林绿化废弃物处理使用的翻堆机主要有三种类型。主要由发酵池的样式（砌墙式或凹槽式）决定的。砌墙式发酵池采用的是法夫曼公司提供的翻堆机，使用该翻堆机的堆料深度适宜在60cm左右。凹槽式发酵池采用的是北京京圃园公司生产的翻堆机，其堆料的深度可达1.5m。关于各种翻堆机的使用效果各单位的说法不一，翻堆效果也取决于物料的类型。

2.1.5 发酵过程控制

2.1.5.1 发酵前的处理

调C/N比：调节C/N比的物料多样，可加入尿素、豆腐渣、鸡粪等；但也有不加入任何物料，不进行C/N比调节。

调节含水量：均采用皮管加水，含水量控制凭借操作人员的经验。

微生物发酵菌剂：目前园林绿化废弃物堆肥处理中使用的微生物发酵菌剂大多是使用农业秸秆处理中应用的菌剂，有的处理厂添加微生物菌剂，也有添加发酵过的堆肥产品，但也有不添加菌剂。

2.1.5.2 过程控制

发酵过程中的氧气和温度控制，主要通过翻堆实现。翻堆时间和次数取决于温度，但一般是一天翻堆一次。

一般草坪碎屑和树叶在发酵池中发酵10~15天时间，树枝发酵15~20天。

2.1.6 产品的品质

目前，只有朝阳基质厂拥有可以进行堆肥质量检测的实验室，其他堆肥厂是将处理好的堆肥送到具有检测能力的单位进行检测。目前，各堆肥厂对堆肥过程的监测只有温度，大多是凭经验，发酵一定时间后出产品应用。

2.1.7 消纳问题

北京花乡花木集团生产的堆肥在院内经过二次堆放后，作为盆栽基质运到基地盆栽草花。西城基质厂生产的产品用于新建绿化工程改良土壤和在屋顶绿化中，替代草炭施用。香山公园管理处生产的堆肥主要施于园内绿地中改良土壤和盆栽草花。

朝阳基质厂的产品除用于新建绿地、山区造林、以及生产基质块用于蔬菜和花卉的育种，还有一些产品暂时堆积，正在进行深加工的研究。

目前，还有一些单位正在进行园林绿化废弃物集中处理相关方面的规划。北京市公园管理中心和北京市环境卫生设计科学研究所等单位合作在北京植物园建立一处大型的园林绿化废弃物处理厂，将集中处理北京市市属公园绿地内产生的园林绿化废弃物。

2.2 北京市园林绿化废弃物就近处理的基本情况

园林绿化废弃物就近处理可以省去运输困难，在适宜的位置将废弃物进行处理，就近回归到绿地中。目前，一些单位建立了园林绿化废弃物就近利用设施，如香山公园2006年建成园林绿化废弃物就近处理基地，生产的堆肥主要用于香山公园内的绿地中；北京市园林科学研究所在2009年建成园林绿化废弃物堆肥处理试验场，主要用于试验研究，同时将该单位周边绿地中产生的绿化废弃物进行堆肥处理，处理后的堆肥应用到单位的附属绿地内；稻香湖景酒店建立相应设施进行酒店园内绿化废弃物的处理，堆肥处理后的堆肥用于覆盖园内月季；丰台区长辛店绿化队在绿源公园内建立相应设施，进行园林绿化废弃物的就近处理利用，消纳绿地中产生的废弃物。

园林绿化废弃物的就近处理的处理车间、翻堆等均由园内绿化废弃物的类型和数量决定的。就近处理的方式一般是园林绿化废弃物的产生量较少，因此采取条垛式的堆肥方式。对于堆肥过程控制中，有的单位不采用翻堆机翻堆，而是采用人工翻堆。

2.3 北京市园林绿化废弃物处理相关研究情况

园林绿化废弃物资源化利用存在很多技术性难题。2007年起，北京市园林科学研究所承担的“绿色垃圾肥关键技术研究”课题，研究了不同的园林绿化废弃物堆肥无害化处理工艺及技术参数，提出了适宜于园林绿化废物堆肥化处理工艺参数。2009年立项的“北京市园林绿化废弃物资源化再利用关键技术研究与产业化推广示范”(北京市科技计划项目)，摸清了北京市园林绿化废弃物产生数量和规模及分布，建立园林绿化废弃物堆肥化处理工艺流程、堆肥质量标准，以及以园林绿化废弃物生长花木基质、有机覆盖物、土壤改良添加物和有机肥的技术流程。相关研究成果对推动北京市园林绿化废弃物的资源化再利用。

3 加快北京市园林绿化废弃物资源化利用的建议

园林绿化废弃物中含有丰富的营养物质，随着废弃物从绿地中被排出，绿地土壤质量在逐渐下降。园林绿化废弃物是一种放错地方的资源，若实现北京城区的绿化废弃物全部资源化利用，零排放，同时实现园林绿化废弃物资源化处理后的产品在园林绿地中应用，可以减轻北京城市垃圾处理压力，改善绿地土壤质量。

为实现园林绿化废弃物资源化利用，可以通过以下途径：(1) 政府职能部门通过调研合理规划园林绿化废弃物集中处理厂处置；(2) 公园、单位附属绿地和居住区绿地产生的园林绿化废弃物就近处理、就近利用；公共绿地、道路绿地产生的园林绿化废弃物收集，运输到废弃物集中处理厂处理后，将堆肥产品再运到绿地中应用；(3) 园林绿化废弃物资源化利用需要资金投入，政府可以对实现园林绿化废弃物资源化利用单位、个人进行适当的资金支持；(4) 新闻媒体加强园林绿化废弃物资源化利用和环保等方面的宣传，加强人们的认识程度，普及园林绿化废弃物资源化利用知识，使园林绿化废弃物的资源化利用不仅限于园林行业。

图5 园林绿化废弃物处理和应用的情况

参考文献

[1] 于鑫，孙向阳，徐佳，杜建军，张骅，王惠. 北京市园林绿化废弃物现状调查及再利用对策探讨，山东林业科技，2009(4):5-7，11.

[2] 北京市园林绿化局和北京林业大学.北京市科学计划项目“北京市园林绿化废弃物再利用生产花木基质需求分析与技术选择”的结题报告.2008.

北京市公园植物牌示系统的研究与展示

孟雪松[1] 赖娜娜[2] 卜向春[3]
1.北京市园林科学研究所 北京 100102
2.中山公园管理处 北京 100031
3.北京市公园管理中心 北京 100044

摘 要：通过对北京市属公园植物牌示系统的现状分析，指出公园植物牌示系统存在的问题，并以北京植物园为例进行公园植物牌示系统的科学展示的研究与示范。

关键词：植物；牌示；公园

牌示是一种能够快捷与便利地向游客传递旅游信息的有效工具。公园牌示作为牌示的一类，是公园服务的主要内容之一，是公园建设与完善中重要的组成部分。公园牌示系统的科学化、标准化、规范化、系统化和人性化不仅可以提高公园服务质量，提升公园的整体形象，同时对于发挥市属公园的教育功能，强化全北京的科技、科普宣传力度都起着重要的作用，对实现人文北京、绿色北京、科技北京的发展计划，推动北京建设“世界城市”都有着举足轻重的意义。因此，从市属公园的实际情况出发，对市属公园牌示系统进行科学展示的研究与示范势在必行。

北京市公园管理中心所属的11个市属公园中，有2个世界文化遗产，6个皇家园林，2个代表国家级水平的专类园，3个新中国成立后建成开放的独具特色的优秀园林。

其中，北京市公园管理中心管理的植物园和动物园是全国著名的两个专类园，承担着搜集、保存动植物物种资源并进行科学研究、对公众进行科学普及教育的重任。园内动、植物物种资源丰富，是展示中国乃至世界物种多样性的重要窗口，是对珍稀濒危动植物资源进行异地保护研究的重要场所。

颐和园和天坛公园是举世闻名的世界文化遗产，是展示首都优秀传统文化标志性代表。北海公园、景山公园、中山公园、香山公园是全国著名的皇家园林，这些公园在它的历史发展过程中蕴涵着丰富的历史科学文化知识，文化积淀深厚，可以说是承载历史的最好的载体，是展示中华民族悠久历史文化的重要窗口，更是进行科普教育、科普宣传的重要平台。

陶然亭公园、玉渊潭公园和紫竹院公园是新中国成立后建设的现代园林，园内景观优美、特色突出、环境宜人，资源丰富，是市民亲近自然、休闲健身、陶冶情操、构建和谐的重要场所。

保护利用好这批珍贵的自然与文化资源，通过公园特色的科普牌示宣传来弘扬中国优秀自然历史资源与现代科技知识，提高公众的环保意识，是公园管理部门义不容辞的责任。

作者简介：

孟雪松/女/1978年生/毕业于北京林业大学，研究生/现在北京市园林科学研究所工作，工程师。

1 研究方法

综合考虑市属公园各方面情况，本研究把公园植物牌示系统确定为三个等级，其中一级牌示为示范样区简单介绍牌、示范样区植物游览全图；二级牌示为植物说明牌；三级牌示为植物名牌。

1.1 现场调研与现状分析

对北京市公园管理中心所属十三家单位的植物名牌进行详细调查，寻找共性问题：市属公园内植物名牌数量不足，除植物园、天坛公园、北海公园、紫竹院公园、玉渊潭公园原有一定数量的植物名牌，其它公园很少或没有；植物名牌材质多样，有双色板、铝板、塑料板等材料，年代久远，已经受到不同程度破坏；植物名牌大小、颜色、形状各异，如各公园内还保留有绿色、蓝色、灰色、棕色等颜色，方形、圆形等形状的植物名牌；名牌版面多样，没有形成规范；植物名牌悬挂方式不统一，如利用尼龙扎带、铁丝、铅丝悬挂或钉子钉等形式；名牌悬挂位置，密度设置不适宜，影响景观。

同时，选取北京植物园为植物牌示的重点示范区，邀请相关专家亲临现场，进行深入调研。发现植物园内牌示系统整体存在牌示设计不规范、牌示设计不系统、牌示设计既不美观又不耐久等问题。

1.2 牌示系统理论研究

公园牌示系统是构成景区（点）整体的一个重要部分，具有融合环境功能、服务游客功能与形象工程为一体的特征，它涉及到平面设计、景观设计、环境艺术等诸多学科。现代的牌示设计是科学性和观赏性的最基本的体现。在牌示系统设计上，要根据不同牌示的特征，在满足其功能要求的前提下，突出它的综合性、科学性与艺术性。首先对造型语言的研究十分重要，牌示内容最终必须通过造型的语言来实现，应具有很强的时效性，讲究时尚，富有时代感，牌示内容与造型有机的结合才能创造出优秀的艺术作品。版面编排设计也是艺术设计重要组成部分，是视觉传达的重要手段，要遵守主题突出、简明易懂、形质统一、整体协调的基本原则。在设计中还要注意各个单元之间联系和共同要素的体现，包括造型、尺寸、比例、色彩、肌理的一致性，而新材料和先进技术也是牌示制作成功与否的重要环节。在设计具体方案时，应将上述各方面的因素综合考虑，才能设计出一套符合具体景区（点）牌示系统方案，实现其服务功能、信息传播功能、人文关怀功能。

本研究中的植物牌示系统是用来说明景区内植物景点的有关情况的，既要帮助游客了解景区内的植物资源，也要丰富游客的视野。通过对常见植物等进行科学解释、介绍，以提高生态旅游者认识大自然的水平。

2 植物牌示系统科学展示研究与示范

2.1 设计要素

牌示系统设计应倡导绿色环保设计理念，结合功能要求、环境特点来进行创意，并且在具体操作手段和技术上付诸实践。

在色彩、造型方面应充分考虑景区环境特色，通过恰当的色调、图形、材料来把握好景区环境与牌示信息传达的一致性；在文字内容上要简明扼要，科学，且采用标准化文字、图示与国际接轨；其环境牌示制作所用的材料十分丰富，不同材料质地给人以不同的触感、联想和审美情趣。一般风景旅游区的牌示系统制作材料建议选用景区内的生态性建材（木材、竹材、石材等）为主，再辅以其它材料。

制作工艺上应力求精致规范、坚固耐用，文字、图示不易腐蚀，不易褪色，且便于清洗。从牌示选材到安装，都应与空间环境协调、和谐，使之相互衬托，安静祥和，既有利于生态保护，又能很好地体现环境标识系统设计、制作的特色。

2.2 材料的选择

牌示的材料和制作工艺和它的设计同样是非常重要的。随着科学技术的不断提高，可利用的材料品种越来越多，技术应用越来越先进，但材料的应用不是越多越好，越新越好。应从客观实际出发，对具体景区牌示的要求做出相应选择。

在公园植物牌示材料的使用上，是综合选优。面板材料，一、二级牌示全部选用了金属热转印材料，其特点是：写真（色彩鲜艳、字图清晰）、抗紫外线、耐高温、有良好的抗污性和抗化学腐蚀性、经久耐用。在框架材料上，一、二级材料全部采用防腐木，其特点是：

(1) 自然、环保、安全(木材显原本色，略显青绿色)。

(2) 防腐、防霉、防蛀、防白蚁侵袭。

(3) 提高木材稳定性，适宜户外木制结构的保护。

(4) 接触潮湿土壤或亲水效果尤为显著，满足户外各种气候环境中使用。

三级牌示材料全部选用双色板，以激光雕刻，最大特点是文字清晰、持久。

2.3 牌示的安装

公园植物牌示应主要设置在景点的核心区、入口处或具体动植物旁，使之显而易见，从环境中分离出来，进而引起注意。当被解释对象重复出现时，要选择比较典型的、游客比较容易看到的地点。在在安装上，要注重牌示的稳定性，要经得起风等自然原因及人为晃动而不歪斜。

2.3.1 一、二级牌示的安装

一、二级植物牌示在埋置的时候，首先埋置水泥方墩，然后按照方墩中间的方孔插入二级牌示的腿柱，确定好方向、倾斜度才可填土、砸实（如图1)。

2.3.2 三级牌示（植物名牌）的安装

研究中要针对不同的植物类型选取不同的安装位置：

大乔木（胸径大于12cm）：对于有主干的大乔木，名牌应用适当方法固定在树干高度1.65m左右，游人清晰可见的位置。对于垂枝型的大乔木，名牌可悬挂在侧枝上。

小乔木(胸径小于12cm)：名牌悬挂在侧枝上，位置为游人清晰可见为度。对于分枝在1.7m以上的小乔木，名牌应用适当方法悬挂在树体上。

大灌木：10cm × 7cm的名牌悬挂在灌木前部的树枝上。

灌木：10cm × 7cm的名牌插在灌木或灌木组前面。

草本和地被植物：名牌插在植物组前面，如果种植面积过大，可以插上多个名牌。

三级植物名牌的主要安装方式有三种：

捆绑：采用吸盘和尼龙扎带将植物牌示在适当高度捆绑在植物树干或枝条上。在同一景区或同一道路上高度相对一致。

挂牌：灌木名牌采用吸盘和尼龙扎带，选好重心后悬挂在明显的树枝上，悬挂时要使牌示自然垂直，朝向统一。

插牌：草本、地被或绿篱等植物的名牌，用螺丝加垫片固定在插钎上。

2.4 设计与示范

选取北京植物园玉簪园和东南门至科普馆道路为为示范区，对全园牌示系统进行了总体规划与具体实施。

2.4.1 一级牌示（专类园说明牌示）

应设置在专类园主要出入口处；每个专类园依据规模、面积大小及出入口数量设置1~3块(图2)。

尺寸：100 × 70cm

高度：180cm

位置：在出入口开阔处

内容：介绍本园建成年代、面积、收集植物种类、重点植物及规划布局等；语言为中英双语；配有专类园植物游览全图；板面字体为黑体、字体颜色为黑色。

2.4.2 二级牌示

（1）植物说明牌：设置在重点植物处，可根据树木数量确定牌示数量比例。

尺寸：60cm × 40cm

高度：80cm

位置：距路沿约50~60cm（根据具体情况放置在正前方或侧向）

内容：中文名和拉丁学名、科属、产地，并较详尽地介绍重点特征及园林应用或其它用途。牌示配有植物整株或局部图片1~2张(图3、图4)。

（2）科普内容说明牌：要小巧精致，牌示不宜过大、过多。通过这类牌示向游客普及相关知识（图5）。

尺寸：60cm × 30cm

图1 适宜游人阅读角度的植物牌示

图2 玉簪园一级牌示效果

图3 树木说明牌效果

图4 植物说明牌的安装

图5 科普内容说明牌效果

图6 植物寻宝图效果

图7 树木认养牌示效果

图8 三级植物名牌效果

图9 双线法

图10 单线法

高度：30cm

位置：进园明显位置及休息座椅处，距离路沿20cm

内容：介绍了相关植物的形态特征及习性、园林应用、传说等内容。

（3）植物寻宝图

尺寸：80cm × 50cm

高度：180cm

位置：出入口开阔处

内容：以植物局部特写图标(叶、花、果实等)为依据，并设有植物中文名称和拉丁学名，准确、趣味地引导游客寻找园内重点植物(图7)。

（4）树木认养牌示

尺寸：60cm × 40cm

高度：80cm

位置：专类园入口处明显位置，距路沿约50~60cm（树木侧向）

内容：概要介绍树木认养的意义和认养办法

3.4.3 三级牌示(图8、图9、图10)

植物名牌尺寸：接近黄金比例、依据实际情况和游客需求做适当调整，尺寸定为10cm × 7cm。

植物名牌信息量及文字大小：包含科名、属名、种名及其对应拉丁名、产地、用途、各公园logo。其中，科名、属名用14号字；种名用42号字；拉丁名用18号字；用途、产地用14号字。同时，在三级牌示的设计中，统一将各自公园的标志置于右上角，大小为15。

植物名牌的颜色：各公园三级牌示颜色可以根据公园的实际情况进行选择（如赭石、绿），以与公园整体风格协调为主。

悬挂方法：单线法、双线法。

3 小结

世界城市的提出对市属公园的发展提出了新的更高的要求，公园牌示系统作为公园的基础服务设施，是体现公园服务水平和管理水平及展示公园资源价值的重要平台之一。仅对北京植物园植物牌示系统进行了示范，在实施过程中还存在着不足，在今后的研究中将逐步改进，并将陆续推广到其它市属公园中去，形成具有首都公园特色的植物牌示系统。

北京市公园免费开放政策研究

段　彬　易健春　北京市东城区南馆公园管理处 北京 100017

摘　要：本文运用行政管理的理论方法对北京市正在实施的公园免费开放政策进行了分析。从北京市的公园行政管理体制出发，探讨了公园免费开放的理论依据，并运用这种理论对部分公园免费开放后产生的问题及由此引发的理论争议进行了进一步的研究，最后就公园免费开放过程中的一些具体问题给出了自己的建议。

关键词：公园；免费开放；公共产品

2006年，北京市提出了公园全面免费开放的政策，并于7月份免费开放了12家规模较大的公园，引起了社会的广泛关注，新闻媒体进行了大量报道。而这12家公园免费开放后，出现了游人量骤增破坏公园设施、大量不文明行为破坏公园环境等现象，引起了更多热烈的讨论。那么，公园为什么要免费开放？那些负面的现象与免费开放是一种什么关系？我们应当采取什么样的对策解决它们，保障免费开放政策的顺利实施呢？

1　北京市现行公园管理体制及政府正在推行的公园免费开放政策

1.1　北京市现行公园管理体制

1.1.1　行政管理

北京市的公园一直以来采取政府直接管理的模式。2006年3月北京市园林局和首都绿化委员会办公室(北京市林业局)合并组建北京市园林绿化局以后，“成立北京市公园管理中心，为市政府直属相当正局级事业单位，负责市属公园人、财、物等管理[1]。”所谓市属公园，包括颐和园、天坛、中山公园、北海公园、景山公园、陶然亭公园、北京动物园、紫竹院公园、香山公园、玉渊潭公园、北京市植物园等11家公园。各区属公园由各区县园林主管部门负责管理。

1.1.2　财务管理

绝大多数公园为独立法人事业单位，根据不同情况接受政府全额或差额财政补贴，个别小型公园如东城区的南馆公园为自收自支事业单位。

1.1.3　行业管理

2006年3月成立的北京市园林绿化局（首都绿化办）设公园林场风景区处，负责对全市公园进行行业管理和业务指导。根据公园规模、设施、历史文化价值、年接待游人量等条件，将全市公园分为了三级。其中，规模较大，历史、文化、科学价值较高，景观环境优美，有健全的管理机构的为一级公园；有一定规模和历史、文化、科学价值，景观环境良好，有相应管理机构的为二级公园；规模较小，景观环境较好，机构具有管理能力的为三级公园。在2006年以前大多数免费公园为规模较小的三级公园。

1.2　北京市2006年的公园免费开放政策

1.2.1　政策的提出

2006年初，北京市副市长张茅在一次旅游工作会议上谈到，市内一般性的公园、博物馆逐步免费对公众开放。

作者简介

段　彬/男/1974年生/中国传媒大学，本科/北京市东城区南馆公园管理处，助理政工师。

1.2.2 目前的具体实施情况

2006年7月1日，包括紫竹院公园、东城区南馆公园、西城区人定湖公园、丰台区南苑公园、长辛店公园、石景山区八角雕塑公园、宣武区宣武艺园、万寿公园、朝阳区团结湖公园、红领巾公园、日坛公园、丽都公园等12个绿地面积较大、位于居住区附近的城市公园开始向市民免费开放。至此北京市免费公园已达123个，占全市169个注册公园的七成以上。

2 公园免费开放的理论依据及理论实践

2.1 公园免费开放的理论依据

2.1.1 公园属于公共产品范畴

“公共产品是由以政府机关为主的公共部门生产的、供全社会所有公民共同消费、所有消费者共同享受的社会产品[2]。”判断一种产品是不是公共产品主要看它是否具有“非竞争性”和“非排他性”的基本属性。公园，“是指具有良好的园林环境、较完善的设施，具备改善生态、美化城市、游览观赏、休憩娱乐和防灾避险等功能，并向公众开放的场所[3]。”由此看出，作为公园的五项功能，无论是改善生态、美化城市、游览观赏、休憩娱乐还是防灾避险，都是每一个人可以也必须平等的享受的。公园里众多的花草树木清新了空气、涵养了水源、抑制了噪声，这些好处不会因为一个人享受了别人就无法享受。封建社会贵族的私家园林与公园最根本的区别就是那里的优美环境只能为少数特权阶层独享，广大人民无权参观与游览。旧社会在上海租界的公园出现过禁止华人进入的情况，那是违反公园根本性质的事件，那样的公园也就不成其为公园了。可见，公园具有消费的“非竞争性”和“非排他性”，应该属于公共产品的范畴。

2.1.2 公园公共产品的性质决定了公园应当免费开放

公园既然是公共产品，为全体社会成员共同享有，那么每一名社会成员就应当平等地享有其提供的公共服务。而应当看到，在我们的经济高速发展，人民生活水平不断提高的同时，贫富差距也在逐渐拉大，城市中的失业人员，外来务工人员、老年人和残疾人形成了一个庞大的弱势群体。

“每个人对于其他人所拥有的最广泛的基本自由体系相容的类似的自由体系都应有一种平等的权利[4]。”而公园如果采取收费方式，同样的门票价格对于富豪和下岗职工所代表的意义是有天壤之别的，也就在公园这个与“最广泛的基本自由体系相容的类似的自由体系”中造成了极大的权利不平等，从而严重危害了社会正义。因此公园免费开放是我们维护稳定团结，构建和谐社会的必然要求。

2.2 国外公园在免费开放方面的理论实践

2.2.1 国外公园的主要管理模式

2.2.1.1 中央政府直接管理

以美国为代表，包括挪威、墨西哥、泰国等国家。其管理模式为中央政府建立相关法律规范公园管理，并利用行政手段直接管理公园，建立垂直的行政领导系统，地方政府和民间机构只起辅助的作用。公园运行的资金由政府提供。

2.2.1.2 地方政府自行管理

以德国和澳大利亚作为代表，中央政府只负责象政策发布、立法这样宏观问题的管理，地方政府行使公园行政管理的直接职权。我国的公园管理体制基本上属于这种类型，但国家至今没有出台一部规范公园管理的法律，使得地方政府在面对象公园免费开放这样的政策问题时缺乏相应的依据，给实际工作造成了很大的困难。

2.2.1.3 中央地方配合管理

加拿大、芬兰等国家兼有上述两种行政管理体制的特点，地方政府部门对于公园管理行使一定的自主权，很多私营和民间机构在资金补充、公益活动、旅游资源开发等方面起到相当大的作用。

2.2.2 国外公园的门票管理

美国有(国家公园保护法)、(国家公园服务法)等一系列的法律规范公园的管理服务，明确规定什么样的公园不能收费，在收费的公园确定了最高限额，并将收费全部用于公园维护建设。

法国拥有像卢浮宫、巴黎圣母院这样世界闻名的文化遗产，出于保护的目的，那里的博物馆设定了门票作为控制人流量的一种工具。但那里

供人们休憩娱乐的公园是全部免费的，人们随时都能享受那里优美的环境。

芬兰通过政府发行彩票补贴公园运行费用来降低门票价格。

埃及的公园由政府提供财政支持，并为发展旅游业采取本国人与外国人不同的票价政策，本国人不但票价低廉，同时设有学生和儿童的半价票，最重要的是，那里像残疾人和老年人这样的弱势群体可以享受免票待遇，这一点对于我们非常具有启发性。

3 公园免费开放实际推行中遇到的问题

3.1 公园管理方面的问题

3.1.1 游人量骤增

2006年7月1日北京的12家公园免费开放后，均游人量骤增。大一点的公园如红领巾公园、团结湖公园人数比以前增加了50%到60%，小一点的南馆公园7月份的游人量甚至比往年同期增长了267%。大量的游人拥入公园，草坪被踩踏，大量的垃圾无法及时清理，厕所人满为患，路椅、栏杆、果皮箱等设施的损坏率大幅度提高。

3.1.2 游人的不文明行为

公园免费开放后，采摘破坏花木，随地大小便，追逐惊吓动物，占用座椅睡觉，夜间留宿公园，无照商贩兜售商品等现象大量增加，破坏了公园环境，还造成了许多治安隐患。

3.2 公园财务和人力资源配置方面的问题

3.2.1 公园免费带来的财务缺口

公园免费开放后增加管理保卫人员的费用，增加的维修费用以及增加的绿化养护费用都使得运行成本大幅度提高，同时免费开放使得公园失去了门票收入，这些都增加了公园的财务缺口。

3.2.2 公园免费造成的富余人员的安置

北京市大部分公园属于行政事业单位，公园职工身份为事业单位工作人员，近年进行人事改革后与单位签订聘任合同，其中距退休10年以内的职工签订长期合同，职工退休后退休金由单位发放，未给职工入养老保险。在这种情况下，公园免费开放后，富余的售票人员公园必须给予妥善安置。

3.3 由各种问题引发的对公园理论性质的进一步思考

公园免费开放后出现的各种问题引发了人们对相关理论的探讨。免票造成的公园超负荷利用使得公园遭到破坏，最终影响了所有人享受公园的权利，于是有人提出既然有人经常来公园，有人不经常来，那么公园收费就是根据“谁收益，谁负担”的原则，在间接享受公园效益者和直接享受公园效益者之间的一种平衡措施，既保证了公平又维护了公园的正常运行。笔者不同意这样的观点，因为对于弱势群体，他们的家庭经济状况只能维持基本生存，而且随时面临生病、失业等重大风险而缺乏必要的保障，只要公园收费，就实际上剥夺了他们享受公园环境的权利，免费开放后公园人满为患正说明我们以前公园收费限制了相当一部分公民享受公园环境的权利的获得。免费开放后公园内出现的大量不文明行为需要管理和教育的方式解决，如果单就游人量骤增超过公园负荷而言，只能说明我们的政府在这方面提供的公共服务还远远没有达到社会的要求。政府应当建设更多的公园，甚至把城市建设成园林城市，那时候这样的问题也就不存在了。

4 对合理推行公园免费开放政策的一些建议

4.1 对于古建和文物保护单位的策略

古建和文物是中华五千年文化的结晶，是无法复制的宝贵财产，作为我们这一代人最主要的任务是传承与保护，如果毁在了我们手里，我们将成为千古罪人。所以以上的理论分析对于古建和文物是不适用的。只要有利于保护，古建和文物单位保留门票甚至适当提高门票价格笔者认为都是可以考虑的。北京市公园中有相当一部分是古建公园，在推行免费开放过程中这个方面的特殊情况一定要慎重考虑。

4.2 对公园运行方式的调整

4.2.1 经济工作

首先一点必须明确，就是政府必须在公园免

费开放中承担起主要的支持作用。因为公园公共产品“非竞争性”的属性，它在市场上的综合竞争力是很弱的，所以上文提出的免票后公园增加的经济负担公园自身是无法从内部消化的。因此政府必须作出准确的测算，给予公园必要的资金支持，这是公园免费工作得以顺利进行的基础。当然适当地引入民间和私营机构的支持不失为一种有效的补充，但必须从政策上和法律上加以控制，避免公园基本性质的改变。

4.2.2 管理工作

对于短期内游客骤增造成对公园破坏的情况，笔者认为可以通过引入承载力概念适当加以控制。承载力（carrying capacity）是美国在国家公园管理中引入的一个概念，表述的是公园客流量对公园景观的原始品质产生影响的临界值，是测算客流量的理论依据。它可以给公园管理者提供一个环境容量的数量指标，但不等于游人数量。实际游客人数达不到这一指标时应积极进行宣传来吸引客源，当临近这一指标时，则应积极分流，限制超员。各免费公园对自身承载力进行测算，得出准确的数值，当游客数超过这一数值时，采取必要措施，保护游客和公园的安全。

4.3 对一些历史遗留问题的解决

前些年在公园系统中一直推行一种“以园养园”的思路，政府逐渐减少甚至取消对公园的投入，允许公园搞一些房屋出租、集贸市场之类的经营活动补贴公园运行的费用。同时由于公园人事改革工作的滞后，公园的职工队伍越来越庞大，人浮于事，使得人力成本不断加大，迫使公园不断提高经济开发的力度。于是出现了大款住进皇帝的寓所，公园变成破烂市场等现象。随着公园免费开放，游览区被出租单位占用、出租单位车辆出入公园、地摊影响公园形象等问题都将更加尖锐。地摊可以立即清出公园，但租房单位的合同年限未到，提前解约牵扯赔偿问题，同时即使走法律程序，清退也需要相当长的过程，又由于缺乏相应的立法，只能按一般经济案件处理，执行起来也有相当的难度。另外北京市政府部门、包括一些职能机关也存在着占用公园房屋土地的情况，这种单位的清退当然更不是公园自身所能完成的。总之这些历史遗留问题的解决需要相应的立法以及多方协调，很难一蹴而就。

公园免费开放是一项系统的工程，它需要多方配合，同时需要一个逐步推进的过程。当我们确定了公园免费开放这个政策方向以后，具体实施步骤的战术选择将决定这项工作是否能够顺利的实行。从上文分析我们可以看到这项工作的复杂程度，由于中国的国情，很多大事的最终做成往往要经过一个潜移默化的过程。所以笔者建议实施这项政策先从一些规模相对较小和功能单一的公园入手，对于发生的问题及时进行解决和改进，对相应的法律和规章进行调整，摸索出一种执行的模式，等待资金进一步落实后再逐渐推开。

参考文献

[1]《北京市人民政府办公厅关于组建北京市园林绿化局和北京市公园管理中心的通知》京政办发[2006]6号.

[2] 全国干部培训教材编审指导委员会.公共行政概论.北京：人民出版社，2003.

[3]《北京市公园条例》第二条.

[4] (美)约翰·罗尔斯.正义论[M].北京：中国社会科学出版社，1988.

基于交易成本理论的科研合作问题研究

——以北京市公园管理中心为例

魏瑞芳　北京市园林科学研究所 北京 100102

摘　要：随着现代自然问题、社会问题的日益复杂化，越来越需要科研人员合作完成这些复杂的研究工作，对于基层科研组织更是如此。因此，科研合作不仅是重要的，而且是必要的。但是在科研合作的过程中存在着许多科研人员自身难以解决的问题。本文就以北京市公园管理中心为例，以立项的科研课题为切入点，以制度经济学中的交易成本理论为分析工具，通过与非合作课题的对比分析，研究得出了中心现行的科研管理制度不完善是造成合作课题交易成本偏高的重要原因，而高的交易成本又导致了中心科研人员合作意愿偏低，中心合作课题偏少等现象。最后，结合北京市公园管理中心的实际情况，提出了改进中心科研管理制度，降低科研合作交易成本等相关建议。

关键词：科研合作；交易成本；科研管理制度；北京市公园管理中心

随着新学科和大量分支学科的出现，科研合作在现代科学发展的进程中扮演着越来越重要的角色。尤其是对那些科研基础比较薄弱的基层单位来说，科研合作的意义就更加重大了。但是科研合作并不仅仅是科研人员之间的事情，它需要良好的科研制度作为保障，而该项制度的缺位或者不合理将直接对科研合作产生不利的影响。本文以北京市公园管理中心为案例，以中心目前最为普遍的科研形式即科研课题为切入点，以制度经济学中关于交易成本方面的理论为基础，分析由于科研管理制度的不完善而导致的科研课题合作困难的原因及现状。在此基础上，提出改进科研管理制度，促进科研课题合作方面的相关建议。本研究通过对北京市公园管理中心科研管理工作的实证研究，揭示出科研管理制度对于科研工作的重要意义，对于其他的基层科研单位也有一定的借鉴作用。

1　科研合作对于中心的重要意义及目前科研合作的现状

1.1 科研合作对于中心发展的意义

2006年3月，北京市公园管理中心在原北京市园林局的基础上改制建立，是全额拨款的事业单位。目前，中心管理着颐和园、天坛、北京动物园、北京市植物园等11家市属公园，以及北京市园林科学研究所和北京市园林学校等13家单位。北京市公园管理中心的发展目标是“从2011年开始大约通过6年左右的时间，围绕北京国家首都、国际城市、文化名城、宜居城市的城市性质和功能，加强同国际、国内同业的交流合作，努力打造精品，成为具有国际影响力的公园行业典范”[1]。这一目标的实现不仅对于北京市公园管理中心和我国公园行业的发展具有重要的意义，而且对于北京城市建设目标的实现也将产生积极的

作者简介

魏瑞芳/女/1974年生/毕业于北京大学环境学院，硕士/现供职于北京市园林科学研究所，工程师。

影响。增强包括科研实力在内的中心整体实力是实现这一目标的有效途径。

科研课题是科研工作的重要形式之一，也是北京市公园管理中心科研工作的主要形式。因此，本文中的“科研合作”就指在中心系统内部各单位之间的科研课题合作。目前，科研合作已经成为中心发展的内在需要。从中心系统内部各公园的科研需要来看，它们在古树保护、水景治理、病虫害防治、公园承载力研究等诸多方面具有高度一致性的科研需求，通过科研合作的方式共同解决，将会对这些单位的发展产生倍增的效益。从中心整体发展的角度看，科研合作也是取得高质量科研成果，提高社会认知度，树立北京市公园管理在国内外公园行业科研领域典范的重要途径。

但是，园林行业作为一个小行业，其科研工作的发展也遇到了很大的外部压力。中心在北京市及国家的科研立项和科研成果评选等方面面临着日益激烈的竞争，而科研合作是在短期内迅速提升中心整体科研实力，获得有利竞争地位的重要手段之一，也成为解决中心在科研领域外部压力的重要途径之一。

1.2 中心科研课题合作的现状及意向

目前，中心的科研课题合作状况不容乐观，主要表现为合作课题的数量偏少，未来的合作意向也比较低。北京市公园管理中心科研课题的立项工作开始于2007年，在2007～2010年这四年间，中心共批准立项课题111项，系统内部自行合作的课题仅有12项，占课题总量的10.8%，科研合作课题明显偏少。而且合作课题的数量也呈现逐年递减的趋势，在2010年仅有一项合作课题。

通过对近几年课题申报数量的分析，发现中心未来的科研合作意向也比较低。北京市公园管理中心2006～2009年课题申报情况，见表1。

表1 北京市公园管理中心2006～2009年申报下一年课题情况表

年　份	2006	2007	2008	2009
申报课题数量(项)	65	57	74	103
较上年增长率(%)	-	-12.3	24.6	39.2
较2006的增长率(%)	-	-12.3	13.8	58.5

由表1可以看到，从2008年开始申报课题的数量较前一年有了比较明显的增加。到了2009年，中心13家单位申报的课题数量突破了100项，无论是与前一年相比还是与2006年相比，都出现了大幅的增加。在2009年申报课题的过程中，出现了同一个人申报3项课题，一些研究室人人申报课题的情况。而在2008～2009年，中心科研人员的数量与科研经费并没有显著的增加，表明中心科研力量呈现分散的态势，中心未来的科研工作中很可能是在科研数量增加的同时，却伴随整整体科研质量的下降。这种较低的科研合作意向对于中心整体科研实力的增强是非常不利的。

2 科研课题合作困难的原因

2.1 中心的科研管理制度及其存在的问题

目前，中心还没有正式出台统一的科研管理办法。对于单独承担课题与合作课题在管理制度方面并没有区别对待。在课题申报中，对申报人没有课题数量方面的限项规定，一个人可以申报多项课题，也可以参加多项课题。课题评奖由中心组织召开中心技术委员会来评定，2009年之前基本是只要申报就能获奖，2009年之后采取差额评选，但获奖率也在85%～90%。对于获奖课题的个人荣誉证书统一规定为：一等奖的课题颁发5个个人荣誉证书，二等奖、三等奖各颁发3个个人荣誉证书，获奖排名次序由课题承担单位提供。这些奖项和个人证书在科研人员日后的课题申报及职称评定中都有重要的作用。

通过对中心部分单位的科技主管领导、课题负责人和课题参加人的访谈，发现他们基本有合作的愿望，但是由于人员、经费、成果报奖等问题而很难实现合作。表现为科研人员更倾向于选择非合作课题，而不去选择比较“麻烦”的合作课题。

2.2 中心单位之间科研合作困难的原因分析

从上面的初步分析看，中心现行的科研管理制度对科研合作产生了不利的影响。下面我们引入新制度经济学中的交易成本概念，来具体描述和分析科研管理制度对科研工作的影响机制，为出台更加科学合理的科研管理制度奠定基础。

2.2.1 交易成本的基本理论及其应用

科斯首创交易成本理论，威廉姆森等许多经

济学家对交易成本理论作了进一步的发展和完善。科斯于1960年发表了著名的《社会成本问题》，把它定义为获得准确的市场信息所需要付出的费用以及谈判和经常性契约的费用。根据科斯的解释，交易费用包括两方面主要内容：获得精确信息的成本以及交易人之间谈判、讨价还价和履行合同的成本[2]。交易成本的本质其实就是与交易有关的制度运行成本，张五常也主张应该把交易成本称为制度成本[3]。这种成本应该分为两个部分，一部分是制度运行的必要交易成本，另一部分是制度中存在的应予以消除的非必要交易成本[4]。交易成本的高低是判断制度合理性的重要依据，如果交易成本高，说明制度就存在一定的问题了，而如果交易成本高到一定程度，交易便无法进行下去。

交易成本理论虽然产生于对企业等经济组织的研究，但目前其应用范围已经远远跳出了原有的限制。贺新宇在《政府管理活动中的技术成本与交易成本》中提出，在政府的一切管理活动中，都存在着以生产为代表的技术成本和以制度为载体所体现的交易成本，但由于在既往的政府管理社会经济实践活动中没有充分认识其间的内在关系，使政府管理经济活动的成本在可能的情况下未能得到最大限度地降低[5]。赵大伟等在《基于交易成本理论的科技中介功能研究》，从交易成本和信息不对称理论的角度，对科技中介的功能进行界定[6]。尹世全等在《交易成本理论在医院治理中的应用》提出共同治理模式，以达到改善医院治理绩效和节约交易成本的目标[7]。大量的文献表明交易成本理论被广泛应用于对政府、企业、事业单位等各类组织的制度研究。本文将利用交易成本理论来分析中心各单位之间科研课题合作困难的原因，并提出降低科研合作交易成本的相关措施，促进中心系统内部科研合作的开展。

2.2.2 基于交易成本理论的中心科研课题合作困难的原因分析

本文按照科研工作的申报、在研、完成等三个阶段，选取了6个指标，通过与非合作课题的对比，分析合作课题在上述三个阶段的交易成本状况，见表2。

从表2中，可以清晰地看到，合作课题的交易成本在科研过程的各个阶段都远远高于非合作课题。在课题的申报、在研阶段，需要大量的信息沟通与协调工作，这个阶段交易成本的高低直接决定着能否达成合作。由于跨单位的合作要受到合作单位人事、财务、固定资产管理等多方面的影响，导致交易成本的升高，或者交易成本的不确定性，科研人员往往会因为“麻烦”甚至是无法解决这些问题而放弃合作。在课题的完成阶段，获奖课题的获奖者排名（课题获奖后课题参加人能否进入获奖成员名单、排名的顺序等）、学术论文署名、申报专利、生产应用等方面都可能发生争议，科研人员在处理这些争议时也需要付出高的交易成本，或者是不确定的交易成本。

根据经济学中理性经济人的假设，在收益一定的情况下，理性经济人将选择成本最小的生产方式；在成本一定的情况下，理性经济人将选择收益最大的生产方式。从科研管理的实际工作上讲，我们经常发现科研人员觉得合作课题开展起来很“麻烦”，合作意愿不高，在某种意义上讲，这些“麻烦”的真正涵义就是交易成本高的

表2 北京市公园管理中心合作课题与非合作课题交易成本对比表

科研阶段	申报阶段		在研阶段		完成阶段	
	酝酿申报	人员安排	经费安排	课题研究	获奖者排名	知识产权归属
非合作课题	申报人不需要或仅需要小范围沟通	参与者之间信息较对称，相互了解	单位自主安排中心拨付的课题经费	单位内部随时进行沟通和协调	参加人数较少，参与者得到获奖证书的几率大，获奖者排名争议小	知识产权归属明确，争议较少
合作课题	申报人需要跨单位寻找合作者，搜寻成本高	参与者之间信息不对称，了解较少	经费在单位之间分配和使用，需要更多的沟通与协调	单位之间沟通和协调，成本相对较高	参加人数增多，参与者得到获奖证书的几率降低，获奖者排名争议较大	专利申报、生产应用及论文署名等方面发生争议的可能性较大

通俗表达。因此，在一般情况下，科研人员宁可选择交易成本低的非合作课题，而不是成本高的合作课题。这也就是造成目前中心合作课题偏少的重要原因之一。

对于中心单位与系统外科研单位的课题合作而言，其所产生的交易成本也高于非合作课题。但是由于双方的需求互补（科研院所需要试验场地、学生的培养基地，而中心则需要他们的智力和技术支持），同时基本不存在人员、经费、设备、报奖等方面的争议，因此，从理论上讲，这类合作课题的交易成本应当介于中心系统内部的合作课题与非合作课题之间。

3 结论与建议

通过以上的分析可以得出，合作课题的交易成本在科研过程的各个阶段都远远高于非合作课题。而在中心现行的科研管理制度中，特别是在科研成果利益的分配上没有明确的规定来区别对待合作课题与非合作课题，导致科研人员宁可选择交易成本低的非合作课题而不是成本高的合作课题。简言之，就是中心现行的科研管理制度不完善造成了合作课题的交易成本偏高，而高的交易成本又导致了中心科研人员合作意愿偏低，出现合作课题偏少的现象。

根据新制度经济学的理论，制度的功能是节约交易费用或交易成本，制度创新实际上是选择交易费用更少的制度安排的过程[3]。而中心自上而下制定科学合理的科研管理制度是降低合作课题交易成本的重要途径之一。具体包括以下几个方面：第一，结合北京市公园管理中心的实际情况，以降低科研工作的交易成本为原则进行科研管理制度的设计与创新；第二，在管理制度的具体设计方面，将合作课题和非合作课题区别对待，针对合作课题在人员安排、经费分配使用、设备购置等方面形成制度化的安排机制，降低课题在申报、立项、进行中的交易成本；第三，奖励制度作为科研管理制度中的重要一环，需要在充分调研的基础上，设计出与管理目标相容的激励机制。根据课题成果的质量在获不获奖、奖项级别方面要有所区分，获奖课题的获奖人员数量应当对合作课题有所倾斜，增加参与人的获奖几率。在知识产权归属方面也尽可能明确合作双方的权利和义务，减少日后在专利申报、学术论文、生产应用中的纠纷和不确定性。

参考文献

[1] 郑秉军.北京市公园管理中心发展战略的思考[M].北京：北京市公园年鉴，2007，12-19.
[2] 彭真善，宋德勇.交易成本理论的现实意义[J].长沙：财经理论与实践，2006，27(4): 15-18.
[3] 刘锡田.制度创新中的交易成本理论及其发展[J].南昌：当代财经，2006，(1): 23-26.
[4] 孙国峰.交易成本的本质、原因和度量分析[J].天津：天津社会科学，2003，(1): 80-85.
[5] 贺新宇.政府管理活动中的技术成本与交易成本[J].昆明：经济问题探索，2006，(7): 4-7.
[6] 赵大伟，李学荣.基于交易成本理论的科技中介功能研究[J].中国高新技术企业，2008，(8)：4-5.

风送式高射程车载喷雾机的研制和应用

边 远[1] 高 惠[1] 陶万强[2]
1.北京百瑞盛田环保科技发展有限公司 北京 100070；
2.北京市林业保护站 北京 100029

摘 要： 简介当前国外的先进喷雾技术，指出我国当前施药机械存在的主要问题，详细分析风送式高射程车载喷雾机的结构及性能，与传统施药设备的对比实验结果来证明其先进性和适用性。

关键词： 喷雾技术；高射程；风送式

1 国外先进喷雾技术动态

1.1 当前国外先进喷雾形式

(1) 静电喷雾技术，它是应用高压静电使雾滴充电，在静电场作用下，带电的雾滴作定向运动而吸附在目标物上，其命中率显著提高，覆盖均匀，雾滴沉降速度快，在目标物上的附着量增大，尤其增强了目标物下部和背面的附着能力，减少了漂移损失，降低了药剂对环境的污染，可以较低的施液量而达到防治目的。

(2) 气流辅助喷雾技术，特点是利用风机产生的强大气流，将雾滴带入浓密的植被中，提高雾滴在作物各个部位的附着量，增强了雾滴的穿透性，作业时喷雾装置还可根据需要全方位变换工作方向，大大降低了漂移污染。

(3) 利用超声波和光电等自动识别系统进行选择性喷雾技术，利用此系统可以有效识别作物区和空档区，空档区自动停止工作，大幅度减少药物喷到空档区而造成的浪费和污染，提高药物利用率。

(4) 低量喷雾技术，低量喷雾用水量约是常量喷雾的1/5~1/10，平均雾滴直径在70~120μm之间，有田间试验结果表明，低量喷雾与常规喷雾相比，在防治药液用量减少50%的情况下，对番茄灰霉病的防治效果无显著性差异。说明在病害防治中，喷头孔径、雾滴粒径与防治效果存在相关性，由于喷头孔径变小，喷出雾滴更加细、均匀，喷雾性能改良，更加有利于药剂药效的发挥。即使在药剂用量减少的情况下，也能取得令人满意的防治效果。

(5) 热雾微量喷雾技术，是以极少的施液量、极细小的雾滴进行作业，其烟雾滴粒子直径在50μm以下，一般在5~20μm，是将热雾剂(由特殊溶剂、助剂和原药组成)用热雾机发出“热雾”(油雾)，弥漫、扩散和漂移到植物及其空间，附着于植物体。有极好的穿透性、弥漫性、黏附性和抗雨水冲刷能力，粒子能达到25～30m高度，持效期10天以上，对环境及劳动者污染轻，功效高，可以节省大量水资源，降低成本。

(6) 国外20世纪80年代已研制成功的回收循环喷雾机，在喷头下风方向设置一回收板，脱靶的药液雾滴透过作物株冠后即可被回收板截住，

作者简介

边远/女/1973年生/毕业于内蒙古农业大学机电工程学院，本科/现供职于北京百瑞盛田环保科技发展有限公司，负责技术部相关工作。

图1 风送式高射程车载喷雾机

图2 风送式高射程车载喷雾机

并流到下部的回收槽，抽回药液箱，循环使用，减少药剂流失，以及因飘失而造成的污染。

(7) 精密施药技术，它是利用地理信息系统GIS，根据信息数据对喷雾作业按最大效益进行优化，依据外界作业条件的变化动态改变作业参数。喷雾作业时，由现场的监测员进行病虫害区域GPS设定，喷雾操作都可下载此区域图，图中不仅包括所有发现的病虫，也包含对病虫密度的估计。将此图输入到相关的GIS中，GIS根据此地块的当前气象和今后预测气象条件，作物生长时间和生长记录、已使用过的农药种类和数量等对病虫害数据进行分析，建立作物生长和所发现病虫害对作物的影响模型，最后根据效益指标确定如何进行防治。用于病虫害防治的变量喷雾装备与GPS结合，配置一个雷达速度传感器适时监控机具作业速度，动态控制机具的施药量，系统还将连续记录喷雾量和机具位置，提供给GIS生成雾量分布图。

1.2 操作安全性，保护操作者的安全是今后的发展方向

保证操作者的作业安全，主要有以下几个方面。

(1) 改进农药的包装材料和包装技术：采用水溶性气密塑料袋把农药做成定量小包装，使用时直接按需要量投入水中即可，包装自动溶解于水。

(2) 具有内置计量器的塑料包装瓶：塑料包装瓶里面有计量器，使用时只需用手挤压药瓶，药就进入计量器，然后开盖直接把药倒入水中即可。全过程药剂不会与手接触。

(3) 药剂直接注入系统：水箱与药箱完全分开，而不是先把药和水在药箱内事先配好，在施药过程中通过计量泵或流量计根据实际要求随机改变药剂浓度，在喷雾管道中自动计量进行配药，随喷随配，喷多少配多少，药箱始终是清水。避免了药剂与人接触，同时用药量可以随时调节，防止过量施药。

(4) 采用自动控制技术，开发无人操作的喷雾机，结束劳动强度大、对操作者有严重污染的喷雾作业，日本开发了一种使用电缆诱导式果树无人操作喷雾机，沿着作业路线，在地下深30CM处、地表或空中（架高150~200cm）铺设电缆，通上交流电，诱导传感器测出所产生的磁场，机具沿感应电缆行走进行喷雾作业，此外在温室大棚等工况可利用无线电遥控小飞机对小块种植复杂的地块喷洒药剂，也是安全施药的一种发展。

2 我国喷雾技术的发展

我国早在1930年就开始着手研制喷雾机具，用于植物病虫害的防治，到1949年，单管喷雾器开始批量生产，之后的几十年，随着社会需求的不断提高，综合国力的逐渐增强，先后产生的多种喷雾器具。按操作、携带、运载方式等分类，人力植保机具可分为手持式、手摇式、肩挂式、背负式、胸挂式、踏板式等；小型动力植保机具可分为担架式、背负式、手提式、手推车式等；大型动力植保机具可分为牵引式、悬挂式、自走式，等等。

20世纪70年代以后，随着农药不断地更新换代

和对喷洒技术不断地深入研究、改进提高，国内外出现许多新的喷洒技术和新的施药理论。大量试验表明雾滴直径大小、雾滴直径尺寸分布、喷洒药液浓度、施液量多少等参数，对防治效果、农药的有效利用率、雾滴和药液在靶区内的沉积分布影响极大，从而各种喷洒设备开始以施液量多少、雾滴大小、雾化方式等更精确的参数为设计和开发依据，加快了喷雾器具的进一步发展。

近年来，随着人们环保意识的提高，大力发展低量、低污染的喷雾技术成为当前喷雾设备发展的主题，发达国家十分重视喷洒机具施工中对环境污染的影响，采取一系列技术措施减少农药漂移和地面无效沉积，提高农药有效利用率，降低单位面积农药使用量。

2.1 我国当前机械施药技术存在的主要问题

2.1.1 产品的喷雾距离有限，作业效率低

尽管国内外先进技术已经多有应用，可国内市场上流行的施药设备却一直处于相对单一的状态，制造水平与发达国家的差距也比较大，广为应用的各种喷雾器具，喷雾距离基本都在15m以内，对于高大林木冠部病虫害力不能及，工作效率方面也受制于其结构，超长的输送管道的挪移浪费了大量的工作时间。

2.1.2 农药利用率低，环境污染严重

化学农药虽是高效的，但使用却是低效的，在使用传统机具的实际操作中，喷洒出去的农药只有极少部分能达到防治靶标上，只有25%～50%沉积在叶片上，不足1%沉积在靶标害虫上，仅0.03%的药剂能起到杀虫作用，不仅是物质浪费，而且严重污染环境。

2.1.3 没有完整施药技术规范，农药与施药机械的研究相分离

我国当前的机械施药规范中，一般只明确多大面积喷施多少药液，而现代施药技术则要求在单位作物面积上喷上多少防治所需的药量。由此规范用户根据作物的生长发育阶段和病虫种群密度，选用喷雾器械种类、农药剂型和喷雾方法。利用同一机具进行多种不同施药的作业，仅用有限的几种喷头去处理数以千计的不同作物和不同的病虫害是当前防治作业的普遍现象，这就大大降低了病虫害化学防治的效果。

2.1.4 药剂使用过程中安全程度不高

现在喷雾机具很大程度上是一机多用，而目前广泛应用的药箱大多清洗不便，且没有混药搅拌装置，不设清水箱，这就给使用都带来很大的安全隐患，更换药物时清不干净对防护对象有危险，不慎接触到药液无法及时清洗会危害操作人员的健康。

3 风送式高射程车载喷雾机的开发

针对我国喷雾技术当前现状，北京百瑞盛田环保科技发展有限公司自2007年开始致力于喷雾设备的研制开发，同年，第一代风送式高射程车载喷雾机BR-11A下线，经过大量的实验和测试，消化吸收了大量业内用户的使用意见之后，2008年第二代产品BR-11B开始批量生产并全面推向市场。

3.1 性能简介

该机主要采用了气流辅助技术和低量喷雾技术，实现了喷雾距离远近可控，雾滴直径大小和喷幅宽窄可根据不同作物的不同分布情况、不同病情的严重程度做出相应调节，在很大程度上解决了我国当前机械施药技术存在的一些主要问题。

（1）采用气流辅助技术使它的水平射程超过50m，垂直射程达34m，且可通过送风装置调节射程的远近是它的最大优势。风送超过34m的垂直射程，能有效解决高大林木的病虫害防治，通过调节风机的功率来调节其远近，就增大了它的适用范围，它机身外不设输送管线，送雾距离通过风机气流来实现，从而大大提高了有效作业时间，高大林木的小时防治面积超过250亩。

（2）采用低量喷雾技术不仅节约能源，也使自然环境得以保护，利用风机和雾化系统的完美配合将粒度均匀的药雾送入株冠层中，增加附着率，在气流的作用下，作物叶片发生翻动，雾滴可以深入作物内部，且能使叶背受药，细密的雾滴均匀的附着在植物叶片上，既不会堆积后滴下也不会出现传统作业中的药液成股流入地下，节能减排。

（3）开发出多种不同形式、不同结构的喷嘴，以适合不同物种、不同病虫害的需要，多款导流罩来调节作业面的宽窄，适应不同的环境的需要。可以根据作物的生长发育阶段和病虫种群密度等实际情况，选用不同的喷嘴、农药剂型和导流罩配置。

（4）药箱设置有人孔，方便清洗维护人员随时进出，解决清洗不彻底带来的危害，有独立的清水箱，方便操作人员的清洗，保证安全。

3.2 结构分析

具体结构包括五部分，分别是动力源、药液循环系统、气流辅助系统、控制系统和搭载底盘。

（1）动力源为整套设备提供运行动力，配套厂家是中德合资潍坊潍柴动力道依茨柴油机有限公司，是内燃机行业先进技术型和规模较大的“三资”企业之一，年产能力道依茨（DEUTZ）226B系列柴油机100000台，有优质的三包件质量，保证了道依茨柴油机使用保养成本低，国内各地遍布270多个销售服务网点和50多个办事处，确保了226B柴油机随时随地都能得到及时而优质的服务。

（2）药液循环系统包括贮液箱、三相异步电机、物理三缸柱塞泵、高压输送管道和优质不锈钢材质的喷嘴及喷嘴支架。电机驱动液泵将贮液箱中的药液加压通过管道送往喷射部件，配套不同孔径的喷嘴来调整雾滴的大小，喷嘴的内部结构又分多种，这些结构形式决定了雾化原理并可调节雾滴分布形状，以适合不同作物的不同病虫害；喷雾输送管道选用韩国首尔的抗高压耐腐蚀的PVC管，能承压13MPa。贮液箱采用防侧翻设计，选取聚丙乙烯材料焊接而成，清洗容易且耐腐蚀，内设两道过滤网以滤除杂质保护水泵，设有独立的清水箱，为操作人员提供保护，可以方便随时洗手洗脸。

（3）气流辅助系统由流风机和传动机构组成，气流辅助主设备选用了轴流式风机，其叶轮采用双向对旋，辅助以导风叶片及增压结构，专业化的设计和检测系统确保了风筒风力的强劲和稳定；风机出风口处配备多种导流罩，用不同形式的导流罩来调整送风的方向和喷幅的宽窄，BR-11B型在水平方向上能把药雾送到50m以外的距离，垂直方向上能送到30m以外的高处，其传动机构是来调节喷雾方向的，在水平方向上可以在180°内任意角度工作，喷雾的俯仰角控制在0~90度之间，可以是固定在任意角度内工作，也可以实现水平到垂直方向上的摆动作业。这就能很好的解决大面积的农田和高大林木的病虫害防治。值得一提的是气流辅助系统加装了变频装置，可以任意调整送风的距离，加大了该机型的适用性。如果与农艺很好的结合起来，比如每100m宽留有行车道，则该机型会为农田的病虫害防治带来极大的方便。

（4）控制系统的设计以人为本，最大限度的减少了作业人员与药液的直接接触，所有的控制动作操作员均可在驾驶室内完成，喷洒作业过程中不会受到药液的伤害，也可以用无线遥控在作业现场外100m左右实现远程操作，无论哪种控制方式，均能使操作人员的人身安全得到保护。

（5）搭载底盘以福田系列车型为主，2008年北京百瑞盛田环保科技发展有限公司与北汽福田汽车股份有限公司签属合作协议，明确双方的互为供应商关系，即以 BR系列高射程车载喷雾机为上装主机，采用“福田”欧马可系列主力车型为底盘，开发出国内第一系列公告号为BJ5069GPW-X的园林喷雾专用车，BR系列产品从此进入福田全国连锁网络系统，为其售后服务提供了有力保障。

3.3 应用

风送式高射程车载喷雾机目前在园林养护、森防绿化、消杀防疫等行业均有应用，配有应用于不同行业的不同系列喷嘴，调节喷射距离的变频装置，调节喷幅宽窄不同的导流罩，根据应用条件的不同，调整出相应的配置。

目前，该机在林业有害生物防治过程中表现出很好的性能品质，与传统的林防设备在同等条件下进行防治实验（以10亩路树的防治为基数），数据相比体现出以下几方面的优势：

（1）节能降耗 减排环保

传统作业方式平均需870kg水，用药浓度为

1700倍，用药量为0.51kg，高射程车载喷雾机需80kg，用药浓度为500倍，用药量为0.16kg，相较之下差别之大，根本原因是传统的喷药方式只有少部分药液发挥了作用，更大量的药液顺流而下，直观的洗树作业效果，回落的药液直接渗入地面，污染了土壤和地下水，高射程车载喷雾机可使90%的药液附着在林木叶片表面，均匀致密，既无大面积水珠堆积又无液体成股流下，有效提高农药的使用效率，保护了周边环境。节约大量水资源，减少了药液的消耗。

传统作业方式平均动力用油约为1.25L每10亩，高射程车载喷雾机为平均0.14L每10亩，大大降低了能耗。

传统作业方式每车的标准配置是3人，高射程车载喷雾机只需一个，在人力成本上只是传统作业的三分之一。

(2) 高效

传统的喷雾方式只能对15m以下的林木进行作业，高射程车载喷雾机的垂直射程可达34m，且在相同的时间里作用面积是传统作业方式的17倍，喷洒同样的作业面积所用的时间是传统作业的三分之一。

高射程车载喷机单次出车作业面积是传统作业方式的15倍，大大减少了往返加药的次数，有效的节约了时间成本。

(3) 以人为本

传统的喷药作业方式工人的劳动强度大，须着防护服，体力消耗较大，易受药液危害，高射程车载喷雾机的操作灵活多样，工人可以驶室里进行按键操作，也可在作业区以外远程遥控，最大限度的保护的操作人员的安全并提供了舒适的环境。

4 结语

该产品截止目前，参与了多项国内的重大活动，并受到好评：

(1) “5.12”汶川地震发生后，接受中国人民解放军全军疾控所指派，在第一时间配合到达地震核心区映秀镇作为“消杀灭”工作中唯一的大型设备对废墟下的尸体进行喷药作业，受到军方高度评价。

(2) 2008年北京奥运会期间作为奥运主场馆鸟巢、水产方有害生物防治的专用设备，并在开幕式前五日内，对在场馆内外爆发的“草地螟”灾害快速扑杀，保障奥运开幕式顺利进行，为此受到“奥运应急办”表彰。

(3) 2008年残奥会期间，为紧急处理奥运场馆周边垃圾填埋场异味干扰场馆运行问题，应北京市奥运应急办要求，投放60台大型喷雾车从根本扼制异味生成，为保障“残奥会”顺利进行作出突出贡献。

综上所述，该风送式高射程车载喷雾机已经在很大程度上解决了国内喷雾机械存在的普遍问题，并开始在各个行业发挥着不可替代的作用。

参考文献

[1] 高良润.中国植保机械发展史.江苏工学院学报，1990；11(3).

[2] 张玲，戴奋奋.我国植保机械及施药技术现状与发展趋势.中国农机化，2002年第6期.

南馆公园低碳生活示范园建设初探

易健春　王佳良　王　璐
北京市东城区南馆公园管理处　北京　100007

摘　要：对北京市东城区南馆公园进行了低碳生活示范园建设的试点，通过分析研究了南馆低碳生活示范园具备的28种各类低碳技术，制做了每种新技术、新工艺、新材料的宣传简介，为今后市民在家中使用低碳新技术、新工艺、新材料提供了借鉴。

关键词：公园；低碳；新技术；节能环保

根据联合国政府间气候变化专门委员会（IPCC）发布的第四次气候变化评估报告，在过去的100年中，由二氧化碳等气体造成的温室效应使全球平均地表气温上升0.3~0.6℃；近50年来的气候变化主要是人为活动排放的二氧化碳、甲烷、氧化亚氮等温室气体造成的；并预测，到2100年全球平均气温将升高1.8~4.0℃。全球气候变化的后果是冰川融化、海平面上升、生态系统退化、自然灾害频发，将深度触及农业和粮食安全、水资源安全、能源安全、生态安全和公共卫生安全，直接威胁到人类的生存和发展。

受全球气候变化的影响，中国的气候近年来也发生了显著变化。1986~2006年，中国连续出现了21个全国性暖冬，极端天气与灾害的频率和强度明显增大、损失增加，水资源短缺和区域不平衡加剧、生态环境恶化，农业生产损失巨大、粮食安全压力增加，海平面持续上升、沿海地区经济社会发展受到威胁。英国政府发布的《气候变化的经济学：斯特恩报告》认为，气候变化的经济代价堪比一场世界大战的经济损失。所以，“发展低碳经济，坚持低碳生活”正在成为国际社会日益关注的问题[1]。

2003年英国能源白皮书首次提出“低碳经济的概念，引起了国际社会的广泛关注[2]。随后，世界各国关于“碳足迹”、“低碳技术”、“低碳生活方式”、“低碳社会”等的一系列新概念、新政策随之产生。低碳生活的发展模式，是落实科学发展观、建设节约型社会的综合创新与实践，是一场涉及生产方式、生活方式和价值观念的全球性革命。为深入贯彻科学发展观，按照“人文北京、科技北京、绿色北京”的发展要求，全面落实《“绿色北京”行动计划（2010-2012年）》，积极应对全球气候变化与资源环境约束的严峻挑战，大力推进东城区低碳城区建设，实现绿色发展，以转变经济发展方式、提高可持续发展能力为核心，以低碳技术应用、机制创新为动力，大力推进全民低碳行动。2010年8月，在东城区园林绿化局、区发展改革委等相关单位的配合下，按照相关建设要求，把低碳理念与公园改造有机的结合，使南馆公园既成为满

作者简介

易健春/女/1971年生/研究生/园林/北京市东城区南馆公园管理处，工程师。

足市民休闲健身需要，同时又可展示先进低碳技术、宣传低碳文化、普及低碳知识、促进低碳生活的基地，在南馆公园进行了低碳生活示范园试点工作，将其建成为北京乃至全国的低碳主题示范、教育基地。

1 建设低碳示范园的意义

1.1 中国低碳事业的需要

强台风、沙尘暴、高温干旱、极端降水……近年来，全球极端天气频频发作，危害越发严重。究其原因，其中最重要且人类负有不可推卸责任的是，碳基燃料消耗过大而造成的全球气候变暖极端天气只是能源消耗问题的一个折射而已[3]。中科院一项调查显示，我国是全世界自然资源浪费最严重的国家之一，在59个接受调查的国家中排名第56位。另据统计，中国的能源使用效率仅为美国的26.9%，日本的11.5%。推进节能减排，可谓迫在眉睫。因此在工程设计中考虑如何节约和有效的利用能源具有重要的意义[4]。

1.2 建设低碳示范园的需要

南馆公园积极响应国家“建设低碳型社会”的号召，改建为低碳生活示范主题公园，以实际行动带动各级政府重视环境能源问题，其综合社会意义将远大于工程的本身。

低碳生活示范主题公园是以低碳生活主题文化来营造景观，园内的景观要素围绕着这一特定主题进行规划设计，构成了游园参观的主要内容。通过在公园内举办一些科普展览，对国家在发展低碳经济方面的政策、低碳产业的成果、市民坚持低碳生活的方式、小窍门等进行讲解和展示，对环境被破坏所带来的警示，低碳的生活理念和生活方式进行教育和宣传。从而使市民在公园内参观和游览的时候，能够更直观、更全面、更深入地了解和掌握相关低碳知识，在全社会形成良好的低碳生活氛围。因此，低碳生活示范主题公园的建成对于体现科学发展观、建设和谐社会具有重要的意义。

2 南馆低碳示范园场所规划和建设

2.1 公园基本情况

南馆公园始建于1956年，2002年9月改建成北京市第一座以中水造景的生态水景公园，总面积2.96hm^2，其中水面面积0.5hm^2。2010年11月，按照东城区“建设低碳城区，实现绿色发展”行动计划，改建成低碳生活示范园。

示范园内应用30多种高新低碳技术，建成节能环保宣传展示基地。在园内铺设透水砖用于雨水收集；应用太阳能发电系统照明供电；利用木塑技术制作低碳座椅；建筑采用生态、环保材料建造及装修；在室内利用中水水源热泵中央空调技术取暖制冷；引入餐厨垃圾一体化处理装置向游人演示生活垃圾快速降解过程；采用物联网技术对全园的能源和环境进行监测管理。通过建设集20余项最前沿低碳技术的节能环保屋，为市民打造新时代低碳减排的家居模式；种植各种吸碳、耐旱植物，增加碳汇；在示范园东南角建有中水处理站，提供景观和绿化用水，节约水源。

南馆低碳生活示范园是一座集环境、科技、示范与文娱休闲为一体的特色主题公园。运用“科学、低碳、绿色”理念，通过科学性、知识性、趣味性相结合的展览和参与互动的形式，突出低碳特色，普及低碳知识。公园不仅为附近居民提供了休闲锻炼的场所，也成为宣传低碳文化、倡导低碳生活、展示推广先进低碳科技成果的平台。

2.2 低碳宣传与展示方案

2.2.1 低碳生活示范小屋

低碳生活示范小屋建筑面积400m^2，以低碳宣传科普教育为主题，汇集多种先进的低碳新技术、新材料、新工艺，馆内生动形象的为市民展现了一个低碳的生活空间，设有客厅、卧室、书房、厨房、卫生间及天台展厅，模拟人们居住环境，通过先进科普展示的方式，运用简单易懂、富有趣味的形式展现在游人面前，还通过开展一些活动让市民亲身参与，引导人们了解日常生活中的“碳足迹”，告诉人们能够为节能减排做些什么，鼓励人们参与植树造林，为自己的碳汇买单，使游人在学习和认知的过程中感受到快乐。低碳生活示范小屋具有较强的示范性、互动性，是一个综合性的现代化科普教育展厅。

2.2.2 市民教育基地

市民教育基地以集中培训为主，面向全社会宣传低碳知识，定期聘请低碳研究方面的专家来做专题报告，通过教育不断提升市民节能减排的文化素质，普及低碳知识。提高市民对低碳生活重要性的认识，充分发挥面向市民的教育功能。提高市民对低碳城市活动的认识，使市民了解低碳生活的重要性和紧迫性，做到低碳生活从我做起。不断扩大低碳知识的覆盖面，努力推进市民的低碳行动进程，使低碳生活更加和谐地融入到市民生活中去。

2.2.3 低碳办公节约能源

（1）培养节约用水用电习惯。减少照明设备电耗，充分利用自然光照。办公室要做到人走灯灭，杜绝长明灯、白昼灯、“无人空调”等能耗空放现象。

（2）提倡无纸化办公的意识。充分利用网络办公，文件、材料的起草、修改尽量在电子媒介上进行，减少纸质文件印发和使用传真的频率，提倡双面用纸，最大限度减少纸张消耗，并利用旧报纸兑换再生纸、再生铅笔办公，加快推进无纸化办公。

（3）提倡节能减排的意识。严格执行空调运行规定，倡导每天少开1小时空调，做到少数人值岗不开空调。同时办公室夏季空调温度设置不能低于25℃，冬季不高于20℃。

2.2.4 其他宣传方式

利用科普廊架张贴低碳知识宣传板，向游人宣传低碳理念，普及低碳知识，并针对各种新技术、新工艺、新材料的制作单独的宣传展示牌，以便游人了解。

2.3 南馆低碳示范园区域和设施规划

2.3.1 南门门区

(1) 太阳能光电板

太阳能光电板包括：晶体硅电池板、非晶硅

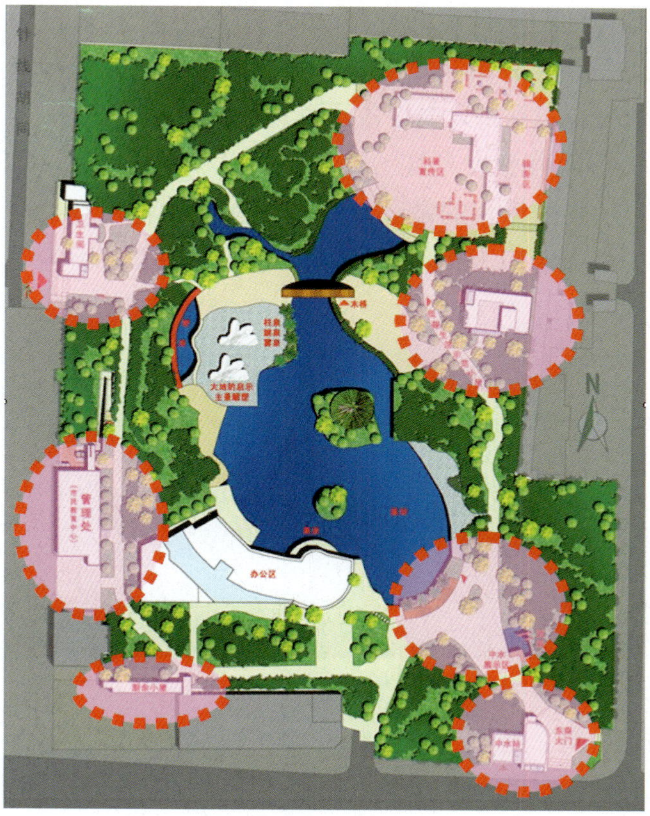

图1　南馆低碳示范园规划图

图2　太阳能光电板

电池板等类型，是太阳能发电系统中的核心部分，也是太阳能发电系统中价值最高的部分。其作用是将太阳能转化为电能，或送往蓄电池中存储起来，或推动负载工作。

(2) 风光互补技术

风光互补是一套发电应用系统，该系统是利用太阳能电池方阵、风力发电机将发出的电能存储到蓄电池组中。当用户需要用电时，逆变器将蓄电池组中储存的直流电转变为交流电，通过输电线路送到用户负载处。是太阳能电池方阵和风力发电机两种发电设备共同发电的技术。

(3) 场致发光灯

光源采用的是一款光线柔和，具有相对柔性的面光源EL场致发光材料，它属于粉末型固体发光材料，有别于日光灯及霓虹灯发光机理，不含对人体有害物质，不仅节能，而且环保。

图3 场致发光灯

(4) 中水处理技术

中水是指生活污水处理后，达到规定的水质标准，可在一定范围内重复使用的非饮用水。南馆公园中水站是采用二级处理和深度处理相结合的工艺。处理后的中水主要用于公园造景、绿化及道路降尘。

2.3.2 低碳生活示范小屋

(1) 木塑

木塑技术是采用回收木材（下脚料、废料等）、农业和植物纤维（稻糠、稻草、秸秆、果壳粉等）及塑料（PE、PP、PVC等）或再生塑料为主要原料，生产各种天然纤维塑料复合材料的技术。木塑制品的物理机械性能甚至可与硬木制品相媲美，并有许多木材和塑料所没有的性能。生产原料中回收再生资源的利用比例高达95%以上，可极大地提高再生资源的综合利用率，降低废弃物资对环境造成的严重损害。

(2) 麦秸板

麦秸板是利用农业生产剩余物－麦秸制成的一种性能优良的人造复合板材。麦秸板在性能方面处于中密度纤维板和木质刨花板之间，它是一种像中密度板一样匀质的板材，而且具有非常光滑的表面，其生产成本比刨花板还低，它在强度、尺寸稳定性、机械加工性能、螺钉和钉子握固能力、防水性能、贴面性能和密度(轻20%)等方面都胜过木质刨花板。它无甲醛释放，不污染环境，且使用每年都可更新的廉价麦秸为原料。

(3) 断桥铝合金门窗

断桥铝合金门窗的原理是利用PA66尼龙将室内外两层铝合金既隔开又紧密连接成一个整体，构成一种新的隔热型的铝型材。

(4) 真空玻璃

真空玻璃是将两片平板玻璃四周密闭起来，将其间隙抽成真空并密封排气孔。真空玻璃中一般至少有一片是低辐射玻璃，这样就将通过真空玻璃的传导、对流和辐射方式散失的热降到最低，其工作原理与玻璃保温瓶的保温隔热原理相同。

(5) 墙体保温技术

把保温系统附加在外墙面的做法称为外墙外保温，把保温系统附加在内墙面的做法称为外墙内保温，利用墙体建筑材料自身导热性能差或利用特殊的墙体建筑结构（如中空结构，空气是热的不良导体）来达到保温隔热的效果，而没有任何附加在墙体内外表面的保温措施的做法被称为外墙自保温，也称为夹心保温。

(6) 轻钢结构

具有轻型屋盖和轻型外墙的单层实腹门式钢架结构，这里的轻型主要是指围护是用轻质材料。具有抗风性、耐久性、保温性、隔音性、舒适性、快捷、环保、节能等优点。其材料可100%回收，真正做到绿色无污染，全部采用高效节能墙体，保温、隔热、隔音效果好，可达到50%的节能标准。

(7) 硅藻泥环保涂料

硅藻泥是海中的硅藻死后经亿万年沉积形成的一种特殊材料，硅藻泥粒子表面具有无数微小的孔穴，使得它具有极强的物理吸附性能和离子交换性能，所以由它制成的室内涂料具有净化空气、呼吸调湿、寿命超长、墙面自洁、吸音降噪、隔热节能、防火阻燃、色彩柔和等特点。

(8) 太阳能光电膜

太阳能光电膜就是将一层薄膜制备成太阳能电池，其用硅量极少，更容易降低成本，同时它既是一种高效能源产品，又是一种新型建筑材料，更容易与建筑完美结合。

(9) 光导管照明

光导管，也叫导光管，导光筒，是一种用光导管将室外的自然光引进到室内的装置。与之配套的还有采光装置，以及漫射装置。用光导管进行自然采光是现代绿色建筑的一种比较普遍的理念。可广泛应用于地下空间、走廊、办公室、厂房、车间、场馆等白天需要开灯的地方。

(10) 中水水源热泵

中水水源热泵是利用中水中的能量作为冷、热源进行转换，实现夏季供冷、冬季供暖、生活热水全年保障的“三联供”。

(11) 地板辐射技术

地板辐射采暖是以温度不高于 60 ℃的热水，在埋置于地板下的盘管系统内循环流动，加热整个地板，通过地面均匀地向室内辐射散热的一种供暖方式。具有高效、节能、运行费用低，环保、卫生、健康保健，使用寿命长，安全性能好，维修费用低等特点。

(12) 顶棚毛细辐射技术

顶棚毛细辐射技术是毛细管网模拟叶脉和人体毛细血管机制，由外径为4.3mm（壁厚0.9mm）的毛细管构成。毛细管网平面辐射空调集供暖制冷于一体，是目前高端的空调技术，以水作为介质传递热量，以辐射方式调节室温。

(13) 屋顶绿化

屋顶绿化是指在高出地面以上，周边不与自然土层相连接的各类建筑物、构筑物等的顶部以及天台、露台上的绿化，具有一定的节能作用。屋顶绿化对增加城市绿化覆盖率改善城市热岛效应和生态效应有着极其重要的意义。

(14) 保温夹心维护结构

一种用于建筑大面积卷材防水层和大面积聚氨酯防水涂膜防水层屋面的夹心保温结构，它是在保温材料夹心层和加气混凝土外壳间设置塑料薄膜隔汽层，加气混凝土外壳表面采用防水材料隔汽层，底面开设纵向、横向半圆孔槽做排汽通道，该夹心保温结构具有保温、隔汽、排汽的功能。

(15) 电动遮阳窗帘

运用在天窗方面的电动遮阳产品，统称为“电动遮阳窗帘”，也叫“电动天棚帘”。根据系统的运行原理可分为“卷轴式”、“折叠式”、“叶片翻转式”等。卷轴式、折叠式电动天棚帘一般选用透光率不同的纺织品遮阳，叶片翻转式遮阳帘一般采 用垂直帘片、百叶帘片，通过叶片翻转控制阳光进入室内的比例，达到遮阳效果。在垂直、水平、倾斜的玻璃窗，方形、三角形、圆形等规则或不规则的屋顶，都可 应用电动遮阳窗帘(电动天棚帘)来达到预期的遮阳效果。

2.3.3 科普宣传区

(1) 利乐包装椅

利乐包装是利乐公司创造的一种保鲜包装技术，广泛应用于牛奶、果汁的制造领域。使用过的利乐包装因为包含了很多可回收利用的材料，可以用来生产生活用品和作为工业原料。用废旧利乐包装盒制作的公园座椅就是这方面技术的一种应用。

(2) 节水型地被植物

地被植物是指那些经简单管理即可用于代替草坪覆盖在地表的低矮植物。它不仅包括多年生低矮草本植物，还有一些适应性较强的低矮、匍匐型的灌木和藤本植物。节水型地被植物是指耐旱，吸收少量灌溉水就能生长、存活的地被植物。

(3) 渗水砖

渗水砖是一种砖体本身布满透水孔洞，渗水性很好的路面砖。雨水会从砖体中的微小孔洞中流向地下。为了加强砖体的抗压和抗折强度，用碎石作为原料加入水泥和胶性外加剂，使其透水速度和强度，能满足城市路面的需要。

(4) 滴灌技术

滴灌是将具有一定压力的水经滴水器均匀而缓慢地滴入植物根部附近土壤的局部灌溉技术。对土壤和地形的适应性强，滴灌具有省水、灌溉均匀、节能、增产、省工、方便田间作业等优点。

(5) 吸音砖

吸音砖是一种根据声学原理精制加工而成，具有吸音减噪作用的砖材，主要应用于对声学环境要求较高的场所，品种有墙体吸音砖、地面吸音砖等。

2.3.4 西门门区

(1) 太阳能光热板

太阳能光热板是通过太阳光的照射使所储存的水升温，把光能转换成热能加以利用的一种装置。

(2) 节水型洁具

节水型洁具，是指每一次耗水量在6L以内的洁具。

(3) 循环水冲厕

为了厕所节水，粪便污水经专用高效菌厌氧-好氧处理后，实现再生回用、循环冲厕。

(4) 雨水及污水收集再利用

在建筑屋面设计雨水收集系统，经过过滤、处理，将收集的雨水经过沉淀池沉淀，与建筑的中水系统结合，共同用于冲洗厕所、绿化、洗车、水景等用水。

2.3.5 市民教育中心

(1) 再造石

再造石是一种以特种水泥为胶凝材料，以工业废料（石渣、石粉）为基料，经过特种工艺加工而制成的新型装饰材料。价格比天然石材低，具有其自身独特的天然砂质或石质外观，耐久性能良好；造形随意，装饰效果理想。

(2) 声控灯

声控灯是一种声控电子照明装置，它采用人嘴发出约1秒的控制信号“嘶”声，即可方便及时地打开和关闭声控照明装置，并有防误触发而具有的自动延时关闭功能，并设有手动开关，使其应用更加方便。

(3) 红外感应灯

红外感应灯是将红外感应控制、光敏控制、高压恒流驱动控制融于一体，与LED列阵巧妙的结合，实现智能照明功能，与传统的白炽灯相比具有高效节能、灵敏度高、响应快、超长寿命、免维护、无污染、无辐射。

(4) 光感灯

利用光感特性，根椐环境光水平和人眼对光的灵敏度，来自动调节亮度的一种节能型灯具。

2.3.6 厨余垃圾处理机

厨余垃圾处理机是一种用于处理厨余垃圾的设备，可用于家庭或居民区、宾馆、饭店、食堂等。将厨余垃圾破碎后进行发酵可制取有机肥料。结构简单，使用方便。减少厨余垃圾的污染，减轻了市政垃圾运输、处理的工作量。

2.3.7 全园覆盖

(1) 物联网

物联网即“物物相连的互联网”。它是通过射频识别（RFID）、红外感应器、全球定位系统、激光扫描器等信息传感设备，按约定的协议，把任何物体与互联网相连接，进行信息交换和通信，以实现对物体的智能化识别、定位、跟踪、监控和管理的一种网络。

(2) 节能型照明技术

运用紧凑型白炽灯、LED灯、太阳能灯等节能灯具，利用光感、红外感应、声控等控制手段的节能照明技术。

3 南馆公园低碳生活示范园建设与发展思路

园林行业在开展节能减排，实现资源最大化利用方面，发挥着尤为重要的作用。为了进一步激发社会低碳意识，营造人人参与环保的良好氛围，我园力争将低碳从源头上加以控制，将低碳减排行动最终转化为广大市民自愿参与、自我教育、自我提升的实践行动。推进人与自然的和谐共处，积极保护自然环境。

3.1 利用园内景观规划与建造中的减碳概念，转换人们的生活思维方式

在我园低碳景观的建造中，因地制宜地利用丰富的风能以及太阳能来实现电力热力能源低碳化，建筑屋顶使用草坪和植物的天然隔热层进行绿化固碳，同时将固体废弃物循环利用，以防止碳资源的流失。“中水”向人们展示了兼具景观与生态效果的城市污水处理方式。在园中建立雨水回收系统，通过对周围区域地表径流的收集来恢复自然界的雨水循环系统，并充分利用收集的水资源，作为室内水景墙装饰和园内的景观用水，并通过多点式绿化来增加绿色景观的面积。通过中水回收与绿化固碳的方式来抑制碳排放，逐步转变人们对旧有生活模式的认识。同时，这

种将处理水的方式通过景观语汇的表达，使游人更易于接受其中的环保理念，更好地普及了低碳知识，具有很强的推广和示范性作用。

3.2 开展宣传和教育活动，提高市民低碳意识，树立低碳理念

将节能减排和建设低碳城区宣传作为重大主题，制定宣传方案，开展宣传活动。一是利用新闻媒体，在重要版面、重要时段进行系列报道，刊登和播出我园的相关动态。在“世界环境保护日”、“中国植树节”等环保纪念日举办品牌活动，制作低碳宣传手册，发放低碳纪念品，增加曝光度，拓展公园的影响面和辐射面，在更广范围、更深层次树立“南馆低碳生活示范园”的形象。二是积极号召、组织各企事业单位和社区等，到公园进行参观学习，或开展经常性的低碳宣传和培训讲座，广泛宣传建设低碳城区的重要性，普及低碳理念，倡导低碳生活。三是把节约资源和保护环境及低碳城区建设等内容渗透到市民中间。南馆公园占地面积虽然不大，但基于它临近居民区的特殊地理位置，也吸引了众多游人前来参观游玩。尤其在2006年7月1日南馆公园作为首批由收费转为免票公园之一以后，游人量增长了3.2倍，到2008年更是达到了105万人次。每逢春夏两季，在南馆公园园路上步行锻炼的人们摩肩接踵。一些居住在附近的老年人，更是几乎一整天都待在公园里，这里已然成为了他们的第二个“家”。孩子是祖国的花朵，是未来的主人翁。他们更乐于也更容易接受新的知识。南馆公园周边有多座小学和中学，我园可以借助有利地形，与周边社区和学校联合组织活动，利用这块独特的“阵地”向少年儿童宣扬环保理念，从小培养儿童、青少年的节约、环保和低碳意识。公园通过较大力度地宣传和教育，可以很好的提高市民的低碳意识，把“低碳城区”、“低碳生活”的理念融入到经济社会发展的各个方面，全方位渗透到百姓生产生活的各个领域。

3.3 完善公园低碳技术的建设和管理工作

进一步充实园内的低碳技术，由相关部门保障低碳生活示范园中低碳技术的正常运转以及设备的更换，提供专项资金保障公园日常管理经费，由市、区环保、技术部门加强对公园职工的业务知识培训，健全日常管理的规章制度等。在园中倡导低碳办公理念，组织职工举办低碳手工艺品制作活动，旨在增强我园职工的低碳意识和工作职责。充分发挥南馆低碳生活示范园的带动作用，结合我区实际情况，将公园打造为东城区乃至于北京市的低碳示范教育基地。

3.4 借鉴其他单位的先进经验

通过与其他单位进行低碳技术和文化的交流，不断了解高新低碳技术，更新环保理念，学习好的经验和做法，增加园内科技含量，完善设备使用功能，提高我园低碳技术的展示水平。

参考文献

[1] 王岩.发展低碳经济的行动和研究现状概述.[J].呼和浩特.内蒙古大学学报，2010，(2).

[2] 冯之浚，金涌等.关于推行低碳经济促进科学发展的若干思考[N].北京：光明日报理论版，2009，4(21).

[3] 刘琳琳.浅谈企业节能降耗.[J].北京：市场研究，2008.

浅谈中职校园林植物实验室建设与管理

贾秀香　北京市园林学校　北京　102488

摘　要： 植物实验室主要是完成植物学科实验、实训、技能训练的教学及科研的基地。作为中等职业学校园林专业的植物实验室的建设与管理具有它的重要性和特殊性，在实验室建设上要体现园林专业特色，注重创造培养学生专业技能的条件，在管理上体现为教学服务、关注学生成长的实用性。本文结合我校植物实验室的工作实践，谈谈中职校园林植物实验室的建设与管理。

关键词： 中等职业学校；园林植物；实验室；建设；管理

中等职业学校培养的是“技能型、实用型”人才，围绕园林专业中职学生的培养目标，作为承担园林植物实验、实训、技能训练任务的植物实验室，它的建设与管理重点在于如何为培养学生动手能力、训练学生专业技能、促进学生就业创造条件，以符合技能型职业人才成长的需求。

1 园林植物实验室的特色建设

专业建设是中职教育教学改革成败的关键，实验室建设是专业建设的组成部分。为贯彻北京市教委倡导的职业教育的“职业性”特色，园林植物实验室的建设应注重体现园林专业特色，贴近园林专业实际，本着服务教学、激发学生园林专业的兴趣、培养学生动手能力、训练学生适应园林工作岗位基本技能的条件来进行，主要包括以下几项内容。

1.1 实验室环境建设

如何使园林植物实验室的环境建设体现园林特色，最为直接的做法是应选择有代表性的园林植物材料作为营造园林专业学习氛围的工具。如：标本室的植物标本种类的选择；实验室内外园林植物图例（如：水栒子、八宝景天、白蜡、凤仙花、白玉兰等）的悬挂；叶画和压花的学生作品展示等。在学校对外开放期间，园林植物实验室、标本室都作为重点开放参观点，参观者多会发出感叹：“真漂亮”、“花园式学校”等，这与实验室园林特色环境建设是不可分的，用园林植物的美引起学生家长对我校的关注，激发学生对园林专业的兴趣。

1.2 实验室设备建设

园林植物实验室设备的建设必须与专业的教学要求相配套，主要考虑符合行业工作实际，过去的实验设备简易、单一、仅能完成十几个植物验证性实验，这与中职校专业“技能型、实用型”人才的培养目标实验、实训条件的要求相差甚远，已不能满足当前园林植物实验、实训教学的需要。我校植物实验室的设备建设围绕园林植物课程的实验、实训教学进行了更新，如：显微镜由原来的外源光学显微镜逐步更新为电光源学显微镜和数码生物显微镜，数码生物显微镜的使用实现了与电脑的链接，通过电脑显示屏显示以及大屏幕投影,实现从微观的显微镜视像转变为

作者简介：

贾秀香/1960年生/北京市园林学校，高级实验师。

宏观视像的效果。多媒体的使用，可以向学生展示清晰的植物切片及图片、课件、光盘等影像资料，使实验、实训教学提高到一个新的水平。

设备的建设还要根据教学改革和职业发展的需要进行调整。我校园林植物实验室通过完善新的实验教学设备，使实验室从原来仅能满足植物实验课教学需求，发展到现在不仅能满足植物课程实验、实训教学的需要，也能提供相关课程（植物栽培、植物环境）的实验、实训课教学条件，同时还能为园林植物的科学研究提供条件，使植物实验室在园林专业教学中发挥着最大的潜能。

1.3 植物学教学资源的开发建设

过去，学生在完成植物实验、实训课程的学习后，对园林植物的认识和识别能力不强，而这一点恰恰又是行业技能考核所要求的。分析起来，造成这种结果的原因与实验室的教学资源的建设有必然联系，过去的实验室植物实验、实训教学资源仅有一些植物模型和植物挂图，为了改变这种现状，近几年来对实验室的植物实验、实训教学资源进行了开发建设。

园林植物的教学资源是指与植物实验、实训教学相关的实验材料、多媒体资源、植物标本、拓展性实验等，这些教学资源的开发建设为学生提供真实、直观、具有挑战性的学习材料。我校在植物实验室的教学资源建设中，主要从以下几方面进行。

1.3.1 更新实验材料

为把植物实验转化为园林植物实验，原有农业的植物实验材料必须更新，只有选择园林植物器官作为实验材料，才能使植物实验贴近园林行业实际。在过去许多植物实验中，选取的实验材料常常是遵循书本上的内容，诸如：洋葱根、玉米叶、棉花茎、小麦花、大豆种子等，这些实验材料多属于农业上应用的，与园林植物实验教学要求不符，结果使学生学非所用。我校对园林植物实验进行了革新，其中对实验材料的选用进行了摸索，选出实验效果好、代表性强、学生易于操作、实验效果好的园林植物实验材料，取代了原始的植物实验材料（见表1）。

表1 植物实验材料更新前后对比表

植物器官	植物实验材料（切片）	
	原实验用材	更新实验用材
根	洋葱、玉米	鸢尾根、春芋根
茎	玉米、丝瓜	七叶树、杨树三年茎、秋海棠
叶	水稻、玉米	丁香、海桐、芦荟、女贞、松针
花	油菜、小麦花	凤尾兰、郁金香、百合、海棠、海棠花
果实	玉米、苹果	紫薇、紫藤、月季、木槿、臭椿
种子	大豆、蚕豆	栾树、银杏、鸡麻、梧桐

1.3.2 开发园林植物多媒体教学资源

原来植物教学的教具常用农业出版社的植物挂图或模型，偏重于农业，这套挂图远不能满足园林植物教学的需要，为使教学园林化，为给教学提供真的、具有典型识别特点的园林植物实训素材，使学生在植物实训课程的学习中尽快掌握植物识别技能，实验室应开发必要多媒体教学资源，主要包括：园林植物照片、课件、光盘等。

如选择在北京植物园、紫竹院公园、校园等科普教学地点，选择重点园林植物，对其典型的形态特征，进行现场拍照获得大量照片，然后对这些照片进行筛选、整理，形成一套完整的电子版教学素材，用于园林植物实训课教学中，可为学生的学习、实践提供极大的帮助。目前我校植物实验室常用的园林植物识别照片三套883种（其中包括落叶树种典型冬态识别特征的照片180种、常绿树种和落叶树种具有典型夏态识别特征的照片382种，花卉照片321种）。

由于园林植物识别的实训教学受季节、植物生命周期、植物生长地点等条件限制，按课程安排，学生在植物识别实训课上，不能保证随时观察到真实的植物个体；同时，也因同种植物处在不同的物侯期，在某一上课时间内，不能观察到植物的典型特征，给教学带来一定的难度，为弥补这个缺陷，制作课件以提供真实植物不同器官的形态，为学生的植物实训课解决教学用材问题，现已陆续制作了各类植物形态识别以及植物综合识别考核的演示文稿共计18种（其中包括《落叶树种冬态识别》、《常绿树种识别》、《落叶乔木树种识别》、《落叶灌木树种识别》、《藤本植物识别》、《水生植物识别》、《兰科植物识别》、《肉质多浆植物识别》、《宿根花卉识别》、《球根花卉识别》、《地被植物识别》、《花坛花卉识别》、《树种识别考核》、《花卉识别考核》）等。

目前，这些多媒体教学资源已成为园林植物课程教学中不可缺少的教具，它的使用，从多角度给学生以感官刺激，为学生对园林植物识别技能的训练提供了很大的帮助，在教学改革的研讨会上得到了专家的认可。

1.3.3 自制园林植物标本

为给学生的学习提供真实的植物形态实训的教具，园林植物标本的制作是必须的，这些标本不仅包括常见园林植物种类，随着新优植物的引进栽培，这些新优植物标本应进行必要的补充，使标本不断更新。目前，我校的植物标本室除原有460种标本外，补充了新优植物标本15种，如：挪威槭、紫叶矮樱、美人梅、金叶连翘、金叶莸等。这些新优植物标本的补充，代表着北京地区园林植物种类的发展变化，体现园林行业植物种类的真实性，扩大了学生的视野，为学生学习提供了方便。

1.3.4 设计拓展性实验

园林植物拓展实验的设计是在必修实验的基础上进一步拓展学生的视野、增强学生的动手能力、提高学生探究解决园林生产中出现的问题，培养学生职业能力的一项研究。拓展性实验内容的设计应围绕园林植物核心知识展开；拓展性实验的要求应略高于必修课的实验，要使两者之间形成梯次关系,提出更高一级的要求；拓展性实验研究的课题应为当前园林生产常见、有待于解决的问题；达到的目标是培养学生分析、解决问题能力。

案例：植物细胞质壁分离实验的拓展性实验设计

实验内容的提出：围绕植物细胞内外水势变化引起细胞质壁分离与质壁分离复原的形态变化的核心知识点进行设计；按从细胞微观形态变化观察到园林植物植株整体宏观形态变化观察的要求进行设计；研究的课题是冬季“融雪剂”的大量使用对园林植物生长的影响，阐述春季返青后绿篱死亡、常绿行道树种枯叶的原因；实验目的是了解园林植物与生存环境的关系，使学生认识到人为因素对园林植物生存环境的破坏，开拓学生分析土壤环境对植物生长影响的实际问题。学生面对这类有挑战性的实验内容,更能够激起探究欲望。

学生在完成此拓展实验过程中，通过观察记录一串红植株在“融雪剂”不同处理表现出的外部症状的变化，把受害症状与春季返青后常绿树出现干枯叶的照片进行比较，用以分析常绿行道树种枯叶的原因。通过此拓展实验既提高了学生园林专业岗位的知识和技能，也唤起学生对保护园林植物生存环境的重视。

综上所述园林植物教学资源的开发建设，在培养学生专业技能中起着重要作用，如果没有这些教学资源的支撑，则实验室就谈不上是学生实验、实训、培养专业技能的基地。当然，仅这些教学资源的开发建设还没有达到当今教学改革的更高要求，还需不断完善。

2 园林植物实验室的特殊管理

中职学校的园林植物实验室是园林专业的基础实验室，与其他层次学校的植物实验室所不同的是面对的是中职层次的学生。如何较好地完成园林植物的实验、实训教学任务，服务教学，充分发挥园林植物实验室在培养“技能型、实用型”人才中的作用，是实验室管理的宗旨。

2.1 实验室的共有性管理

为全校教师和学生服务，提高实验室的使用率，充分发挥园林植物实验室在教育、教学中的作用，实现实验室的共有性管理。

2.1.1 面对植物实验、实训教学

园林植物实验室是专业基础实验室，主要承担园林植物实验、实训的教学任务，由于实验班次多，为避免出现实验室使用上的撞车现象，规范实验室的使用，必须安排好不同班次的上课时间，完成植物实验、实训的教学计划。

2.1.2 面对其他课程教学

园林植物实验室不仅承担着植物课的实验、实训教学任务，在提前预约的情况下，实验室也承担其他课程的教学活动，如：植物环境实验、栽培实验、插花、病虫害实验等，打破了教研室所有的体制，实现了教研室间相互协作，资源共享。

2.1.3 面对教师

实验室管理工作面对的不仅是学生，更多的是专业教师，既要做好实验室使用的协调工作，使教学秩序有条不紊；又要配合专业教师完成实验、实训教学及科研任务。为了更好的完成实验，保证实验室各项工作的高效运转，在管理上要与各门课程的教师及时沟通，以便及早发现问题和解决问题。

2.1.4面对学生

为给学生的课外学习提供方便，在严格执行各项实验室管理制度的基础上，实验室面向学生应实行开放式服务的管理模式。我校是封闭式管理学校，课余时间如何安排学生的学习生活也是一个问题，园林植物实验室在保证了正常时间的教学前提下，还对学生在其他时间的学习活动给予支持，为植物兴趣小组提供课外的学习条件，以培养学生的动手能力，锻炼职业技能。在实验室对学生实行共有性服务的同时，也在为学校的学生管理减轻难度。

在园林植物实验室共有性管理的情况下，近几年来，实验室的使用率达到95%以上，使实验室在学校教学中发挥着独特的功能，也提高了仪器设备的使用效率。

2.2 实验室仪器设备的管理

实验室仪器设备完好率直接影响着学校实验、实训教学质量，影响学生的实验成败，必须加强对仪器设备的管理力度，保证实验、实训教学质量，主要从以下两方面着手。

2.2.1 仪器设备的常规化管理

仪器设备的常规化管理主要包括：计划购置、验收有帐、用前预约、用前检查、用后检查、使用记录、日常维护维修、定期保养等。我校对实验室仪器设备加强规范化管理，建立和完善各项管理制度。在实验室共有性管理的情况下，为了保证实验、实训教学的顺利进行，还制定了仪器设备借还规定、报修规定、赔偿发票返还规定等，以此提高仪器设备的完好率，延长使用寿命，使实验室的仪器设备更好地发挥实验、实训的教学效能。

2.2.2 学生课上的仪器设备管理

近几年来的植物实验、实训课上，学生损坏的仪器设备有所增加，有愈演愈烈的态势，原因在于中职学校的生源质量不断下降，学生的管理难度日益增大。在课上，与其说要重视对实验仪器设备的管理，不如说要更加重视对实验课上学生的管理。

我校在园林植物实验、实训课上，制定并实行“三位一体”的责任制管理模式，三位：是指实验管理人员、任课教师、班级学生；一体是指统一规范的实验仪器设备管理职责。

具体做法是：课前仪器设备检查：每次上课前由任课教师、管理人员、班长和课代表一起检查实验仪器设备准备情况，清点数量，由班长记录并签字，目的是分清责任。明确仪器设备管理责任与监督：向学生明确实验室仪器设备赔偿制度、班级负责制度，目的是在课上、在班级内形成集体监督机制。课后仪器设备检查：课后学生离开实验室前，管理人员同班长和课代表再次检查仪器设备的完好率，并登记、签字。如果仪器设备出现损坏，当场不能解决，就会与班主任沟通解决，实现了“三位一体”的责任制管理模式。每届学生第一次进实验室的第一次实验课是关键，首次来实验室上课就立下爱护仪器设备的规矩，在全班同学和老师的共同监督下，使学生逐步形成自我管理意识。这种管理方法大大降低了实验仪器设备损坏的几率，从而延长了仪器设备使用的寿命，也减少了实验室经费的支出。从学生自身素质培养的角度讲，既使学生养成良好的使用仪器设备的习惯，也培养了他们的自我管理、自我约束能力和责任意识。

完好的实验仪器设备的使用，为保证园林植物实验室顺利地完成全校学生的植物实验、实训课的教学任务打下了基础。

2.3 实验室的安全管理

安全管理无小事，安全管理是实验室管理的重中之重，它直接关系到学生的安全，也关系到学校的发展。中职实验室除了用水、用电的安全管理，实验操作程序的安全管理，化学试剂储存的安全管理，有毒药品使用等安全管理以外，还有未知事件的安全防范。中职生的入学年龄一般在十五、六岁，他们没有安全意识，尤其是一些被称为‘淘气’的学生，他们会做出危及人身安全的事情，如：用电插座烧蜗牛、同组学生间用配好的化学试剂对击等。由于这些突发事件的存在，在实验室安全管理上，除了向学生明确实验室学生守则，加强实验室安全教育以外，还要与学生签订实验室安全责任书，特别要制定并执行实验室安全应急预案，以此来规范学生行为，降低实验室安全隐患，预防实验室安全事故的发生。

总之，加强中职校园林植物实验室建设与管理，应立足于服务专业教学、课程教学，创造培养园林专业“技能型、实用型”人才的实验、实训教学条件，促进园林专业的发展，为培养新型的园林事业接班人而努力。